Kohl / Bastian / Neizel

Baufachkunde 2

Hochbau

Bearbeitet von
Studiendirektor Josef Forster, Saarbrücken
Studiendirektor Helmut Meyer, Saarbrücken
Oberstudienrat Arthur Wanner, Lübeck
Studienrat Wolfgang Wettengel, Saarbrücken

18., neubearbeitete und erweiterte Auflage
mit 811 Bildern, 58 Tabellen, 39 Versuchen und Beispielen
sowie 651 Aufgaben

B. G. Teubner Stuttgart 1992

Hinweise auf DIN-Normen in diesem Werk entsprechen dem Stand der Normung bei Abschluß des Manuskripts. Maßgebend sind die jeweils neuesten Ausgaben der Normblätter des DIN Deutsches Institut für Normung e.V. im Format A4, die durch die Beuth-Verlag GmbH, Berlin und Köln zu beziehen sind. – Sinngemäß gilt das gleiche für alle in diesem Buch angezogenen amtlichen Richtlinien, Bestimmungen, Verordnungen usw.

Die Deutsche Bibliothek – CIP-Einheitsaufnahme

Kohl, Anton:
Baufachkunde / Kohl ; Bastian ; Neizel. Bearb. von Josef Forster ... – Stuttgart : Teubner.
Frühere Aufl. u.d.T.: Kohl, Anton: Fachkunde für Maurer
Ab Bd. 3 u.d.T.: Richter, Dietrich: Baufachkunde
NE: Bastian, Kurt:; Neizel, Ernst:; Forster, Josef [Bearb.]

2. Hochbau : mit 58 Tabellen. – 18., neubearb. und erw. Aufl. – 1992
ISBN 3-519-35602-3

Printed in Germany
Gesamtherstellung: Passavia Druckerei GmbH Passau
Umschlaggestaltung: P. Pfitz, Stuttgart

Vorwort

Dieser Teil 2 schließt an den Grundlagenband 1 an. Das Buch enthält den gesamten Stoff der Fachstufe I für Hochbaufacharbeiter – Schwerpunkte Mauerarbeiten, Beton- und Stahlbetonarbeiten – und der Fachstufe II für Maurer sowie Beton- und Stahlbetonbauer.

Den Stoff der Fachstufen I und II für Straßen- und Tiefbauer bringt D. Richter im Teil 3.

Die 18. Auflage berücksichtigt den jüngsten Stand der Normung und technischen Entwicklung. Neu ist der Abschnitt 18 (Informationstechnische Fachbildung).

Seit jeher behandeln die Verfasser der Baufachkunde Kohl/Bastian/Neizel die Fachtheorie in enger Beziehung zur Praxis und Arbeitskunde. Deshalb dient das Lehrwerk auch zur Vertiefung der betrieblichen und überbetrieblichen Ausbildung. Die gewohnt klare, gut verständliche Stoffdarbietung wurde beibehalten, die Gestaltung weiter verbessert. Tabellen und Übersichten, Fotos und Zeichnungen erleichtern dem Schüler die Aneignung des Fachwissens. Kurze Zusammenfassungen und zahlreiche Aufgaben helfen ihm bei der Vertiefung und Wiederholung.

Für Anregungen und Kritiken sind Bearbeiter und Verlag dankbar.

Saarbrücken/Lübeck, im Frühjahr 1992 — J. Forster, H. Meyer, A. Wanner, W. Wettengel

Inhaltsverzeichnis

Seite

Bildquellenverzeichnis

Acrow-Wolff GmbH: Bild **1.**74
Amtliches Französisches Verkehrsbüro, Frankfurt/Main: Bild **6.**3
Arbeitsgemeinschaft der Bau-Berufsgenossenschaften: Bild **1.**67, **1.**68, **1.**71
Arbeitsgemeinschaft Holz e.V., Düsseldorf: Bild **16.**46 bis **16.**49
Arbeitsgemeinschaft für zeitgemäßes Bauen e.V., Kiel: Bild **1.**5, **1.**9, **1.**12
Bau-Berufsgenossenschaften, Wuppertal: Bild **1.**17, **1.**18, **1.**23 bis **1.**25
Beratungsstelle für Stahlverwendung, Düsseldorf: Bild **5.**15, **5.**17, **5.**18
Betonwerk E. Demmerle, Wallerfangen: Bild **12.**82
Bundesverband der Gips- und Gipsbauplattenindustrie, Darmstadt: Bild **14.**8
Robert Bosch GmbH, Stuttgart: Bild **17.**3
Deutsche Doka-Schalungstechnik GmbH, Puchheim bei München: Bild **8.**87, **8.**104 bis **8.**107, **8.**110, **8.**143
Griechisches Fremdenverkehrsbüro, Frankfurt/Main: Bild **6.**1
Hart/Bogenberger, Der Mauerziegel, München 1964: Bild **5.**24
Hebel-Zentrale für Bautechnik und Information, Emmering-Fürstenfeldbruck: Bild **3.**10, **3.**11
Hochtief AG, Essen: Bild **9.**14
Hünnebeck GmbH, Ratingen-Lintorf: Bild **8.**131, **8.**145
Kalksandstein-Information, Hannover: Bild **11.**12 bis **11.**14, **11.**25
NOE-Schaltechnik GmbH, Süssen: Bild **8.**65, **8.**66
Norddeutsche Maschinen- und Schraubenwerke AG, Peine: Bild **8.**130
PLANUM, Fachmagazin für das Bauwesen, Stuttgart: Bild **18.**9 bis **18.**11
Carl Dan. Peddinghaus GmbH & Co. KG, Ennepetal: Bild **8.**10a, **8.**31, **8.**32
Plettac GmbH, Plettenberg: Bild **1.**59 bis **1.**63, **1.**65, **1.**76
Rigips, Bodenwerder: Bild **16.**36, **16.**39, **16.**41
Ulrich Schloz, Stuttgart: Bild **6.**2
Sidoun, Freie Software für Architekten und Ingenieure, Freiburg: Bild **18.**5
Sofistik GmbH, Oberschleißheim: Bild **18.**6 bis **18.**8
Softtech GmbH, Neustadt (Weinstraße): Bild **18.**12, **18.**19, **18.**20
Hermann Steinweg KG, Werne: Bild **1.**27
Georg Stetter Baumaschinenfabrik, Memmingen: Bild **1.**15, **1.**30
Südwestliche Bau-Berufsgenossenschaften: Bild **1.**35, **1.**38, **1.**40, **1.**42, **1.**43, **1.**51, **1.**69
Unfallverhütungsvorschriften der Berufsgenossenschaften: Bild **17.**8
Wacker-Chemie GmbH, München: Bild **3.**53, **15.**4

Alle übrigen Bilder stammen von den Herren A. Kohl; E. Neizel; J. Forster, Saarbrücken; H. Meyer, Friedrichsthal; A. Wanner, Bad Schwartau; W. Wettengel, Saarbrücken.

1 Vorbereiten, Einrichten und Ausstatten der Baustelle

1.1 Planen und Einrichten

Architekten und Ingenieure planen die Bauwerke nach den Wünschen und finanziellen Möglichkeiten der Bauherren unter Berücksichtigung der örtlichen Voraussetzungen und unter Einhaltung der technischen Vorschriften. Der von den zuständigen Behörden (Bund, Land, Regierungsbezirk) genehmigte Bebauungsplan der Gemeinde muß eingehalten werden. Der Bauantrag wird an die örtliche Bauaufsichtsbehörde gestellt. Er besteht aus dem eigentlichen Bauantrag (Baugesuch), dem Lageplan, den Bauzeichnungen (Entwurfszeichnungen), dem Entwässerungsplan, der Baubeschreibung und unter Umständen auch schon statischen Berechnungen. Nach Prüfung erteilt die Bauaufsichtsbehörde die Baugenehmigung. Während des Bauablaufs müssen in der Regel noch Ausführungszeichnungen und Berechnungen für besondere Teile des Bauwerks (Stahlbetonarbeiten) angefertigt werden. Nach Fertigstellung erfolgt die Rohbauabnahme (s. Baufachkunde 1, Abschn. 1.4.).

1.1.1 Ausschreibung

Als Ausschreibung bezeichnet man die Aufforderung an Baufirmen, ein Preisangebot für die Durchführung der in den Leistungsverzeichnissen beschriebenen Arbeiten abzugeben.

Das Leistungsverzeichnis wird vom Architekten oder Ingenieur erstellt. Man ermittelt aus den Entwurfszeichnungen die Massen und stellt sie nach fortlaufenden Nummern (Positionen) zusammen. Jede Position besteht aus der fortlaufenden Nummer, dem Vordersatz (der Menge in m, m^2, m^3, Stück) und der möglichst genauen Arbeitsbeschreibung (**1.1**). An Hand des Leistungsverzeichnisses und mitgelieferter Zeichnungen kalkuliert die Baufirma den Einheitspreis (in DM/m, DM/m^2, DM/m^3, DM/Stück), ermittelt durch Multiplizieren mit dem Vordersatz den Gesamtpreis der Position und addiert alle Positionen des Leistungsverzeichnisses zur Angebotssumme.

```
Pos. 16   1,85 m³  Außenwände 36,5 cm dick aus Kalksandlochsteinen
                   KSL 1,6/20/2DF DIN 106 in Mörtelgruppe III herstellen.
                   Die Fugen des Mauerwerks sind kurz nach dem Anziehen
                   des Mörtels bündig mit Vorderkante Stein glatt-
                   zustreichen.
                                          1 m³ ..........   ..........
```

1.1 Beispiel einer Position aus dem Leistungsverzeichnis (Abschnitt Maurerarbeiten)

Der Bauherr beauftragt normalerweise den Anbieter mit der niedrigsten Angebotssumme mit der Durchführung der Arbeiten. Die Erd-, Gründungs-, Beton- und Maurerarbeiten des Rohbaus sind in einem Leistungsverzeichnis zusammengefaßt und werden von einem Auftragnehmer ausgeführt. Für Zimmer-, Stuck-, Dachdecker- und Fliesenarbeiten werden gesonderte Leistungsverzeichnisse erstellt und Ausschreibungen durchgeführt.

> Architekten und Ingenieure planen die Bauwerke nach den Wünschen der Bauherren. Die Bauaufsichtsbehörde genehmigt auf Antrag die Herstellung des Bauwerks. Sie überwacht die Einhaltung der Baugesetze und technischen Vorschriften.
>
> Die einzelnen Arbeiten werden im Leistungsverzeichnis zusammengestellt und beschrieben. Im Rahmen einer Ausschreibung geben die Baufirmen ihre Preisangebote ab. Normalerweise vergibt der Bauherr den Auftrag an den billigsten Anbieter.

1.1.2 Bauzeichnungen

Entwurfszeichnungen zeigen das Bauwerk in allen notwendigen Ansichten und Schnitten und geben alle wichtigen Maße an. Der Bauherr kann daraus ersehen, ob das Bauwerk seinen Wünschen entspricht. Entwurfszeichnung sind Bestandteil des Bauantrags. Die Bauaufsichtsbehörde prüft an ihnen die Einhaltung der gesetzlichen Vorschriften und der anerkannten Regeln der Baukunst (**1**.2). Außerdem dienen Entwurfszeichnungen zur Massenermittlung beim Erstellen des Leistungsverzeichnisses. Sie werden meist im Maßstab M 1:100 gezeichnet.

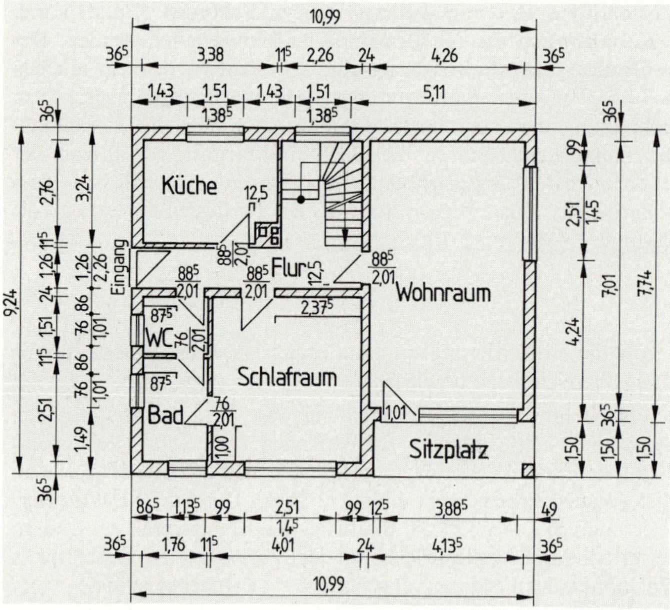

1.2
Entwurfszeichnung für ein Wohnhaus, Grundriß M 1:100 – m, cm (für den Druck auf die Hälfte verkleinert)

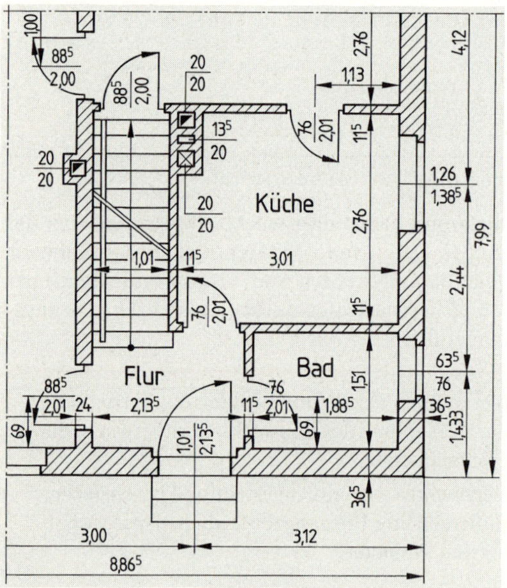

Ausführungszeichnungen bilden die Grundlage für die Arbeit auf der Baustelle. Ansichten, Grundrisse und Schnitte werden im Maßstab M 1:50 gezeichnet (**1**.3). Zur Klärung besonderer Konstruktionen fertigt man Teilzeichnungen im Maßstab M 1:20, 1:10 oder sogar 1:5 an (**1**.4). Je genauer die Ausführungszeichnungen sind, um so fehlerfreier und reibungsloser verläuft die Bauarbeit. Die Ausführungszeichnungen werden im Baubüro an Wandtafeln befestigt und sollen beim Gebrauch im Freien geschützt in Klarsichthüllen aufbewahrt werden.

1.3
Ausschnitt aus einer Ausführungszeichnung für ein Wohnhaus, Grundriß M 1:50 – m, cm (für den Druck auf die Hälfte verkleinert)

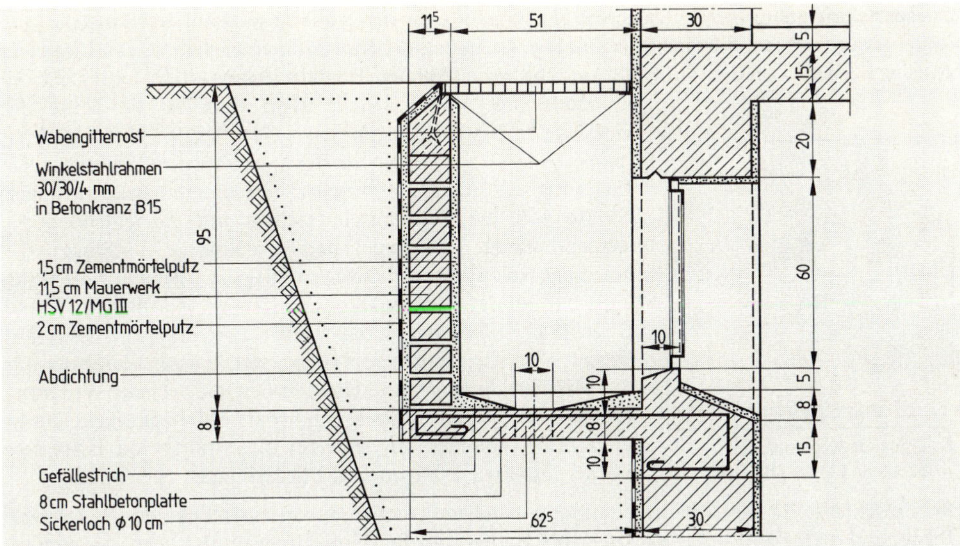

1.4 Teilzeichnung. Schnitt durch einen Lichtschacht M 1 : 10 – cm (für den Druck auf die Hälfte verkleinert)

> Wichtige Grundlage der Bauarbeit sind die Bauzeichnungen. Entwurfszeichnungen im Maßstab 1:100 sind Bestandteile des Bauantrags und der Ausschreibung. Ausführliche und genaue Ausführungszeichnungen im Maßstab 1:50 und Teilzeichnungen im Maßstab 1:20, 1:10 oder 1:5 sind Voraussetzungen für eine reibungslose Arbeit auf der Baustelle.

1.1.3 Baustelleneinrichtung

Baustellen-Einrichtungsplan. Die Baustelle ist der Arbeitsplatz für viele Facharbeiter und Hilfskräfte. Sie muß nach einem wohldurchdachten Plan so eingerichtet werden, daß die einzelnen Arbeiten reibungslos ablaufen. Ein Baustellen-Einrichtungsplan, der die Standorte der Baumaschinen, Lagerflächen für Baustoffe und Bauteile, Unterkünfte und die Verkehrswege zeigt, ist ein gutes Hilfsmittel dazu (**1.5**; s.a. Baufachkunde 1, Abschn. 1.4).

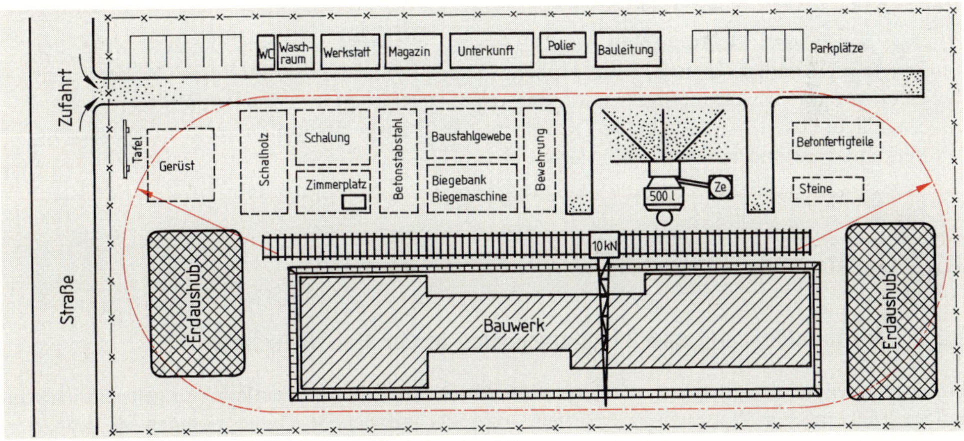

1.5 Baustellen-Einrichtungsplan für Turmdrehkranbetrieb

Transporteinrichtung. Der Antransport der Baustoffe für den Rohbau setzt auf der Baustelle gute Verkehrswege voraus, die eine zweckmäßige Lagerung der Baustoffe ermöglichen. Die Lagerung hängt weitgehend von den Transporteinrichtungen (Aufzug, Turmdrehkran) an der Längsseite des Gebäudes ab. Einen Aufzug stellt man in die Mitte der Gebäudelängsseite oder eines etwa 30 m langen Bauabschnitts; man erhält so einen kurzen oberen Quertransport. Zweckmäßige Lagerung in Aufzugnähe verkürzt den unteren Quertransport, ebenso soll die Betonmischmaschine mit Zementsilo (oder Zementbude für Sackzement) und Boxen für die Zuschläge in der Nähe des Aufzugs stehen (**1.6**). Ein gleisgängiger Turmdrehkran läuft nah an der Längsseite des Gebäudes. Alle Baustoffe und Bauteile sind so zu lagern, daß sie im Schwenkbereich des Krans liegen. Wird Transportbeton verarbeitet, müssen Zufahrten für das Mischerfahrzeug vorgesehen werden, die bei jeder Witterung während der ganzen Bauzeit befahrbar sind. Wenn kein Turmdrehkran vorhanden ist, sind für Transportbeton besondere Fördermittel wie Pumpen und Förderbänder zweckmäßig.

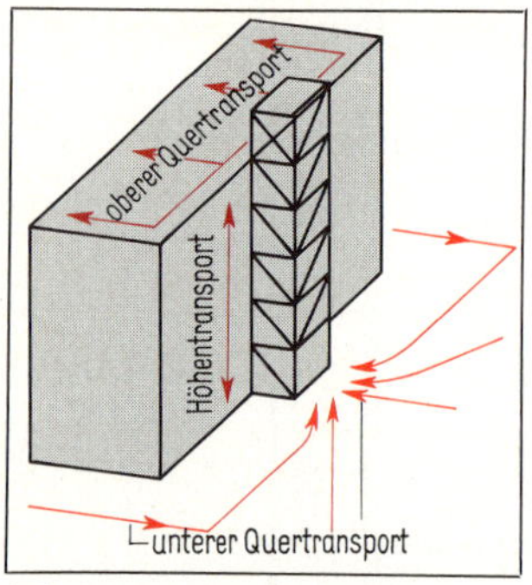

1.6 Transportwege auf der Baustelle (Aufzugbetrieb)

Die Unterkünfte für die Arbeiter (Baubuden) stehen etwas abseits in einer Ecke des Bauplatzes. Üblich sind zerlegbare oder transportable Buden und fahrbare Unterkunftswagen. Sie müssen heizbar und mit Tischen und Sitzgelegenheiten ausgestattet sein. In jede Unterkunft gehört ein Verbandskasten, die Unfallverhütungsvorschriften müssen gut sichtbar ausgehängt sein.

Die Abortanlage wird in eine gegen Sicht geschützte Ecke der Baustelle gestellt.

Die Waschräume werden gesondert in Baubuden eingerichtet oder sind als fahrbare Toilettenwagen vorhanden (oft mit Abortanlage).

Die Geräte- und Materialbude (Magazin) dient zum Unterbringen von Werkzeug und kleinen Geräten und Maschinen.

Im Baubüro werden die Zeichnungen, das Bautagebuch und die Meßgeräte aufbewahrt; der Polier erledigt dort die schriftlichen Arbeiten.

Ein Bauzaun aus Brettern oder maschendrahtbespannten Stahlrahmen verwehrt Unbefugten den Zutritt zur Baustelle. Bei größeren Baustellen werden häufig die am Bau beteiligten Firmen auf einer großen Tafel aufgeführt.

Der Baustelleneinrichtungsplan zeigt Bauwerk, Lagerflächen und Verkehrswege der Baustelle. Aufzüge dienen dem Höhentransport, Turmdrehkräne dem Höhen- und Quertransport. Zweckmäßige Anordnung der Lagerflächen und der Betonmischmaschine ermöglicht kostensparende kurze Transportwege. Transportbetonfahrzeuge brauchen gute Verkehrswege und besondere Fördermittel.

1.2 Geräte und Maschinen

1.2.1 Rationalisierung und Mechanisierung in der Bauwirtschaft

Unsere Bauwirtschaft hat sich in den letzten 35 Jahren langsam und deutlich, nur gelegentlich von kurzen rückläufigen Phasen unterbrochen, aufwärts entwickelt. Dabei zwingen sie lebhafter Wettbewerb und steigende Löhne ständig zu Rationalisierungs- und Mechanisierungsmaßnahmen.

Unter Rationalisierung versteht man den Ersatz veralteter durch zweckmäßigere und besser durchdachte Verfahren. Mechanisierung bezeichnet den verstärkten Einsatz von Geräten und Maschinen.

Auf die Bauwirtschaft bezogen heißt das: Es müssen fortlaufend Anstrengungen unternommen werden, die Bauvorhaben ohne Qualitätseinbußen mit dem geringsten Aufwand an Arbeitszeit, Arbeitskräften, Material, Geräten, Maschinen und Energie (elektrischer Strom, Kraftstoff) durchzuführen.

Im Unterschied zu stationären Industriebetrieben, die witterungsunabhängig, spezialisiert und in großen Stückzahlen produzieren, ist jedes Bauvorhaben eine neue und einmalige Aufgabe. Sie ergibt sich aus der Art des Bauvorhabens, dem Baugelände, der Baukonstruktion, den Verkehrswegen, der Bauzeit und den beteiligten Betrieben und Fachkräften. Auch unter Berücksichtigung früherer Erfahrungen muß die Durchführung jedes Bauvorhabens neu geplant und durchdacht werden. Deshalb kann es für Auswahl und Einsatz von Geräten und Maschinen auf der Baustelle keine allgemeingültigen Regeln geben. Wenn aber – trotz dieser Einschränkungen – alle Möglichkeiten der Rationalisierung und Mechanisierung richtig genutzt werden, können beachtliche Einsparungen bei den Baukosten und Bauzeiten erzielt werden.

Rationalisierung ist der Ersatz alter durch neue, bessere Verfahren. Mechanisierung ist der verstärkte Einsatz von Maschinen. Die Bauwirtschaft muß ständig rationalisieren und mechanisieren, um bei gleichbleibender Qualität das Ansteigen der Baukosten zu verlangsamen. Sie steht dabei vor größeren Problemen als andere, stationär produzierende Industriezweige.

1.2.2 Auswahl von Geräten und Maschinen

Gesichtspunkte. Für die Auswahl von Geräten und Maschinen müssen die allgemeinen Überlegungen zu Rationalisierung und Mechanisierung gezielt auf folgende Probleme gerichtet werden:

- Größe der Baustelle
- Dauer der Bauarbeiten
- zu verarbeitende Baustoffe
- Zustand und Abmessungen der Zufahrts- und Bauwege
- Umfang der Bauleistungen
- Abmessungen des Gebäudes
- Größe und Eigenlast von Fertigteilen

Abstimmung. Besonders wichtig ist es, Geräte und Maschinen im Hinblick auf Leistung, Inhalt und Tragkraft aufeinander abzustimmen: Die Leistung des Betonmischers muß mit dem Inhalt des Fördergeräts für den Horizontaltransport sowie dem Inhalt und der Tragfähigkeit des Höhenfördergeräts übereinstimmen. Ebenso müssen die Größen der Arbeitskolonnen auf die Leistungen der Baumaschinen abgestimmt sein, damit keine Stockungen und Leerlaufzeiten entstehen.

Verschleißfestigkeit. Besonders hohe Ansprüche sind an die Verschleißfestigkeit von Baugeräten und Baumaschinen zu stellen, die oft rücksichtslose Spitzenüberlastung, unsachgemäße Behandlung, mangelhafte Unterbringung und Wartung, häufigen Auf- und Abbau und wiederholten Transport überstehen müssen. Stabile Konstruktion und einfache Handhabung sind deshalb ebenso wichtig wie leichte Auswechselbarkeit von Ersatzteilen und ein problemloser Auf- und Abbau.

Bei der Geräte- und Maschinenauswahl für eine Baustelle sind die besonderen Merkmale dieses Bauvorhabens zu berücksichtigen. Größe und Leistungsfähigkeit von Baugerät und -maschinen müssen aufeinander und auf die Größe der Arbeitskolonnen abgestimmt werden. An Konstruktion und Verschleißfestigkeit werden hohe Anforderungen gestellt. Handhabung, Betrieb, Reparatur und Auf- und Abbau müssen problemlos sein.

1.2.3 Karren

1.7 Steintransport mit der einrädrigen luftbereiften Schubkarre

Die einrädrige Schubkarre (1.7) herkömmlicher Art ist noch vielfach auf Baustellen anzutreffen, trotz ihrer erheblichen Nachteile gegenüber der Stech- und der Universalkarre (1.7). Mit der Schubkarre beförderte Steine werden meist am Arbeitsplatz abgekippt. Ihre Kanten werden abgestoßen, sie behindern den Maurer bei der Arbeit und erschweren die Mengenübersicht. Verblender müssen zeitraubend von Hand abgeladen und gestapelt werden. Besonders nachteilig ist das geringe Fassungsvermögen der Schubkarre (≈ 70 l). Außerdem müssen auf weichem Untergrund Karrbahnen verlegt werden (1.8). Auch für den Mörteltransport ist die Schubkarre schlecht geeignet.

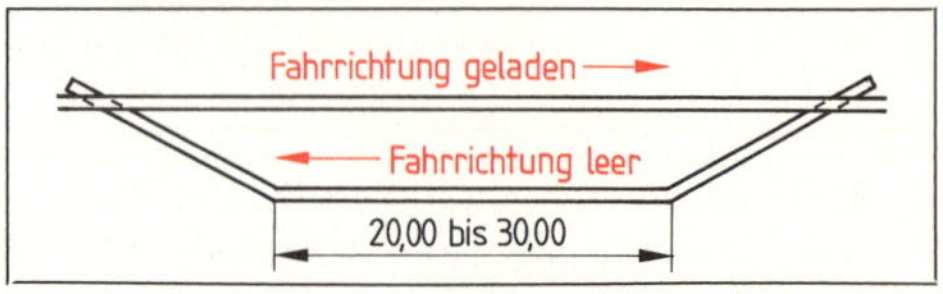

1.8 Karrbahn auf Baubohlen mit Ausweiche

Die Stechkarre hingegen ermöglicht einen rationellen Steintransport (1.9). Sie ist für den Einsatz von Paletten und Steinpaketen geeignet. Paletten lassen sich vorausbeladen, so daß auch kurzfristig ein größerer Steinbedarf am Arbeitsplatz gedeckt werden kann. Die Stechkarre braucht wenig Platz und läßt sich günstig in Griffnähe des Maurers abstellen. Nicht oder nicht restlos verarbeitete Steinpakete können wieder abgefahren werden, ohne daß man auch nur einen Stein anfassen muß. Wenn künstliche Bausteine (Mz, KSV und HS) in Stahlbandpaketen (1.10) oder Schrumpffolien angeliefert werden, greifen besondere Stechkarren mit Gabeln in die Hohlräume des Steinpakets und ermöglichen so einen schnellen, sicheren und kräftesparenden Quertransport.

1.9 Stechkarre mit den auf Holzpalette gestapelten (palettierten) Steinen

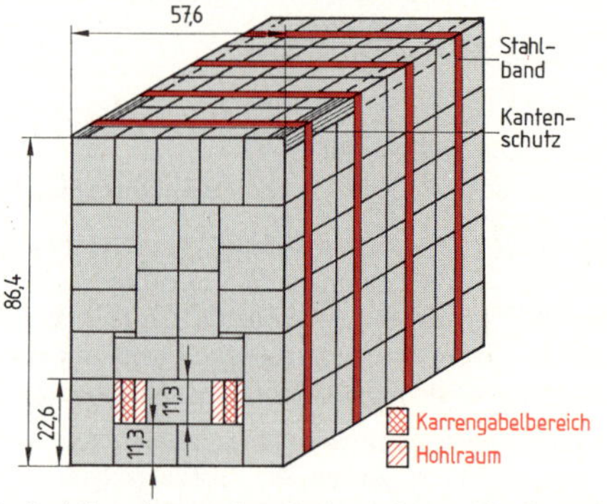

1.10 Stahlbandverpackte Steine mit Greiflöchern für Stechkarre und Haltegabel des Turmdrehkrans

Hubwagen mit vier luftbereiften Rädern werden in Verbindung mit tischartigen Paletten ebenfalls zum Steintransport verwendet. Der höhenverstellbare Hubwagen ist etwas schmaler als die Palette, die er unterfährt und anhebt (1.11). Für die verhältnismäßig kleinen Räder muß eine ebene Fahrbahn vorhanden sein.

Die Universalkarre mit Pendelbühne eignet sich gleichermaßen für den Stein- und Möbeltransport. Ihre Pendelbühne kann ebenso wie die Stechkarre auf Paletten gestapelte Steine aufnehmen. Der Hauptzweck der Universalkarre ist jedoch der Mörteltransport. Sie transportiert einen Mörtelkübel mit ≈ 75 l Inhalt von der Mischmaschine zum Arbeitsplatz (1.12).

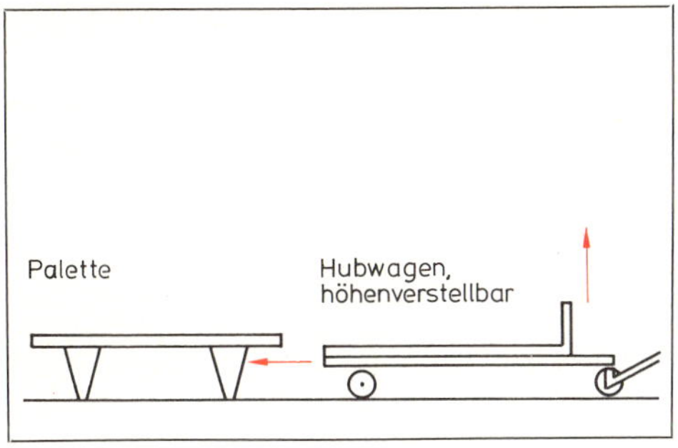

1.11 Hubwagen für den Transport von Steinpaletten

1.12 Universalkarre mit Pendelbühne beim Mörteltransport: Ein 75-l-Kipptrommelmischer wird direkt in einen 75-l-Mörtelkübel entleert

Japaner sind zweirädrige Karren, die noch gelegentlich bei Baustellen mit Aufzugbetrieb für den Transport des Frischbetons verwendet werden. Je nach Größe und Konstruktionsart fassen sie bis zu 250 l Frischbeton. Besonders vorteilhaft sind Japaner mit Gummibereifung und Frontkippvorrichtung. Betonmischer, Aufzug und Japaner müssen so aufeinander abgestimmt werden, daß ein Arbeiter den gefüllten Japaner auf einer ebenen Karrbahn mit leichtem Gefälle zur Verarbeitungsstelle fahren kann. Die Transportwege sollen 20 m nicht überschreiten.

Obwohl alle Karren-Arten noch auf den Baustellen zu finden sind, verlieren Handkarren insgesamt an Bedeutung, weil zunehmend Baukräne eingesetzt werden. Sie erreichen jeden Punkt der Baustelle und können den unteren und oberen Quertransport sowie den Höhentransport in einem Bewegungsablauf durchführen.

Einrädrige Schubkarren haben ein geringes Fassungsvermögen und können nur auf ebenen Karrbahnen kräftesparend eingesetzt werden. Stechkarren eignen sich für den Steintransport auf Paletten, Stechkarren mit Gabeln besonders für Steine in Stahlbandpaketen. Mit höhenverstellbaren Hubwagen werden ebenfalls Steinpaletten befördert. Universalkarren mit Pendelbühnen dienen vorwiegend zum Mörteltransport. Mit Japanern mit bis zu 250 l Fassungsvermögen wird Frischbeton transportiert.

1.2.4 Förderbänder

Der untere Quertransport und der Höhentransport bis zu ≈9 m Höhe lassen sich mit Förderbändern durchführen (1.13). Das luftbereifte Fahrgestell erlaubt ein Umsetzen von Hand. Bei der Baustelleneinrichtung muß eine ausreichende Bewegungs- und Arbeitsfläche für das Förderband vorgesehen werden (1.14). Förderbänder sind mit gummibeschichteten Laufgurten

1.13 Förderband mit Elektrotrommelmotor in der Umlenkrolle

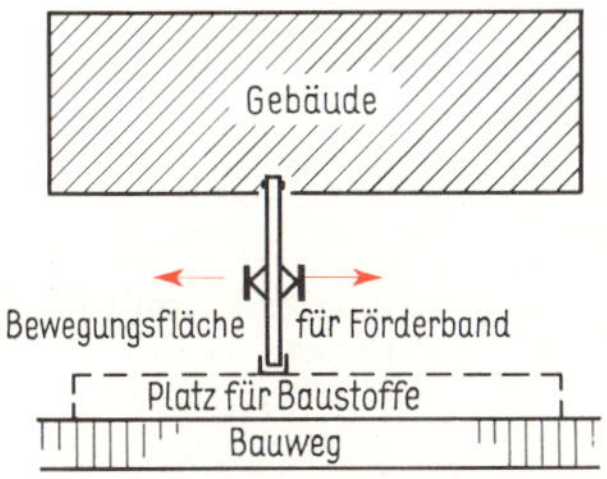

1.14 Anordnung der Bauwege und Baustofflagerplätze beim Einsatz von Förderbändern

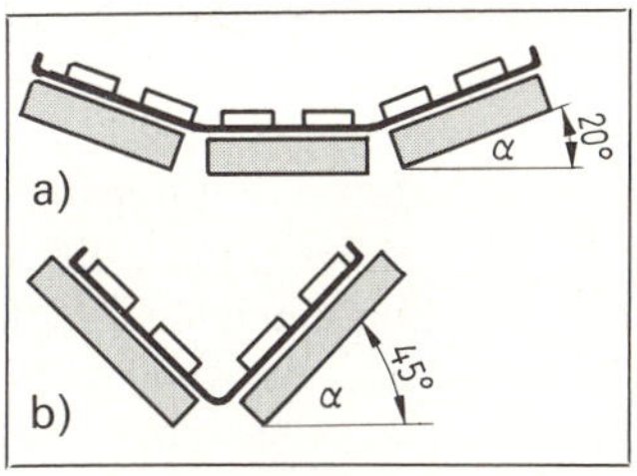

1.15 Förderbandprofile für
a) feinkörniges Schüttgut
b) rolliges, grobes Schüttgut
α = Muldungswinkel

ausgestattet. Die gebräuchlichen Laufgurte sind 400 bis 650 mm breit. Der einstellbare Steigungswinkel hängt vom Profil des Laufgurts und vom Fördergut ab. Gurtbänder mit Nockenprofilen erlauben Steigungswinkel bis zu 45° (**1.**15). Trockene Schüttgüter können nur bis ≈25° gefördert werden.

Tabelle **1.**16 **Förderleistung von Steilförderbändern bei $v = 1$ m/s Geschwindigkeit**

Bandbreite in mm		400	500	650
Förderleistung in m³/h nach Bild **1.**15 bei	Profil a	25	45	75
	Profil b	35	55	115

Förderbänder haben Bandgeschwindigkeiten von 0,8 bis 12,0 m/s. Für den Stückguttransport (Bausteine) soll die Bandgeschwindigkeit 1 m/s nicht überschreiten (**1.**16).

Förderbänder eignen sich vornehmlich für den Transport von Erdmassen. Bausteine können bis zum 2. Obergeschoß noch mit dem Förderband transportiert werden. Da sie jedoch von Hand aufgelegt und abgenommen werden müssen, ist die Methode ungünstiger als der paketierte Steintransport. Sie bleibt kleinen Baustellen ohne Aufzug und Kran vorbehalten. Beim Betontransport mit Förderbändern sind Vorkehrungen gegen das Entmischen des Frischbetons nötig (s. Baufachkunde 1, Abschn. 12.3.2). Der Betrieb von Förderbändern erfordert keine zusätzlichen Bedienungskräfte, jedoch eine sorgfältige Wartung. Die Tragrollen sind regelmäßig zu säubern und abzuschmieren, nach dem Betontransport muß das Laufband gründlich gewaschen werden. Beschädigungen am Laufband müssen umgehend repariert (vulkanisiert) werden.

Luftbereifte Förderbänder werden für den unteren Quertransport und den Höhentransport bis ≈9 m eingesetzt (≈ 2. Obergeschoß). Maximaler Steigungswinkel für den Steintransport ist ≈45°, für Schüttgüter ≈25°. Beim Transport von Frischbeton müssen Vorkehrungen gegen Entmischen getroffen werden.

Förderbänder sind nur auf kleinen Baustellen ohne Aufzug und Baukran wirtschaftlich.

1.2.5 Bauaufzüge

Im Mauerwerksbau können Bauaufzüge bei Gebäuden bis zu vier Geschossen wirtschaftlich eingesetzt werden. Bei höheren Gebäuden oder anderer Bauweise (Stahlbetonbau) muß untersucht werden, ob nicht ein Baukran wirtschaftlicher ist.

Die Seilrolle (genauer das Schwenkarm-Hebezeug) wird mit Fensterstütze (**1.**17) oder mit geschoßhoher Stütze (**1.**18) verwendet. Sie eignet sich gut für kleinere Arbeiten und Reparaturen.

Bei der Fensterstütze wird die Säule zwischen dem mindestens 24 cm dicken Mauerwerk der Brüstung und dem Fenstersturz fest eingespannt. Zusätzlich sichert man sie durch eine zweite geschoßhohe, ebenfalls fest verspannte Säule, durch Verdübelung in der Fuß- und Kopfplatte der Fenstersäule oder

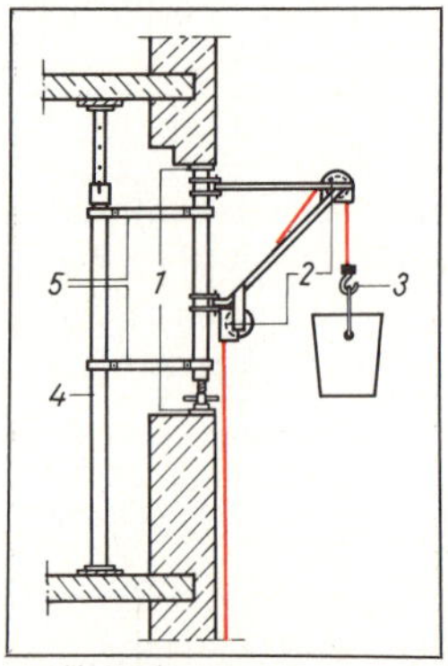

1.17 Seilrolle mit Fensterstütze
1 Fenstersäule
2 Umlenkrolle
3 Sicherheitshaken
4 zweite, geschoßhohe Stütze
5 Verbindung zwischen beiden Stützen

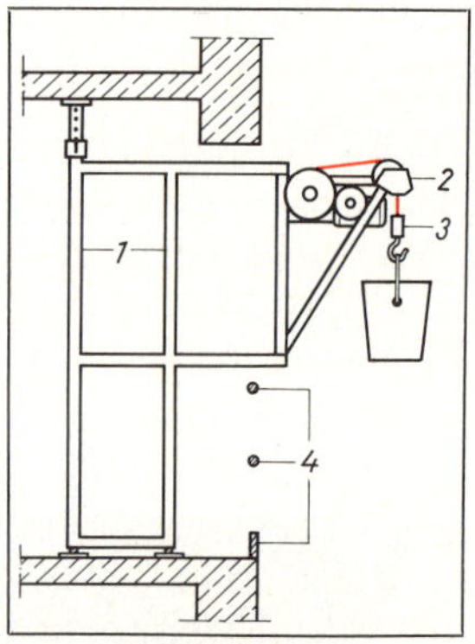

1.18 Seilrolle mit geschoßhoher Stütze
1 geschoßhohe Stützenkonstruktion
2 Umlenkrolle
3 Sicherheitshaken
4 Seitenschutz 1 m hoch

durch rückwärtige Verspannung zu standfesten Bauteilen. Die geschoßhohe Stütze wird direkt zwischen den Rohdecken fest eingespannt. Zusätzlich verankert (verdübelt) man Fuß- und Kopfplatte oder spannt ebenfalls nach hinten zu standfesten Bauwerksteilen ab.

Schrägaufzüge mit Nutzlasten bis zu 6 kN sind mit Durchfahr- oder Schwenkbühnen ausgestattet (**1**.19). Sie werden senkrecht oder parallel zur Gebäudefront aufgestellt und lassen sich mit Stechkarren für Steinpaletten und Universalkarren für Mörteltransport kombinieren. Für den Transport von Frischbeton nimmt man Kippkübel, deren Fassungsvermögen auf den Betonmischer und den Japaner abgestimmt wird. Schrägaufzüge eignen sich für Bauhöhen bis ≈ 8 m. Größere Höhen erfordern aufwendige Absteifungsmaßnahmen.

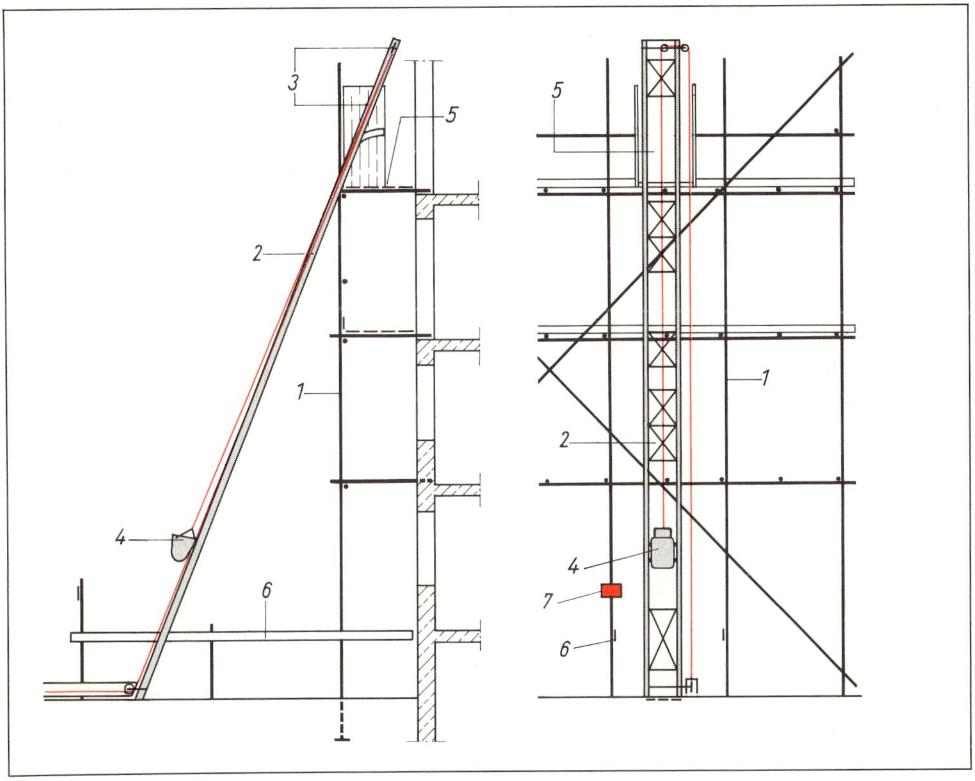

1.19 Aufbau eines Schrägaufzugs, Fahrbahn senkrecht zum Bauwerk

1 Standgerüst als Arbeitsgerüst wie für Maurerarbeiten

2 Aufzugsgestell, gegen Einsinken sichern und nach der Montageanweisung des Herstellers abstützen

3 Aufzugskopfstück, 2,5 m über den obersten Gerüst- oder Arbeitsboden hochführen, gegen Überkippen sichern

4 Fördergerät

5 obere Ladestelle, bei Transport mit der Plattform Brustwehr und Fußleiste nötig, bei Transport mit Kippkübeln unter der Fahrbahn 10 cm hohes Kantholz als Fußleiste anbringen, beide Seiten 1,80 m hoch gegen Hineinbeugen in die Fahrbahn sichern, Gerüstseitenschutz bis an diese Verkleidungen heranführen

6 Absperrung des gefährdeten Raums unterhalb der Fahrbahn oder im Durchgangsbereich; Schutzdach unterhalb der Fahrbahn

7 Warnschild

Der Anlegeaufzug besteht aus einer selbsttragenden Stahlrohrkonstruktion, die an das Bauwerk oder das Arbeitsgerüst angelegt wird (**1**.20). Die Plattform oder der Kübel laufen innerhalb des Gestells an zwei Führungsschienen. Die Auflagerung der Fußpunkte muß ein Einsinken und Verschieben (durch den Zug der Winde) verhindern. Die Verankerung mit dem Bauwerk oder dem Arbeitsgerüst erfolgt nach der Bedienungsanweisung. An den oberen Ladestellen erleichtern Aufsetzvorrichtungen und Ablaufbretter das Abziehen der Lasten auf das Arbeitsgerüst oder in das Bauwerk. Anlegeaufzüge kann man verhältnismäßig hoch verlängern.

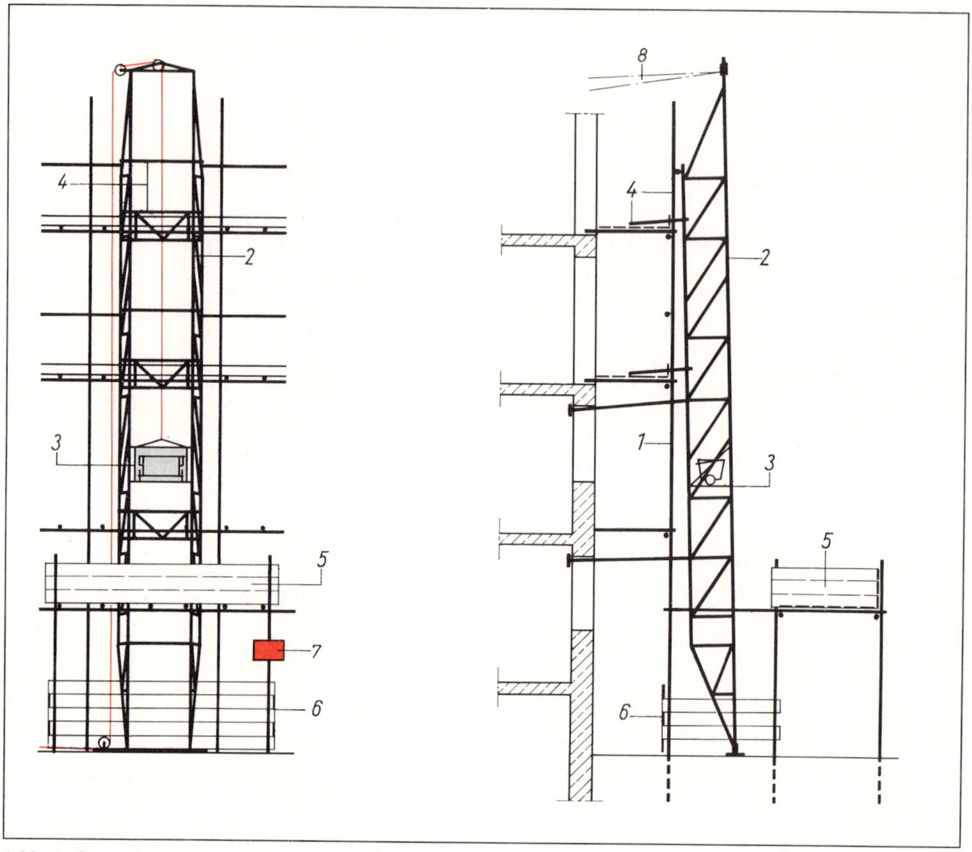

1.20 Aufbau eines Anlegeaufzugs

1 Fördergerüst als Arbeitsgerüst wie für Maurerarbeiten

2 Aufzugsgestell, gegen Einsinken sichern, bei mehr als 14 m Gesamtlänge alle 2 m an festen Bauteilen verankern (s. Montageanweisung des Herstellers); Verbindungsstücke an jeder zweiten Horinzontalstrebe

3 Fördergerät (Bühne mit Karrenwagen) mit Klappbügel (auf Karrenhöhe einstellen), gegebenenfalls dichte Umwehrung erforderlich

4 obere Ladestelle, Aufsetzvorrichtung mit Ablaufbrett sowie Brustwehr

5 Schutzdach mit Schutzwand an der unteren Ladestelle

6 Absperrung des gefährdeten Raums, Zugang zur unteren Ladestelle nur von einer Seite her offen halten

7 Warnschild

8 Spannseile

Schnellbauaufzüge bestehen aus einem Fahrmast, der daran befestigten Gleitschiene und der Laufkatze mit Bühne oder Kübel (**1**.21). Sie brauchen immer ein stabiles Arbeitsgerüst, an dem der Fahrmast sicher befestigt wird. Hat das Bauwerk kein Arbeitsgerüst, muß man für den Aufzug ein eigenes Fördergerüst erstellen. Bühne und Kübel sind drehbar und können an den oberen Ladestellen zum Arbeitsgerüst oder zum Bauwerk geschwenkt werden. Größere Schnellbauaufzüge mit zwei Gleitschienen haben Durchfahrbühnen. Schnellbauaufzüge haben in der Regel eine Tragkraft von 6 kN.

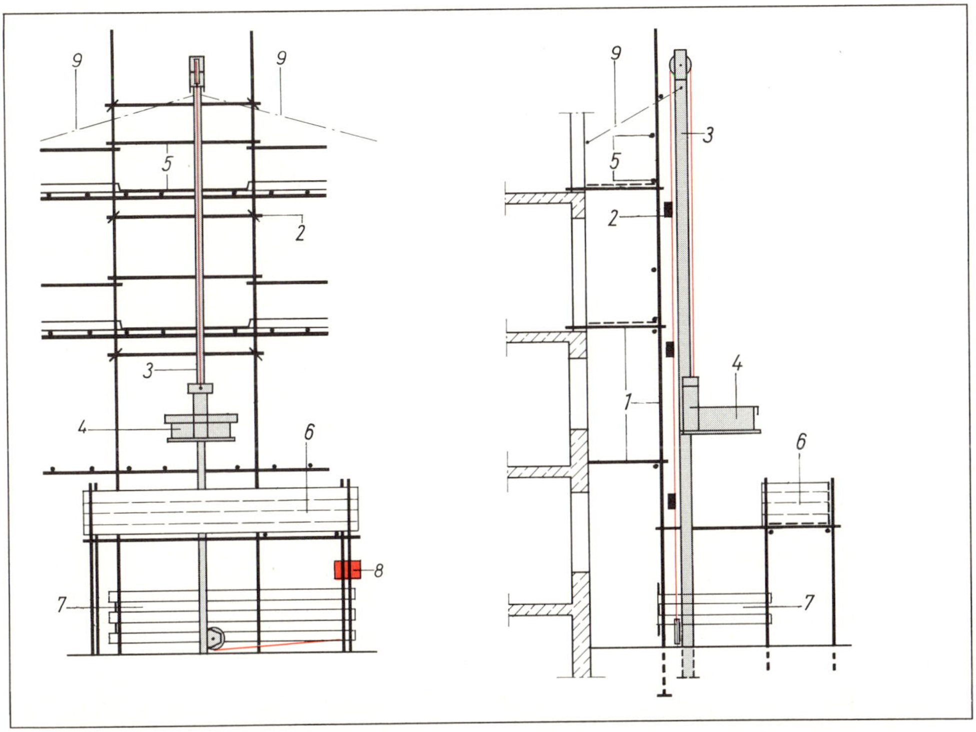

1.21 Aufbau eines Schnellbauaufzugs mit einem Aufzugsmast

1 Aufzugsgerüst als Arbeitsgerüst wie für Maurerarbeiten
2 Querhölzer mit verschraubten Stahlbügeln o.ä., Abstand nach Anweisung des Herstellers
3 Fahrschiene mit durchlaufenden Schraubenbolzen, Kopfstück nach 2 Seiten abspannen; obere Umlenkrolle 2,5 m über obersten Gerüstboden
4 Fördergerät, Fangvorrichtung und Klappbügel, gegebenenfalls dichte Umwehrung erforderlich
5 Obere Ladestelle, Brustwehr und Fußleiste
6 Schutzdach mit Schutzwand an der unteren Ladestelle
7 Absperrung des gefährdeten Raums, Zugang zur unteren Ladestelle nur von einer Seite her offen halten
8 Warnschild
9 Spannseile

Bei Anstellaufzügen steht ein selbsttragender Fahrmast (Gittermast) frei vor dem Gebäude oder dem Arbeitsgerüst (**1**.22). Der Fahrmast ist abgestrebt. Bei nicht tragfähigem Untergrund muß eine ausreichende Lastverteilung gewährleistet sein (Schwellhölzer, Betonfundamente, Fundamentplatte). Die Trommelwinde ist auf dem Untergestell fest montiert. Die Schwenkbühne wird beim Entladen zum Bauwerk oder Arbeitsgerüst hin gedreht. Über 9 m Höhe wird der sonst freistehende Fahrmast in Abständen von 3 m an zug- und druckfesten Bauwerksteilen verankert.

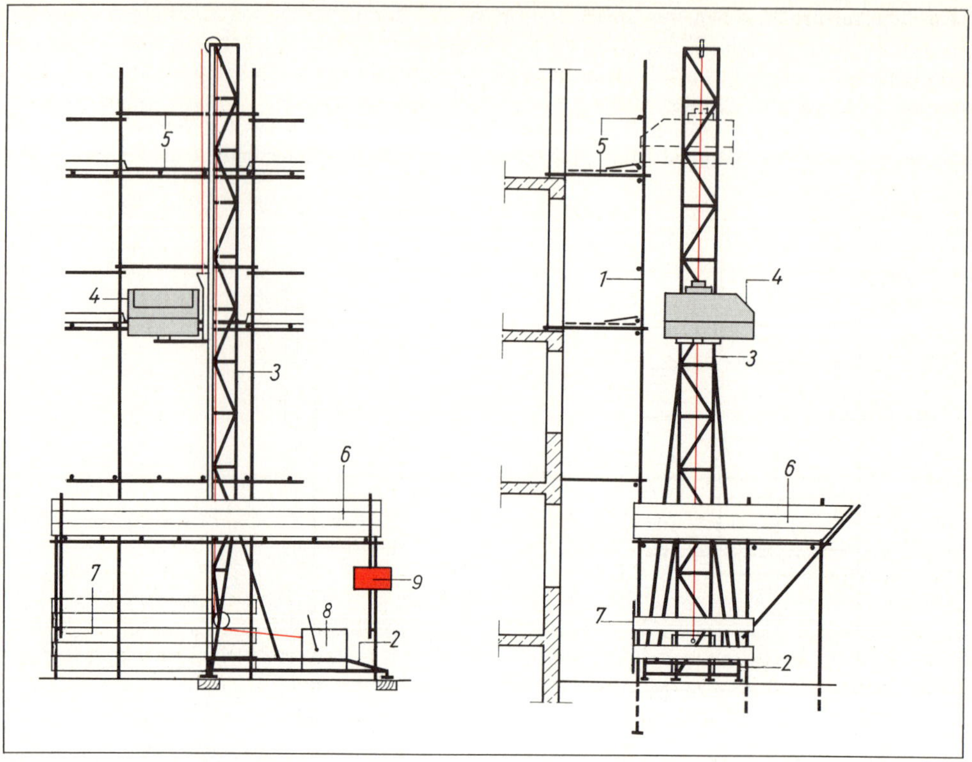

1.22 Aufbau eines Anstellaufzugs

1 Fördergerüst (Arbeitsgerüst)
2 Aufzugsgestell, gegen Einsinken sichern; Abstand vom Gerüst so wählen, daß das Fördergerüst nach dem Eindrehen an der oberen Ladestelle 10 cm breit aufsitzt
3 Fahrmast, lotrecht stellen; bei mehr als 9 m Mastlänge alle 3 m an festen Bauteilen verankern
4 Fördergerät, mit Fang- oder Aufsetzvorrichtung, wenn dies an der oberen Ladestelle nicht abgesetzt werden kann.
5 obere Ladestelle, Brustwehr und Fußleiste
6 Schutzdach mit Schutzwand an der unteren Ladestelle
7 Absperrung des gefährdeten Raums, Zugang zur unteren Ladestelle nur von einer Seite her offen halten
8 Trommelwinde
9 Warnschild

Bauaufzüge eignen sich im Mauerwerksbau bei Gebäuden bis zu 4 Geschossen.

Schrägaufzüge stehen senkrecht oder parallel zum Gebäude.

Anlegeaufzüge aus selbsttragenden Stahlrohrkonstruktionen werden fast senkrecht an das Gebäude oder das Gerüst angelegt.

Schnellbauaufzüge haben einen Fahrmast, der an einem Arbeits- oder einem besonderen Fördergerüst befestigt wird.

Anstellaufzüge stehen mit einer selbsttragenden Mastkonstruktion bis zu 9 m frei vor dem Bauwerk oder Gerüst; bei größeren Höhen werden sie verankert.

Bauaufzüge haben Schwenk- oder Drehbühnen, die bei einzelnen Bauweisen gegen Betonförderkübel ausgewechselt werden können.

1.2.6 Turmdrehkrane

Turmdrehkrane verbinden den Höhen- und Quertransport in einem Bewegungsablauf. Sie transportieren Paletten, Kübel, Pakete, Karren, Träger, Bauholz, Betonstahl und Fertigteile. Durch ihre Vielseitigkeit sind sie anderen Transportmitteln und auch Kombinationen (Aufzug-Karren) überlegen (**1**.23). Nach der Art des Auslegersystems unterscheidet man vier Bauarten:

Beim Nadelauslegerkran (**1**.24 a) wird der vertikal bewegliche Ausleger durch ein Seil gehalten und verstellt, das über die Turmspitze geführt wird.

Beim Biegebalkenausleger (**1**.24 b) liegt der vertikal bewegliche Ausleger auf der Turmspitze und wird an seinem kurzen Ende durch ein Seil gehalten und verstellt.

Beim Laufkatzenkran (**1**.24 c) läuft eine Laufkatze an einem feststehenden horizontalen Ausleger, der durch ein unterschiedlich geführtes Seil gehalten wird.

Beim Glockenauslegerkran (**1**.24 d) kann der Ausleger allein mit dem Gegengewicht bei feststehendem Turm gedreht werden.

Vorschriften. Vor Aufstellen des Turmdrehkrans muß die Tragfähigkeit des Bodens geprüft werden. Die Schwellen verlegt man in ein Schotterbett oder auf Betonstreifenfundamente. Zwischen allen festen Teilen der Umgebung und den am weitesten ausschwenkenden Teilen des Krans ist ein Sicherheitsabstand von mindestens 50 cm einzuhalten. Wenn der Sicherheitsabstand von 50 cm nicht eingehalten werden kann, müssen besondere Warnschilder mit der Aufschrift „Achtung – Gefahr durch Kran!" angebracht werden. Die Gleisanlage muß so verlegt sein, daß eine Böschung nicht einstürzen kann; zwischen Böschungskante und Schwelle muß ein Mindestabstand von 60 cm bleiben. Führen die Gleise am Baugrubenrand vorbei, muß ein flacher Böschungswinkel gewählt werden. Bei verbauten Baugruben ist der Raddruck des Krans zu berücksichtigen (**1**.25). Stromführende elektrische Freileitungen dürfen nicht im Schwenkbereich des Krans liegen (Maß *e*).

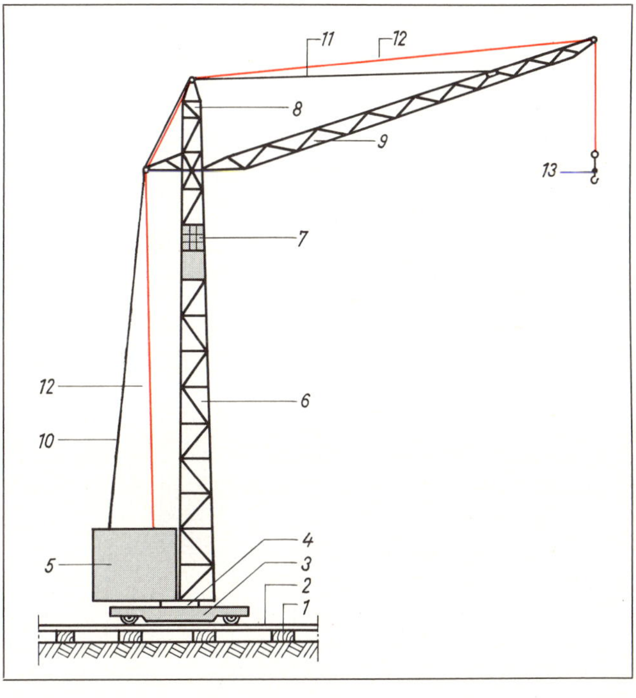

1.23
Turmdrehkran
1 Schwelle
2 Gleis
3 Unterwagen (Zentralballast)
4 Kugeldrehkranz
5 Ballast als Gegengewicht
6 Turm
7 Führerhaus
8 Turmspitze
9 Ausleger
10 Auslegerverstellseil
11 Auslegerhalteseil
12 Hubseil
13 Lasthaken

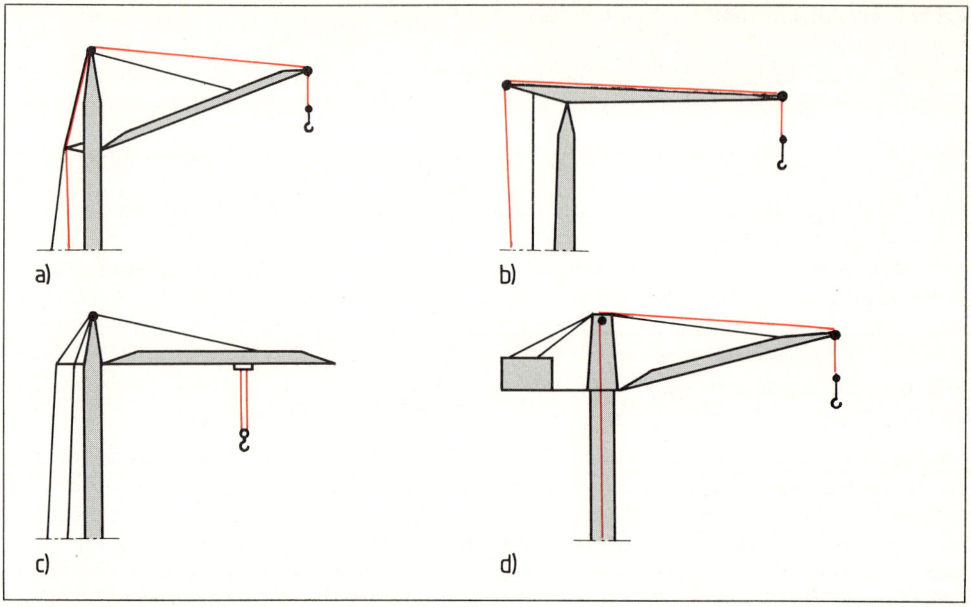

1.24 Auslegersysteme von Turmdrehkranen
a) Nadelausleger
b) Biegebalkenausleger
c) Laufkatzenausleger
d) Glockenausleger

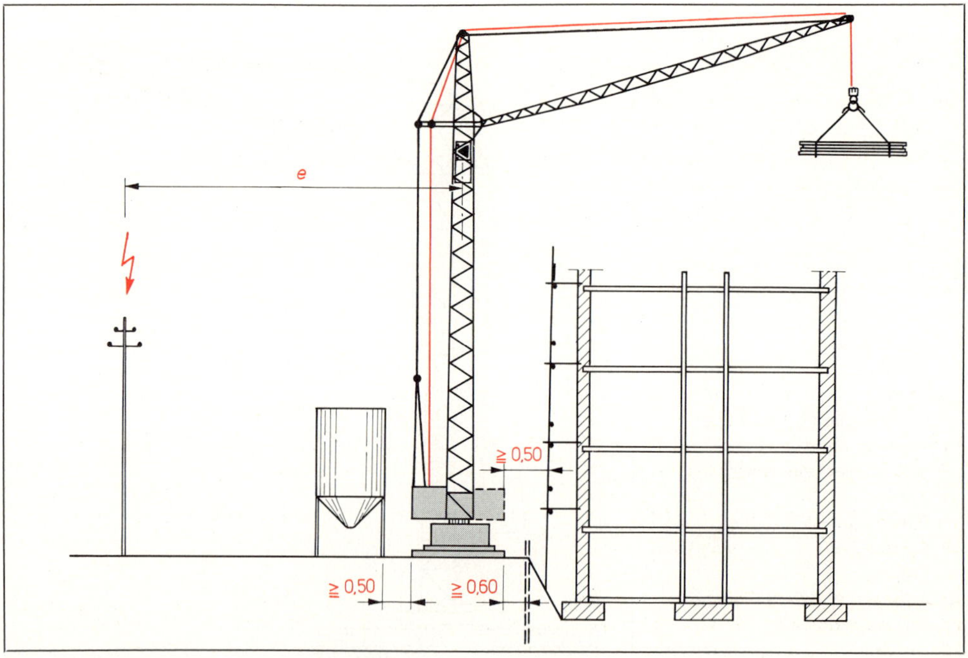

1.25 Sicherheitsabstände beim Turmdrehkran

Da die Lasten häufig über Menschen hinweggeschwenkt werden müssen, ist beim Anhängen (Anschlagen) mit Seilen und Ketten größte Sorgfalt geboten. Für den Transport von Stahlbandpaketen werden besondere Haltegabeln verwendet (**1**.26). Mit ähnlichen Gabeln transportiert man teilvorgefertigte Schalungselemente. Bei modernen Krangreifern (Steingreifern) brauchen die Steine weder stahlbandverpackt noch auf Paletten gestapelt zu sein (**1**.27).

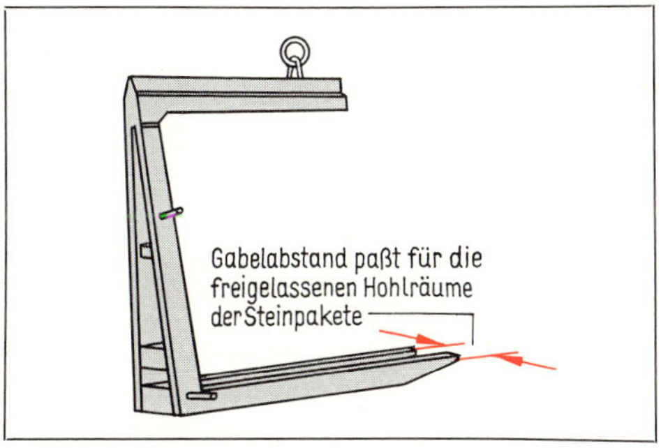

1.26 Haltegabel für den Krantransport stahlbandverpackter Steine

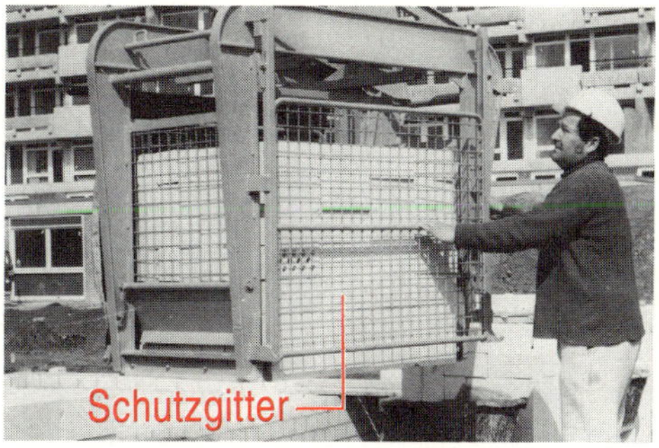

1.27 Steingreifer für gestapelte Steine

Gegen einen Turmdrehkran sprechen die verhältnismäßig hohen Kosten: der Kran selbst, die Gleisanlage, die elektrische Installation, die elektrotechnische und maschinelle Wartung sowie die Betriebskosten. Für Aufstellung und Betrieb gelten strenge Sicherheitsvorschriften und Unfallverhütungsvorschriften. Die Bauwirtschaft ist ständig bemüht, durch Lehrgänge und Schulungsmaßnahmen geeignete Kranführer auszubilden.

Turmdrehkräne transportieren sämtliche Baustoffe und Bauteile in einem Bewegungsablauf. Lasten müssen sorgfältig mit Seilen und Ketten angehängt werden. Für besondere Transporte gibt es Betonsilos, Gabeln und Steingreifer.

Für das Aufstellen und den Betrieb eines Turmdrehkrans gelten strenge Sicherheits- und Unfallverhütungsvorschriften. Zu festen Teilen der Umgebung, Böschungskanten und elektrischen Freileitungen sind Mindestabstände vorgeschrieben.

Der Turmdrehkran wird von einem ausgebildeten Kranführer bedient.

1.2.7 Betonmischer

Beton soll grundsätzlich in Betonmischmaschinen mit guter Mischwirkung hergestellt werden. Es ist so lange zu mischen, bis ein Beton von gleichmäßiger Zusammensetzung entstanden ist, mindestens aber 1 Minute nach Zugabe aller Stoffe.

Betonmischen von Hand gewährleistet keine gleichmäßige Qualität und ist deshalb nur in Ausnahmefällen bei B5 und B10 für geringe Mengen zulässige (s. Baufachkunde 1, Abschn. 12.3).

DIN 459 „Betonmischer; Begriffe, Größe, Anforderungen“ unterscheidet nach ihrer Arbeitsweise zwei Typen von Betonmischern:

Absatzweise arbeitende Mischer
oder Chargenmischer arbeiten absatzweise (taktweise); Beschicken, Mischen und Entleeren sind aufeinanderfolgende Arbeitsgänge.

Stetig arbeitende Mischer
arbeiten ohne Unterbrechung (kontinuierlich); Beschicken, Mischen und Entleeren bilden einen fortlaufenden Arbeitsprozeß.

Tabelle **1**.28 **Einteilung der Betonmischer**

Gesichtspunkte der Einteilung	Betonmischer
nach der Arbeitsweise →	absatzweise arbeitende Mischer · stetig arbeitende Mischer
nach dem Mischgefäß →	Trommelmischer · Tellermischer · Trogmischer
nach der Entleerung →	Kipptrommelmischer · Umkehrmischer · Gleichlaufmischer

Nenngrößen. Absatzweise arbeitende Mischer bezeichnet man nach dem Mischgefäß als Trommel-, Teller- und Trogmischer. Ihre Größen sind in DIN 459 genormt. Sie richten sich nach dem Nenninhalt (Frischbetonmenge, die der Mischer in der vorgesehenen Zeit einwandfrei durchmischt). Dabei wird unverdichteter Frischbeton von mittlerer Konsistenz (K 2) zugrunde gelegt. Es gibt folgende Nenngrößen: 75, 100, 150, 250, 375, 500, 750, 1000, 1250, 1500, 2000 und 2500 Liter.

Trommelmischer erzielen den Mischeffekt durch eine Trommel und Mitnehmerbleche an ihrer Innenseite. Mit jeder Trommeldrehung wird ein Teil des Mischguts mitgeführt und fällt dann frei herunter (daher auch Freifallmischer). Der Aufprall verstärkt die Mischwirkung. Man erreicht kurze Mischzeiten, gleichmäßige Betonmischungen und eine saubere Trommel, wenn man den Mischer in der Reihenfolge Wasser – Zement – Zuschläge beschickt. Mit Trommelmischern wird vorwiegend Baustellenbeton hergestellt. Sand- und zementreicher sowie steifer Beton lassen sich nicht immer einwandfrei oder nur durch verlängerte Mischzeiten herstellen. Trommelmischer gibt es als fahrbare und stationäre Anlagen. Energieaufwand und Verschleiß sind verhältnismäßig gering, die Bedienung ist einfach. In einer Stunde sind bis zu 30 Mischtakte möglich. Trommelmischer unterteilt man weiter nach dem Entleervorgang:

Kipptrommelmischer entleeren durch Kippen der weiterlaufenden Mischtrommel. Kleinere Mischer dieser Art eignen sich besonders zum Herstellen von mauerfertigem Mörtel (**1**.29).

Umkehrtrommelmischer entleeren durch Umkehren der Trommeldrehrichtung. Dabei wird das Mischgut gleichsam „herausgeschraubt" (**1**.30).

Gleichlaufmischer entleeren bei weiterlaufender Trommel, indem eine Auslaufschurre eingeschwenkt wird. Sie nimmt das frei fallende Mischgut auf und läßt es aus der Trommel gleiten.

1.29 Fahrbarer Kipptrommelmischer

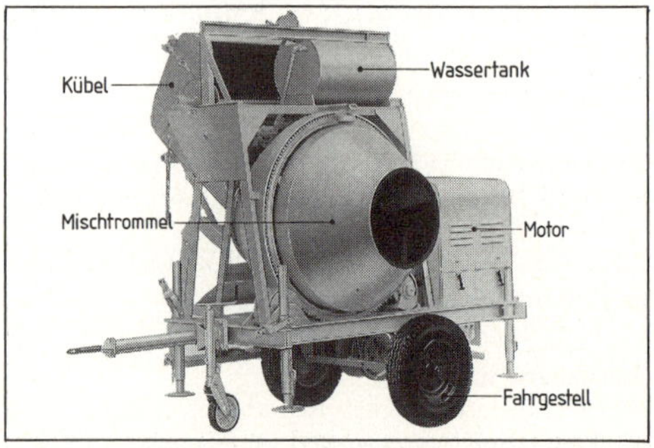

1.30 Umkehrtrommelmischer

Teller- und Trogmischer (früher auch Zwangsmischer genannt) bestehen aus feststehenden oder umlaufenden Trögen, in denen ein Rührwerk das Mischgut durcharbeitet (Prinzip des Küchen-Mixgeräts). Gegenüber den Trommelmischern erreicht man kürzere Mischzeiten. Der Mischvorgang und die Entwicklung der Konsistenz lassen sich gut beobachten und beurteilen. Dafür sind der Energieverbrauch und der mechanische Verschleiß größer. Kleinere Mischer werden durch Kippen des Geräts, größere durch eine Bodenklappe entleert. Mit Teller- und Trogmischern erreicht man bei sparsamem Zementverbrauch und niedrigem Wasserzementwert einen homogenen Frischbeton – Voraussetzung für die gewünschten Betonfestigkeiten. Teller- und Trogmischer werden bevorzugt in Betonwerken eingesetzt.

Tellermischer gibt es mit konzentrisch und exzentrisch angeordneter Rührwelle (s. Baufachkunde 1, Bild **12.**41). Sie sind flach, rund und arbeiten im Gleich- oder Gegenlauf. Beim Gegenlauf drehen sich Rührwerk und Mischtrog entgegengesetzt (höherer Energieverbrauch). Mischer mit einem Rührwerk nennt man Einstern, mit zwei Rührwerken Zweistern. Tellermischer mit exzentrischem Rührwerk erbringen gute Leistungen bei geringem Verschleiß. Eine Sonderform der Tellermischer sind die Mehrstufenmischer, bei denen zusätzliche Mischwerkzeuge (hochtourige Quirle) die Homogenität (Gleichmäßigkeit) des Frischbetons verbessern.

Trogmischer bestehen aus einem Mischtrog mit einer oder zwei konzentrisch angeordneten Wellen, die mit aufgesetzten Segmentblechen das Mischgut durcheinanderwirbeln (**1.**31). Der Wirkungsgrad des Zweiwellenmischers ist etwas größer, weil die Schleuderwirkung zwischen den beiden Wellen den Mischvorgang verbessert.

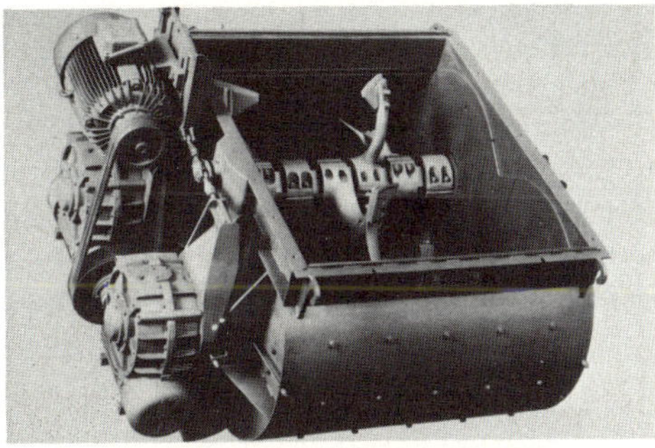

1.31 Trogmischer (Einwellenmischer) mit waagerecht laufender Rührwelle

Stetig arbeitende Betonmischer ermöglichen eine ununterbrochene Betonabgabe. Bindemittel, Zuschläge und Wasser müssen kontinuierlich zugeführt werden. Sie bestehen aus einer langgestreckten umlaufenden Freilauftrommel oder aus einem Trog mit schneckenartigen Rührwerkzeugen. Die Dosierung der Mischungsanteile erfolgt über Förderbänder oder Förderschnecken, die Wasserzugabe durch Überbrausen. Bei geringem Energieverbrauch leisten stetig arbeitende Mischer 20 m^3 Beton/Stunde. Sie werden vorzugsweise auf Großbaustellen für die Herstellung von Massenbeton eingesetzt.

Antrieb und Steuerung von Betonmischern hängen ab von ihrer Bauweise und Größe, dem jeweiligen Typ (Modell) und der Energieversorgung der Baustelle.

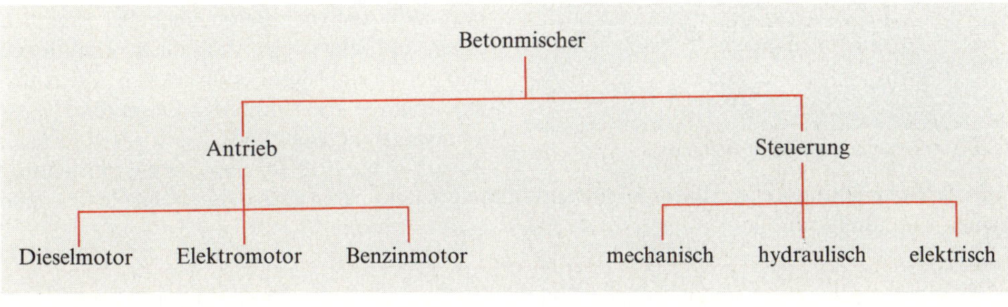

Betonmischer bis zu einer mittleren Größe haben luftbereifte Fahrgestelle für den Transport auf der Straße und der Baustelle (**1.**30). Auf der Baustelle werden sie jedoch auf Schwellenstapel aufgebockt

1.32 Elektrisch gesteuerter Betonmischer

oder auf Fundamente gesetzt. Größere Betonmischer ohne Fahrgestell transportiert man auf Tiefladern und stellt sie vor Inbetriebnahme auf Beton-Fundamentplatten (1.32) auf. Betonmischer, Zementsilo mit Waage und Zuschlagboxen mit Schrappern bilden dann die gesamte Betonbereitungsanlage. Betonmischer und Betonbereitungsanlagen sollen – wie Turmdrehkrane – nur von geschultem Fachpersonal (Baumaschinisten) bedient werden.

Betonmischer sind nach Größe und Anforderungen in DIN 459 genormt. Nach dem Nenninhalt gibt es 12 Größen von 75 bis 2500 l. Sie werden eingeteilt nach Arbeitsweise, Mischgefäß und Art der Entleerung. Stetig arbeitende Mischer werden für Massenbeton auf Großbaustellen, Teller- und Trogmischer vorzugsweise in Betonwerken eingesetzt. Auf normalen Baustellen verwendet man vor allem Trommelmischer in Form von Kipptrommel-, Umkehr- und Gleichlaufmischern. Der Antrieb erfolgt durch Diesel-, Elektro- oder Benzinmotore, die Steuerung mechanisch, hydraulisch oder elektrisch.

Kleine bis mittlere Betonmischer haben luftbereifte Fahrgestelle, große werden auf Tiefladern transportiert. Außer den kleinen Modellen für die Mörtelherstellung werden alle Betonmischer auf der Baustelle auf Schwellenstapel aufgebockt oder auf Betonfundamente gesetzt.

Betonmischer sollen nur von Baumaschinisten bedient werden.

1.2.8 Autobetonpumpen

Mit zunehmender Verwendung von Transportbeton werden Autobetonpumpen eingesetzt, die auch auf kleineren Baustellen bedeutende Arbeitszeitersparnisse ermöglichen.

1.33 Autobetonpumpe beim Betonieren

Autobetonpumpen führen den unteren und oberen Quertransport und den Höhentransport in einem Arbeitsgang durch. Der Beton wird dabei durch Rohre gepumpt, die in einem beweglichen Verteilerschlauch enden. Mit Hilfe eines knick- und schwenkbaren Auslegers, an dem die Rohre entlanggeführt und befestigt sind, läßt sich der Beton auch bei räumlich engen und schwierigen Baustellenverhältnissen sehr genau einbringen und verteilen. Die Autobetonpumpe übernimmt den Beton direkt vom Transportfahrzeug (1.33). Sie fördern je nach Bauart 20 bis 70 m^3/h, ersparen die Einrichtung einer Betonbereitungsanlage und ermöglichen ein zügiges Betonieren auch dann, wenn die Baustelle keinen Turmdrehkran hat.

Autobetonpumpen ermöglichen beim Einbau von Transportbeton einen zügigen Betoniervorgang. Ihr Einsatz ist vorteilhaft bei schwierigen Baustellenverhältnissen und wenn kein Turmdrehkran vorhanden ist.

1.3 Gerüste

Gerüste sind Baukonstruktionen, die aus Gerüstbauteilen zu Hilfskonstruktionen auf der Baustelle zusammengebaut werden. Es handelt sich dabei um komplizierte Ingenieurbauten, die nach Zeichnungen und statischen Berechnungen erstellt und an die höchste Sicherheitsanforderungen gestellt werden. Die Baufirmen können die notwendigen Gerüste selbst aufstellen. Wegen der ständig steigenden Anforderungen an die Gerüste werden aber immer mehr, besonders große und schwierige Gerüste, von Gerüstbaufirmen erstellt. Da große Unfallgefahr für den Gerüstbauer und die auf den Gerüsten tätigen Bauarbeiter besteht, müssen Baugerüste mit äußerster Sorgfalt auf- und abgebaut werden. Gerüstbauarbeiten werden ständig von den technischen Aufsichtsbeamten der Bau-Berufsgenossenschaften überwacht.

1.3.1 Arbeits- und Schutzgerüste nach DIN 4420

Die technischen Regeln und Vorschriften für die Gerüste sind festgelegt in DIN 4420 Teil 1 bis 4 „Arbeits- und Schutzgerüste". Die DIN-Norm enthält Anwendungsbereiche, Begriffe und Bezeichnungen, Sicherheitstechnische Anforderungen, Angaben über Aufbau und Verwendung der Gerüste, Vorschriften für die bauliche Durchbildung und die Abmessungen der Gerüste.

Grundsätzlich unterscheidet man Arbeits- und Schutzgerüste:

Gerüste nach DIN 4420

Arbeitsgerüste	Schutzgerüste
Kurzzeichen AG	als Fanggerüste (Kurzzeichen FG) als Dachfanggerüste (Kurzzeichen DF) als Schutzdächer (Kurzzeichen SD)

Arbeitsgerüste (AG) nehmen Personen, Werkzeuge, Maschinen, Geräte, Baustoffe und Bauteile auf. Vom Arbeitsgerüst aus werden die üblichen Bauarbeiten durchgeführt.

Fanggerüste (FG) und Dachfanggerüste (DF) sichern Personen gegen tieferen Absturz.

Schutzdächer (SD) schützen Personen, Geräte, Maschinen, Einrichtungen, Bauteile und Bauwerke gegen herabfallende Gegenstände.

Von der Gerüstbauart her werden alle Gerüste nach Tragsystem und Ausführungsart unterschieden.

Tragsystem	Ausführungsart
Standgerüst (S)	Stahlrohr-Kupplungsgerüst (SR)
Hängegerüst (H)	Leitergerüst (LG)
Auslegergerüst (A)	Rahmengerüst (RG)
Konsolgerüst (K)	Modulsystem (MS)

Die einzelnen Tragsysteme und Ausführungsarten sind in der DIN-Norm genauer beschrieben. Darüber hinaus werden dort weitere Begriffe geklärt, wie

- Tagesgerüst,
- Gerüstbauteil,
- Regelausführung,
- Standsicherheit,
- Horizontalkräfte,
- Verantwortlichkeit,
- Prüfung,
- Windlasten,
- Korrosionsschutz,
- Schweißeignung,
- Bekleidung von Gerüsten,
- Gerüstbauteile aus Aluminium,
- Gerüstbauteile aus Holz,
- Gerüstabschnitt.

Eine weitere Unterteilung erfolgt in Gerüste mit längenorientierten Gerüstlagen (Kurzzeichen L) und mit flächenorientierten Gerüstlagen (Kurzzeichen F). Ein Gerüst mit 90 cm Belagbreite, 25 m Länge und 14 m Höhe vor einer Fassade ist demzufolge ein L-Gerüst oder auch Fassadengerüst. Ein Gerüst im Innenraum einer Fabrikhalle oder einer Kirche mit 40 m Breite, 60 m Länge und 18 m Höhe ist ein F-Gerüst oder Raumgerüst.

Diese Kurzzeichen ermöglichen eine einfache, vollständige und unmißverständliche Bezeichnung von Gerüsten:

- **Gerüst DIN 4420 – AG – SL 5** ist die Kurzbezeichnung für ein Arbeitsgerüst nach DIN 4420 als Standgerüst mit längenorientierten Gerüstlagen (Fassadengerüst) der Gerüstgruppe 5.
- **Gerüst DIN 4420 – FG – AL** ist die Kurzbezeichnung für ein Fanggerüst nach DIN 4420 als Auslegergerüst mit längenorientierten Gerüstlagen.
- **Gerüst DIN 4420 – AG – SF 4** ist die Kurzbezeichnung für ein Arbeitsgerüst nach DIN 4420 als Standgerüst mit flächenorientierten Gerüstlagen (Raumgerüst) der Gerüstgruppe 4.

Gerüstgruppen. Nach den aufnehmbaren Verkehrslasten, der eigentlichen Tragkraft der Gerüste, sind die Arbeitsgerüste in 6 Gerüstgruppen eingeteilt. Tabelle **1**.34 zeigt die Gerüstgruppe, die Mindestbreiten der Belagfläche, die zulässigen Verkehrslasten (Tragkraft) als gleichmäßig verteilte Last und als Einzellast. Die Einzellast F_1 steht auf einer Belastungsfläche von 0,50 m · 0,50 m, die Einzellast F_2 – mehr als Punktlast – auf einer kleineren Belastungsfläche von 0,20 m · 0,20 m. Welche Gerüstgruppe zweckmäßig als Arbeitsgerüst für die jeweiligen Aufgaben gewählt werden sollte, zeigt Tabelle **1**.35.

Tabelle **1**.34 **Mindestbelagbreite und Tragfähigkeit von Gerüsten**

Gerüstgruppe	Mindestbelagsbreite	Verkehrslasten		
Nr.	in m	gleichmäßig verteilt in kN/m²	F_1 in kN	F_2 in kN
1	0,50	0,75	1,50	1,00
2	0,60	1,50	1,50	1,00
3	0,60	2,00	1,50	1,00
4	0,90	3,00	3,00	1,00
5	0,90	4,50	3,00	1,00
6	0,90	6,00	3,00	1,00

Tabelle **1**.35 **Gruppeneinteilung der Arbeitsgerüste**

Gerüstgruppe	Anwendungsbeispiele
1	Inspektionen, Arbeiten mit leichten Werkzeugen, keine Materiallagerung
2 und 3	Inspektionsarbeiten, Lagern von Baustoffen und Bauteilen zum sofortigen Verbrauch (Anstreichen, Verputzen, Verfugen)
4 und 5	Maurerarbeiten, Versetzen von Betonfertigteilen, Putzarbeiten
6	Maurerarbeiten, Werksteinarbeiten, Lagern größerer Mengen von Baustoffen und Bauteilen

Die fachgerechte Bezeichnung der Gerüstbauteile erfolgt nach der Schemazeichnung aus DIN 4420 T 1 (**1**.36).

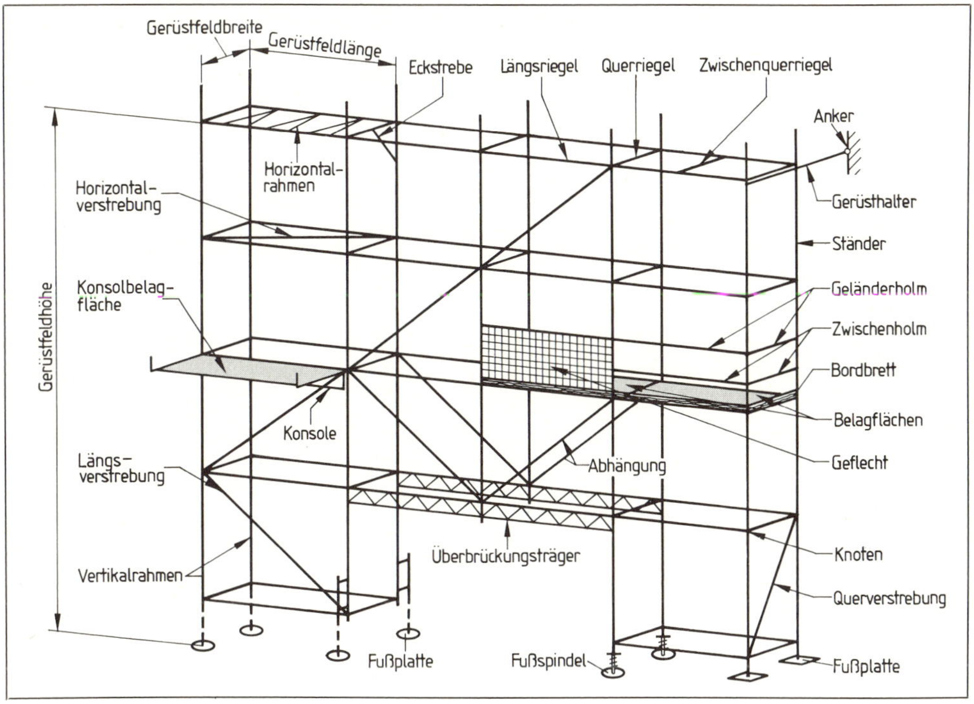

1.36 Bezeichnung der Gerüstbauteile nach DIN 4420 T 1

Nach DIN 4420 T 1 sind Gerüste baulich so durchzubilden, daß alle einwirkenden Lasten (Eigen-, Verkehrs-, Wind-, Schneelasten) sicher auf den tragfähigen Untergrund abgetragen werden können. Dabei sind folgende Gesichtspunkte zu beachten:

- **Aussteifungen** durch Diagonalen, Rahmen und Verankerungen, Verbindung der Diagonalen mit den vertikalen und horizontalen Hauptttraggliedern (**1.**36).
- **Verankerung** mit dem Bauwerk, Abstände der Verankerungspunkte nach Berechnung oder Regelausführung (**1.**36).
- **Belagteile** dicht verlegen, daß sie weder wippen noch ausweichen können (**1.**37).
- **Seitenschutz** aus Geländerholm, Zwischenholm und Bordbrett (**1.**38 auf S. 30).
- **Ständergröße** mit ausreichender Überdeckungslänge oder nach den Regeln des Systems (**1.**46 auf S. 32).
- **Zugang** zu den Arbeitsplätzen sicher über Treppen, Leitern und Laufstege.
- **Eckausbildung** um die Bauwerksecken in ganzer Belagbreite (**1.**39).
- **Ständer** immer mit Fußplatten oder Fußspindeln (**1.**47).

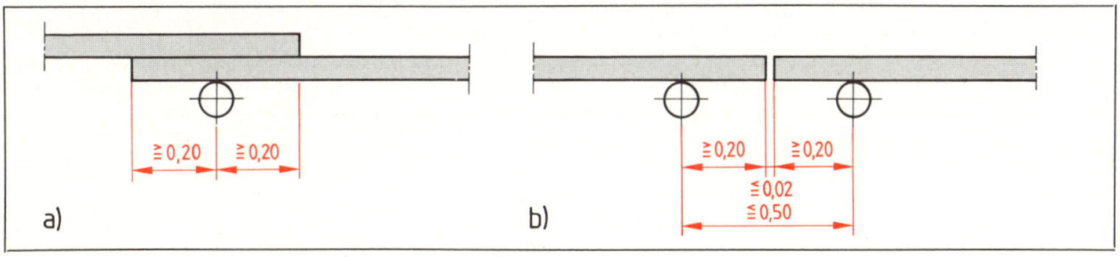

1.37 Auflagerung von Gerüstbohlen

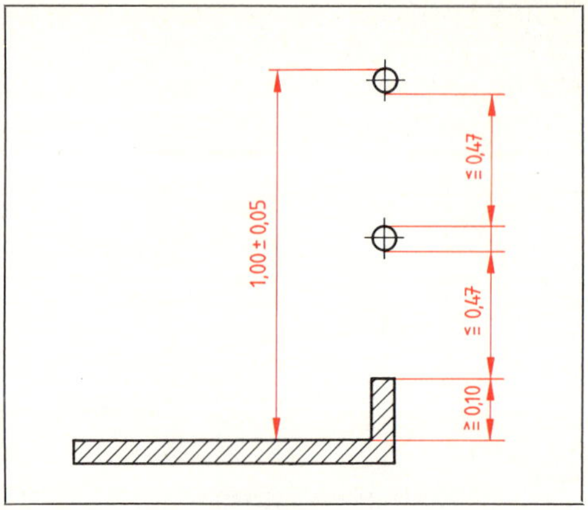

1.38 Ausbildung des Seitenschutzes

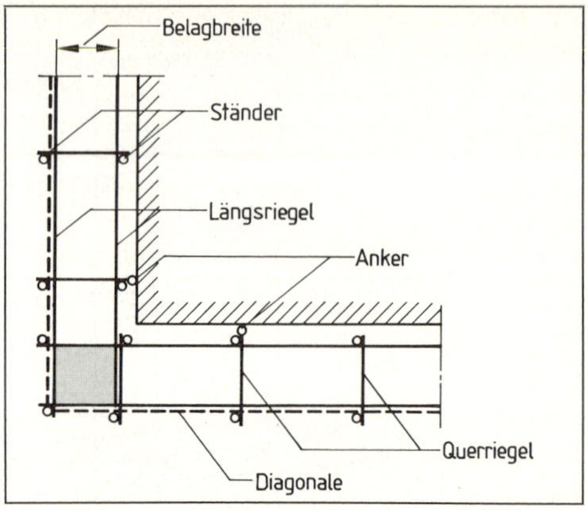

1.39 Eckenausbildung mit voller Belagbreite (Stahlrohr-Kupplungsgerüst als Standgerüst)

Neben fertigen Tafeln aus Holz und Furnierplatten mit Kantenschutz aus Metallprofilen dienen vor allem Holzbretter und Holzbohlen als Gerüstbelag. Dabei ist sorgfältig auf die Einhaltung der höchstzulässigen Stützweiten zu achten (**1**.40).

Werden bei Fanggerüsten Holzbohlen als Gerüstbelag verwendet, sind Bohlen 24 cm × 4,5 cm oder 28 cm × 4,5 cm vorgeschrieben. Sie können einfach oder doppelt verlegt werden. Ihre zulässige Stützweite richtet sich nach der Absturzhöhe (**1**.41).

Tabelle **1**.40 **Zulässige Stützweite in m für Gerüstbeläge aus Holzbrettern und Holzbohlen nach DIN 4420 T1**

Gerüst-Gruppe	Brett-/Bohlenbreite in cm	Brett-/Bohlendicke in cm 3,0	3,5	4,0	4,5	5,0
1 2 3	20	1,25	1,50	1,75	2,25	2,50
	24 und 28	1,25	1,75	2,25	2,50	2,75
4	20	1,25	1,50	1,75	2,25	2,50
	24 und 28	1,25	1,75	2,00	2,25	2,50
5	20, 24, 28	1,25	1,25	1,50	1,75	2,00
6	20, 24, 28	1,00	1,25	1,25	1,50	1,75

Tabelle **1**.41 **Holzbohlen als Belagteile von Fanggerüsten (zulässige Stützweiten in m nach DIN 4420 T1)**

Absturzhöhe max. *h* in m	Bohlenquerschnitte in cm 24 × 4,5		28 × 4,5	
Belag →	einfach	doppelt	einfach	doppelt
1,00	1,40	2,50	1,50	2,70
1,50	1,20	2,20	1,40	2,50
2,00	1,20	2,00	1,30	2,20
2,50	1,10	1,90	1,20	2,00
3,00	1,00	1,80	1,10	2,00

Für die bauliche Ausführung von Schutzgerüsten schreibt DIN 4420 T 1, getrennt für die 3 Arten von Schutzgerüsten, verbindliche Beispiellösungen vor (**1**.42 bis **1**.44).

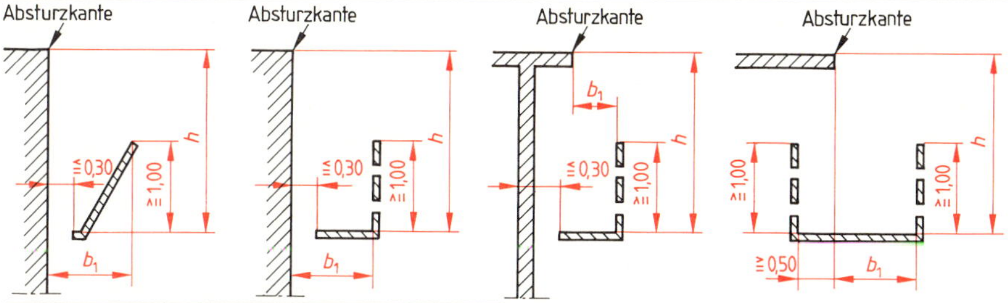

vertikaler Abstand h in m	bis	2,00	3,00
Mindestabstand b_1 in m	min.	0,90	1,30

1.42 Bauliche Durchbildung und Abmessungen von Fanggerüsten

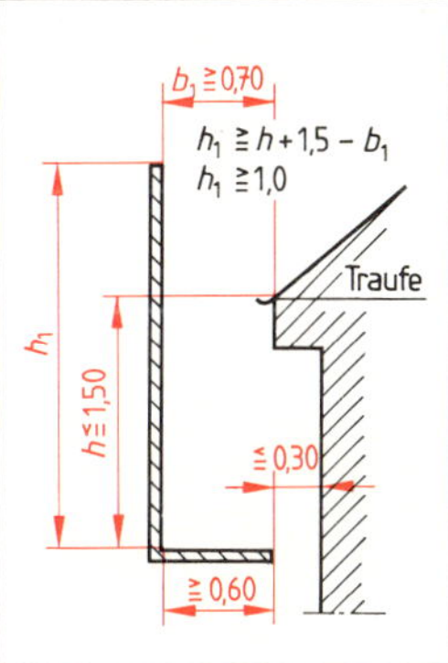

1.43 Bauliche Durchbildung und Abmessungen eines Dachfanggerüsts

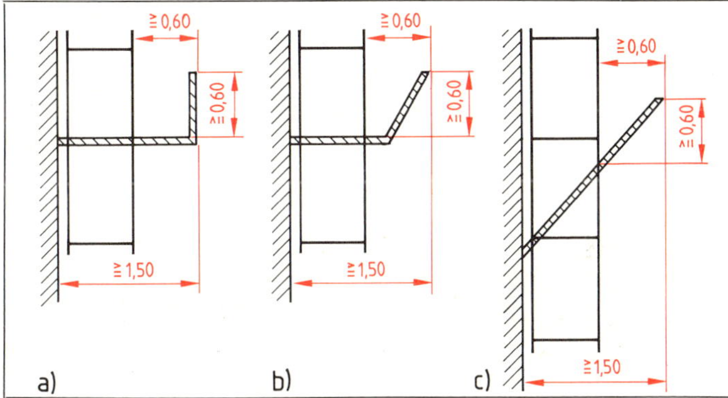

1.44 Bauliche Durchbildung und Abmessungen von Schutzdächern
a) vertikale Bordwand, b) geneigte Bordwand, c) geneigtes Schutzdach

Stahlrohr-Kupplungsgerüste sind die meistverwendeten Gerüste. Stahlrohre unterschiedlicher Länge mit einem Außendurchmesser von 48,3 mm werden durch Normal-, Dreh-, Druck-, Zug- und Stoßkupplungen miteinander verbunden (**1**.45). Rohrstöße (Rohrverlängerungen) werden

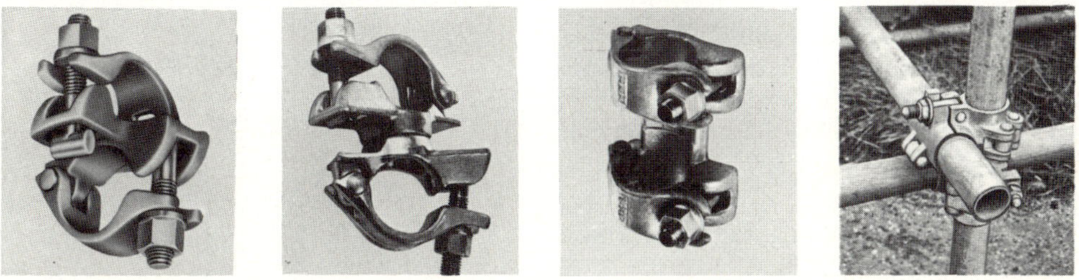

a) b) c) d)

1.45 Kupplungen für Stahlrohr-Kupplungsgerüste
a) Normalkupplung, b) Drehkupplung, c) Zugkupplung, d) Knotenpunkt

mit besonderen Rohrverbindern hergestellt (1.46). Die Vielseitigkeit und Flexibilität dieses Verfahrens ermöglicht die Herstellung von Arbeits- und Schutzgerüsten als Stand-, Hänge-, Ausleger- und Konsolgerüst. Die Abstände von Ständern, Längs-, Quer- und Zwischenriegeln, die Anordnung der Diagonalen sowie die zusätzlichen Vorschriften für Hänge-, Ausleger- und Konsolgerüste sind der Norm zu entnehmen.

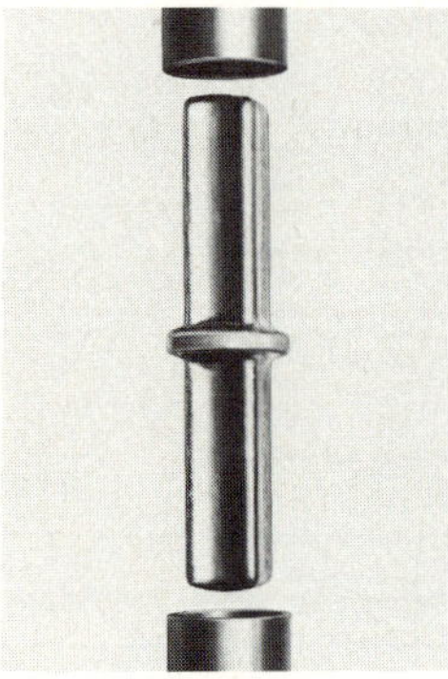

1.46 Rohrverbinder für druckfeste Stöße

1.47 Fußplatten für Stahlrohr-Kupplungsgerüste
a) feste Fußplatte
b) Gewindefußplatte

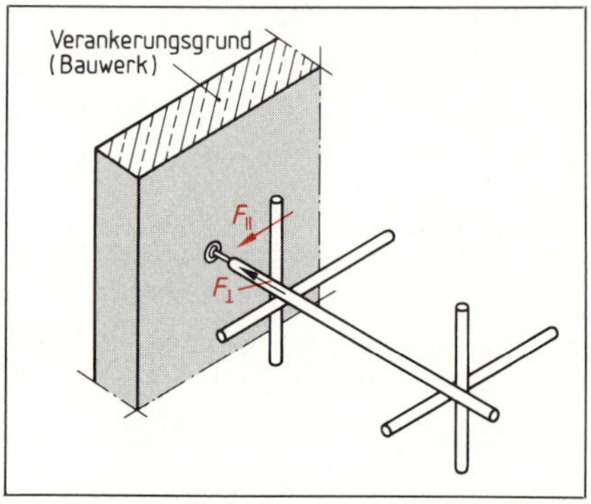

1.48 Schematische Darstellung der Verankerung am Bauwerk

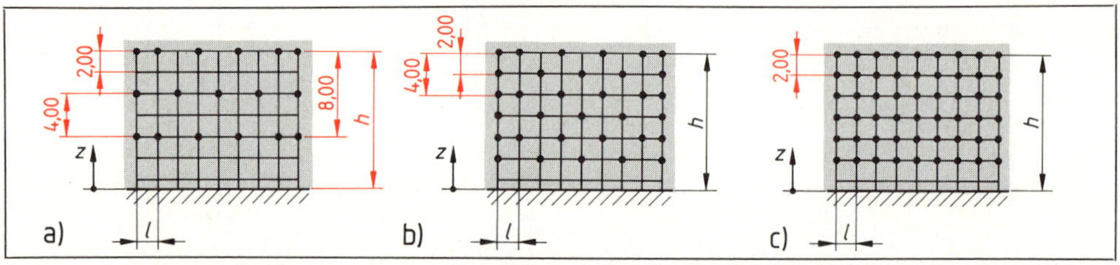

1.49 Verankerungsraster für ein Stahlrohr-Kupplungsgerüst als Fassadengerüst

a) niedriges Gerüst mit wenigen Verankerungspunkten, b) mittelhohes Gerüst mit mehreren Verankerungspunkten, c) hohes Gerüst mit vielen Verankerungspunkten

Die Verankerung des Gerüsts am Bauwerk wird besonders sorgfältig berechnet und ausgeführt. Bild 1.48 zeigt schematisch die Wirkung der Kräfte $F_{\perp}$ senkrecht und $F_{\parallel}$ parallel zum Verankerungsgrund (Bauwerk). Ein Verankerungsraster für ein Stahlrohr-Kupplungsgerüst als Standgerüst mit längenorientierten Gerüstlagen ist in Bild 1.49 dargestellt. Aus einer hier nicht abgedruckten Tabelle der DIN-Norm läßt sich die Größe der Verankerungskräfte $F_{\perp}$ und $F_{\parallel}$ ablesen. Die Verankerungskräfte werden mit zunehmender Gerüsthöhe größer, aber wieder kleiner, wenn mehr Verankerungspunkte angeordnet werden.

Tabelle 1.50 **Ständerabstände für Regelausführungen von Stahlrohr-Kupplungsgerüsten (SL)**

Gerüstgruppe	1 oder 2	3 oder 4	5	6
Ständerabstand *l* in m	2,50	2,00	1,50	1,20

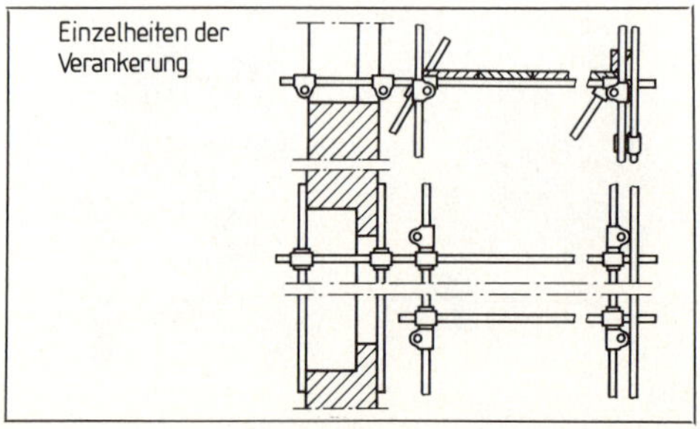

1.51 Verankerung eines Stahlrohr-Kupplungsgerüsts in einer Fensteröffnung

Von Bedeutung ist dabei der Abstand *l* der Ständer, der von der Gerüstgruppe abhängt (**1**.50). Für eine Gerüstverankerung wie in Bild **1**.48 wird ein Dübel in den Verankerungsgrund gesetzt. Wenn in der Fassade Öffnungen (Fenster) vorhanden sind, kann die Verankerung auch nach Bild **1**.51 erfolgen.

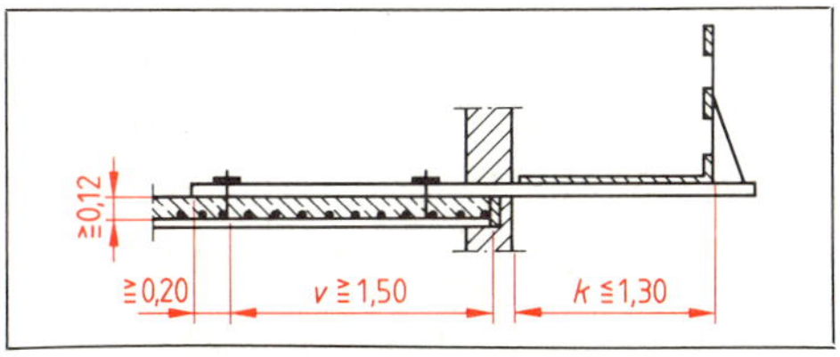

1.52 Auslegergerüst auf einer Stahlbetondecke
a = Verankerungslänge
k = Kraglänge

Auslegergerüste nach DIN 4420 T 3 werden aus Stahlprofilen I 80. IPE 80, I 100 und IPE 100 hergestellt, die durch mindestens 2 Verankerungsbügel von 10 mm Durchmesser aus BSt III S oder BSt IV S in einer Stahlbetondecke verankert sind. Die Verankerungsbügel müssen dabei unter die Bewehrung greifen, und der Ausleger muß mindestens 20 cm über den inneren Verankerungsbügel reichen (**1**.52 bis **1**.54).

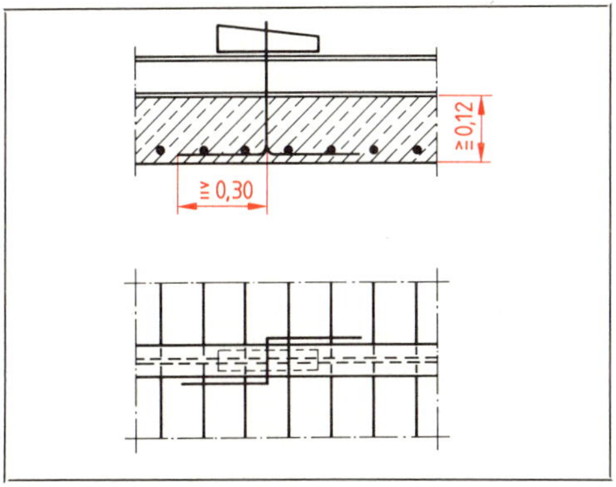

1.53 Schnitt und Draufsicht der Verankerung des Auslegers in der Stahlbetondecke

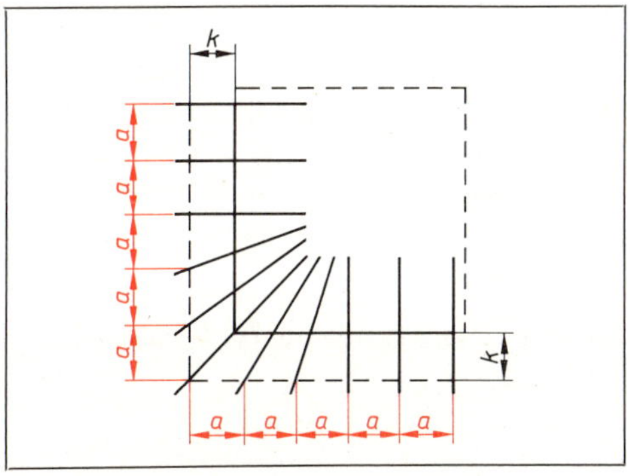

1.54 Eckausbildung eines Auslegergerüsts
a = Ausleger-Endabstand

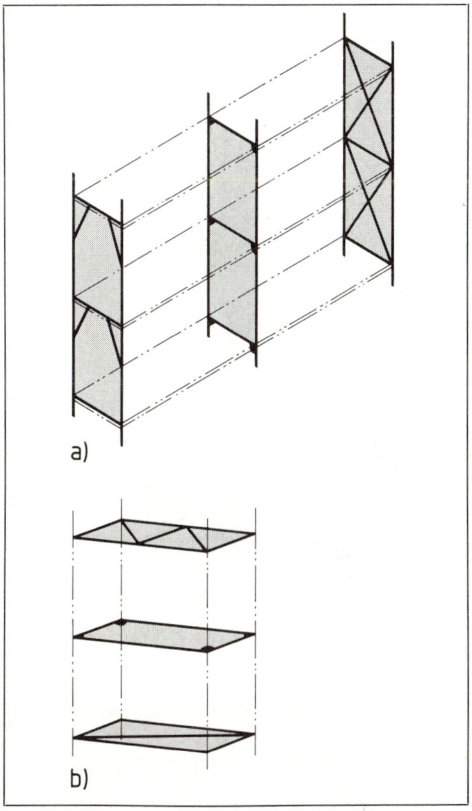

1.55 a) Horizontal- und b) Vertikalrahmen von Systemgerüsten

Systemgerüste (oder vorgefertigte/teilvorgefertigte Gerüste) nach DIN 4420 T4 bestehen aus biegesteifen, festen Rahmen mit stabilen Eckaussteifungen. Die Rahmen liegen in ihren Abmessungen unveränderlich fest. Man unterscheidet Horizontalrahmen und Vertikalrahmen (**1**.55).

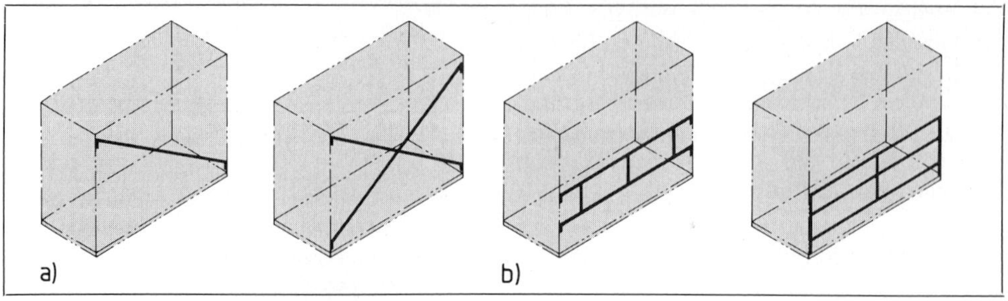

1.56 Vertikalrahmen von Systemgerüsten
a) mit Diagonalverstrebungen, b) mit Seitenschutz

Vertikalrahmen gibt es mit zusätzlichen Verstrebungen und Seitenschutz (1.56). Für die Systemgerüste gelten die normalen Gerüstgruppen 1 bis 6, für Arbeitsgerüste die Belagbreiten und Verkehrslasten nach Tabelle 1.34 und die Vorschriften für den Seitenschutz (1.38). Systemgerüste lassen sich schnell auf- und abbauen und sind daher kostengünstig (1.57). Nachteilig ist, daß sie normalerweise nur als Standgerüst und als Fassadengerüst für normale Bauvorhaben eingesetzt werden können (1.58).

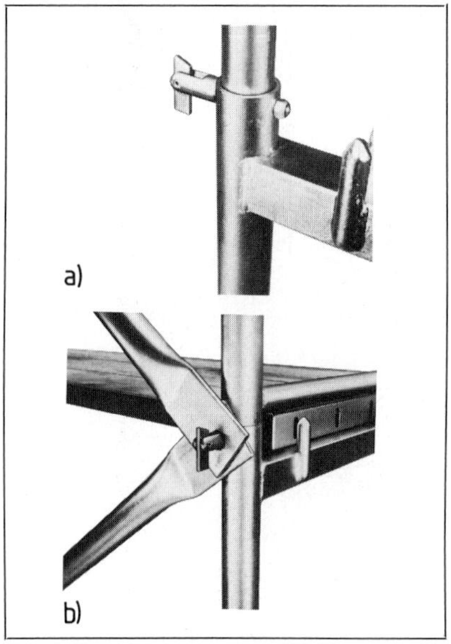

1.57 Kippstiftverbindung an einem Systemgerüst (Schnellbaugerüst),
a) Kippstift, b) Kippstift mit Belag und Verstrebungen

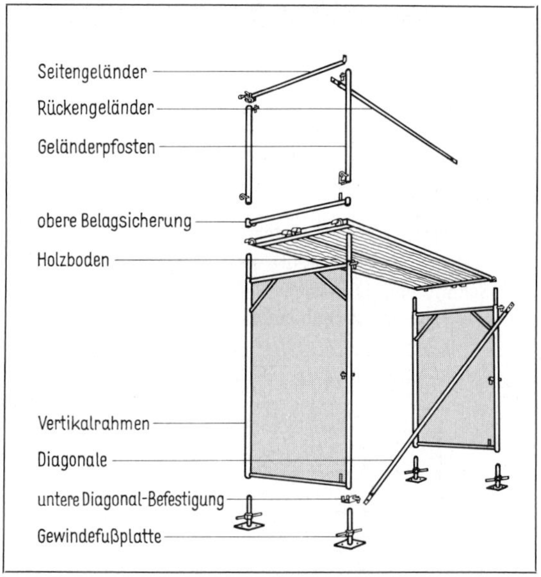

1.58 Systemgerüst (Schnellbaugerüst) mit Vertikalrahmen

Für Leitergerüste enthält DIN 4420 T 2 Sicherheitsvorschriften und Regelausführungen. Leitergerüste werden ausgeführt als

- Standgerüste mit längenorientierten Gerüstlagen (SL, Fassadengerüste),
- Hängegerüste mit längenorientierten Gerüstlagen (HL),
- Standgerüste mit flächenorientierten Gerüstlagen (SF, Raumgerüste).

Als Arbeitsgerüste sind sie nur zugelassen für die Gerüstgruppen 1, 2 und 3. Deshalb werden sie bevorzugt für Inspektions-, Anstrich- und Reparaturarbeiten verwendet. Die Norm enthält eine Vielzahl von Gerüstleitern und Gerüstbauteilen, Vorschriften, Maßen und Ausführungsbeispielen. Leitergerüste werden fast immer von Gerüstbaufirmen aufgestellt. Ein Beispiel zeigt Bild **1**.59 aus DIN 4420 T2.

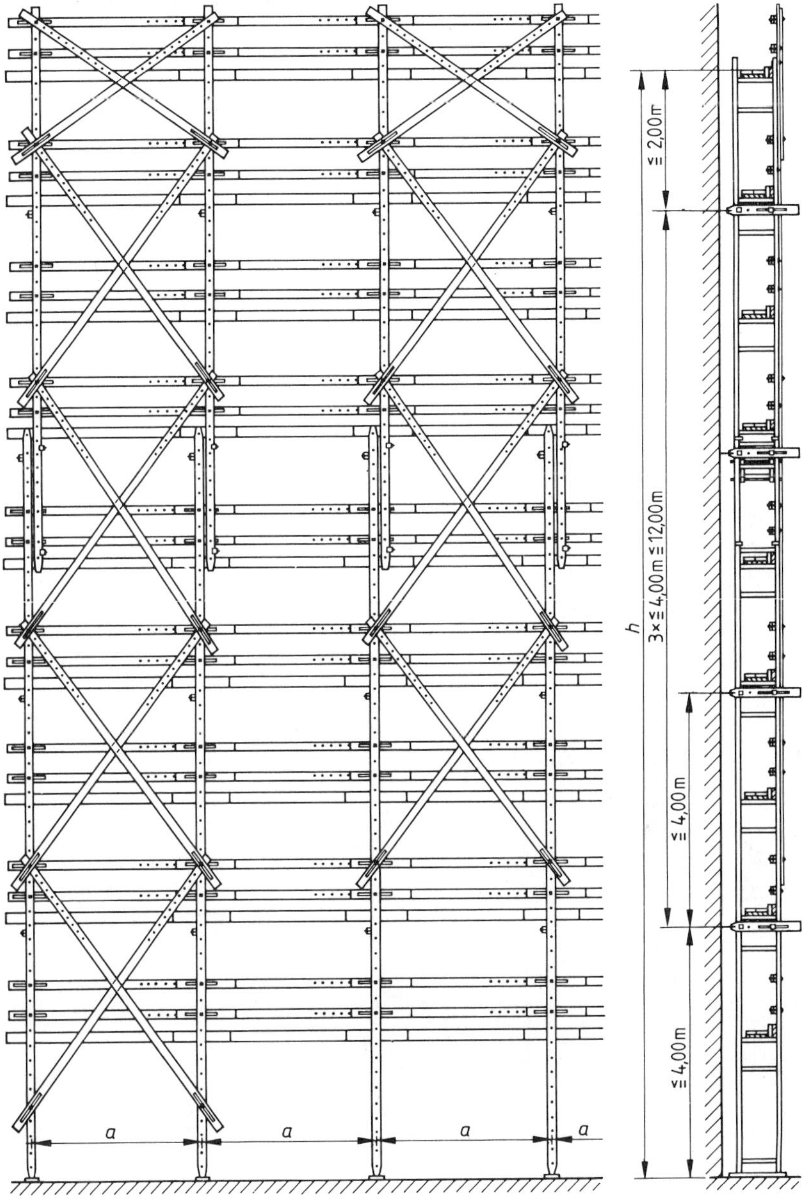

1.59 Vorder- und Seitenansicht eines Leitergerüsts nach DIN 4420 T2

Gerüste nach DIN 4420 Teil 1 bis 4 „Arbeits- und Schutzgerüste" sind Ingenieurkonstruktionen, die zur Durchführung von Bauarbeiten auf- und wieder abgebaut werden. Sie unterliegen strengen technischen Vorschriften und Sicherheitsbestimmungen. Gerüstbauarbeiten werden von der Bau-Berufsgenossenschaft überwacht.

Arbeits- und Schutzgerüste werden nach dem Tragsystem und der Ausführungsart unterschieden. Die meistverwendeten Gerüste sind Stahlrohr-Kupplungsgerüste und Systemgerüste als Standgerüste. Für Reparaturarbeiten an Fassaden werden Leitergerüste verwendet. Die Mehrzahl der großen Gerüste wird von Gerüstbaufirmen erstellt.

1.3.2 Gerüste für besondere Bauarbeiten

Außer den in Abschn. 1.3.1 behandelten Gerüsten nach DIN 4420 Teil 1 bis 4 werden für besondere Bauarbeiten und auf kleineren Baustellen noch andere Gerüste verwendet. Für die Erstellung und die Sicherheitsvorschriften dieser Gerüste gelten die Vorschriften der DIN 4420 sinngemäß.

Stangengerüste aus Rundholzstangen, die mit Gerüstketten, Drahtlitzen und Gerüsthaltern miteinander verbunden werden, sind weitgehend von Stahlrohr-Kupplungsgerüsten und Systemgerüsten verdrängt worden. Für kleinere Bauvorhaben, für die nur kurzfristig ein Gerüst erforderlich ist, werden sie gelegentlich unter der Leitung eines erfahrenen Poliers als ein- oder zweireihige Stangengerüste nach handwerklichen Regeln erstellt. Stangengerüste sind nicht mehr genormt.

Bockgerüste bestehen aus starren Holzböcken (**1**.60) oder ausziehbaren Stahlböcken (**1**.61) und einem Gerüstbelag aus Holzbohlen, die unmittelbar auf den Querholmen der Böcke oder auf Längsriegeln liegen (**1**.60). Die Gerüstböcke müssen standsicher aufgestellt werden. Bei schlechtem Untergrund schafft man mit Gerüstbohlen ein festes Auflager. Es werden höchstens 2 Böcke übereinandergestellt (**1**.60). Damit eignen sich Bockgerüste für Bauarbeiten bis Raumhöhe (Geschoßhöhe). Die Ausbildung des Seitenschutzes und die Stützweiten der Holzbohlen sollen den genormten Gerüsten entsprechen. Der Gerüstbelag muß so verlegt werden, daß Wippen und Kippen ausgeschlossen ist (**1**.62).

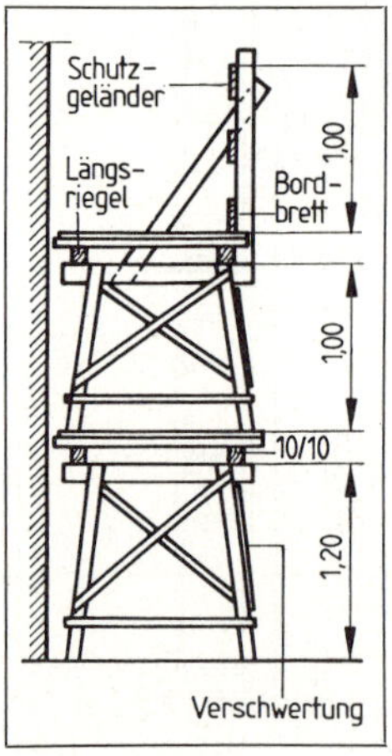

1.60 Bockgerüst aus Holz

1.61 Anziehbarer Stahlbock

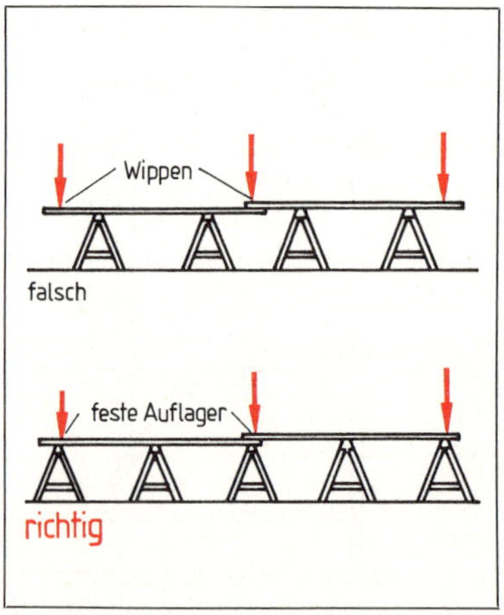

1.62 Verlegen des Gerüstbelags auf Bockgerüsten

Auslegergerüste aus Kanthölzern sind nicht genormt, können aber nach Handwerksregeln ausgeführt werden (**1**.63). Sie eignen sich besonders für kurzfristige, kleinere Arbeiten in größerer Höhe bei vorhandenen Fensteröffnungen, wenn ein Fassadengerüst zu teuer ist.

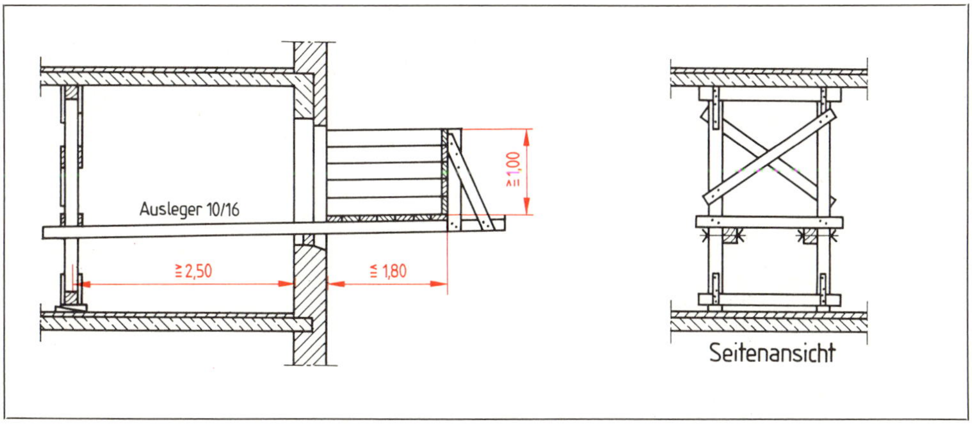

1.63 Auslegergerüst aus Kanthölzern in einer Fensteröffnung

Fahrgerüste sind in DIN 4222 Teil 1 und 2 „Fahrbare Arbeitsbühnen (Fahrgerüste)" genormt. Die Norm legt Begriffe, Maße, Werkstoffe und Bauteile fest. Besondere sicherheitstechnische Anforderungen werden an Seitenschutz, Aufstiege (Leitern), Kippsicherheit, Sturmsicherung und Tragkraft der Fahrrollen gestellt. Die Fahrrollen müsssen feststellbar sein (**1**.64). Fahrgerüste eignen sich für kurzzeitige Arbeiten, Montagen und Reparaturen an hochgelegenen Arbeitsplätzen. Auf den Fahrrollen unter den Ständern können die Fahrgerüste auf ebenem Untergrund schnell umgesetzt werden. Bei Einsatz im Freien muß die Kippsicherheit größer sein als in geschlossenen Räumen. Obwohl man Fahrgerüste als Stahlrohr-Kupplungsgerüste bauen kann, sind es meist Systemgerüste mit festliegenden Abmessungen, die sich auf der Baustelle schnell montieren lassen.

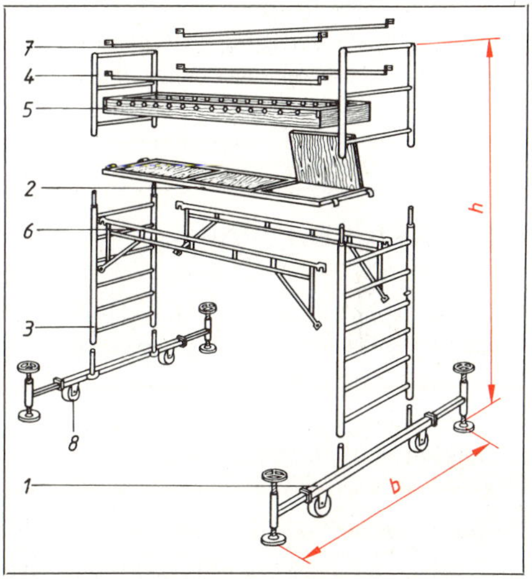

1.64 Fahrgerüst aus Stahlrohre

1 Fahrbalken (starr oder ausfahrbar)
2 Arbeitsbühne mit Einstiegklappe
3 Grundleiter
4 Quergeländerahmen
5 Bordbrettrahmen
6 Seitenteil
7 Geländer
8 Fahrrolle

Traggerüste sind in DIN 4421 „Traggerüste" genormt. Sie werden auch als Lehrgerüste bezeichnet und dienen zur Unterstützung von Massivtragwerken, bis diese eine ausreichende Tragfähigkeit erreicht haben. Die Einrüstung einer Stahlbeton-Wohnhausdecke aus Baustützen und Verschwertungen sowie das Lehrgerüst für eine weitgespannte Spannbeton-Brücke sind Traggerüste.

Gerüstbauteile für Traggerüste sind Stahlträger, Baustützen mit Ausziehvorrichtung, Rahmenstützen (mehrteilige Stützen), Trägerkonsolen, Trägerklemmen, Kupplungen mit Schraub- und Keilverschluß und längenverstellbare Schalungsträger als Vollprofil- und Gitterträger.

Traggerüste werden in die Gruppen I, II und III eingeteilt, die aber alle gleichen Sicherheitsanforderungen genügen müssen (**1**.65).

Tabelle **1**.65 **Einteilung der Traggerüste**

Gruppe	Anwendungsbereiche, Anforderungen
I	Einbauhöhe $\leq 5{,}00$ m, Stützweite $\leq 6{,}00$ m, gleichmäßig verteilte Verkehrslast $\leq 8{,}00\ kN/m^2$, Streckenlast auf Trägern und Unterzügen $\leq 15{,}00$ kN/m, senkrechte Schalungskonstruktionen $\leq 5{,}00$ m
II	Keine Begrenzung der Abmessungen, Standsicherheit und Anschlüsse müssen rechnerisch nachgewiesen werden, Übersichtszeichnungen mit Grundrissen, Schnitten und wesentlichen Details erforderlich
III	Anforderungen wie bei Gruppe II, zusätzlich genaue Erfassung und Berechnung des statischen Systems und der Lagerbedingungen, erhöhte Anforderungen an die Erfassung äußerer Einflüsse (Wind, Schnee) und die zeichnerische Darstellung

An alle Werkstoffe und Verbindungsmittel von Traggerüsten werden hohe Anforderungen gestellt. Die Planung, Bauüberwachung und Prüfung von Traggerüsten der Gruppen II und III führt meist ein Ingenieurbüro für Baustatik durch.

Neben den in DIN 4420 „Arbeits- und Schutzgerüste" genormten Gerüsten gibt es noch
- Stangengerüste aus Rundholzstangen, die nur noch wenig Bedeutung haben,
- Bockgerüste aus Holz- und Stahlböcken mit Holzbohlenbelag für Arbeiten bis Raumhöhe (Geschoßhöhe),
- Auslegergerüste aus Kanthölzern für Arbeiten in größerer Höhe an Fensteröffnungen,
- Fahrgerüste als Systemgerüste für häufig wechselnde Arbeitsplätze in größerer Höhe,
- Traggerüste als einfache Unterstützungskonstruktionen unter Balken- und Deckenschalungen sowie ingenieurmäßig geplante, berechnete und gezeichnete Unterstützungskonstruktionen unter weitgespannten Stahlbetonkonstruktionen.

1.4 Elektrischer Strom

Elektrische Energie ist der wichtigste Energieträger auf der Baustelle. Elektrischer Strom betreibt Geräte und Maschinen, Beleuchtungen und Heizungen.

Der Umgang mit elektrischem Strom erfordert wegen der damit verbundenen Unfallgefahr Sorgfalt und Fachkenntnisse.

Wichtige Vorschriften

1. „Unfallverhütungsvorschrift Elektrische Anlagen und Betriebsmittel" der Bau-Berufsgenossenschaften.

2. DIN-Normen und VDE-Vorschriften (VDE = Verband Deutscher Elektrotechniker e.V.). Für die Elektroinstallation auf der Baustelle ist besonders wichtig die VDE-Vorschrift 0100 „Bestimmungen für das Errichten von Starkstromanlagen mit Nennspannungen bis 1000 V".

3. Technische Anschlußbedingungen des zuständigen Elektrizitätswerks.

Grundsätze für den Umgang mit elektrischem Strom

Nur eine Elektrofachkraft ist zuständig für das Errichten, Ändern und Instandhalten elektrischer Anlagen. Elektrofachkraft ist, wer aufgrund seiner fachlichen Ausbildung, Erfahrung und Kenntnis der Bestimmungen elektrotechnische Arbeiten beurteilen und ausführen sowie mögliche Gefahren erkennen kann.

Werkzeuge, Leitungen, Steckverbindungen, Leuchten und andere elektrische Betriebsmittel und Anlagen dürfen nur bestimmungs- und fachgemäß eingesetzt werden. Mechanische Beschädigungen müssen vermieden werden.

Elektrische Anlagen müssen ständig überwacht, Fehler und Mängel schnell erkannt und sofort behoben werden. Schadhafte Leitungen, Steckverbindungen, Leuchten, Anschlüsse sowie Geräte und Maschinen unter Strom bedeuten Lebensgefahr!

Grundkenntnisse über die Eigenschaften, Arten und Gefahren des elektrischen Stroms sollte jeder am Bau Beschäftigte haben.

1.4.1 Physikalische Grundlagen

Elektrischer Strom (oder einfach: Strom) ist die gerichtete Bewegung freier Elektronen (Ladungen) in einem Leiter (**1**.66). Wir unterscheiden Gleich- und Wechselstrom.

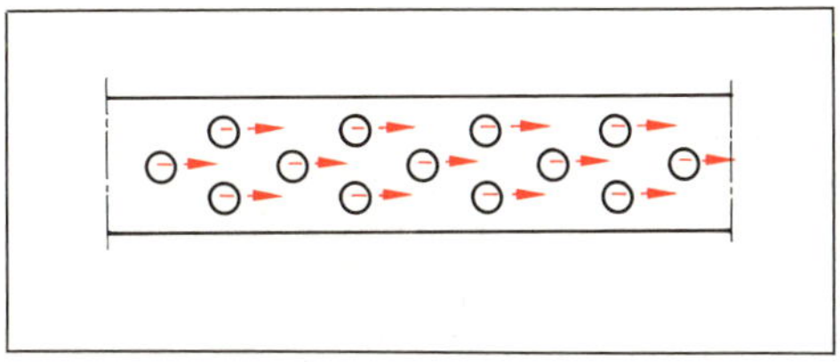

1.66 Bewegung freier Elektronen (Ladungen) im Leiter

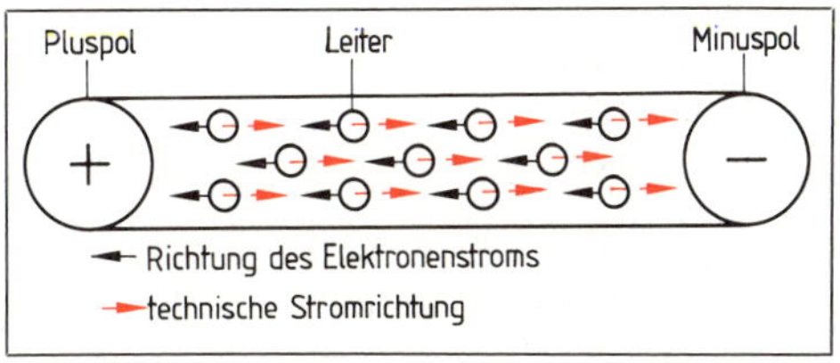

1.67 Elektronenfluß im Leiter bei Gleichstrom

Bei Gleichstrom fließen die freien Elektronen im Leiter vom Minus- zum Pluspol. Aus historischen Gründen wurde die technische Stromrichtung vom Plus- zum Minuspol festgelegt (**1**.67). In der Praxis wird die technische Stromrichtung angegeben (**1**.68).

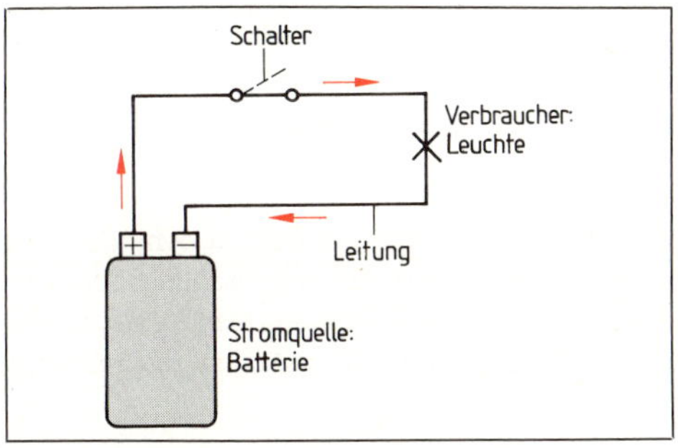

1.68 Beispiel eines einfachen Gleichstromkreises

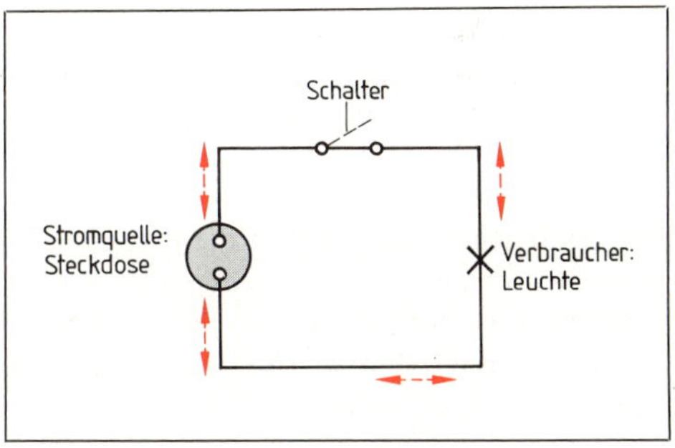

1.69 Beispiel eines einfachen Wechselstromkreises

Bei Wechselstrom wechselt die Richtung des Elektronenflusses ständig und sehr schnell – die Elektronen „schwingen“ im Leiter. Die Häufigkeit der Schwingungen nennt man Frequenz f.

Ihre Einheit ist das Hertz (Hz, 1 Hz = 1 Schwingung je Sekunde). In unserem öffentlichen Elektrizitätsnetz schwingt Wechselstrom mit $f = 50$ Hz. Jeder Pol einer Steckdose ist deshalb in einer Sekunde 50mal positiv und 50mal negativ. Wechselstrom ist die technisch wichtigere Stromart (**1**.69).

Stromstärke ist die Menge der elektrischen Ladungen, die in einer bestimmten Zeit t durch den Querschnitt A eines Leiters fließt. Die Stromstärke wird mit I bezeichnet und in Ampere (A) angegeben (**1**.70).

Tabelle **1**.70 **Beispiele für Stromstärken**

Kühlschrank	0,5 A
Glühlampen	0,1 bis ~ 0,5 A
Rundfunkgerät	1 A
Staubsauger	2 A
Bügeleisen	3 A
Öffentliches Stromnetz	10 bis 25 A

Tabelle **1**.71 **Beispiele für elektrische Spannungen**

Batterien für Kleingeräte	1,5 V, 6 V oder 9 V
Autobatterien	6 oder 12 V
Öffentliches Stromnetz (Steckdose)	230 oder 400 V
Bundesbahn	500 bis 15000 V
Hochspannungsleitung	100 bis 500 kV

Die elektrische Spannung ergibt sich aus dem Ladungsunterschied zwischen Elektronenüberschuß am Minuspol ⊖ und Elektronenmangel am Pluspol ⊕. Wenn ein Leiter Plus- und Minuspol verbindet, fließt der Elektronenstrom von ⊖ nach ⊕, bis der Ladungszustand ausgeglichen (neutral) ist (**1**.72). Die Spannung bezeichnet man als U und gibt sie in Volt (V) an, sehr hohe Spannungen in kV (1 kV = 1000 V, **1**.71).

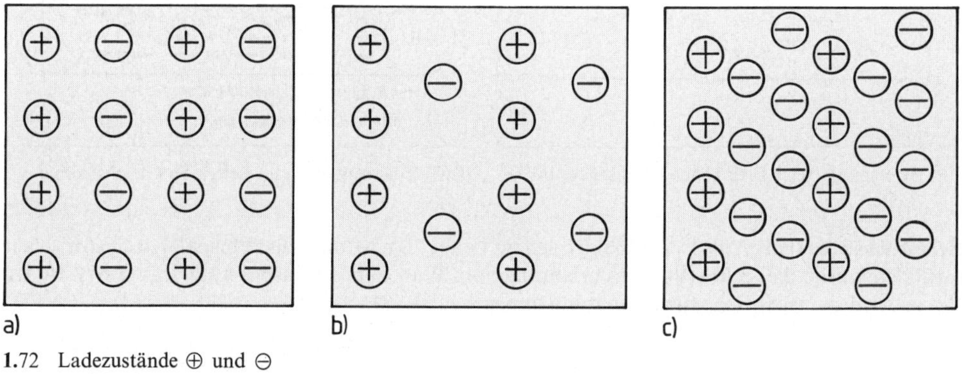

1.72 Ladezustände ⊕ und ⊖
a) elektrisch neutral: gleiche Anzahl ⊕ und ⊖
b) elektrisch positiv: Elektronenmangel
c) elektrisch negativ: Elektronenüberschuß

Der elektrische Widerstand ist die Eigenschaft eines Stoffes, den Elektronenfluß zu behindern. In schlechten Leitern sind nur wenige freie Elektronen für den Transport der elektrischen Ladungen vorhanden, in guten dagegen viele. Stoffe mit geringem elektrischen Widerstand sind gute, Stoffe mit hohem elektrischen Widerstand dagegen schlechte elektrische Leiter. Man bezeichnet den elektrischen Widerstand mit R und gibt ihn in Ohm (Ω) an.

Leiter für den Strom sind vor allem Metalle und ihre Legierungen (z. B. Kupfer, Aluminium, Stahl), aber auch Kohlenstoff, Lösungen von Salzen sowie Säuren und Basen. Stoffe, die keinen Strom leiten, heißen Isolatoren oder Nichtleiter. Dazu gehören Gummi, Glas, Porzellan, Spezialpapiere, Kunststoffe, Öl und destilliertes (chemisch reines) Wasser.

Verbraucher sind Geräte, die elektrische Energie in andere Energiearten umformen (z. B. Glühlampen, Elektromotoren und Elektroheizungen).

Die Leistung des Stroms ist das Produkt aus Spannung U und Stromstärke I. Sie wird mit P bezeichnet und in Watt (W) angegeben, große Leistungen in kW (1 kW = 1000 W; **1.**73).

Tabelle **1.**73 **Beispiele für Leistungsaufnahmen von Verbrauchern**

Glühlampe	15 bis 300 W
Rundfunkgerät	100 W
Staubsauger	500 W
Bügeleisen	1000 W
Heizgerät	2000 W
Elektromotor	2500 W
Waschmaschine	3000 W

Die Arbeit, die elektrischer Strom verrichtet, ist das Produkt aus der Leistung P und der Zeit t, in der die Leistung aufgebracht wird. Sie wird mit W bezeichnet und in Wattsekunde (Ws) oder Wattstunde (Wh) angegeben (1 Wh = 3600 Ws, 1 kWh = 1000 Wh).

Tabelle **1.**74 faßt noch einmal alle elektronischen Größen und Formeln zusammen.

Tabelle **1.**74 **Größen und Formeln der Elektrotechnik**

Formelzeichen und Bedeutung	Einheit	Formeln		
I Stromstärke	A Ampere	Stromstärke = $\frac{\text{Spannung}}{\text{Widerstand}}$	$I = \frac{U}{R}$	$1\,\text{A} = \frac{1\,\text{V}}{1\,\Omega}$
U Spannung	V Volt	Spannung = Stromstärke · Widerstand	$U = I \cdot R$	$1\,\text{V} = 1\,\text{A} \cdot 1\,\Omega$
R Widerstand	Ω Ohm	Widerstand = $\frac{\text{Spannung}}{\text{Stromstärke}}$	$R = \frac{U}{I}$	$1\,\Omega = \frac{1\,\text{V}}{1\,\text{A}}$
P Leistung	W Watt	Leistung = Spannung · Stromstärke	$P = U \cdot I$	$1\,\text{W} = 1\,\text{V} \cdot 1\,\text{A}$
W Arbeit	Ws Wattsekunde Wh Wattstunde	Arbeit = Leistung · Zeit	$W = P \cdot \text{Ws}$	$1\,\text{J} = 1\,\text{W} \cdot 1\,\text{s}$
t Zeit	s Sekunde			

Beispiel 1.1 Berechnen Sie den Widerstand R für eine Spannung $U = 230$ V und eine Stromstärke $I = 10$ A.

Lösung $I = \frac{U}{R}$ $\quad R = \frac{U}{I}$

$$R = \frac{230\,\text{V}}{10\,\text{A}} = \mathbf{23\,\Omega}$$

Beispiel 1.2 Berechnen Sie die Stromstärke I für eine Spannung $U = 400$ V und einen Widerstand $R = 40\,\Omega$.

Lösung $I = \frac{U}{R}$

$$I = \frac{400\,\text{V}}{40\,\Omega} = \mathbf{10\,A}$$

Beispiel 1.3 Wie groß ist die Spannung U bei $I = 10$ A und einem Widerstand von 22 Ω?

Lösung $I = \frac{U}{R}$ $\quad U = I \cdot R$

$$U = 10\,\text{A} \cdot 22\,\Omega = \mathbf{220\,V}$$

Beispiel 1.4 Gegeben sind $I = 6$ A und $U = 230$ V. Berechnen Sie die Leistung P in kW.

Lösung $P = U \cdot I$

$P = 6\,\text{A} \cdot 230\,\text{V}$

$P = 1380\,\text{W} = \mathbf{1{,}38\,kW}$

Beispiel 1.5 Welche Arbeit W ergibt sich, wenn 30 Minuten lang $P = 3500$ W geleistet wurde?

Lösung $W = P \cdot t$

$W = 3500\,\text{W} \cdot 30 \cdot 60\,\text{s}$

$W = 6\,300\,000\,\text{Ws} = \mathbf{1750\,Wh}$

$= \mathbf{1{,}75\,kWh}$

Elektrischer Strom ist die wichtigste Energieart auf der Baustelle. Der Umgang mit Strom erfordert Fachkenntnisse und Vorsicht. Elektrische Installationen auf Baustellen dürfen nur Fachkräfte ausführen.

Im öffentlichen Stromnetz der Bundesrepublik Deutschland beträgt die Wechselspannung 230 und 400 V.

1.4.2 Elektrische Betriebsmittel und Anlagen

Elektrische Betriebsmittel sind alle Einrichtungen und Geräte zur Erzeugung (Dynamo, Generator), Fortleitung (Leitungen), Verteilung (Baustromverteiler, Steckkontakte) und Speicherung (Batterien) sowie zum Messen (Zähler), Umformen (Transformator) und Verbrauchen (Leuchten, Elektromotor, Heizung) von elektrischer Energie.

Elektrische Anlagen entstehen durch Zusammenschluß elektrischer Betriebsmittel.

Beispiel Zähler + Sicherung + Leitung + Schalter + Glühlampe (Leuchte)

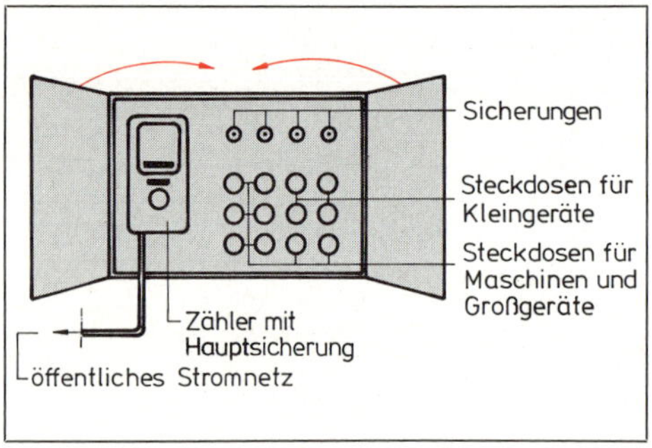

1.75 Schema eines Baustromverteilers

Baustromverteiler sind verschließbare Schränke oder Kästen aus Metall oder schwerentflammbarem Isolierstoff. Sie werden ans öffentliche Stromnetz angeschlossen, entnehmen dort den Strom, messen (zählen) und verteilen ihn auf die elektrischen Anlagen der Baustelle (**1**.75). Zum Ableiten von Fehlerstrom sind sie geerdet. Ein Fehlerstrom-(FI-)Schutzschalter schaltet bei Fehlern die gesamte Stromversorgung der Baustelle ab.

Erdungsanlagen leiten Fehlerstrom über 1 bis 5 m lange Staberder (verzinkte Rohre, Winkel-, U-, T- oder Kreuzstäbe mit festgelegtem Querschnitt) in die Erde. Ihre Länge hängt von den Werten der elektrischen Anlage und der Bodenart ab. Anlagen wie eine Kranbahn sollten zusätzlich geerdet sein.

Leitungen müssen im rauhen Baustellenbereich hohen mechanischen und chemischen Beanspruchungen standhalten. Gummischlauchleitungen eignen sich für bewegliche Leitungen (an Elektrowerkzeugen, Leuchten) und für provisorische feste Verlegungen (an Maschinen, Geräten). Werden sie ausnahmsweise im Erdreich verlegt, müssen sie in trockenen Holzkästen oder

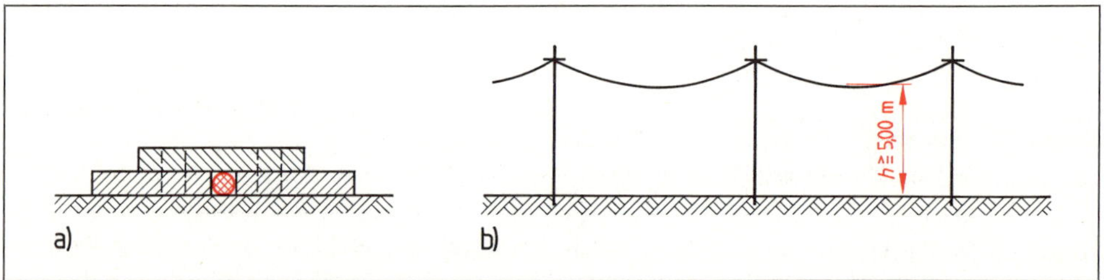

1.76 Verlegen von beweglichen Gummischlauchleitungen
a) auf dem Erdboden, b) hochhängend

Mantelrohren liegen. Kabel für Bodenverlegung verwendet man auf Baustellen nur selten. Gummischlauchleitungen müssen auf dem Boden abgedeckt werden (**1.**87a). Bei Hochlegung beträgt die Mindest-Unterfahrungshöhe 5 m (**1.**76 b).

Beispiel Für den Baustellenbetrieb geeignete Gummischlauchleitung:

Kurzzeichen	HO7RN-7
Bezeichnung	schwere Gummischlauchleitung
Aufbau	feindrähtiger Kupferleiter, Leiter verzinnt oder mit Trennschicht, Isolierhülle aus Gummi, Mantel aus Polychloropren (Kunstkautschuk)
Verwendung	mittlere mechanische Beanspruchung, zulässig bis 750 V im Freien, in trockenen und feuchten Räumen, auch bei Explosionsgefahr, für festes provisorisches Verlegen an Maschinen und Geräten, zulässig bis 1000 V bei geschützter fester Verlegung in Rohren oder Geräten.

Steckvorrichtungen (Steckdose/Kupplung und Stecker) verbinden und verlängern bewegliche Leitungen. Sie sind bis 32 A und 400 V zugelassen und müssen Isolierstoffgehäuse haben. Sie sind so konstruiert, daß ein verkehrtes Zusammenstecken unmöglich ist. Steckdose und Stecker werden durch Ziehen am Gehäuse gelöst.

Steckverbindungen niemals durch Ziehen an den Leitungen lösen!

Sicherungen verhindern das Überschreiten der zugelassenen Stromstärke in den Leitungen und angeschlossenen Anlagen. Bei Schmelzsicherungen schmilzt in diesem Fall ein dünner Schmelzdraht (**1.**77). Schmelzsicherungen dürfen nicht provisorisch repariert werden! Vorteilhafter sind Leitungsschutzschalter (LS-Schalter), die wie Schmelzsicherungen wirken, nach dem Abschalten aber wieder eingeschaltet werden können (Sicherungsautomat).

Beschädigte Leitungsschalter müssen ausgewechselt werden. Sie können nicht provisorisch repariert werden!

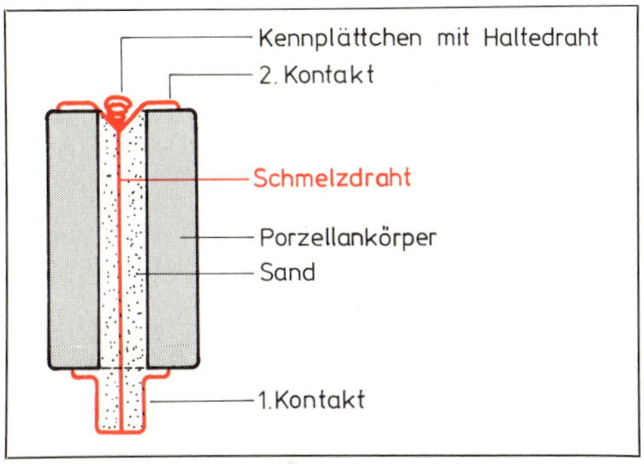

1.77 Schmelzsicherung

Elektrowerkzeuge wie Bohr-, Schleif-, Fräs- oder Spritzmaschinen werden meist mit einer Spannung von 230 V betrieben, damit man sie an jede Steckdose des öffentlichen Stromnetzes anschließen kann. Besonders leistungsfähige Baustellengeräte erfordern 400 V. Alle Elektrowerkzeuge müssen einen Schalter haben.

Baumaschinen mit Elektromotoren wie z. B. Pumpen, Mischmaschinen und Winden müssen der Schutzart „IP 44" nach DIN 40050 entsprechen (Angabe auf dem Leistungsschild). Sämtliche stromführenden Teile müssen geschützt sein gegen Berührung von Werkzeugen, Eindringen von Fremdkörpern > 1 mm Durchmesser und gegen Spritzwasser aus allen Richtungen. Vorgeschrieben sind außerdem: Stromversorgung vom Baustromverteiler, allpolig ein- und ausschaltende Schalter, Einführungsöffnungen für Zuleitungen ohne scharfe Kanten. Bei Ortswechsel oder Reparaturen muß die Zuleitung durch Lösen der Steckvorrichtung getrennt werden.

Die Schutzarten sind auf den Geräten und Maschinen durch Kurzzeichen angegeben (**1.**78).

Tabelle **1**.78 **Schutzarten von Geräten und Maschinen**

 tropfwassergeschützt, Orte mit Tropfwasser	 regengeschützt, Orte im Freien	 spritzwasser-geschützt, Orte im Freien	 strahlwasser-geschützt, Abspritzräume
 wasserdicht, unter Wasser ohne Druck	 druckwasserdicht, unter Wasser mit Druck	 staubgeschützt, Räume mit nichtbrennbaren Stauben	 staubdicht, Räume mit brennbaren Stauben

Auf Baustellen werden elektrische Betriebsmittel und Anlagen benutzt. Baustromverteiler übernehmen den Strom aus dem öffentlichen Stromnetz und verteilen ihn.

Alle elektrischen Betriebsmittel und Anlagen müssen strengen Sicherheitsvorschriften entsprechen.

1.4.3 Unfallgefahren durch elektrischen Strom und Unfallverhütung

Der Mensch hat kein Sinnesorgan, um elektrischen Strom wahrzunehmen. Berührt er stromführende Teile, können folgende Wirkungen eintreten:

- Muskelverkrampfung
- Atemstörung
- Atemstillstand
- Bewußtlosigkeit
- Herzstraucheln (-klopfen)
- Herzstillstand
- Herzkammerflimmern
- Verbrennung

Art und Schwere der Schädigung hängen ab von der Stromstärke und der Spannung, von der Haut (feucht oder trocken), von der Isolierwirkung des Schuhwerks und des Bodens sowie vom allgemeinen Gesundheitszustand. Schon Spannungen unter 65 V können lebensgefährlich sein. Deshalb müssen stets Sicherheitsmaßnahmen eingehalten werden.

Sicherheitsabstand zu elektrischen Freileitungen. Bei Bauarbeiten in der Nähe von Freileitungen sind Mindestabstände für Personen, Geräte, Maschinen und Gerüste vorgeschrieben. Sie richten sich nach der Leitungsspannung (**1**.79). Zu berücksichtigen ist dabei auch das Ausschwingen von Lasten, Stahlseilen und Auslegern. Die Nennspannung einer Freileitung ist beim Elektrizitätswerk zu erfragen.

Tabelle **1**.79 **Sicherheitsabstände von Freileitungen**

Nennspannung	Annäherung ≧
bis 1 kV	1 m
1 bis 110 kV	3 m
110 bis 220 kV	4 m
220 bis 380 kV	5 m

Tabelle **1**.80 **Schutzklassen**

Klasse	Kurzzeichen	Erklärung
I		Schutzleiter
II		Schutzisolierung
III		Schutzkleinspannung

Die Schutzkleinspannung beträgt höchstens 42 V. Sie eignet sich für Elektrowerkzeuge mit geringer Leistung und für Leuchten. Die Stecker dürfen nicht in normale Steckdosen für 230 oder 400 V passen. Die Berührung von Schutzkleinspannungen ist für den Menschen ungefährlich.

Bei Schutzisolierung sind alle der Berührung zugänglichen leitfähigen Teile fest und dauerhaft in Isolierstoff eingeschlossen. Sie eignet sich besonders für Leitungen, Elektrowerkzeuge, Transformatoren und Baustromverteiler. Schutzisolierte Teile sind gekennzeichnet.

Die Fehlerstrom-(FI-)Schutzschaltung schaltet bei Fehlerstrom die gesamte Anlage innerhalb 0,2 Sekunden aus. Sie ist die modernste und sicherste Schutzmaßnahme.

Die Schutztrennung trennt den Verbraucher durch einen schutzisolierten Transformator vom Netz (z.B. bei elektrischen Spielzeug-Eisenbahnen). Es läßt sich jedoch nur ein Verbraucher bis 16 A anschließen. Die Berührung stromführender Teile auf der Verbraucherseite ist ungefährlich, weil der Strom nicht in die Erde abgeleitet wird.

Erste Hilfe bei Unfällen durch elektrischen Strom. Die ersten Minuten entscheiden oft über Leben und Tod. Deshalb merken wir uns:

Sofortmaßnahmen bei Stromunfall

- Stromkreis unterbrechen (Leitungen über 1 kV Spannung darf nur eine Elektrofachkraft unterbrechen).
- Den Verunglückten an den Kleidern (Vorsicht bei nasser Kleidung) oder mit isolierenden Hilfsmitteln von den stromführenden Teilen wegziehen.
- Den Verunglückten flach in Rückenlage auf eine feste Unterlage legen.
- Arzt und Rettungsdienst rufen.
- Bei Bewußtlosigkeit oder Atemstillstand sofort mit der Beatmung beginnen (Beatmungsgerät oder Mund-Nase-Beatmung), Herzdruckmassage (nur von ausgebildeten Personen).

Jeder Auszubildende sollte im eigenen Interesse Kenntnisse in Erster Hilfe durch Kurse beim Deutschen Roten Kreuz und der Berufsgenossenschaft erwerben.

Aufgaben zu Abschnitt 1

1. Was versteht man unter einem Leistungsverzeichnis?
2. Beschreiben Sie die Vergabe von Bauarbeiten.
3. Erläutern Sie den Unterschied zwischen Entwurfs- und Ausführungszeichnungen.
4. Warum wird ein Baustellen-Einrichtungsplan angefertigt?
5. Was versteht man unter dem unteren und oberen Quertransport und dem Höhentransport?
6. Was ist bei der Verwendung von Transportbeton zu beachten?
7. Welche Anforderungen werden an die Unterkünfte für Bauarbeiter gestellt?
8. Was versteht man unter Rationalisierung und Mechanisierung der Bauarbeit?
9. Welche besonderen Schwierigkeiten ergeben sich auf einer Baustelle im Vergleich zu einem stationären Industriebetrieb?
10. Nennen Sie einige wesentlichen Punkte, die bei der Auswahl von Baugeräten und Baumaschinen zu beachten sind.
11. Welche Anforderungen werden an Baugeräte und Baumaschinen gestellt?
12. Beurteilen Sie den Einsatz der einrädrigen luftbereiften Schubkarre.
13. Beschreiben Sie die Vorteile der Stechkarre.
14. Was versteht man unter Palette und palettieren?
15. Vergleichen Sie Stechkarre und Hubwagen.
16. Beschreiben Sie den Japaner und seinen Einsatz beim Betonieren.

17. Für welche Transportaufgaben eignen sich Förderbänder?
18. Beschreiben Sie die beiden Arten der Seilrolle und ihre Einsatzmöglichkeiten.
19. Erläutern Sie den Einsatz von Schrägaufzügen.
20. Beschreiben Sie den Anlegeaufzug.
21. Begründen Sie Vor- und Nachteile des Schnellbauaufzugs.
22. Worin sehen Sie die Vorteile des Anstellaufzugs?
23. Wie unterscheiden sich Schwenk- und Durchfahrbühne?
24. Beschreiben Sie die Arbeitsweise des Turmdrehkrans.
25. Welche Vorteile hat der Turmdrehkran gegenüber dem Aufzug?
26. Welche Vorsichtsmaßnahmen gelten im Schwenkbereich des Turmdrehkrans?
27. Erläutern Sie die Arbeitsweisen absatzweise und stetig arbeitender Betonmischer.
28. Beschreiben Sie die Arbeitsweisen der Trommelmischer.
29. Was versteht man unter dem Nenninhalt eines Betonmischers?
30. Was ist eine Betonbereitungsanlage?
31. Beschreiben Sie die Arbeitsweise und die Vorteile einer Betonbereitungsanlage.
32. Nennen und beschreiben Sie die Einzelteile eines Gerüsts.
33. Erklären Sie den Unterschied zwischen Arbeits- und Schutzgerüsten.
34. Wie unterscheiden sich die Gruppen 1 bis 6 der Arbeitsgerüste?
35. Wie werden Gerüste verankert?
36. Welche Vorschriften gelten für die Stützweite der Gerüstbretter und -bohlen?
37. Welcher Zusammenhang besteht bei Fanggerüsten zwischen Absturzhöhe und Gerüstbreite?
38. Beschreiben Sie den Aufbau des Stahlrohr-Kupplungsgerüstes.
39. Welche Vorschriften gelten für Ständer, Längs- und Querriegel, Verstrebungen und Verbindungsmittel des Stahlrohr-Kupplungsgerüstes?
40. Welche Rohre werden für die Einzelteile des Stahlrohr-Kupplungsgerüstes verwendet?
41. Welche Kupplungen gibt es für Stahlrohr-Kupplungsgerüste?
42. Was sind Schnellbaugerüste?
43. Bei welchen Arbeiten benutzt man Leitergerüste?
44. In welchen Fällen baut man Auslegergerüste?
45. Beschreiben Sie den Zusammenhang zwischen Ausleger, Kraglänge und Auslegerabstand.
46. Beschreiben Sie einige Möglichkeiten, den Ausleger zu befestigen.
47. Welche Vorschriften müssen bei der Errichtung von Bockgerüsten beachtet werden?
48. Welche Arten von Gerüstböcken gibt es?
49. Wo braucht man Fahrgerüste?
50. Beurteilen Sie die Standsicherheit von Fahrgerüsten.
51. Welche Vorschriften regeln die Verwendung von elektrischem Strom auf der Baustelle?
52. Nennen und begründen Sie einige Grundsätze für den Umgang mit Strom.
53. Was ist elektrischer Strom?
54. Beschreiben Sie den Unterschied zwischen Gleich- und Wechselstrom.
55. Erläutern Sie Stromstärke, Spannung und Widerstand.
56. Was versteht man unter elektrischen Betriebsmitteln und Anlagen?
57. Beschreiben Sie einige Anforderungen an Leitungen und Steckvorrichtungen.
58. Welche Wirkungen hat der Strom auf den menschlichen Organismus?
59. Beschreiben Sie Maßnahmen und Schutzkonstruktionen, um die Berührung stromführender Teile zu vermeiden.
60. Nennen und beurteilen Sie Erste-Hilfe-Maßnahmen bei Stromunfällen.

2 Grundlegende Arbeiten

2.1 Vermessen

Im Abschn. 1.6 der Baufachkunde 1 sind die einfachen Meßzeuge und die Einheiten beschrieben: Meter-, Bandmaß, Lot, Wasser-, Schlauchwaage und Nivellierinstrument sowie m, m^2, m^3. Außerdem sind dort einfache Messungen unter Benutzung zusätzlicher Hilfsmittel (Mauerschnüre, Schichtmaßlatten, Richtscheite, Fluchtstäbe, Winkelspiegel und Winkelprismen) behandelt.

Das Abstecken des Gebäudes bedeutet das Festlegen seiner Endpunkte und der Oberkante des Erdgeschoßfußbodens. Die Grenzen des Baugrundstücks werden durch das Vermessungsamt festgelegt und an den Endpunkten – notfalls auch an Zwischenpunkten – durch Grenzsteine markiert. Das Kreuz in der Mitte des Grenzsteins gibt den Grenzpunkt genau an. Vom Vermessungsamt erhält der Bauherr den Auszug aus der Flurkarte (Katasterauszug) mit Lage und Größe des Grundstücks. Danach wird der Lageplan gezeichnet, der das Baugrundstück mit dem geplanten Neubau und dessen Abständen zu den Grundstücksgrenzen und den Nachbargebäuden zeigt (**2**.1). Abgesteckt wird das Gebäude vom Vermessungsamt, einem öffentlich bestellten Vermessungsingenieur oder (bei kleinen Bauvorhaben) vom Bauunternehmer selbst. Vor dem Abstecken müssen die Grundstücksgrenzen noch einmal überprüft werden.

Die Einzelarbeiten des Absteckens sind:

- Errichten von Fluchtlinien,
- Messen von Längen,
- Antragen von rechten Winkeln,
- Herstellen von Schnurgerüsten,
- Einmessen von Höhen.

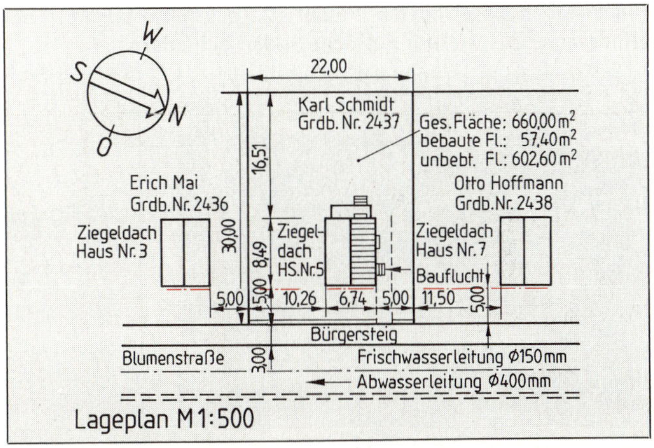

2.1
Lageplan eines Grundstücks mit Wohnhaus M 1:500 (für den Druck auf ½ verkleinert)

> Für das Messen am Bau werden Meter und Bandmaß, Lot, Wasser- und Schlauchwaage, Fluchtstäbe, Winkelprismen und Nivellier verwendet.
>
> Anhand des Lageplans werden auf dem Baugelände die Gebäudeecken und die Höhe des Erdgeschoßfußbodens festgelegt (abgesteckt).

2.1.1 Einfache Messungen

Fluchtlinien sind gerade Verbindungslinien zwischen zwei Punkten. Die Fluchtlinie (oder Flucht) wird mit Hilfe von Fluchtstäben hergestellt. Beim F l u c h t e n z w i s c h e n z w e i P u n k t e n stellt man in diesen beiden Punkten je einen Fluchtstab lotrecht auf. Handelt es sich bei einem Punkt um einen Grenzstein, muß man ein Stativ benutzen (**2**.2). Zwei Männer fluchten dann die erforderlichen Zwischenpunkte ein. Der „Einweisende" steht zwei bis drei Meter hinter dem Fluchtstab über dem gegebenen Punkt und visiert über die Kanten den Fluchtstab über dem zweiten gegebenen Punkt an. Durch Handzeichen winkt er einen Fluchtstab, den der „Eingewiesene" zwischen Daumen und Zeigefinger hält, in die Flucht (**2**.3 a). Beim F l u c h t e n ü b e r z w e i P u n k t e h i n a u s verfährt der Einweisende ebenso, doch steht der Eingewiesene nicht zwischen den Punkten, sondern in der Verlängerung der gegebenen Fluchtlinie (**2**.3 b).

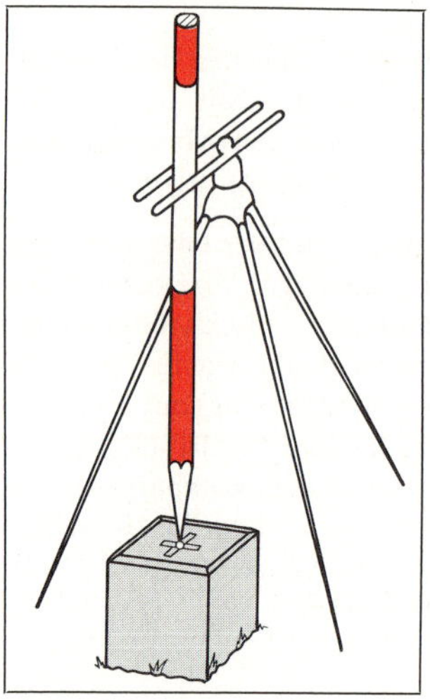

2.2 Fluchtstab mit Stativ über einem Grenzstein

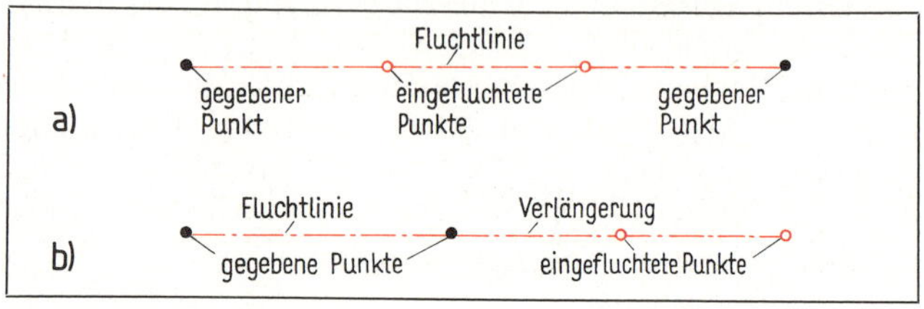

2.3 Fluchten mit Fluchtstäben
a) zwischen zwei Punkten, b) über zwei Punkte hinaus

Längen mißt man mit dem Stahlbandmaß, das in der Regel 20 m lang ist (**2**.4). Bei geneigtem Gelände muß das Bandmaß waagerecht gehalten werden. Die Endpunkte von Teilstrecken werden entweder auf den Boden gelotet und durch Pflöcke markiert, oder man mißt entlang einer mit Fluchtstäben abgesteckten Flucht (**2**.5). Ebenso verfährt man, wenn Sträucher oder andere Hindernisse das Messen auf dem Boden behindern.

2.4 Messen mit dem Stahlbandmaß

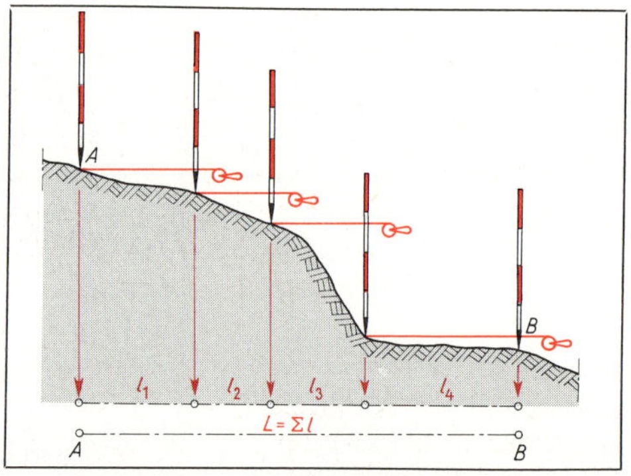

2.5 Längenmessung mit dem Stahlbandmaß in geneigtem Gelände

Gelegentlich werden noch 3,00 oder 5,00 m lange Meßlatten benutzt. Sie haben schneidenförmige Enden aus Metall, eine rot/weiße oder schwarz/weiße Meterteilung und eine Dezimeterteilung aus Messingnägeln. Beim Messen werden zwei Meßlatten fortlaufend aneinanderegelegt. In geneigtem Gelände mißt man im Prinzip wie in Bild **2**.5 dargestellt. Um Meßpunkt am Boden genau festzulegen, benutzt man 30 bis 40 cm lange Zählnadeln aus verzinktem Stahldraht.

Rechte Winkel werden bei kleinen Kathetenlängen mit einem festen Bauwinkel aus Holz (**2**.6) oder behelfsweise mit Fluchtstäben unter Anwendung des Lehrsatzes des Pythagoras angetragen (**2**.7). Mit Hilfe des Gliedermaßstabs und drei geraden Brettern läßt sich schnell ein behelfsmäßiger fester Bauwinkel herstellen (**2**.8).

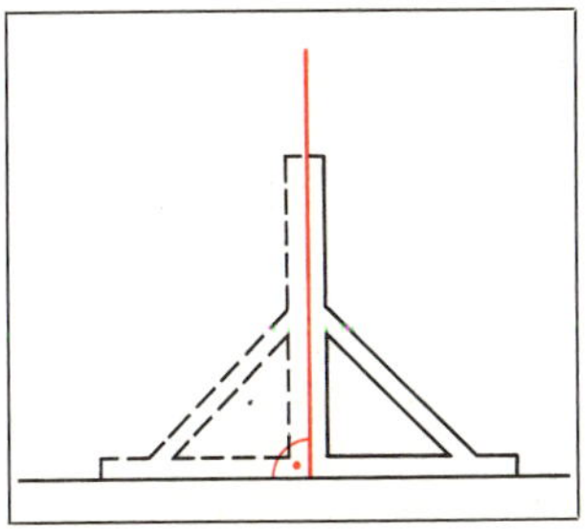

2.6 Bauwinkel aus Holz; Prüfen der Rechtwinkligkeit

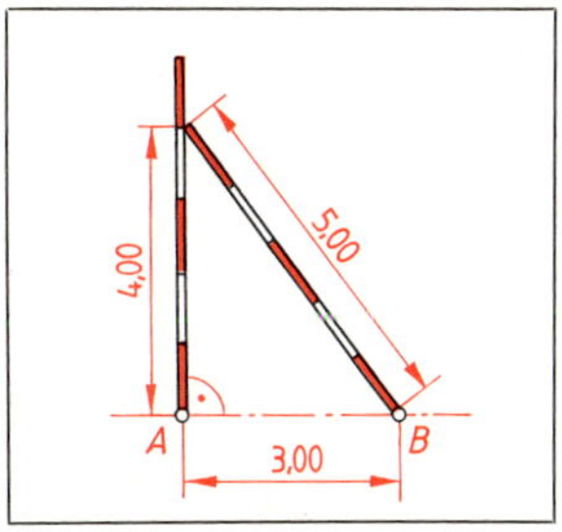

2.7 Behelfsmäßiges Abstecken eines rechten Winkels mit 2,50 m langen Fluchtstäben (Lehrsatz des Pythagoras)

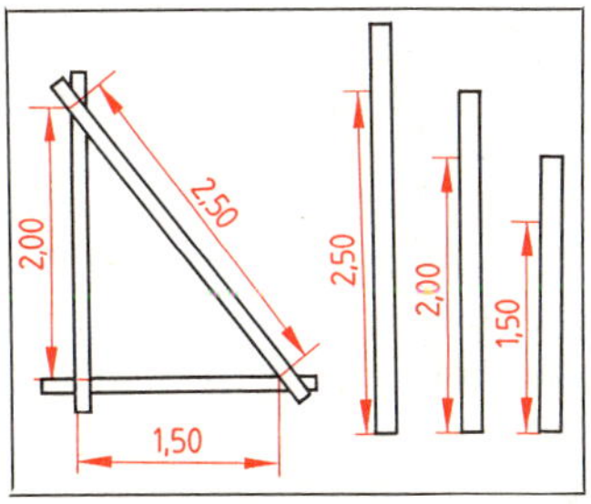

2.8 Anfertigen eines behelfsmäßigen Bauwinkels aus Brettern (Lehrsatz des Pythagoras)

Um rechte Winkel mit längeren Schenkeln auf Fluchtlinien zu errichten, verwendet man meist optische Geräte: Winkeltrommel (oder Kreuzscheibe, **2**.9), Winkelspiegel (**2**.10), Winkelprisma, Doppelpentagonprisma (**2**.11, S. 50) und Kreuzvisier. Die Anwendung dieser Geräte erfordert Genauigkeit und einige Übung.

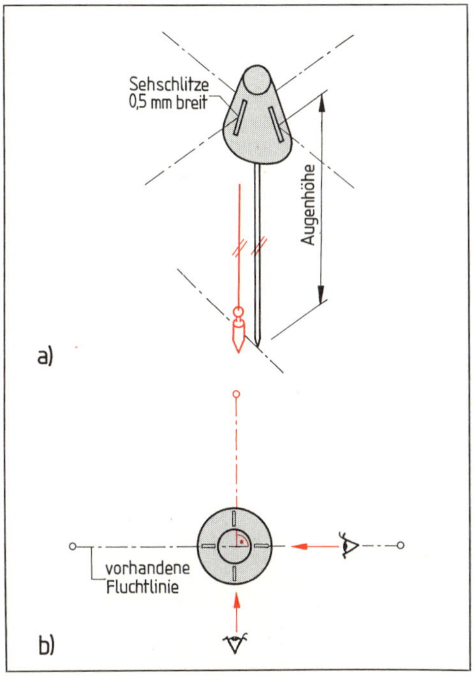

2.9 Winkeltrommel (Kreuzscheibe)
a) Aufstellen mit Lotstab über dem Fußpunkt
b) Errichten des rechten Winkels

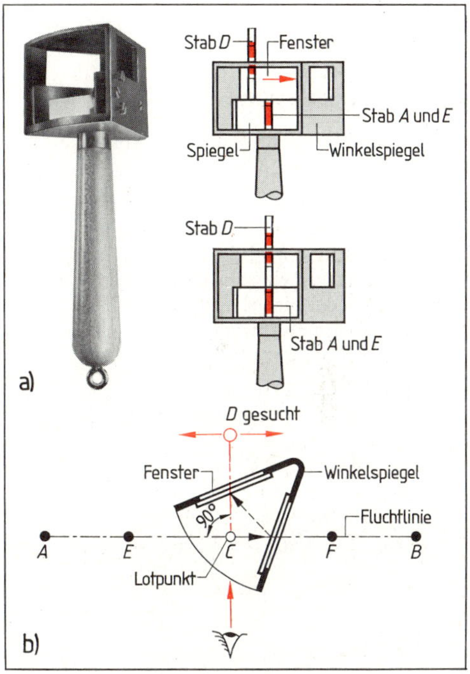

2.10 a) Winkelspiegel mit Öse für Schnurlot
b) Abstecken des rechten Winkels in *C*: Die Stäbe *A*, *E* und *D* oder *F*, *B* und *D* müssen im Gerät übereinander erscheinen

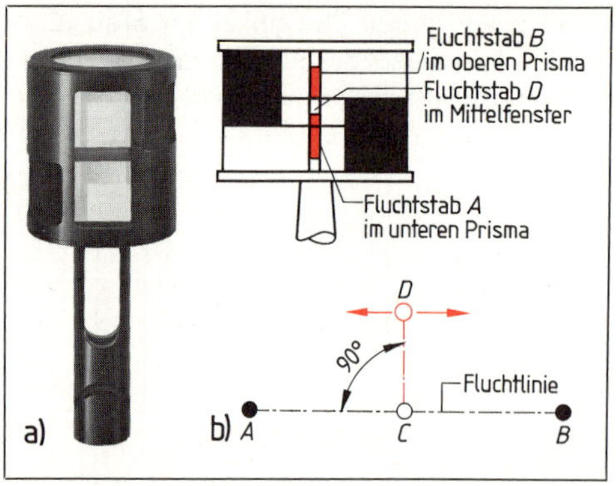

2.11 a) Doppelpentagonprisma
b) Abstecken des rechten Winkels in *C*: Drei Stäbe müssen im Gerät übereinander erscheinen

Fußpunkt. Alle Geräte werden mit einem Schnurlot oder einem Lotstab senkrecht über den Punkt der Fluchtlinie gehalten oder gestellt, in dem ein rechter Winkel errichtet werden soll. Man nennt ihn Fußpunkt.

Bei Winkelspiegel und Winkelprisma müssen links und rechts vom Fußpunkt zwei Fluchtstäbe stehen. Bei Winkeltrommel, Doppelpentagonprisma und Kreuzvisier genügen je ein Fluchtstab links und rechts. Bei allen Geräten ist der rechte Winkel errichtet, wenn sich die Stäbe der bestehenden Fluchtlinie und der einzuweisende Fluchtstab im Bild des Geräts decken. Wegen des hellen Bilds im Prisma und der einfachen Handhabung wird meist das Doppelpentagonprisma verwendet.

Fluchtlinien werden zwischen zwei gegebenen Punkten mit Fluchtstäben abgesteckt. Punkte zwischen den gegebenen Endpunkten oder in der Verlängerung der gegebenen Flucht fluchtet man nach Bedarf ein. Längen werden mit dem waagerecht gehaltenen Stahlbandmaß gemessen.

Rechte Winkel errichtet man mit Bauwinkeln aus Holz oder mit optischen Geräten. Dabei werden im Bild des Geräts die Stäbe der bestehenden Flucht und der rechtwinklig dazu stehende Fluchtstab zur Deckung gebracht. Meist verwendet man das Doppelpentagonprisma.

2.1.2 Lagemessungen

Das Einmessen oder eigentliche Abstecken des Gebäudes erfolgt von einer gegebenen Linie aus. Dies kann die Baufluchtlinie oder eine Grenzlinie sein – das Verfahren bleibt gleich.

Abstecken von einer Grenzlinie (2.12). Auf den Kreuzen der Grenzsteine werden mit dreibeinigen Stativen die Fluchtstäbe *1* und *2* aufgestellt, die Stäbe *3* und *4* eingefluchtet und eingemessen. In den Punkten *3* und *4* errichtet man rechte Winkel. Dabei wird zuerst Stab *5* in grob geschätzter Entfernung von *3* eingewiesen, dann werden Stab *6* und *7* eingefluchtet und genau eingemessen. Fluchtstab *8* mißt man rechtwinklig zur Flucht $\overline{37}$, Fluchtstab *9* in der Flucht $\overline{48}$ ein. Die Stäbe *6, 7, 8* und *9*, die die Gebäudeecken angeben, werden durch Pfähle ersetzt. Neben den Fluchtstab setzt man in jede Flucht im Abstand von 20 cm einen zweiten Stab (**2.**13). Danach

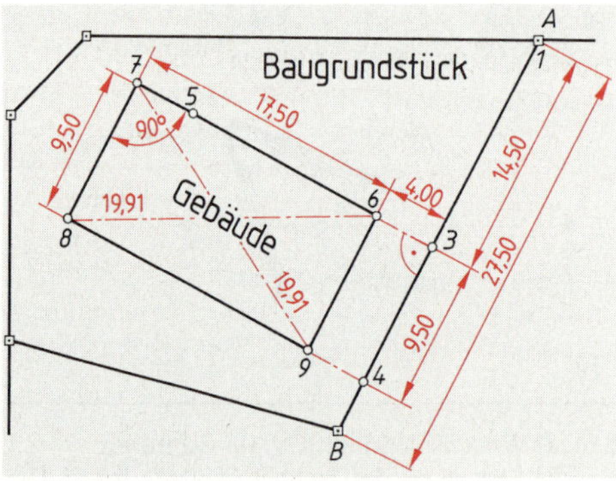

2.12 Abstecken eines Gebäudes von der Grenzlinie *AB* aus

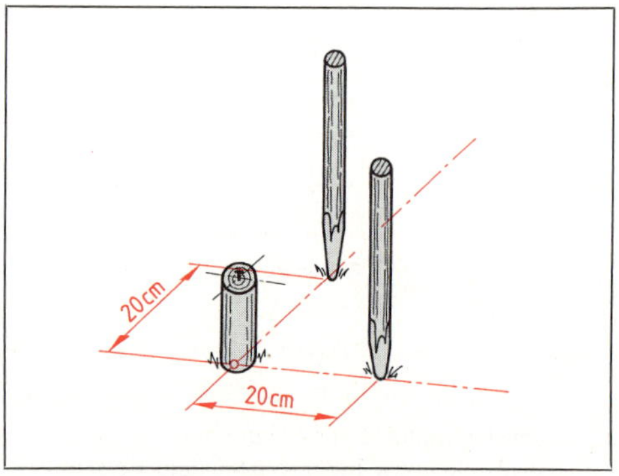

2.13 Festlegen der Gebäudeecke durch einen Holzpflock mit Nagel

wird der Stab an der Ecke entfernt und an seiner Stelle ein kurzer Holzpfahl fest eingeschlagen. Auf ihm wird der Endpunkt von den danebenstehenden Fluchtstäben eingemessen und durch einen Nagel gekennzeichnet. Dann mißt man noch einmel die vier Seiten des Gebäudes nach und prüft die Rechtwinkligkeit, indem man die Diagonalen nachmißt.

Das Schnurgerüst besteht im Regelfall aus vier Schnurböcken an den Gebäudeecken. Für größere Bauwerke sind weitere Schnurböcke in Richtung der Hauptzwischenwände erforderlich. Der Schnurbock an einer Gebäudeecke besteht aus drei Rund- oder Kanthölzern (⌀ 8 bis 10 cm, 8/8 bis 10/10 cm), die in den Eckpunkten eines rechtwinkligen Dreiecks unverrückbar fest in den Boden eingeschlagen und mit zwei waagerecht angenagelten Brettern (1,20 bis 2,00 m lang) verbunden sind (**2**.14). Damit sich die Fluchtschnüre nicht berühren, liegen die Brettoberkanten um eine Brettbreite versetzt hoch. Zwischenböcke bestehen aus zwei Rund- oder Kanthölzern und einem Brett. Die Oberkanten gegenüberliegender Schnurbockbretter werden mit dem Nivellier auf gleiche Höhe eingemessen. Der Abstand der Schnurböcke von der Gebäudeflucht richtet sich nach den oberen Abmessungen der Baugrube, die wiederum von der Tiefe der Baugrube und dem Böschungswinkel des Bodens abhängen. Zweckmäßig läßt man dann noch einen Abstand von 0,50 bis 1,00 m bis zum Baugrubenrand.

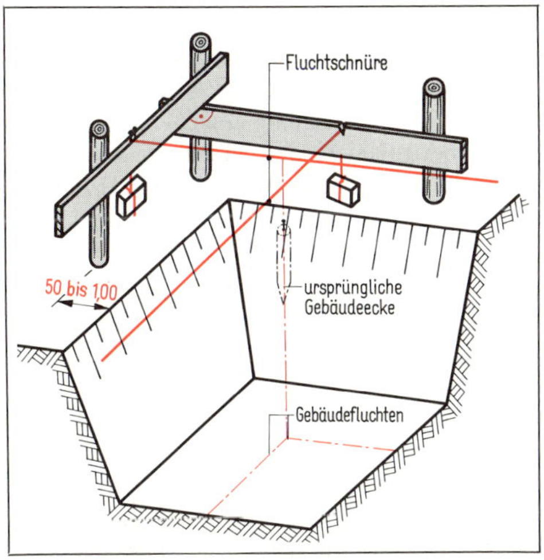

2.14 Schnurgerüst an der Gebäudeecke (nach dem Ausschachten)

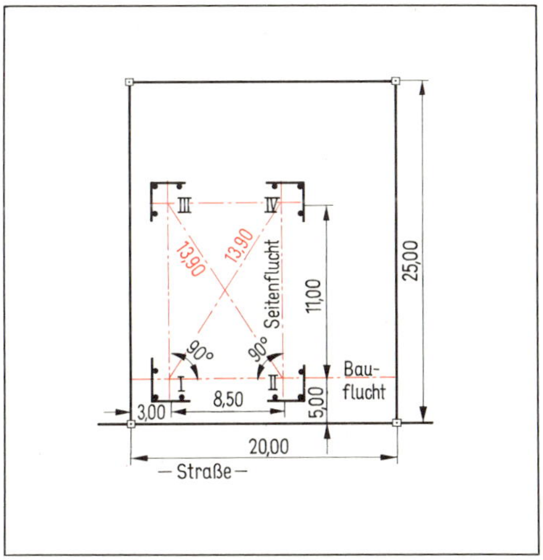

2.15 Schnurgerüst mit festgelegten Fluchten für ein kleines Gebäude

Die Gebäudeecken werden von den Nägeln der Eckpfähle auf die Kreuzungspunkte der Fluchtschnüre hochgelotet. Die Fluchtschnüre liegen unverschiebbar in Einkerbungen der Bretter oder sind durch Nägel gesichert. Dann werden noch einmal die Abmessungen des Gebäudes und die Rechtwinkligkeit durch Nachmessen der Diagonalen kontrolliert (**2**.15).

Bauwerke werden von der Baufluchtlinie oder eine Grundstückgrenze aus eingemessen (abgesteckt). Das Einmessen oder Abstecken besteht aus dem Herstellen von Fluchten, Errichten von rechten Winkeln und Messen von Längen.

Die Gebäudeecken werden durch Nägel auf Holzpflöcken markiert. Die Rechtwinkligkeit prüft man durch Messen der Diagonalen. Die Gebäudeecken und -fluchten werden auf die Fluchtschnüre des Schnurgerüsts übertragen. Schnurgerüstböcke stehen an den Gebäudeecken und in den Fluchtlinien von Hauptzwischenwänden.

2.1.3 Höhenmessungen

Höhenfestpunkt. Ausgangspunkt für Höhenmessungen ist der Meeresspiegel, für Deutschland das Mittelwasser der Nordsee, das im Nullpunkt (± 0) des Pegels in Amsterdam festgelegt ist. Die Höhe dieses Punktes bezeichnet man mit Normal-Null (NN). Man denkt sich eine Ebene in Höhe dieses Punktes auf das ganze Festland ausgedehnt und bezieht alle Höhenangaben darauf. Höhenfestpunkte sind auf NN bezogene (eingemessene) rostfreie Metallbolzen, die in das Sockelmauerwerk von Bahnhofsgebäuden und Rathäusern, in Brückenpfeiler und andere besonders standfeste Bauwerke eingemauert sind (**2**.16). Von diesen Höhenfestpunkten aus werden Höhen auf ein Grundstück und ein Schnurgerüst übertragen.

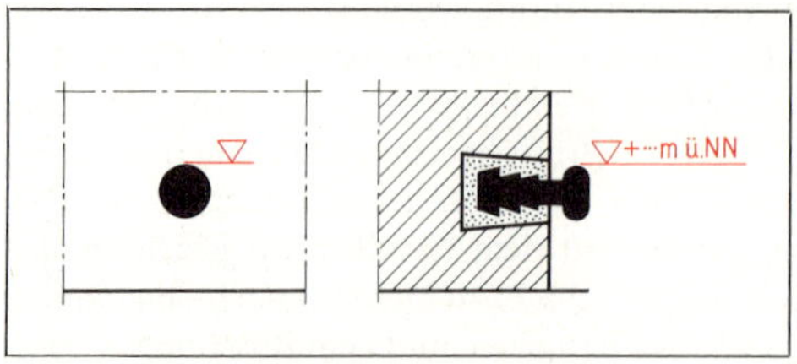

2.16 Amtlicher Höhenfestpunkt (Höhenbolzen)

Zum Übertragen von Höhen dient meist das Nivellier, nur gelegentlich noch die Schlauchwaage. Mit der Baugenehmigung legt die Bauaufsichtsbehörde die Oberkante des Erdgeschoßfußbodens fest und gibt den nächstgelegenen verbindlichen Höhenfestpunkt oder (sofern dieser zu weit entfernt ist) einen nähergelegenen Hilfspunkt an. Übliche Hilfspunkte sind Kanal- oder Hydrantendeckel, Bordsteinkanten oder Festpunkte an Nachbargebäuden. Weil das Gebäude noch nicht steht, muß die Höhe OK Erdgeschoßfußboden an das Schnurgerüst übertragen werden. Man schlägt entweder einen Nagel auf diese Höhe ein oder legt eine Brettoberkante des Schnurgerüsts auf diese Höhe fest. Für das Gebäude bezeichnet man diese Höhe als ± 0 und bezieht alle anderen Höhen (Geschoßhöhen, Brüstungshöhen, Meterriß) auf sie.

Übertragung von Höhen mit dem Nivellier (**2**.17). Die Baugenehmigung legt die Höhe des Erdgeschoßfußbodens mit + 184,10 m über NN fest. Als nächstgelegener Hilfspunkt wird ein Kanaldeckel in Fahrbahnmitte mit + 182,80 über NN angegeben. Das Nivellier wird zwischen Hilfspunkt und Schnurgerüst, die Nivellierlatte auf dem Kanaldeckel aufgestellt. Beim Rückblick liest man 2,17 m ab. Dann wird die Nivellierlatte auf den Pfosten des Schnurgerüsts umgesetzt. Beim Vorblick werden 0,64 m abgelesen.

Höhe des Hilfspunkts	+182,80 m ü. NN
Rückblick	+ 2,17 m
Höhe der Ziellinie	+184,97 m
Ablesung Oberkante Pfosten	– 0,64 m
Oberkante Pfosten	+184,33 m
Oberkante Erdgeschoßfußboden	–184,10 m
Differenz	0,23 m

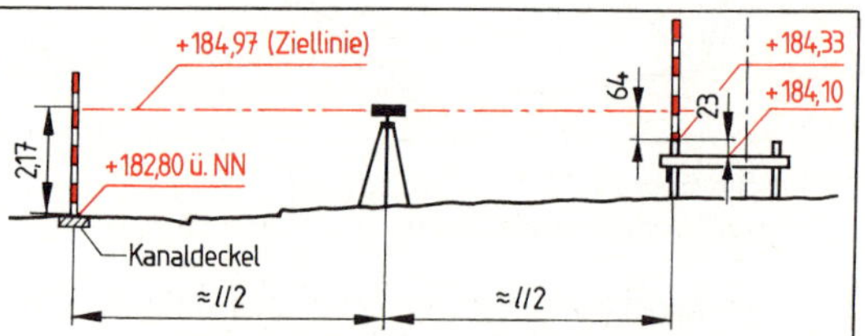

2.17 Übertragen der Höhe OK Erdgeschoßfußboden mit dem Nivellier vom Höhenfestpunkt (Hilfspunkt) an das Schnurgerüst

Nun nagelt man entweder die Oberkante eines Bretts am Schnurgerüst 23 cm unter der Oberkante des Pfostens fest oder schlägt einen Nagel auf diese Höhe ein.

> Höhen sind auf ± 0 (Normal-Null am Pegel in Amsterdam) bezogen. Amtliche Höhenfestpunkte (Höhenbolzen) an besonders standfesten Gebäuden markieren absolute Höhen in m über NN. Von diesen Höhenfestpunkten oder zwischengeschalteten Hilfspunkten aus werden mit dem Nivellier die Höhen für das zu errichtende Bauwerk an das Schnurgerüst übertragen. Die Höhe OK Erdgeschoßfußboden wird für das Gebäude als ± 0 festgelegt und damit Bezugshöhe für alle weiteren Höhenmessungen.

2.1.4 Geländeprofile

Profile im Sinn der Vermessung sind zeichnerische Darstellungen von Vertikalschnitten durch die Erdoberfläche längs einer gesicherten (abgesteckten) Fluchtlinie. Sie werden mit Fluchtstäben, Bandmaß, Winkelmeßgeräten und dem Nivellier aufgenommen. Das Profil gibt die einzelnen Geländepunkte über NN und die Entfernungen von einem Nullpunkt an.

Zweck. Profile werden aufgenommen für den Straßen-, Kanal-, Erd- und Wasserbau. Es sind wichtige Unterlagen für die Planung, Herstellung der Entwurfs- und Ausführungszeichnungen und die Abrechnung (Massenermittlung). Die Anfertigung zahlreicher Profile erfordert umfangreiche Vermessungs- und Zeichenarbeiten des Vermessungstechnikers und Vermessungsingenieurs. Für die Abrechnung der Erdarbeiten (Aushubarbeiten) im Hochbau genügen bei mittleren und größeren Gebäuden eine begrenzte Anzahl von Profilen. Anzahl und Anordnung von Längs- und Querprofilen zeigt der Lageplan (**2.**18). Für die Abrechnung der Erdarbeiten bei einem Gebäude kommt man mit einem Längsprofil und je nach Beschaffenheit des Geländes mit fünf bis zehn Querprofilen aus.

Längsprofile stellen die Geländeoberfläche längs einer mit Fluchtstäben abgesteckten und an den Endpunkten gesicherten Linie dar (**2.**19). Je nach Zahl der erforderlichen Querprofile werden Zwischenpunkte eingemessen. Das Längsprofil zeigt die Entfernung der Zwischenpunkte vom Nullpunkt aus. Jeder Zwischenpunkt ist wiederum Nullpunkt des von ihm ausgehenden Querprofils.

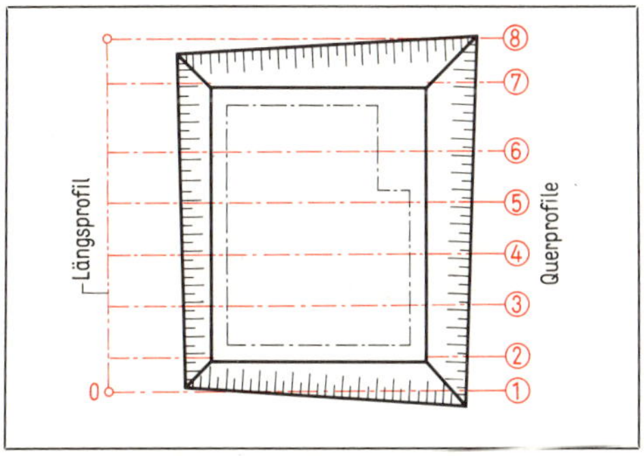

2.18 Lageplan einer Baugrube mit Längsprofil und Querprofilen

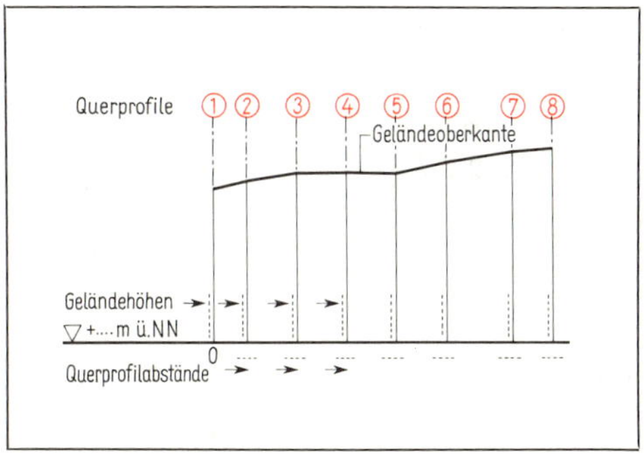

2.19 Längsprofil

Querprofile liegen an jedem Zwischenpunkt rechtwinklig („quer") zum Längsprofil. Sie sind kürzer als das Längsprofil und reichen nur so weit, wie zur Massenermittlung notwendig. Außer den Geländehöhen werden auch die Abmessungen der Baugrube und des Gebäudes eingetragen und vermaßt.

Die Aushubfläche *A* eines Querprofils wird durch eine einfache Flächenberechnung ermittelt (**2.**20). Man berechnet dazu die aus einzelnen Trapezen bestehende Gesamtfläche (*ABCDEF*) und subtrahiert die untere Fläche (*ABCHGF*). Wenn man von dieser Aushubfläche *A* die Querschnittsfläche A_G des Gebäudes abzieht, erhält man die zu verfüllende Fläche A_V für das betreffende Querprofil.

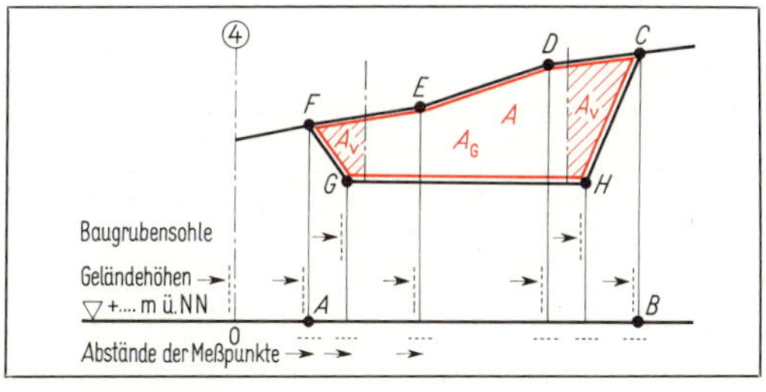

2.20 Schematische Darstellung der Flächenberechnung in einem Querprofil

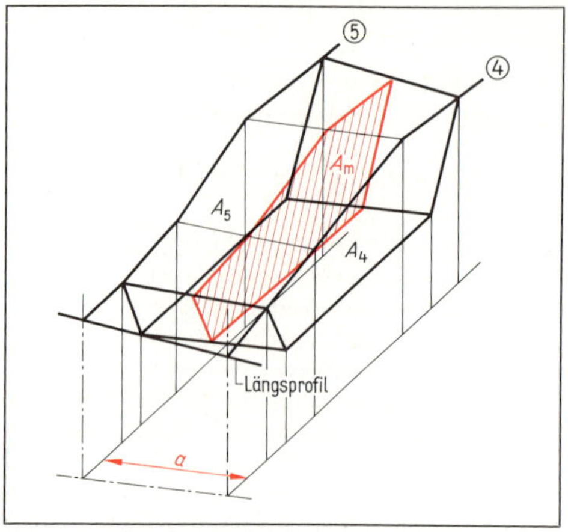

2.21 Schematische Darstellung der Massenermittlung zwischen den Querprofilen 4 und 5

Die Massenermittlung ist eine Volumenberechnung, bei der aus je zwei nebeneinander liegenden Querprofilen ein Mittelwert gebildet und mit dem Profilabstand multipliziert wird (**2.**21). Diese Berechnung wird fortschreitend durchgeführt und ergibt so den Gesamtaushub und die Gesamtverfüllung. Wenn es die unregelmäßige Form oder die Kopfenden der Baugrube erfordern, werden zusätzliche Querprofile nachträglich eingemessen und berechnet.

Erdaushub unter der Baugrubensohle für Streifen- und Einzelfundamente, Pfeiler- und Brunnengründungen und Rohrleitungen wird nicht mit den Querprofilen ermittelt. Er wird an Hand der vorliegenden Ausführungszeichnungen oder besonderer Abrechnungszeichnungen und Aufmaßskizzen berechnet.

Profile sind Vertikalschnitte durch die Erdoberfläche. Sie zeigen die Lage von Punkten der Geländeoberfläche und deren Höhe über NN. Man unterscheidet Längsprofile und kürzere, senkrecht dazu liegende Querprofile. In sie werden die Baugrube und das Gebäude eingezeichnet.

Im Hochbau dienen Querprofile zur Ermittlung des Erdaushubs bei großen Baugruben. Die Querschnittsfläche des Aushubs wird in jedem Querprofil berechnet. Aus zwei nebeneinander liegenden Querprofilen wird das Mittel gebildet und mit ihrem Abstand multipliziert. Diese fortschreitende Berechnung ergibt den Gesamtaushub.

2.1.5 Baulaser

Baulaser (oder einfach Laser) sind moderne Vermessungsgeräte, die einen sichtbaren Lichtstrahl erzeugen, mit dessen Hilfe Messungen unterschiedlicher Art genau und schnell durchgeführt werden können. Im Gehäuse des Lasers befindet sich eine mit den Edelgasen Neon (Ne) und Helium (He) gefüllte Röhre. Darin erzeugt elektrischer Strom aus einer 12-V-Autobatterie oder einem entsprechenden Netzgerät eine Entladung, die als kirschroter, scharf gebündelter Lichtstrahl (Laserstrahl) aus dem Objektiv des Geräts austritt. Diese Lichtstrahlen bewegen sich im Gegensatz zu normalem Licht annähernd parallel, so daß der Durchmesser des Laserstrahls auch auf lange Strecken nur unwesentlich größer wird. Der Name „Laser" ist ein Kunstwort aus den Anfangsbuchstaben des genauen englischen Namens "**l**ight **a**mplification by **s**timulated **e**mission of **r**adiation" und bedeutet sinngemäß „Lichtverstärkung durch Anregung der Strahlungsaussendung" (**2.**22).

Tabelle **2.**22 **Kenndaten von Baulasern**

Reichweite des Strahls bei guter Sicht	etwa 3000 m
Reichweite des Strahls bei Nebel	etwa 100 m
Durchmesser des Laserstrahls	8 bis 30 mm
Strahlabweichung bis 60 m	± 2 mm
Strahlabweichung bis 200 m	± 10 mm
Stromquelle	12-V-Autobatterie oder entspr. Netzgerät

Laserstrahlen sind gefährlich!

Alle im Laserbereich Beschäftigten müssen über die Gefährlichkeit der Laserstrahlen belehrt (Unfallverhütungsvorschrift „Laserstrahlen“) und vor Einschalten des Geräts verständigt werden.

Wer Messungen am Laserstrahl vornimmt, muß einen Augenschutz tragen. Niemals darf man mit ungeschützten Augen in den Laserstrahl blicken. Es können unheilbare Schädigungen der Netzhaut entstehen!

Der Laser muß durch ein Warnschild gekennzeichnet sein (**2**.23)!

2.23 Laserwarnschild (im Original schwarz auf gelbem Grund)

Hochbaulaser stehen auf einer Grundplatte, einem Stativ oder sind an einer Stütze befestigt (**2**.24). Sofern es nicht automatisch selbstjustierende Geräte sind, werden sie mit einer Dosenlibelle horizontal ausgerichtet wie ein Nivellier. Der Laserstrahl kann auf eine Zielscheibe oder eine Meßlatte gerichtet werden, oder er läuft automatisch 360° rund. Bei automatischem Rundlauf erzeugt er eine genau horizontal liegende Bezugsebene. Im Gegensatz zur Ziellinie des Nivelliers (die nur entsteht, wenn man durch das Gerät auf die Nivellierlatte blickt) ist der Laserstrahl ständig vorhanden und als Bezugslinie sichtbar. Ohne sich zu behindern, können ihn mehrere Arbeiter benutzen, um Schalungen auszurichten, Mauerhöhen festzulegen, Decken abzuhängen, Höhenmaße anzureißen u.ä.

Fluchten und Geländeprofile aufnehmen mit dem Laser. Mit dem Hochbaulaser kann ein Mann allein Fluchten herstellen und Geländeprofile aufnehmen (**2**.25). Der Laser wird lotrecht über einem Höhenfestpunkt aufgestellt und justiert. Die Ziellinie erhält man, indem man zum Höhenfestpunkt die Gerätehöhe addiert. Dann setzt man die Meßlatte auf die Geländepunkte und liest die Differenzen zum Laserstrahl ab. Subtrahiert man diese Differenzen von der Ziellinie, erhält man die Geländepunkte über NN.

Es gibt rotierende Laser, die man um 90° drehen kann. Man erhält dann eine senkrechte (lotrechte) Fluchtebene zum Festlegen von Gebäudeecken, Ebenen von Vorbauten und zum Einfluchten von Schalungen (**2**.6 auf S. 56). Für besondere Aufgaben gibt es Lot-Laser, die Festpunkte vertikal hochloten.

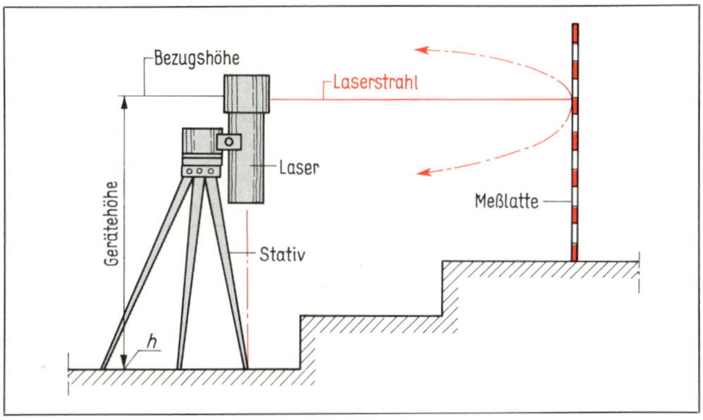

2.24 Rotierender Hochbaulaser

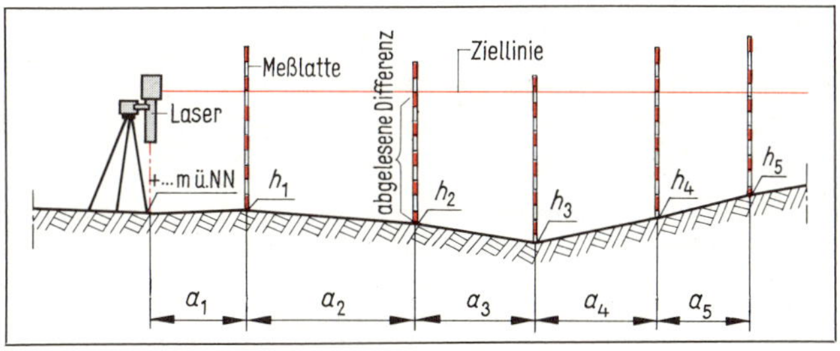

2.25 Geländeaufnahme mit dem Hochbaulaser

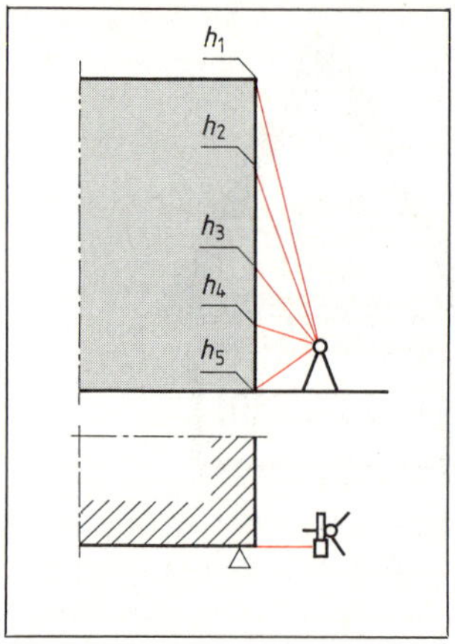

2.26 Errichten einer vertikalen Fluchtebene (Gebäudefront) mit einem um 90° gedrehten rotierenden Hochbaulaser

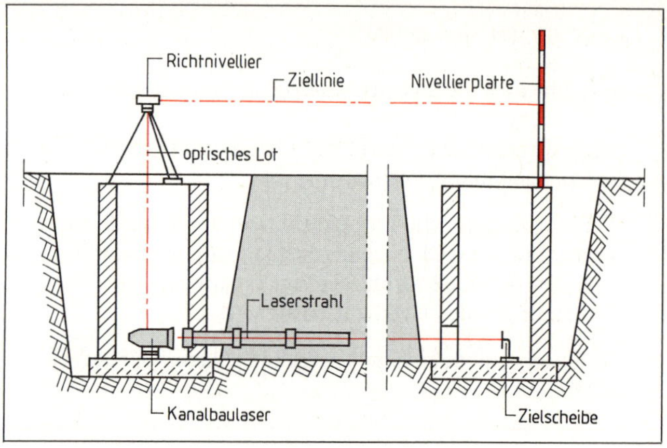

2.27 Rohrverlegung mit Kanalbaulaser und Richtnivellier

Kanalbaulaser auf einem niedrigen Stativ haben beim Verlegen von langen Rohrleitungen fast alle anderen Meßgeräte verdrängt. Der Laserstrahl wird durch die Rohrachse auf die Zielscheibe gerichtet. Anders als bei Hochbaulasern läßt sich der Laserstrahl auf die erforderliche Neigung der Rohrleitung einstellen. Die Grenzwerte der einstellbaren Neigungen sind etwa $-10\,\%$ bis $+20\,\%$. Moderne Kanalbaulaser sind mit einem Richtnivellier kombiniert, das über dem Schacht steht (**2**.27). Mit dem Nivellier wird das Ziel anvisiert und dann durch ein optisches Lot auf den Laser im Schacht übertragen. Der richtet dann seinen Strahl durch die Rohrmitte auf das Ziel.

Baulaser senden einen scharf gebündelten, hellen Lichtstrahl aus, der in einer gasgefüllten Röhre im Gerät durch eine elektrische Entladung erzeugt wird.

Alle im Bereich des Lasers Tätigen müssen auf die Gefährlichkeit des Laserstrahls hingewiesen werden, außerdem muß ein Warnschild aufgestellt werden.

Hochbaulaser werden horizontal einjustiert und erzeugen dann eine ständig vorhandene, sichtbare Bezugslinie, die in die gewünschte Richtung auf eine Zielscheibe oder Meßlatte gerichtet wird. Rotierende Laser erzeugen entsprechend eine horizontale Bezugsebene. Mit rotierenden Lasern, die sich um 90° kippen lassen, errichtet man senkrechte Fluchtebenen; Lotlaser übertragen Festpunkte in vertikaler Richtung. Kanalbaulaser werden auf die Neigung der Rohrleitung eingestellt und durch die Mitte der zu verlegenden Rohre gerichtet.

2.2 Gründungen

2.2.1 Begriffe und Grundlagen

Gründung ist die Herstellung von Grundbauwerken (Grundbauten). Das sind Bauteile und Konstruktionen, durch die Bauwerkslasten auf den Baugrund übertragen werden (**2**.28).

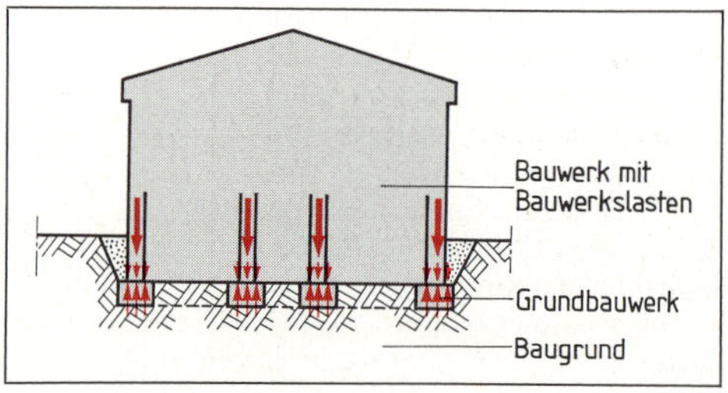

2.28 Übertragen der Bauwerkslasten durch Grundbauwerke (Fundamente) auf den Baugrund

Bauwerkslasten sind die ständig vorhandenen Eigenlasten (Fundamente, Wände, Decken, Stützen und Dach des Bauwerks) und die nicht ständig wirkenden Verkehrslasten (Personen, Einrichtungen, Lagerstoffe, Fahrzeuge, Wind und Schnee). Die Zahlenwerte für Eigen- und Verkehrslasten sind in DIN 1055 „Lastannahmen für Bauten" zusammengestellt. Lasten werden für Berechnungen in Einzellasten, gleichmäßig verteilte Lasten und Streckenlasten unterschieden und mit verschiedenen Buchstaben bezeichnet. Der Ingenieur ermittelt in der statischen Berechnung die Summe der Eigen- und Verkehrslasten = Gesamtlast des Bauwerks, die das Grundbauwerk auf den Baugrund übertragen muß.

Lasten werden mit Buchstaben bezeichnet und in Zeichnungen, Skizzen und Berechnungen durch Pfeile und senkrecht schraffierte Flächen dargestellt (**2**.29).

Tabelle **2**.29 **Darstellung von Lasten**

Lasten	Zeichen	Buchstabe	Dimension
Einzellasten		F	kN
gleichmäßig verteilte Lasten und Streckenlasten		$g \triangleq$ Eigenlast $p \triangleq$ Verkehrslast $q \triangleq$ Gesamtlast	kN/m oder kN/m²
Beispiel für eine gemischte Belastung	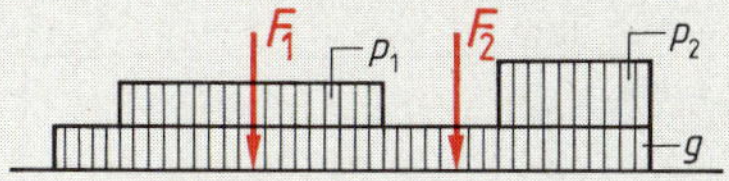		

Der Baugrund wird durch Grundbauwerke entweder auf Druck oder durch Reibung beansprucht. Je nach seiner Beschaffenheit, der Größe der Bauwerkslasten (Auflasten) und der Art des Grundbauwerks wird er dabei mehr oder weniger zusammengedrückt. Die Folge ist, daß sich das Bauwerk setzt, wobei Risse entstehen können. Diese Setzungen müssen bereits beim Entwurf des Bauwerks durch Verwendung zweckmäßiger Baustoffe und Bauteile, Unterteilung in Bauabschnitte und Anordnung von Fugen berücksichtigt werden. Besonders aber die fachgerechte Ausbildung der Grundbauwerke kann die Setzungen auf einen geringen und vor allem gleichmäßigen Wert reduzieren.

Tabelle **2**.30 **Einteilung der Grundbauwerke**

Grundbauwerke

- Flächengründungen
  - Flachgründungen (Fundamente)
    - Einzelfundamente
    - Streifenfundamente
    - Gründungsstreifen
    - Gründungsplatten
  - Tiefgründungen
    - Pfeilergründungen
    - Brunnengründungen
- Pfahlgründungen
  - stehende Pfähle
  - schwebende Pfähle
  - Fertigpfähle
  - Ortpfähle
  - Holzpfähle
  - Betonpfähle
  - Stahlbetonpfähle
  - Stahlpfähle
  - Rammpfähle
  - Bohrpfähle

Flächengründungen verteilen die Bauwerkslasten durch Vergrößerung der Aufstandsfläche auf eine entsprechend größere Bodenfläche (**2**.31 auf S. 58). Dadurch wird die Bodenpressung herabgesetzt (s. Baufachkunde 1, Abschn. 2.2.6). Wenn an der Baugrubensohle tragfähiger Baugrund ansteht, werden Flachgründungen oder Fundamente im engeren Sinn in Form von Einzelfundamenten, Streifenfundamenten, Gründungsstreifen und Gründungsplatten angeordnet (**2**.32). Sie müssen immer in frostfreie Tiefe reichen ($t \geqq 0{,}80$ m, bei Fels $t < 0{,}80$ m möglich).

Steht tragfähiger Boden erst einige Meter unter der Baugrubensohle an, müssen Tiefgründungen in Form von Pfeiler- oder Brunnengründungen (**2**.33 und **2**.34) ausgeführt werden.

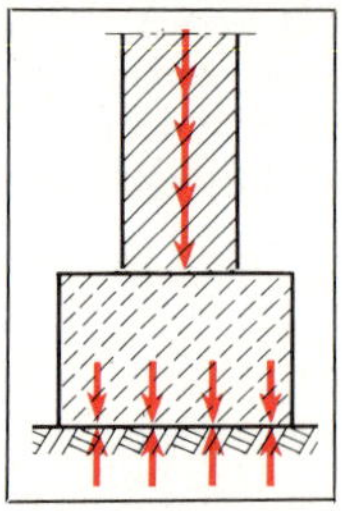

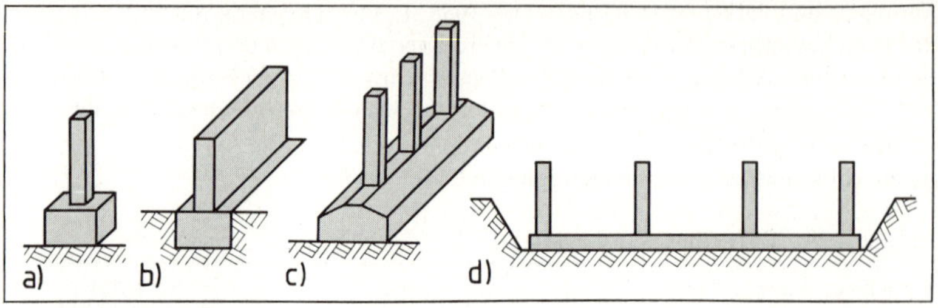

2.31 Verteilen der Auflast aus der Wand auf die vergrößerte Aufstandsfläche des Fundaments

2.32 Flachgründungen
a) Einzelfundament,
b) Streifenfundament,
c) Gründungsstreifen,
d) Gründungsplatte

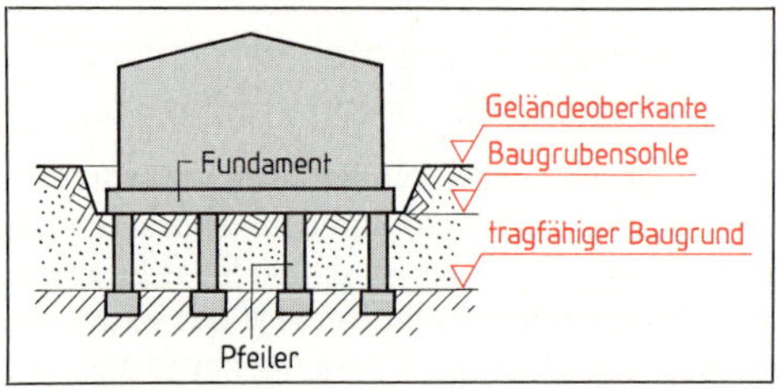

2.33 Pfeilergründung

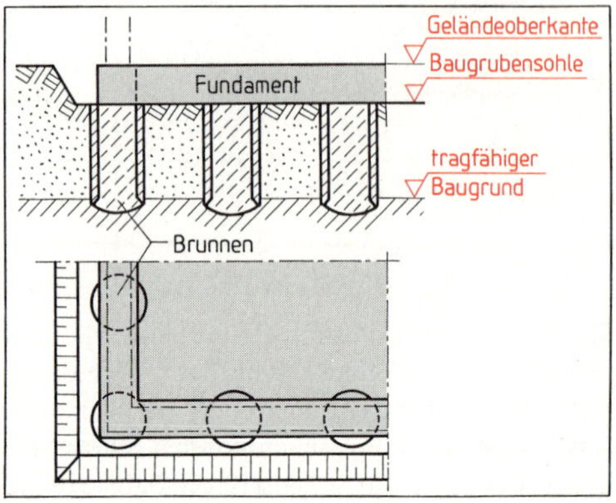

2.34 Brunnengründung

Pfahlgründungen sind erforderlich, wenn tragfähiger Baugrund auch mit Tiefgründungen nicht erreicht werden kann (**2.**35). Stehende Pfähle (**2.**36a) reichen durch den nicht tragfähigen auf den tragfähigen Boden. Die Bauwerkslasten werden hauptsächlich durch die Pfahlspitzen auf den Baugrund übertragen. Nur ein geringer Anteil wird durch Reibung am Pfahlumfang auf den umgebenden Boden übertragen. Stehende Pfähle nennt man deshalb auch Spitzendruckpfähle. Schwebende Pfähle (**2.**36b) erreichen keinen tragfähigen Baugrund. Sie werden nur durch die Reibung des zusammengepreßten Bodens am Pfahlumfang gehalten und übertragen so die Bauwerkslasten durch Mantelreibung auf den Baugrund. Schwebende Pfähle heißen deshalb auch Reibungspfähle. Sie sind nach Möglichkeit zu vermeiden, da Setzungen nur sehr ungenau berechenbar sind.

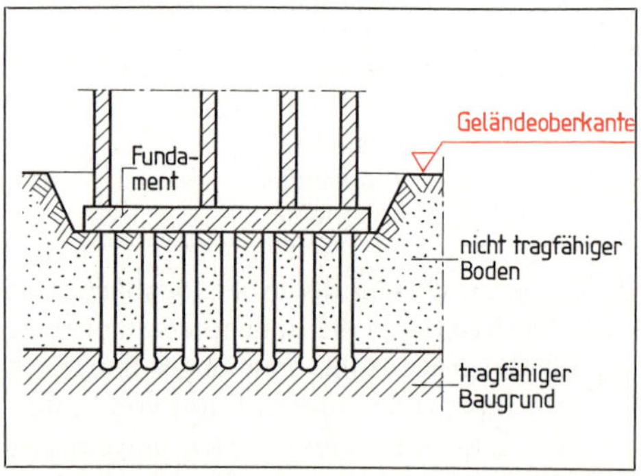

2.35 Beispiel einer Pfahlgründung mit stehenden Pfählen (Stahlbetonbohrpfähle mit vergrößertem Fuß)

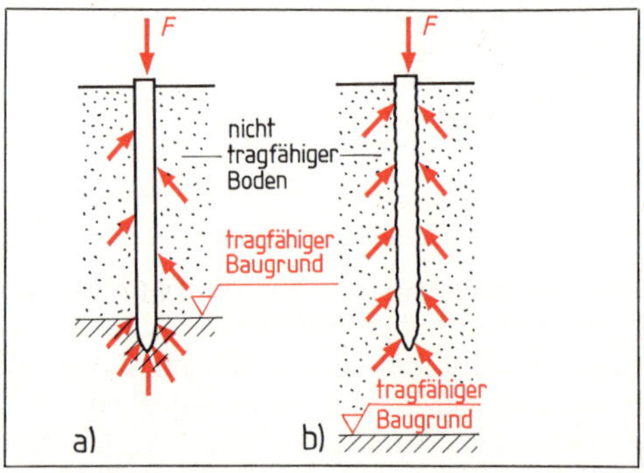

2.36 Pfahlgründung
a) stehender Pfahl (Spitzendruckpfahl)
b) schwebender Pfahl (Reibungspfahl)

Pfahlgründungen sind schwierige Konstruktionen des Ingenieurbaus, besonders im Bereich des Brücken-, Straßen-, Hafen- und Wasserbaus. Im üblichen Hochbau sind sie selten. Außer der grundsätzlichen Unterscheidung nach der Lastübertragung in stehende oder schwebende Pfähle gibt es noch weitere Gesichtspunkte für eine Einteilung:

- **nach der Lage im Boden:** Grundpfähle (stehen in ganzer Länge im Boden), Langpfähle (stehen nur mit dem unteren Ende im Boden)
- **nach dem Baustoff:** Holz-, Stahl-, Beton-, Stahlbeton- und Spannbetonpfähle
- **nach dem Einbringen:** Ramm-, Einpreß-, Bohr- und Schraubpfähle
- **nach der Beanspruchung:** Zugpfähle, Druckpfähle, auf Biegung beanspruchte Pfähle
- **nach der Herstellung:** Fertigpfähle, Ortpfähle

Baugrund. Um Gründungen fachgerecht und vorschriftsmäßig auszuführen (Form, Abmessung, Baustoff), müssen die Eigenschaften des anstehenden Baugrunds bekannt sein. Kenntnisse über den Baugrund gewinnt man durch Sondieren, Schürfen und Bohren (Baufachkunde 1, Abschn. 13.1.1). Neben den allgemeinen Eigenschaften (Lagerung, Schichtdicken, Frostverhalten, Bindigkeit und Korngröße) ist besonders die Tragfähigkeit des Baugrunds, seine Druckfestigkeit, von Bedeutung.

Zulässige Bodenpressungen sind in der DIN 1054 „Baugrund; zulässige Belastung des Baugrunds“ und in den Tabellenbüchern angegeben. Sie werden mit σ bezeichnet und in MN/m^2 oder kN/m^2 angegeben.

Die zulässigen Bodenpressungen sind abhängig

- von der Bodenart: bindig, nichtbindig, Fels
- vom Bauwerk: setzungsempfindlich, setzungsunempfindlich
- von der Art des Fundaments: Einzelfundament, Streifenfundament
- von der Fundamenttiefe: über oder unter dem Grundwasserspiegel
- von der Einbindetiefe: flach oder tief eingebunden (**2.**37)
- vom Lastangriff: mittig oder außermittig (**2.**38)

DIN 1054 beschreibt außerdem eine Reihe von Sonderfällen, in denen die Tabellenwerte um festgelegte Prozentsätze verringert werden müssen oder erhöht werden dürfen (**2.**39).

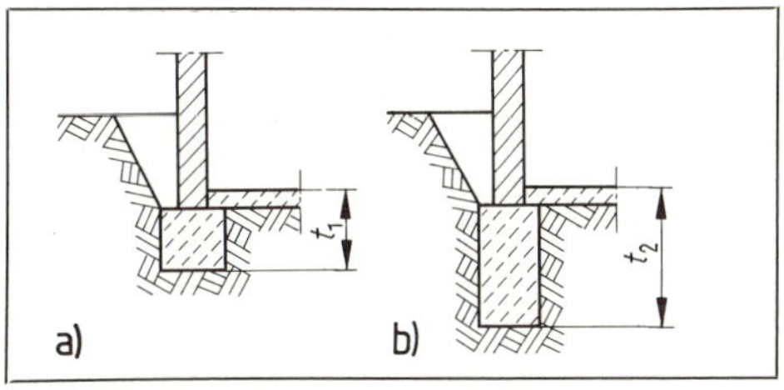

2.37 Einbindetiefe von Fundamenten
a) flach, b) tief eingebundenes Fundament

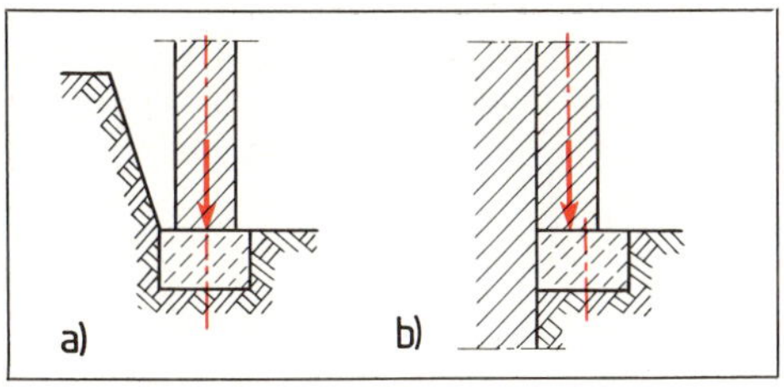

2.38 Lastangriff bei Fundamenten
a) mittig, b) außermittig

Tabelle **2.**39 **Zulässige Bodenpressungen für Baugrund nach DIN 1054**

Bodenart		zulässige Bodenpressungen in MN/m^2	
		Kleinstwert	Größtwert
bindig	fetter Ton	0,09	0,30
	reiner Schluff	0,13	0,25
	tonig schluffiger Boden	0,12	0,40
	gemischtkörniger Boden	0,15	0,50
nichtbindig	setzungsempfindliches Bauwerk	0,15	0,50
	setzungsunempfindliches Bauwerk	0,15	0,70
Fels		1,00	4,00

Gründungen übertragen die aus Eigen- und Verkehrslasten zusammengesetzten Bauwerkslasten auf den Baugrund. Sie bestehen aus Grundbauten oder -bauwerken. Flächengründungen übertragen als Flach- oder Tiefgründungen die Bauwerkslasten durch Vergrößerung der Aufstandsfläche auf den Baugrund. Dadurch wird die Bodenpressung herabgesetzt. Pfahlgründungen übertragen die Bauwerkslasten durch Spitzendruck und Mantelreibung.

Bei tragfähigem Baugrund an der Baugrubensohle werden Flachgründungen in Form von Einzelfundamenten, Streifenfundamenten, Gründungsstreifen und -platten ausgeführt. Tiefgründungen als Pfeiler- und Brunnengründungen erreichen den tragfähigen Baugrund unter der Baugrubensohle. Pfahlgründungen verschiedener Art werden im Ingenieurbau ausgeführt, wenn die tragfähigen Bodenschichten tief unter der Baugrubensohle liegen.

Die Eigenschaften des Baugrunds müssen sorgfältig bestimmt werden. Die zulässigen Bodenpressungen sind in DIN 1054 angegeben. Sie hängen von vielen Faktoren ab und reichen von 0,09 MN/m² für Ton bis 4,00 MN/m² für Fels. Mittlere Werte für guten Baugrund sind 0,20 bis 0,40 MN/m².

2.2.2 Flachgründungen

Die überwiegende Zahl der Grundbauten im Hochbau sind Flachgründungen in Form von Einzel- und Streifenfundamenten und Gründungsstreifen und -platten.

Baustoffe für Flachgründungen sind Beton und Stahlbeton. Gemauerte Fundamente sind grundsätzlich möglich, werden aber kaum noch ausgeführt, weil sie technisch überholt und durch einen hohen Arbeitsanteil zu lohnintensiv und damit zu teuer sind. Betonfundamente werden je nach Beanspruchung in den Betonfestigkeitsklassen B 5 bis B 35, Stahlbetonfundamente in B 15 bis B 35 hergestellt. Für Streifenfundamente verwendet man die niedrigeren, für Einzelfundamente die höheren Betonfestigkeitsklassen.

Einzelfundamente haben Würfel-, Quader-, Pyramidenstumpf- oder Kegelstumpfform oder bestehen aus Kombinationen dieser geometrischen Grundformen (**2**.40). Einzelfundamente aus Beton sind gedrungener und massiger als Stahlbetonfundamente.

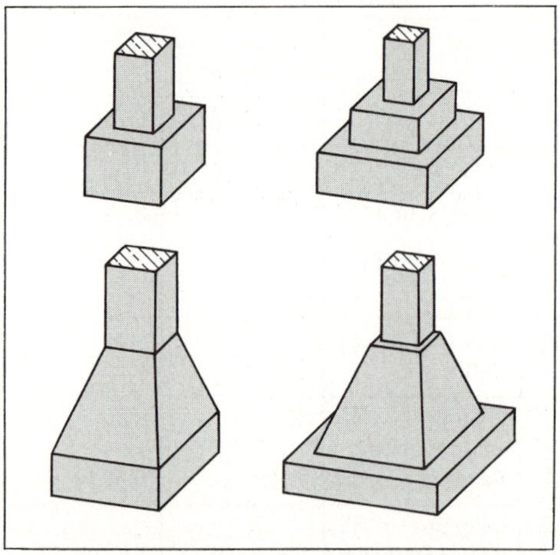

2.40 Beispiele für die Form von Einzelfundamenten

Einzelfundamente aus Beton werden unter Berücksichtigung der Lastausbreitung bemessen. Sie kennzeichnet den Verlauf der Kräfte und Spannungen im Baustoff Beton und wird in Abhängigkeit von der Betonfestigkeitsklasse durch den Lastausbreitungswinkel veranschaulicht. Die Fundamentbreite b muß so breit gewählt werden, daß die zulässige Bodenpressung nicht überschritten wird. Die Fundamentauskragung oder der Fundamentüberstand a ergibt sich dann aus der Differenz zwischen Fundamentbreite b und der Breite der Auflast d:

$$a = \frac{b - d}{2}$$

Lastausbreitungswinkel. Die Fundamenthöhe h wird aus Gründen der Materialersparnis so niedrig wie möglich gewählt. Das Verhältnis $h : a$ drückt den Lastausbreitungswinkel aus; es ist der tan des Lastausbreitungswinkels a. DIN 1045 legt in Abhängigkeit von der Bodenpressung und der Betonfestigkeitsklasse die Mindestwerte für das Verhältnis $h:a$ fest (**2**.41).

Tabelle **2**.41 **Zul. Verhältnis** $\dfrac{h \text{ (Fundamenthöhe)}}{a \text{ (Fundamentauskragung)}}$

Beton-festigkeits-klasse	zulässige Bodenpressung σ in MN/m²				
	0,10	0,20	0,30	0,40	0,50
B 5	1,6	2,0	2,0	unzulässig	
B10	1,1	1,6	2,0	2,0	2,0
B15	1,0	1,3	1,6	1,8	2,0
B25	1,0	1,0	1,2	1,4	1,6
B35	1,0	1,0	1,0	1,2	1,3

Zwischenwerte können gradlinig eingeschaltet werden

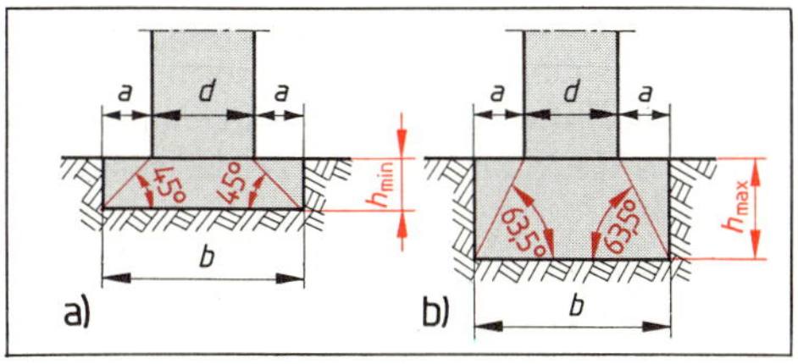

2.42 Lastausbreitungswinkel und Fundamenthöhe (d, a und b gleichbleibend)
a) kleinstes Verhältnis $h:a=1$ ≙ kleinstem Lastausbreitungswinkel von 45°, günstigster Fall, kleinste Fundamenthöhe h
b) größtes Verhältnis $h:a=2$ ≙ größtem Lastausbreitungswinkel von 63,5°, ungünstigster Fall, größte Fundamenthöhe h

Tabelle **2**.41 zeigt zwei Grundzusammenhänge:

1. Bei gleichbleibender zulässiger Bodenpressung wird das Verhältnis $h:a$ und damit auch der Lastausbreitungswinkel α mit zunehmender Betongüte kleiner. Der Kleinstwert für $h:a$ ist 1,0; das entspricht einem Lastausbreitungswinkel von 45° (**2**.42 a).
2. Bei gleichbleibender Betonfestigkeitsklasse wird das Verhältnis $h:a$ und damit auch der Lastausbreitungswinkel α mit steigender zulässiger Bodenpressung größer. Der Größtwert für $h:a$ ist 2,0; das entspricht einem Lastausbreitungswinkel von 63,5° (**2**.42 b).

Beispiel Eine quadratische Stahlbetonstütze mit 40 cm Seitenlänge überträgt auf ein quadratisches Einzelfundament aus B 15 eine Stützlast von 250 kN. Die Eigenlast des Fundaments ist gering und wird nicht berücksichtigt. Die zulässige Bodenpressung ist 0,30 MN/m². Die Abmessungen des Fundamentes sind zu berechnen (**2**.43).

Lösung **Berechnung der Fundamentbreite:**

$$\sigma = \frac{F}{A} = \frac{F}{b^2} \qquad b = \sqrt{\frac{F}{\sigma}}$$

$$b = \sqrt{\frac{0{,}250 \text{ MN}}{0{,}30 \text{ MN/m}^2}} = 0{,}913 \text{ m}$$

Aus konstruktiven Gründen rundet man die Abmessungen auf ganze 5 cm auf:

gewählt $b = 0{,}95$ m.

Berechnung der Fundamenthöhe:

für zul $\sigma = 0{,}30$ MN/m² und B 15 ist das Verhältnis $h:a$ laut Tabelle **2**.41 1,6; das entspricht einem Lastausbreitungswinkel von $\alpha = 58°$.
Fundamentüberstand a

$$a = \frac{0{,}95 - 0{,}40}{2} = 0{,}275 \text{ m} \qquad \frac{h}{a} = 1{,}6$$

$$h = 1{,}6 \cdot a = 1{,}6 \cdot 0{,}275 \text{ m} = 0{,}44 \text{ m}$$

gewählt $h = 0{,}45$ m

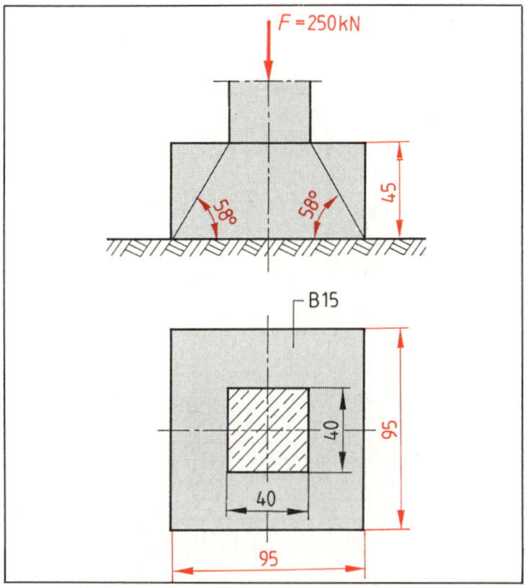

2.43 Einzelfundament mit Stahlbetonstütze $\tan\alpha = h:a \approx 1{,}6$, entspricht einem Lastausbreitungswinkel $\alpha = 58°$

Da der Lastausbreitungswinkel stets eingehalten werden muß, ergeben sich bei großen Stützenlasten massige Fundamente. Um Beton einzusparen, kann man sie abtreppen oder pyramidenstumpfförmig abschrägen. Dabei sollte man aber prüfen, ob die höheren Lohnkosten nicht die Materialersparnis wieder ausgleichen (**2**.44).

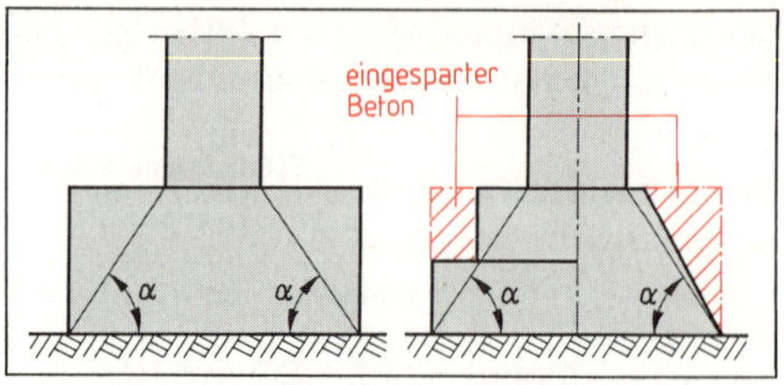

2.44 Einsparung von Beton durch Abtreppen und Abschrägen

Einzelfundamente aus Stahlbeton werden hergestellt, wenn aus konstruktiven Gründen $h < a$ wird, α also $< 45°$. Man kann sich dann den Fundamentüberstand a als einen Kragarm vorstellen, auf den von unten nach oben die Bodenpressung als gleichmäßig verteilte Last einwirkt und ihn abzubrechen versucht (**2**.45).

Stahlbetonfundamente werden nach DIN 1045 berechnet, bewehrt und hergestellt. Die Fundamenthöhe h kann im Vergleich zu Betonfundamenten niedrig sein. Zwecks besserer Lastverteilung auf den Baugrund erhalten sie oft einen sechs- oder achteckigen Grundriß.

Für vorgefertigte Stahlbetonstützen stellt man Köcherfundamente (Becherfundamente, Hülsenfundamente, **2**.46) her. Die Stützen werden nach dem Versetzen und Ausrichten verkeilt, den Hohlraum füllt man mit steifem Rüttelbeton aus.

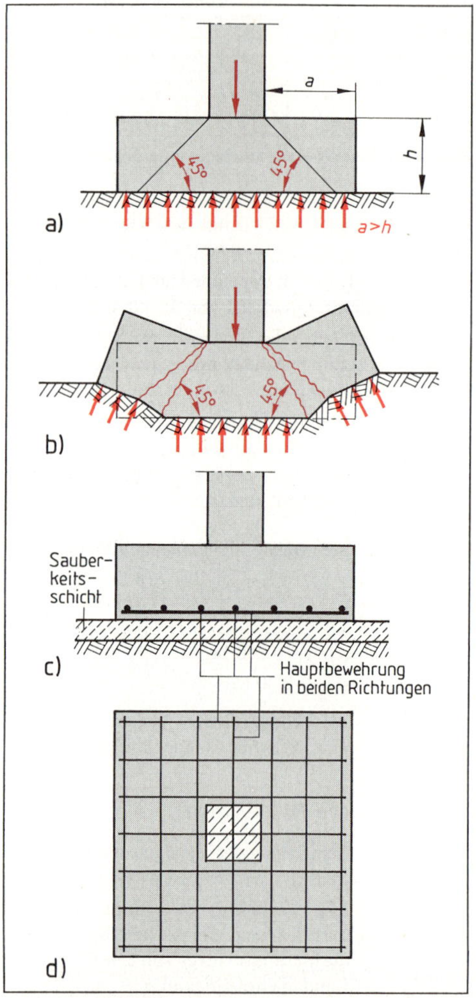

2.45 Quadratisches Einzelfundament aus Stahlbeton
a) Belastungsschema und Lastausbreitungswinkel,
b) Bruchlinien,
c) und d) Vorderansicht und Draufsicht mit Bewehrungsschema

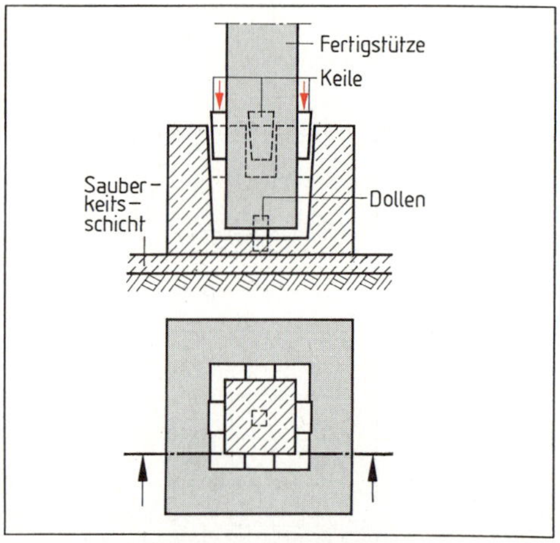

2.46 Köcherfundament mit Fertigstütze

Streifenfundamente sind im Hochbau bei tragfähigem Baugrund unter Wänden mit normalen Lasten die üblichen Fundamente. Die Belastung wird in kN/m angegeben. Sie haben rechteckigen Querschnitt. Wie Einzelfundamente können sie aus Beton oder Stahlbeton hergestellt werden.

Streifenfundamente aus Beton werden grundsätzlich wie Einzelfundamente berechnet. Die zulässige Bodenpressung und die Betonfestigkeitsklasse bestimmen den Lastausbreitungswinkel. Bei großen Fundamentbreiten und -höhen können sie abgetreppt oder abgeschrägt werden. Bei tragfähigem und standfestem Baugrund werden sie ohne Schalung betoniert. Von der Baugrubensohle aus werden die Fundamentgräben von Hand auf die erforderliche Einbindetiefe ausgehoben (Baufachkunde 1, Abschn. 13.1.3).

Während Einzelfundamente genau berechnet werden, kann man die Berechnung normaler Streifenfundamente vereinfachen. Wenn die Fundamentbreite b berechnet ist, ermittelt man die Fundamenthöhe h mit der Überschlagsformel

$$h = 2 \cdot a \qquad a = \text{Fundamentüberstand}$$

Der Wert $h : a = 2$ entspricht einem Lastausbreitungswinkel von 63,5°. Damit hat man den ungünstigsten Fall angenommen und erhält die größte Fundamenthöhe h. Die Wandlasten bei Streifenfundamenten sind häufig so gering und die Betonfestigkeiten so hoch, daß man trotz dieser ungünstigen Annahmen nur geringe Fundamenthöhen erhält. Aus konstruktiven Gründen und wegen der Frostsicherheit soll man Streifenfundamente aus Beton immer mindestens 30 cm hoch ausführen.

Beispiel Eine Außenwand von 30 cm Dicke überträgt auf ein Streifenfundament aus B 10 eine gleichmäßig verteilte Gesamtlast von 185 kN/m. Die Eigenlast des Fundaments bleibt unberücksichtigt. Die zulässige Bodenpressung ist 0,25 MN/m². Die Abmessungen des Fundaments sind zu berechnen (**2**.47).

Lösung **Berechnung der Fundamentbreite:**

$$\text{zul}\,\sigma = \frac{F}{A} = \frac{F}{b \cdot l}$$

$$b = \frac{F}{\text{zul}\,\sigma \cdot l} = \frac{0{,}185\,\text{MN}}{0{,}25\,\text{MN/m}^2 \cdot 1{,}00\,\text{m}} = 0{,}74\,\text{m}$$

gewählt $b = 0{,}75$ m

Berechnung der Fundamenthöhe:

für zul $\sigma = 0{,}25$ MN/m² und B 10 ist das Verhältnis $h : a$ laut Tafel **2**.41 1,8 (Mittelwert!); das entspricht einem Lastausbreitungswinkel von $\alpha = 61°$.

$$a = \frac{0{,}75 - 0{,}30}{2} = 0{,}225\,\text{m}$$

$$\frac{h}{a} = 1{,}8$$

$$h = 1{,}8 \cdot a$$

$$h = 1{,}8 \cdot 0{,}225\,\text{m}$$

$$h = 0{,}405\,\text{m}.$$

Berechnung mit der Überschlagsformel:
$h = 2 \cdot a = 2 \cdot 0{,}225 = 0{,}45$ m

gewählt $h = 0{,}45$ m

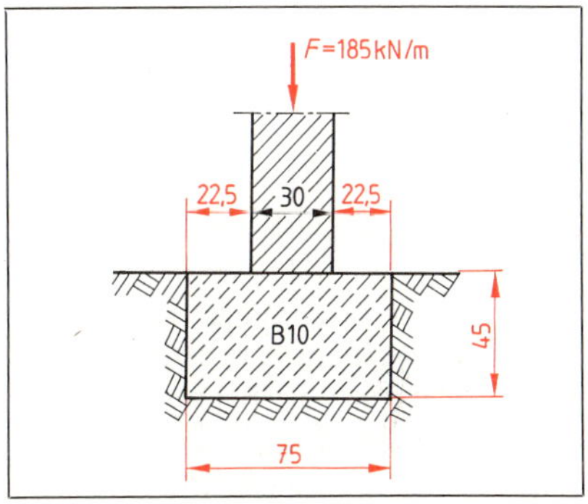

2.47 Streifenfundament aus Beton

Streifenfundamente aus Stahlbeton müssen angeordnet werden, wenn bei schlechtem Baugrund und/oder hohen Wandlasten Betonfundamente zu hoch würden. Sie sind außerdem zweckmäßig bei unsymmetrischen oder einseitig auskragenden Fundamenten. Sie werden berechnet, bewehrt und hergestellt nach DIN 1045. Im Gegensatz zu Betonfundamenten schalt man sie ein (**2**.48).

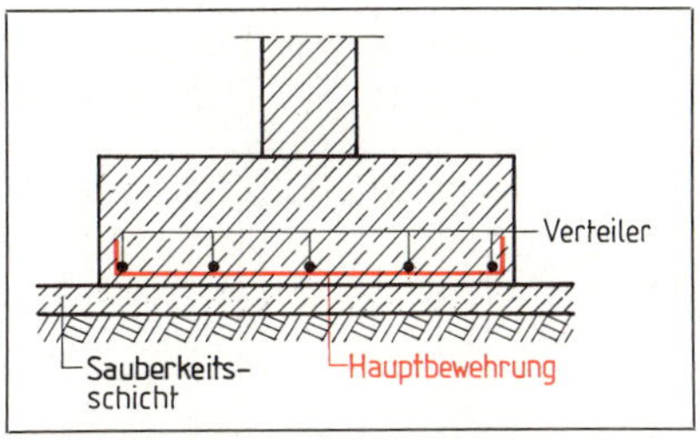

2.48 Bewehrung eines Streifenfundaments

Gründungsstreifen ähneln Streifenfundamenten aus Stahlbeton, werden aber durch Einzellasten und nicht durch Wände belastet. Sie werden nach DIN 1045 berechnet, bewehrt und hergestellt. Eine Sauberkeitsschicht gewährleistet das sorgfältige Einbringen der Bewehrung. Sie werden immer eingeschalt.

Statisch gesehen, ist ein Gründungsstreifen ein auf der Baugrubensohle liegender Durchlaufbalken. Er ist um 180° gedreht, steht also „auf dem Kopf". Die Bodenpressung ist jetzt die gleichmäßig verteilte Last, die Einzellasten sind die Stützkräfte (Auflager) (**2.**49). Die Hauptbewehrung verläuft in Längsrichtung, und die Bewehrungsführung entspricht der des Durchlaufbalkens (**2.**50).

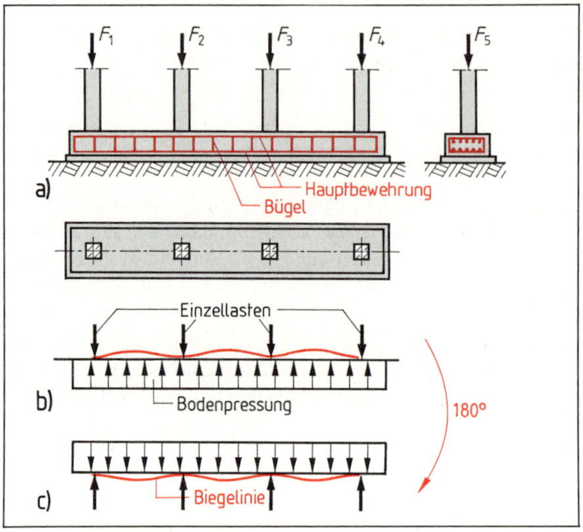

2.49 Bewehrung, Belastung und Verformung (Biegelinie) eines Gründungsstreifens
a) Gründungsstreifen mit Bewehrungsschema
b) Belastungsschema in tatsächlicher Lage
c) Belastungsschema um 180° gedreht

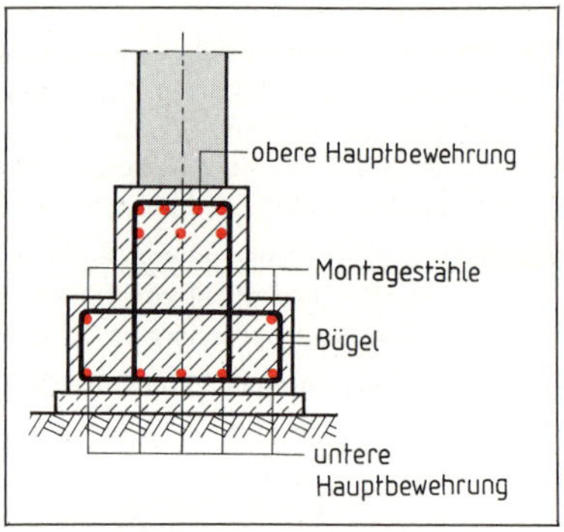

2.50 Anordnung der Bewehrung in einem plattenbalkenförmigen Gründungsstreifen

Gründungsplatten sind Stahlbetonplatten unter der ganzen Gebäudefläche. Man ordnet sie an, wenn der Baugrund für Streifenfundamente und Gründungsstreifen nicht ausreichend tragfähig ist. Sie werden wie Gründungsstreifen nach DIN 1045 berechnet, bewehrt und hergestellt. Schalung ist nur an den Rändern erforderlich. Da infolge der großen Aufstandsfläche die Bodenpressung klein bleibt, setzen sich die Bauwerke nur wenig. Je nach den statischen Verhältnissen werden sie mit oberer oder mit doppelter Bewehrung ausgeführt. Unter den Wänden und unter Einzellasten können Verstärkungsrippen nach oben oder unten angeordnet werden.

Gründungsplatten mit wasserdichten Wänden (Wannen) (**2.**51) ermöglichen Unterkellerungen im Grundwasserbereich. Die Wände werden mit der Gründungsplatte zusammen betoniert oder nachträglich aufbetoniert. Gründungsplatte und Wände umgibt man mit einer wasserdruckhaltenden Abdichtung aus (unbesandeten) Teer- oder Bitumenpappen, Dichtungsbahnen oder Kunststoffolien (s. Abschn. 14.4.3).

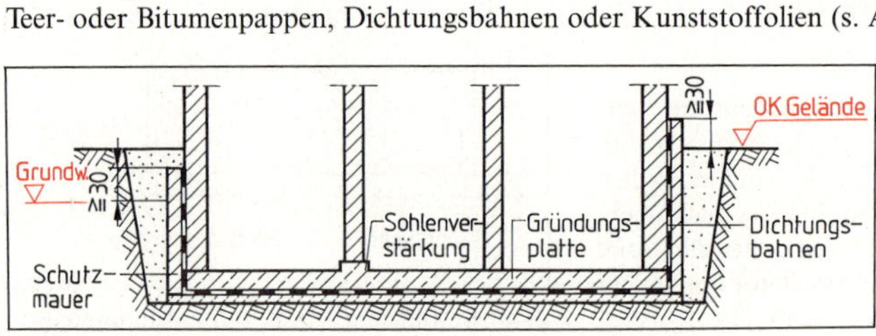

2.51
Gründungsplatte mit wasserdruckhaltender Wannenausbildung
links: Höhe der Abdichtung über Grundwasserspiegel
rechts: hochgeführte Abdichtung gegen Spritzwasser

Hochbauten erhalten in der Regel Flachgründungen aus Beton und Stahlbeton.

Einzelfundamente aus Beton werden unter Berücksichtigung der Lastausbreitung im Beton berechnet. Der Lastausbreitungswinkel braucht nicht größer als 63,5° zu sein und darf nicht kleiner als 45° angenommen werden. Unter Wänden führt man Streifenfundamente aus Beton aus. Wenn man den Lastausbreitungswinkel von 45° unterschreiten muß, werden Einzel- und Streifenfundamente aus Stahlbeton ausgeführt.

Gründungsstreifen aus Stahlbeton nehmen Einzellasten auf. Gründungsplatten aus Stahlbeton unter dem ganzen Bauwerk vergrößern die Aufstandsfläche bei schlechtem Baugrund und verringern damit die Bodenpressung und die Setzungen. Wannen werden bei Gründungen im Grundwasserbereich notwendig.

Alle Stahlbetonarbeiten werden nach den Vorschriften der DIN 1045 ausgeführt.

2.2.3 Tiefgründungen

Tiefgründungen sind notwendig, wenn die Tragfähigkeit des Baugrunds an der Baugrubensohle so gering ist, daß keine Flachgründung möglich ist, einige Meter tiefer aber tragfähiger Boden ansteht. Diese tragfähige Bodenschicht muß durch Ausschachtung technisch und wirtschaftlich erreichbar sein. Wenn das nicht möglich ist, müssen Pfähle angeordnet werden.

Pfeilergründungen bestehen aus Beton- oder Stahlbetonpfeilern, die auf dem tiefliegenden tragfähigen Baugrund stehen, und das eigentliche Fundament tragen (**2.**52). Die Pfeiler stehen unter Gebäudeecken, Kreuzungspunkten von Wänden und unter Einzellasten. Das eigentliche Fundament besteht aus Stahlbetonbalken, die von Pfeilerkopf zu Pfeilerkopf gespannt sind. Die Pfeiler selbst stehen auf Einzelfundamenten oder Gründungsstreifen.

Wenn eine offene Baugrube zu teuer wird, stellt man die Pfeiler einzeln in Schächten her. Bei vorübergehend standfestem Boden werden diese Schächte mit besonderem Tiefschachtgerät ausgehoben und sofort mit Beton verfüllt. Bei nicht standfestem Boden müssen die Schächte verbaut werden.

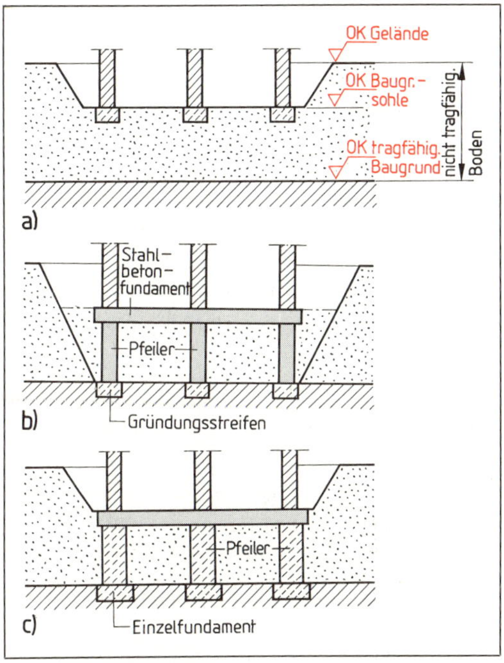

2.52 Pfeilergründung
a) nicht durchführbare Gründung mit Streifenfundamenten
b) Pfeilergründung in offener Baugrube
c) Pfeilergründung in Einzelschächten

Brunnengründungen (**2.**53) erfüllen die gleichen Aufgaben wie Pfeilergründungen. Der einzelne Brunnen ist aber größer als ein Pfeiler, nimmt größere Lasten auf und wird anders hergestellt.

Bei einer Brunnengründung wird ein vorgefertigter erster Beton- oder Stahlbetonring mit einer Schneide am unteren Rand auf den nicht tragfähigen Baugrund gesetzt. Dann wird der Boden im

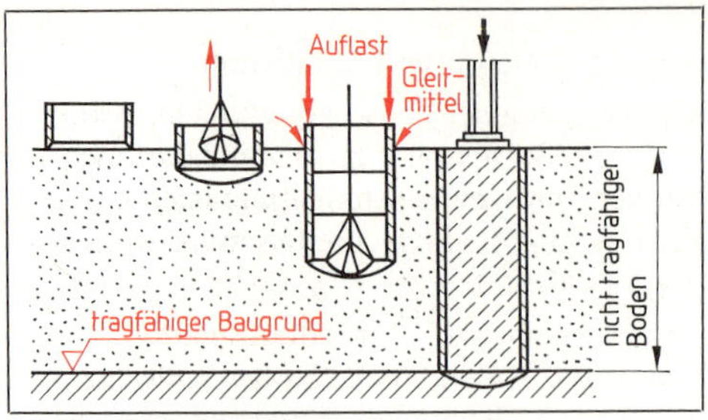

2.53 Brunnengründung

Ring ausgeschachtet, der durch seine Eigenlast langsam in den Boden gleitet. Dieses Abgleiten läßt sich durch eine Auflast oder ein Gleitmittel an der Außenseite steuern. Der Boden im Innern wird meist mit einem Greifbagger ausgeschachtet. Nacheinander werden weitere Ringe ohne Schneide aufgesetzt, bis der tragfähige Baugrund erreicht ist. Dann betoniert man den Hohlraum aus. Brunnen haben Durchmesser von 1,00 bis 3,00 m.

Bei Tiefgründungen stehen Pfeiler oder Brunnen auf dem tragfähigen Grund, der erst einige Meter unter der Baugrubensohle ansteht. Pfeiler aus Beton oder Stahlbeton werden in offener Baugrube oder in Schächten hergestellt. Das Fundament aus Stahlbetonbalken liegt in Höhe der Baugrubensohle auf den Pfeilerköpfen.

Brunnen werden innen ausgeschachtet und sinken dadurch ein. Der Hohlraum wird ausbetoniert. Brunnen nehmen größere Lasten als Pfeiler auf.

2.3 Grundstücksentwässerung

Die Ableitung des Abwassers aus Gebäuden und von Grundstücken in hygienisch und technisch einwandfreier und wirtschaftlicher Weise muß sorgfältig geplant und durchgeführt werden. Die Planung muß frühzeitig erfolgen, die Auflagen und Vorschriften der Genehmigungsbehörden müssen genau eingehalten werden.

Grundstücks- und Gebäudeentwässerung ist ein Teilgebiet der Haustechnik, im engeren Sinn Bestandteil der Entsorgung (**2.**54, s. a. Baufachkunde 1, Abschn. 13.2).

Haustechnik

- Versorgung
  - elektrische Energie für
    - Beleuchtung
    - Heizung
    - Kochen
    - Kühlen
    - Rundfunk
    - Fernsehen
    - Aufzug
  - Trinkwasser, Warmwasser, Fernheizung
  - Gas
  - Blitzschutz
- Entsorgung
  - Gebäude- und Grundstücksentwässerung
  - Müllbeseitigung

2.54 Übersicht Haustechnik

Gute Entwässerungsanlagen sind praktischer Entwässerungsschutz, denn sie entlasten und schützen den natürlichen Wasserhaushalt (Bäche, Flüsse, Seen, Grundwasser).

Abwässer sind Regen- und Schmutzwasser. Schmutzwässer kommen bei Wohn- und Bürogebäuden aus Wasch-, Spül- und Sanitärräumen und -einrichtungen. Sie sind mechanisch, chemisch und bakteriologisch verschmutzt. Schmutzwässer aus Gewerbebetrieben können gefährlich sein (aggressiv, giftig, feuergefährlich) und deshalb besonders sorgfältig gesammelt und abgeleitet werden.
Die Ableitung der Abwässer kann nach verschiedenen Verfahren erfolgen. Sie richten sich nach dem Ort, an dem sie entstehen, nach ihrer Menge und Art und nach dem öffentlichen Entwässerungssystem. Die wichtigste DIN-Norm für Entwässerungsanlagen ist DIN 1986 „Entwässerungsanlagen für Gebäude und Grundstücke".

Wichtige Begriffe einer Entwässerungsanlage nach DIN 1986

Anschlußleitungen (Einzel- und Sammelanschlußleitungen) gehen vom Geruchverschluß einer Entwässerungseinrichtung (Waschbecken, Badewanne, Dusche) zur weiterführenden Leitung, meist der Falleitung.
Falleitungen sind senkrechte Leitungen, die durch die Geschosse das Abwasser in Sammel- und Grundleitungen führen.
Sammelleitungen sind freiliegende Leitungen zur Aufnahme des Abwassers aus Anschluß- und Falleitungen.
Regenfalleitungen sind innen oder außen liegende senkrechte Leitungen für Regenwasser von Dächern, Balkonen und Loggien.
Lüftungsleitungen be- und entlüften die Entwässerungsleitungen, nehmen aber selbst kein Abwasser auf.
Grundleitungen sind unzugänglich im Erdreich oder im Baukörper verlegte Leitungen, die das Abwasser in den Anschlußkanal führen.
Anschlußkanäle liegen vom öffentlichen Straßenkanal bis zur Grundstücksgrenze oder zur ersten Reinigungsöffnung auf dem Grundstück; die zuständige Behörde legt ihre lichte Weite fest.

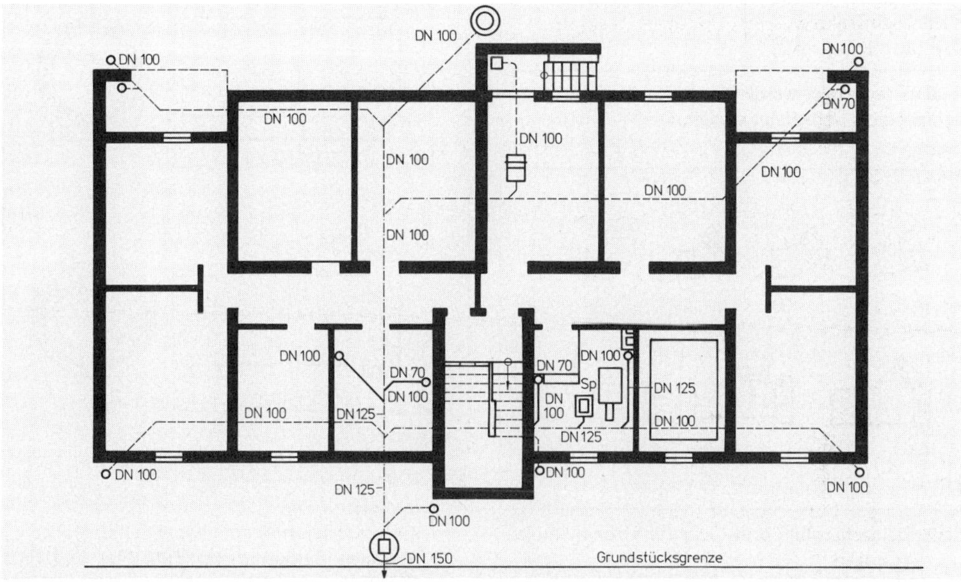

2.55 Kellergeschoßgrundriß mit Grundleitungen für Mischverfahren

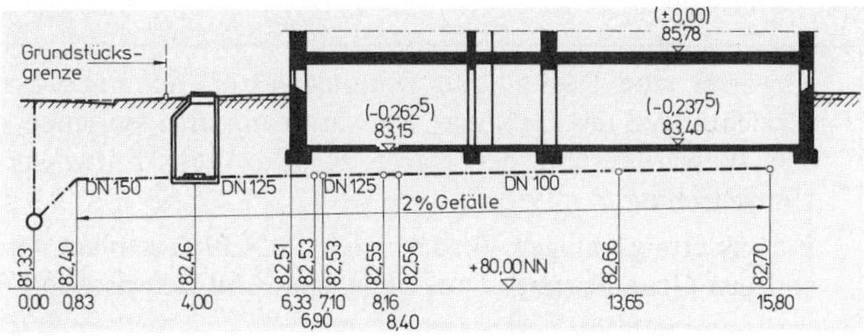

2.56
Senkrechter Schnitt zu Bild **2.**55

Baustoffe für Entwässerungsanlagen

Rohrnetze in Gebäuden werden von Rohrinstallateuren, Gas- und Wasserinstallateuren und Rohrnetzbauern hergestellt. Hochbaufacharbeiter, Maurer und Rohrleitungsbauer verlegen die Grundleitungen im Baukörper (in den Fundamenten oder besonderen Rohrkanälen) und im Erdreich. Außerdem stellen sie die notwendigen Schächte und Kleinkläranlagen her.

Für Grundleitungen werden Rohre aus verschiedenen Materialien verwendet (**2**.57). Dabei wird unterschieden, ob die Grundleitung unzugänglich im Baukörper oder im Erdreich verlegt wird. Es werden Steinzeug-, Beton- und zunehmend Kunststoffrohre verwendet (**2**.57 bis **2**.58).

Tabelle **2**.57 **Rohrarten für Grundleitungen nach DIN 1986**

Rohrart	unzugänglich im Baukörper	im Erdreich
Steinzeugrohre	+	+
Betonrohre mit Falz	–	+
Betonrohre mit Muffe	+	+
Stahlbetonrohre	+	+
Gußeiserne Rohre	+	+
Stahlrohre	+	+
Aluminiumrohre	+	–
Asbestzementrohre	+	+
Kunststoffrohre (je nach Kunststoff)	+/–	+/–

\+ darf verwendet werden
– darf nicht verwendet werden

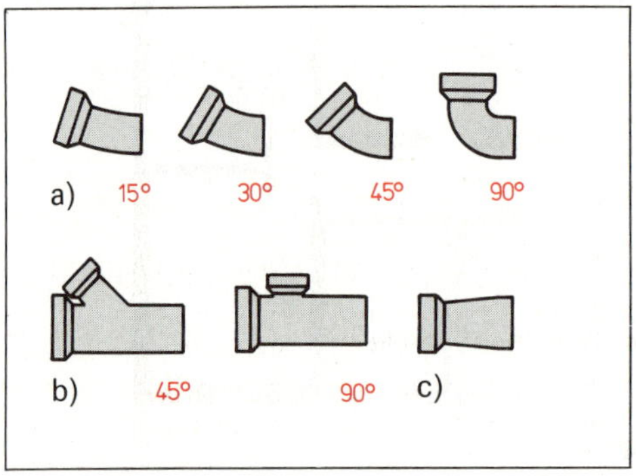

2.59 Steinzeugrohr-Formstücke für Grundleitungen
a) Bogen
b) Abzweige
c) Übergangsstück

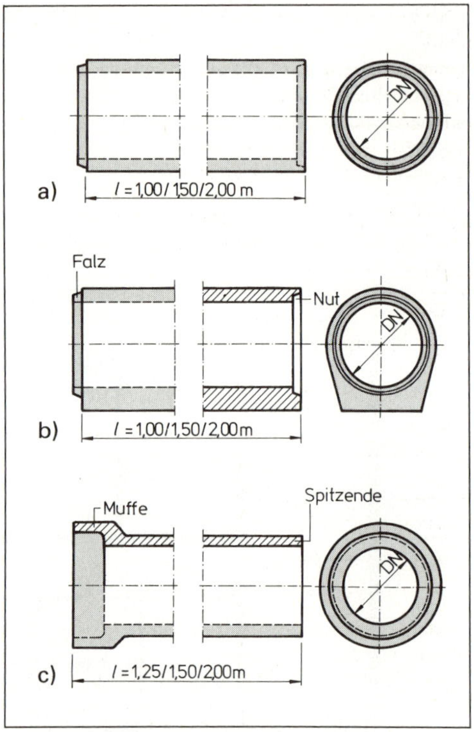

2.58 Rohre für Grundleitungen (DN = Nenndurchmesser)
a) rundes Betonrohr mit Nut und Falz (K-Rohr)
b) rundes Betonrohr mit Fuß, Nut und Falz (KF-Rohr)
c) Steinzeugrohr mit Muffe

Abwässer sind Regen- und Schmutzwasser. Schmutzwasser kommt aus den sanitären Einrichtungen der Gebäude. Entwässerungsanlagen leiten Abwässer über Kläranlagen in den Wasserhaushalt der Natur zurück. Gute Entwässerungsanlagen sind praktischer Umweltschutz.

Entwässerungsanlagen werden nach DIN 1986 geplant und ausgeführt. Baufacharbeiter verlegen Grundleitungen aus Steinzeug- und Betonrohren.

2.3.1 Örtliche Abwasserbeseitigung

Die Abwasserbeseitigung ohne Anschluß an ein öffentliches Kanalnetz ist heute die Ausnahme.

Regenwasser kann in Zisternen (Bottichen) für die weitere Verwendung (z. B. im Garten) gesammelt werden. Liegt kein Bedarf vor, wird es in offenen Rinnen in den natürlichen Vorfluter (Bach, Fluß, See) geleitet. Wenn die Rinnen zu lang werden, kann es durch Sickergräben (**2.**60) oder Sickerschächte (**2.**61) in durchlässigen und aufnahmefähigen Boden geleitet werden.

Schmutzwasser aus Küchen und Wasch- und Sanitärräumen muß vor der Einleitung in den natürlichen Vorfluter oder vor Versickerung in einer Kleinkläranlage – nach DIN 4261 „Kleinkläranlagen“ – behandelt werden. Kleinkläranlagen verringern durch ihr Mehrkammersystem die Fließgeschwindigkeit des Schmutzwassers, wodurch die schwebend mitgeführten Verunreinigungen absinken (mechanische Klärung **2.**62).

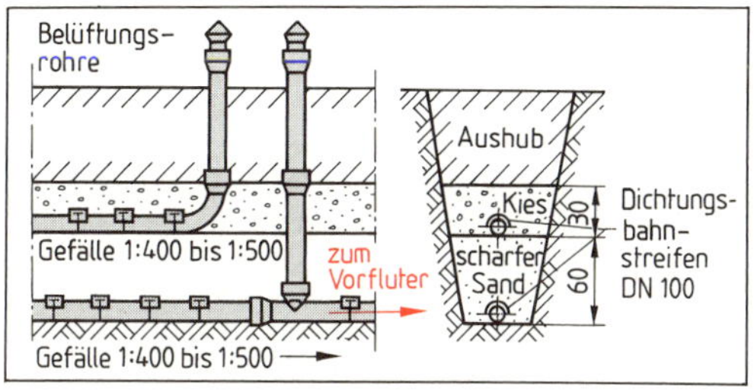

2.60 Quer- und Längsschnitt durch einen Sickergraben

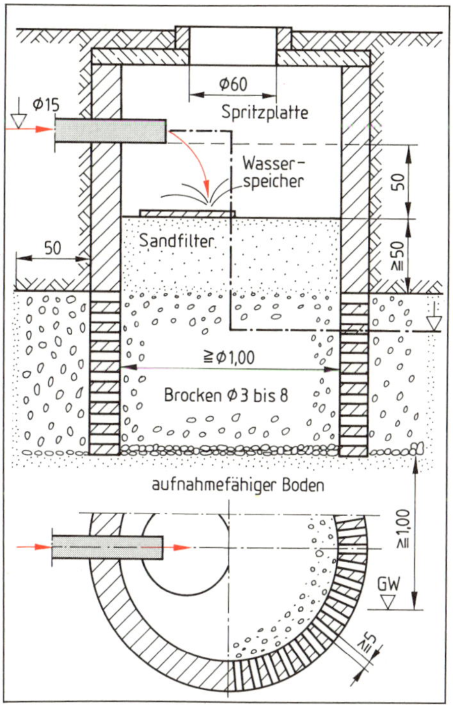

2.61 Längs- und Querschnitt durch einen Sickerschacht

Mehrkammerausfaulgruben haben größere Abmessungen. In den größeren Schlammräumen bauen Bakterien die organischen Verunreinigungen ab. Eine Erddeckung von mindestens 30 cm sichert eine ausreichend hohe Temperatur für den Faulprozeß (mechanische und biologische Klärung).

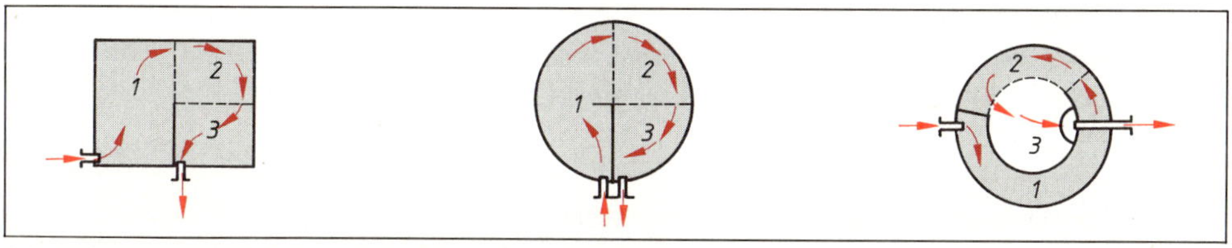

2.62 Schema von Dreikammer-Kleinkläranlagen mit Fließrichtung des Schmutzwassers

Anforderungen an Kleinkläranlagen

Allgemeine Anforderungen (**2.**63):

- Sohle und Außenwände wasserdicht,
- Außenwände vollfugig gemauert und mindestens 24 cm dick,
- aus Vollziegeln der Steindruckfestigkeitsklasse 12 und Mörtel der Mörtelgruppe III gemauert,
- Innenwände wasserdicht verputzt oder verfugt,

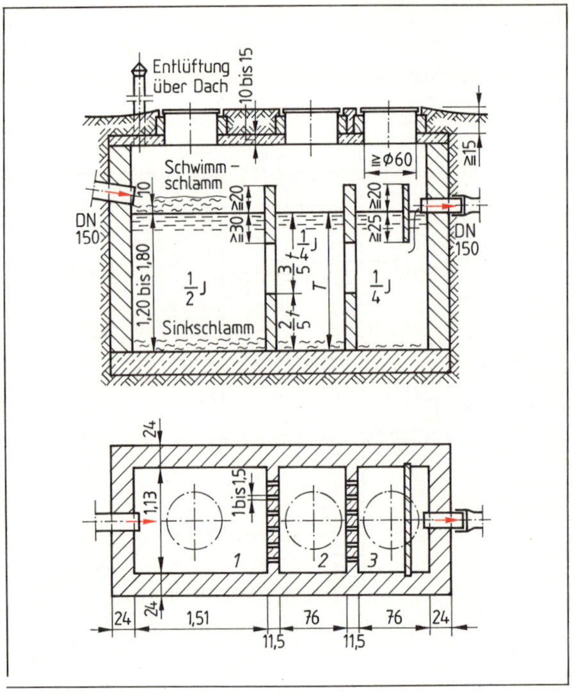

2.63 Gemauerte Dreikammer-Kleinkläranlage (mechanische Klärung)

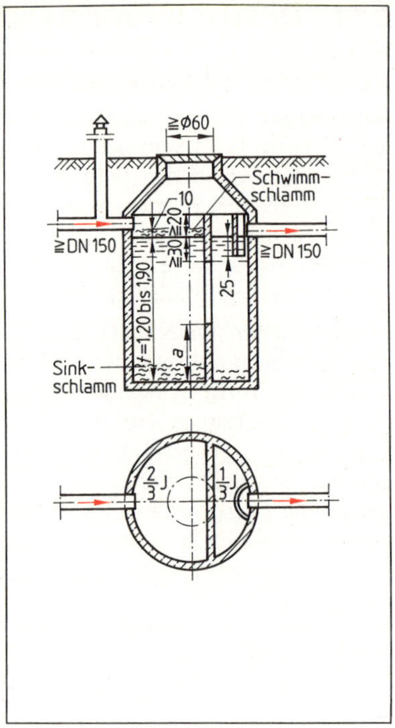

2.64 Zweikammer-Kleinkläranlage (Stahlbetonfertigteil)

- ausreichende Be- und Entlüftung,
- dauerhafte und verkehrssichere Abdeckung mit einer lichten Weite von mindestens 60 cm,
- Stahlbetonfertigteile von gleicher Qualität (**2**.64).

Mehrkammergruben

- Nutzinhalt 300 l/Einwohner,
- Gesamtnutzinhalt ≧ 3000 l,
- Mindestwassertiefe 1,20 m,
- Tauchwand gegen Abfließen von Schwimmschlamm,
- bis 4000 l Nutzinhalt sind Zweikammergruben zugelassen.

Mehrkammerausfaulgruben

- mindestens drei Kammern,
- Nutzinhalt 1500 l/Einwohner,
- Gesamtnutzinhalt ≧ 6000 l.

Örtliche Abwasserbeseitigung ist heute die Ausnahme.

Regenwasser wird in den natürlichen Vorfluter geleitet oder versickert. Schmutzwasser wird in Kleinkläranlagen gereinigt.

Mehrkammergruben klären mechanisch, Mehrkammerausfaulgruben sind Dreikammergruben und klären mechanisch und biologisch. Kleinkläranlagen werden nach DIN 4261 hergestellt.

2.3.2 Abwasserbeseitigung durch Schwemmkanalisation

In Wohngebieten werden die Abwässer im Regelfall durch Anschlußleitungen ins öffentliche Kanalisationsnetz geleitet, in großen unterirdischen Rohrleitungen gesammelt und durch gemauerte oder betonierte Kanäle der öffentlichen Sammelkläranlage zugeführt.

Kanalisationsverfahren

Teilweise Kanalisation nimmt alle Regen-, Haus- und Gewerbeabwässer auf; Fäkalien werden in Gruben gesammelt.

Vollständige Kanalisation erfaßt alle Abwässer.

Mischverfahren nehmen das gesamte Abwasser in ein Rohrnetz auf; Regen- und Schmutzwasser werden in der Grundleitung oder der Anschlußleitung zusammengeführt.

Trennverfahren leiten in zwei getrennten Rohrnetzen Regenwasser in den Vorfluter und Schmutzwasser in die öffentliche Kläranlage, nach Klärung in den Vorfluter.

Fachliche Vorschriften für die Herstellung von Grundleitungen nach DIN 1986

a) Die Leitungen müssen mit Gefälle verlegt werden, damit sie leerlaufen können (**2.**65). Liegende Leitungen erhalten zwischen zwei Reinigungsöffnungen ein gleichmäßiges Gefälle ≦1:20. Das Mindestgefälle in Abhängigkeit von Nenndurchmesser DN, Leitungsart und Lage der Leitung wird einer Tabelle entnommen (**2.**66).

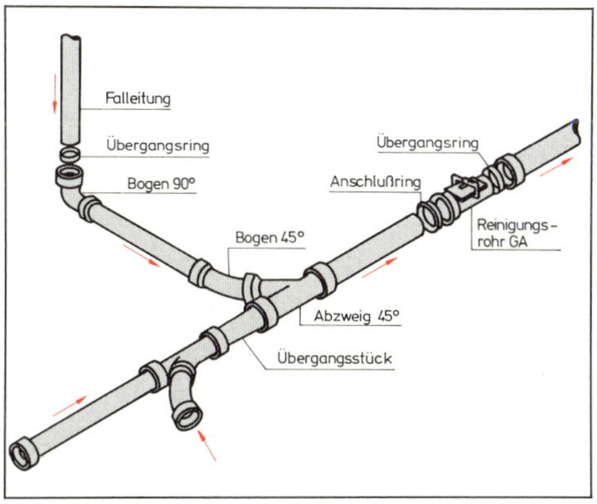

2.65 Schema einer Grundleitung

Tabelle **2.**66 **Mindestgefälle von Grundleitungen**

DN in mm	innerhalb von Gebäuden Schmutzwasserleitung	Regenwasserleitung	Mischwasserleitung	Regen-, Schmutz- und Mischwasserleitungen außerhalb von Gebäuden
bis 100	1:50	1:100	1:50	1:DN
125	1:66,7	1:100	1:66,7	1:DN
150	1:66,7	1:100	1:66,7	1:DN
ab 200	$1:\frac{DN}{2}$	$1:\frac{DN}{2}$	$1:\frac{DN}{2}$	1:DN

b) Doppelabzweige in liegenden Leitungen sind unzulässig. Grundleitungen dürfen nur Abzweige von höchstens 45° erhalten.

c) In Fließrichtung darf die Nennweite nicht verkleinert werden. Übergänge von kleineren zu größeren Nennweiten müssen mit Übergangsstücken erfolgen.

d) Werkstoffwechsel erfordern besondere Formstücke.

e) Die Leitungsführung darf die Standfestigkeit des Bauwerks nicht beeinträchtigen. Werden Leitungen durch Außenwände oder Fundamente geführt, sind die Durchführungsstellen sorgfältig abzudichten. Bei Außenwand- und Fundamentdurchführungen müssen die Leitungen gelenkig angeschlossen werden (**2.**67 auf S. 72).

f) Bei Gräben für erdverlegte Grundleitungen gelten die Vorschriften der DIN 4033 „Entwässerungskanäle und -leitungen; Richtlinien für die Ausführung“ und der DIN 4124 „Baugruben und Gräben; Böschungen und Arbeitsraumbreiten“.

g) Auf nichtbindigem Boden bis 20 mm Größtkorn werden die Rohre in ganzer Länge satt in eine herausgearbeitete Auflagerfläche verlegt (**2.**68a). Bei ungeeignetem Untergrund verlegt man sie satt in ein Auffanglager aus verdichtetem Kiessand (**2.**68b). Hochbeanspruchte Leitungen werden in Betonauflager verlegt (**2.**68c).

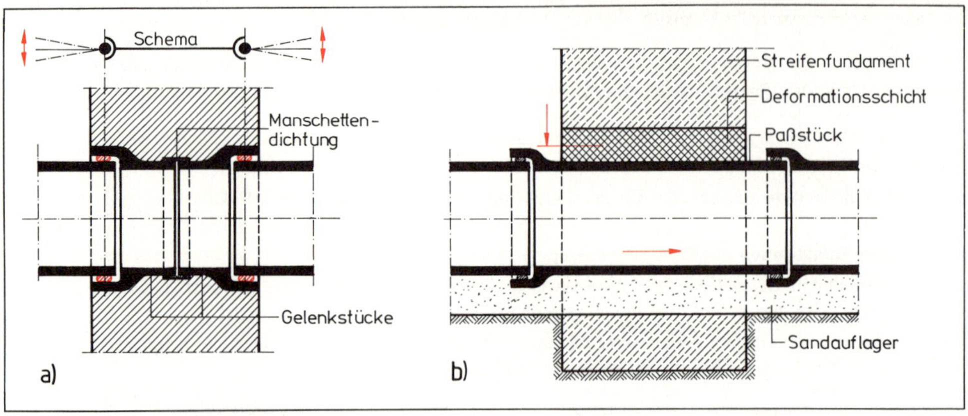

2.67 Durchführungen von Grundleitungen
a) durch eine Außenwand
b) durch ein Streifenfundament (dauerplastische Deformationsschicht doppelt so dick wie die zu erwartende Bauwerkssetzung)

h) Rohrleitungen sind gegen Auseinandergleiten und Ausweichen aus der Achse durch Widerlager zu sichern (**2.**68d).

i) Reinigungsöffnungen sind anzuordnen am Anfang der Grundleitung, mindestens alle 40 m in geraden Strängen, vor Richtungsänderungen von 45° und mehr, nahe der Grundstücksgrenze, nicht weiter als 15 m vom öffentlichen Abwasserkanal entfernt. Sie müssen ständig zugänglich sein.

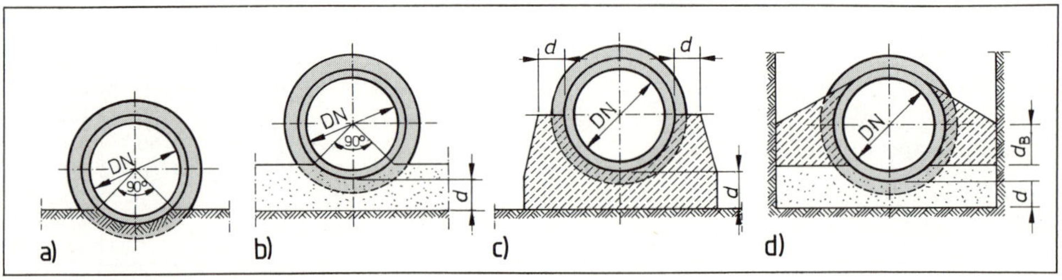

2.68 Auflagerung von Rohren
a) auf tragfähigem Baugrund
b) Auffanglager aus Kiessand
c) Betonlager bei höherer Beanspruchung (mind. B 10; $d \geqq \frac{DN}{4}$ in mm; $d \geqq 100$ mm)
d) Widerlager ($d \geqq 100 \cdot \frac{DN}{10}$ mm; $d \geqq \frac{DN}{3}$ in mm)

Anforderungen an Schächte nach DIN 1986

a) Standsicher, wasserdicht und bei Ausführung im Mauerwerk innen verfugt, gegen Wassereinlauf von oben geschützt, mit tragfähigen Abdeckungen verschlossen.

b) Mindestabmessungen, wenn sie besteigbar und tiefer als 80 cm sind (**2.**69a auf S. 74): kreisförmig Durchmesser = 1 m, rechteckig = 0,80 m × 1,00 m, quadratisch = 0,90 m × 0,90 m, bei Tiefen über 80 cm mit Steigeisen, Mindestabmessungen bei weniger als 80 cm Tiefe (**2.**69b): 0,60 m × 0,80 m. Bei Tiefen über 1,60 m kann der Querschnitt nach oben eingezogen werden (**2.**69c).

c) Rohrleitungen bei Schächten in Gebäuden geschlossen mit Reinigungsöffnungen durchführen (**2.**70).

d) Kein Zusammenführen mehrerer Leitungen in einem Schacht mit offenem Durchfluß. Beim Trennverfahren getrennte Schächte für Regen- und Schmutzwasser.

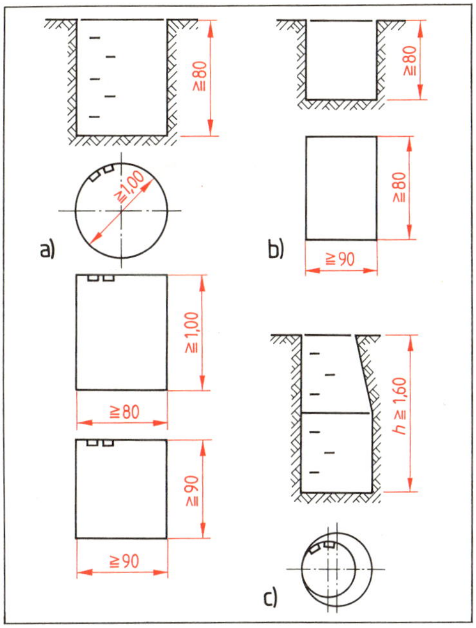

2.69 Abmessungen der Schächte nach DIN 1986
a) Mindestabmessungen ab 80 cm Tiefe
b) Mindestabmessungen unter 80 cm Tiefe
c) Schacht über 1,60 m Tiefe mit eingezogenem Querschnitt

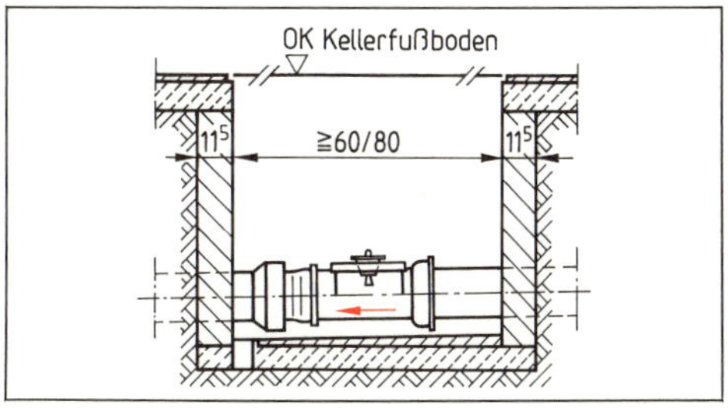

2.70 Kleiner Prüfschacht mit Reinigungsöffnung im Kellergeschoß

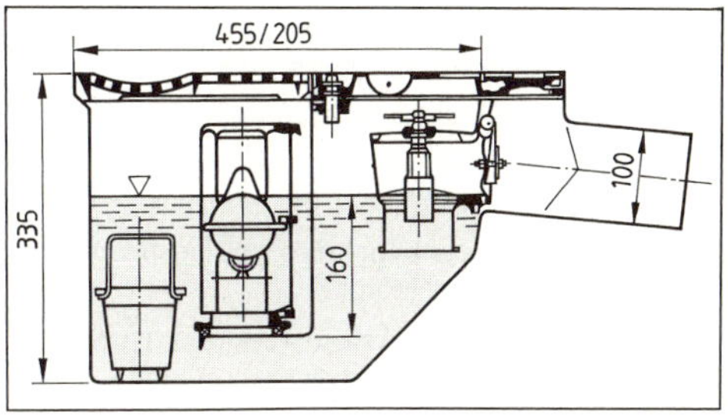

2.71 Gußeiserne Heizölsperre mit Rückstau-Doppelverschluß nach DIN 4043

Hygiene, Unfallsicherheit und Umweltschutz erfordern Einrichtungen, die das Eindringen gefährlicher, schädlicher, explosiver und giftiger Stoffe in das öffentliche Kanalnetz verhindern. Beispiele für solche Einrichtungen sind

- Sand- und Schlammfänge
- Heizölsperren (**2.**71)
- Heizölabscheider
- Benzinabscheider
- Fettabscheider
- Stärkeabscheider
- Neutralisationsanlagen
- Desinfektionsanlagen

In Wohngebieten werden die Abwässer durch Schwemmkanalisation abgeleitet.

Das Trennverfahren leitet in getrennten Leitungsnetzen das Regenwasser in den Vorfluter und das Schmutzwasser in die öffentliche Sammelkläranlage, von dort in den Vorfluter. Mischverfahren leiten das gesamte Abwasser in einem Leitungsnetz über die Sammelkläranlage in den Vorfluter.

Die technischen Vorschriften für die Ausführung von Grundleitungen und Schächten sind in DIN 1986 festgelegt. Zusätzliche Schutz- und Abscheideeinrichtungen verhindern das Eindringen gefährlicher Stoffe in das öffentliche Kanalnetz.

Aufgaben zu Abschnitt 2

1. Nennen Sie einige Meßzeuge für Längen- und Winkelmessungen.
2. Was verstehen Sie unter dem Abstecken eines Gebäudes?
3. Wozu braucht man einen Lageplan?
4. Wer kann ein Gebäude abstecken?
5. Beschreiben Sie das Fluchten zwischen zwei Punkten und über zwei Punkte hinaus.

6. Wie mißt man in geneigtem Gelände mit dem Bandmaß?
7. Beschreiben Sie verschiedene Möglichkeiten, rechte Winkel zu errichten.
8. Beschreiben Sie das Einmessen und Sichern der Gebäudeecken.
9. Welche Aufgabe hat ein Schnurgerüst?
10. Beschreiben Sie die Herstellung eines Schnurgerüsts.
11. Erläutern Sie den Begriff Normal-Null.
12. Was sind Höhenfestpunkte?
13. Beschreiben Sie die Übertragung von Höhen mit dem Nivellier.
14. Was sind Längs- und Querprofile?
15. Beschreiben Sie die Berechnung des Aushubs mit Querprofilen.
16. Was ist ein Laser?
17. Welche Vorsichtsmaßnahmen sind beim Umgang mit Lasern zu beachten?
18. Beschreiben Sie die Arbeitsweise des Hochbaulasers.
19. Welche Eigenschaften hat ein Kanalbaulaser?
20. Beschreiben Sie das Verlegen von Rohrleitungen mit dem Kanalbaulaser.
21. Was versteht man unter den Bauwerkslasten?
22. Was sind Gründungen?
23. Warum setzt sich ein Bauwerk?
24. Welcher Unterschied besteht zwischen Flachgründung und Flächengründung?
25. Unterscheiden Sie Flach- und Tiefgründung.
26. Wann sind Pfahlgründungen erforderlich?
27. Nach welchen Merkmalen unterscheidet DIN 1054 den Boden?
28. Welche Bodenuntersuchungen kennen Sie?
29. Beurteilen Sie einige Arten von Pfahlgründungen.
30. Welche Merkmale beeinflussen die zulässige Bodenpressung nach 1054?
31. Mit welchen Baustoffen werden Flachgründungen ausgeführt?
32. Welche Formen haben Einzelfundamente?
33. Was ist ein Lastausbreitungswinkel?
34. Wie beeinflußt der Lastausbreitungswinkel die Abmessungen von Einzel- und Streifenfundamenten?
35. Erläutern Sie den Zusammenhang zwischen Betonfestigkeitsklasse, zulässiger Bodenpressung und dem Verhältnis $h:a$.
36. Beschreiben Sie die Berechnung eines quadratischen Einzelfundamentes aus Beton.
37. Berechnen Sie ein quadratisches Einzelfundament: Stahlbetonstütze 45/45 cm, $F = 280$ kN, zulässige Bodenpressung 0,25 MN/m^2, B 10.
38. Wie kann man bei großen Fundamenten Beton einsparen?
39. Wann müssen Stahlbetonfundamente ausgeführt werden?
40. Erläutern Sie die Berechnung und Ausführung von Streifenfundamenten.
41. Berechnen Sie ein Streifenfundament nach folgenden Angaben: Wanddicke 36,5 cm, $F = 220$ kN/m, zulässige Bodenpressung 0,27 MN/m^2, B 15.
42. Skizzieren Sie die Bewehrung eines Streifenfundaments.
43. Erläutern Sie den Unterschied zwischen Streifenfundament und Gründungsstreifen.
44. Begründen Sie die Bewehrungsführung in einem Gründungsstreifen.
45. Wann sind Gründungsplatten erforderlich?
46. Was versteht man unter einer Wanne?
47. Beschreibe die Pfeiler- und Brunnengründung.
48. Beschreiben Sie den Unterschied zwischen Pfeilergründung in offener Baugrube und in Schächten.
49. Wann ordnet man eine Brunnengründung an?
50. Beschreiben Sie den Arbeitsablauf bei einer Brunnengründung.
51. Erläutern Sie die Anforderungen an Gebäude- und Grundstücksentwässerungen.
52. Begründen Sie die Notwendigkeit funktionsfähiger Entwässerungsanlagen im Hinblick auf den Umweltschutz.
53. Beschreiben Sie die wichtigsten Leitungen einer Entwässerungsanlage.
54. Welche Rohrarten werden für Grundleitungen verwendet?
55. Was verstehen Sie unter örtlicher Abwasserbeseitigung?
56. Beschreiben Sie Arten, Wirkungsweise und Herstellung von Kleinkläranlagen.
57. Erläutern Sie die Begriffe Schwemmkanalisation, Mischverfahren und Trennverfahren.
58. Nennen Sie wichtige technische Vorschriften für den Bau von Grundleitungen.
59. Welche Anforderungen stellt man an Schächte?
60. Nennen Sie einige Abscheide- und Schutzvorrichtungen in Entwässerungsanlagen und begründen Sie ihre Notwendigkeit.

3 Mauerwerk aus künstlichen Steinen

3.1 Mauern aus großformatigen Steinen

Großformatige Steine haben einen größeren Rauminhalt als mittelformatige Steine. Die Steinhöhe ist > 11,3 cm. Meist zählen Steine ab 6 DF zu den Großformaten. Eine klare Abgrenzung zu den Mittelformaten gibt es jedoch nicht.

Die Verwendung großformatiger Steine verringert den Arbeitszeitaufwand erheblich. Zur verbandsgerechten und kostengünstigen Ausführung der Mauern an Enden, Ecken, Anschlüssen und Kreuzungen sind kleinere Formate der gleichen Steinart als Ergänzungssteine am Arbeitsplatz bereitzustellen. Das Teilen und Behauen der Großformate wird dadurch vermieden.

Das Steingewicht setzt Grenzen für die Abmessungen der Steine. Bei zunehmendem Gewicht wird das Verlegen erschwert, dadurch die Arbeitsleistung der Bauarbeiter verringert, und auf die Dauer ist ihre körperliche Überforderung nicht vertretbar. Für die meisten Großformate sind deshalb Höchstgewichte festgelegt.

Großformate gibt es als Mauerziegel, Kalksandsteine, Hüttensteine sowie Steine aus Leicht-, Normal- und Gasbeton. Über Arten und Abmessungen s. Baufachkunde 1, Abschn. 4.2. Die Dicke von Stoß- und Lagerfugen wird so gewählt, daß Steinmaß und Fugendicke ein Baurichtmaß ergibt. Bei Normal- und Leichtmörtel sind die Stoßfugen 1 cm, die Lagerfugen 1,2 cm dick.

3.1.1 Verarbeitung

Einhandsteine (Steine, deren Form und Gewicht das Verlegen mit einer Hand ermöglicht) verlegt man im gewohnten Arbeitstakt (s. Baufachkunde 1, Abschn. 7.1.3). Der Mörtel für die Lagerfuge wird mit der Kelle aufgetragen und über die Lagerfläche des Steins verteilt. An die Stoßflächenränder des im Griffloch gefaßten Einhandsteins wirft man zwei Mörtelstreifen an und drückt den Stein gegen den schon versetzten Stein, richtet ihn aus und streicht den herausgequollenen Mörtel mit der Kelle ab.

Zweihandsteine verlegt man einzeln oder in Reihen.

Beim Einzelverlegen trägt der Maurer den Mörtel für die Lagerfuge eines Steins auf, wirft zwei Mörtelstreifen an die äußeren Stirnflächen des bereits versetzten Steins und verteilt den Lagerfugenmörtel zu einem gleichmäßig dicken Mörtelbett. Der Stein wird mit beiden Händen

3.1 Einzelverlegen eines Hohlblocksteins. Lager- und Stoßfugenmörtel sind aufgetragen

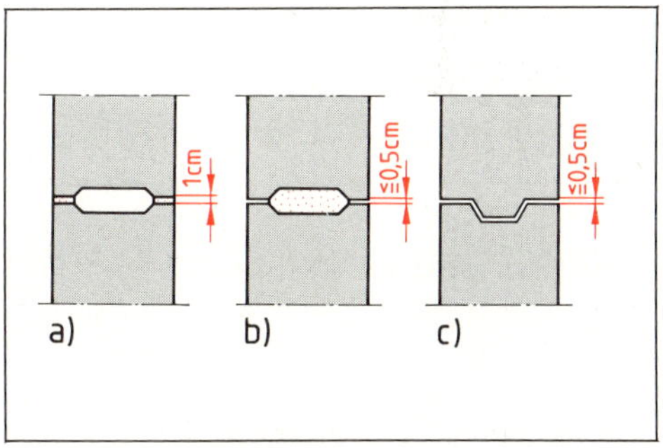

3.2 Stoßfugenausbildung
a) Vermörtelung der Steinflanken
b) Verfüllen der Mörteltasche
c) ohne Vermörtelung

gefaßt, gegen den versetzten Stein gedrückt, auf der Lagerfuge aufgesetzt und ausgerichtet (**3**.1). Der herausgequollene Mörtel wird mit der Kelle abgestrichen. Der Hohlraum zwischen den Mörtelstreifen bleibt frei (**3**.2a).

Beim Reihenverlegen wird der Mörtel zu einer für mehrere Steine dienende Lagerfuge mit der Schaufel, dem Schöpfer oder dem Mörtelschlitten aufgetragen und mit der Kelle in der erforderlichen Dicke verteilt. Dabei füllt man die Stoßfugen der darunterliegenden Schicht im mittleren breiten Fugenraum zwischen den Steinflanken (Mörteltasche) durch Einstochern des Mörtels (**3**.2b). Die Steine versetzt man dann knirsch, d.h. möglichst dicht aneinander. Die Stoßfuge darf nicht größer als 5 mm sein. Auf eine Stoßfugenvermörtelung kann verzichtet werden, wenn Form

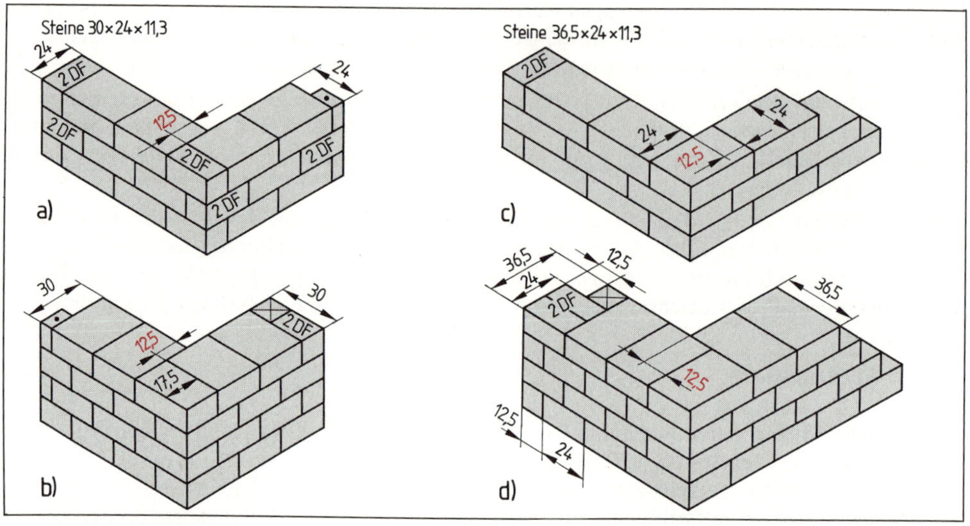

3.3 Rechtwinklige Mauerecken
schleppender Läuferverband
a) mit Steinen 5 DF
b) mit Steinen 6 DF

mittiger Binderverband
c) mit Steinen 5 DF
d) mit Steinen 6 DF

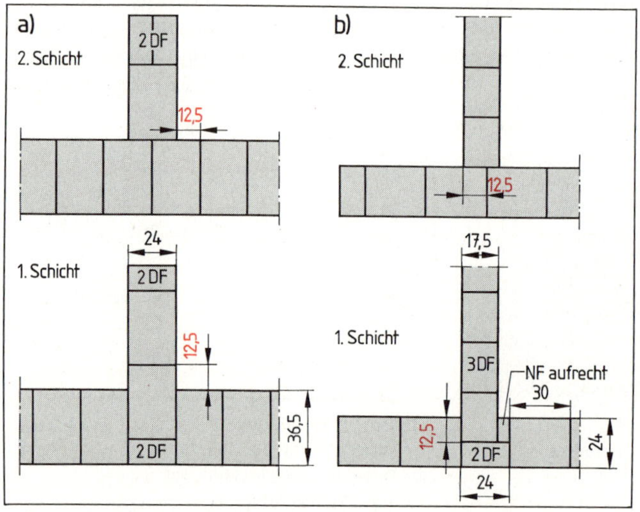

3.4
Rechtwinklige Mauerstöße
a) Hauptmauer im mittigen Binderverband, Steine 6 DF
b) groß- und mittelformatige Steine im Läuferverband

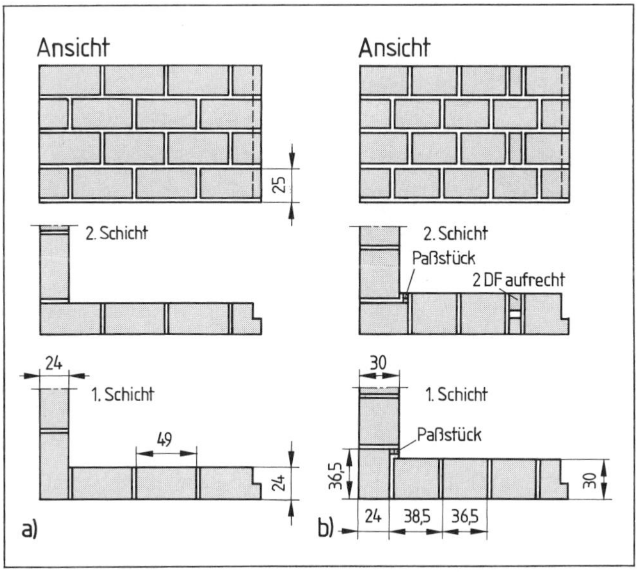

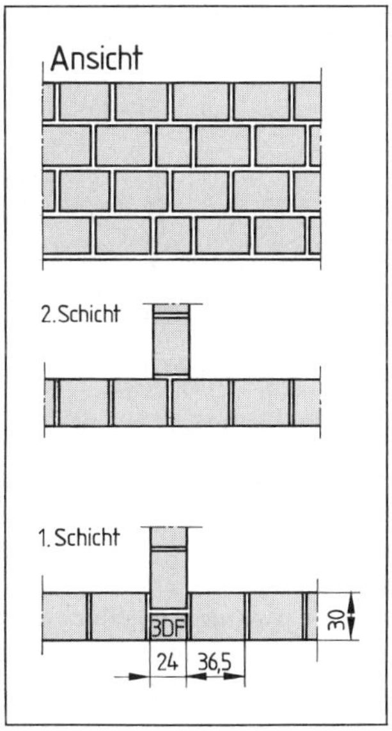

3.5 Rechtwinklige Mauerecke aus Hohlblocksteinen
a) Hbl 49 × 24 × 23,8 = 16 DF, Ansicht im mittigen Verband
b) Hbl 36,5 × 30 × 23,8 = 15 DF, Ansicht im schleppenden Verband

3.6 Rechtwinkliger Mauerstoß aus Hohlblocksteinen

und Maße der Mauersteine dafür geeignet sind. Mauersteine mit Verzahnung durch ein Nut- und Federsystem versetzt man ohne Stoßfugenvermörtelung knirsch in die Verzahnung (**3.**2c). Stoßfugen > 5 mm müssen in jedem Fall beim Mauern an der Außenseite verschlossen werden.

Mauerverbände zeigen die Bilder **3.**3 bis **3.**6. Großformate vermauert man nur im Läufer- oder Binderverband. Die Überbindung übereinanderliegender Steine hängt von der Verbandsart und dem Steinformat ab. Beim mittigen Verband liegen die Stoßfugen jeweils über Steinmitten. Die Überbindung beim schleppenden Verband muß mindestens 1 am = 12,5 cm betragen.

An Mauerecken, Mauerstößen und Mauerkreuzungen binden die Schichten abwechselnd durch. Bei Mauerstößen bindet man die Anschlußmauer immer dann ein, wenn sie an einer Seite auf eine Stoßfuge der Hauptmauer trifft. An den Schichtenden sind Ergänzungssteine nach Bedarf so zu versetzen, daß mittiger oder schleppender Verband eingehalten wird. Kleinformate oder Paßstücke schließen Lücken.

3.1.2 Mauern aus Gasbetonsteinen

Gasbetonsteine (**3.**7 auf S. 78) lassen sich leicht bearbeiten. Paßstücke kann man mit Trennscheibe, Bügelsäge oder Fuchsschwanz abschneiden (**3.**8).

Der Mauerverband gleicht dem für Mauern aus 49 cm langen Hohlblocksteinen. Zum Einhalten des mittigen Verbands sind nach Bedarf passende Ergänzungssteine zu schneiden. An Anschlüssen von Innenwänden an Außenwände ist darauf zu achten, daß hier der bei Gasbetonsteinen gegebene hohe Wärmeschutz nicht gemindert wird. Werden auch die Innenwände aus Gasbetonsteinen erstellt, binden die Schichten am Mauerstoß abwechselnd durch (**3.**6). Innenwände aus anderen, zum Durchbinden nicht geeigneten Steinen, bindet man in die Außenwand abwechselnd ein. Dazu sind Außenwandsteine mit entsprechenden Aussparungen herzustellen (**3.**9). Das gilt auch für lotrecht anzulegende Schlitze in der Wand. Die Steine werden bis auf Schlitztiefe zweimal

3.7 Gasbeton-Blocksteine

3.8 Zuschneiden eines Gasbeton-Teilsteins

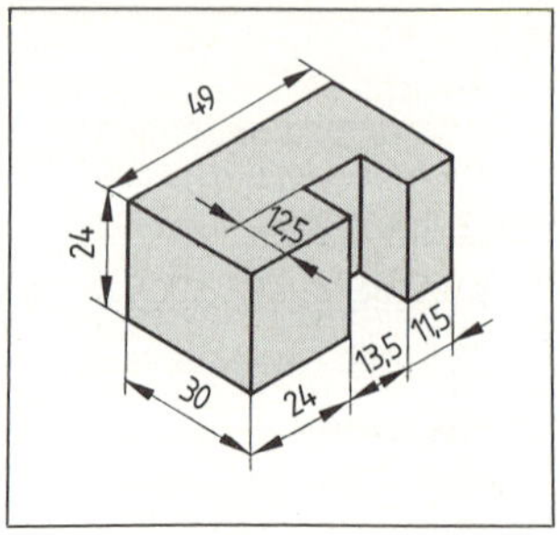

3.9 Wandbaustein aus Gasbeton mit einer eingeschnittenen Aussparung

eingeschnitten und das zwischen den Einschnitten liegende Stück oben und unten mit dem Maurerhammer an- und herausgeschlagen.

Beim Vermauern der Blocksteine sind Lager- und Stoßfugen von 1 cm Dicke einzuhalten (Steinhöhe 24 cm!). Geeignet sind Mörtel der Gruppen II, IIa und III. Um zu verhindern, daß dem Mörtel das zum Abbinden nötige Wasser entzogen wird, näßt man die intensiv Wasser aufnehmenden Steine vor dem Vermauern gründlich an. Nach dem Auftragen und Verteilen des Lagerfugenmörtels gibt man den Stoßfugenmörtel an die Stirnseite des bereits versetzten Steins und drückt den nächsten Stein dagegen. Mit dem Gummihammer treibt man ihn weiter an und richtet den Stein dabei aus (**3.**10).

3.10 Gegentreiben und Ausrichten eines Gasbeton-Blocksteins

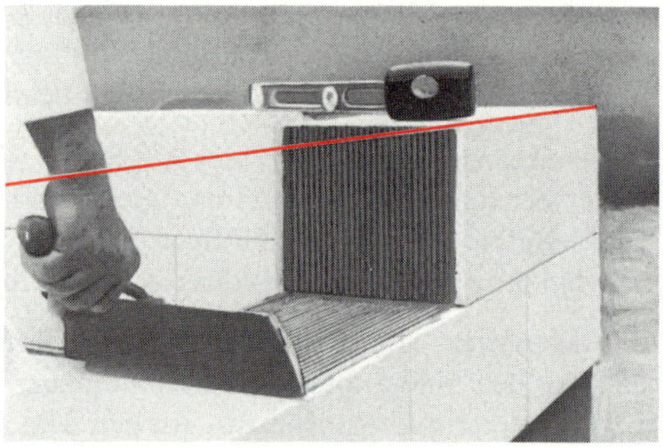

3.11 Aufziehen des Dünnbettmörtels bei Gasbeton-Plansteinen

Plansteine verlegt man in Dünnbettmörtel, der mit einer Spezialkelle aufgetragen wird (**3.**11). Die Dicke der Lager- und Stoßfugen beträgt 1 bis 3 mm. Die Steinabmessungen weichen bis 3 mm vom Baurichtmaß ab. Das Vornässen der Plansteine entfällt. Die Arbeitstechnik ist wie beim Vermauern der Blocksteine. Kältebrücken werden wegen der dünnen Klebeschicht vermieden, das Mauerwerk ist einheitlich. Nur die erste Schicht versetzt man zum Ausgleich von Unebenheiten in ein übliches Mörtelbett.

Großformatige Steine verringern den Arbeitszeitaufwand erheblich. Großformate werden als Einhandsteine oder Zweihandsteine vermauert, Zweihandsteine in Einzel- oder Reihenverlegung.

Das kleinste Überbindemaß ist 12,5 cm. Gasbetonsteine als Plansteine verlegt man in Dünnbettmörtel.

3.2 Mauern mit verschieden hohen Steinen

Die Höhe der genormten Steinformate ist in der „Maßordnung im Hochbau" so festgelegt, daß sich auf 25 cm Mauerhöhe Schichtgleiche ergibt (**3.**12). Es können daher auch Steine aller Formate verbandsgerecht in einem Mauerkörper zusammen vermauert werden. Geringfügige Fugendekkung im Inneren der Wände ist nach DIN 1053 zulässig. Werden allerdings vom Maurer die Schichthöhen nicht eingehalten, läßt sich auch kein befriedigender Mauerverband ausführen (**3.**13). Wände aus verschieden hohen Steinen können mit einer Verzahnung, durch Einbinden und Durchbinden zusammengeführt werden.

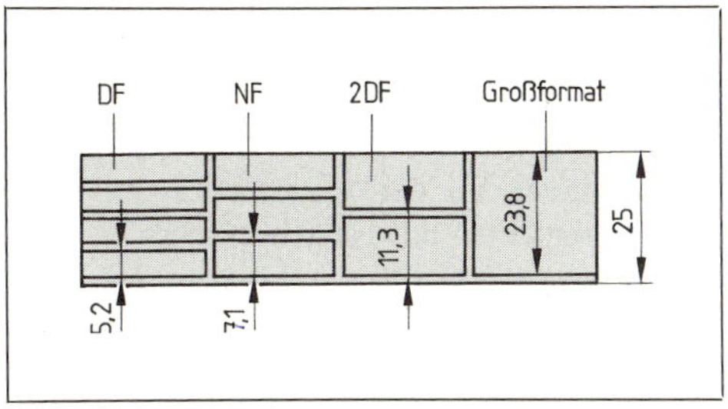

3.12 Schichtausgleich bei genormten Formaten im Maßsprung von 25 cm

3.13 Fehlerhafte Verzahnung am Maueranschluß

Die Verzahnung wird nicht wie bei Steinen gleicher Höhe schichtenweise, sondern in Lagen von 25 cm Höhe ausgeführt. Die Breite der Verzahnung richtet sich vor allem nach den Formaten der Steine. Beim Zusammenführen von Lagen aus Steinen 2 DF und NF wird die Verzahnung zweckmäßig nur 6,25 cm breit angelegt (**3.**14). Weil unter und über den lotrechten Kanten der Verzahnung möglichst keine Stoßfugen liegen sollen, sind bei 12,5 cm breiter Verzahnung viele Viertelsteine nötig. Die durchgehenden inneren Stoßfugen in den Läuferschichten verursachen häufig Fugendeckung.

Die 12,5 cm breite Verzahnung ist dagegen vorteilhafter, wenn ein Wandteil aus Steinen 3 DF oder aus großformatigen Steinen ausgeführt wird, weil hierbei weniger Stoßfugen auftreten (**3.**15). Für den Verband der Mauern an der Verzahnung können mit einigen Abweichungen die Regeln für das gerade Mauerende angewendet werden (s. Baufachkunde 1, Abschn. 7.2.2). Die folgenden Regeln gelten nur für Wandteile aus klein- und mittel-, nicht für solche aus großformatigen Steinen.

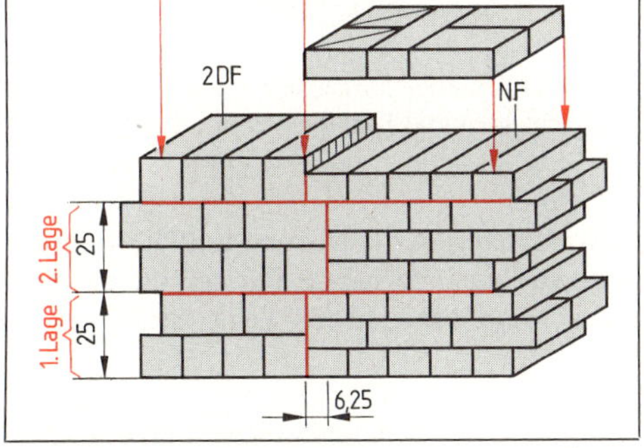

3.14 6,25 cm breite Verzahnung

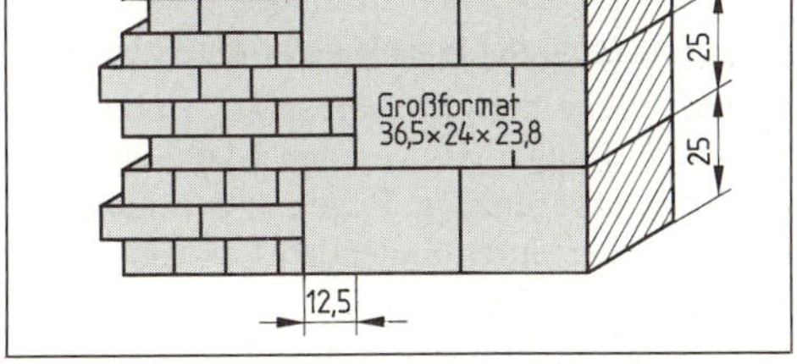

3.15 12,5 cm breite Verzahnung

Regeln für den Mauerverband an der Verzahnung bei 24 cm Wanddicke

a) 6,25 cm breite Verzahnung (**3**.14).

1. Lage: Die Binderschichten beginnen mit ganzen Bindersteinen, die Läuferschichten mit zwei Dreiviertelsteinen in Läuferrichtung.

2. Lage: Es werden die Regeln für den Verband mit Viertelsteinen angewendet: Die Binderschichten beginnen mit einem ganzen Binderstein und zwei anschließenden Viertelsteinen, die Läuferschichten mit zwei ganzen Steinen als Läufer. Je nachdem, wie man die erste Schicht anlegt und nach welcher Seite die Verzahnung verspringt, kann es nötig werden, die Viertelsteine in der Binderschicht ans Ende und nicht hinter den ersten Binder zu legen.

Für Wände aus Steinen 3 DF im Binderverband braucht man an der Verzahnung zur Ergänzung Steine 2 DF. Im Lot der Verzahnung soll möglichst keine Stoßfuge sein.

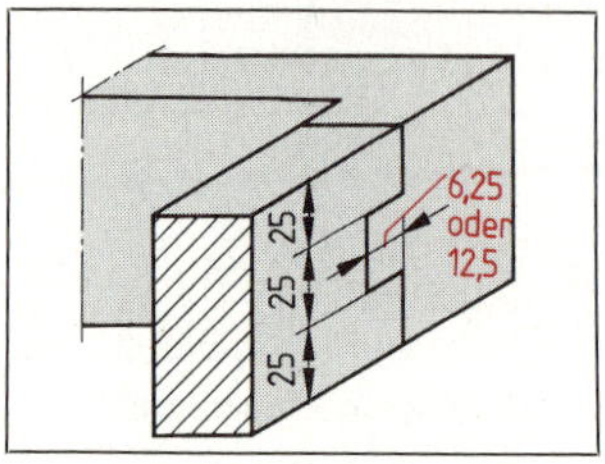

3.16 Rechtwinklige Mauerecke mit Verzahnung außerhalb der Ecke

b) 12,5 cm breite Verzahnung (**3**.15).

Die Binderschichten beginnen an der Verzahnung mit zwei Viertelsteinen, die Läuferschichten mit ganzen Läufern.

Rechtwinklige Mauerecke. Bei klein- und mittelformatigen Steinen ist eine Verzahnung in einer der Wände anzulegen (**3**.16), weil das abwechselnde Durchbinden der Lagen keine einwandfreie Verbandslösungen zuläßt. Für Mauerecken mit Großformaten in Verbindung mit klein- und mittelformatigen Steinen sind Verzahnung (**3**.17) und lagenweises Durchbinden (**3**.18) möglich.

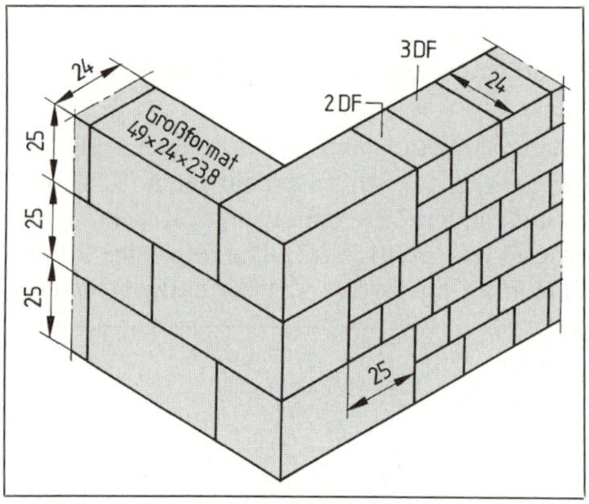

3.17 Rechtwinklige Mauerecke mit Verzahnung

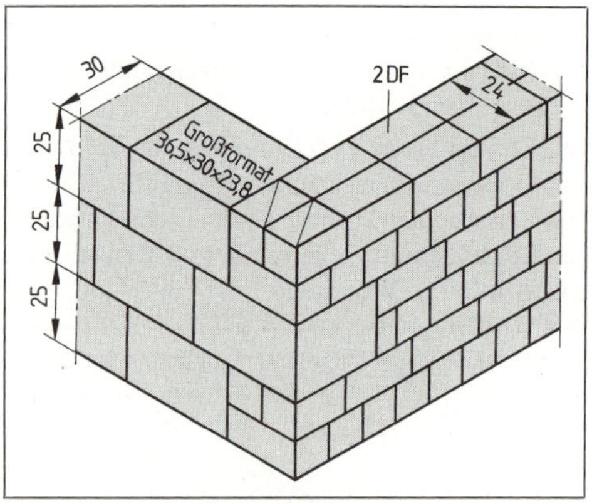

3.18 Rechtwinklige Mauerecke mit durchbindenden Schichten und Lagen

Verbandsregeln bei lagenweisem Durchbinden

Je nach Breite der großformatigen Steine sind für den Verband der klein- und mittelformatigen Steine die Regeln des geraden Mauerendes, des umgeworfenen Verbands und der für die Verzahnung angegebenen Regeln zu beachten. Von der Mauerecke dürfen keine Stoßfugen in Schichten der durchbindenden Lage ausgehen.

Rechtwinkliger Mauerstoß. Den Übergang von der Hauptmauer zur Anschlußmauer ermöglichen Verzahnung und lagenweises Ein- oder Durchbinden.

Die Verzahnung (3.19a) mit dem Wechsel der Steinformate wird zweckmäßig in der Anschlußmauer angelegt. Notwendig ist dies immer dann, wenn die Anschlußmauer aus Steinen mit geringerer Wärmedämmung an eine Außenwand mit Steinen höherer Wärmedämmfähigkeit anschließt.

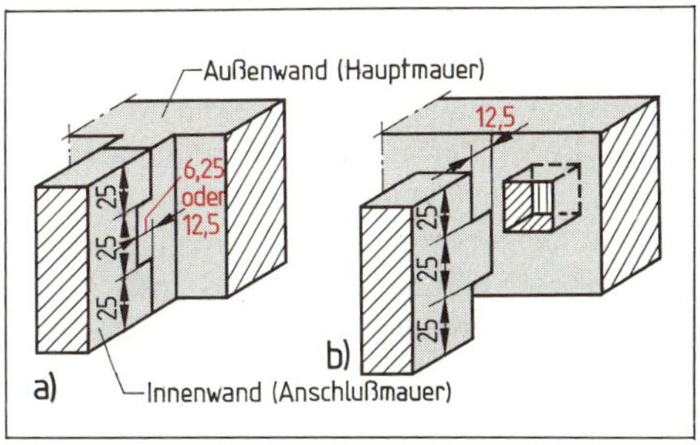

3.19 Rechtwinklige Mauerstöße
a) Verzahnung in der Anschlußmauer
b) einbindende Anschlußmauer

Lagenweises Einbinden und Durchbinden (3.19b) der Außenmauer in eine Anschlußwand setzt voraus, daß auch für die Anschlußmauer Steine verwendet werden, die am Mauerstoß einen ausreichenden Wärmeschutz ergeben. Die Anschlußmauer stößt auf 25 cm Höhe an die durchgehende Hauptmauer stumpf an und bindet dann mit den folgenden Schichten auf die gleiche Höhe 12,5 cm tief ein. Die durchbindende Lage reicht bis zur Außenfläche der Hauptmauer. Verbandsregeln wie bei der Mauerecke.

> Mauerverbindungen mit verschieden hohen Steinen lassen sich im Maßsprung von 25 cm verbandsgerecht durch Verzahnen, Einbinden und Durchbinden ineinanderführen.

3.3 Vorlagen, Nischen, Schlitze, Anschläge

3.3.1 Vorlagen

Mauervorlagen sind Vorsprünge, die das Mauerwerk verstärken und widerstandsfähiger machen gegen Einwirkungen von Kräften. Notwendig sind sie oft zur Auflagerung von I-Trägern und Stahlbetonbalken. Der Vorsprung dafür beträgt gewöhnlich 12,5 oder 25 cm. Ebenso wie der Vorsprung wird auch die Breite der Vorlage mit Rücksicht auf den Mauerverband in Achtelmetern (Köpfen) angegeben, in besonderen Fällen (z. B. wenn Vorlagen die Gliederung einer Ansichtsfläche bewirken) auch in halben Achtelmetern (6,25 cm).

Verbände. Die Vorlage bindet ein über die andere Schicht in die Hauptmauer ein. Ob die Vorlage in die Binderschicht oder in die Läuferschicht einbindet, hängt von der Lage der Regelfuge in der Hauptmauer ab (3.21 und 3.22). Bei Verbänden mit kleinformatigen Steinen oder Steinen 2DF liegt die Regelfuge 1/4 Stein (6,25 cm), bei mittelformatigen Steinen 1/2 Stein (12,5 cm) von der inneren Ecke entfernt.

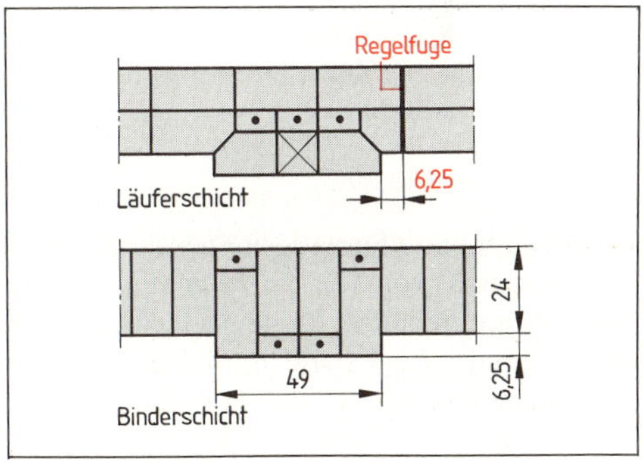

3.20 Mauervorlage aus kleinformatigen Steinen mit 6,25 cm Vorsprung

Verband mit kleinformatigen Steinen. Vor den durchbindenden Schichten der Mauer liegt die Vorlage als Läuferreihe mit 6,25 cm Abstand von der Regelfuge (**3**.21a, b und **3**.22a). Für die Enden der Vorlage gelten die Regeln für Verbände mit Dreiviertel- oder Viertelsteinen. Dasselbe gilt für die Enden der in die Mauer einbindenden Schicht der Vorlage, wobei sich von Fall zu Fall Dreiviertelsteine einsparen lassen.

Beträgt der Vorsprung der Vorlage 1/2 Achtelmeter (6,25 cm), bindet die Läuferreihe der Vorlage mit schräger Stoßfuge in die Wand ein (**3**.20). Geht die Breite der Vorlage nach halben Achtelmetern (6,25 cm) auf, bindet die Vorlage abwechselnd an einem Ende durch die Wand, am anderen Ende liegt sie davor.

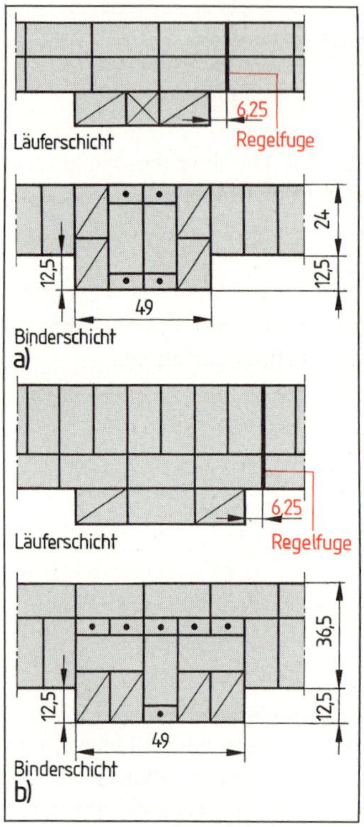

3.21 Mauern mit Vorlagen aus kleinformatigen Steinen. Die Vorlage bindet in die Binderschicht ein.

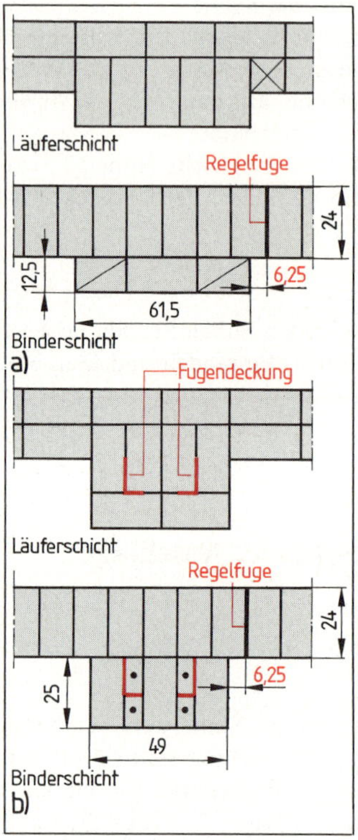

3.22 Mauern mit Vorlagen aus kleinformatigen Steinen. Die Vorlage bindet in die Läuferschicht ein.

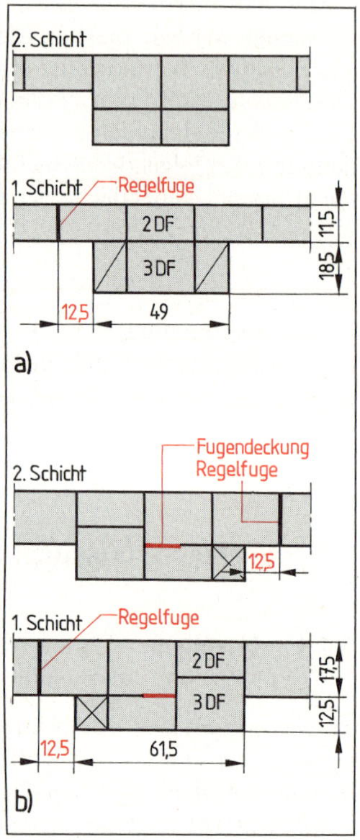

3.23 Mauern mit Vorlagen aus mittelformatigen Steinen im Läuferverband. Breite der Vorlage bei

a) gerader b) ungerader Zahl von Achtelmetern

Verband mit mittelformatigen Steinen. Beim Läuferverband für Wand und Vorlage ist auf das Überbindemaß von 12,5 cm zu achten. Die Vorlage bindet mit jeder zweiten Schicht durch die Wand, wenn sie in der Breite nach einer geraden Zahl von Achtelmetern aufgeht (**3**.23a). An der durchgehenden Fuge zwischen Wand und Vorlage enden beide mit ganzen Läufern nach den Regeln für Mauerenden, wobei Kreuzfugen zu vermeiden sind. In der durchbindenden Läuferschicht der Mauer liegt die Vorlage als Läuferreihe davor.

Die Vorlage bindet abwechselnd an einem Ende durch die Wand, am anderen Ende liegt sie davor, wenn sie in der Breite nach einer ungeraden Zahl von Achtelmetern aufgeht (**3**.23b).

Verschiedene Verbandarten sind je nach Abmessungen von Wand und Vorlagen zu wählen, z.B. kann die Wand im Läufer- oder Binderverband, die Vorlage im Blockverband gemauert werden. Zu berücksichtigen ist das unterschiedliche Überbindemaß zwischen Läuferverband (12,5 cm) und Binder- sowie Blockverband (6,25 cm). In Vorlagen aus Steinen 2DF lassen sich durch Ecksteine 3DF oft Teilsteine einsparen (**3**.24).

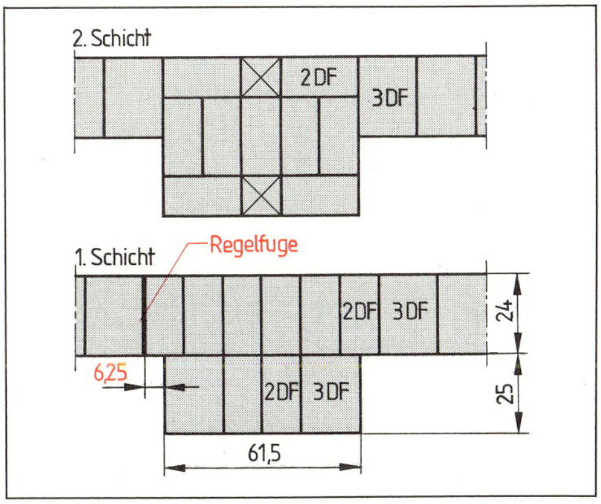

3.24
Mauer mit Vorlage aus mittelformatigen Steinen. Die Mauer ist im Binderverband (Steine 3DF), die Vorlage im Blockverband ausgeführt.

3.3.2 Nischen und Schlitze

Nischen sind Aussparungen im Mauerwerk, die Raum für den Einbau z. B. von Wandschränken, Heizkörpern geben. Sie werden je nach Wanddicke 12,5, 19 oder 25 cm tief ausgespart und sind hinten von der sie abschließenden Mauer (Schildmauer), seitlich von den Leibungen begrenzt. Falls für die dünne Schildmauer ausreichender Wärmeschutz gefordert wird, bringt man auf ihrer Innenfläche Dämmplatten an.

Schlitze sind Aussparungen mit kleinem Querschnitt, die Rohrleitungen aufnehmen sollen, auch um spätere Maueranschlüsse zu ermöglichen. Sie werden meist 12,5 cm tief und 13,5, 20 oder 26 cm breit angelegt. Die Verbandsregeln sind die gleichen wie für Nischen.

Verband mit kleinformatigen Steinen. Eine Schicht des Wandmauerwerks bindet durch die Schildmauer als Läuferschicht (**3**.25a) oder als Binderschicht (**3**.25b) durch. Die Regelfuge ist in der durchbindenden Schicht von der inneren Nischenecke 6,25 cm entfernt. Für den an der Nischenleibung endenden Teil der Wand gelten die Regeln für Mauerenden.

In der nächsten Schicht gehen die Regelfugen in Verlängerung der beiden Nischenleibungen durch die Wand, wenn die Breite der Nische zwischen den Leibungen nach Achtelmetern aufgeht (**3**.25a und b). Geht die Breite nach halben Achtelmetern auf, liegt die Regelfuge an einem Ende an der Leibung, am anderen 6,25 cm von der Leibung entfernt (umgeworfener Verband, **3**.26a).

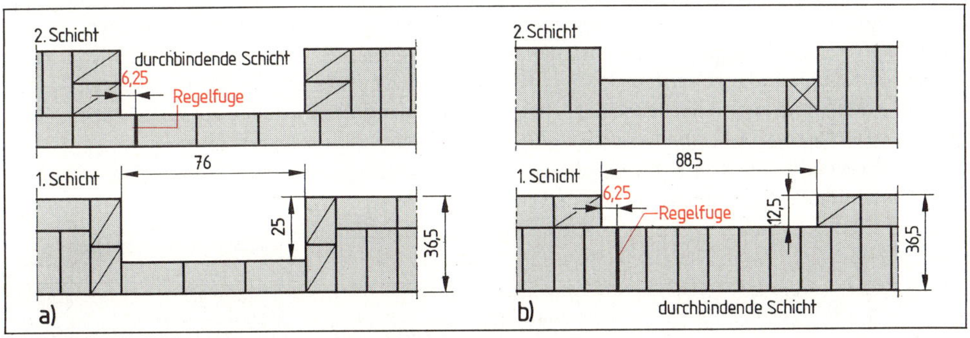

3.25 Mauern mit Nischen aus kleinformatigen Steinen
a) die Läuferschicht bindet durch, b) die Binderschicht bindet durch

Verband mit mittelformatigen Steinen. Wie bei kleinformatigen Steinen binden die Schichten des Wand- und Schildmauerwerks abwechselnd durch. Von der Regelfuge aus ist der Verband anzulegen, wobei auf das Überbindemaß (12,5 bzw. 6,25 cm) zu achten ist (**3**.27 und **3**.28).

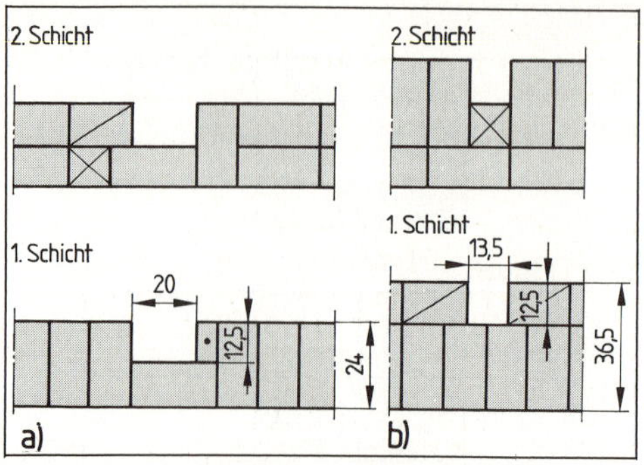

3.26 Mauern mit Schlitzen aus kleinformatigen Steinen

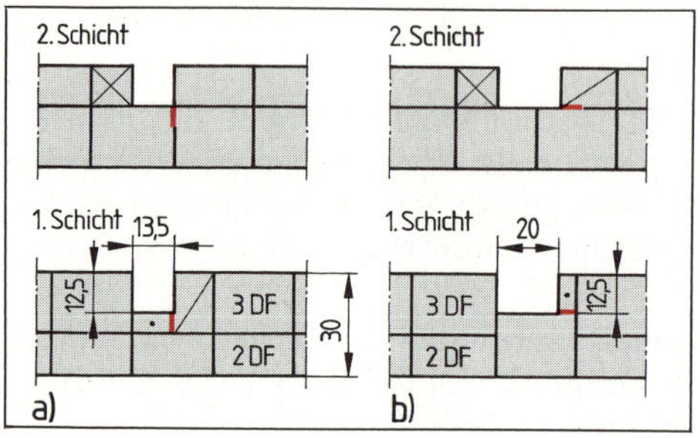

3.28 Mauern mit Schlitzen aus mittelformatigen Steinen

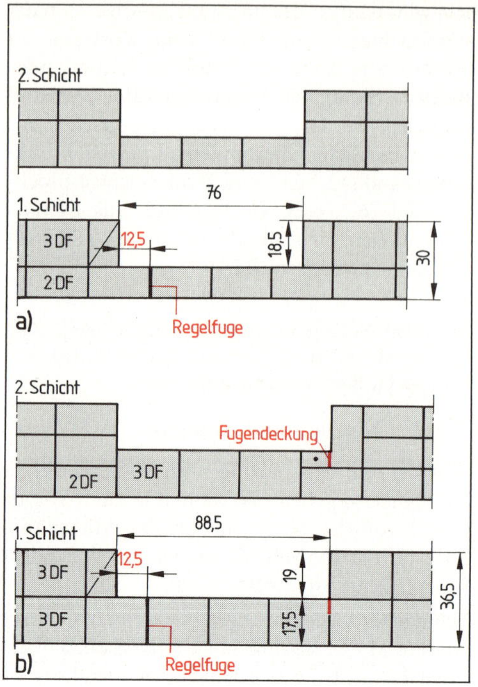

3.27 Mauern mit Nischen aus mittelformatigen Steinen

3.3.3 Anschläge

Unterbrechungen der Mauern durch Fenster- und Türöffnungen ergeben an ihren seitlichen Begrenzungsflächen (Leibungen) gerade oder abgesetzte Mauerenden. Gerade Mauerenden (ohne Anschlag) führt man für Innentüröffnungen aus, bei denen – wenn nicht Stahlzargen eingesetzt werden – zur Befestigung des Türfutters Holzdübel oder Dübelsteine einzumauern sind (**3.**29a). Abgesetzte Mauerenden haben einen Anschlag. Maueranschläge sieht man bei Fenster- und Türöffnungen in Außenwänden vor, weil sie das Abdichten der Blendrahmen am Mauerwerk erleichtern (**3.**29b). Bevorzugt werden Innenanschläge, bei denen Blendrahmen der Fenster und Türen von innen gegen den Anschlag gesetzt werden (**3.**30). In Küstengebieten mit starkem Wind und häufigen Niederschlägen wählt man auch Außenanschläge, bei denen der Blendrahmen außen vor dem Anschlag sitzt.

Bei Fenstern liegt der Anschlag von der Außenfläche der Wand gewöhnlich 11,5 cm zurück. Üblich ist eine Anschlagbreite von 6,25 cm, seltener 12,5 cm. Anschläge für Außentüren liegen von der Wandaußenfläche meist 24 cm zurück (**3.**31 d).

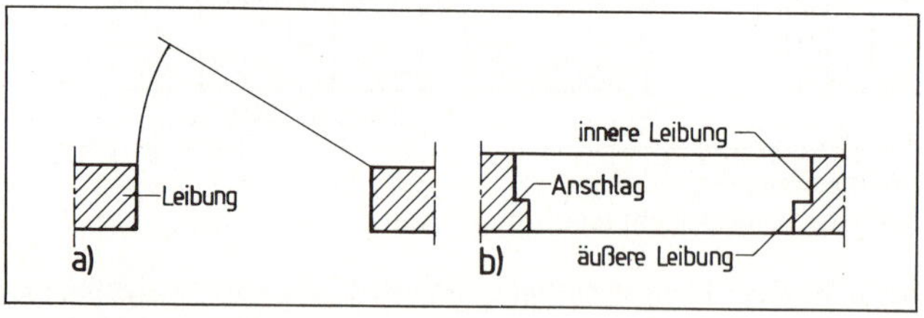

3.29 Mauern mit Öffnungen
a) ohne Anschlag, b) mit Anschlag

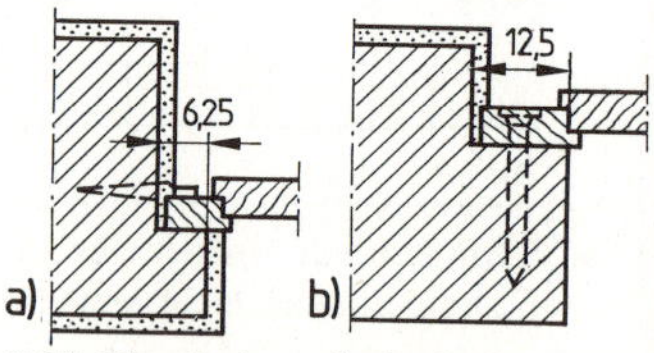

3.30 Blendrahmenbefestigung am Innenanschlag
a) mit Stechklammer
b) mit Steinschraube

Verband mit kleinformatigen Steinen. Die Binderschicht schließt man wie beim geraden Mauerende nach den Regeln für den Verband mit Dreiviertel- oder Viertelsteinen ab und stößt den Anschlagstein stumpf an. In der Läuferschicht binden die Anschlagsteine je nach Anschlagbreite mit ganzen Läufern oder Läuferdreiviertelsteinen ein (**3.**31 a bis e).

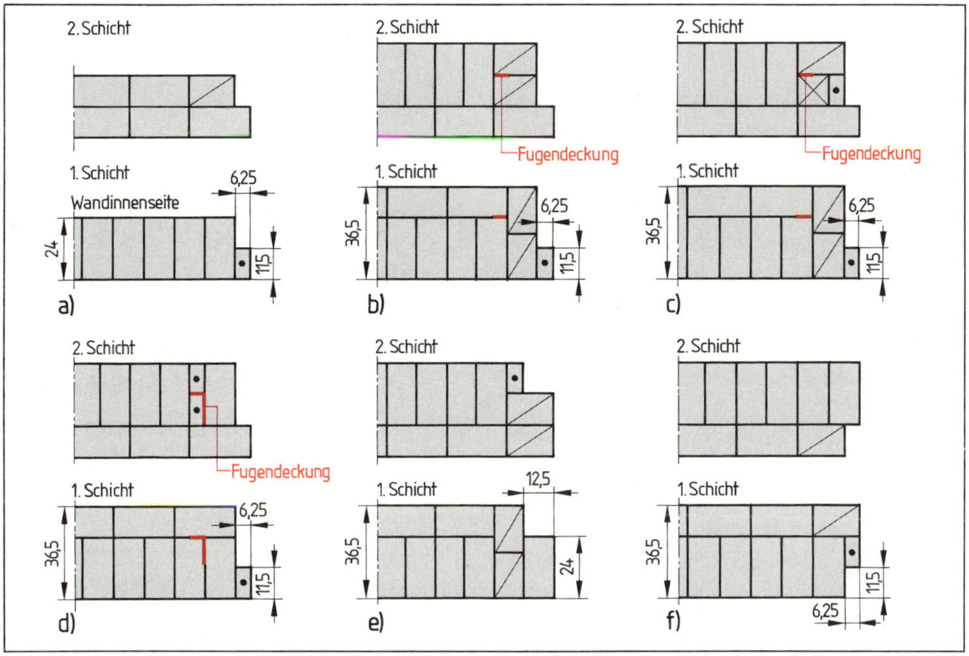

3.31 Fenster- und Türanschläge bei Mauern aus kleinformatigen Steinen
a) bis e) Innenanschläge, f) Außenanschlag

Verband mit mittelformatigen Steinen. Binderverband: Bei 24 cm dicken Wänden aus Steinen 3 DF stößt man in der mit einem ganzen Binder endigenden Binderschicht den Anschlagstein stumpf an. In der folgenden Binderschicht bindet der Anschlagstein je nach Breite des Anschlags mit einem ganzen Läuferstein 2 DF oder Teilstein ein (**3.**32a).

Läuferverband: Den Anschlagstein setzt man vor die mit ganzen Läufern endende Läuferschicht. Er bindet in der folgenden Läuferschicht ein (**3.**32b).

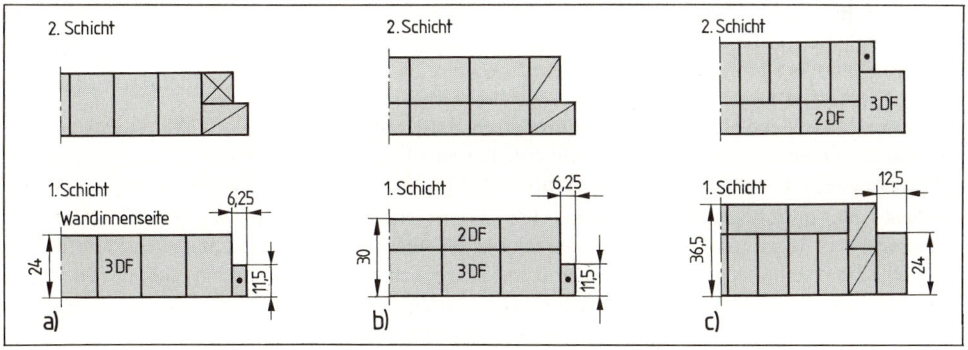

3.32 Fenster- und Türanschläge bei Mauern aus mittelformatigen Steinen
a) Binderverband, b) Läuferverband, c) Block- oder Kreuzverband

Block- und Kreuzverband (Steine 2 DF): Wie bei kleinformatigen Steinen stößt der Anschlagstein in der Binderschicht stumpf an, in der Läuferschicht wird er eingebunden. Wenn Steine 3 DF als Ecksteine verwendet werden, lassen sich Teilsteine einsparen (**3**.32c).
Mauerpfeiler mit Anschlägen zeigen die Bilder **3**.33 und **3**.34.

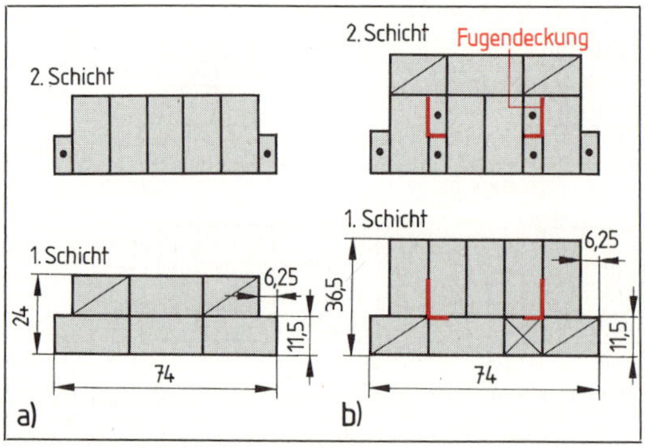

3.33 Mauerpfeiler mit Anschlägen aus kleinformatigen Steinen
a) Verband mit Dreiviertel-, b) mit Viertelsteinen

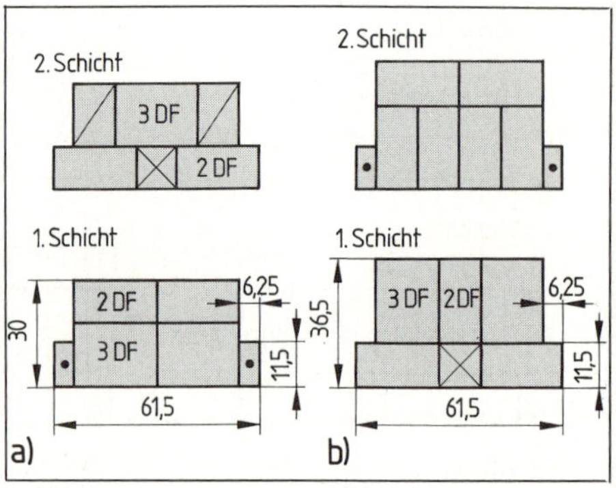

3.34 Mauerpfeiler mit Anschlägen aus mittelformatigen Steinen
a) Läuferverband, b) Blockverband

3.4 Schiefwinklige Mauerverbindungen

Schiefwinklig angelegte Gebäudegrundrisse ergeben schiefwinklige Mauerecken und Mauerstöße, auch schiefwinklige Mauerkreuzungen. Die Verbände sind je nach Steinformat verschieden.
Kleinformatige Steine (DF, NF) vermauert man ab 24 cm Wanddicke im Block- oder Kreuzverband. Für Steine 2 DF gelten dieselben Verbandsregeln wegen der gleichen Steingrundfläche. Mittelformatige Steine (2 DF, 3 DF) mauert man im Läufer- oder Binderverband (s. Baufachkunde 1, Abschn. 7.2).

3.4.1 Spitzwinklige Mauerecken

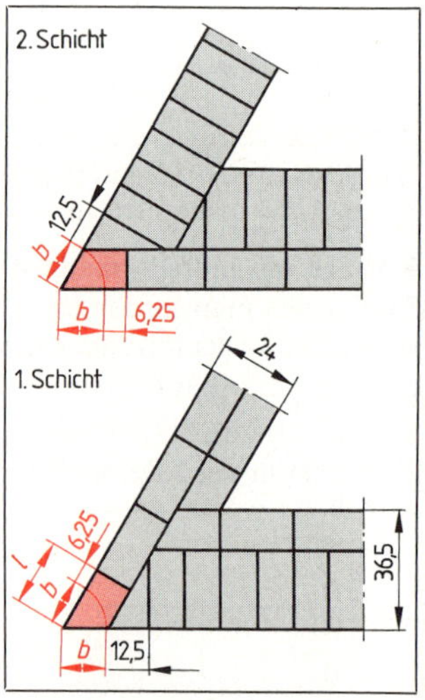

3.35 Spitzwinklige Mauerecke aus kleinformatigen Steinen

Verband mit kleinformatigen Steinen. An der Ecke treffen Läuferschichten der einen mit Binderschichten der anderen Mauer zusammen. Es geht aber nicht wie bei rechtwinkligen Mauerecken die Läuferschicht in der ganzen Dicke durch, sondern nur die äußere Läuferreihe wird bis zur Ecke durchgeführt. Die Länge des Eckläufersteins ist gleich der Breite der schräg behauenen Stirnfläche plus 6,25 cm. Die Binderschicht der anderen Mauer schließt an die Läuferreihe mit einem abgeschrägten Binderstein an, der außen die volle Kopfbreite hat (**3**.35).

Verband mit mittelformatigen Steinen. Bei 24 cm dicken Mauern aus Steinen 3 DF im Binderverband liegen an der Ecke Läufersteine 2 DF, um die sichtbar geschlagenen Steinflächen möglichst klein zu halten (**3**.36a). Bei 30 und 36,5 cm dicken Mauern im Läuferverband wird bis zur Ecke nur die Läuferreihe aus Steinen 2 DF durchgeführt. Auch hier ist die Länge des Eckläufersteins gleich der Breite der schräg behauenen Stirnfläche plus 6,25 cm. Die äußere Läuferreihe der anderen Mauer aus Steinen 3 DF stößt mit einem schräg behauenen Läufer an, der außen 17,5 cm (mit Fuge 18,5 cm) lang ist (**3**.36b).

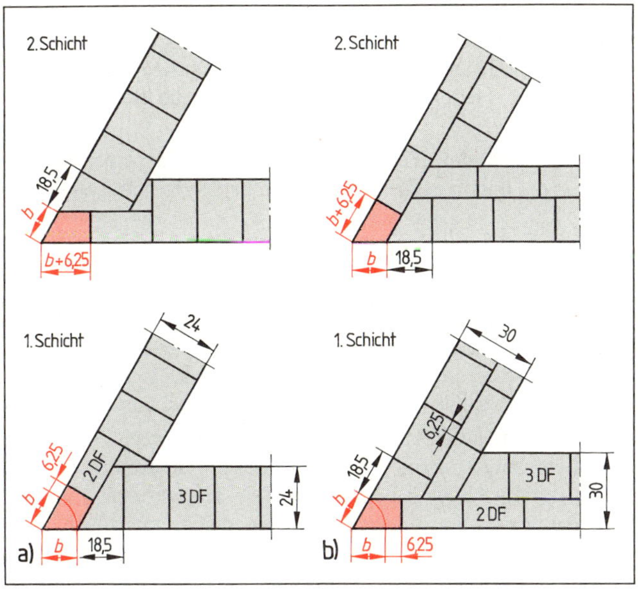

3.36 Spitzwinklige Mauerecke aus mittelformatigen Steinen
a) Binderverband mit Steinen 3DF, b) Läuferverband

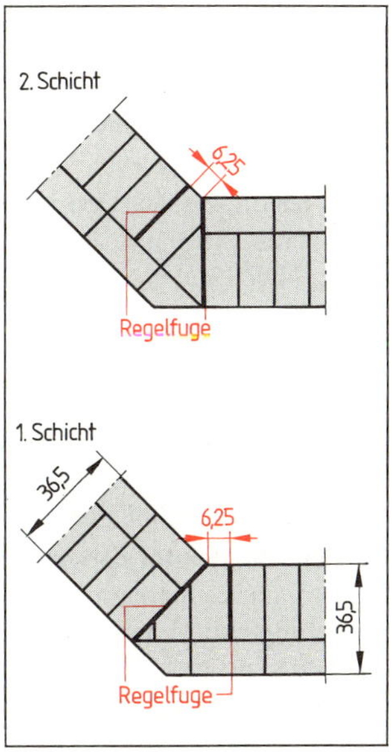

3.37 Stumpfwinklige Mauerecke aus kleinformatigen Steinen

3.4.2 Stumpfwinklige Mauerecken

Die Stoßfugen, von denen beim Anlegen des Verbandes auszugehen ist (Regelfugen), sind von der inneren Ecke aus einzuteilen.

Verband mit kleinformatigen Steinen. Die rechtwinklig durch die Wand gehende Regelfuge der Binderschicht liegt an der inneren Ecke. Hier beginnt die Binderschicht mit ganzen Steinen. In der Läuferschicht der anderen Mauer ist die Regelfuge von dieser Ecke 6,25 cm entfernt (**3.**37).

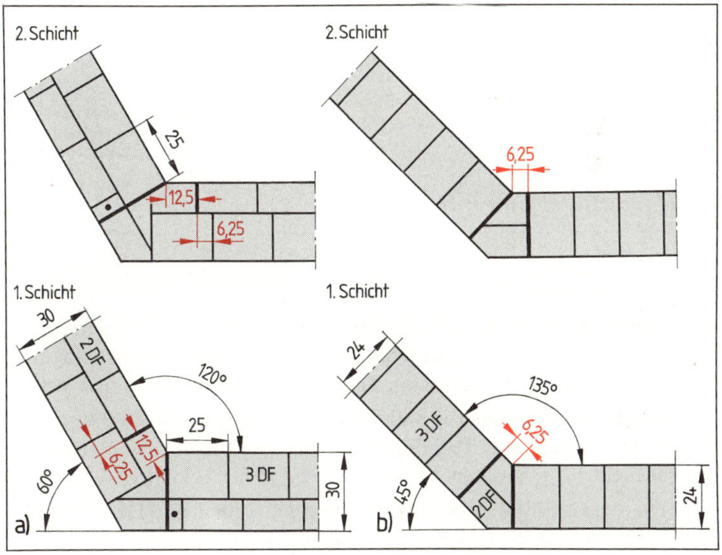

3.38
Stumpfwinklige Mauerecke aus mittelformatigen Steinen
a) Läuferverband
b) Binderverband mit Steinen 3DF

Verband mit mittelformatigen Steinen. Die Läuferreihe beginnt an der Regelfuge in der inneren Ecke mit einem ganzen Läufer. Die Regelfuge in der Läuferreihe der anderen Mauer liegt 12,5 cm von der Innenecke entfernt. Die Länge der Ecksteine in den äußeren Läuferreihen ergibt sich aus der Lage der Regelfugen zur Innenecke und ist abhängig von der Größe des Winkels, den die Mauern an der Ecke bilden (**3.**38a).

Bei 24 cm dicken Wänden aus Steinen 3 DF im Binderverband liegt die Regelfuge der einen Mauer am inneren Eckpunkt, in der anderen 6,25 cm davon entfernt. Zwischen beiden Regelfugen liegen Steine 2 DF (**3.**38b).

3.4.3 Schiefwinklige Mauerstöße

Die Anschlußmauer bindet nicht wie bei rechtwinkligen Mauerstößen in jeder zweiten Schicht durch die Hauptmauer hindurch, sondern in diese ein. Dadurch wird der Mauerverband an der Außenseite der Hauptmauer nicht unterbrochen und die Einbindestelle nicht sichtbar. Beim Anlegen des Verbands geht man von dem Anschlußeckpunkt am spitzen Winkel aus (**3.**39).

Verband mit kleinformatigen Steinen. Die Schichten der Anschlußmauer werden abwechselnd in die Hauptmauer eingebunden und an diese angestoßen. Die einbindende Binderschicht der Anschlußmauer endigt an der außen durchgehenden Läuferreihe der Hauptmauer. In der Läuferschicht der Hauptmauer liegt die Regelfuge am Eckpunkt, in der Binderschicht der Anschlußmauer 6,25 cm davon entfernt (**3.**39a).

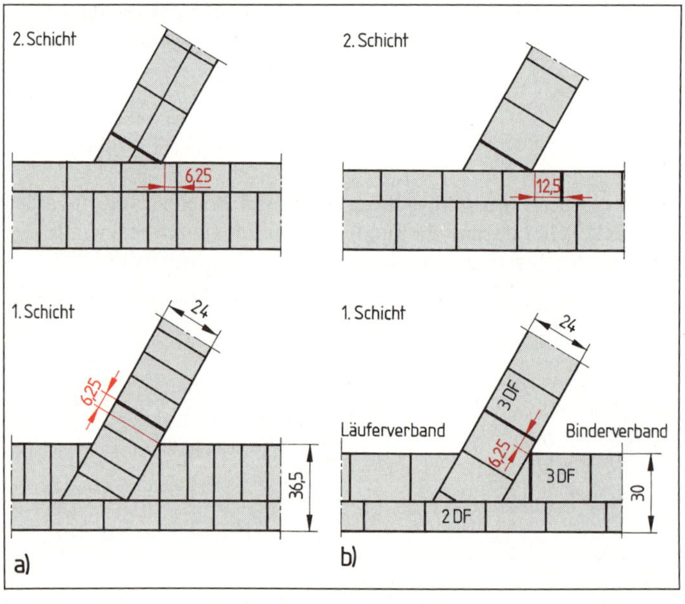

3.39
Schiefwinkliger Mauerstoß aus
a) kleinformatigen Steinen
b) mittelformatigen Steinen

In der nächsten Schicht stößt die Anschlußmauer mit der Läuferschicht, in der die Regelfuge am Eckpunkt liegt, an die Hauptmauer an. Darin geht die Binderschicht in ganzer Wanddicke durch, wobei die Regelfuge 6,25 cm vom Eckpunkt entfernt ist.

Verband mit mittelformatigen Steinen. Regeln wie bei kleinformatigen Steinen. Abweichend davon beträgt der Abstand der Regelfuge vom Eckpunkt in der einbindenden wie in der durchgehenden Schicht nicht 6,25, sondern 12,5 cm (**3.**39b, zweite Schicht).

In 24 cm dicken Wänden im Binderverband aus Steinen 3 DF ist die Regelfuge 6,25 oder 12,5 cm vom Eckpunkt entfernt (**3.**39b, erste Schicht).

3.4.4 Schiefwinklige Mauerkreuzungen

Für schiefwinklige Mauerkreuzungen kann der Mauerverband immer nur von einem Eckpunkt aus angelegt werden, weil die Länge des durchbindenden Mauerteils je nach Größe des von den Wänden eingeschlossenen Winkels verschieden ist.

Verband mit kleinformatigen Steinen. Die Schichten binden abwechselnd durch. In der durchbindenden Schicht ist die Regelfuge 6,25 cm von dem gewählten Eckpunkt am spitzen Winkel entfernt. Die Regelfuge der anstoßenden Mauer liegt an diesem Eckpunkt (**3**.40a).

Verband mit mittelformatigen Steinen. Regeln wie für Mauern aus kleinformatigen Steinen. Abweichend davon beträgt der Abstand der Regelfuge vom Eckpunkt in der durchgehenden Läuferschicht nicht 6,25, sondern 12,5 cm (**3**.40b, erste Schicht).

In 24 cm dicken Wänden im Binderverband aus Steinen 3 DF ist die Regelfuge 6,25 oder 12,5 cm vom Eckpunkt entfernt (**3**.40b, zweite Schicht).

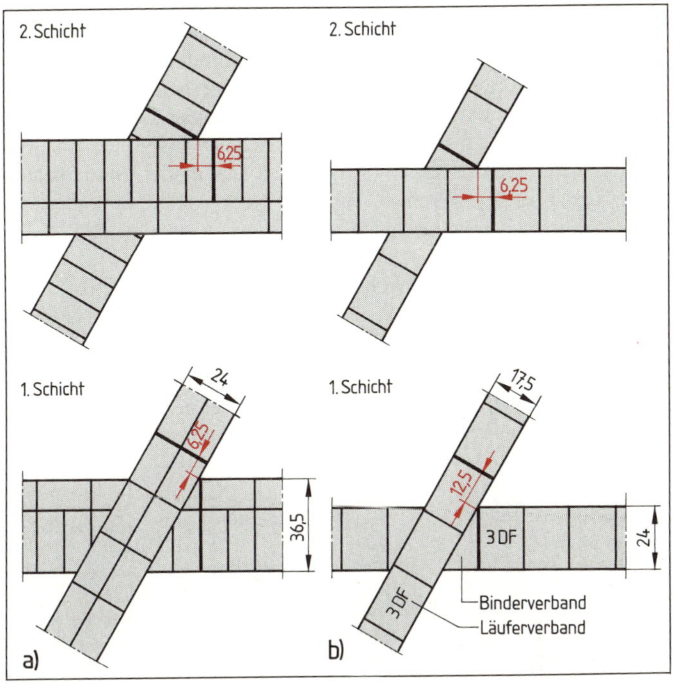

3.40
Schiefwinklige Mauerkreuzung aus
a) kleinformatigen Steinen
b) mittelformatigen Steinen

3.5 Sichtmauerwerk

Als Sichtmauerwerk bezeichnet man einschalige und zweischalige Wände mit unverputzten Ansichtsflächen. Die Sichtflächen der Steine sollen dem Gebäude eine schützende, beständige Außenhaut geben und gleichzeitig architektonisches Gestaltungsmittel sein. Sichtmauerwerk nennt man auch Verblendmauerwerk.

Mauersteine für die Verblendung von Außenwänden müssen frostbeständig und frei von ausblühfähigen Salzen sein. Außer weißgrauen oder durchgehend gefärbten Kalksand-Vollsteinen eignen sich vor allem die in verschiedenen Farben hergestellten Vormauerziegel und Hochbauklinker. Die Läufer- und Kopfflächen sind entweder glatt, bei Vormauerziegeln oft besandet oder genarbt.

Vormauerziegel saugen Niederschläge auf, speichern sie in den äußeren Wandteilen und geben sie bei trockner Luft wieder nach außen ab. Rissefreie, nicht saugende Klinker bilden zusammen mit geeigneter Ausfugung eine dichte, wasserabweisende Haut. Für die Gestaltung von Sichtmauerwerk im Gebäudeinnern sind auch nicht frostbeständige Steine verwendbar. Bevorzugt werden Steine DF und NF, Vormauerziegel und Klinker zuweilen auch in nicht genormten Längen (22 und 25 cm) und Höhen (4 und 6,5 cm).

3.5.1 Einschaliges Sichtmauerwerk (3.41)

Die in der Sichtfläche liegenden Steine vermauert man im Verband mit den Steinen des hinteren Mauerwerks, da die Wand im ganzen Querschnitt belastet wird. Es sind deshalb nur Steine gleicher Höhe zu verwenden. In jeder Schicht müssen mindestens zwei Steinreihen hintereinander liegen, die durch eine 2 cm dicke hohlraumfrei vermörtelte Längsfuge getrennt sind. Die Längsfuge verhindert das Eindringen von Feuchtigkeit in die Hintermauerung bei Schlagregen. Die Mauerdicke ist folglich 37,5 cm statt 36,5 cm oder bei Steinen 2 DF und 3 DF im Läuferverband 31 cm statt 30 cm. 24 cm dickes Mauerwerk bietet keinen ausreichenden Schutz gegen Schlagregen, da in der Binderschicht die Längsfuge als „Regenbremse“ fehlt.

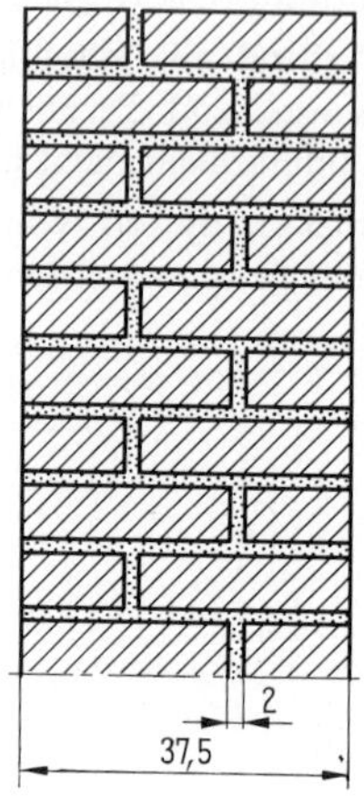

3.41 Einschaliges Sichtmauerwerk

3.5.2 Zweischaliges Sichtmauerwerk

Außen- und Innenschale sind durch eine Luftschicht, eine Dämmschicht oder eine Putzschicht voneinander getrennt. DIN 1053 Teil 1 „Mauerwerk; Rezeptmauerwerk; Berechnung und Ausführung“ unterscheidet die in Bild 3.42 dargestellten Konstruktionsarten. Bei allen Konstruktionsarten ist die Verblendschale (Außenschale) nichttragend, nur die Innenschale ist belastet.

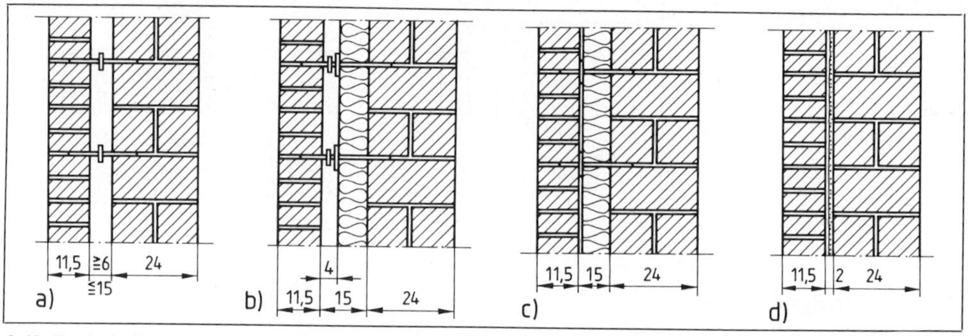

3.42 Zweischaliges Mauerwerk mit
a) Luftschicht, b) Luftschicht und Wärmedämmschicht, c) Kerndämmung, d) Putzschicht

Die Innenschale als tragende Wand (d.h. eine Wand, die mehr als ihre Eigenlast aus einem Geschoß zu tragen hat) ist mindestens 11,5 cm dick. Meist sind größere Dicken aus Gründen der Standsicherheit, der Bauphysik oder des Brandschutzes erforderlich.

Die Außenschale muß mindestens 9 cm dick sein und ist je 6,00 m Höhe durch eine Abfangkonstruktion aufzunehmen. Ihre Gesamthöhe ist auf 20,00 m über Gelände begrenzt. Der Überstand am Auflager beträgt höchstens 1,5 cm. 11,5 cm dicke Außenschalen sind alle 12,00 m Höhe abzufangen. Sind sie nicht höher als zwei Geschosse oder werden sie alle zwei Geschosse abgefangen, dürfen sie mit ⅓ ihrer Dicke am Auflager überstehen. Als Mauermörtel sind nur Normalmörtel der Gruppen II und IIa zulässig.

Dehnungsfugen (**3**.43) fangen Formänderungen der Außenschale infolge Temperaturschwankungen auf. Die Abstände senkrechter Dehnungsfugen (8,00 bis 16,00 m) hängen neben der klimatischen Beanspruchung von der Art der Baustoffe und der Farbe der äußeren Wandflächen ab. Senkrechte Dehnungsfugen (15 bis 20 mm breit) sind an allen Gebäudeecken anzulegen. Sie werden mittels dauerelastischen Dichtungsmassen geschlossen. Waagerechte Dehnungsfugen sind z. B. unter Fensterbänken, Gesimsen, Abfangkonstruktionen, Balkonplatten anzuordnen, um ein ungehindertes Bewegen der Verblendschale in vertikaler Richtung zu gewährleisten.

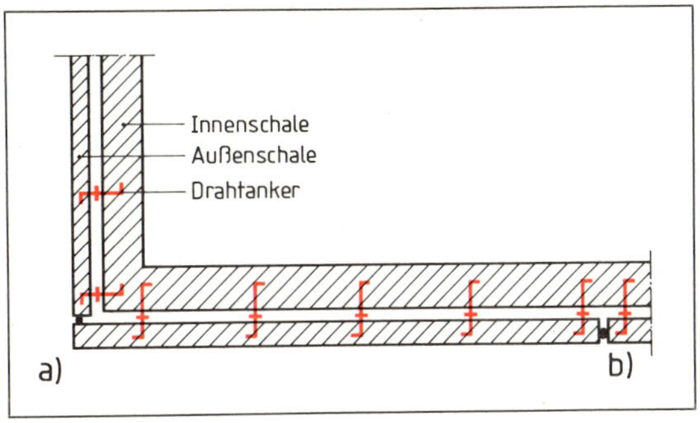

3.43 Anordnung von Dehnungsfugen
a) an der Gebäudeecke, b) in der Wandfläche

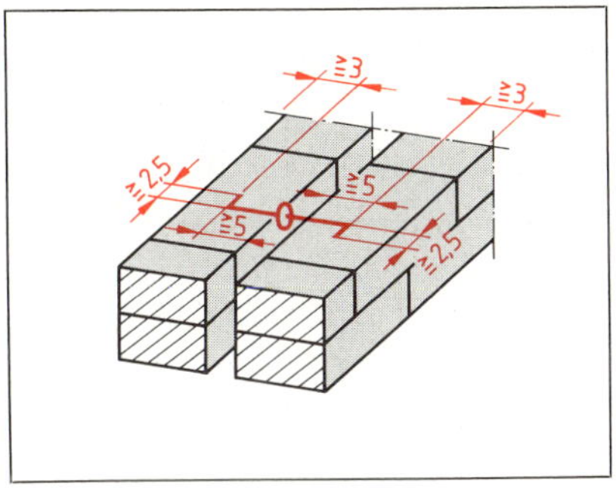

3.44 Drahtanker mit Kunststoffscheibe
(Maße in cm)

Außen- und Innenschale können, da sie voneinander getrennt sind, aus Mauersteinen unterschiedlichen Formats und unterschiedlichem Verformungsverhalten bestehen. Die Standsicherheit der Außenschale erfordert jedoch eine Verbindung mit der Innenschale. Dies geschieht durch Drahtanker aus nichtrostendem Stahl (**3**.44). Auf die Drahtanker geschobene Kunststoffscheiben (Abtropfscheiben) verhindern den Übergang von Feuchtigkeit in die Innenschale. Eine zusätzliche Klemmplatte fixiert die Dämmplatte an der Innenschale (**3**.42b). Der lotrechte Abstand der Drahtanker soll höchstens 50 cm, der waagerechte Abstand höchstens 75 cm betragen. Anzahl und Durchmesser sind aus Tabelle **3**.45 ersichtlich.

Tabelle **3**.45 **Drahtanker je m² Wandfläche**

Beschreibung der Außenschale	Anzahl	Durchmesser in mm
keine Besonderheiten	≧ 5	3
Wandbereich höher als 12,00 m über Gelände oder Abstand der Mauerwerksschalen über 7 bis 12 cm	≧ 5	4
Abstand der Mauerwerksschalen über 12 bis 15 cm	≧ 5 ≧ 7	5 4

An allen freien Rändern von Öffnungen, Gebäudeecken, Dehnungsfugen und an den oberen Abschlüssen der Außenschalen sind zusätzlich zu Tabelle **3**.45 drei Drahtanker je m Randlänge anzuordnen (**3**.46). Auf keinen Fall dürfen Bindersteine als Verankerung durch die beiden Schalen gesteckt werden. Sie würden die Schalen starr verbinden und als Brücke das Eindringen von Feuchtigkeit und Abfließen von Wärme begünstigen. Wird die Außenschale nachträglich hochgeführt, mauert man die Drahtanker bereits in der inneren Schale ein oder dübelt sie später an.

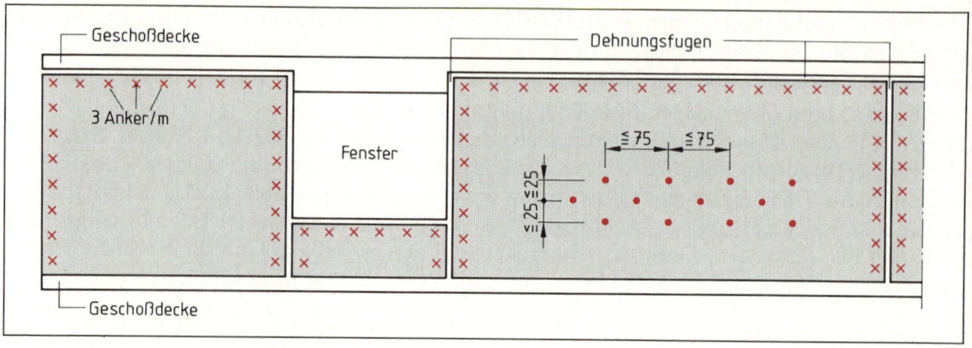

3.46 Anordnung der Drahtanker

Eine Abdichtung am Fuß der Luftschicht verhindert das Übergreifen von Feuchtigkeit auf die Innenschale (3.47). Dies gilt auch für die Bereiche oberhalb von Fenster- und Türstürzen (3.48).

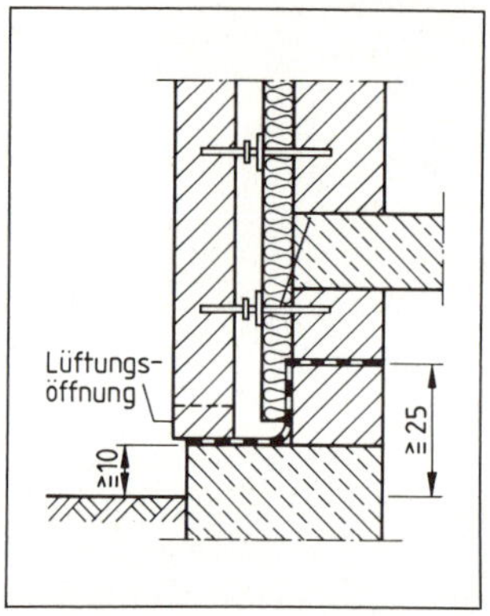

3.47 Senkrechter Schnitt am Fuß eines zweischaligen Mauerwerks

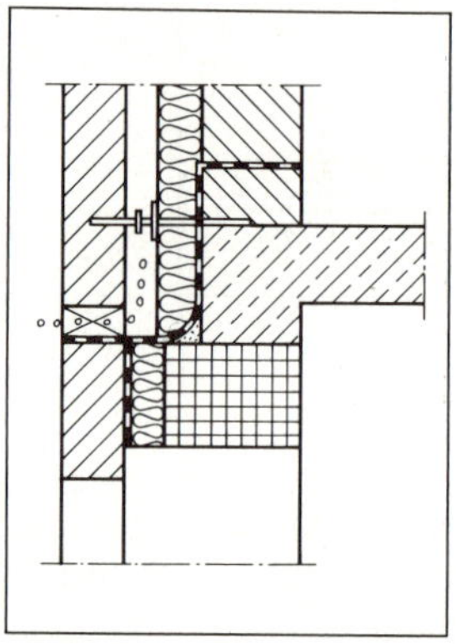

3.48 Senkrechter Schnitt am Sturz einer Maueröffnung

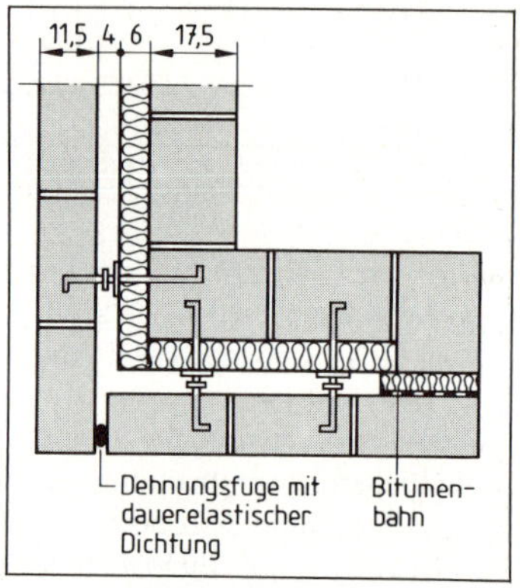

3.49 Draufsicht auf ein zweischaliges Mauerwerk mit Mauerecke und Mauerende

An den Leibungen von Fenster- und Türöffnungen wird die Luftschicht geschlossen. Beide Schalen werden durch eine Bitumenbahn voneinander getrennt (3.49).

Besondere Vorschriften sind bei den vier Konstruktionsarten zu beachten.

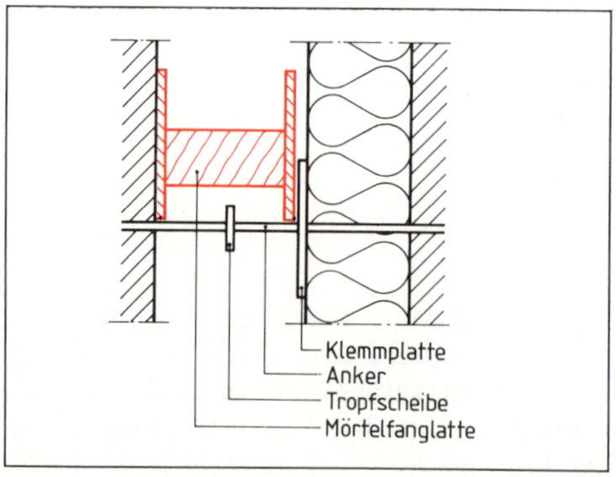

3.50 Mörtelfanglatte

Zweischaliges Mauerwerk mit Luftschicht (3.42a). Beide Schalen sind mindestens 6 cm, höchstens jedoch 15 cm voneinander entfernt. Der Abstand darf auf 4 cm verringert werden, wenn der Fugenmörtel mindestens an einer Hohlraumseite abgestrichen wird. Die Luftschicht verhindert zuverlässig den Übergang von Feuchtigkeit (z. B. Schlagregen) in die Innenschale. Die Luftschicht darf deshalb nicht durch Mörtelbrücken unterbrochen werden. Zum Auffangen von herabfallendem Mörtel legt man eine Mörtelfanglatte (3.50) aus einer Latte mit beidseitig angenagelten Streifen (Hartfaserplatten) auf die jeweils untere Ankerreihe. Vor Erreichen der nächsten Ankerreihe nimmt man die Latte mit dem darauf angesammelten Mörtel vorsichtig heraus. Drahtschlaufen an der Latte erleichtern das Hochziehen.

Lüftungsöffnungen (offene Stoßfugen oder Lüftungssteine) in der Außenschale am Fuß und unter dem Dach, auch unter Fensterbänken und über Stürzen sorgen für Luftbewegungen zwischen den Schalen und ermöglichen ein schnelles Austrocknen der Außenschale. Auf 20 m² Wandfläche kommen jeweils unten und oben etwa 150 cm² Lüftungsöffnungen. Die Luftschicht darf 10 cm über Erdgleiche beginnen und muß ohne Unterbrechung bis zur nächsten Abfangkonstruktion bzw. bis zum Dach durchgeführt werden (**3**.47). Die unteren Lüftungsöffnungen dienen auch zum Entwässern des Luftzwischenraums.

Zweischaliges Mauerwerk mit Luft- und Dämmschicht (**3**.42b). Die Außenseite der Innenschale belegt man mit Dämmplatten oder -matten und befestigt sie an den Drahtankern mittels Klemmplatten. Dämmatten sind möglichst dicht zu stoßen. Dämmplatten haben zur Vermeidung offener Stoßfugen am Rand einen Stufenfalz oder Nut und Feder. Sie können auch zweilagig mit versetzten Stößen angebracht werden. Ausbruchstellen bei Dämmplatten, die z.B. beim Durchstoßen der Drahtanker entstehen, sind auszubessern. Die zwischen Dämmschicht und Außenschale verbleibende Luftschicht muß mindestens 4 cm betragen, der Abstand zwischen Außen- und Innenschale ist höchstens 15 cm. Wird die Mindestluftschichtdicke unterschritten, ist die Konstruktion als Kerndämmung anzusehen.

Zweischaliges Mauerwerk mit Kerndämmung (**3**.42c). Die Dicke der Außenschale ist mindestens 11,5 cm dick, der lichte Abstand der Mauerwerksschalen höchstens 15 cm. Den Raum zwischen Innen- und Außenschale füllen Platten, Matten oder Schüttungen (Granulate) aus dauerhaft wasserabweisenden Dämmstoffen sowie Ortschäume. Platten und Matten verlegt man auf die Außenfläche der Innenschale vor dem Hochmauern der Außenschale, indem man die Drahtanker durch die Platten drückt. Auch hier ist auf dichte Plattenstöße zu achten, damit keine Feuchtigkeit in die Innenschale gelangt. Die Außenschale mauert man dann so dicht wie möglich (Fingerspalt) an die Dämmschicht. Das Einbringen von losen Dämmstoffen bzw. das Ausschäumen folgt nach Erstellen der Außenschale. Da bei dieser Konstruktion Feuchtigkeit (Schlagregen, Kondensat infolge Wasserdampfdiffusion) auf der Innenseite der Außenschale nicht ablüften kann, sind Entwässerungsöffnungen am Fuß der Außenschale anzulegen. Ihre Mindestfläche ist 50 cm² je 20,00 m² Wandfläche. Nichtrostende Gitter an den Entwässerungsöffnungen verhindern das Ausrieseln der losen Dämmstoffe. Die Außenschale darf nicht aus glasierten oder diffusionsdichten Mauersteinen bestehen, damit diffundierender Wasserdampf möglichst schnell nach außen gelangt. Um Schlagregen wirksam abzuweisen, ist auf vollfugiges Mauern und sachgemäßes Verfugen der Außenschale besonders zu achten.

Zwischaliges Mauerwerk mit Putzschicht (**3**.42d). Die Außenfläche der Innenschale erhält eine zusammenhängende Putzschicht in der Dicke eines Unterputzes beim Außenputz. Dann mauert man so dicht es das Vermauern erlaubt (Fingerspalt) davor die Außenschale mit vollfugigen Lager- und Stoßfugen. Eine Putzschicht auf der Außenfläche der Außenschale macht die Putzschicht auf der Innenschale entbehrlich. Entwässerungsöffnungen am Fuß der Außenschale sollen etwa 75 cm² je 20,00 m² Wandfläche (einschließlich Maueröffnungen) haben. Auf obere Entlüftungsöffnungen darf verzichtet werden.

3.5.3 Verblendarbeiten

Zur Gestaltung der Außenschale gibt es eine Fülle von Verblendverbänden mit Abwandlungen, von denen einige in Bild **3**.53 dargestellt sind. Um unschöne Teilstücke zu vermeiden, legt man die erste Schicht zunächst trocken aus. Beim Mauern ist darauf zu achten, daß die Lagerfugen gleichdick sind und die Stoßfugen gleicher Schichten lotrecht übereinanderliegen.

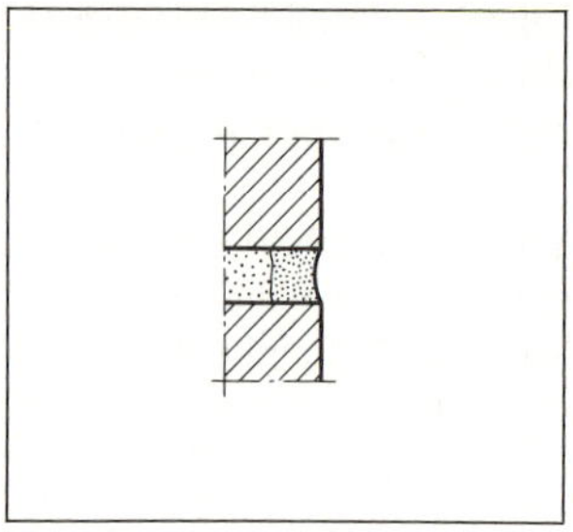

3.51 Ausbildung der Fuge

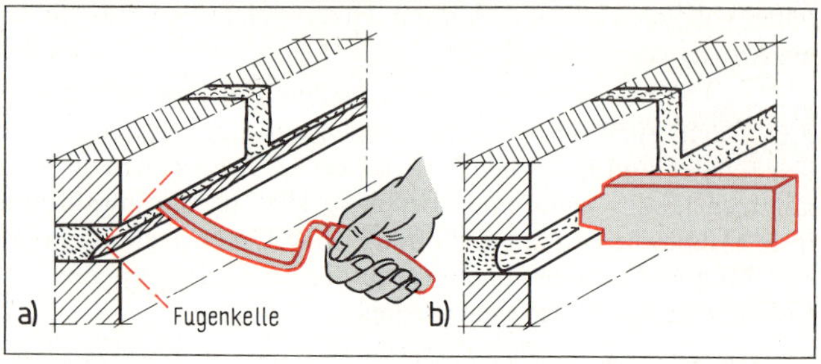

3.52 Auskratzen der Fugen mit a) Fugenkelle, b) Fugenkratzholz

Das Verfugen erfordert aus Gründen der Wetterbeständigkeit und Schlagregensicherheit der Wand äußerste Sorgfalt. Als Fugenmörtel wird Normalmörtel der Gruppen II und IIa verwendet, die genügend wetterfest sind und sich gut verarbeiten lassen. Für Klinkermauerwerk nimmt man

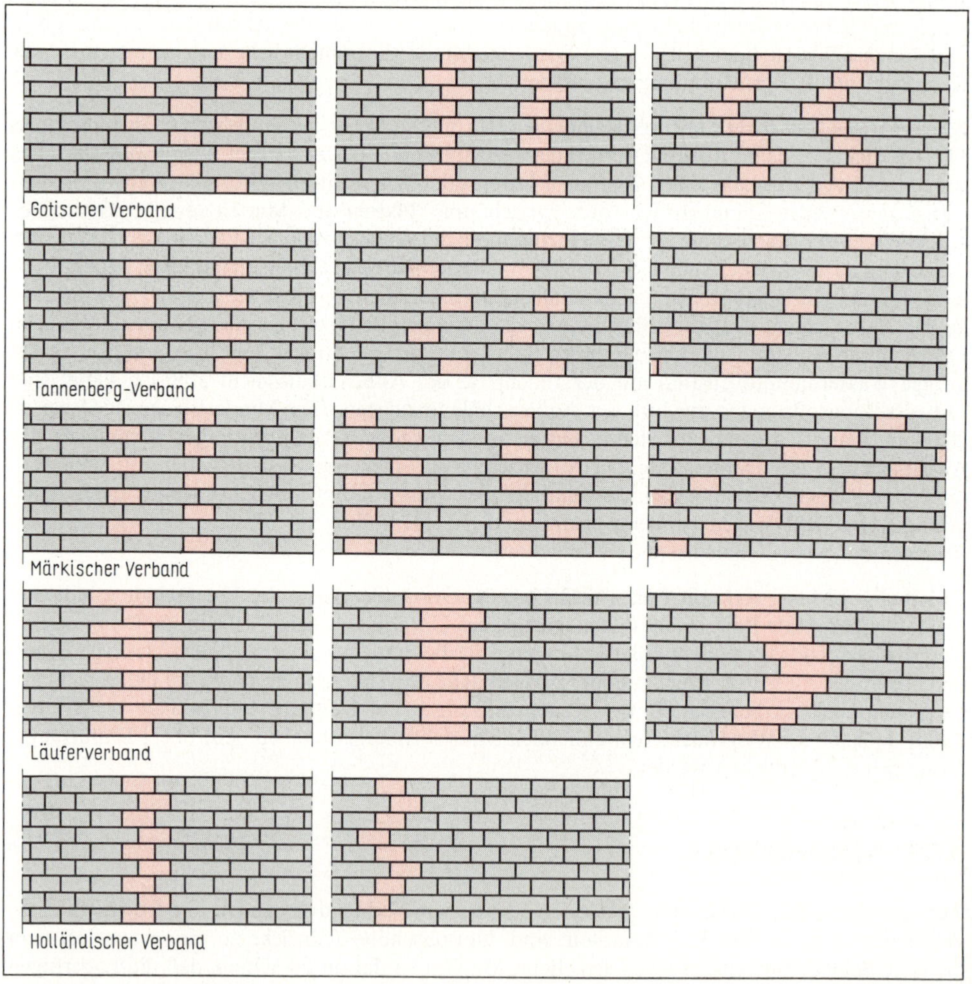

3.53 Verblendverbände

Zementmörtel MV 1:3 mit geringem Kalkzusatz. Farbzusätze (Pigmente) dürfen das Erhärten des Bindemittels, die Festigkeit und Beständigkeit des Mörtels nicht beeinträchtigen. Die Fuge ist oben und unten am Stein bündig zu schließen, damit das Regenwasser ungehindert abfließt (**3**.51). Zurückspringende Fugen begünstigen das Durchfeuchten der Wand, vorspringende Fugen bröckeln nach und nach ab.

Am einfachsten streicht man den hervorquellenden Fugenmörtel kurz nach dem Anziehen glatt (Fugenglattstrich). Bei nachträglichem Verfugen kratzt man die Fugen vor jeder Arbeitspause an den Sichtflächen etwa 1,5 cm tief aus und befreit sie von Mörtelresten. Für das Auskratzen verwendet man die Fugenkelle, besser ein konisch zugeschnittenes Fugenkratzholz aus Hartholz (**3**.52). Vor dem Verfugen näßt man das Mauerwerk an und reinigt es bei Bedarf mit Wasser und Wurzelbürste von oben nach unten. Bei hohem Verschmutzungsgrad durch Mörtelspritzer kann man zum Reinigen dem Wasser einen Zusatz von $\approx 2\%$ Salzsäure geben. Vorbedingung hierzu ist jedoch intensives Vornässen des Mauerwerks, damit die Säurelösung nicht in die Oberfläche einzieht. Zur Beseitigung der Säurelösung sind die Wandflächen unmittelbar nach dem Reinigen mit fließendem Wasser gründlich abzuspülen, um Ausblühungen zu vermeiden.

Beim Ausfugen wird der schwach plastische Mörtel im ersten Arbeitsgang (Stoßfugen, dann Lagerfugen) mit der Spitze der Fugenkelle fest in die gesäuberte Fuge gedrückt, damit er sich gut mit dem Mauermörtel und den Steinen verbindet. Dann wird er im zweiten Arbeitsgang (Lagerfugen, dann Stoßfugen) bündig zur Mauerfläche verstrichen. Bei Frostwetter darf nicht gefugt werden. Im Frühjahr ist zu bedenken, daß Nässe im Mauerwerk auch bei warmem Wetter noch gefroren sein kann. Beim Auftauen wird dann der frische Fugenmörtel herausgedrückt.

Silikon-Imprägnierung (Tränkung) schützt Verblendmauerwerk gegen das Eindringen auftreffender Niederschläge. Besonders geeignet sind Silikon-Harze, die in einem Lösungsmittel (Benzin u.a.) gebrauchsfertig geliefert werden. Nach genügendem Erhärten des Mörtels wird die Lösung von unten nach oben aufgesprüht oder aufgestrichen. Dabei dringt sie etwas in das trockene Mauerwerk und haftet an den Porenwänden. Bei bleibender Luftdurchlässigkeit der Poren wird auftreffendes Wasser auf der Maueroberfläche tropfenförmig festgehalten (**3**.54).

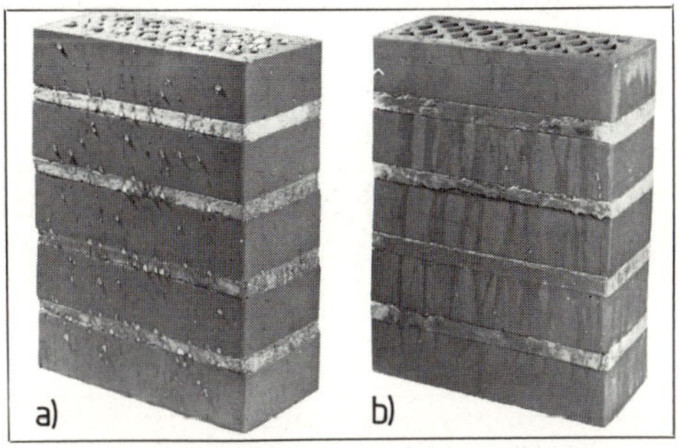

3.54 Versuch zur wasserabweisenden Wirkung von Silikonen a) imprägniert, b) unbehandelt

Einschaliges und zweischaliges Sichtmauerwerk (Verblendmauerwerk) sind Mittel der architektonischen Gestaltung eines Bauwerks.

Die Durchfeuchtung des inneren Wandmauerwerks verhindern Längsfuge, Luftschicht und dauerhaft wasserabweisende Dämmstoffe. In Gegenden mit starkem Schlagregen (Küstengebiet) hat sich das zweischalige Sichtmauerwerk mit Luftschicht als „Regenbremse“ besonders bewährt. Die Möglichkeit, eine Wärmedämmschicht im Hohlraum auf der Innenschale anzubringen, erweitert den regionalen Anwendungsbereich.

Das bauphysikalische Funktionieren der Konstruktion, Aussehen und Beständigkeit, hängen in hohem Maß von Sorgfalt und Gewissenhaftigkeit bei der Ausführung ab.

Aufgaben zu Abschnitt 3

1. Welche Vorteile hat die Verwendung großformatiger Steine?
2. Aus welchem Material sind großformatige Steine hergestellt?
3. Nennen Sie Abmessungen und Formate großformatiger Steine.
4. Aus welchen Gründen soll das Gewicht großformatiger Steine möglichst gering gehalten werden?
5. Beschreiben Sie Arbeitsverfahren beim Vermauern großformatiger Steine.
6. Was bedeuten „mittiger" und „schleppender" Verband?
7. Geben Sie Verbandsregeln für Mauern aus großformatigen Steinen an.
8. Welche Vorteile haben Gas- und Schaumbetonsteine?
9. Unterscheiden Sie Gasbeton-Blocksteine und -Plansteine in Abmessungen und Verarbeitung.
10. Zeichnen Sie den Verband für zwei Schichten (Draufsichten) der in den Skizzen dargestellten rechtwinkligen Mauerecken und Mauerstöße a) bis c) aus großformatigen Steinen (Bild 3.55).

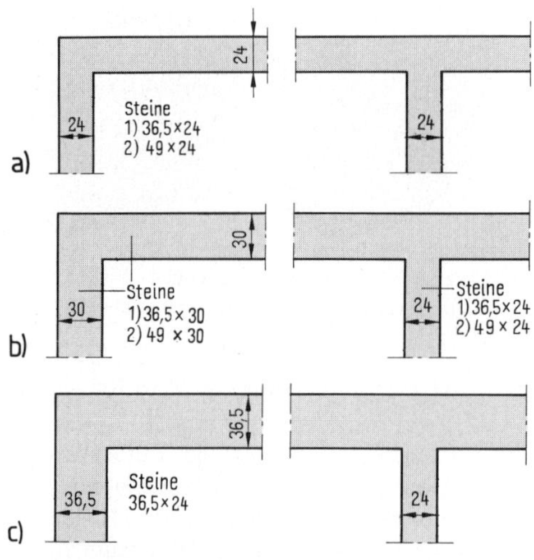

3.55 Skizzen zu Aufgabe 10

11. Ein Giebel (**3.56**) wird aus Hohlblocksteinen im Erdgeschoß 30 cm dick, im Dachgeschoß 24 cm dick gemauert. Berechnen Sie den Bedarf an Hohlblocksteinen und Mörtel, wenn je m^3 des 30 cm dicken Mauerwerks 36 Steine (Länge 36,5 cm, Breite 30 cm) und 97 Liter Mörtel und je m^3 des 24 cm dicken Mauerwerks 44 Steine (Länge 36,5 cm, Breite 24 cm) und 97 Liter Mörtel gebraucht werden.

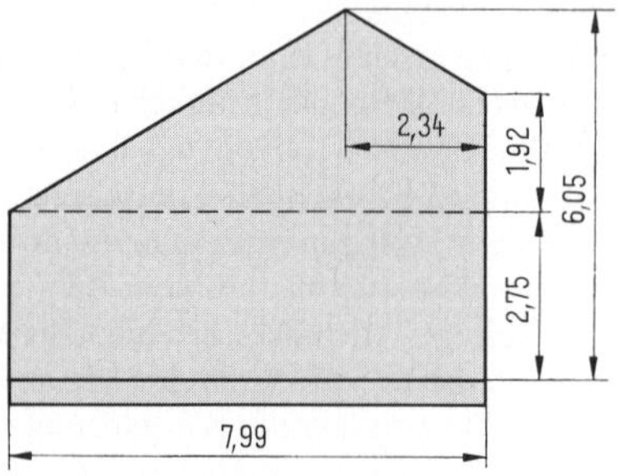

3.56 Maßskizze eines Giebels aus Hohlblocksteinen

12. Worauf ist beim Ineinanderführen von Schichten mit verschieden hohen Steinen zu achten?
13. Beschreiben Sie Verbindungsmöglichkeiten an Mauerecke und Mauerstoß bei verschieden hohen Steinen.
14. Wann dürfen die Lagen beim Mauerstoß durch die Hauptmauer durchbinden?
15. Was versteht man unter Vorlage, Nische, Schlitz, Anschlag? Nennen Sie ihre Funktion.
16. Nennen Sie Anschlagarten und ihre Anwendung.
17. Nennen Sie die Verbandsregeln für Vorlagen, Nischen, Schlitze und Anschläge.
18. Legen Sie 5 Schichten für eine 24 cm dicke Mauer aus Steinen NF mit einer 25 cm vorspringenden und 61,5 cm breiten Vorlage. Die Vorlage bindet in die Binderschicht ein.
19. a) Legen Sie 5 Schichten für eine 36,5 cm dicke Mauer aus Steinen NF mit einer 12,5 cm vorspringenden und 49 cm breiten Vorlage. Die Vorlage bindet in die Läuferschicht ein.
    b) Zeichnen Sie die ersten beiden Schichten in der Draufsicht, darüber die Vorder- und Seitenansicht.
20. a) Legen Sie 5 Schichten für eine 30 cm dicke Mauer aus Steinen 2 DF und 3 DF mit einer 12,5 cm vorspringenden und 49 cm breiten Vorlage im Läuferverband. b) Zeichnen Sie die ersten beiden Schichten in der Draufsicht.
21. Legen Sie 5 Schichten für eine 36,5 cm dicke Mauer aus Steinen NF mit einer 1,01 m breiten und 25 cm tiefen Fensternische im Kreuzverband. Die durchbindende Schicht ist die Binderschicht.
22. Zeichnen Sie zwei Schichten für eine 30 cm dicke Mauer aus Steinen 2 DF und 3 DF mit einer

1,135 m breiten und 18,5 cm tiefen Fensternische im Läuferverband.

23. Legen Sie 5 Schichten für eine 24 cm dicke Mauer aus Steinen NF mit einem 12,5 cm breiten Innenanschlag.

24. a) Legen sie 5 Schichten für eine 36,5 cm dicke Mauer aus Steinen NF mit einem 6,25 cm breiten Innenanschlag nach den Regeln für den Verband mit Dreiviertelsteinen.
b) Zeichnen Sie die ersten beiden Schichten in der Draufsicht.

25. Legen Sie 5 Schichten für eine 30 cm dicke Mauer aus Steinen 2 DF und 3 DF mit einem 6,25 cm breiten Innenanschlag im Läuferverband.

26. Legen Sie 5 Schichten für eine 36,5 cm dicke Mauer aus Steinen 2 DF (am Anschlag auch Steine 3 DF) mit einem 12,5 cm breiten Außenanschlag im Kreuzverband und zeichnen Sie die ersten beiden Schichten in der Draufsicht.

27. Wo liegen die Regelfugen bei stumpfwinkligen Mauerecken und schiefwinkligen Mauerstößen und -kreuzungen? Unterscheiden Sie dabei Verbandsarten und Steinformate.

28. Wie erhält man die Maße des Eckläufers bei spitzwinkligen Mauerecken?

29. Zeichnen Sie 2 Schichten für eine spitzwinklige Mauerecke aus kleinformatigen Steinen im Winkel von 60°, beide Wände 36,5 cm dick.

30. Zeichnen Sie 2 Schichten für eine spitzwinklige Mauerecke, eine Wand 24 cm dick aus Steinen 2 DF, die andere 30 cm dick aus Steinen 2 DF und 3 DF im Winkel von 60°.

31. Zeichnen Sie 2 Schichten für eine stumpfwinklige Mauerecke aus Steinen 2 DF im Winkel von 120°, beide Wände 36,5 cm dick.

32. Zeichnen Sie 2 Schichten für eine schiefwinklige Mauerstoß, die Hauptmauer 30 cm aus Steinen 2 DF und 3 DF, die im Winkel von 60° anschließende Mauer 24 cm dick aus Steinen 2 DF.

33. Zeichnen Sie 2 Schichten für eine schiefwinklige Mauerkreuzung aus Steinen 2 DF, die Hauptmauer 36,5 cm, die im Winkel von 60° anschließende Wand 24 cm dick.

34. Nennen Sie Arten des Sichtmauerwerks.

35. Wie unterscheidet sich einschaliges von zweischaligem Sichtmauerwerk?

36. Beschreiben Sie die vier Konstruktionsarten des zweischaligen Mauerwerks.

37. Welche Aufgaben haben Außen- und Innenschale? Nennen Sie Baustoffe.

38. Geben Sie die Mindestdicken der Außenschale an.

39. Geben Sie die Abstände zwischen Innen- und Außenschale an.

40. Begründen Sie die Notwendigkeit von Dehnungsfugen in der Außenschale.

41. Wie ist die Verankerung der Außenschale auszuführen?

42. Beschreiben Sie zusätzliche Maßnahmen, die das Übergreifen der Feuchtigkeit auf die Innenschale verhindern.

43. Beschreiben Sie die Ausführung von zweischaligem Mauerwerk
a) mit Luft- und Dämmschicht,
b) mit Kerndämmung.
Nennen Sie mögliche Fehler bei der Herstellung.

44. Welche zusätzlichen Anforderungen sind an die Dämmstoffe bei der Kerndämmung zu stellen?

45. Nennen Sie Verblendverbände und geben Sie Unterscheidungsmerkmale an.

46. Beschreiben Sie das Verfugen von Sichtmauerwerk.

47. Wie kann Verblendmauerwerk zusätzlich gegen Feuchtigkeitseintritt geschützt werden?

4 Mauerwerk aus natürlichen Steinen

Natursteine gehören zu den ältesten Baustoffen massiver Bauweisen. Die Vielfalt der Gesteinsarten (s. Baufachkunde 1, Abschn. 4.1), ihre Farben und Strukturen waren die Gründe, daß dieser Werkstoff schon in frühester Zeit von den Menschen für hervorragende Bauwerke verwendet wurde: für Kultstätten (Tempel, Kirchen, Dome) und Profanbauten (Burgen, Rathäuser, Schlösser, Stadtmauern). Neuzeitliche Baustoffe und Bauweisen sowie die Forderung nach wirtschaftlichem, rationellem Bauen minderten die Bedeutung des Natursteinmauerwerks. Sein Anwendungsbereich hat sich heute vorwiegend auf das Gebiet der architektonischen Gestaltung verlagert. In Gegenden jedoch, wo das bodenständige Gestein seit Jahrhunderten verwendet wird, ist der Naturstein auch heute noch Baustoff für tragende Wände.

Gewinnung. Natursteine werden in Steinbrüchen meist im Tagebau gewonnen, in Ausnahmefällen im Schacht- oder Stollenbau aus der Erde geholt. Das feste Gestein löst man – je nach Beschaffenheit und Verwendung – mit Spitzhacke, Brechstange, Bohrer oder durch Sprengung.

Gütevorschriften. Die Mauersteine müssen wetterbeständig, genügend druckfest und lagerhaft sein. Sie dürfen keine Spalten, Risse, Brüche, Blätterungen, schiefrige Absonderungen o. ä. aufweisen.

4.1 Verarbeiten von Natursteinen

Wegen der unterschiedlichen Abmessungen und unregelmäßigen Formen der Natursteine gibt es keine bestimmten Verbände und auch keine schematischen Verbandsregeln wie bei den künstlichen Mauersteinen.

Grundsätzlich ist darauf zu achten, daß die Steine in der Mauerflucht und im Mauerinnern genügend überbinden. Die fehlende Überbindung im Mauerinnern ergibt ein zweischaliges Mauerwerk mit erheblich verminderter Tragfähigkeit (**4.1**).

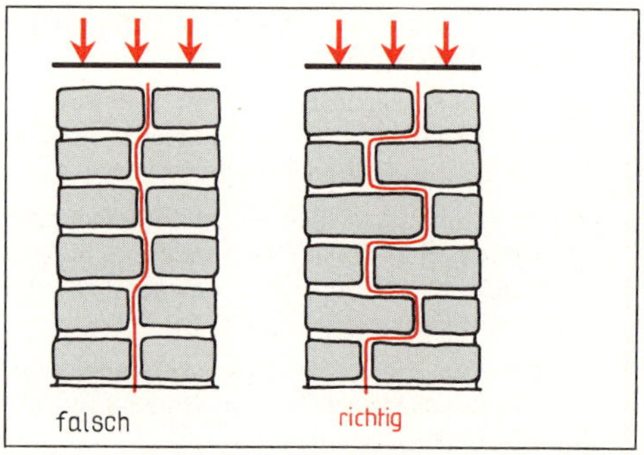

4.1 Verzahnen der Steine im Mauerinnern

Ausführungsregeln

1. In jeder Schicht folgt auf zwei Läufer mindestens ein Binder, oder Läufer- und Binderschichten wechseln miteinander ab.
2. Die Steinlängen in der Ansicht sollen mindestens gleich der Steinhöhe, höchstens 5mal so groß sein. Die Dicke (Tiefe) eines Läufers muß mindestens gleich der Steinhöhe sein. Binder greifen etwa um das eineinhalbfache der Steinhöhe, mindestens jedoch 30 cm tief in die Wand (**4.2**). Im Wohnungsbau sind Binder in Wanddicke wegen Schwitzwasserbildung an der Raumseite nicht zulässig.
3. Bei Ecksteinen ist auf genügend große Auflagerfläche zu achten.

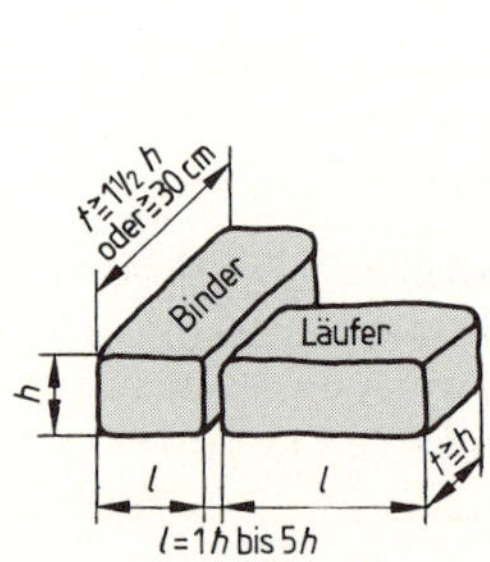

4.2 Richtwerte für Steinabmessungen

4. Die Überbindung der Steine in der Ansicht muß bei Schichtmauerwerk mindestens 10 cm betragen (**4.3**).

5. Zwischenräume und weite Fugen im Innern der Mauer zwickelt man mit satt in Mörtel verlegten Steinstücken aus. Stein- oder Mörtelnester sind unzulässig.

6. Schichtgesteine legt man auf ihr natürliches Lager. „Auf Spalt" gestellte Steine begünstigen die Verwitterung des Steins und die Zerstörung durch Belastung (**4.4**).

7. Auf ausgewogenes Verteilen von großen und kleinen Steinen ist zu achten.

8. Die Lagerfugen müssen rechtwinklig zum Kraftangriff liegen.

9. Stoßfugen über drei Schichten wirken trennend. Neben einen hohen Stein vermauert man zwei dünnere Steine (**4.5**).

   Fehlerhafte und richtige Ausführungen zeigt Bild **4.6**

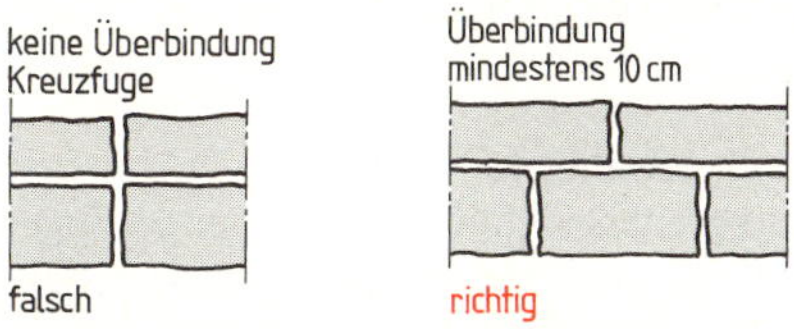

4.3 Falsches und richtiges Fugenbild in der Ansicht bei Schichtenmauerwerk

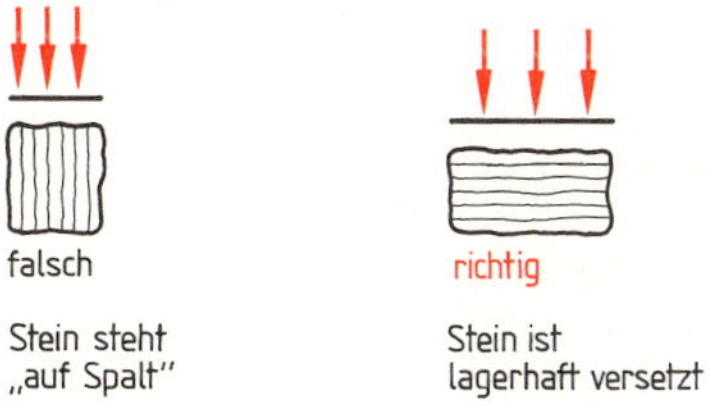

4.4 Vermauern geschichteter Steine

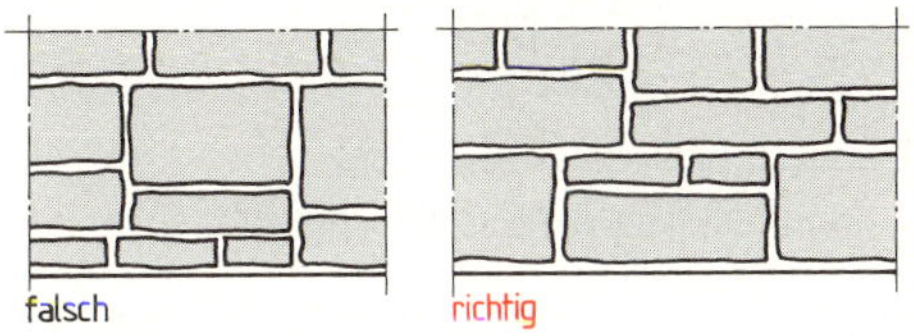

4.5 Falsche und richtige Auswahl der Steine bei Schichtenmauerwerk

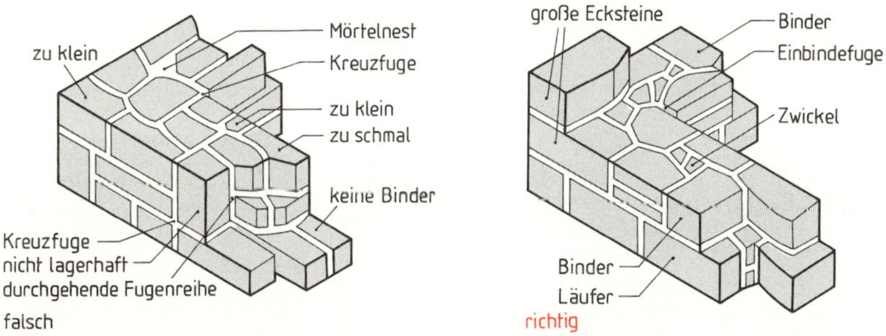

4.6 Falsches und richtiges Arbeiten bei Schichtenmauerwerk

Die Auswahl des Mauermörtels hängt von der Beschaffenheit der Steine ab. Für weiche, wassersaugende Steine (z.B. Sandstein, Kalkstein) nimmt man Kalkzementmörtel, für dichtes Gestein den härteren Zementmörtel.

Verfugen. Die Sichtflächen sind nachträglich zu verfugen. Wenn sie der Witterung ausgesetzt sind, muß die Verfugung bündig am Stein abschließen. Zurückspringende Fugen begünstigen die Verwitterung des Mauerwerks, vorstehende Fugenwülste bröckeln durch Witterungseinflüsse nach einiger Zeit ab.

Das Herstellen eines dauerhaften und gut aussehenden Natursteinmauerwerks erfordert vom Facharbeiter sichere Kenntnisse über Werkstoffeigenschaften, besonderes handwerkliches Geschick und gestalterische Fähigkeiten.

4.2 Mauerwerksarten

Trockenmauerwerk (4.7) wird ohne Mörtel erstellt. Die nur wenig bearbeiteten Steine müssen gut ineinandergreifen, damit möglichst enge Fugen und kleine Hohlräume bleiben. Durch Einkeilen kleiner Steine verspannt man die Steine. Trockenmauerwerk trägt nur durch seine Eigenlast. Man verwendet es vorwiegend bei landschaftsgärtnerischen Anlagen als Befestigung von Böschungen. Pflanzenbewuchs in den Fugen läßt die Schönheit des Mauerwerks besonders zur Geltung kommen.

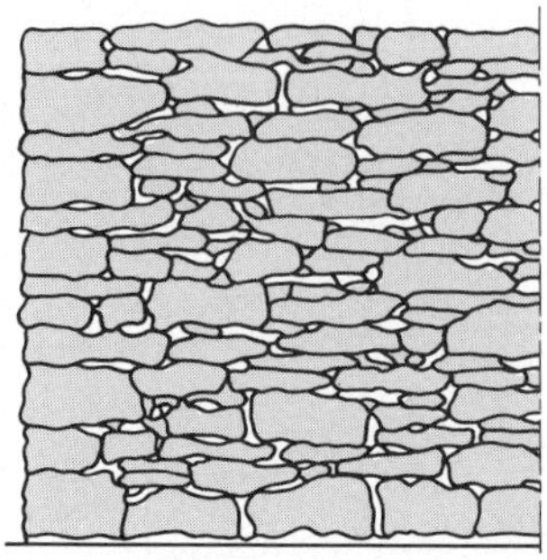

4.7 Trockenmauerwerk nach DIN 1053

4.8 Bruchsteinmauerwerk nach DIN 1053

Bruchsteinmauerwerk (4.8) stellt man aus Natursteinen her, die bruchrauh ohne besondere Nachbearbeitung vermauert werden. Zuerst verlegt man an den Mauerecken und -enden besonders ausgesuchte größere Steine (**4.**9). Die Ansichts- und Lagerflächen der Steine werden mit dem Bruchsteinhammer grob bearbeitet (**4.**10), um die Steine besser einzupassen und die Fugen eng zu halten. An der Außenseite der Mauer wird dann mit Hilfe lose auf das Mauerwerk gelegter Steine die Fluchtschnur gespannt (**4.**11). Nach der Schnur verlegt man eine Schicht Steine satt in Mörtel

4.9 Versetzen eines Ecksteins

4.10 Grobe Bearbeitung der Steine mit dem Hammer

4.11 Spannen der Schnur

4.12 Verlegen der Steine an der Vorderseite

4.13 Verlegen der Steine an der Rückseite

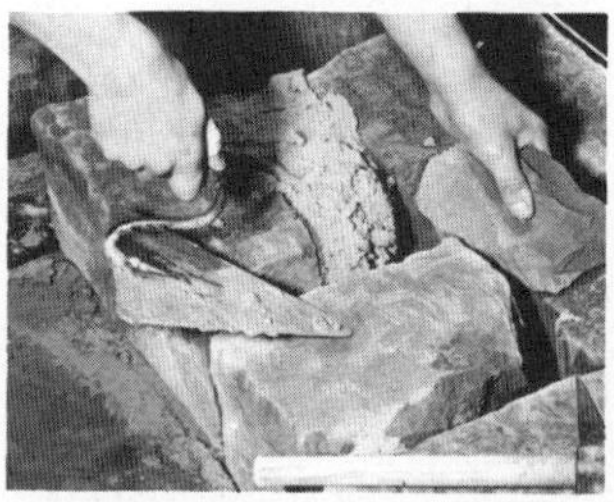

4.14 Ausfüllen der Hohlräume mit Steinzwickeln

(**4.**12). Ebenso wird an der Rückseite der Mauer gearbeitet (**4.**13). Die Stoßfugen füllt man gut mit Mörtel aus. Dabei werden in größere Hohlräume passende Steinzwickel in den Mörtel gedrückt (**4.**14). Zur Sicherung der Tragfähigkeit ist das Mauerwerk in Höhenabständen von höchstens 1,50 m in seiner ganzen Dicke und Länge waagerecht auszugleichen (**4.**8).

Zyklopenmauerwerk (**4.**15) wird aus Säulenbasalt, ungleichmäßig gesprengten Steinen oder grobkantig geschlagenen Findlingen hergestellt. Es unterscheidet sich vom Bruchsteinmauerwerk nur durch den unregelmäßigen Fugenverlauf in der Ansichtsfläche, der an Waben erinnert. Das polygonale (vieleckige) Fugennetz verleiht dem Mauerwerk einen besonderen Charakter. Wie das Bruchsteinmauerwerk bekommt es seinen Halt in erster Linie durch das Mörtelbett. Zyklopenmauerwerk wendet man vorzugsweise bei Uferbefestigungen an.

Hammerrechtes Schichtenmauerwerk (**4.**16) weist schon eine deutliche Schichtung auf, obwohl die Schichthöhe innerhalb einer Schicht und in verschiedenen Schichten wechselt. Die Lager- und Stoßfugen der Steine in der Sichtfläche werden mindestens 12 cm tief bearbeitet und stehen ungefähr rechtwinklig zueinander (**4.**17). Das Mauerwerk ist wie Bruchstein- und Zyklopenmauerwerk in Höhenabständen von höchstens 1,50 m auszugleichen.

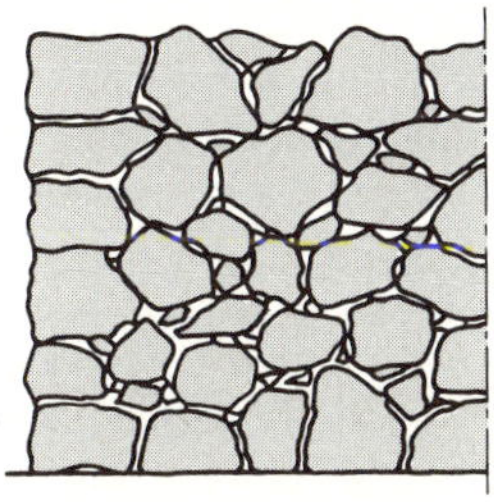

4.15 Zyklopenmauerwerk nach DIN 1053

4.16 Hammerrechtes Schichtenmauerwerk nach DIN 1053

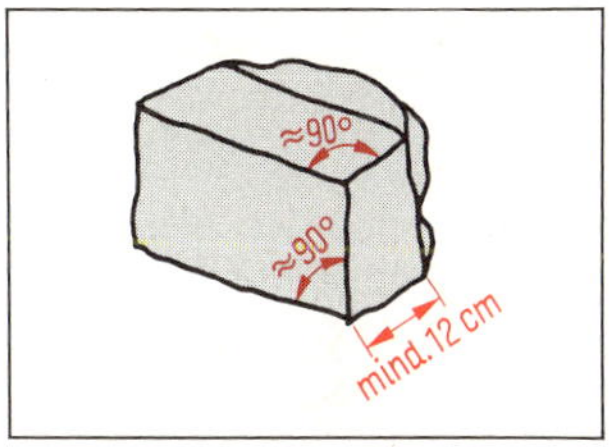

4.17 Bearbeiten der Steine bei hammerrechtem Schichtenmauerwerk

Unregelmäßiges Schichtenmauerwerk (**4.**18). Die Steine der Sichtfläche erhalten mindestens 15 cm tief bearbeitete Lager- und Stoßfugen, die genau rechtwinklig zueinander stehen (**4.**19). Die Fugen dürfen an den Sichtflächen höchstens 3 cm dick sein. Die Schichthöhen wechseln nur geringfügig. Auch hier ist das Mauerwerk in Abständen von höchstens 1,50 m rechtwinklig zur Kraftrichtung auszugleichen.

Regelmäßiges Schichtenmauerwerk (**4.**20). Steine gleicher Höhe bilden eine durchgehende Schicht. Die Schichthöhen können unterschiedlich sein. Im übrigen gelten die Vorschriften wie beim unregelmäßigen Schichtenmauerwerk. Für Gewölbe und Kuppeln muß die Lagerfuge der Steine durchgehend bearbeitet sein, für die Stoßfugen genügt eine Bearbeitungstiefe von 15 cm.

4.18 Unregelmäßiges Schichtenmauerwerk nach DIN 1053

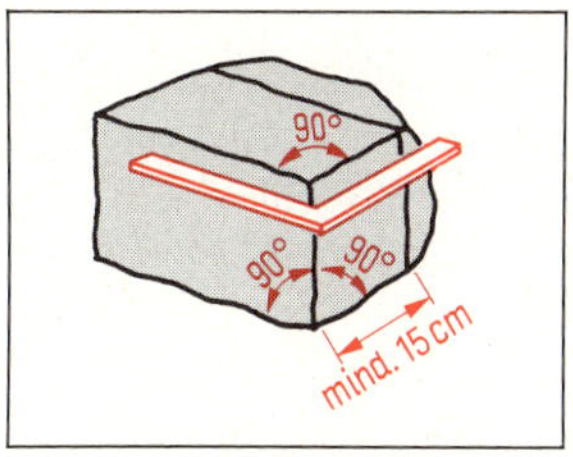

4.19 Bearbeiten der Steine bei unregelmäßigem Schichtenmauerwerk

4.20 Regelmäßiges Schichtenmauerwerk nach DIN 1053

4.21 Quadermauerwerk nach DIN 1053

Quadermauerwerk (4.21). Die Steine sind genau nach den angegebenen Maßen in ganzer Tiefe zu bearbeiten. Lager- und Stoßfugen können 4 mm bis 3 cm dick sein, die Stoßfugenüberdeckung ist ≧ 15 cm. Mit den Steinen lassen sich wie bei Mauerwerk aus künstlichen Steinen verschiedene Verbandsmuster herstellen. Eine Weiterentwicklung ist das Werksteinmauerwerk. Das Bearbeiten und Vermauern der Steine gehört zum Arbeitsbereich des Steinmetzen. Er behaut die Steine maßgerecht nach Werkzeichnungen und gestaltet die Sichtflächen durch Bossieren, Spitzen, Stocken, Kröneln, Scharrieren. Das Versetzen geschieht nach Schichtplänen, in denen die Steine numeriert sind. Für das Vermauern gibt es besondere Arbeitsverfahren.

Trockenmauerwerk stellt man ohne Verwendung von Mörtel her. Die Standsicherheit hängt wesentlich von Steinverband ab.

Bruchstein- und Zyklopenmauerwerk wird aus grob bearbeiteten Natursteinen errichtet, die im Verband gut in Mörtel zu betten sind.

Bei Schichtenmauerwerk unterscheidet man je nach Form und Verarbeitung der Steine hammerrechtes, unregelmäßiges, regelmäßiges Schichtenmauerwerk und Quadermauerwerk.

Die Steine des Werksteinmauerwerks werden von Steinmetzen nach Zeichnung genau bearbeitet und nach einem Verlegeplan versetzt.

4.3 Verblendmauerwerk (Mischmauerwerk)

Mischmauerwerk (4.22) besteht aus gut aussehender, wetterfester Natursteinverblendung und der Hintermauerung. Die Verblendung in Form von Schichten- oder Quadermauerwerk trägt mit. Als Hintermauerung nimmt man Vollziegel, Kalksandsteine, Hüttensteine oder Beton, für wärmedämmende Hintermauerung Leichtbetonsteine. Die folgenden Ausführungsregeln gelten auch bei Beton als Hintermauerung.

Ausführungsvorschriften bei mittragender Verblendung

a) Verblendung und Hintermauerung müssen Lage für Lage im Verband miteinander gemauert werden.

b) 30% der Verblendsteine müssen als Binder in die Hintermauerung einbinden. Jede dritte Schicht ist eine Binderschicht.

c) Die Binder der Verblendung müssen bei einer Mindesttiefe von 24 cm wenigstens 10 cm tief in die Hintermauerung einbinden (4.22).

d) Für mittragende Verblendplatten ist eine Mindestdicke von 1/3 der Höhe bzw. 11,5 cm vorgeschrieben (4.22).

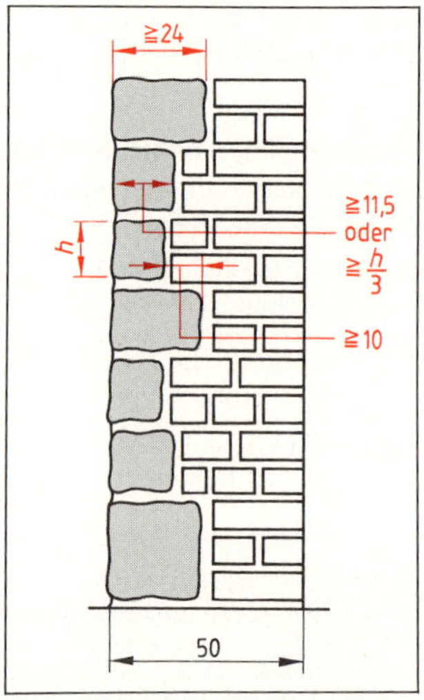

4.22 Verblendmauerwerk

Mischmauerwerk mit Beton als Hintermauerung eignet sich vor allem für Sockel-, Einfriedungs- und Stützmauern. An der Rückseite erstellt man zuerst eine standfeste Schalung. Beim Mauern beginnt man wie beim Vollmauerwerk aus Natursteinen an den Ecken und Enden mit größeren Steinen. Dann spannt man an der Außenseite die Schnur und legt an ihr entlang die passend ausgesuchten Steine. Bei längeren Mauern ordnet man Trennfugen an (**4**.23). Der Beton wird jeweils nach dem Verlegen von 1 bis 2 Schichten eingebracht und gut hinterstampft.

Nach Entfernen der rückseitigen Schalung und genügender Erhärtung des Betons bringt man auf den später erdberührten Betonflächen einen Abdichtungsanstrich auf. Dränrohre und grobkörnige Hinterfüllung sorgen für die Ableitung von Stauwasser.

4.23 Einfriedung aus Mischmauerwerk mit Trennfuge

Die Abdeckung von freistehendem Naturstein- oder Mischmauerwerk soll Niederschläge ableiten, wetterfest und zugleich werkstoffgerecht sein. Unzureichend ist das Abdecken mit einer Zementmörtelschicht, weil diese bald verwittert. Am besten eignen sich Werksteinplatten mit Gefälle, Überstand und Wassernasen (**4**.24).

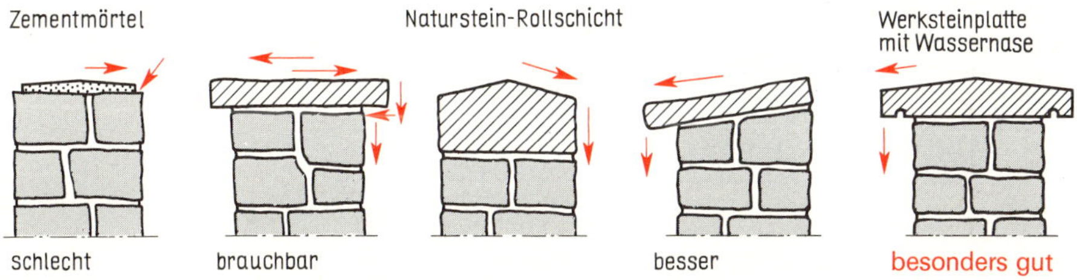

4.24 Verschiedene Ausführungen der Abdeckung von Einfriedungsmauern

> Mischmauerwerk besteht aus mittragender Verblendung und Hintermauerung aus künstlichen Steinen oder Beton, die im vorschriftsmäßigen Verband ineinandergreifen müssen. Die Oberseite freistehender Mauern ist gegen Eindringen von Niederschlagswasser durch wasserableitende, wetterfeste und werkstoffgerechte Abdeckungen zu schützen.

Aufgaben zu Abschnitt 4

1. Warum ist die Bedeutung des Natursteinmauerwerks zurückgegangen?
2. Welche Gemeinsamkeiten sind bei früherer und heutiger Anwendung festzustellen?
3. Welche Anforderungen sind an Natursteine für Mauerwerk zu stellen?
4. Nennen und begründen Sie Verbands- und Verarbeitungsregeln.
5. Welche Gesichtspunkte gelten für die Auswahl des Mauermörtels?
6. Wie sind die Fugen in der Ansicht zweckmäßig zu schließen?
7. Worauf kommt es bei der Herstellung von Trockenmauerwerk besonders an?
8. Beschreiben Sie die Herstellung von Bruchstein- und Zyklopenmauerwerk.
9. Geben Sie Unterscheidungsmerkmale für Schichtenmauerwerk an.
10. Was versteht man unter Verblendmauerwerk?
11. Nennen Sie Ausführungsvorschriften für Mischmauerwerk.
12. Beschreiben Sie zweckmäßige Abdeckungen für freistehende Mauern.

13. Berechnen Sie für die Einfriedungsmauer nach Bild **4.**25 a) das Volumen des Mauerwerks in m^3, b) den Bedarf an Bruchsteinen in m^3 und Kalkzementmörtel in l (1,3 m^3 Steine und 380 l Mörtel je m^3 Mauerwerk).

14. Berechnen Sie für die Einfriedungsmauer nach Bild **4.**26
    a) das Volumen des Betonfundaments in m^3,
    b) den Bedarf an Zement und Kiessand für das Fundament (160 kg Zement und 1,25 m^3 Kiessand je m^3 Beton),
    c) das Volumen des Mauerwerks in m^3,
    d) den Bedarf an Bruchsteinen in m^3 und Mauermörtel in l (1,250 m^3 Steine und 330 l Mörtel je m^3 Mauerwerk),
    e) die Fläche der Abdeckplatten in m^2.

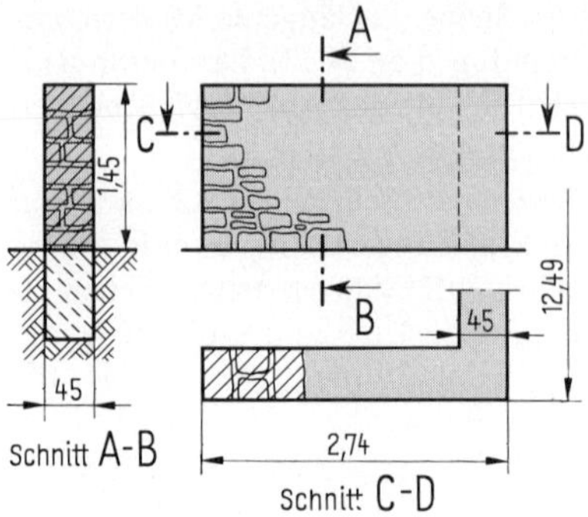

4.25 Einfriedungsmauer mit rechtwinkliger Mauerecke

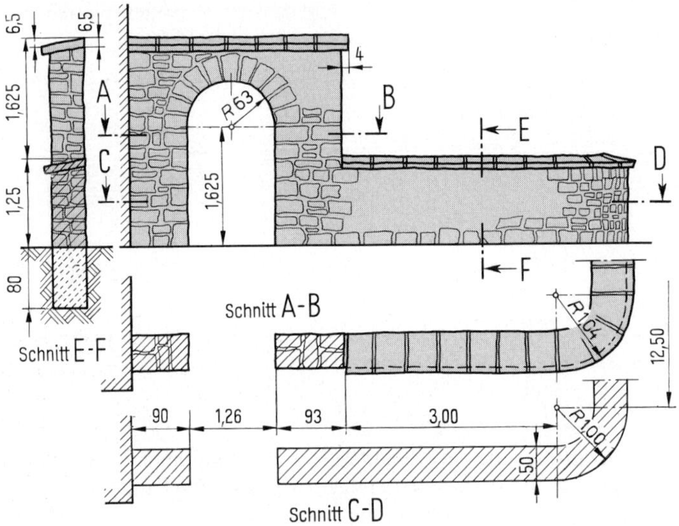

4.26 Gerundete Einfriedungsmauer mit Türöffnung und Rundbogen

5 Ausmauern von Wänden in Skelettbauweise

Eine große Zahl von Gebäuden wird in Skelettbauweisen hergestellt. Während im Massivbau die Wände die Lasten aus Dach und Decken auf das Grundbauwerk ableiten, übernimmt beim Skelettbau ein System von Balken, Pfosten und Verstrebungen die Lasten auf (**5**.1). Die Wände sind nichttragend in das Rahmengerüst eingespannt, schließen den Raum ab, dichten ab und dämmen. Sie nehmen nur ihre Eigenlasten und geringe horizontale Lasten (Wind, Stoß) auf. Daraus folgt, daß an Herstellung und Konstruktion von nichttragenden Wänden in Skelettbauweisen andere Anforderungen gestellt werden als an herkömmliche tragende Wände.

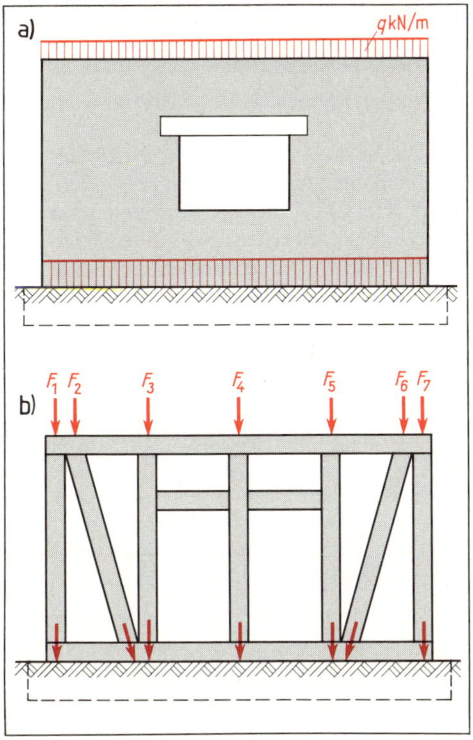

5.1
Prinzip der Lastaufnahme
a) Im Massivbau nimmt die Wand die gleichmäßig verteilte Last auf und leitet sie in das Fundament ab
b) Beim Skelettbau nimmt das Skelett die Einzellasten auf und leitet sie in das Fundament ab

5.2 Holzfachwerk mit Zierverbänden an einem alten Bauernhaus

5.1 Ausmauern von Holzfachwerk

Baugeschichte. In Deutschland, aber auch in England, Dänemark, Holland und Frankreich (Normandie) war der Holzfachwerkbau über Jahrhunderte die älteste und maßgebende Bauweise für Wohnhäuser und landwirtschaftliche Gebäude, Werkstätten und Lagerhäuser. Ältestes erhaltenes Bauwerk ist in Deutschland das Kürschnerhaus in Nördlingen von 1415. Den technischen und künstlerischen Höhepunkt erreichte der Holzfachwerkbau im 15. bis 17. Jahrhundert (**5**.2). Im 19. und 20. Jahrhundert wurde er langsam zugunsten von Massivbauweisen zurückgedrängt.

Heute gewinnt der Holzfachwerkbau wieder etwas an Bedeutung im Rahmen moderner, ingenieurmäßiger Holzskelettbauweisen. Außerdem werden im Zuge von Stadtkernsanierungen Holzfachwerkhäuser neu errichtet oder renoviert.

Das Holzfachwerk stellt der Zimmerer her, ebenso die innere und äußere Verschalung (Verbretterung), wenn der ganze Rohbau aus Holz hergestellt wird (**5**.3). Wird das Fachwerk aber ausgemauert, macht das der Hochbaufacharbeiter oder Maurer.

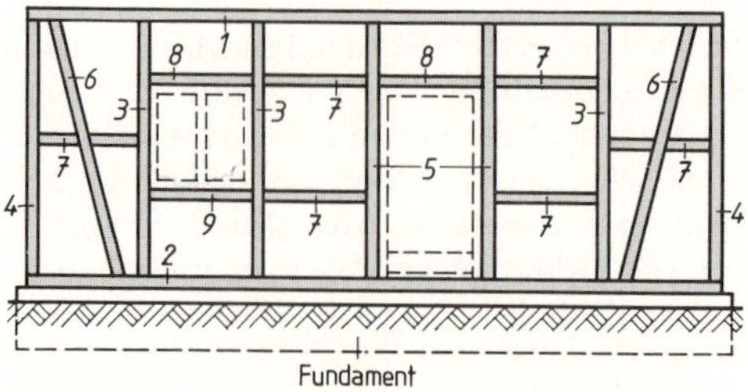

5.3 Bezeichnung der Hölzer einer Fachwerkwand

1 Rähm | *4* Eckpfosten | *7* Riegel
2 Schwelle | *5* Türpfosten | *8* Sturzriegel
3 Pfosten (Stiel) | *6* Strebe | *9* Brüstungsriegel

5.4 Werkstattgebäude in Holzfachwerk-Bauweise

Ausmauerung der Gefache. Bei einfachen landwirtschaftlichen Gebäuden, Werkstätten und Lagerräumen, die nicht dem ständigen Aufenthalt von Menschen dienen, werden bei Außen- und Innenwänden die Zwischenräume des Holzfachwerks (Gefache) mit 11,5 cm breiten Steinen ausgemauert (ausgefacht, **5**.4). Man verwendet Mauerziegel, Kalksandsteine, Hüttensteine und Leichtbetonsteine. Da die Bauwerkslasten vom Holzskelett aufgenommen werden, können Steine mit geringer Druckfestigkeit verwendet werden. Handelt es sich aber um Außenwände, die verfugt werden, muß man frostbeständige Steine wählen.

Ausgemauert wird meist im Läuferverband. Wenn die lichten Maße der Gefache Nennmaße sind, gibt es keinen Steinverhau. In Gefachen mit Streben lassen sich Teilsteine nicht vermeiden.

Die lichte Breite eines Gefachs sollte $b = n \cdot 12{,}5\,\text{cm} + 1\,\text{cm}$ sein. Die lichte Höhe sollte je nach Steinformat (DF, NF oder $1^1/_2$ NF (2 DF)) mit der Schichthöhentabelle übereinstimmen (**5**.5). Abweichende Höhen müssen durch dickere oder dünnere Lagerfugen ausgeglichen werden. Die ausgemauerten Gefache werden verfugt oder verputzt. Wird verfugt, mauert man bündig mit dem Holzfachwerk. Wenn nur das Gefach verputzt wird, setzt man die Ausmauerung um die Putzdicke zurück. Wird das Holzfachwerk auch verputzt, muß man einen Putzträger über das Holz spannen. Damit das Holz nicht mit dem Putz in Berührung kommt, setzt man die Ausmauerung etwa 1 cm vor die Flucht des Fachwerks (**5**.6, s.a. Baufachkunde 1, Bild **8**.9).

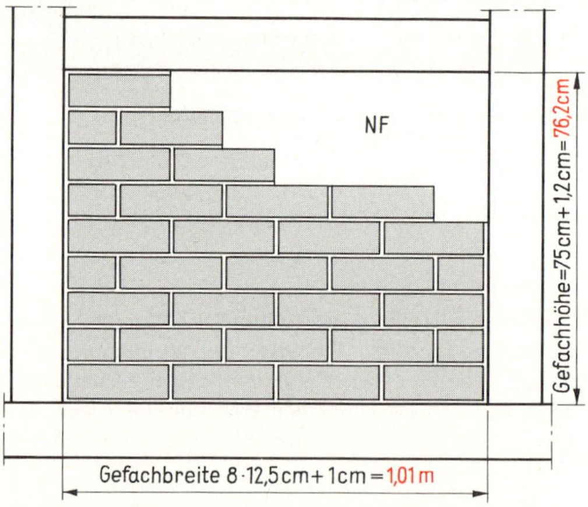

5.5 Ausfachungen mit NF-Steinen in einem Gefach mit Nennmaßen

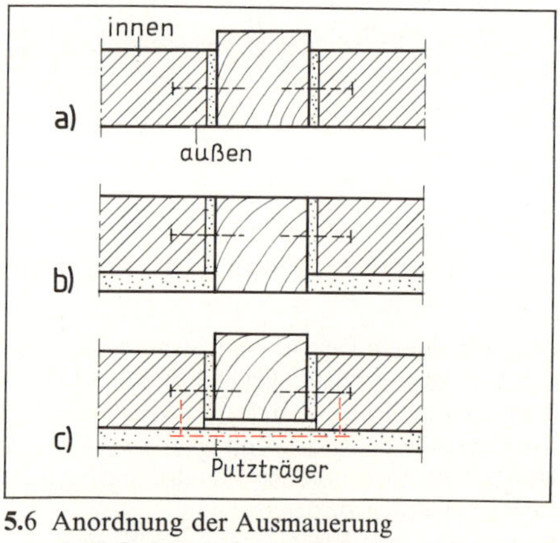

5.6 Anordnung der Ausmauerung
a) Gefache werden verfugt
b) Gefache werden verputzt
c) Holzfachwerk verputzt mit Putzträger

Zierverbände mauert man gelegentlich bei besserer Bauausführung und wenn die Gefache verfugt werden (**5.7**). Sie lassen sich am besten mauern, wenn Breite und Höhe der Gefache ein Vielfaches von 25 cm sind, weil man auf 25 cm die drei kleinen Formate ausgleichen kann. Dabei ist sogar ein Formatwechsel im Gefach möglich. Der Verband ist bei Zierverbänden oft technisch schlechter als beim normalen Läuferverband; man kann ihn aber durch Einlegen von Metallbändern in die Lagerfuge verbessern. Zierverbände unter 45° erfordern viele Teilsteine und werden deshalb kaum noch hergestellt.

5.7 Zierverbände mit NF- (oben) und DF-Steinen (unten)

Die Befestigung der Ausmauerung am Holzfachwerk kann auf 4 Arten erfolgen:

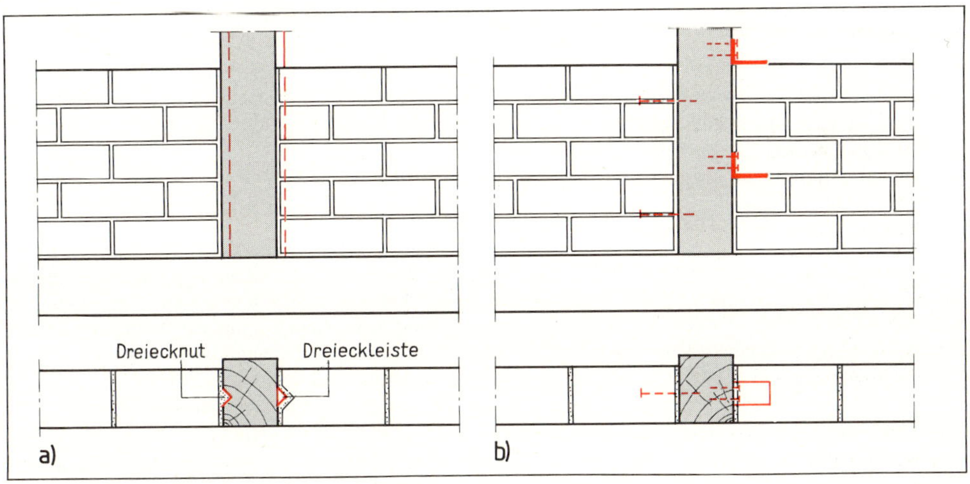

5.8 Befestigung der Ausfachung am Pfosten
a) links mit Dreiecknuten im Pfosten, rechts mit Dreieckleisten am Pfosten
b) links mit Nägeln, rechts mit Bandstahlwinkeln

- Der Mörtel haftet am Stein und in Dreiecknuten am Pfosten (**5**.8 a).
- Dreiecksleisten am Pfosten greifen in Ausklinkungen der Steine (**5**.8 a).
- Nägel 38/100 bis 46/130 werden in Höhe jeder 3. bis 4. Lagerfuge in den Pfosten eingeschlagen und reichen mindestens 6 cm in die Ausmauerung (**5**.8 b).
- Am Pfosten angenagelte kleine Bandstahlwinkel ragen in jede 4. bis 6. Lagerfuge der Ausmauerung (**5**.8 b).

Das 1. und 2. Verfahren sind teuer, umständlich und technisch unbefriedigend; das 4. Verfahren ist teuer. Die Sicherung mit Nägeln ist am einfachsten, billigsten und reicht aus.

Die letzte Schicht im Gefach wird mit Steinscherben gegen Riegel oder Rähm verkeilt. Im untersten Gefach der Wand wird unter der Schwelle und unter der ersten Schicht der Ausfachung eine Abdichtung aus besandeter Bitumendichtungsbahn angeordnet (**5**.9).

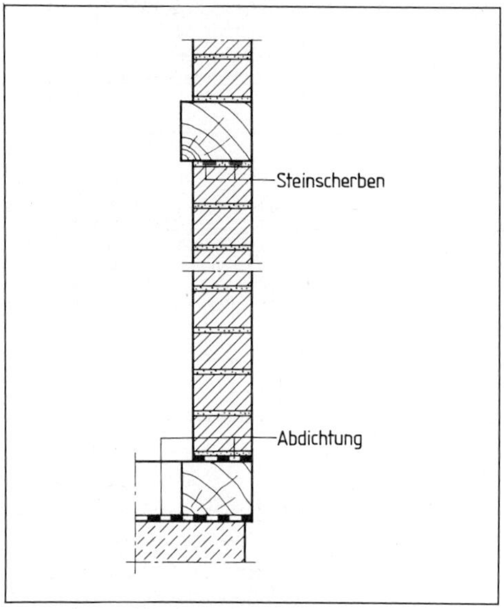

5.9 Vertikalschnitt durch eine Ausfachung
oben: Verkeilen der letzten Schicht mit Steinscherben
unten: Dichtungsbahn über der Schwelle unter der ersten Schicht

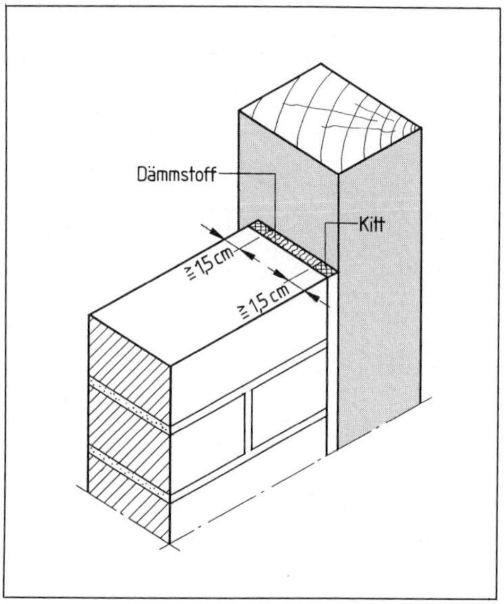

5.10 Anschluß der Ausfachung an den Pfosten mit besonderer Fugenausbildung

Die senkrechte Fuge zwischen Pfosten und Ausmauerung wird ohne besondere Vorkehrungen immer aufreißen, weil sich das Holzfachwerk und die Ausmauerung unterschiedlich dehnen (Temperaturschwankungen, Schwinden und Quellen des Holzes). Bei guter Bauausführung wird deshalb zwischen Ausmauerung und Pfosten ein Streifen aus einem nicht verrottenden Dämmstoff (Bitumenfilz, Mineralfaser) angeordnet und die Fuge beidseitig mit dauerelastischem Kitt abgedichtet (**5**.10, Abschn. 11.1 und 11.5).

Fachwerkwände von Wohngebäuden müssen bei einer 11,5 cm dicken Ausfachung innen oder außen zusätzlich gedämmt werden. Dazu gibt es mehrere Möglichkeiten: Außendämmung, Innendämmung (**5**.11) und Dämmschicht oder Luftschicht zwischen Ausfachung und einer zweiten Mauerschale (**5**.12). Da die Bauwerkslasten vom Holzskelett aufgenommen werden, genügen für die zweite Schale Leichtbetonsteine mit geringer Druckfestigkeit, aber guter Dämmwirkung.

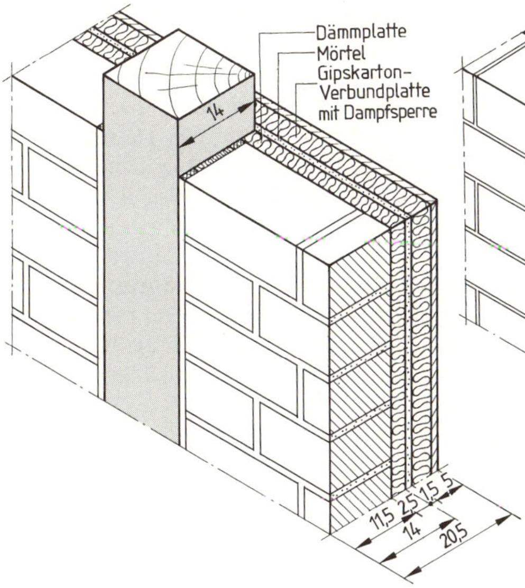

5.11 Ausfachung einer Außenwand mit innenliegenden Dämmschichten

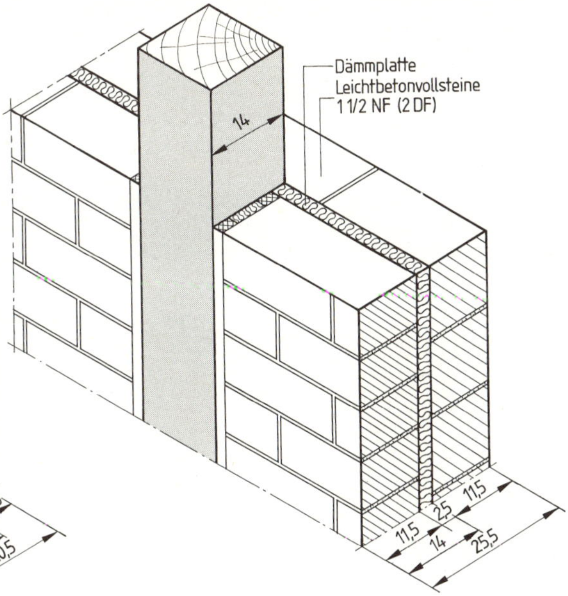

5.12 Ausfachung als zweischalige Außenwand mit Dämmschicht

Bei Skelettbauweisen tragen Balken, Pfosten und Verstrebungen die Bauwerkslasten. Nichttragende Ausmauerungen (Ausfachungen) des tragenden Gerüstes bilden die Wände.

Holzfachwerkbauten werden in Mittel-, Nord- und Westeuropa seit rund 700 Jahren hergestellt. Der Zimmerer stellt das Holzfachwerk her, der Maurer mauert die Gefache mit 11,5 cm breiten Mauerziegeln, Kalksand-, Hütten- oder Leichtbetonsteinen aus. Die Gefache werden verputzt oder verfugt. Wenn verfugt wird, müssen frostbeständige Steine verwendet werden. Gelegentlich werden Zierverbände ausgeführt. Bei richtiger Planung werden die lichten Maße der Gefache auf die Steinformate abgestimmt. Bandstahlwinkel oder Nägel an den Pfosten verbinden die Ausfachung mit dem Holzfachwerk. Fachwerkwände von Wohngebäuden müssen als Außenwände zusätzliche Dämmschichten erhalten.

5.2 Ausmauern von Stahlfachwerk

Im Industrie- und Hallenbau ist das tragende Gerüst des Gebäudes in vielen Fällen ein Stahlfachwerk (**5.**13 auf S. 110). Es wird von einer Stahlbaufirma errichtet. Die Arbeit der Bauhandwerker umfaßt die Herstellung der Fundamente, Fußböden, Decken, Dächer und besonders der Wände durch Ausmauern der Gefache im Stahlfachwerk.

Die Gefache sind 12 bis 16 m^2 groß. Die Ausmauerung nimmt ihre Eigenlast und die Windlasten auf. Sie muß die Windlasten (Druck und Sog) sicher auf die Stützen und Riegel des Fachwerks übertragen (ableiten). Die Anforderungen an die Wärme- und Schalldämmung sind im Industriebau gering. Deshalb genügt in der Regel eine 11,5 cm dicke Ausmauerung. Nur in besonderen Fällen werden dickere oder zweischalige Wände gemauert.

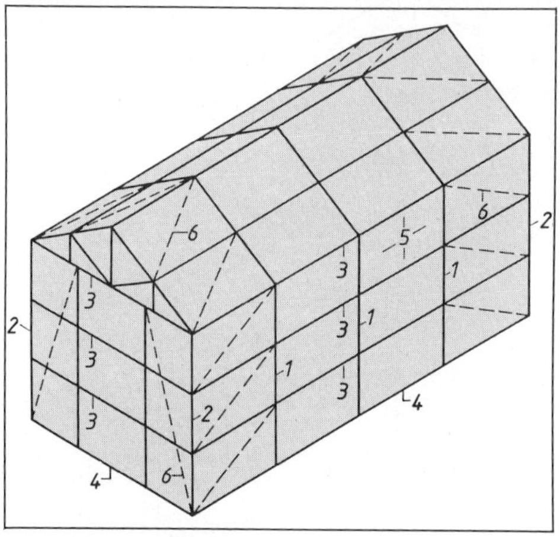

5.13 Schema eines Stahlfachwerkgebäudes

1 Stütze
2 Eckstütze
3 Riegel
4 Schwelle
5 Gefach, Feld
6 Streben (Windverband)

Die Stahlprofile für Stützen und Riegel werden – unter Berücksichtigung der statischen Erfordernisse – so gewählt, daß ihre Flansche die Ausmauerung sicher umschließen und festhalten. Für die übliche 11,5 cm dicke Ausmauerung eignen sich 140 mm, besser aber 160 mm hohe Profile I, IPE, IPB, IPBl und U. Günstig sind I-Träger der Baureihen PE, PB und PBl, weil die Innenseiten ihrer Flansche parallel sind. („P" steht für parallel, „E" für Europa, „B" für Breitflansch und „l" für leichte Ausführung). Alle Ausfachungen, besonders aber mehrschalige, lassen sich auch an größere Träger anschließen. Stützen sind im Normalfall I-Profile, für Riegel werden gelegentlich auch U-Profile genommen. In diesem Fall zeigen die Flansche nach unten. Wenn Breite und Höhe der Gefache Nennmaße sind, entsteht kein Steinverhau. Das Stahlfachwerk erhält vor der Ausmauerung einen Rostschutzanstrich.

Einschalige Wände werden meist 11,5 cm im Läuferverband ausgemauert (**5**.14). Man verwendet Mauerziegel, Kalksandsteine und Hüttensteine im DF, NF und $1^1/_2$ NF (2 DF) und Zementmörtel (MG III). Wenn Zementmörtel die Stahloberfläche dicht umhüllt, schützt er sie zusätzlich vor Rost.

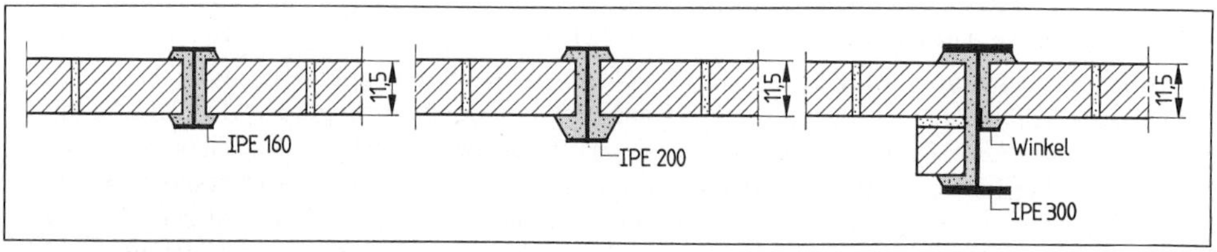

5.14 Anschlüsse der 11,5 cm dicken Ausfachung an verschieden hohe I-Profile

5.15 Anschluß der Ausfachung an eine große IPE-Stütze

Die Ausmauerung sitzt symmetrisch zwischen den Flanschen. Um die Ausmauerung satt und vollfugig zwischen den Flanschen des horizontalen Riegels zu vermörteln, müssen die beiden letzten Schichten in jedem Gefach gemeinsam gemauert werden. Dabei wird der letzte Stein im Gefach in der vorletzten Schicht versetzt. Wenn aus statischen Gründen Profile mit $h > 160$ mm auszufachen sind, werden besondere Vorkehrungen für den Anschluß der Ausmauerung an das Stahlfachwerk getroffen (**5**.14, **5**.15). Je nach Profil sind verschiedene Ausführungen möglich. Die Ecken werden mit besonderer Sorgfalt ausgeführt (**5**.16). Normalerweise wird die Ausfachung beidseitig verfugt, das Stahlfachwerk bleibt auf beiden Seiten sichtbar und wird gestrichen. Wenn die Ausfachung verputzt werden soll, putzt man bündig mit dem Stahlfachwerk.

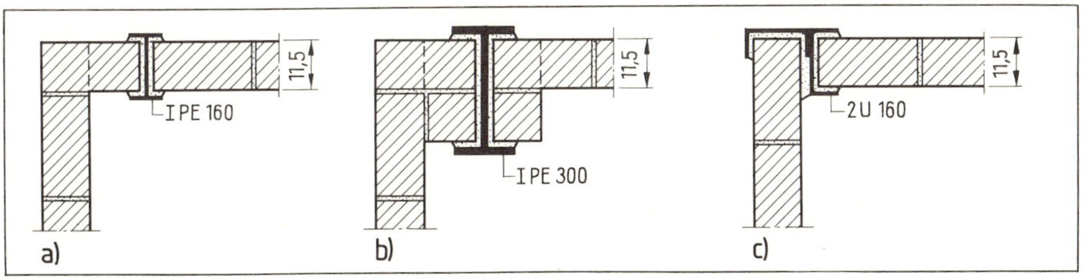

5.16 Eckausbildung
a) und b) mit I-Profilen, c) mit U-Profilen

Soll das Stahlfachwerk nicht sichtbar sein, wird die Ausmauerung als „Vormauerung" vor die Stahlkonstruktion gesetzt (5.17). Verzinkte Anker in jeder 3. bis 4. Lagerfuge verbinden die Mauerschale mit den Stahlprofilen. Bei dieser Ausführung muß die Mauerschale unten auf dem Fundament aufstehen.

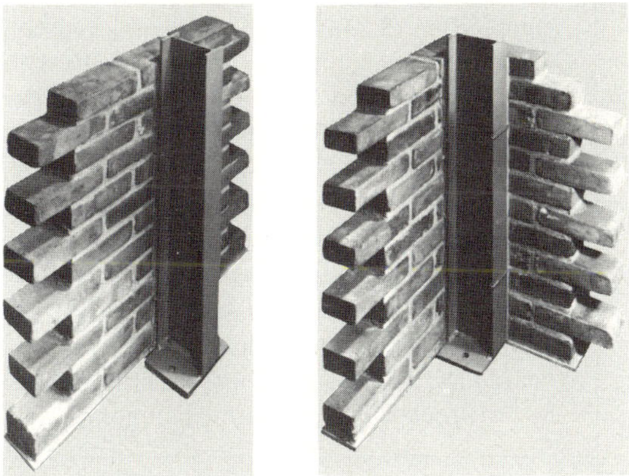

a) b)

5.17 Ausmauerung vor dem Stahlfachwerk (Vormauerung)
a) im Feld an der Stütze
b) an der Eckstütze

5.18 Zweischalige Ausfachung (11,5 cm + 1 cm + 7,1 cm = 19,2 cm dick) an einem IPE 270

Zweischalige Wände ergeben eine wesentlich bessere Wärme- und Schalldämmung. Aber auch sie nehmen nur ihre Eigenlast und die Windlasten auf. Wanddicken von 24 cm sind unwirtschaftlich: Sie sind teuer und schwer, ihre Festigkeit kann nicht ausgenutzt werden, da es sich um eine nichttragende Wand handelt. Deshalb genügt meist ein Wandaufbau aus normalformatigen Steinen, bei dem die zweite Schale nur 7,1 cm dick ist (5.18). Die Fuge oder die Dämmschicht zwischen beiden Schalen können so bemessen werden, daß sich innerhalb eines bestimmten Spielraums die geforderte Wärmedämmung oder eine günstige Wanddicke im Hinblick auf die Stahlprofile ergibt. Die beiden Schalen verbindet man mit Drahtankern (5.19).

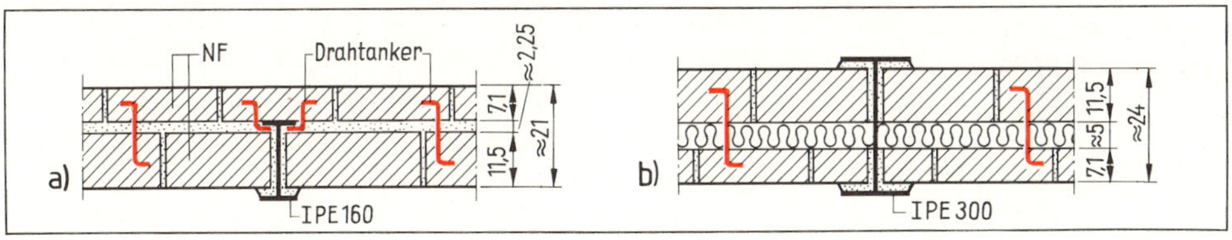

5.19 Zweischalige Wände (Horizontalschnitte)
a) ohne Dämmschicht, Stahlfachwerk einseitig sichtbar
b) mit dazwischenliegender Dämmschicht, Stahlfachwerk beidseitig sichtbar

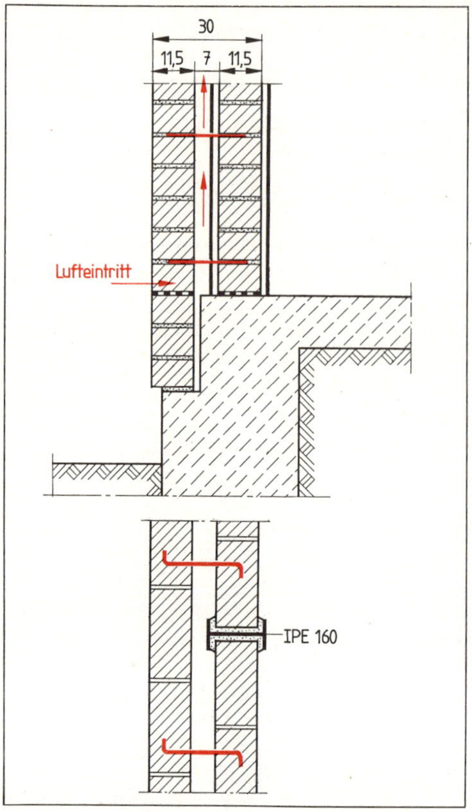

5.20 Zweischalige Außenwand mit Luftschicht

5.21 Ausfachen von Stahlfachwerk mit Gasbeton-Wandplatten (Siporex)

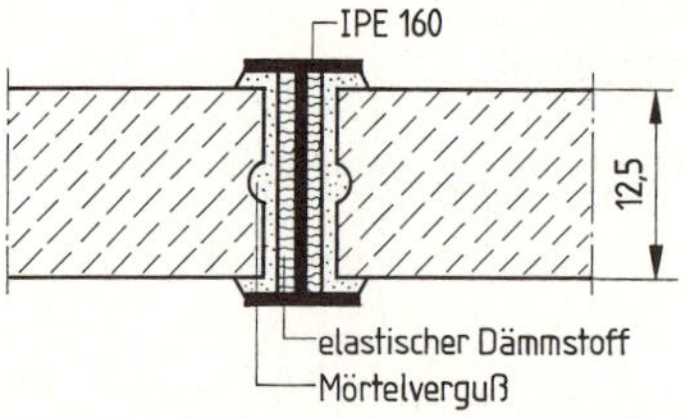

5.22 Anschluß von Gasbeton-Wandplatten an ein I-Profil (Detail Hebel)

Zweischalige Wände mit Luftschichten ≥ 6 cm ergeben eine besonders gute Wärmedämmung und Schlagregensicherheit (**5**.20). Das Stahlfachwerk kann außen oder innen sichtbar bleiben. Die beiden Schalen werden durch verzinkte Drahtanker verbunden. Mit Sieben oder Lüftungssteinen versehene Lufteintritts- und -austrittsöffnungen ermöglichen Zirkulation mit der Außenluft. Zweischalige Wände mit Luftschichten erfordern ein besonderes Fundament.

Wände aus Gasbeton-Wandplatten verdrängen zunehmend die Ausfachung mit kleinformatigen Steinen. Dabei werden die Felder zwischen den Stützen mit 62,5 cm breiten Wandplatten ausgefacht (**5**.21, **5**.22). Die Feldbreite muß den Plattenlängen 3,00, 4,00, 5,00 oder 6,00 m entsprechen (**5**.23). Es gibt Plattendicken von 7,5 bis 25 cm, aber nur die Dicken 7,5, 10, 12,5 und 15 cm werden zwischen die Flansche der Träger geschoben (**5**.23). Dickere Wandplatten werden vor das Stahlskelett gehängt.

Die Hersteller der Gasbeton-Wandplatten (Hebel, Siporex, Ytong) haben für diesen Fall eine Reihe besonderer Bauweisen entwickelt.

Vorteile der Ausfachung mit Gasbeton-Wandplatten: niedrige Lohnkosten, Einsatz von Hebezeug (Kran), zügiger Baufortschritt, schnelles Austrocknen, gute Wärmedämmung.

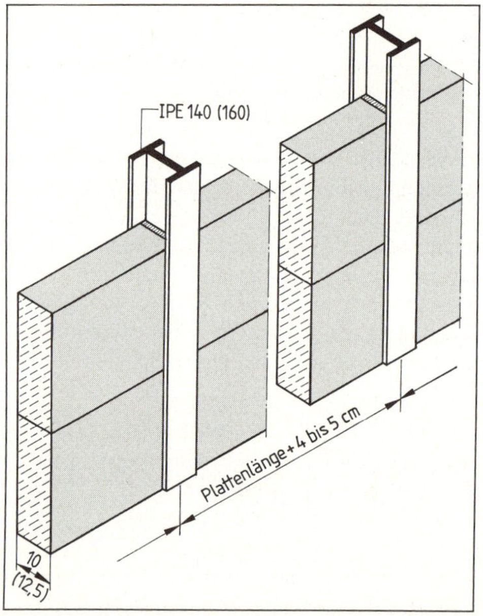

5.23 Ausfachung mit feldlangen Gasbeton-Wandplatten

Im Industriebau werden Gebäude in Stahlfachwerk-Bauweise aus I- und U-Profilen erstellt. Die Gefache werden mit Mauerziegeln, Kalksandsteinen und Hüttensteinen im DF, NF und $1^1/_2$-NF (2 DF) 11,5 cm dick mit Zementmörtel im Läuferverband ausgemauert. Meist ordnet man die Ausfachung zwischen die Flansche der Stützen und Riegel an. Sie wird verfugt oder verputzt. Bei Trägerhöhen über 160 mm sichern besondere Vorkehrungen den Anschluß der Ausmauerung an das Stahlfachwerk.

Zweischalige Wände aus einer 11,5 cm und einer 7,1 cm dicken Schale ergeben eine bessere Schall- und Wärmedämmung. Zwischen den Schalen kann man eine zusätzliche Dämmschicht anordnen; die Schalen werden mit Drahtankern verbunden. Bei hohen Anforderungen an Wärmedämmung und Schlagregensicherheit führt man zweischalige Wände mit Luftschicht aus. Statt der Ausfachung mit kleinformatigen Steinen können auch 3,00 bis 6,00 m lange und 62,5 cm breite Wandplatten aus Gasbeton zwischen die Flansche der Stützen versetzt werden.

5.3 Ausmauern von Stahlbetonskelettbauten

Verwaltungsgebäude, Geschäftshäuser, Industriebauten und Schulen werden häufig in Stahlbetonskelett-Bauweise hergestellt. Für die Ausmauerung ist es gleich, ob das Gebäude in Ortbeton oder in einer Montagebauweise errichtet wurde.

Die Gefache (oder Felder) werden entweder vollständig oder mit Fenster- und Türöffnungen ausgemauert (**5**.24). Wie bei allen Skelettbauweisen ist die Ausfachung eine nichttragende Außenwand, die nur Eigen- und Windlasten auf die angrenzenden tragenden Bauteile (Decken, Wände, Stützen und Unterzüge) überträgt. Da Stahlbetonskelettbauten meist dem ständigen Aufenthalt von Menschen dienen, führt man Wandkonstruktionen mit guter Wärmedämmung aus. Die Gefache werden verfugt, verputzt oder mit Werksteinplatten oder keramischen Platten verkleidet. Außerdem kann man Fassaden aus Faserzement-, Kunststoff- oder Metallplatten mit Hinterlüftung vorhängen.

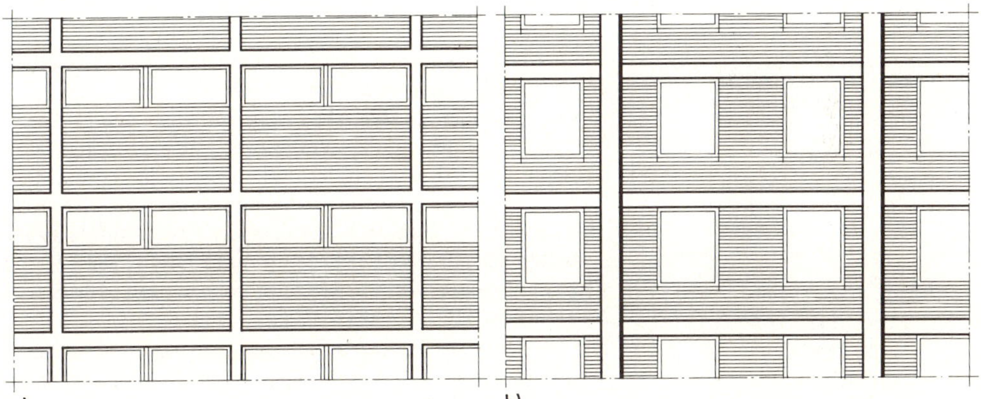

5.24 Beispiele für Ausfachungen von Stahlbeton-Skelettbauten
a) Fassade eines Industriegebäudes mit Fensterbändern, Ausfachung außen bündig mit dem Stahlbetonskelett
b) Fassade eines Bürogebäudes, durchgehende Stützen vortretend

Gute Wärmedämmung erreicht man, wenn Hochlochziegel, Leichtziegel, Kalksandsteine als Lochsteine und Hohlblocksteine, Hohlblocksteine und Leichtbetonsteine verwendet werden (s. Baufachkunde 1, Tabelle **4**.15). Die Anforderungen legt DIN 4108 „Wärmeschutz im Hochbau" fest. Wenn die Felder verputzt oder verkleidet werden, wählt man, um Lohnkosten einzusparen, mittel- und großformatige Steine. Da nur geringe Druckfestigkeit bei hoher Wärmedämmfähigkeit erforderlich ist, eignen sich besonders Leichtbetonsteine (Baufachkunde 1, Abschn. 4.2.5.2) und Wandplatten aus Gasbeton. Bei entsprechender Planung großer Bauwerke können die Felder mit wenigen wand- oder brüstungshohen Elementen zusammen mit Tür- und Fensterelementen geschlossen werden (**5**.25). Wenn die Felder verfugt werden, vermauert man kleinformatige Vormauersteine (**5**.26). Die ausreichende Wärmedämmung erreicht man durch eine entsprechende Wanddicke, einen mehrschaligen Aufbau der Wand und zusätzliche Dämmschichten.

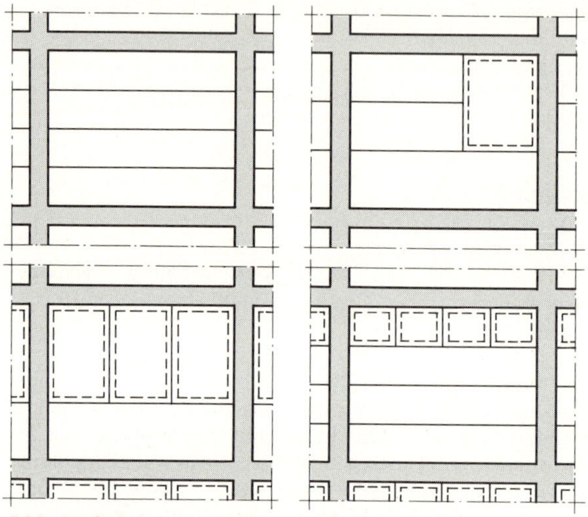

5.25 Ausfachung von Stahlbeton-Skelettbauten mit großen Elementen

5.26 Stahlbetonskelett-Gebäude auf Brüstungshöhe mit NF-Steinen ausgemauert

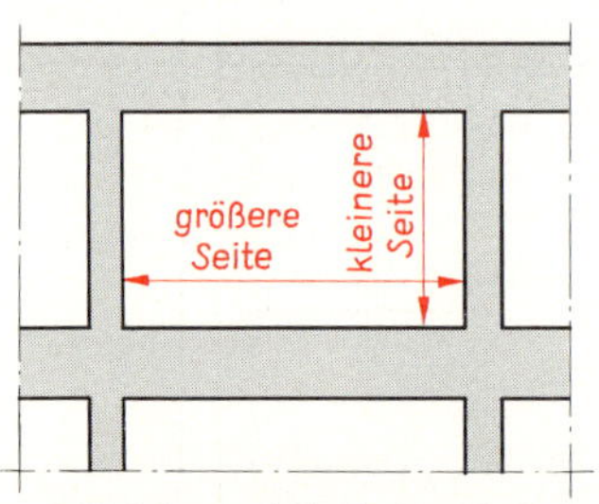

5.27 Seitenverhältnis eines Gefaches

$$\varepsilon = \frac{\text{größere Seite}}{\text{kleinere Seite}}$$

Die Ausfachungsflächen (Gefache, Felder) müssen vierseitig durch Verzahnung, Versatz oder Anker mit dem Stahlbetonskelett verbunden werden. Die Größe der Ausfachungsfläche wird begrenzt durch das Verhältnis ε der größeren zur kleineren Seite (**5**.27), von der Höhe über Gelände und der Wanddicke (**5**.28). Es dürfen dabei nur Steine nach DIN 105 „Mauerziegel", DIN 106 „Kalksandsteine", DIN 18 151 „Hohlblocksteine aus Leichtbeton" und DIN 18152 „Vollsteine aus Leichtbeton" verwendet werden, die mit Mörtel der MG IIa oder III zu vermauern sind.

Die Außenflächen von Stahlbeton-Skelettbauten können verschiedenartig gestaltet werden. Das Stahlbetonskelett kann mit rauher Schalung oder als Sichtbeton mit glatter Schalung (Stahlschalung) hergestellt werden. Die Ausfachung kann verfugt oder verputzt werden. Durch farbliche Gestaltung von Stahlbetonskelett und Ausfachung läßt sich die architektonische Wirkung des Gebäudes vielfältig beeinflussen. Dies gilt auch für die Verkleidung der Gefache mit feinkeramischen Fliesen.

Tabelle **5**.28 **Zulässige Größtwerte der Ausfachungsfläche in m² von nichttragenden Außenwänden ohne rechnerischen Nachweis nach DIN 1053 T 1**

Wanddicke d in cm	Zulässiger Größtwert der Ausfachungsfläche in m² bei einer Höhe über Gelände von 0 bis 8 m		8 bis 20 m		20 bis 100 m	
	$\varepsilon = 1{,}0$	$\varepsilon \geqq 2{,}0$	$\varepsilon = 1{,}0$	$\varepsilon \geqq 2{,}0$	$\varepsilon = 1{,}0$	$\varepsilon \geqq 2{,}0$
11,5¹)	12	8	8	5	6	4
17,5	20	14	13	9	9	6
24,0	36	25	23	16	16	12
$\geqq$ 30,0	50	33	35	23	25	17

ε ist das Verhältnis der größeren zur kleineren Seite der Ausfachungsfläche.

Bei $1{,}0 < \varepsilon < 2{,}0$ dürfen Zwischenwerte geradlinig interpoliert werden.

¹) Wenn für die Wanddicke 11,5 cm Steine der Festigkeitsklasse $\geqq 12$ verwendet werden, dürfen die Werte dieser Zeile um ⅓ vergrößert werden.

Nur selten wird das Seitenverhältnis ε genau 1,0 oder 2,0 sein. Für diese beiden Grenzfälle kann der zulässige Größtwert der Ausfachungsfläche sofort aus Tabelle **5**.28 abgelesen werden. In der Mehrzahl der Fälle für ε zwischen 1,0 und 2,0 muß der zulässige Größtwert gemäß folgendem Beispiel durch Interpolation ermittelt werden.

Beispiel Für eine Ausfachung bei einer Feldgröße von $4{,}00\,\text{m} \cdot 2{,}50\,\text{m} = 10{,}00\,\text{m}^2$ und einer Höhe der Ausfachungsfläche von 16,00 m über Gelände soll die notwendige konstruktive Wanddicke ermittelt werden.

Lösung Seitenverhältnis $\varepsilon = \frac{\text{größere Seite}}{\text{kleinere Seite}} = \frac{4{,}00\,\text{m}}{2{,}50\,\text{m}} = \mathbf{1{,}6}$

ε liegt zwischen 1,0 und 2,0. Deshalb muß die größtmögliche Ausfachungsfläche für $\varepsilon = 1{,}6$ interpoliert werden. Tabelle **5**.28 zeigt, daß mindestens die Wanddicke 17,5 cm gewählt werden muß, denn nur bei dieser Wanddicke sind Ausfachungsflächen von 9,00 bis 13,00 m² möglich.

Genaue Berechnung der zulässigen größten Ausfachungsfläche:

Wenn ε von 1,00 auf 1,6 ansteigt, verringert sich die größte zulässige Ausfachungsfläche von 13,00 m² um ΔA.

$$\Delta\varepsilon = 1{,}6 - 1{,}0 = 0{,}6$$

$$\max A = 13{,}00\,\text{m}^2 - \Delta A$$

$$\frac{\Delta A}{\Delta\varepsilon} = \frac{13{,}00\,\text{m}^2 - 9{,}00\,\text{m}^2}{2{,}0 - 1{,}0} = \frac{4{,}00\,\text{m}^2}{1{,}00}$$

$$\Delta A = 4{,}00\,\text{m}^2 \cdot \Delta\varepsilon = 4{,}00\,\text{m}^2 \cdot 0{,}6$$

$$\Delta A = 2{,}40\,\text{m}^2$$

$$\max A = A - \Delta A = 13{,}00\,\text{m}^2 - 2{,}40\,\text{m}^2$$

$$\mathbf{\max A = 10{,}60\,m^2}$$

Bei Ausführung nach Tabelle **5**.28 (Wanddicke 17,5 cm) ist also eine größtmögliche Ausfachungsfläche von **10,60 m²** (> 10,00 m²) erlaubt.

Stahlbetonskelettbauten werden nach DIN 4172 „Maßordnung im Hochbau“ oder DIN 18000 „Modularordnung im Bauwesen“ geplant und gebaut. DIN 4172 baut alle Maße auf dem Achtelmeter (12,5 cm), DIN 1800 auf dem Dezimeter (10 cm) auf. Für eine längere Übergangszeit muß man in beiden Maßordnungen arbeiten. Beim Ausmauern der Felder braucht man deshalb Ergänzungssteine, die geschlagen, gesägt oder werkseitig geliefert werden.

Wandkonstruktionen. Wenn das Gebäude dem dauernden Aufenthalt von Menschen dient, müssen die Wanddicken größer als nach Tabelle **5**.28 sein. Wird die Außenseite verfugt, mauert man die Wände nach den Regeln für Sichtmauerwerk (s. Abschn. 3.5). Dabei erreicht man mit folgenden Bauweisen eine ausreichende Wärmedämmung:

– einschaliges Sichtmauerwerk (s. **3**.41)	$d = 37{,}5$ cm
– einschaliges Sichtmauerwerk bei geringer Schlagregenbeanspruchung (s. Abschn. 3.5)	$d = 31{,}0$ cm
– zweischaliges Verblendmauerwerk ohne Luftschicht (s. **3**.42)	$d \geqq 25{,}0$ cm
– zweischaliges Verblendmauerwerk mit Luftschicht (s. **3**.42)	$d \geqq 32{,}0$ cm

Die statisch und konstruktiv geringere Wanddicke nach Tabelle **5**.28 genügt in drei Fällen:

1. Das Gebäude dient nicht dem dauernden Aufenthalt von Menschen. Bei nicht frostbeständigen Steinen muß ein Außenputz nach DIN 18550 „Putz; Baustoffe und Ausführung" oder eine Fassadenverkleidung aus Faserzement-, Kunststoff- oder Metallplatten aufgebracht werden (**5**.29).
2. Die nötige Wärmedämmung wird durch eine äußere Dämmschicht erreicht, die man ebenfalls durch eine Fassadenverkleidung (**5**.30a) oder durch einen bewehrten Kunstharzquarz-Putz (**5**.30b) schützt.
3. Die nötige Wärmedämmung wird innen angeordnet; außen wird eine Fassadenverkleidung oder Putz nach DIN 18550 ausgeführt (**5**.31).

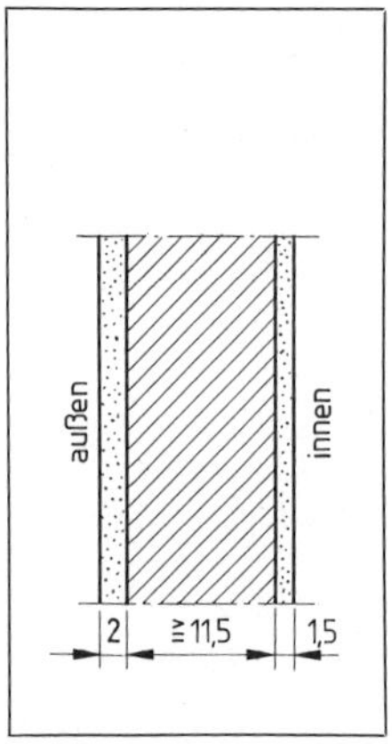

5.29 Ausfachung aus nicht frostbeständigen Steinen für Gebäude, die nicht dem dauernden Aufenthalt von Menschen dienen

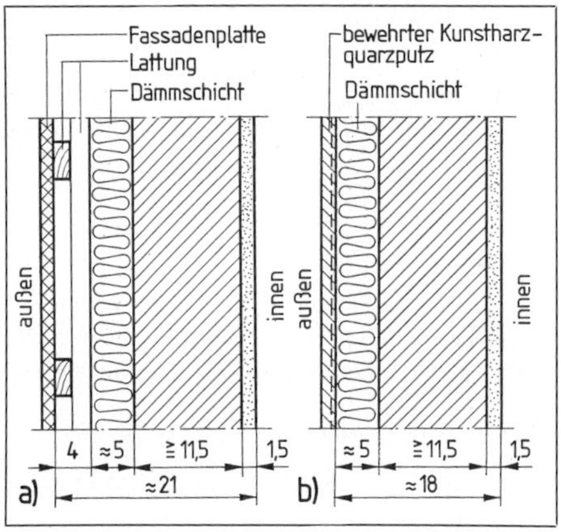

5.30 Ausfachung mit der Mindestwanddicke für bewohnte Gebäude, Dämmschicht außen
a) mit Fassadenplatten auf Lattung
b) mit bewehrtem Kunstharzquarzputz

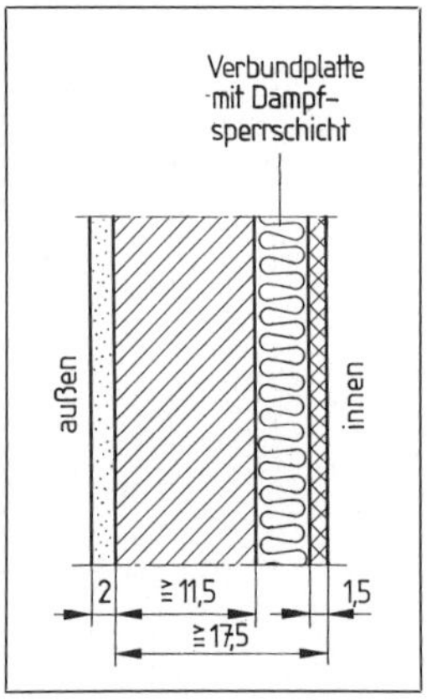

5.31 Ausfachung mit der Mindestwanddicke für bewohnte Gebäude, Dämmschicht innen

Bei Ausfachung mit Sichtmauerwerk aus kleinformatigen Steinen kann man in Zierverbänden mauern (**3**.47). Außerdem lassen sich durch Formatwechsel und senkrecht zueinander angeordnete Steinschichten abwechslungsreiche Ansichten herstellen. Ansprechende Ansichten erhält man, wenn gebrannte künstliche Bausteine (Vormauerziegel, Klinker) in unterschiedlichen Farbtönungen verarbeitet werden. Künstliche ungebrannte Bausteine (Kalksandsteine) werden verfugt und gestrichen. Auch verputzte Gefache können in vielen Farben gestrichen werden.

Die Anschlüsse der Ausfachungen an die angrenzenden tragenden Bauteile müssen so ausgebildet werden, daß sie Eigen- und Windlasten sicher überleiten (**5**.32). Sie müssen einerseits eine feste und dichte Verbindung gewährleisten, andererseits Formänderungen des Stahlbetonskeletts und der Ausfachung selbst aufnehmen und ausgleichen. Dazu müssen vorab die allgemeinen Regeln für die Herstellung von Fugen beachtet und eingehalten werden (s. Abschn. 11).

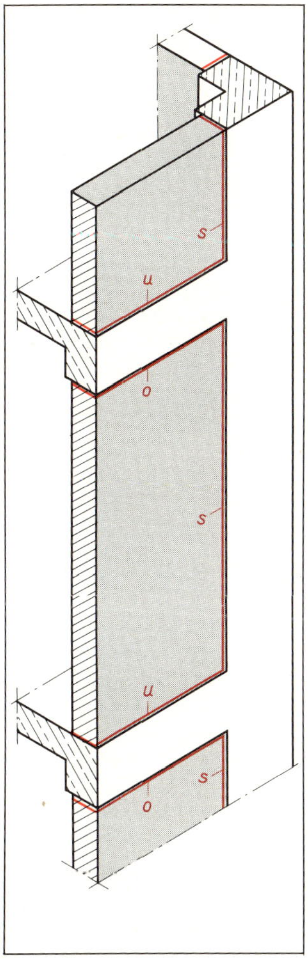

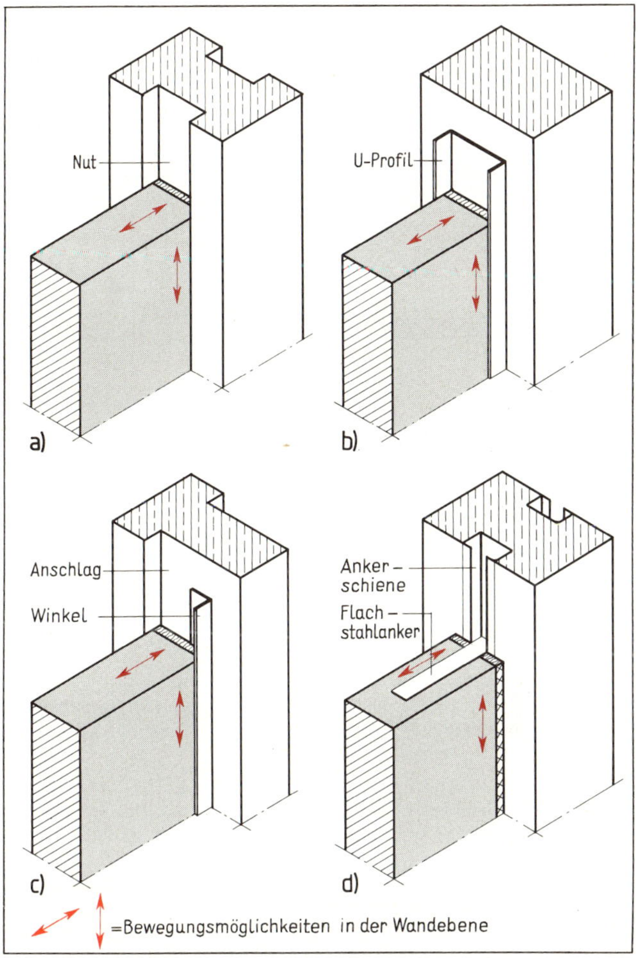

5.32 Anschluß der Ausfachung an das Stahlbetonskelett
s = seitlicher Anschluß
o = oberer Anschluß
u = unterer Anschluß

5.33 Ausbildung des seitlichen Anschlusses der Ausfachung an das Stahlbetonskelett (schematisch)
a) Nut in der Stahlbetonstütze
b) U-Profil an der Stahlbetonstütze
c) Anschlag und L-Winkel an der Stahlbetonstütze
d) Ankersystem; Ankerschiene an der Stahlbetonstütze und Flachstahlanker in der Lagerfuge der Ausfachung

Seitliche Anschlüsse erfolgen durch Einführen der Ausfachung in eine Nut oder ein U-förmiges Stahlprofil an der Stahlbetonstütze oder durch ein zweiteiliges Ankersystem (**5**.33). Zwischen Wand und Stahlbetonskelett nehmen Streifen aus federnden, elastischen und nichtverrottenden Baustoffen (Bitumenfilz, Mineralfasern) die Formänderungen auf. Nach außen und innen wird die Fuge mit elastoplastischen/dauerelastischen Kunststoffmassen abgedichtet (s. Abschn. 11.5).

Der obere Anschluß wird sinngemäß wie der seitliche ausgeführt. Dabei ist ein Toleranzausgleich von mindestens 2 cm einzuhalten (**5**.34). Dadurch wird vermieden, daß eine Stahlbetondecke oder ein Stahlbetonsturz bei Durchbiegung Druckkräfte auf die Ausfachung ausübt, die diese nicht aufnehmen kann.

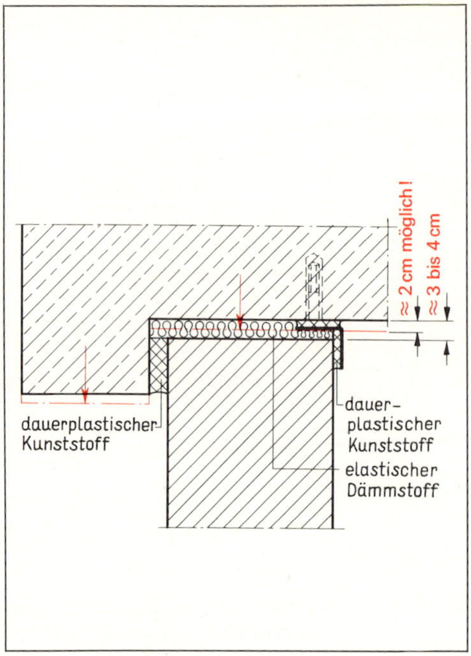

5.34 Ausbildung eines oberen Anschlusses mit Toleranzausgleich zur Berücksichtigung einer möglichen Durchbiegung von max. 2 cm

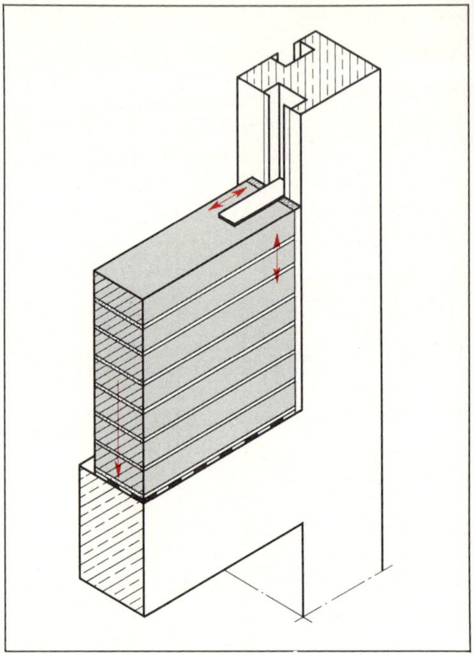

5.35 Ausbildung des Fußpunkts mit einer Lage unbesandeter Dichtungsbahn unter der ersten Schicht

Der untere Anschluß bedarf keiner Führung in Nuten, Profilen oder Ankersystemen. Die Ausfachung drückt durch ihre Eigenlast so stark auf das Stahlbetonskelett, daß die Windlast durch die Reibung auf das Auflager übertragen wird (**5**.35).

Stahlbetonskelettbauten dienen meist dem ständigen Aufenthalt von Menschen und erhalten deshalb Ausfachungen mit ausreichender Wärmedämmung. Bei Verwendung von Gasbetonbauteilen wird die Wand eines Feldes mit wenigen großen Elementen hergestellt. Sonst vermauert man Mauerziegel, Kalksandsteine und Hohlblock- und Vollsteine aus Leichtbeton. DIN 1053 legt Höchstgrößen für die Ausfachungsflächen in Abhängigkeit von Wanddicke, Steinfestigkeit und Höhe über Gelände fest.

Außen verfugte Wände mit ausreichender Wärmedämmung werden in verschiedenen Konstruktionen mit Wanddicken von 25 bis 37,5 cm ausgeführt. Wenn die Ausfachung nur in der statisch nötigen Mindestdicke hergestellt wird, sind innen oder außen zusätzlich Dämmschichten anzuordnen, die vor allem außen durch einen besonderen Putz oder vorgehängte Fassaden geschützt werden.

Die Ausfachungen werden durch feste und dichte Fugen (die aber Formänderungen des Stahlbetonskeletts und der Ausfachung aufnehmen können) an die tragenden Bauteile angeschlossen. Die Wände werden seitlich und oben in Nuten, Profilen oder Ankersystemen geführt. Nach außen und innen müssen die Fugen mit dauerplastischen Kunststoffmassen abgedichtet werden.

Aufgaben zu Abschnitt 5

1. Wie unterscheidet sich ein Skelettbauwerk von einem Gebäude mit tragenden Wänden?
2. Welche Aufgaben haben nichttragende Wände in Skelettbauten?
3. Was wissen Sie über die Geschichte des Holzfachwerkbaus?
4. Beschreiben Sie die Ausmauerung der Gefache.
5. Warum sind Gefache mit Baunenmaßen einfach auszumauern?
6. Beschreiben Sie das Verputzen von Holzfachwerk.
7. Beurteilen Sie die Herstellung von Zierverbänden.
8. Vergleichen Sie die verschiedenen Möglichkeiten, die Ausfachung am Holzfachwerk zu befestigen.
9. Beschreiben Sie die Ausbildung der Fuge zwischen Holzpfosten und Ausfachung.
10. Beschreiben Sie Außenwände von Holzfachwerken mit ausreichender Wärmedämmung.
11. Welche Gebäude stellt man im Stahlfachwerkbau her?
12. Warum genügt für Stahlfachwerke meist eine 11,5 cm dicke Ausfachung?
13. Welche Stahlprofile eignen sich zum Ausfachen?
14. Wie stellt man einschalige Wände her?
15. Beschreiben Sie das Vermauern der letzten Schichten beim Stahlfachwerk.
16. Welche Maßnahmen schützen das Stahlfachwerk vor Rost?
17. Beschreiben Sie den Anschluß 11,5 cm dicker Ausfachungen an Träger über 160 mm Höhe.
18. Wie verbindet man eine vorgemauerte Wand mit dem Stahlfachwerk?
19. Beschreiben Sie die Herstellung zweischaliger Wände beim Stahlfachwerk.
20. Beurteilen Sie die Ausfachung von Stahlfachwerk mit Gasbetonbauteilen.
21. Wodurch unterscheiden sich Stahlbetonskelettbauten in der Regel von Holzfachwerk- und Stahlfachwerkbauten?
22. Beurteilen Sie das Ausfachen von Stahlbetonskelettbauten mit großen Wandelementen aus Gasbeton.
23. Welche klein- und mittelformatigen Steine eignen sich für Ausfachungen mit ausreichender Wärmedämmung?
24. Erläutern Sie die Zusammenhänge zwischen Größe der Ausfachungsfläche, Wanddicke, Seitenverhältnis und Höhe über Gelände.
25. Welche Bedeutung haben die unterschiedlichen Maßordnungen für das Ausmauern der Felder?
26. Beschreiben Sie Wandkonstruktionen ohne Dämmschichten mit ausreichender Wärmedämmung.
27. Beschreiben Sie Wandkonstruktionen mit Dämmschichten.
28. Welche Aufgaben müssen Anschlußfugen erfüllen?
29. Beschreiben Sie die Ausbildung der seitlichen und oberen Fuge bei Stahlbetonskelettbauten.
30. Warum kann man die untere Fuge grundsätzlich anders als die seitliche und obere Fuge ausbilden?

6 Überdecken von Maueröffnungen

Überdeckungen von Fenster- und Türöffnungen sollen Wand- und Deckenlasten sicher auf das angrenzende Mauerwerk übertragen. Als Überdeckung dienen Balken aus Holz, Stahl (Träger) oder Stahlbeton und Bögen aus Mauerwerk.

6.1 Löwentor, Mykene, 14. Jh. v. Chr.

6.2 Akropolis, Athen, 5. Jh. v. Chr.

6.3 Pont du Gard, Nîmes, 1. Jh. nach Chr.

Holz wurde schon im Altertum zum waagerechten Überdecken von Räumen und Maueröffnungen verwendet, weil es eine verhältnismäßig hohe Biegefestigkeit hat. Da Steine wenig biegefest sind, konnte man im Steinbau selbst mit besonders ausgesuchten Quadern nur geringe Spannweiten überbrücken. Vielfach bildeten vorkragende Steine über dem Steinquader ein Entlastungsdreieck, der Vorläufer des Spitzbogens (**6**.1). Offene Fassaden erforderten eng stehende Unterstützungen (**6**.2). Die Römer entwickelten den Rundbogen, der die Überdeckung von Öffnungen mit großer lichter Weite ermöglichte (**6**.3). Mit den Baustilen wechselte die Bogenform (**6**.4). In diesem Jahrhundert ließen neue Baustoffe (Stahl, Stahlbeton) die Anwendung gemauerter Bögen zurückgehen.

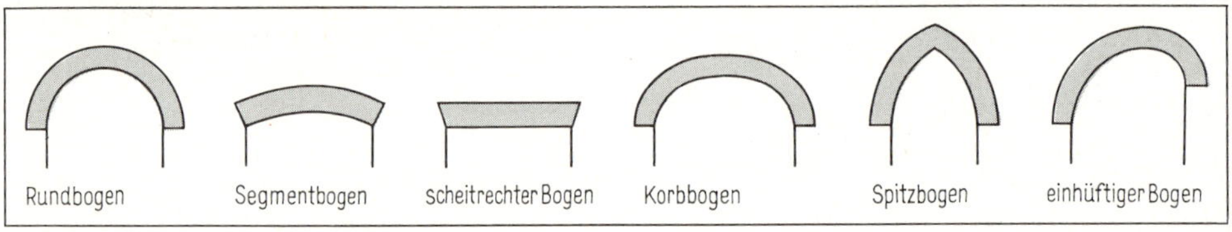

6.4 Bogenformen

6.1 Statik, Bogenteile, Bogenkonstruktionen

Versuch Wölben Sie einen Holzstab auf einer Tischplatte durch Druck auf seine Enden auf. Halten Sie den Stab an den Enden fest und lassen Sie ihn in der Mitte belasten. Wählen Sie unterschiedliche Wölbhöhen.

Ergebnis Je flacher die Wölbung, desto mehr Widerstandskraft ist nötig, um das seitliche Wegrutschen des Holzstabs zu verhindern.

Senkrecht auf einen Balken wirkende Kräfte werden von zug- und biegefesten Balken an den Balkenauflagern senkrecht in das Auflager abgeleitet und rufen hier Druckkräfte – die Auflagerdrücke – hervor (**6.**5a). Die auf einen Bogen senkrecht wirkenden Kräfte pflanzen sich in Richtung der Stützlinie im Bogen als Druckkraft bis ins Widerlager fort. Hier wirkt die Druckkraft in zwei Richtungen: in eine horizontale Schubkraft F_H und eine vertikale Auflager-(Druck-)Kraft F_V. Die horizontale Schubkraft ist um so größer, je flacher der Bogen ist (**6.**5b, s.a. Abschn. 2.2.2 Baufachkunde 1). Zur Aufnahme der Schubkraft ist das Widerlager so zu bemessen bzw. durch Zuganker zu sichern, daß es nicht weggedrückt wird (**6.**5c).

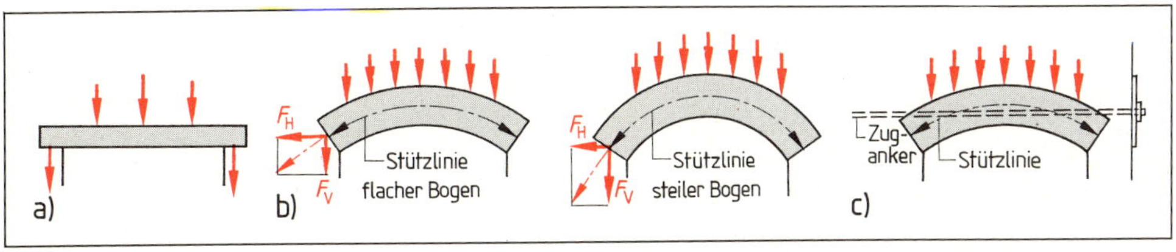

6.5 Übertragen der Kräfte
a) Krafteinleitung beim Balken, b) Kräftezerlegung beim Bogen, c) Zuganker als Sicherung des Widerlagers

Bogenteile haben z.T. Bezeichnungen, die für den Menschen zutreffen: Kämpfer, Rücken, Haupt oder Stirn, Scheitel, Leibung. Wir bezeichnen die Bogenteile am Beispiel des Segmentbogens (**6.**6):

W Widerlager: Wandbereich hinter den Bogenenden
K Kämpferpunkt: Bogenanfang an der Leibung
$\overline{KK'}$ Kämpferlinie: Verbindung des vorderen mit dem hinteren Kämpferpunkt (Bogenansatz)
S Scheitel: höchster Punkt an der Bogenleibung oder am Bogenrücken
L Leibung: untere Fläche des Bogens bzw. seitliche Begrenzungsfläche der Maueröffnung
R Rücken: obere Fläche des Bogens
H Haupt oder Stirn: Ansichtsfläche des Bogens
s Spannweite: lichte Weite der Maueröffnung
h Stich oder Bogenhöhe: Höhenunterschied zwischen Kämpfer und unterem Scheitel
r Bogenradius: Abstand der Punkte auf der Kreislinie vom Kreismittelpunkt
d Bogendicke: Abstand zwischen Leibung und Rücken
b Bogentiefe: Abstand zwischen Stirn und hinterer Bogenfläche
A Anfängerstein: die jeweils erste Steinschicht an den Widerlagern
Sch Schlußstein: zuletzt gesetzte Steinschicht im Scheitel
Lf Lagerfuge: in die Bogentiefe und zum Mittelpunkt verlaufende Mörtelfugen
Stf Stoßfuge: Mörtelfuge zwischen Steinen derselben Schicht

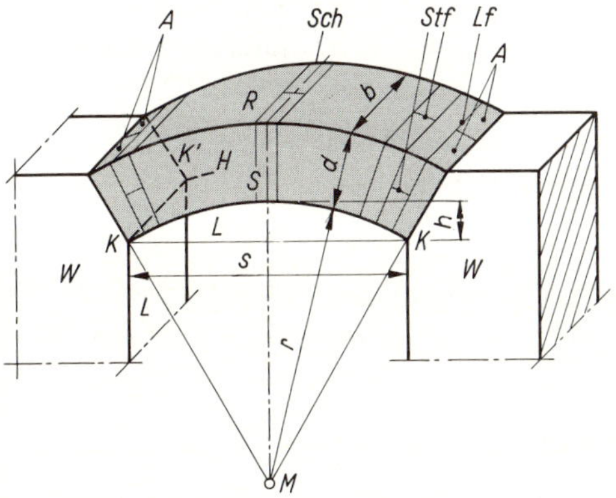

6.6 Bogenteile am Beispiel Segmentbogen

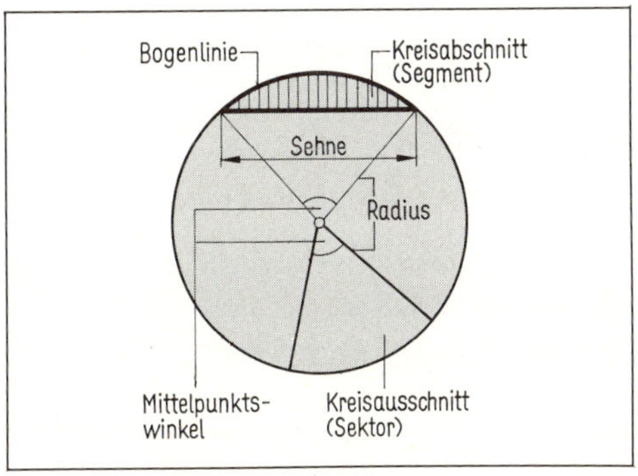

6.7 Bezeichnungen bei Kreisteilen

Bogenkonstruktionen. Bögen entstehen aus Kreisteilen (**6.**7). Wenn der Bogenradius nicht wie beim Rundbogen gegeben ist (halbe Spannweite), muß man ihn konstruieren oder berechnen, um den Bogen auf der Schalung anreißen zu können (**6.**8).

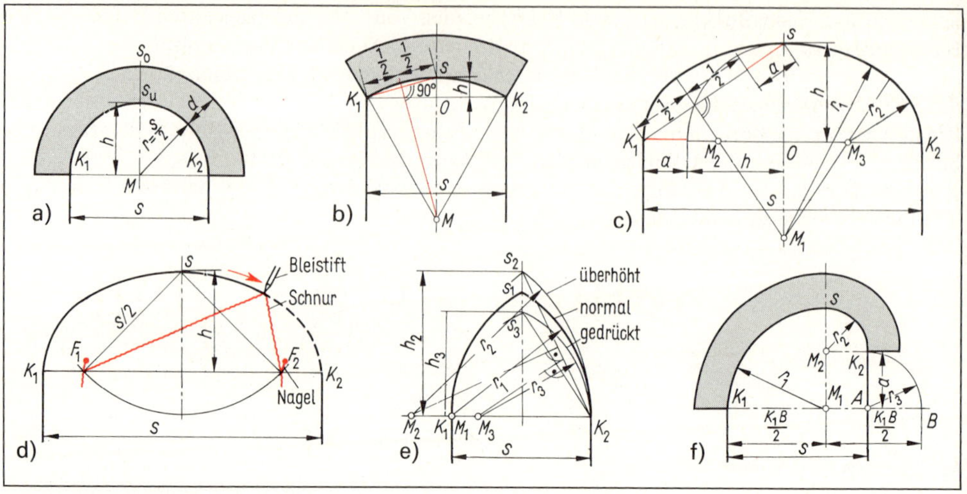

6.8 Bogenkonstruktionen

a) Rundbogen, b) Segmentbogen, c) Korbbogen (3 Mittelpunkte), d) elliptischer Bogen (Schnurellipse), e) Spitzbögen, f) einhüftiger Bogen

Rundbogen (6.8a). Halbkreis um den Punkt M, der die Spannweite halbiert, mit dem Radius $r = s/2$ zeichnen.

Segmentbogen (6.8b). Spannweite und senkrecht dazu den Stich auf der Mittellinie der Maueröffnung von O aus auftragen. Die Mittelsenkrechten auf den Verbindungsstrecken $\overline{K_1 S}$ und $\overline{K_2 S}$ schneiden sich im Bogenmittelpunkt. Der Bogenradius ist $r = \overline{MK_1} = \overline{MK_2}$.

Korbbogen (6.8c) mit drei Mittelpunkten. Spannweite $\overline{K_1K_2}$ und Stich $\overline{OS}$ auftragen. Stichhöhe h auf der Verbindungsstrecke $\overline{K_1K_2}$ von O aus abtragen. Strecke a auf den Verbindungslinien $\overline{K_1S}$ und $\overline{K_2S}$ von S aus abtragen. Die Mittelsenkrechten auf den Reststrecken schneiden sich in M_1, die Strecke $\overline{K_1K_2}$ in den Punkten M_2 und M_3. Der Kreis um M_1 mit dem Radius $r = \overline{M_1S}$ geht an den Mittelsenkrechten in die Kreise um M_2 bzw. M_3 mit dem Radius $\overline{M_2K_1} = \overline{M_3K_2}$ über.

Elliptischer Bogen (6.8d). Spannweite und Stich auftragen. Der Kreis um S mit dem Radius $r = s/2$ schneidet die Strecke $\overline{K_1K_2}$ in den Brennpunkten F_1 und F_2. Eine Schnur von F_1 über S nach F_2 spannen und Linie an der gespannten Schnur entlangziehen (Schnurellipse).

Spitzbogen (6.8e). Normal: Die Kreisbogen um K_1 und K_2 mit dem Radius $r = s$ schneiden sich in S_1. Überhöht/gedrückt: Spannweite und Stich auftragen. Die Mittelsenkrechten auf $\overline{KS_2}$ bzw. $\overline{KS_3}$ schneiden die Gerade durch $\overline{K_1K_2}$ in M_2 bzw. M_3.

Einhüftiger Bogen (6.8f). Spannweite $\overline{K_1A}$ und Steigung $\overline{AK_2}$ auftragen. $\overline{AK_2} = a$ nach B übertragen. Die Mittelsenkrechte auf $\overline{K_1B}$ (sie geht durch M_1) schneidet die Senkrechte zu $\overline{AK_2}$, die durch den Punkt K_2 verläuft, in M_2. Die Kreise um M_1 mit dem Radius $r_1 = \overline{M_1K_1}$ und M_2 mit dem Radius $r_2 = \overline{M_2K_2}$ gehen in S ineinander über.

Maueröffnungen überdeckt man mit Balken (Holz, Stahl, Stahlbeton) oder mit Bögen (Mauerwerk). Balken übertragen Lasten vertikal auf die Auflager. Bei Bögen entstehen horizontal wirkende Schubkräfte. Die Tragfähigkeit gemauerter Bögen hängt von der Spannweite und dem Stich (d. h. von der Krümmung) und der Bogendicke ab.

6.2 Gemauerte Bögen

Anlegen. Bögen sind in der Höhe so einzumessen, daß der Scheitel des Bogenrückens in eine Lagerfuge zu liegen kommt. Dadurch vermeidet man dünne Ausgleichsschichten. Anzustreben ist auch, daß der Kämpferpunkt nicht auf eine Lagerfuge, sondern auf einen Widerlagerstein trifft (**6**.9).

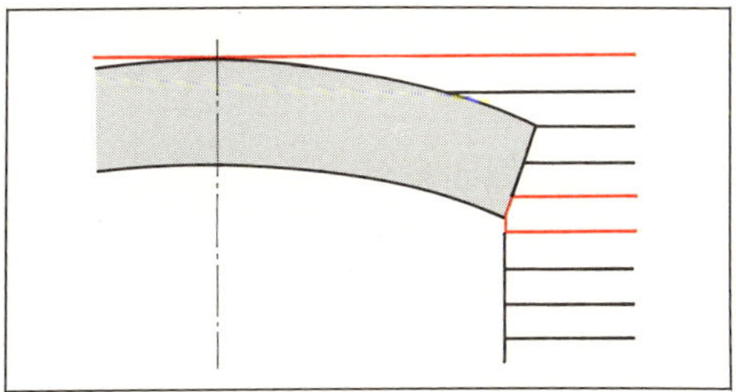

6.9 Lage des Bogenrückens und der Kämpferpunkte im Mauerwerk

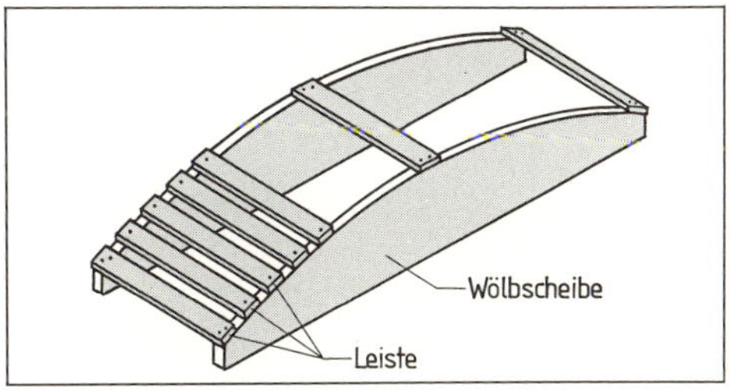

6.10 Lehrbogen für einen Segmentbogen

Einrüsten. Die Einrüstung besteht aus dem Lehrbogen und der Unterstützung. Für Bögen mit nur 11,5 cm Tiefe genügt eine Wölbscheibe. Für tiefere Bögen und Bögen mit großer Spannweite stellt man zwei Wölbscheiben her und verbindet sie durch aufgenagelte Leisten (**6**.10). Der Radius für die Bogenlinie auf der Wölbscheibe ist dann um die Dicke der Leisten zu verkleinern. Als Unterstützung dienen Bockstützen. Sie bestehen aus einem waagerechten Kantholz (Kopfholz) und einem Stützholz (Kant- oder Rundholz), die durch zwei Brettstreben unverschiebbar verbunden sind. Die Bockstützen setzt man auf Doppelkeile, mit denen man den Lehrbogen auf die gewünschte Höhe einrichten und später leicht ausrüsten kann, ohne den Bogen zu beschädigen (**6**.11).

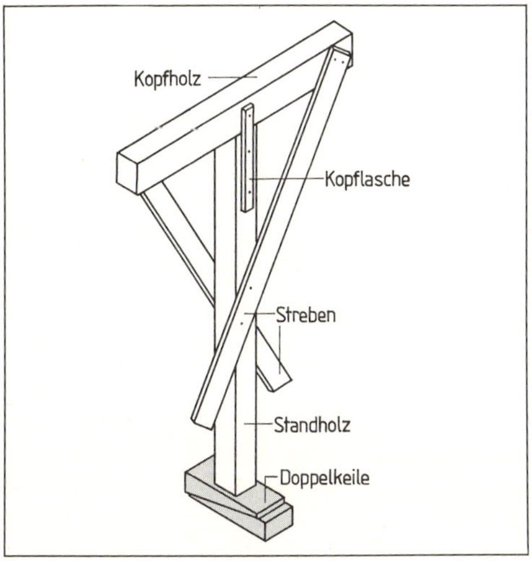

6.11 Bockstütze mit Doppelkeilen

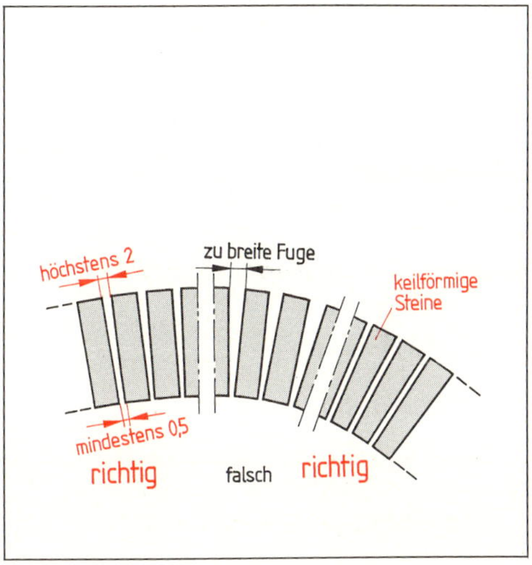

6.12 Steine und Lagerfugen im Bogenmauerwerk

Steine, Mörtelfugen. Schwach gekrümmte Bögen mauert man meist aus kleinformatigen Steinen mit keilförmigen Lagerfugen. Die Fugendicke an der Bogenleibung darf nicht weniger als 5 mm, am Bogenrücken nicht mehr als 2 cm betragen. Falls die Fugen am Bogenrücken zu breit werden (stark gekrümmte Bögen), nimmt man Keilsteine (**6**.12) oder mauert zwei ohne Verband übereinanderliegende Bögen, Schalbogen genannt (**6**.13 und **6**.26).

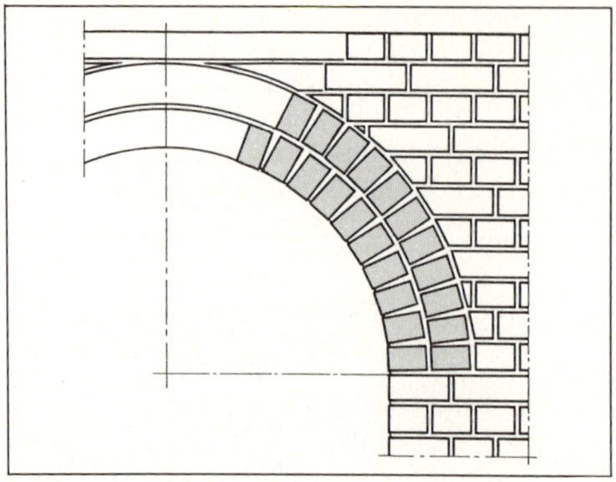

6.13 Rundbogen als Schalbogen gemauert

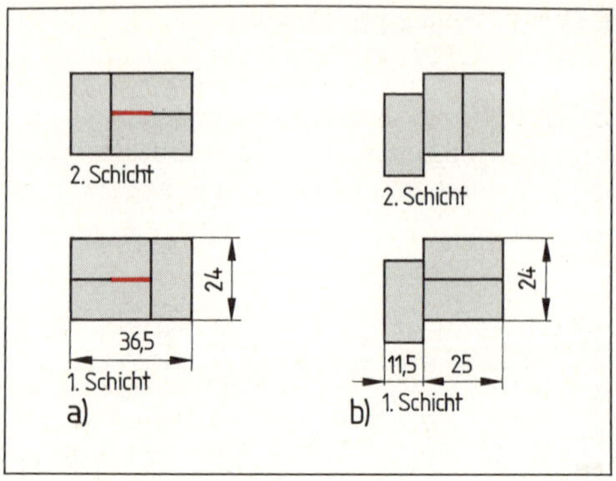

6.14 Bogenverbände
a) ohne Anschlag
b) mit Anschlag

Verband. Der Bogenverband ist nach den Regeln für den Pfeilerverband auszuführen. Bei wenig belasteten Bögen ist eine geringe Fugendeckung unbedenklich (**6.**14a). Mauerbögen mit Anschlag werden meist aus zwei ohne Verband nebeneinanderliegenden Bögen hergestellt (**6.**14b).

Bogenaufteilung. Mauerbögen erhalten stets eine ungerade Anzahl von Bogenschichten. Im Scheitel liegt folglich eine Schlußschicht (Schlußstein), nicht aus statischen, sondern aus formalen Gründen. Das Einteilen der Bogenschichten kann mit einem Steinstück vorgenommen werden, wobei man fortlaufend Steindicke sowie angenommene Fugendicke auf dem Lehrbogen anzeichnet und beides notfalls korrigiert.

Rechnerisch ermittelt man die Schichtenzahl ähnlich wie die Kopfzahl bei beidseitig angebauten Mauern. Ausgangsmaß ist die Länge der Bogenleibung, die am Lehrbogen gemessen wird. Steinhöhe (5,2 bzw. 7,1 cm) plus Mindestfugendicke (0,5 cm) ergeben die Mindestschichtdicke. Man berechnet nun, wie oft die Schichtdicke in der Leibungslänge minus 1 Fugendicke enthalten ist.

$$\textbf{Schichtenzahl} = \frac{\text{Länge der Bogenleibung} - 1 \cdot \text{Mindestfugendicke}}{\text{Steinhöhe} + \text{Mindestfugendicke}} \qquad n = \frac{b - 0{,}5\ \text{cm}}{h_s + 0{,}5\ \text{cm}}$$

Beispiel Berechnen Sie die Schichtenzahl für eine 1,49 m lange Bogenleibung, Steine NF.

Lösung $n = \dfrac{149\ \text{cm} - 0{,}5\ \text{cm}}{7{,}1\ \text{cm} + 0{,}5\ \text{cm}} = \dfrac{148{,}5\ \text{cm}}{7{,}6\ \text{cm}} = \textbf{19 Schichten}$

Den Rest verteilt man auf die Fugen nach dieser Gleichung:

$$\textbf{Fugendicke} = \frac{\text{Länge der Leibung} - \text{Summe der Steinhöhen}}{\text{Anzahl der Fugen}} \qquad t = \frac{b - n \cdot h_s}{n + 1}$$

Beispiel Berechnen Sie die Fugendicke an der Bogenleibung aus dem vorhergehenden Beispiel.

Lösung $t = \dfrac{149\ \text{cm} - 19 \cdot 7{,}1\ \text{cm}}{19 + 1} = \dfrac{149\ \text{cm} - 134{,}9\ \text{cm}}{20} = \textbf{0,7 cm}$

Zu überprüfen ist noch, ob die Fugendicke am Bogenrücken nicht überschritten ist (s. Beispiel S. 126).

Mauern. Zunächst wird das Widerlager zum Bogenmittelpunkt ausgerichtet (**6.**15). Dann versetzt man die Anfängersteine an den Widerlagern. Man mauert gleichzeitig von den Widerlagern zum Scheitel hin, um eine gleichmäßige Lastverteilung auf dem Lehrgerüst zu erreichen (**6.**16). Eine Schnur über der Maueröffnung gibt die Mauerflucht an. Die Richtung der Steinmittellinien zum Bogenmittelpunkt prüft man mit einer Schnur, die im Bogenmittelpunkt befestigt ist. Im Scheitel sind die Schlußsteine satt in Mörtel einzuschieben. Dann wird das Mauerwerk über dem Bogenrücken weitergeführt (**6.**17).

6.15 Ausrichten des Widerlagers zum Bogenmittelpunkt

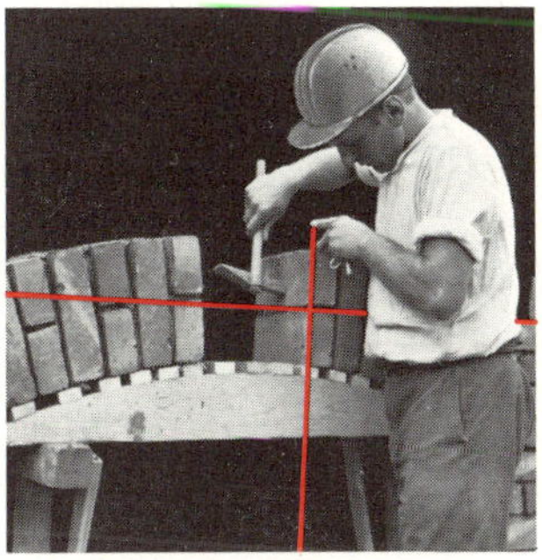

6.16 Gleichzeitiges Mauern von den Widerlagern

6.17 Anschließen des Mauerwerks am Bogenrücken

Ausrüsten. Je nach Witterung, Spannweite und Belastung des Bogens muß die Unterstützung 5 bis 8 Tage stehen bleiben. Dann löst man die Keile behutsam, senkt die Einrüstung ab und entfernt sie.

Segment- oder Flachbogen. Die Stichhöhe beträgt $\frac{1}{6}$ bis $\frac{1}{12}$ der Spannweite. Die Richtwerte für maximale Spannweiten sind bei 24 cm dicken Bögen 1,30 m, bei 36,5 cm dicken Bögen 1,60 m. Wie bei der zeichnerischen Konstruktion (s. **6.**8 b) verfährt man beim Aufreißen des Lehrbogens (**6.**18).

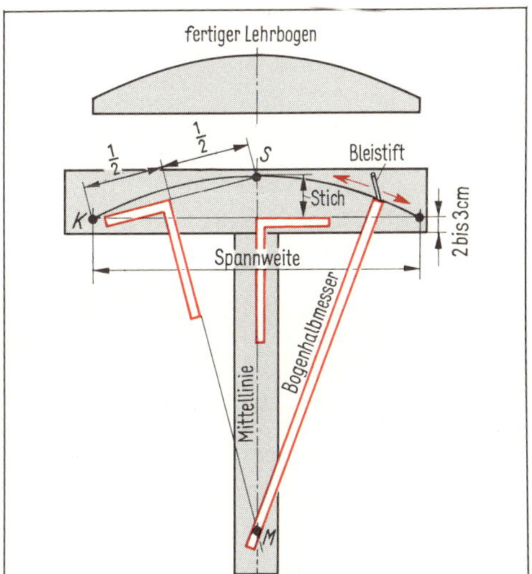

6.18 Anreißen der Wölbscheibe für einen Segmentbogen

Den Bogenradius berechnet man nach der folgenden Gleichung.

$$r = \frac{h}{2} + \frac{s^2}{8 \cdot h}$$

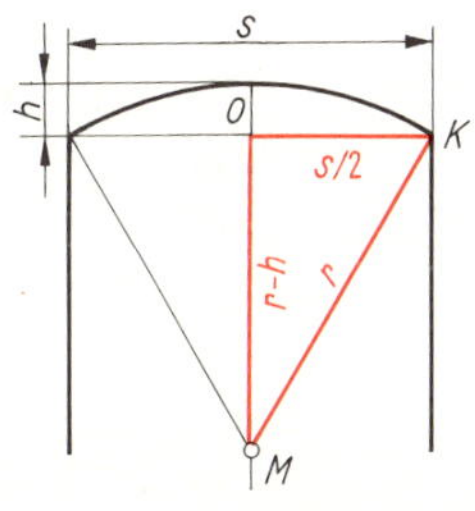

6.19 Skizze zur Berechnung des Radius eines Segmentbogens

Diese Gleichung entsteht durch Umformen der Grundgleichung $r^2 = (s/2)^2 + (r - h)^2$, die aus dem Dreieck MKO (**6.**19) gemäß dem Lehrsatz des Pythagoras aufgestellt ist.

Beispiel Berechnen Sie den Bogenradius r bei gegebener Spannweite $s = 1{,}60\,\text{m}$ und Stichhöhe $h = 20\,\text{cm}$.

Lösung
$$r = \frac{20\,\text{cm}}{2} + \frac{160\,\text{cm} \cdot 160\,\text{cm}}{8 \cdot 20\,\text{cm}} = \mathbf{170\,cm}$$

Die zuvor behandelten konstruktiven Einzelheiten verdeutlicht Bild **6.**20.

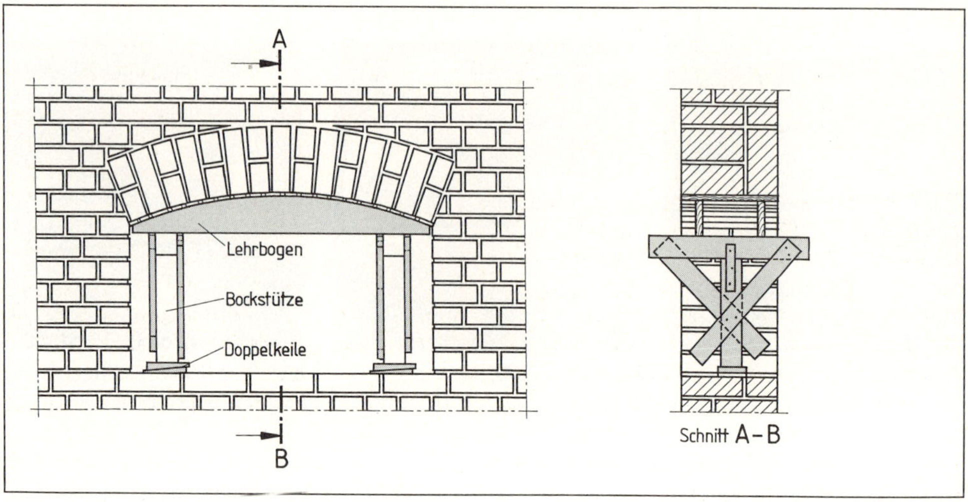

6.20 Segmentbogen mit Einrüstung, $s = 1{,}135\,\text{m}$, $h = 1/10 \cdot s$

Beispiel Führen Sie eine vollständige Berechnung für einen Segmentbogen durch (s. **6.**20). Spannweite $s = 1{,}135\,\text{m}$, Stichhöhe $h = {}^1/_{10}\,s$, Bogendicke $d = 24\,\text{cm}$, Steine NF.

Lösung

1. Stich in cm

$$h = \frac{s}{10} = \frac{113{,}5\,\text{cm}}{10} \approx \mathbf{11{,}4\,cm}$$

2. Mittelpunktswinkel α lt. Tabellenbuch für $s/h = 10 \Rightarrow \alpha = \mathbf{45°}$

3. Radius r_1 der Bogenleibung

$$r_1 = \frac{h}{2} + \frac{s^2}{8 \cdot h} = \frac{11{,}4\,\text{cm}}{2} + \frac{113{,}5^2\,\text{cm}^2}{8 \cdot 11{,}4\,\text{cm}} = \mathbf{1{,}47\,m}$$

4. Radius r_2 des Bogenrückens

$$r_2 = r_1 + d = 1{,}47\,\text{m} + 0{,}24\,\text{m} = \mathbf{1{,}71\,m}$$

5. Länge der Bogenleibung b_1

$$b_1 = 2r_1\,\pi \cdot \frac{\alpha}{360°} = 2 \cdot 1{,}47\,\text{m} \cdot \pi \cdot \frac{45°}{360°} = \mathbf{1{,}15\,m}$$

6. Länge des Bogenrückens b_2

$$b_2 = 2r_2\,\pi \frac{\alpha}{360°} = 2 \cdot 1{,}71\,\text{m} \cdot \pi \cdot \frac{45°}{360°} = \mathbf{1{,}34\,m}$$

7. Anzahl n der Schichten im Bogen

$$n = \frac{b_1 - 0{,}5\,\text{cm}}{7{,}1\,\text{cm} + 0{,}5\,\text{cm}} = \frac{114{,}5\,\text{cm}}{7{,}6\,\text{cm}} = 15{,}06 \Rightarrow \mathbf{15\ Schichten}$$

Lösung, Fortsetzung

8. Fugendicke t_1 an der Bogenleibung

$$t_1 = \frac{b_1 - n \cdot h_S}{n+1} = \frac{115\,\text{cm} - 15 \cdot 7{,}1\,\text{cm}}{15+1} = \mathbf{0{,}53\,cm}\ (> 0{,}5\,\text{cm})$$

9. Fugendicke t_2 am Bogenrücken

$$t_2 = \frac{b_2 - n \cdot h_S}{n+1} = \frac{134\,\text{cm} - 15 \cdot 7{,}1\,\text{cm}}{15+1} = \mathbf{1{,}72\,cm}\ (< 2{,}0\,\text{cm})$$

10. Fläche des Kreisabschnitts

$$A \approx \frac{2}{3} \cdot s \cdot h \approx \frac{2}{3} \cdot 1{,}135\,\text{m} \cdot 0{,}114\,\text{m} \approx \mathbf{0{,}09\,m^2}$$

11. Bogenstirn

$$A_S = r_2^2\,\pi \frac{\alpha}{360^\circ} - r_1^2\,\pi \frac{\alpha}{360^\circ} = (1{,}71^2\,\text{m}^2 - 1{,}47^2\,\text{m}^2) \cdot \pi \cdot \frac{45^\circ}{360^\circ} = \mathbf{0{,}30\,m^2}$$

Rundbogen. Bruchfugen entstehen bei entsprechend hoher Belastung eines Rundbogens nicht nur am Scheitelpunkt und an den Widerlagern, sondern auch im Winkel von $\approx 30^\circ$ (**6.**21). Das Zerbrechen des Bogens wird durch eine ausreichend breite und hohe Hintermauerung am Bogenrücken verhindert (**6.**22). Ist eine solche Hintermauerung nicht möglich, erhöht man die Tragfähigkeit des Rundbogens durch Vorkragen der unteren Schichten und Verlegen der Widerlager nach oben bis zur Bruchfuge im Winkel von $\approx 30^\circ$ (**6.**23). An dem schräg zum Bogenmittelpunkt verlaufenden Widerlager findet der Bogen seine Fortsetzung als Flach- oder Segmentbogen.

Bei großen Spannweiten werden die Lehrbogen aus Brettstücken zu doppelten Brettkränzen zusammengenagelt und verstrebt (**6.**24).

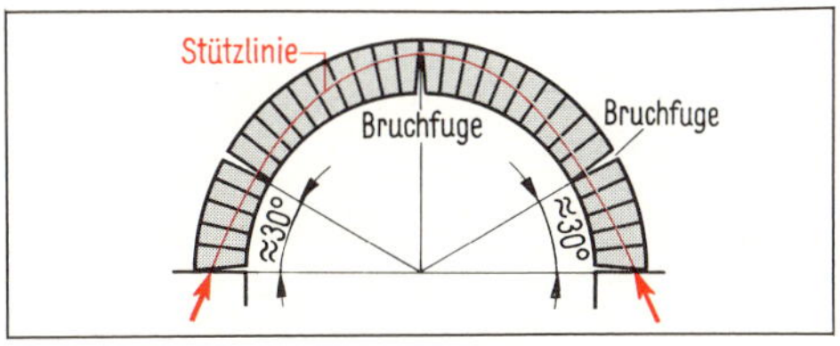

6.21 Bruchfugen im Rundbogen

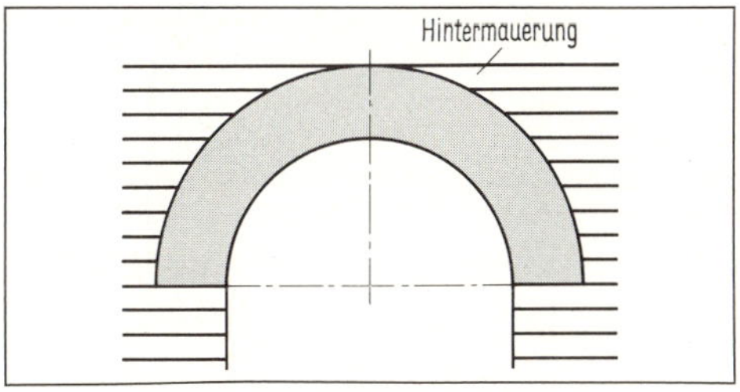

6.22 Rundbogen mit Hintermauerung

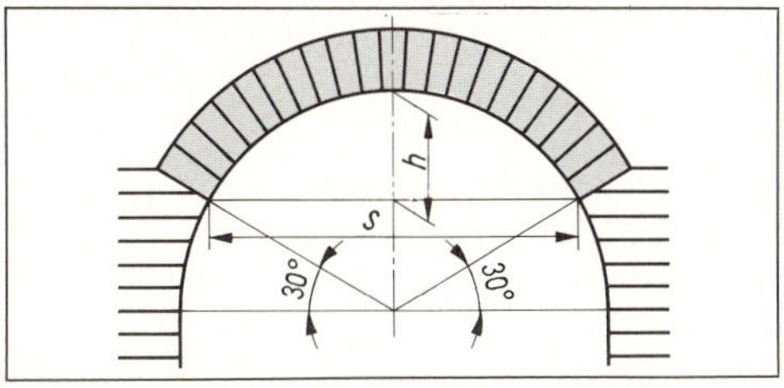

6.23 Rundbogen mit vorgekragten Widerlagern

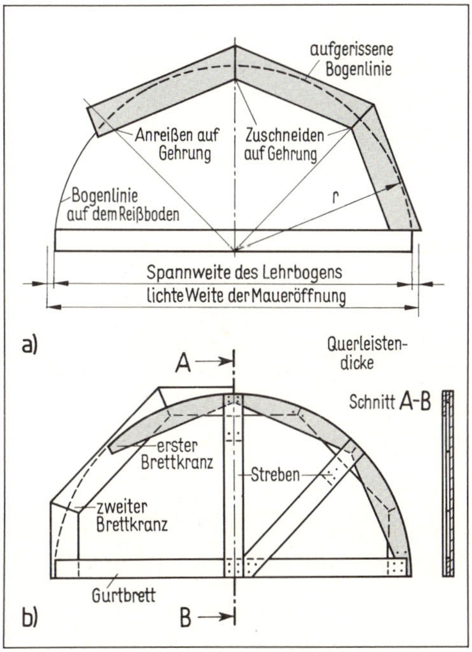

6.24 Brettkranz-Lehrbogen für einen Rundbogen

a) Zurichten der ersten Brettlage

b) Aufbringen der zweiten Brettlage und Verstrebung

Spitzbögen wurden in vergangenen Jahrhunderten, besonders bei Kirchen mit gotischen Stilformen, häufig zum Überdecken von Maueröffnungen ausgeführt. Sie sind wegen ihrer großen Scheitelhöhe besonders standfest, weil die Druckkräfte wie bei provisorischen Maueröffnungen ohne Bogen durch Überkragen der Steine auf das Auflagermauerwerk übertragen werden.

Während das Einrüsten und Mauern der zu den Mittelpunkten ausgerichteten Bogenschichten wie bei Flach- und Rundbogen geschieht, sind für den Bogenschluß davon abweichende Lösungen nötig. Auf einen Schlußstein wird meist verzichtet, weil dafür ein besonders angefertigter keilförmiger Natur- oder Betonwerkstein oder Mauerziegel erforderlich sind. Zum Schließen des Bogens kann man die Schichten oben mit Verzahnung zusammenführen (**6.**25) oder keilförmig behauene Steine senkrecht einsetzen.

Korbbögen dienen vor allem zum Überdecken größerer Maueröffnungen bei mäßiger Stichhöhe. Das Mauern der Korbbogen wird dadurch erschwert, daß die Bogenlinie nicht gleichmäßig gekrümmt ist und die nach verschiedenen Mittelpunkten zielenden Fugen unterschiedlich dick sind. Am stärksten ist die Krümmung der Bogenlinie an den Widerlagern, so daß der Bogen hier mit Keilsteinen gemauert werden muß (**6.**26 rechts) oder als Schalbogen auszuführen ist (**6.**26 links).

Wie ein Rundbogen muß auch der Korbbogen vor Übernahme durch eine ausreichend breite und hohe Hintermauerung gesichert werden, um Bruchfugen zu vermeiden.

Einhüftige oder steigende Bögen (**6.**27) beginnt man an den tiefer gelegenen Widerlagern und mauert sie bis auf Höhe des anderen Widerlagers. Dann wird auf beiden Seiten gleichzeitig weitergemauert.

6.25 Scheitel eines Spitzbogens

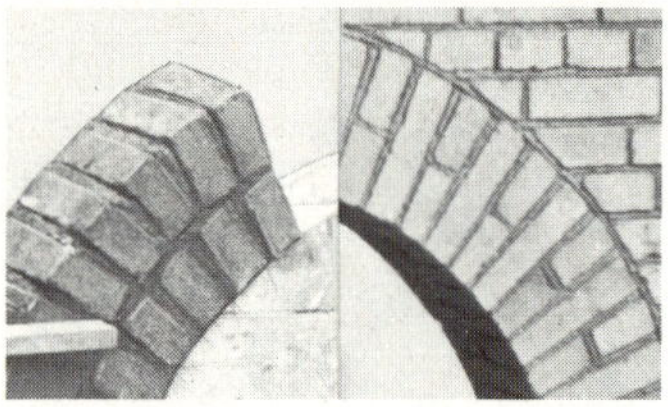

6.26 Mauerschichten am Korbbogenwiderlager
links: Schalbogen
rechts: Keilsteine

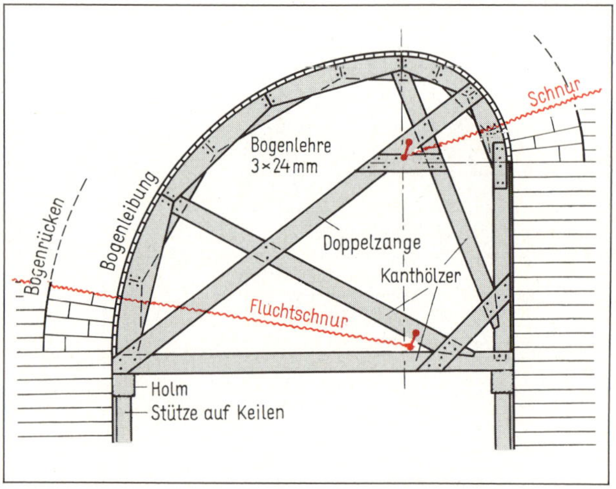

6.27 Einrüsten und Mauern eines einhüftigen Bogens

Scheitrechte Bögen (**6.**28) haben an der Leibung eine waagerechte (scheitrechte) Begrenzung. Tragenden Bögen gibt man aus statischen Gründen (besseres Verkeilen der Steine) und aus optischen Gründen (um den Eindruck des Durchhängens zu vermeiden) einen geringen Stich ($h \approx 1/50 \cdot s$). Wegen der geringen Stichhöhe entstehen am Widerlager große horizontale Schubkräfte. Deshalb sind scheitrechte Bögen in der Regel nur bis zu Spannweiten von 1,30m möglich.

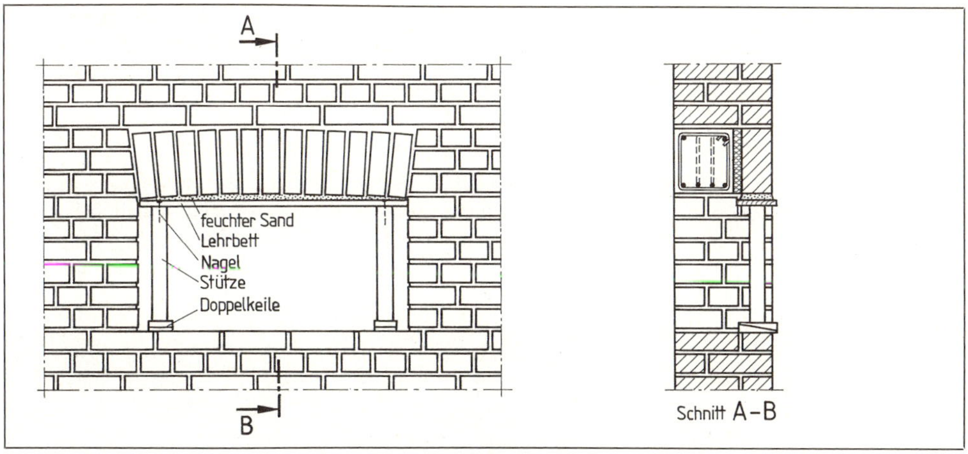

6.28 Scheitrechter Bogen in Verbindung mit einem Stahlbetonbalken und Einrüstung

Will man auch bei breiteren Öffnungen auf scheitrechte Bögen nicht verzichten (z.B. bei Verblendmauerwerk), stellt man sie in Verbindung mit Stahlbetonbalken her, die an der Wandinnenseite liegen und die Wand- und Deckenlasten aufnehmen (s. Abschn. 6.3). Die Einrüstung besteht aus einem Lehrbrett, das an Kantholzstützen genagelt wird. Den notwendigen Stich erhält man durch Aufbringen von feuchtem Sand. Das schräg behauene Widerlager weicht bei 24 cm dicken Bögen (Spannweite bis 90 cm) 3 bis 4 cm, bei 36,5 cm dicken Bögen (Spannweite 0,90 bis 1,30 m) 4,5 bis 6 cm von der Senkrechten ab. Die Verlängerung der Widerlagerschrägen schneiden sich im „Bogenmittelpunkt".

Bei unbelasteten scheitrechten Bögen in Sichtmauerwerk sind senkrechte Widerlager möglich (**6.**29), wenn die Bogensteine in jeder 3. Lagerfuge durch Drahtanker mit dem dahinterliegenden Sturz fest verbunden sind.

Geht die Breite der Öffnung nicht nach Bogenschichten auf, setzt man die Widerlager um einige cm zurück (**6.**30) oder läßt sie vorspringen (**6.**31).

6.29 Senkrecht gestellte Bogensteine als verankerte Verblendung vor einer tragenden Überdeckung

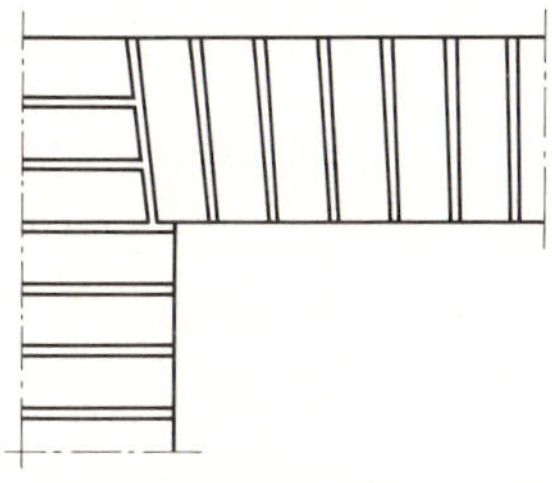

6.30 Zurückspringendes Widerlager

6.31 Vorspringendes Widerlager

Bögen mauert man von beiden Widerlagern zum Scheitel hin. Die Zahl der Bogenschichten ist ungerade. Die Mittellinien der Bogensteine gehen durch den Mittelpunkt des Bogens. Die Lagerfugendicke an der Bogenleibung ist mindestens 5 mm, am Bogenrücken höchstens 2 cm. Segmentbögen und scheitrechte Bögen erhalten schräge Widerlager. Der Lehrbogen, der die Bogenlinie vorgibt, wird durch Bockstützen auf Doppelkeilen unterstützt.

6.3 Balken

Waagerechte Überdeckungen für beliebig breite Öffnungen sind nur mit zug- und biegefesten Baustoffen möglich. Eine besonders hohe Zugfestigkeit hat Baustahl. Er wird deshalb allein (z. B. als I-Träger) oder in Verbindung mit Beton (Stahlbeton) als Überdeckung verwendet.

Stahlträger. I-Träger sind wegen ihrer großen Biegefestigkeit zum Überdecken sehr breiter Maueröffnungen geeignet, besonders auch, weil sie dafür eine geringe Höhe einnehmen. Die im belasteten Träger auftretenden Zug- und Druckspannungen sind am unteren und oberen Rand am größten. Sie werden von dem mit dem Steg zusammenwirkenden Flanschen aufgenommen (**6.**32; für die Ausbildung des Auflagers, das Verlegen und Ummanteln der Träger s. Baufachkunde 1, Abschn. 14.7).

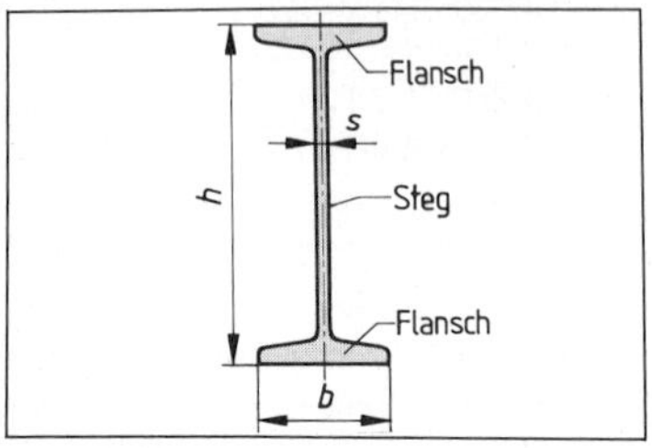

6.32 I-Träger

6.33 Herstellen von Stahlbeton-Fertigstürzen auf der Baustelle

Stahlbetonbalken. Tür- und Fensterstürze stellt man aus Ortbeton oder als Fertigteil her. Für das Einschalen, Bewehren und Betonieren s. Abschn. 11.8 und 12, Baufachkunde 1. Stahlbeton-Fertigstürze stellen Betonwerke oder Baufirmen selbst her (**6.**33). Ihre Abmessungen sind auf Steinmaße und Schichthöhen abgestimmt. Die gebräuchlichen Querschnitte sind 11,5 × 7,1 cm, 17,5 × 7,1 cm, 11,5 × 17,5 cm, 11,5 × 24 cm, 17,5 × 17,5 cm. Der gut erdfeuchte Beton (mind. B 25) wird nach Vorbereiten der Bewehrung und Anfeuchten der Schalung lagenweise in die Form eingebracht und gestampft oder gerüttelt. An der Oberseite – die zu kennzeichnen ist, um beim Verlegen Verwechslungen zu vermeiden – legt man mindestens 1 Betonstahl ⌀6 oder 8 mm ein, damit der Sturz beim Transport nicht bricht (Transportbewehrung). Für Wände > 17,5 cm Dicke legt man 2 oder 3 Stürze nebeneinander (**6.**34).

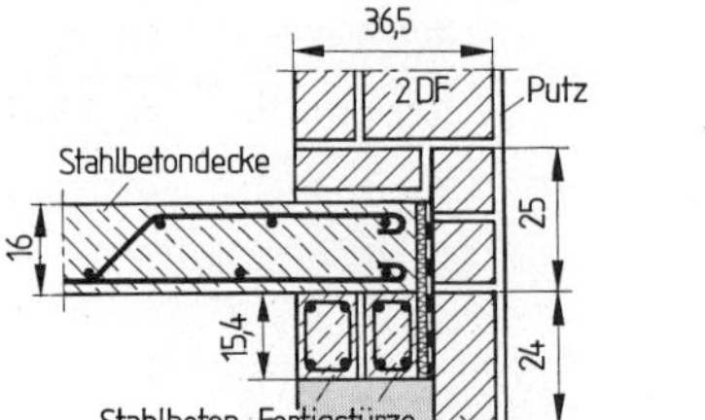

6.34 Vorgefertigte Stahlbetonstürze auf der Wandinnenseite

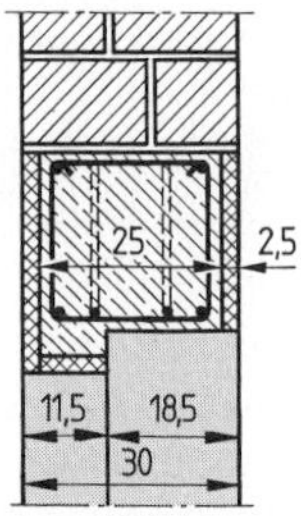

6.35 Stahlbetonsturz mit Anschlag und Leichtbauplatten-Verkleidung, am Ort betoniert

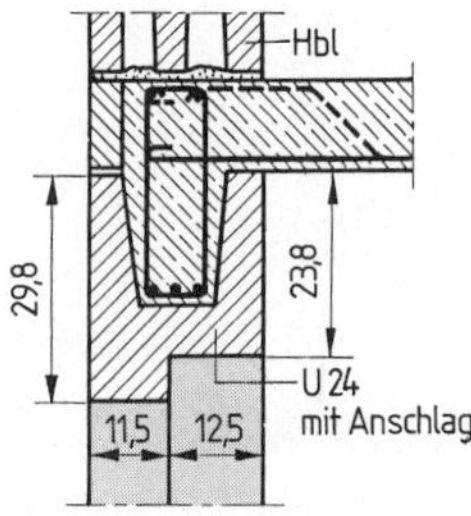

6.36 Fenstersturz mit bewehrten U-Steinen aus Leichtbeton

Stahlbetonstürze dürfen in gemauerten Außenwänden auch bei Putzbauten nicht bis zur Wandaußenfläche durchgehen. Sie bilden wegen der größeren Dichte des Betons eine Kältebrücke. Außerdem unterscheidet sich Beton in Saugfähigkeit und Putzhaftung vom Mauerwerk. Hier verkleidet man die Außenflächen des Sturzes mit Dämmplatten, die dem Mauerwerk angepaßt sind (z. B. Holzwolle-Leichtbauplatten oder Leichtbetonplatten, **6.**35). Die Platten legt man vor dem Betonieren in die Schalung und verankert sie mit Haken im Beton.

Für Stürze in Mauerwerk aus Hohlblocksteinen sind U-Steine aus gleichem Material erhältlich, die auf einer Einrüstung versetzt werden und mit dem einzubringenden bewehrten Beton tragfähige Stürze mit ausreichender Wärmedämmung und vor allem einheitliche Putzflächen ergeben (**6.**36).

Bei Sichtmauerwerk reicht der Sturz nur bis an den scheitrechten Bogen der äußeren Verblendschale, der vor den Einschalarbeiten für den Stahlbetonsturz auszuführen ist. Scheitrechte Bögen über Öffnungen > 1,25 m Spannweite sichert man mit Drahtankern, die in jeder 3. Lagerfuge des Bogens eingelegt werden und in den Sturz eingreifen. Eine Dämmplatte zwischen Bogen und Sturz schützt vor Wärmeverlusten (**6.**37).

Vorgefertigte Ziegelstürze werden in Ziegelwerken meist aus 7,1 cm hohen und 25 cm langen Spezialziegeln hergestellt, die mit Aussparungen oder Lochkanälen zur Aufnahme der Stahleinlagen und des Vergußbetons versehen sind (**6.**38). Den genormten Steinmaßen entsprechend, werden die Ziegelstürze 11,5 cm und 17,5 cm breit geliefert, eignen sich also für die üblichen Wanddicken und verschiedene Anschlagausführungen. Sie sind in der Länge um 25 cm abgestuft und bei ≧ 11,5 cm Auflagerlänge an jedem Ende zum Überdecken von 1,00 bis 2,50 m breiten Öffnungen verwendbar.

Wegen des geringen Gewichts lassen sich Ziegelstürze leicht transportieren und über Maueröffnungen verlegen. Sie allein ergeben jedoch noch keinen tragfähigen Balken; sie bilden vielmehr nur dessen unteren Teil, in dem die Stahlbewehrung zur Aufnahme der Zugspannungen liegt (Zugzone). Zur Vervollständigung wird das über dem Ziegelsturz befindliche Sturzmauerwerk (Übermauerung) zur Aufnahme der Druckspannungen herangezogen (Druckzone; **6.**39). Diese Aufgabe kann das Sturzmauerwerk nur übernehmen, wenn es aus druckfesten Voll- oder Lochsteinen (≧ 12 N/mm^2) und geschlossenen Fugen aus Kalkzementmörtel hergestellt wird. Bis zur Höhe von 49 cm darf die Übermauerung als mittragend (nutzbare Höhe) in Rechnung gestellt werden (**6.**40).

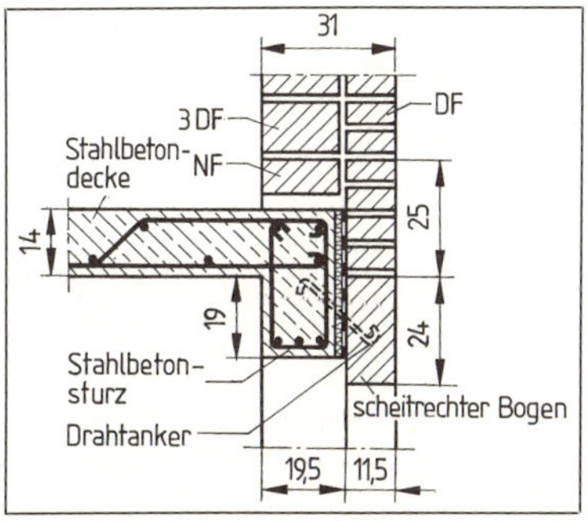

6.37 Außen verblendeter Stahlbetonsturz (zweischaliges Mauerwerk)

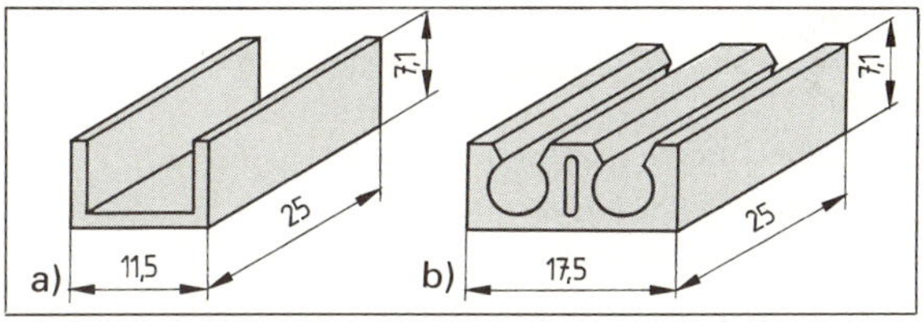

6.38 Spezialziegel für Ziegelstürze
a) für Spannsturz Vaasbüttel, b) für Esto-Ziegelsturz

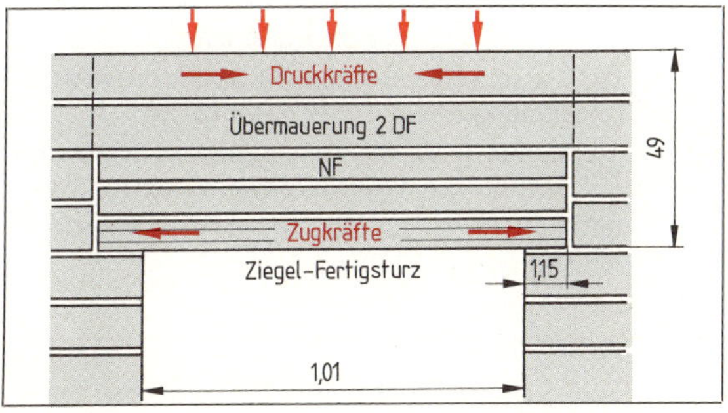

6.39 Zusammenwirken von Ziegel-Fertigsturz und Übermauerung

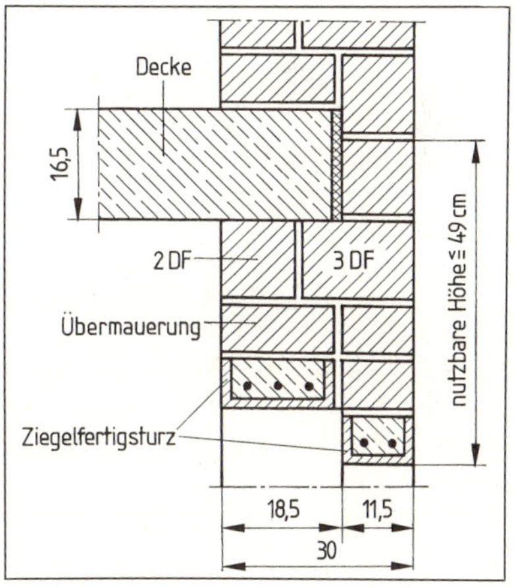

6.40 Überdeckung einer Maueröffnung mit Ziegel-Fertigstürzen

Die Herstellfirmen geben für ihre Erzeugnisse Arbeitsanweisungen und Belastungstabellen heraus. Während der Ausführung des Sturzmauerwerks und bis zur Erhärtung des Mörtels sind bei mehr als 1,25 m breiten Öffnungen unter dem Sturz Montagestützen aufzustellen.

I-Träger und Stahlbetonbalken als Überdeckung von Öffnungen in Wänden mit Sichtmauerwerk verlegt man an der Wandinnenseite und überdeckt die Außenseite mit einem scheitrechten Bogen, der bei großen Spannweiten am Balken mit Rundstählen verankert wird. Bei Putzbauten sind die Balken mit geeigneten Putzträgern zu verkleiden, um einen einheitlichen Putzgrund zu erhalten. Am vorteilhaftesten sind Fertigstürze und Sturzsteine aus dem gleichen Wandbaumaterial.

Aufgaben zu Abschnitt 6

1. Nennen Sie Baustoffe und Konstruktionen für die Überdeckung von Maueröffnungen, und erläutern Sie die Lastübertragung.
2. Wie heißen die Teilkräfte, die am Bogenwiderlager auftreten?
3. Wie kann man das Widerlager eines Bogens bei großem horizontalem Schub sichern?
4. Von welchen Faktoren hängt die Tragfähigkeit gemauerter Bögen ab?
5. Konstruieren Sie die Bögen nach den Bildern **6.**8a bis f.
6. Wie sind Bögen anzulegen?
7. Wie sind Bögen einzurüsten?
8. Warum sind Bockstützen unbedingt auf Doppelkeile zu setzen?
9. Beschreiben Sie die Herstellung von Lehrbögen.
10. Geben Sie Grenzmaße keilförmiger Lagerfugen an.
11. Wie sind Bögen im Verband herzustellen?
12. Erläutern Sie die Aufteilung der Schichten im Bogen, und geben Sie Berechnungsformeln an.
13. Beschreiben Sie den Arbeitsablauf beim Mauern von Bögen.
14. Berechnen Sie den Bogenradius für einen Segmentbogen mit 2,26 m Spannweite, wenn die Stichhöhe a) $\frac{1}{6}$ b) $\frac{1}{8}$ c) $\frac{1}{10}$ der Spannweite beträgt.
15. Führen Sie eine Berechnung nach Beispiel S. 126, Ziffer 1 bis 11 für einen Segmentbogen durch ($s = 1{,}26$ m, $h = 15{,}7$ cm, $\alpha = 56°$, $d = 24$ cm, Steine DF).
16. Wie entstehen Bruchfugen? Wie können sie verhindert werden?
17. Warum erhält der scheitrechte Bogen einen geringen Stich und schräge Widerlager?
18. Warum ist der Mittelpunkt des scheitrechten Bogens kein echter Mittelpunkt? Wie erhält man ihn?
19. Wie sind scheitrechte Bögen mit senkrechten Widerlagern möglich?
20. Welche Lösungsmöglichkeiten gibt es, wenn die Fugen am Bogenrücken zu dick werden oder die Schichtenzahl im Bogen nicht aufgeht?
21. Nennen Sie verschiedene Ausführungsmöglichkeiten für Tür- und Fensterstürze.
22. Beschreiben Sie das Einbauen von I-Trägern als Überdeckung von Maueröffnungen.
23. Warum müssen I-Träger ummantelt werden?
24. Beschreiben Sie die Herstellung eines Ortbetonbalkens.
25. Warum ist bei Stahlbetonstürzen stets ein zusätzlicher Wärmeschutz erforderlich?
26. Wie werden Stahlbeton-Fertigbalken hergestellt?
27. Warum muß die Oberseite von Stahlbeton-Fertigbalken gekennzeichnet sein?
28. Wie sind Überdeckungen in Sichtmauerwerk mit Öffnungen über 1,25 m auszuführen?
29. Warum sollen Stahlbetonstürze bei Putzbauten nicht bis zur Wandaußenseite reichen?
30. Erklären Sie das Zusammenwirken von Ziegel-Fertigsturz und Übermauerung.

7 Schornsteine

7.1 Begriffe

Hausschornsteine sind Schächte in und an Gebäuden, die Abgase von Feuerstätten über das Dach ins Freie fördern. Sie bewirken zugleich, daß die zur Verbrennung notwendige Frischluft zur Feuerstätte strömt. DIN 18160 „Hausschornsteine; Anforderungen, Planung und Ausführung" nennt Schornsteinbegriffe und Schornsteinteile.

Eigener Schornstein. Anschluß von nur einer Feuerstätte.

Gemeinsamer Schornstein. Anschluß von mehreren Feuerstätten.

Einfach belegter Schornstein. Anschluß von Feuerstätten, die nur mit festen oder flüssigen oder nur mit gasförmigen Brennstoffen betrieben werden.

Gemischt belegter Schornstein: Anschluß von Feuerstätten für feste oder flüssige Brennstoffe und gasförmige Brennstoffe. Gemischt belegte Schornsteine sind folglich stets gemeinsame Schornsteine, eigene Schornsteine dagegen einfach belegte Schornsteine. Ein einfach mit Gasfeuerstätten belegter Schornstein erhält an der Reinigungsöffnung die Kennzeichnung „G", ein gemischt belegter Schornstein „GR" (R von der früheren Bezeichnung „Rauchschornstein" für Schornsteine, an die Feuerstätten mit festen oder flüssigen Brennstoffen angeschlossen sind). Zur Unterscheidung kennzeichnet man sie auch in den Grundrissen von Bauzeichnungen (**7.1**).

Ferner legt DIN 18160 folgende Begriffe fest:

Wangen heißen die äußeren Wände von Schornsteinen.

Zungen sind die Wände in einer Schornsteingruppe zwischen Schornsteinrohren oder zwischen einem Schornsteinrohr und einem Lüftungsschacht (**7.1**).

Schornsteingruppen sind Bauteile in oder an Gebäuden, in denen mehrere Schächte zusammengefaßt sind (nur Abgasschächte oder Abgasschacht und Lüftungsschächte).

Verbindungsstücke leiten die Verbrennungsgase von Feuerstätten in die Schornsteine (**7.3** auf S. 134).

Schornsteinsockel: Unterster Abschnitt eines Schornsteins, der aus anderen Baustoffen oder in anderer Bauart errichtet ist als der Schornsteinschaft. Er kann die unterste Reinigungsöffnung und die Anschlußöffnung für ein Verbindungsstück enthalten.

Schornsteinkopf: Schornsteinabschnitt über dem Dach.

Schornsteinschaft: Abschnitt zwischen Schornsteinfundament bzw. Sockel und dem Schornsteinkopf (**7.3**).

Einschaliger Schornstein, mehrschaliger Schornstein s. Abschn. 7.3.

Lüftungsschächte sind den Schornsteinen ähnliche Bauteile. Sie befördern verbrauchte Luft aus Räumen (Abluft- oder Entlüftungsschacht) oder führen Frischluft zu (Zuluftschacht, **7.2**). Entlüftungsschächte sind bei Heizräumen sowie bei fensterlosen Sanitärräumen und Kochnischen zwingend vorgeschrieben und müssen den Anforderungen an Schornsteine entsprechen. Die Abluftöffnung liegt möglichst hoch unter der Geschoßdecke.

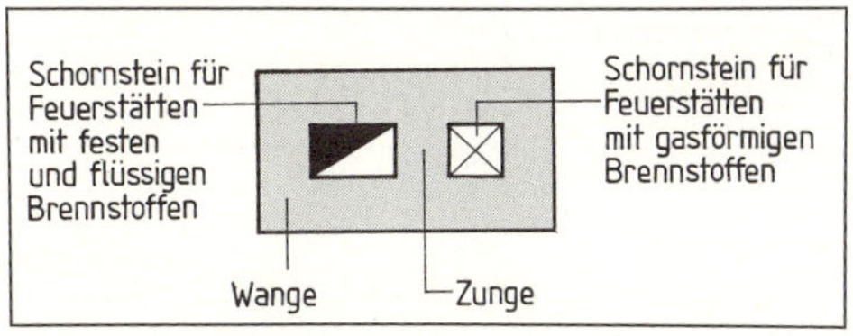

7.1 Schornsteinarten und -teile, Kennzeichnung

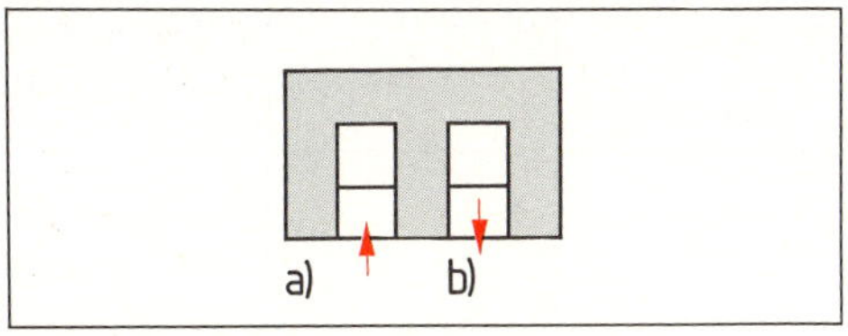

7.2 Kennzeichnung für Lüftungsschächte a) Zuluft, b) Abluft

7.2 Schornsteinzug

Luft dehnt sich, wie alle Körper, bei Erwärmung aus. Weil die heißen Verbrennungsgase leichter sind als die Außenluft, steigen sie im Schornstein auf. Der Unterdruck im Schornstein läßt die schwerere Frischluft zur Brennstelle nachströmen. Der Schornsteinzug entsteht demnach durch den Dichteunterschied zwischen der heißen Abgssäule im Schornstein und einer gleichhohen kälteren Luftsäule im Freien (**7.3**). Die Zugwirkung ist um so größer, je größer der Temperaturunterschied zwischen den Abgasen und der Außenluft ist. Deshalb muß das Abkühlen der Verbrennungsgase im Schornstein auf ein Mindestmaß beschränkt bleiben. Außerdem ist für einen schnellen und ungehinderten Abzug der Gase zu sorgen. Vorschriften für Planung und Ausführung einwandfrei funktionierender Schornsteinanlagen enthalten DIN 18160 „Hausschornsteine" und DIN 4705 „Berechnung von Schornsteinabmessungen" sowie die Landesbauordnungen.

Von der Vielzahl der zugfördernden bzw. zughemmenden Einflüsse sind hier einige behandelt.

Wärmedurchlaßwiderstand des Schornsteins. Schornsteine mit nicht ausreichend gedämmten Wangen verlieren zu viel Wärme. Die Verbrennungsgase kühlen ab. Der Auftrieb wird schwächer, die Abgase stauen sich im Schornstein. Außerdem besteht die Gefahr der Schornsteinversottung. Bei ganzjährig betriebenen Feuerstätten entsteht durch Wärmeabstrahlung vom Schornstein Belästigung in Aufenthaltsräumen.

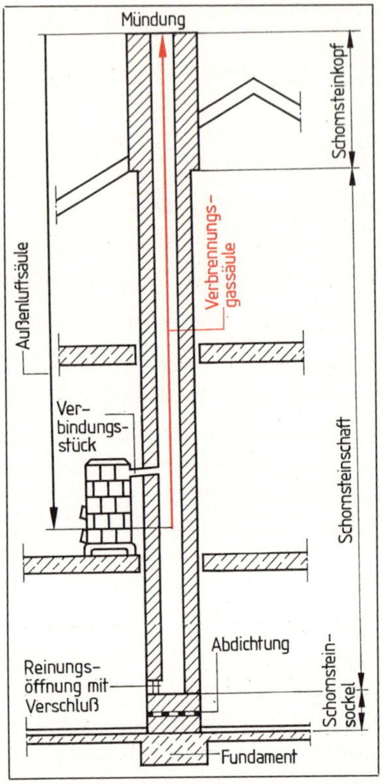

7.3 Schornstein im Schnitt

Versotten. Die Verbrennungsgase enthalten Wasser- und Teerdämpfe, die sich bei starker Abkühlung auf den Innenflächen der Schornsteine als Teerwasser niederschlagen. Sie durchdringen das Mauerwerk und zersetzen dabei Steine und Mörtel. An den Außenflächen zeigen sich häßlich gelbliche oder bräunliche Verfärbungen.

Wegen unterschiedlicher Anforderungen an die Wärmedämmung der Hausschornsteine sind drei Wärmedurchlaßwiderstandsgruppen festgelegt (**7.4**).

Tabelle 7.4 **Wärmedurchlaßwiderstandsgruppen nach DIN 18160**

Wärmedurchlaßwiderstand $1/\Lambda$ in m^2 K/W	Wärmedurchlaßwiderstandsgruppe –	Normgerechte Ausführung in einschaliger Bauweise aus Mauersteinen: Mauerstein –	Rohdichte in kg/dm^3	Wangendicke in mm
≧ 0,65	I	Mauerziegel außer Hochlochziegel B und Langlochziegel nach DIN 105	≦ 1,8	≧ 115
0,64 bis 0,22	II		≦ 1,4	≧ 240
0,21 bis 0,12	III	Kalksandvollsteine nach DIN 106, T1	≦ 1,6	≧ 115
		Hüttenvollsteine nach DIN 398	≦ 2,0	≧ 115
< 0,12	–	nur als Stahlschornsteine für verminderte Anforderungen, zulässig nur nach baurechtlicher Ausnahmeerteilung		

Der Wärmedurchlaßwiderstand (s. Abschn. 16.1) des Schornsteins ist der Mittelwert der Wärmedurchlaßwiderstände aller Teilflächen der Schornsteinwände. Er wird auf die innere Oberfläche des Schornsteins und auf eine mittlere Temperatur dieser Flächen von 200 °C bezogen.

Lage im Gebäude. Schornsteine sind bei Steildächern möglichst zentral im Gebäudegrundriß anzuordnen. Sie bleiben so länger innerhalb des schützenden Gebäudes und treten erst in Firstnähe aus dem Dach.

Mehrere Einzelschornsteine faßt man besser gebündelt zu Schornsteingruppen zusammen (7.5). Die Abkühlungsflächen sind kleiner, die Schornsteine halten sich gegenseitig warm. Eine Schornsteingruppe im Gebäudeinnern bietet mehr Anschlußmöglichkeiten für Feuerstätten und erfordert nur einen Dachdurchbruch. Außerdem gestaltet ein massiger Schornsteinkopf die Ansicht eines Bauwerks über Dach besser als die Vielzahl von Einzelschornsteinen.

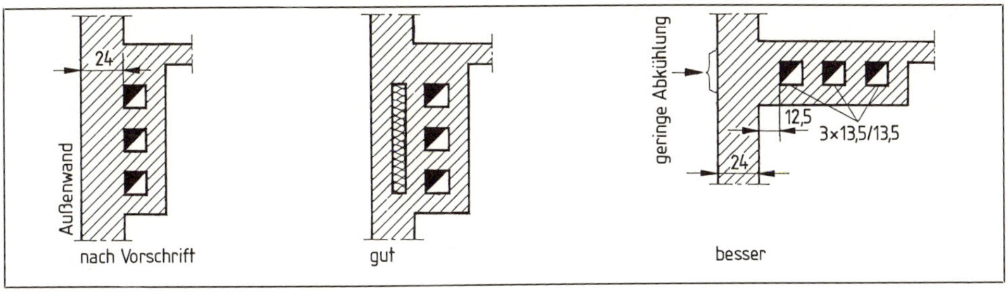

7.5 Schornsteingruppe an einer Außenwand

Läßt sich die Lage eines Schornsteins an einer Außenwand nicht vermeiden, ist er gegen Wärmeverlust zu schützen. Die Wangendicke nach außen muß mind. 24 cm betragen. Zusätzlichen Schutz bieten Dämmschichten. Schornsteingruppen sollen mit der Schmalseite an der Außenwand liegen.

Schornsteinhöhe. Mit zunehmender Schornsteinhöhe vergrößert sich die Zugwirkung, da der Druckunterschied zwischen den beiden Gassäulen größer wird (7.3). Deshalb sind die Mindestmaße für die Schornsteinhöhe von der Abgaseinführung in den Schornstein bis zur Mündung (= wirksame Schornsteinhöhe) vorgeschrieben (7.6).

Tabelle 7.6 **Wirksame Schornsteinhöhe**

Eigener Schornstein	Gemeinsamer Schornstein	
	feste oder flüssige Brennstoffe	gasförmige Brennstoffe
$h \geqq 4{,}00\,m$	$h \geqq 5{,}00\,m$	$h \geqq 4{,}00\,m$

Höhe des Schornsteinkopfs. Die Mündung des Schornsteins muß man so hoch über Dach führen, daß sie im freien Windstrom liegt. Der Wind übt dann eine saugende Wirkung aus (7.7a). Bei zu niedrigen Schornsteinköpfen oder Schornsteinen, die im Windstau liegen, drückt der Wind in die Schornsteinmündung und hemmt den Schornsteinzug (7.7b). Außerdem kommt es zu Rauchbelästigung und Funkenflug.

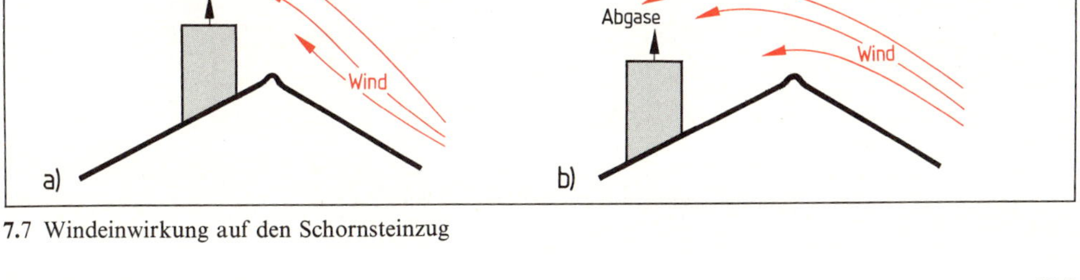

7.7 Windeinwirkung auf den Schornsteinzug

Die Schornsteinmündung muß die höchsten Kanten von Dächern mit einer Dachneigung von $\geqq 20°$ um mindestens 40 cm überragen (**7**.8a) oder bei Dächern mit weniger als 20° Neigung von der Dachfläche wenigstens 1,00 m entfernt sein (**7**.8b). Bei Flachdächern ist die Lage des Schornsteins in Nähe der Außenwand zweckmäßiger. Bei weicher Bedachung muß der Schornstein am First austreten und diesen um mindestens 80 cm überragen (**7**.8c). Besondere Vorschriften enthalten die Bauordnungen der Länder.

Zugstörende Windeinflüsse lassen sich im allgemeinen durch weiteres Hochführen des Schornsteins über Dach oder durch eine waagerecht über der Schornsteinmündung angebrachte Scheibe aus Stahlblech vermeiden. Größe, Zuschnitt und Abstand der Scheibe sind von Fall zu Fall auszuprobieren (**7**.9).

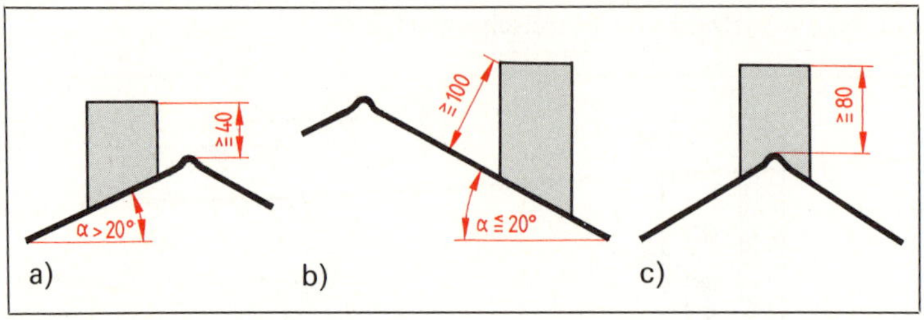

7.8 Schornsteinhöhen über Dach
a) und b) bei harter Bedachung, c) bei weicher Bedachung

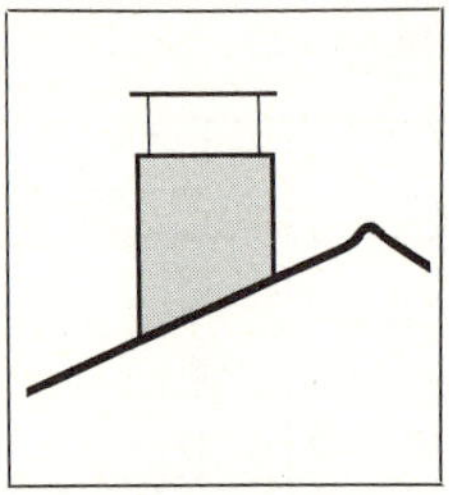

7.9 Scheibe als Schutz gegen Windeinfall

Dichtigkeit. Schornsteine müssen bereits ohne äußere Oberflächenbehandlung wie Putz und dergleichen dicht sein. Undichte Stellen im Schornstein lassen kühlere Luft (Falschluft) eintreten, die sich mit den heißen Verbrennungsgasen vermischt und den Auftrieb mindert. Schornsteinmauerwerk ist deshalb vollfugig und rauchdicht auszuführen. Falschluft kann auch durch undichte Verbindungsstücke von der Feuerstelle zum Schornstein und durch offenstehende oder undichte Verschlüsse von Reinigungsöffnungen angesaugt werden.

Nebenluftvorrichtungen sind manchmal notwendig, damit die Abgastemperatur nicht über 400 °C steigt. Sie mischen während des Brennerbetriebs Kaltluft bei. Andere Nebenluftvorrichtungen mindern die Abkühlung des Heizkessels (Energieeinsparung!) außerhalb des Brennerbetriebs durch Zufuhr von erwärmter Frischluft aus dem Heizraum. Hier wirkt die Durchlüftung des Schornsteins auch der Versottung entgegen.

Querschnittsform. Am vorteilhaftesten sind runde und quadratische Querschnitte; zulässig sind auch rechteckige, bei denen die längere Seite jedoch höchstens das 1,5fache der kürzeren Seite betragen darf (**7**.10). Der kreisrunde Querschnitt paßt sich am besten der spiralenförmigen Aufwärtsbewegung der Verbrennungsgase an. Beim quadratischen Querschnitt (mehr noch beim rechteckigen mit unterschiedlichen Seitenlängen) treten an den Ecken gegenläufige Wirbel auf, die den Auftrieb hemmen. Das Ausrunden der Ecken bei Formstücken mindert die Wirbelbildung (s. Abschn. 7.3.2). Außerdem hat der runde gegenüber dem quadratischen und rechteckigen Querschnitt bei gleichen Flächeninhalt den kleinsten Umfang. Somit ist die Zughemmung der aufsteigenden Verbrennungsgase durch Reibung an den inneren Schornsteinwangen am geringsten.

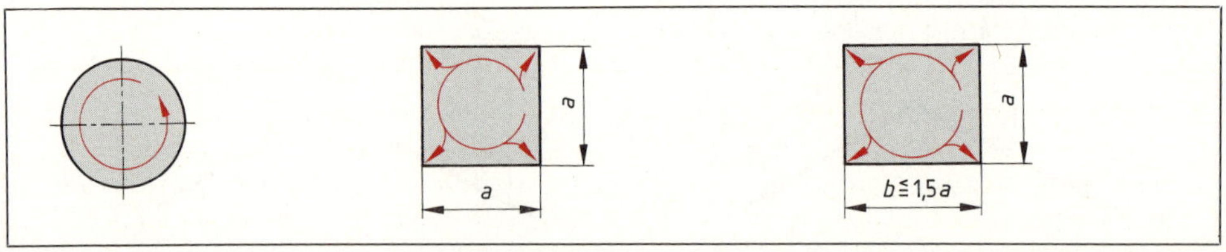

7.10 Zulässige Querschnittsformen für Schornsteine

Querschnittsgröße. Die Größe des lichten Schornsteinquerschnitts richtet sich nach mehreren Einflußgrößen, z.B. Nennwärmeleistung der Feuerstätte, Anzahl der anzuschließenden Feuerstätten, Schornsteinhöhe. Der lichte Querschnitt beträgt mindestens 100 cm², wobei die kleinste Seitenlänge rechteckiger lichter Querschnitte mindestens 10 cm ist. Für die genaue Bemessung der Querschnittsgröße gilt DIN 4705 „Berechnung von Schornsteinabmessungen". Übliche Querschnitte für Schornsteine aus Mauersteinen sind 13,5/13,5 cm (Mindestquerschnitt), 13/20 cm und 20/20 cm.

Zu klein gewählte Schornsteinquerschnitte wirken zughemmend, weil sie die Rauchgasmengen nicht fassen können; ebenso nachteilig sind zu große Querschnitte, weil der Schornstein nicht genügend erwärmt wird und die Strömungsgeschwindigkeit abnimmt. Die Querschnittsfläche darf sich auf der gesamten Länge des Schornsteins nicht verändern, jedoch sind geringfügige Querschnittsverengungen an der Mündung des Schornsteins zum Schutz der Schornsteinwände gegen Eindringen von Niederschlagswasser unbedenklich.

Für Gebäude mit weicher Dachdeckung und in brandgefährdeter Umgebung (z.B. Wald, Heide, Moor) kann ein etwas größer bemessener lichter Querschnitt den Schornsteinzug herabsetzen und damit Funkenflug verhindern.

Schornsteininnenflächen. Rauhe Innenflächen (vorstehende Steine oder Mörtelwülste) mindern den Auftrieb durch erhöhten Reibungswiderstand und Wirbelbildung. Man mauert deshalb die Steine mit der glatten Seite innen bündig und streicht die Fugen glatt. Das Abgleichen unebener Schornsteininnenflächen mit Mörtel ist unzulässig, weil der Mörtel den hohen Beanspruchungen nicht standhält und nach und nach abbröckelt (**7.**11).

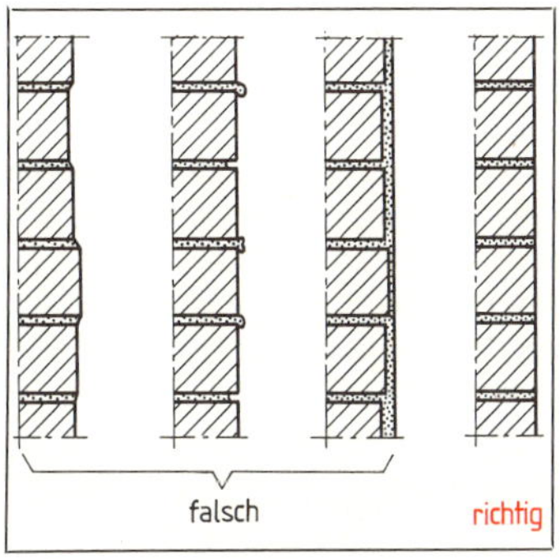

7.11 Schornsteininnenflächen

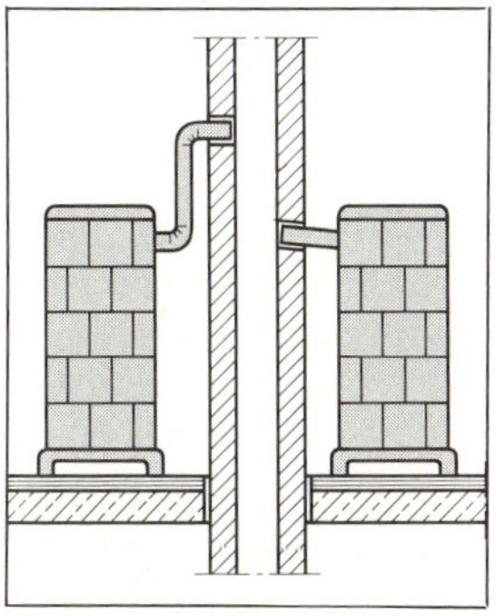
7.12 Schornsteinanschlüsse

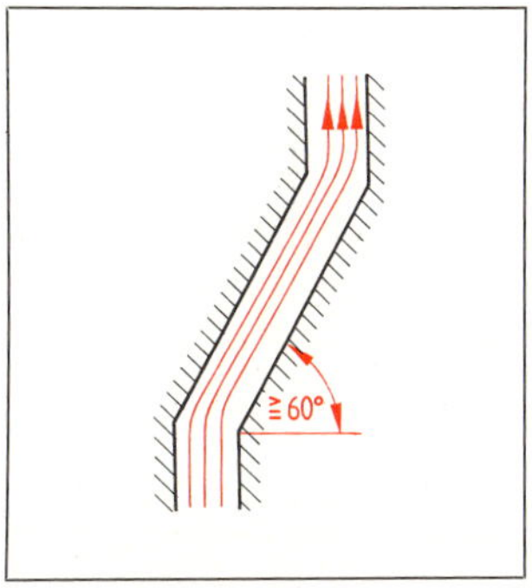

7.13 Gezogener Schornstein

Schornsteinanschlüsse. Verbindungsstücke von der Feuerstätte zum Schornstein sind mit einer Steigung (in Strömungsrichtung gesehen) einzuführen. Sie dürfen nicht in den Abgaskanal ragen, weil der Auftrieb dann durch Wirbelbildung beeinträchtigt wird. Münden mehrere Verbindungsstücke in denselben Schornstein, versetzt man sie in der Höhe, um einen Rückstau der Abgase zu vermeiden (**7.**12).

Richtungsänderung. Bei gezogenen, d.h. von der senkrechten Richtung abweichenden Schornsteinen wird der Schornsteinzug wegen erhöhter Reibung an der oberen Wange beeinträchtigt (**7.**13). Deshalb dürfen Schornsteine nur einmal und unter einem Winkel von nicht weniger als 60° zur Waagerechten verzogen werden (s. Abschn. 7.3.3).

Der Schornsteinzug entsteht durch den Dichteunterschied zwischen der heißen Abgassäule im Schornstein und der kälteren Außenluftsäule (thermischer Auftrieb). Maßnahmen bei der Planung und Ausführung müssen darauf zielen, ein vorzeitiges Abkühlen der Verbrennungsgase zu verhindern und ihren Abzug ohne größere Reibungswiderstände und Wirbelbildung zu ermöglichen.

7.3 Ausführung von Schornsteinen

Schornsteine stellt man aus Mauersteinen oder aus Formstücken in ein- oder mehrschaliger Bauweise her. Bei einschaligen Schornsteinen bestehen die Schornsteinwandungen entweder aus Mauersteinen, die als einschaliges Mauerwerk im mauerwerksgerechten Verband gemauert sind (Wanddicken 11,5 cm, 24 cm, 36,5 cm – s. Abschn. 7.3.1), oder aus Formstücken (s. Abschn. 7.3.2), wobei die Wanddicke des Formstücks gleich der Wangendicke des Schornsteins ist. Bei mehrschaligen Schornsteinen bilden mehrere hintereinanderliegende Schalen die Schornsteinwände. Die Schalen können aus unterschiedlichen Baustoffen bestehen.

Der Schornstein ruht wie Keller- und Grundmauern auf einem Fundament und wird an oder in Mauern, im nicht ausgebauten freien Dachraum bis über Dach freistehend hochgeführt (**7**.3). Schornsteine aus Mauersteinen darf man nur dann im Verband mit den Wänden mauern, wenn sie aus denselben Baustoffen bestehen, auf einem gemeinsamen Fundament gegründet und nicht höher als 10 m sind. Bei Behinderung der Wärmedehnung kommt es zu Schäden am Schornstein oder den angrenzenden Bauteilen. Soweit die Baustoffe nicht ausreichend verformbar sind, ist für Bewegungsmöglichkeit des Schornsteins gegenüber anderen Schalen zu sorgen.

Schornsteine müssen widerstandsfähig sein gegen Beanspruchung durch Wärme, Abgase und Rußbrände im Innern des Schornsteins sowie gegen Beanspruchung durch die Kehrgeräte. Sie müssen aus nichtbrennbaren Baustoffen der Baustoffklasse A1 nach DIN 4102 „Brandverhalten von Baustoffen und Bauteilen" bestehen und bei einer Brandbeanspruchung von außen mindestens 90 Minuten standsicher bleiben.

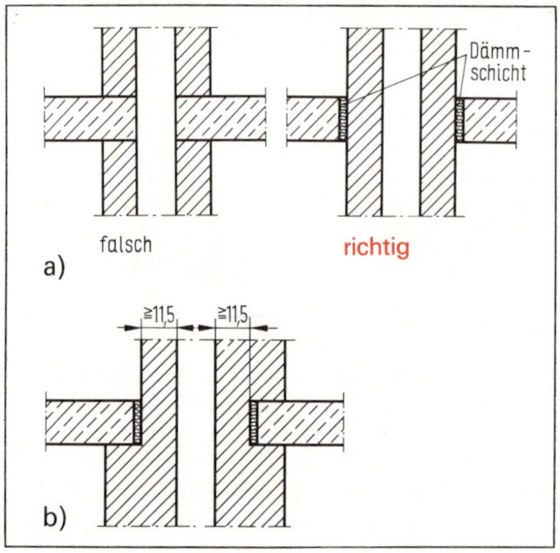

7.14 Deckenanschlüsse an Schornsteinmauerwerk

Schornsteinwangen dürfen weder durch Schlitze, Dübel, Mauerhaken, Anker o.ä. geschwächt, noch durch andere Bauteile (z.B. Decken oder Unterzüge) unterbrochen oder belastet werden (**7**.14a). Bei Schornsteinen, die mit einer Wand im Verband gemauert sind, muß eine unbelastete Wangendicke von mindestens 11,5 cm im Deckendurchbruch bleiben (**7**.14b).

Die freiliegenden Außenflächen der Schornsteine innerhalb des Gebäudes sind mindestens mit einem 5 bis 10 mm dicken Putz zu versehen; bei Mauerziegeln, Kalksandsteinen oder Hüttensteinen genügt Verfugen. Die Fugen der Innenflächen sind stets zu verstreichen.

Die Schornsteinaußenflächen müssen von tragenden Bauteilen aus brennbaren Baustoffen (z.B. Sparren, Pfetten, Deckenbalken aus Holz) mindestens 5 cm entfernt bleiben (s. **7**.34). Wenn der Zwischenraum belüftet ist, genügt ein Abstand von 2 cm. Für Dachlatten, Fußleisten oder Fußböden ist kein Abstand erforderlich.

Reinigungsöffnungen. Jeder Schornstein erhält an seiner Sohle eine verschließbare Reinigungsöffnung in Höhe von ≧ 50 cm (Eimerhöhe) über dem Fußboden (s. **7**.3). Sie dient zur Rußentnahme nach dem Reinigen des Schornsteins. Die Reinigungsöffnung liegt mindestens 20 cm tiefer als der unterste Feuerstättenanschluß und mindestens 40 cm von brennbaren Baustoffen entfernt. Reinigungsöffnungen sind unzulässig in Wohnräumen, Schlafräumen, Ställen, Lagerräumen für Lebensmittel sowie in Räumen mit erhöhter Brandgefahr. Fußböden aus brennbaren Baustoffen unter Reinigungsöffnungen schützt man durch nichtbrennbare Baustoffe.

Bei nebeneinanderliegenden Schornsteinen ordnet man die Reinigungsöffnungen nebeneinander auf gleicher Höhe an, bei hintereinanderliegenden versetzt man sie in der Höhe, legt sie also übereinander an (**7**.15). Die Öffnungen sollen mindestens 10/18 cm groß sein. Sie werden mit Schiebern oder Reinigungsklappen aus Betonfertigteilen verschlossen.

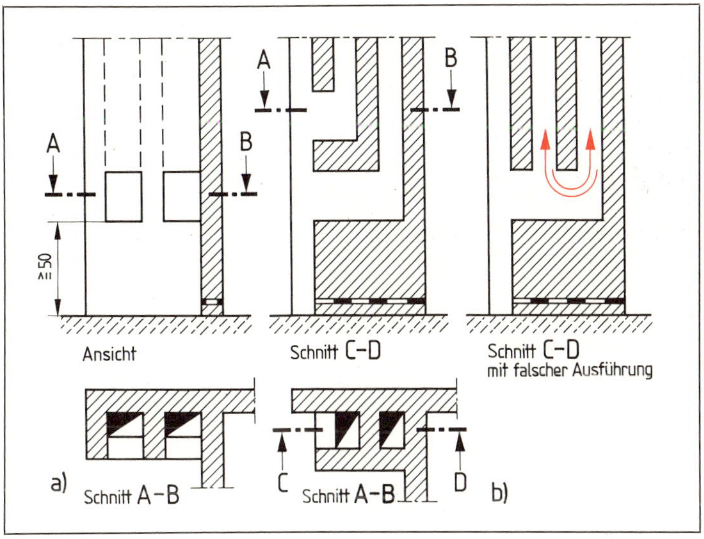

7.15
Reinigungsöffnungen an der Schornsteinsohle
a) nebeneinander
b) übereinander

Im Dachraum oder über Dach erhält der Schornstein eine weitere Reinigungsöffnung, wenn er nicht von der Mündung aus gereinigt werden kann. Gezogene Schornsteine müssen auch im Bereich der Knickstellen Reinigungsöffnungen haben. Schornsteine, die zur Reinigung und Prüfung innen bestiegen werden müssen (besteigbare Schornsteine), haben Reinigungsöffnungen (Einsteigöffnungen) von mindestens 40/60 cm.

Schornsteine in ein- oder mehrschaliger Bauweise sind standsicher zu gründen und ohne Unterbrechung durch die Geschoßdecken zu führen. Jeder Schornstein erhält mindestens eine Reinigungsöffnung. Die Schornsteinwangen dürfen weder geschwächt noch belastet werden.

7.3.1 Schornsteine aus Mauersteinen

Wangen und Zungen müssen ≧ 11,5 cm dick sein, bei lichten Querschnitten von mehr als 400 cm² mindestens 24 cm. Die Wangendicke über Dach ist mindestens 17,5 cm, besser 24 cm (s. **7**.37 u. **7**.38 auf S. 148). Nennmaße für Schornsteine bestimmt die Maßordnung im Hochbau (s. Baufachkunde 1, Abschn. 7.1.1 u. 7.1.2). Schornsteinmaße errechnet man nach Achtelmeter (Köpfen).

Beispiel Berechnen Sie a) das Schornsteininnenmaß mit 1,5 am (Köpfen), b) das Außenmaß eines freistehenden Schornsteins mit 3,5 am (Köpfen), c) das Außenmaß einer angebauten Schornsteingruppe mit 6,5 am (Köpfen).

Lösung a) Nennmaß = 1,5 · 12,5 cm + 1 cm = **19,75 cm** (Nennmaß in der Zeichnung = **20 cm)**
b) Nennmaß = 3,5 · 12,5 cm − 1 cm = **42,75 cm** (Nennmaß in der Zeichnung = **43 cm)**
c) Nennmaß = 6,5 · 12,5 cm = **81,25 cm** (Nennmaß in der Zeichnung = **81 cm)**

Verbands- und Verarbeitungsregeln
erklären sich aus der Forderung, Schornsteinmauerwerk dicht und tragfähig herzustellen.

a) Möglichst ganze Steine verwenden (**7**.16a).

b) Möglichst wenig Stoßfugen von der Schornsteininnenfläche ausgehen lassen (**7**.16a u. b).

c) Von jeder inneren Schornsteinecke geht nur eine Stoßfuge aus, sonst Kreuzfuge (**7**.16c).

d) Keine Viertelsteine an den Innenflächen (**7**.16d).

e) Zungen abwechselnd in die Wangen einbinden (**7**.16e).

f) Mauersteine innen bündig legen.

g) Vollfugig mauern.

h) Fugen an den Innenflächen glattstreichen.

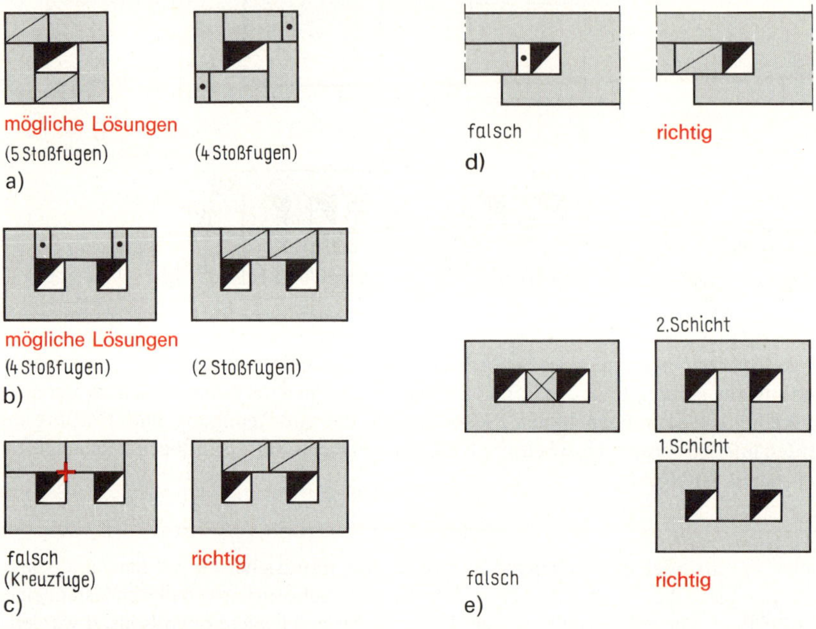

7.16 Regeln für Schornsteinverbände

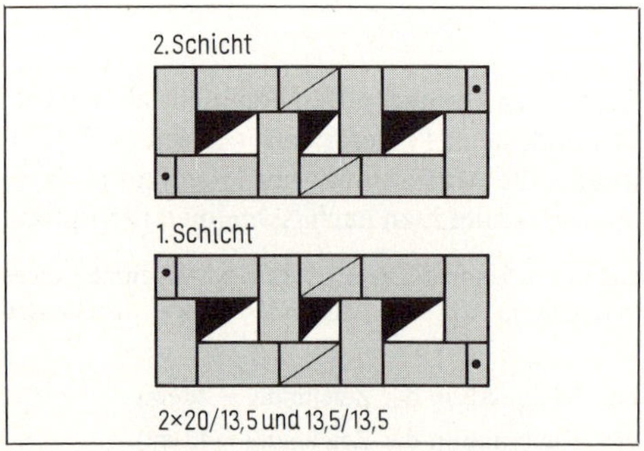

7.17 Freistehender Schornstein

Die Bilder **7**.17 bis **7**.21 zeigen Verbandslösungen für freistehende und eingebaute Schornsteingruppen.

Baustoffe. Für den Schornsteinschaft sind zulässig:

- Mauerziegel (außer Hochlochziegel B und Langlochziegel),
- Kalksandvollsteine,
- Hüttensteine.

Zum Mauern dient Mörtel der Gruppe II oder IIa.

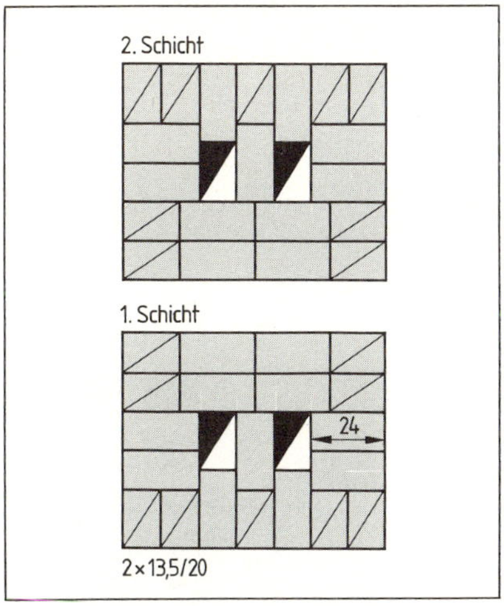

7.18 Schornsteinkopf

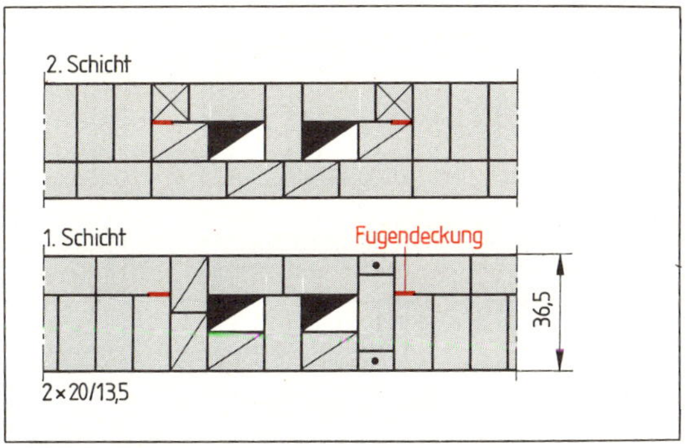

7.19 Eingebaute Schornsteingruppe in 36,5 cm dicker Wand

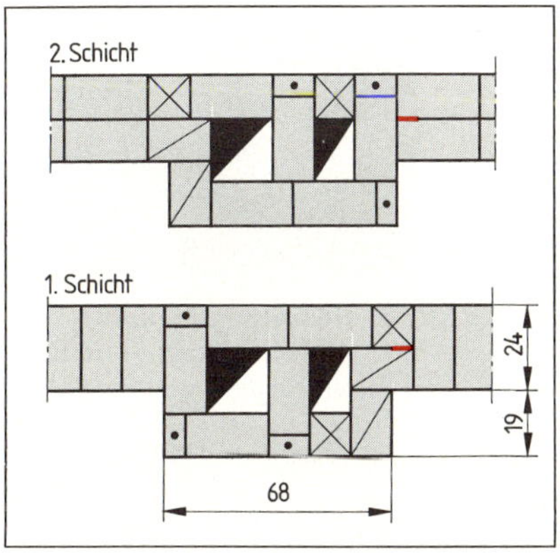

7.20 Eingebaute Schornsteingruppe (umgeworfener Verband)

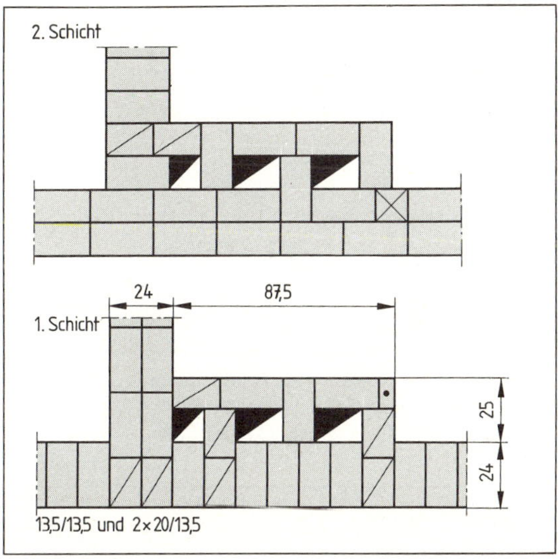

7.21 Schornsteingruppe in einer Mauerecke

Einschalige Schornsteine aus Mauersteinen sind im mauerwerksgerechten Verband zu mauern. Die Mindestdicke von Wangen und Zungen ist 11,5 cm.

7.3.2 Schornsteine aus Formstücken

Sie haben gegenüber der konventionellen Schornsteinbauweise mit Mauersteinen erhebliche Vorteile und finden deshalb immer mehr Verwendung. Gebräuchlich sind folgende Bauarten:

1. Einschalige Schornsteine nach DIN 18 150 „Baustoffe und Bauteile für Hausschornsteine; Formstücke aus Leichtbeton" mauert man mit vollwandigen oder hohlwandigen Formstücken aus Leichtbeton mit Zuschlägen aus Ziegelsplitt, Naturbims, Hüttenbims, Blähton, Blähschiefer oder poriger Lavaschlacke (**7.22** bis **7.24**). Bindemittel ist Zement. Sie werden in den Festigkeitsklassen FLB (= Formstück aus Leichtbeton) 4, 6, 8, 12 (Maßeinheit N/mm^2) hergestellt.

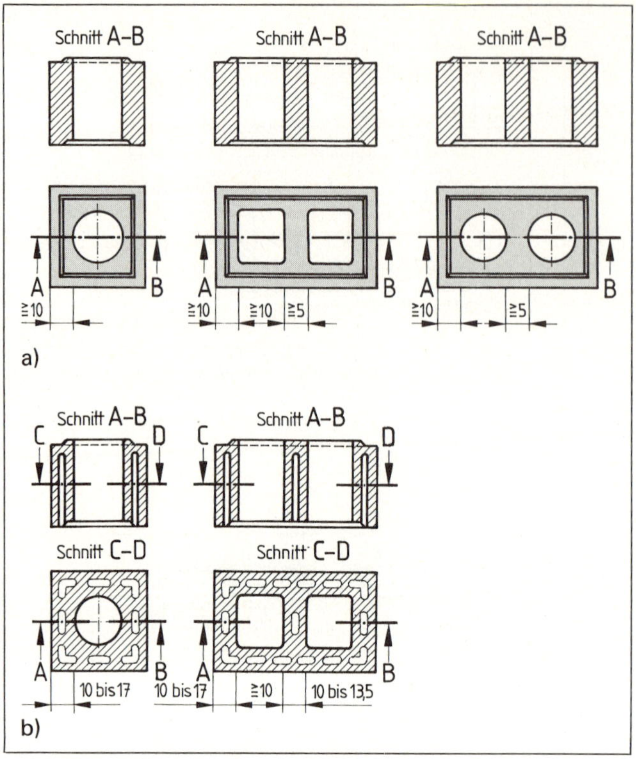

7.22 Einschalige Schornsteine (Maße in cm)
a) vollwandige Formstücke mit Falz
b) hohlwandige Formstücke mit Falz

7.23 Hohlwandige Formstücke. Im Vordergrund Formstück mit Reinigungsöffnung

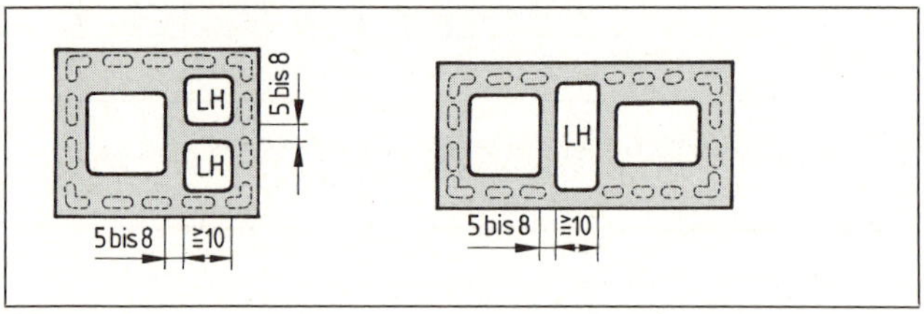

7.24
Einschalige Formstücke mit angeformten Lüftungsschächten (LH), Maße in cm

Beispiel für die Bezeichnung: Formstück DIN 18150 – FLB 6.

Die Formstücke können für Einzelschornsteine oder Schornsteingruppen mit runden, quadratischen oder rechteckigen Querschnitten hergestellt sein. Die Ecken sind mit einem Halbmesser von wenigstens 3 cm ausgerundet. Die lichte Querschnittsfläche hat mindestens 100 cm^2, höchstens jedoch 4500 cm^2. Die Wangen der Formstücke mit lichten Querschnitten über 400 cm^2 müssen hohlwandig ausgebildet sein (Zellenformstücke). Die Luftschicht erhöht die Wärmedämmfähigkeit. Die oben geschlossene Zelle bietet eine breite Lagerfläche (mit oder ohne Falz ausgebildet) für den Mörtel. Die Fugendicke ist höchstens 1 cm. Für die Abmessungen von Wangen und Zungen s. **7.22** und **7.24**. Die Wanddicke steigt mit zunehmender Querschnittsfläche. Die Formstückhöhen betragen 24,0, 32,0 oder 49,0 cm. Die äußere Seitenlänge eines Formstücks darf höchstens 2 m sein.

Zur Entlüftung z.B. des Heizraums enthalten die Formstücke Lüftungsschächte, die nicht als Schornsteine benützt werden dürfen (**7**.24). Die lichte Querschnittsfläche eines Lüftungsschachts beträgt mindestens 180 cm^2, die kleinste Seitenlänge nicht weniger als 10 cm.

Die Anschlüsse für Feuerstätten, Reinigungsöffnungen und das Schrägführen eines Schornsteins dürfen nur mit hierfür besonders hergestellten Formstücken ausgeführt werden.

2. Zweischalige Schornsteine (**7**.25) bestehen aus einem Innenrohr und einem Mantelrohr, die mit Nut und Feder eingepaßt und durch Trennstreifen auf Abstand gehalten werden. Das Innenrohr kann sich so unabhängig vom Mantelrohr bewegen. Risse in den äußeren Schornsteinfugen als Folge unterschiedlicher Temperaturdehnung werden vermieden. Die Lagerfugen von Innen- und Außenrohr sind in der Höhe gegeneinander versetzt, damit man Mörtelbrücken verhindert und die Fugen leichter schließen kann. Der Gasaustausch zwischen Schornstein, Luftschicht und Außenluft würde den Schornsteinzug und das Wärmedämmvermögen beeinträchtigen. In den Hohlraum zwischen Innen- und Mantelrohr darf kein Mörtel fallen.

3. Dreischalige Schornsteine nach DIN 18147 „Baustoffe und Bauteile für dreischalige Hausschornsteine" bestehen aus einer Innenschale aus Formstücken oder Formsteinen, einer nichtbrennbaren Dämmschicht und einer Außenschale (**7**.26).

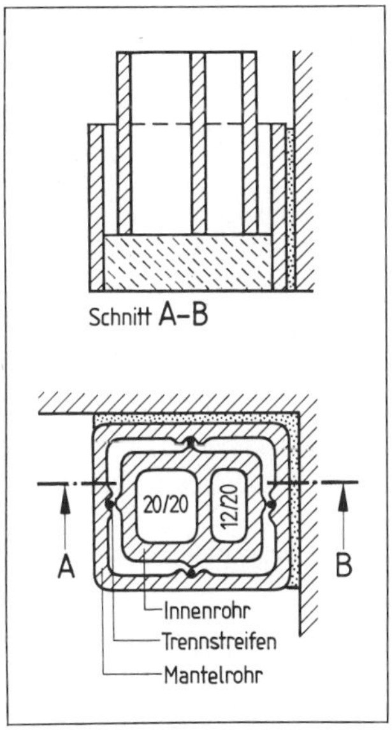

7.25 Zweischaliger Schornstein mit Lüftungsrohr

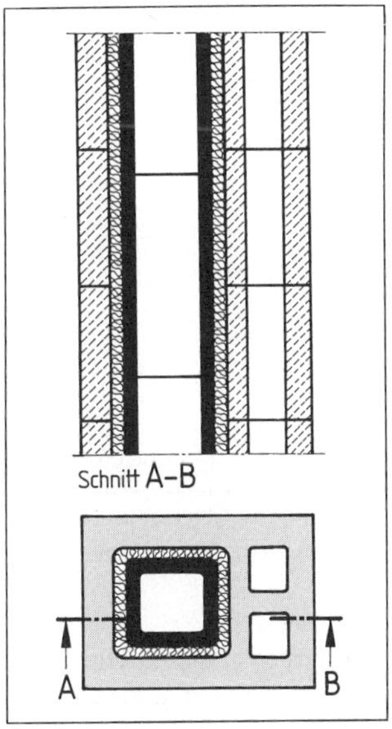

7.26 Dreischaliger Schornstein mit Mantelsteinen als Außenschale

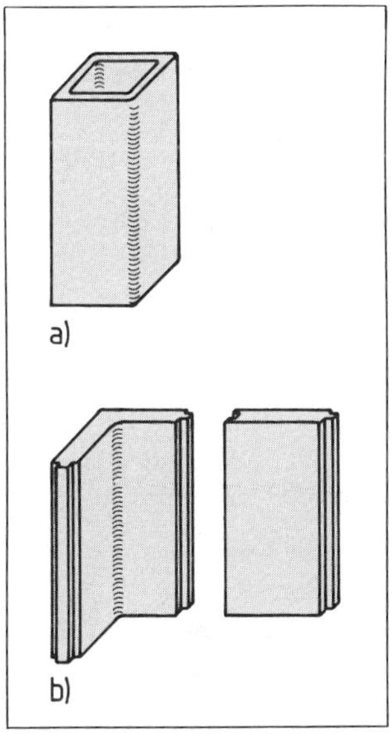

7.27 Innenschalen dreischaliger Schornsteine aus Schamotte
a) Formstück
b) Formsteine

Formstücke umschließen einzeln mindestens einen lichten Schornsteinquerschnitt, Formsteine umschließen einen lichten Querschnitt nicht vollständig. Durch Aneinanderfügen von mehreren Formsteinen entsteht ein allseits geschlossener Querschnitt. Man nimmt sie für größere Schornsteinquerschnitte (**7**.27).

Innere Schale. Für die Innenschale gibt es Formstücke aus Leichtbeton und aus Schamotte. Das glatte Innenrohr setzt Reibungsverluste beim Auftrieb der Verbrennungsgase auf ein Minimum herab (**7**.28).

Tabelle 7.28 **Innenschalen**

	aus Leichtbeton	aus Schamotte
Baustoffe	Leichtzuschlag nach DIN 4226, z.B. Bims, Lavaschlacke, Tuff, Blähton, Blähschiefer, Schaumschlacke. Der Anteil an Ziegelsplitt ist ≧ 85 M.-% Korndurchmesser ≦ 16 mm, Bindemittel Zement	gebrannter, feuerfester Ton mit hohem Schmelzpunkt
Druckfestigkeit	2 Festigkeitsklassen mit kleinsten Einzelwerten von 8 und 12 N/mm^2	Einzelwert ≧ 18 N/mm^2
Querschnittsgröße	mindestens 100 cm^2, höchstens 4500 cm^2; Maßsprünge bei Seitenlängen bzw. Durchmesser bis 20 cm: 2 cm über 20 cm bis 30 cm: 2,5 cm über 30 cm: 5 cm	
Wandung	vollwandig; Wanddicke 3,0 bis 6,0 cm	vollwandig; Wanddicke 1,5 bis 5,0 cm
Höhe	24,0, 32,3, 49,0 cm, auch 99,0 cm, wenn der Durchmesser oder die Seitenlänge ≧ 25 cm ist	24,3, 32,6, 49,3 cm, Anschlußformstücke bis 1,00 m
Lagerfuge	höchstens 1 cm dick	höchstens 7 mm dick
Lagerfläche	mit oder ohne Falz zulässig	Ein Falz muß vorhanden sein bei Formstücken mit einer Wanddicke von ≦ 3,5 cm; bei größeren Wanddicken ist der Falz entbehrlich
Bezeichnung	Formstück DIN 18147 – ILB8 bzw. ILB12 (ILB = Formstück aus Leichtbeton für die Innenschale)	Formstück DIN 18147 – IS (IS = Formstück aus Schamotte für die Innenschale)

Für die Anschlüsse von Feuerstätten und für Reinigungsöffnungen sind besondere Formstücke zu verwenden.

Äußere Schale. Formstücke aus Leichtbeton oder Mauersteine bilden die Außenschale. Die Formstücke für die Außenschale stellt man aus den gleichen Stoffen her wie die Formstücke für die Innenschale aus Leichtbeton. Die Festigkeitsklassen sind ALB 4, 6, 8, 12 (ALB = Formstück aus Leichtbeton für die Außenschale). Die Formstücke gibt es für Einzelschornsteine und für Schornsteingruppen. Wangen und Zungen können vollwandig oder mit Zelle ausgebildet sein, die Lagerflächen mit oder ohne Falz. Die Wangendicken sind 4,0 bis 8,0 cm, die Zungendicken 3,5 bis 5,0 cm, die Höhen 24,0, 32,3 oder 49,0 cm, die Lagerfugendicke 1,0 cm.

Beispiel für die Bezeichnung Formstück DIN 18147 – ALB6

Außenschalen aus Mauersteinen (Mauerziegel, Kalksandsteine, Hüttensteine, Gasbeton-Blocksteine, Hohlblocksteine und Vollsteine aus Leichtbeton) sind im fachgerechten Verband mindestens 11,5 cm dick zu mauern (**7.29**). Sie eignen sich für Schornsteingruppen mit unterschiedlicher Rohrbestückung. Auch zwischen den Innenrohren sind mindestens 11,5 cm dicke Zungen anzulegen. Die Außenschale darf man mit der angrenzenden Mauer im Verband herstellen, wenn

Mauer und Schornstein auf einem gemeinsamen Fundament gegründet sind, die Mauersteine mindestens der Festigkeitsklasse 6 und der Schornstein der Wärmedurchlaßwiderstandsgruppe I angehören. Ummantelungen von Schornsteinen, die außerhalb von Außenwänden liegen, muß man mit den Mauerwerkswänden des Gebäudes im Verband mauern.

Für die Dämmstoffschicht zwischen Innen- und Außenschale nimmt man Dämmplatten aus silikatischen Faserstoffen, aus hydraulisch gebundenen mineralischen körnigen Dämmstoffen oder Dämmassen (d.h. schüttbare Gemische aus mineralischen körnigen Dämmstoffen wie Perlit oder Vermiculite). Die Dämmstoffe gehören der Baustoffklasse A1 (nichtbrennbare Baustoffe) nach DIN 4102 an.

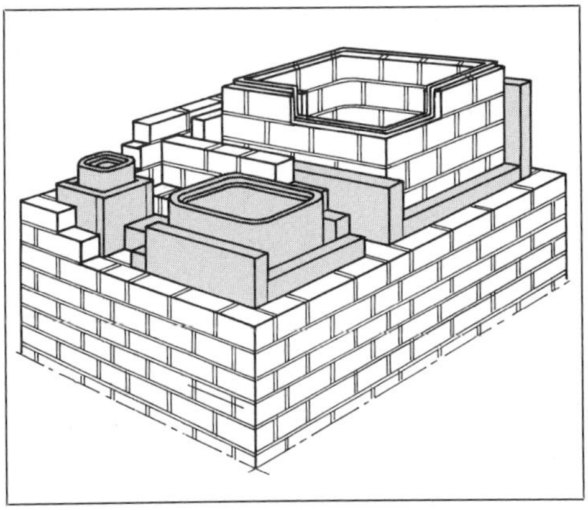

7.29 Dreischaliger Schornstein mit Formstücken und Formsteinen als Innenschale und Mauersteinen als Außenschale

Bezeichnung: Dämmplatte DIN 18147, Dämmasse DIN 18147

Die Dämmschicht verhindert die Wärmeabstrahlung und ermöglicht das ungehinderte „Arbeiten" des Innenrohrs. Man rechnet mit einer Längendehnung von 3 mm je m Schornsteinhöhe. Die Dämmschicht muß deshalb rundum und je nach Wärmedurchlaßwiderstandsgruppe unterschiedlich dick eingebracht werden.

Für das Aufmauern der mehrschaligen Schornsteine sind die Versetzanweisungen der Hersteller zu beachten. Allgemein gilt:

- Die Schalen gleichzeitig hochführen.
- Der Aufbau der Innenschale und der Außenschale darf jeweils nur so weit voraneilen, daß die Dämmstoffschicht ordnungsgemäß eingebracht werden kann.
- Die Lagerfugen der Innenschale und der Außenschale sollen gegeneinander versetzt sein, um Mörtelbrücken zu vermeiden.

Vorteile. Außer der besseren Wärmedämmung, bedingt durch Leichtbau- und Dämmstoffe, ist die geringe Fugenanzahl einer der wesentlichen Vorzüge der Schornsteine aus Formstükken. Dies zeigt ein Vergleich mit einem gleichgroßen Schornstein aus Mauersteinen (7.30). Die Reibungsverluste sind geringer, der Auftrieb nimmt zu. Die Bauzeit eines Schornsteins verkürzt sich erheblich. Wegen der ausgerundeten Ecken bei quadratischen und rechteckigen Querschnitten entstehen kaum Wirbel. Das große Sortiment der Formstücke und die geringen Wangen- und Zungendicken führen, besonders bei Schornsteingruppen mit Mantelsteinen, zu Einsparung von Nutzfläche. Die Querschnittsgröße läßt sich genauer auf die Wärmeleistung der Feuerstätten abstimmen.

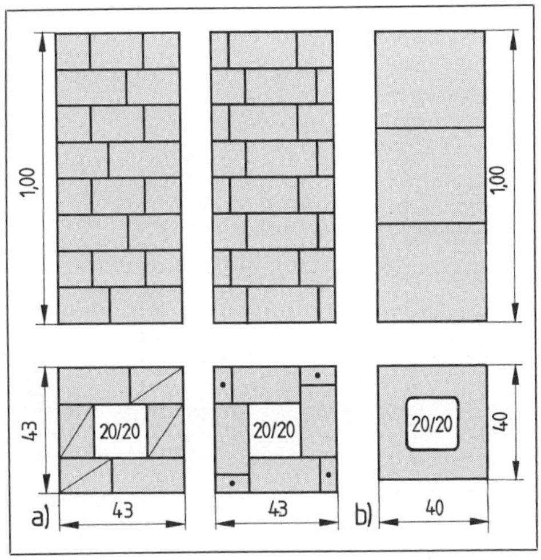

7.30 Fugenvergleich

a) Schornstein aus Mauerstein (Steine 2 DF), 8 Lagerfugen, 78 bzw. 64 Stoßfugen

b) Schornstein aus Formstücken, 3 Lagerfugen, keine Stoßfugen

Schornsteine aus Formstücken und Formsteinen begünstigen den Schornsteinzug wegen ihrer glatten Innenflächen, der geringen Fugenanzahl und der guten Wärmedämmfähigkeit. Sie lassen sich schnell und einfach herstellen. Die Fugen der Innenflächen sind glatt zu verstreichen.

7.3.3 Gezogene Schornsteine

Senkrecht geführte Schornsteine lassen die Verbrennungsgase unbehindert aufsteigen und sind gezogenen Schornsteinen stets vorzuziehen (s. **7**.13). Das Ziehen der Schornsteine ist jedoch nicht immer zu umgehen. Es ist z.B. angebracht, wenn dadurch der Schornstein in Firstnähe den Dachraum verläßt oder zwei sich nicht allzuweit gegenüberliegende Schornsteine im Dachraum zu einem gemeinsamen Schornsteinkopf (ein Dachdurchbruch!) zusammengeführt werden können. Der Neigungswinkel darf nicht unter 60° zur Waagerechten liegen, der schräggeführte Schornsteinteil muß in einem zugänglichen Raum liegen. Das Ziehen ist nur zulässig, wenn die Höhe des Schornsteins bis zur Schrägführung nicht mehr als 10 m und sein lichter Querschnitt $\leqq 400\,\text{cm}^2$ betragen.

Ist die Richtungsänderung mehr als $^1/_6$ der Schornsteindicke, muß der gezogene Teil mit einer feuerbeständigen Konstruktion unterstützt werden, z.B. Mauerwerk, Stahlbeton (**7**.31b). Zusammengeführte Schornsteine unterstützt man auch durch Rund- oder Spitzbogen, nicht durch Segmentbogen, weil er Schubkräfte überträgt (**7**.31). Die Schornsteine müssen durch eine Zunge voneinander getrennt bis zur Mündung geführt werden. Bei zusammengefaßten Rauchrohren kommt es zu Rückstrom und Abkühlung der Rauchgase (**7**.32).

Der Knick liegt an der Winkelhalbierenden zwischen lotrechtem und gezogenem Teil (**7**.33). Die Neigung wird mit Fluchtschnüren festgelegt, die unten an der Knickebene, oben an hierfür angenagelten Latten befestigt werden (**7**.34). Den Knick bildet man mit passend behauenen Steinen aus,

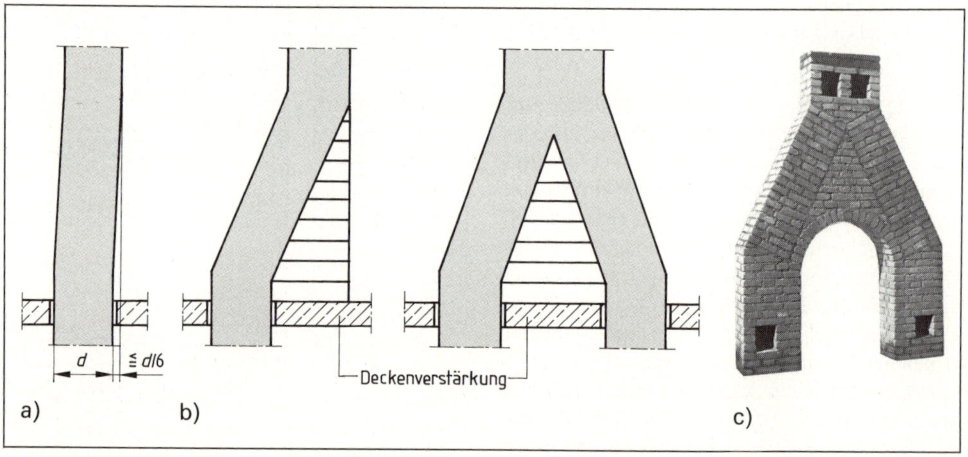

7.31 Gezogene Schornsteine
a) ohne Unterstützung
b) Unterstützung durch Mauerwerk
c) Unterstützung durch Rundbogen

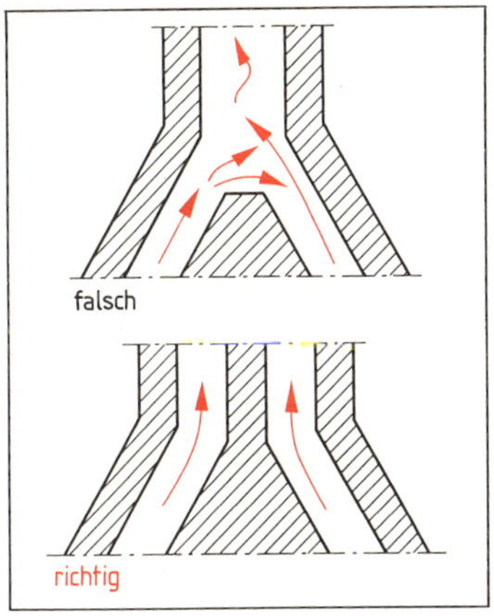

7.32 Zusammenführen von zwei Schornsteinen

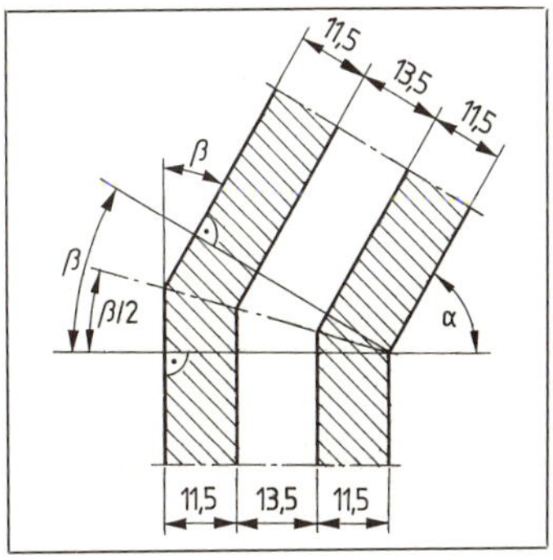

7.33 Anlegen des Knicks

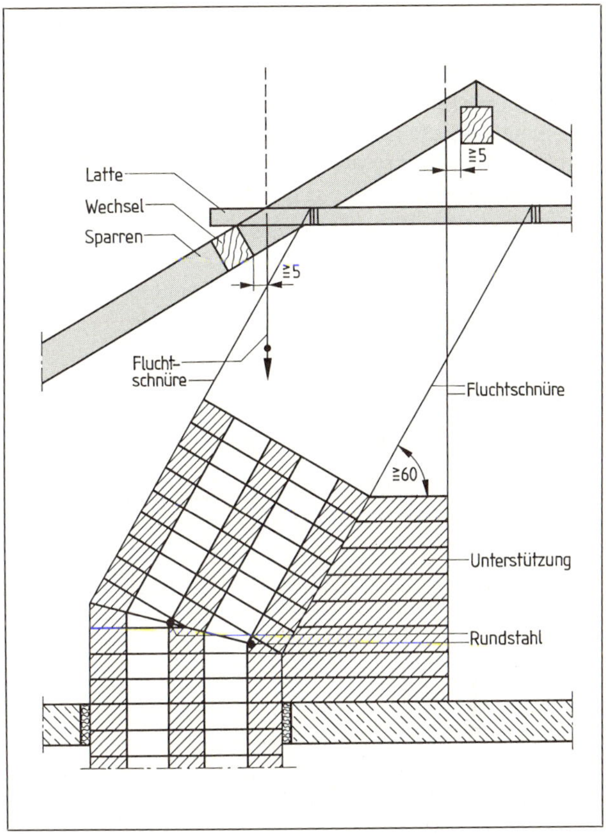

7.34 Mauern eines gezogenen Schornsteins

die sorgfältig zu vermörteln sind. Wie im lotrechten liegen auch im gezogenen Teil die Lagerfugen rechtwinklig zur Rohrachse, die Steine haben keinen Verband mit der Untermauerung. Es ist darauf zu achten, daß sich die Steine in der obenliegenden Wange nicht in das Rauchrohr verschieben. Waagerecht verlaufende Schichten (**7**.35 a) verändern den Querschnitt, Wirbel an den vorstehenden Kanten hemmen zusätzlich den Auftrieb. Die Rußablagerungen auf den Abtreppungen können nicht entfernt werden. Das Behauen der Steine (**7**.35 b) schwächt Wangen und Zungen, die Innenflächen sind rauh. Nur bei Abweichungen bis etwa 8° von der Lotrechten können Wangen- und Zungensteine innerhalb der waagerecht durchgehenden Lagerfugen leicht gekippt werden (**7**.36).

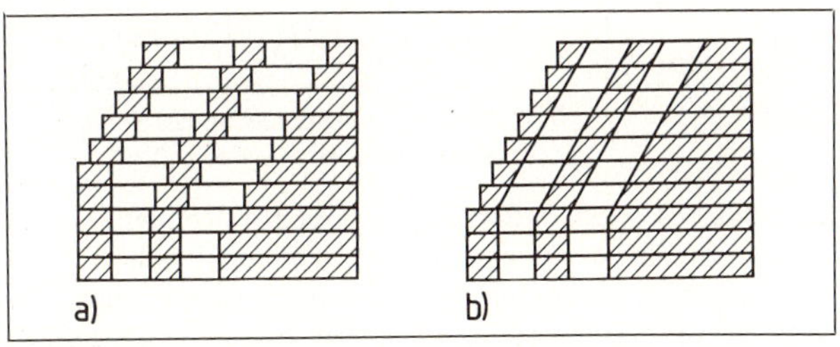

7.35 Falsche Anordnung der Mauerschichten im gezogenen Teil
a) abgetreppte, b) behauene Wangen und Zungen

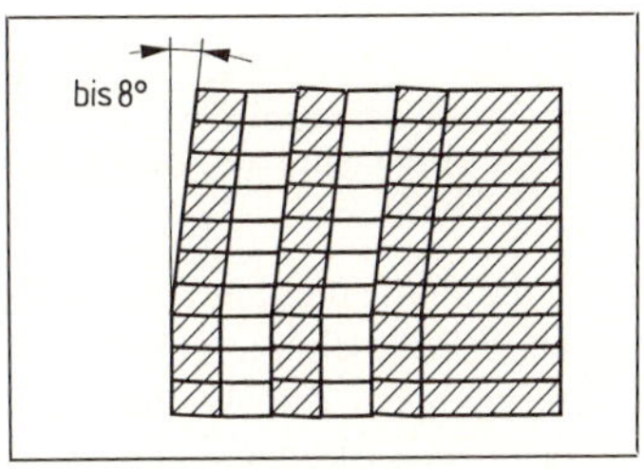

7.36 Gekantete Wangen und Zungen in waagerechten Schichten

An den im Schornsteininnern vorstehenden Knickkanten mauert man leicht vorstehende Rundstähle mit mindestens 12 mm Durchmesser ein (s. **7**.34), damit das Mauerwerk beim Reinigen nicht beschädigt wird. In der Nähe der Knickstellen muß man eine zusätzliche Reinigungsöffnung einbauen, um auch den darunterliegenden Teil des Schornsteins sicher reinigen zu können.

Für gezogene Schornsteine aus Formstücken gibt es Winkelstücke, mit denen der Übergang problemlos ausgeführt werden kann.

Von der senkrechten Richtung abweichende Schornsteine heißen gezogene oder verzogene Schornsteine. Das Verziehen ist nur einmal zulässig, wobei der Neigungswinkel mindestens 60° betragen muß. Der lichte Querschnitt des gezogenen Teils darf sich nicht verändern.

7.3.4 Schornsteinkopf

Der Schornsteinkopf ist der Abkühlung und den Witterungseinflüssen besonders ausgesetzt.

Einschalige Schornsteine aus Mauersteinen. Für das auf mindestens 17,5 cm verstärkte Wangenmauerwerk sind frostbeständige Steine in Mörtel mindestens der Gruppe II zu vermauern, der die durch Temperaturunterschiede unvermeidlichen Dehnungen besser auszugleichen vermag als der sprödere Zementmörtel. Die Außenflächen sind zu verfugen. Die Wangenverstärkung kann unterhalb oder in Höhe der Dachhaut angelegt werden. Beginnend unter der Dachhaut mauert man den Schornsteinkopf auf eine vorher im Werk angefertigte 10 cm dicke Stahlbetonplatte, die auf das 11,5 cm dicke Wangenmauerwerk aufgelegt wird und allseitig 12,5 cm übersteht (**7**.37).

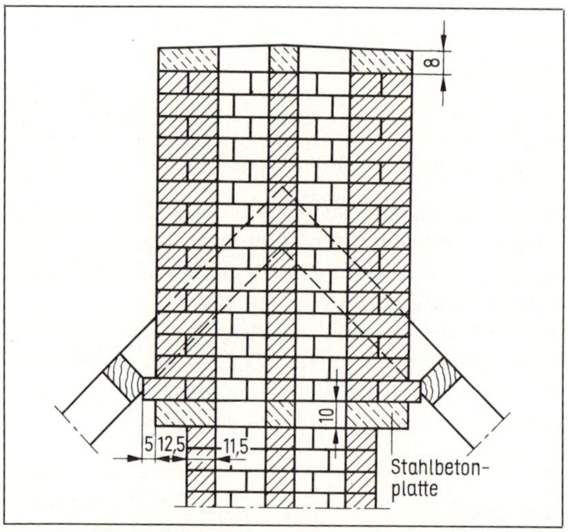

7.37 Schornsteinkopf auf Stahlbetonkragplatte

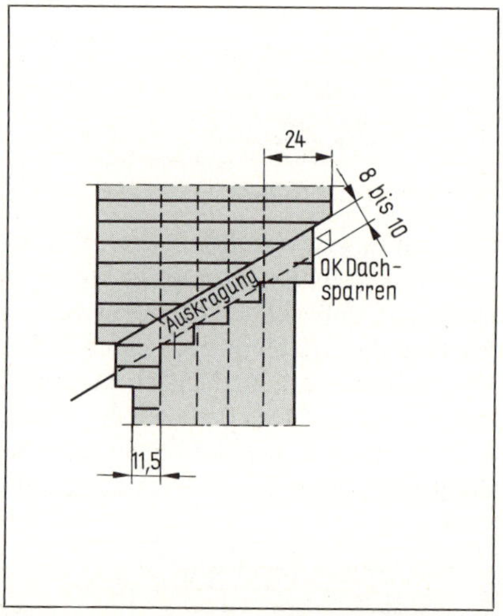

7.38 Abgestufte Auskragung des Schornsteinkopfes

Weil die Platte nicht in Höhe des Dachanschlusses, sondern darunter liegt, ergibt sich nicht nur ein guter Wärmeschutz, sondern auch eine erhebliche Zeitersparnis gegenüber Lösungen mit Auskragungen. Zur Abdichtung am Dachanschluß dient eine Bleieinfassung. Auskragungen für Wangenverstärkungen von 11,5 auf 17,5 cm werden einstufig, auf 24 cm zweistufig ausgeführt (**7**.38). Der Übergang muß in Anpassung an die Dachschräge 8 bis 10 cm über der Sparrenoberkante liegen, damit für den Anschluß der Dachdeckung Raum bleibt.

Schornsteine aus Formstücken (7.39 und 7.40). Als Ummantelung und Verkleidung eignen sich Mauersteine (s. äußere Schale der dreischaligen Schornsteine), Schieferplatten und Schieferschindeln, Faserzementplatten und Faserzementschindeln oder ein vorgefertigter Stülpkopf.

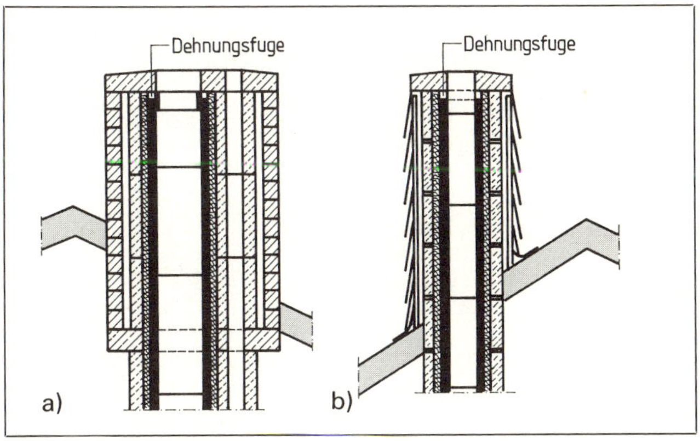

7.39 Kopf eines dreischaligen Schornsteins mit Mantelsteinen als Außenschale und

a) Ummantelung aus Mauersteinen, b) Verkleidung aus Faserzementplatten

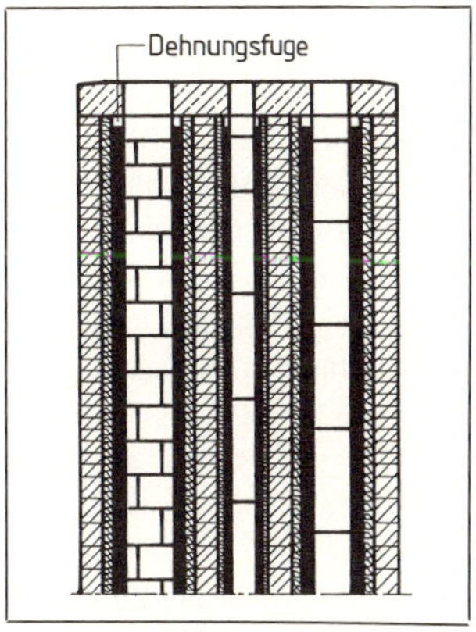

7.40 Kopf eines dreischaligen Schornsteins mit Mauersteinen als Außenschale und zugleich Ummantelung

Für die Unterkonstruktion von Verkleidungen mit Platten, Schindeln oder Blechen dürfen Holzlatten verwendet werden, wenn sie zum Schutz gegen Entflammen durch Flugfeuer oder strahlende Wärme dicht mit mineralischen Baustoffen abgedeckt sind. Die Unterkonstruktion darf mittels Dübel am Schornstein befestigt werden. Besser noch sind vorgefertigte rahmenartige Ummantelungen.

Zur Abdeckung des Schornsteins eignet sich am besten eine 8 bis 10 cm dicke, oben abgeschrägte Betonplatte (7.37, 7.39, 7.40). Zu vermeiden sind vorspringende Abdeckplatten und Gesimse an der Schornsteinmündung, weil sie Luftwirbel und Stauungen verursachen, die den Zug ungünstig beeinflussen (7.41).

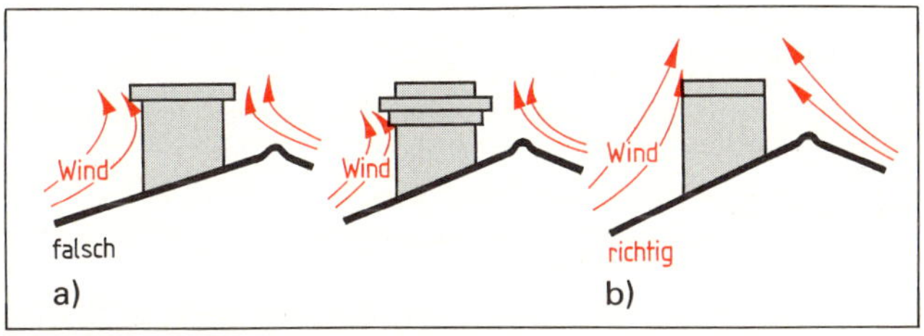

7.41 Außenflächen des Schornsteinkopfes

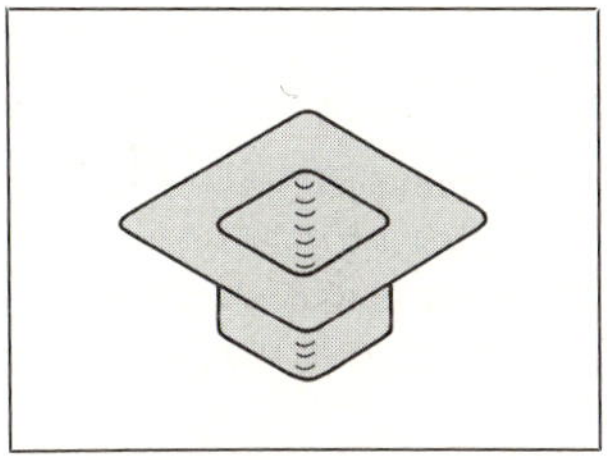

7.42 Dehnungsfugenmanschette

Bei mehrschaligen Schornsteinen muß zwischen Betonabdeckplatte und Innenrohr eine Dehnungsfuge von 3 bis 5 cm bleiben, die mit dauerplastischem Kitt oder einer Dehnungsfugenmanschette aus Edelstahl geschlossen wird (7.42).

Die Wangen des Schornsteinkopfs müssen witterungsbeständig sein bzw. vor Witterungseinflüssen schützen. Oberer Anschluß ist eine mindestens 8 cm dicke Abdeckplatte aus Beton, die mit den Schornsteinaußenflächen bündig abschließt.

Aufgaben zu Abschnitt 7

1. Wie kennzeichnet man Schornsteine und Lüftungsschächte in Bauzeichnungen?
2. In welchen Räumen sind Entlüftungsschächte erforderlich?
3. Unterscheiden Sie Schornsteine nach verschiedenen Gesichtspunkten.
4. Wie kommt der Schornsteinzug zustande?
5. Erklären Sie Einflüsse auf den Schornsteinzug.
6. Welche Ursachen können bei schlechtem Zug des Schornsteins vorliegen?
7. Wann ist die Lage eines Schornsteins zentral im Gebäude besser als an einer Außenwand?
8. Welche Ursachen hat das Versotten eines Schornsteins?
9. Weshalb ist es günstiger, mehrere Einzelschornsteine zu einer Gruppe zusammenzufassen?
10. Wie verhindert man das Eindringen von Falschluft?
11. Geben Sie die Mindestmaße an für Schornsteinhöhe, Schornsteinquerschnitt, Wangendicke, Abstand von brennbaren tragenden Bauteilen, Höhe des Schornsteinkopfs, Höhe der Reinigungsöffnung über dem Fußboden und begründen Sie die Vorschriften.
12. Beurteilen Sie Querschnittsformen hinsichtlich des Schornsteinzugs.
13. Weshalb darf sich der lichte Querschnitt eines Schornsteins auf ganzer Höhe nicht verändern?
14. Wie sind die Schornsteininnenflächen auszubilden?
15. Warum dürfen Schornsteinwangen und -zungen nicht durch Geschoßdecken unterbrochen werden?
16. Warum sind Schlitze und andere Schwächungen in Wangen mit Mindestmaßen unzulässig?
17. Warum darf der Schornsteinquerschnitt weder zu groß noch zu klein sein?
18. Wo sind Reinigungsöffnungen einzubauen?
19. Wie sind Reinigungsöffnungen an der Schornsteinsohle bei hintereinanderliegenden Schornsteinen anzulegen?
20. Warum eignen sich Mörtel der Gruppe II besser als Mörtel der Gruppe III?
21. Berechnen Sie die Außenmaße der Bilder **7.17** und **7.18**.
22. Nennen und begründen Sie Regeln für Schornsteinverbände.
23. Legen und zeichnen Sie in zwei Schichten den Verband für freistehende Schornsteine mit 11,5 und 24 cm dicken Wangen nach Bild **7.43**. Bemaßen Sie in Nennmaßen.

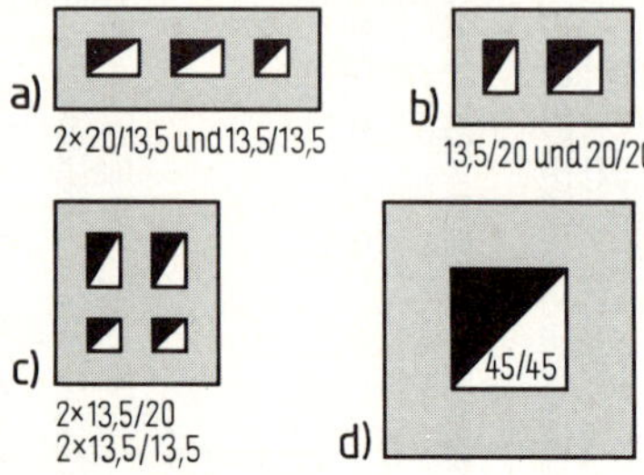

7.43 zu Aufgabe 23

24. Legen und zeichnen Sie in zwei Schichten den Verband für die eingebauten Schornsteingruppen (**7.44**). Bemaßen Sie in Nennmaßen.

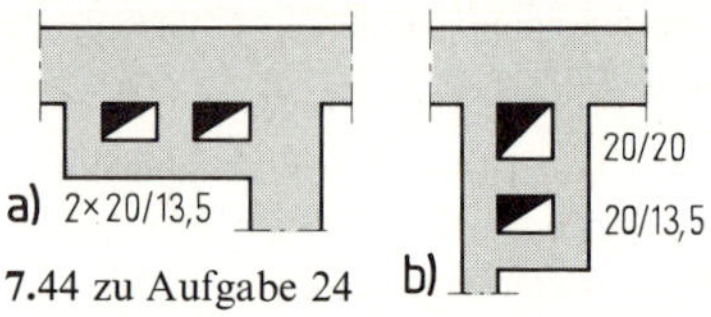

7.44 zu Aufgabe 24

25. Legen und zeichnen Sie in zwei Schichten den Verband für die in den Bildern **7.15** und **7.37** (2 × 20/20) dargestellten Schornsteingruppen. Bemaßen Sie in Nennmaßen.
26. Nennen Sie geeignete Mauersteine für Schornsteine unter und über Dach.
27. Beschreiben Sie Systeme von Schornsteinen aus Formstücken.
28. Erklären Sie die Bezeichnungen ILB, ALB, IS.
29. Unterscheiden Sie Dämmplatten und Dämmassen für dreischalige Schornsteine.
30. Nennen Sie Vorteile von Schornsteinen aus Formstücken im Vergleich mit Schornsteinen aus Mauersteinen.
31. Was spricht gegen das Verziehen eines Schornsteins?
32. Was kann das Verziehen rechtfertigen?
33. Beschreiben Sie die Herstellung gezogener Schornsteine und geben Sie Bauvorschriften an.
34. Beschreiben Sie die Ausbildung des Schornsteinkopfs.
35. Warum ist zwischen Betonabdeckung und Innenrohr bei mehrschaligen Schornsteinen eine Dehnungsfuge vorzusehen?

8 Beton und Stahlbeton

8.1 Zementleim und Zementstein

Zementleim ist mit Wasser angemachter Zement in breiiger bis flüssiger Form. Zementstein ist erhärteter Zementleim (Festleim). Er erreicht nicht annähernd die Widerstandsfähigkeit dichter Zuschläge. Seine Beschaffenheit bestimmt daher die Betoneigenschaften, besonders die Betonfestigkeit.

Qualitätsmerkmal für Zementleim und Zementstein ist der Wasserzementwert ω oder w/z.

$$\text{Wasserzementwert} = \frac{\text{Masse des Wassers}}{\text{Masse des Zements}} \qquad \omega = \frac{w}{z} \qquad \frac{\text{l bzw. kg}}{\text{kg}}$$

Der ideale w/z-Wert liegt bei 0,4 ($\triangleq$ 0,4 l Wasser je 1 kg Zement), denn erst dieser Wasseranteil ergibt einen verarbeitungsfähigen (plastischen) Zementleim, vor allem ermöglicht er die volle chemische Umwandlung von Zementleim in Zementstein durch Wasserbindung (Hydratation). Größere Wasseranteile erhöhen den Wasserzementwert ($\omega > 0{,}4$) und werden für den Erhärtungsvorgang nicht mehr voll verbraucht. Das restliche Wasser (Überschußwasser) hinterläßt vielfältig verzweigte Porengänge (Kapillarwege) und Hohlstellen.

Die Folgeschäden hoher w/z-Werte sind daher

für den Frischbeton

- Neigung zum „Bluten“ (Wasserabsonderung, Sedimentation),
- Neigung zum Entmischen als Folge des Blutens, somit schlechtere Verarbeitungseigenschaften,
- Bildung von Wasserlinsen unterhalb von Zuschlagkörnern und Bewehrungsstäben.

für den Festbeton

- verminderte Betonfestigkeit (**8.**2 auf S. 152), Frostbeständigkeit und Widerstandsfähigkeit gegen chemisch angreifende Böden und Wässer,
- verminderte Rostschutzwirkung für Stahleinlagen,
- schlechtere Haftung des Zementsteins an Zuschlag und Stahl,
- erhöhte Wasserdurchlässigkeit und Schwindneigung (Schwindrißgefahr),
- absandende Betonoberfläche.

Normen und Vorschriften enthalten daher verbindliche Grenzwerte für den Wasserzementwert (siehe z.B. Tab. **8.**8). Fertiger Frischbeton darf grundsätzlich nicht mehr durch zusätzliche Wasserzugabe verändert werden.

Beim Erstarren des Zementleims (nach frühestens 1 Stunde) beginnt der Übergang vom breiigen zum festen Zustand. Die zunächst noch wasserglänzende Oberfläche wird matt. Wasser und Zement bilden unter Wärmeabgabe neue chemische Verbindungen (Hydrate). Dabei baut sich das Zementkorn allmählich von außen nach innen ab. Es entsteht das Zementgel, ein noch wenig stabiles Grundgefüge aus winzigen Kristallen (**8.**1 b auf S. 152).

Erhärten. Die anfangs noch gegeneinander verschiebbaren Zementkörnchen wachsen im Fortgang der chemischen Umwandlung auf mehr als die doppelte Größe und bilden dabei ein zusammenhängendes, dichtes und widerstandsfähiges Kristallgefüge von hoher Festigkeit – den Zementstein (**8.**1 c). Sowohl absinkende Temperaturen als auch Entzug des erforderlichen Abbindewassers unterbrechen den Erhärtungsvorgang. Höhere Temperaturen und ständiges Feuchthalten fördern ihn.

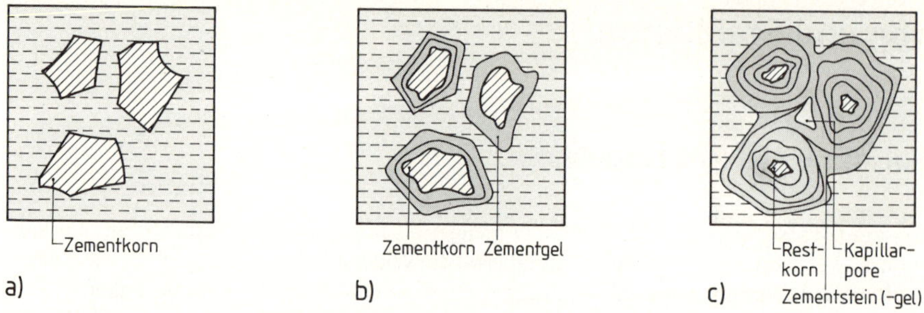

8.1 Vom Zementleim zum Zementstein

a) Zementkörner in frischem Zementleim, b) Beginn der Erhärtung (Hydratation), c) Zusammenwachsen der Gelkristalle bei fortgeschrittener Erhärtung

Betonteile, besonders ihre oberflächennahen Schichten, die durch Austrocknung nicht voll aushärten konnten, sind auch durch nachträgliche Feuchtezufuhr nicht mehr zu retten.

8.2 Betonmischung

Berechnungsverfahren. Das Berechnen der Mischungsanteile für Rezeptbeton (Betongruppe B I) behandelt Band 1 der Baufachkunde (Abschn. 11.6). Für Beton nach Eignungsprüfung sind stets betontechnologische Berechnungen aufgrund genauer Materialkenntnis durchzuführen. Dies gilt für Beton B II, ist von B II-Betrieben jedoch auch auf B I anwendbar. Dazu kennen wir zwei Berechnungsverfahren: die Zementleimdosierung und die Stoffraumrechnung.

Die Zementleimdosierung beruht auf der rechnerischen Auswertung einer Probemischung. Mögliche Abweichungen der Materialkennwerte (z. B. Zuschlag- und Zementdichte, Kornzusammensetzung) werden hier unmittelbar erfaßt, so daß die Eigenschaften des Betons auf der Baustelle – vor allem die gewünschte Verarbeitbarkeit – weitgehend gewährleistet sind.

Beispiel Geforderte Betonfestigkeitsklasse B 35. Konsistenzbereich KP, Zuschläge 0/32 (0/2 ≙ 25%, 2/4 ≙ 10%, 4/8 ≙ 15%, 8/16 ≙ 20%, 16/32 ≙ 30%). Zement PZ 45 F.

Lösung a) Zielfestigkeit β_{W28} = Serienfestigkeit + Vorhaltemaß = 40 N/mm² + 4 N/mm² = 44 N/mm².

b) w/z-Wert nach Diagramm **8.**2 = 0,57.

c) ≈ 35 kg trockenen Zuschlag entsprechend der gewählten Kornzusammensetzung zusammenstellen.

d) ≈ 8 kg Zement abwiegen und durch Wasserzugabe einen Zementleim mit w/z = 0,57 herstellen. Erforderliche Wassermenge wie $m_Z \cdot w/z = 0{,}57 \cdot 8$ kg = 4,56 kg.

Vorhandene Zementleimmenge = 8 kg + 4,56 kg = 12,56 kg

Zementleim ständig gut durchrühren, damit gleichmäßige Zementverteilung erhalten bleibt.

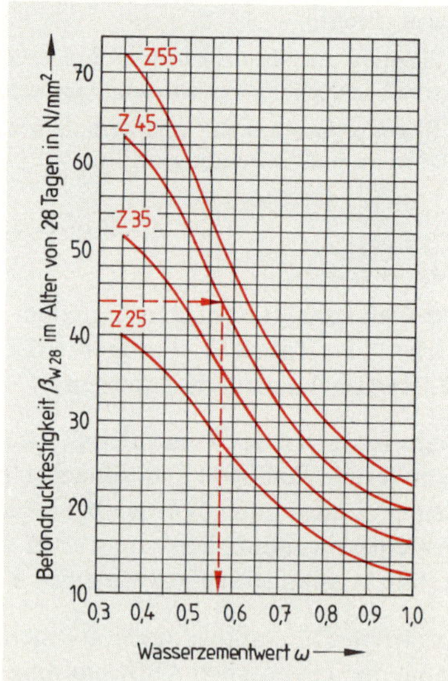

8.2 Abhängigkeit der Würfelfestigkeit β_{W28} des Betons vom Wasserzementwert und von der Festigkeitsklasse des Zements nach DIN 1164

Lösung, Fortsetzung

e) 35 kg Zuschlag in Mischtrommel geben und so lange Zementleim zusetzen, bis Beton mit gewünschter Konsistenz entstanden ist. Betonkonsistenz prüfen.

f) Zementleimverbrauch durch Abwiegen des Restleims feststellen, z.B.: gewogene Restleimmenge = 3,92 kg.
Zementleimverbrauch = Gesamtleimmenge − Restleim = 12,56 kg − 3,92 kg = 8,64 kg

g) Zement- und Wasserverbrauch feststellen.
8,64 kg Zementleim enthält 1 Teil Zement und 0,57 Teile Wasser

$$\text{Zementanteil} \mathrel{\hat{=}} 1\ \text{Teil} \mathrel{\hat{=}} \frac{8{,}64\ \text{kg}}{1 + 0{,}57} = 5{,}50\ \text{kg},\quad \text{Wasseranteil} \mathrel{\hat{=}} 0{,}57\ \text{Teile} \mathrel{\hat{=}} 5{,}5\ \text{kg} \cdot 0{,}57 = 3{,}14\ \text{kg}$$

h) Mischungsverhältnis feststellen: 1 Masse-Teil ≙ 5,5 kg

$$\text{Zement: Zuschlag : Wasser} = 1 : \frac{35}{5{,}5} : 0{,}57$$

Mischungsverhältnis z : g : w = **1 : 6,36 : 0,57**

i) Frischbetonrohdichte feststellen. Probemischung in 20 cm-Würfelform einfüllen und verdichten. Frischbetonmasse in der voll ausgefüllten Würfelform feststellen, z.B. 18,8 kg.

$$\text{Frischbetonrohdichte } \varrho_{b,h} = \frac{m_{b,h}}{V} = \frac{18{,}8\ \text{kg}}{2\ \text{dm} \times 2\ \text{dm} \times 2\ \text{dm}} = 2{,}35\ \text{kg/dm}^3 \text{ oder } \mathbf{2350\ kg/m^3}.$$

j) Mischungsanteile je m^3 Beton berechnen.
Gesamtanteile für Zement + Wasser + Zuschlag = 1 + 0,57 + 6,36 = 7,93 Teile

Ergebnis

Zement	≙ 1 Teil	$\mathrel{\hat{=}} \frac{2350\ \text{kg}}{7{,}93}$	= **296 kg/m³ Beton**
Wasser	≙ 0,57 Teile	≙ 0,57 · 296 l	= **169 l/m³ Beton**
Zuschlag	≙ 6,36 Teile	≙ 6,36 · 296 kg	= **1885 kg/m³ Beton**

Die Stoffraumrechnung ist ein rein rechnerisches Verfahren. Berechnungsgrundlage ist die Stoffraumformel:

$$V = \frac{m}{\varrho \text{ bzw. } \varrho_R}$$

V ≙ Stoffraum in dm³
m ≙ Masse in kg
ϱ_R ≙ Rohdichte
ϱ ≙ Dichte

Genaue Kentnisse über Kornrohdichte, Körnungsziffer und Zementreindichte sind deshalb wichtige Voraussetzungen für praxisgerechte Ergebnisse der Stoffraumrechnung. Anhaltswerte dazu bieten die Tabellen **8.3** und **8.4**.

Tabelle **8.3** **Rohdichte und Festigkeit natürlicher Gesteine**

Stoff	Rohdichte ϱ_g in kg/dm³	Druckfestigkeit in N/mm²
Quarzit	2,60 bis 2,70	70 bis 240
Kalkstein	2,65 bis 2,85	80 bis 190
Granit	2,60 bis 2,80	160 bis 240
Gabbro	2,80 bis 3,00	180 bis 300
Diabas	2,78 bis 2,95	160 bis 240
Basalt	2,93 bis 3,00	250 bis 400

Tabelle **8.4** **Dichte und Schüttdichte für Zemente**

Zementart	Dichte ϱ_z in kg/dm³	Schüttdichte lose eingelaufen	in kg/dm³ eingerüttelt
Portlandzement	3,1	0,9 bis 1,1	1,2 bis 1,4
Eisenportlandzement	3,05		
Hochofenzement	3,0		
Traß-, Portlandölschieferzement	2,9		

Der Stoffraum für 1 m³ verdichteten Betons ergibt sich somit

für Zement V_z in $dm^3 = \frac{m_z}{\varrho_z} = \frac{\text{Zementmenge in kg}}{\text{Zementdichte in kg/dm}^3}$

für Zuschlag V_g in $dm^3 = \frac{m_g}{\varrho_g} = \frac{\text{Zuschlagmenge in kg}}{\text{Kornrohdichte des Zuschlags in kg/dm}^3}$

für Wasser V_w = aus der Literzahl nach **8.5**

für Porenanteil p = i.M. 15 l/m³.

Addiert man die anteiligen Stoffraummengen, ergibt sich die Formel

$$1000\ \text{l verdichteter Betonstoffraum} = \frac{m_z}{\varrho_z} + w + \frac{m_g}{\varrho_g} + p.$$

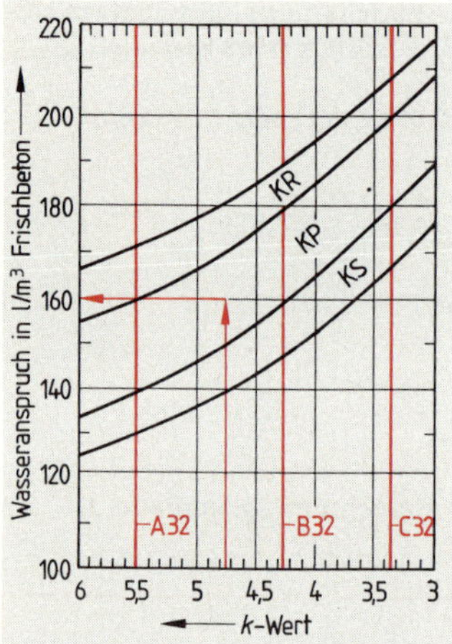

8.5 Gesamtwassergehalt je m³ Frischbeton für Zuschläge 0/32

Der Wasserbedarf richtet sich nach Bild **8.5**. Seine genaue Bestimmung wird durch Streuungen der Zuschlageigenschaften (Kornzusammensetzung, Form, Oberfläche, Eigenfeuchte) erschwert. Mehlkornanteile von > 350 kg/m³ Beton erhöhen den Wasserbedarf, Betonverflüssiger als Betonzusatzmittel mindern ihn um ≈ 5%.

Die Zuschlagmenge erhält man durch Umstellen der Stoffraumformel

Die Zementmenge ergibt sich aus $m_z = m_w : \text{w/z}$, den w/z-Wert entnimmt man Bild **8.2**.

$$\textbf{Zuschlagmenge}\ m_g = \left(1000 - \frac{m_z}{\varrho_z} - w - p\right) \cdot \varrho_g.$$

Die Zuschlagmenge kommt also zustande, indem man zunächst den Stoffraum des Zuschlags feststellt: 1000 dm³ minus Stoffraum Zement minus Stoffraum Wasser minus Stoffraum Luftporen. Es bleibt dann der Stoffraum des Zuschlags, der durch Multiplizieren mit der Kornrohdichte die Zuschlagmenge je m³ Beton in kg ergibt.

Beispiel Geforderte Betonfestigkeit B 35 für Stahlbeton. Konsistenz KP (Mitte), Zement PZ 45 F mit $\varrho_z = 3{,}1$ kg/dm³, Zuschläge 0/32 im günstigen Bereich mit $k = 4{,}75$ und $\varrho_g = 2{,}60$ kg/dm³. Vorhaltemaß: gewählt 4 N/mm². Geschätzter Luftporenraum $p = 15$ l/m³.

Lösung a) Zielfestigkeit = Serienfestigkeit + Vorhaltemaß = 40 N/mm² + 4 N/mm² = **44 N/mm²**

b) w/z-Wert = 0,57 (s. Bild **8.2**)

e) Gesamtwassergehalt nach Bild **8.5** = **160 l/m³ Beton**

d) Zementgehalt $m_z = \frac{\text{Wassergehalt}}{\text{w/z-Wert}} = \frac{160}{0{,}57}$ = **281 kg/m³ Beton** > 280

e) Zuschlagmenge $m_g = \left(1000 - \frac{281}{3{,}10} - 160 - 15\right) \cdot 2{,}60$ = **1908 kg/m³ Beton**

Ergebnis 1 m³ Frischbeton erfordert 281 kg Zement, 160 l Wasser und 1908 kg Zuschlag (**8.6**).

Tabelle **8.6** **Rechenweg din Kurzform**

Einsatzstoffe	Masse in kg je m³ Beton	Dichte kg/dm³	Stoffraum in dm³
Zement	281:	3,10 →	91
Wasser	160:	1,0 →	160
Luft			15
Zuschlag	1908 ←	2,60 ×	734
Frischbeton	2349	2,349	1000

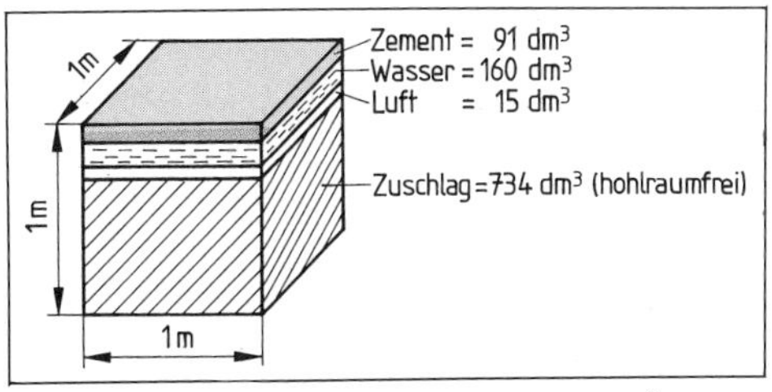

8.7 Stoffraum der Mischungsanteile für 1 m³ Beton, Zement und Zuschlag sind hohlraumfrei (z. B. verflüssigt) vorzustellen

B II-Beton mit besonderen Eigenschaften setzt man im allgemeinen ebenfalls nach Stoffraumrechnung oder Zementleimdosierung zusammen. Dazu sind die vorgeschriebenen Daten der Tab. **8.**8 hinsichtlich Sieblinienbereich der Zuschläge, Zementgehalt, Konsistenz und w/z-Wert einzuhalten, außerdem besondere Forderungen für den Einzelfall. Weichen die Werte der Tabelle **8.**8 von der Berechnung ab, gilt als maßgebliche Zementmenge immer der größere Wert, als maßgeblicher w/z-Wert immer der kleinere.

Als B II-Beton mit besonderen Eigenschaften sind genormt:

- Wasserundurchlässiger Beton
- Beton mit hohem Frostwiderstand
- Beton mit hohem Frost- und Tausalzwiderstand
- Beton mit hohem Widerstand gegen chemischen Angriff
- Beton mit hohem Abnutzungswiderstand
- Beton mit ausreichendem Widerstand gegen Hitze
- Beton für Unterwasserschüttung

Zusatzmittel und Zusatzstoffe tragen zum Erreichen der besonderen Eigenschaften bei, können jedoch Fehler beim Zusammensetzen und Verarbeiten des Betons nicht ausgleichen.

Tabelle **8.**8 **Richtwerte für B II-Beton mit besonderen Eigenschaften nach DIN 1045**

Beton-eigenschaft	Sieb-linien-bereich	Zement-gehalt in kg/m³	Wasser-zement-wert¹)	zusätzliche Anforderungen
Wasser-undurchlässig-keit	–	–	Bauteildicke $d \leqq 40$ cm: w/z ≦ 0,60 $d < 40$ cm: w/z ≦ 0,70	a) Wassereindringtiefe nach DIN 1048 ≦ 5 cm
hoher Frost-widerstand	–	–	w/z ≦ 0,60: bei LP-Gehalt: w/z ≦ 0,70²)	a) Wassereindringtiefe nach DIN 1048 ≦ 5 cm b) Zuschläge mit hohem Frost-widerstand (eF)
hoher Frost- und Tausalz-Widerstand	–	–	w/z ≦ 0,50	a) wie vor b) Zuschläge eFT c) LP-Gehalt²)
				a) wie vor b) wie vor c) Fertigteile in B 55

Fortsetzung s. nächste Seite

Tabelle 8.8, Fortsetzung

Beton-eigenschaft		Sieb-linien-bereich	Zement-gehalt in kg/m³	Wasser-zement-wert[1])	zusätzliche Anforderungen
hoher Widerstand gegen chem. Angriffe mit Angriffsgrad	schwach	–	–	w/z ≦ 0,60	a) Wassereindringtiefe nach DIN 1048 ≦ 5 cm
	stark	–	–	w/z ≦ 0,50	c) Wassereindringtiefe nach DIN 1048 ≦ 3 cm
	sehr stark	–	–	w/z ≦ 0,50	e) wie vor f) Schutz des Betons
hoher Verschleiß-widerstand		nahe A oder B/U	≦ 350 bei Zuschlag 0/32 mm	–	g) Beton ≧ B 35 h) Zuschlag ≦ 4 mm Quarz o. ä.; > 4 mm mit hohem Verschleiß-widerstand
ausreichender Wider-stand gegen Hitze (≦ 250 °C)		A/B		w/z ≦ 0,50	i) Zuschlag mit geringer Tempe-raturdehnung (z. B. Kalkstein, Hochofenschlacke) j) doppelte Nachbehandlungsdauer
Unterwasser-Beton		A 32/B 32	≧ 350	w/z ≦ 0,60	

[1]) Zur Berücksichtigung der Streuungen der Baustellenmischungen ist bei der Bauausführung der w/z-Wert um etwa 0,05 niedriger einzustellen.

[2]) LP-Gehalt = Luftporengehalt. Entsprechend dem Größtkorn der Zuschläge von jeweils 8, 16, 32 oder 63 mm soll der LP-Gehalt 5,5, 4,5, 4,0 oder 3,5 Vol-% betragen. Für steif angemachten Beton sind diese Werte nicht erreichbar. Statt dessen werden gefordert w/z ≦ 0,4 und B 55.

Beton nach Eignungsprüfung wird durch Zementleimdosierung oder Stoffraumrechnung zusammengesetzt.

„Beton mit besonderen Eigenschaften" erfüllt spezielle Anforderungen (z. B. Schutz gegen Frost, Tausalz, Hitze, chemische Angriffe, Durchfeuchtung). Für Kornzusammensetzung und w/z-Wert gelten daher besonders strenge Vorschriften.

8.3 Außenbauteile aus Stahlbeton

Stahlbeton-Außenteile müssen vielfältigen Beanspruchungen widerstehen, z. B. Frost, Hitze und Durchfeuchtung, in zunehmendem Maß auch der schwefeldioxidbelasteten Luft.

Schäden an Stahlbeton-Außenflächen in Form von Rissen und Abplatzungen gehen vorwiegend auf Planungs- und Ausführungsfehler zurück (z. B. zu kleine und feingliedrige Bauteilquerschnitte und ungünstige Bewehrungsführungen). Vor allem aber führt eine unzureichende Betondeckung der oberflächennahen Bewehrung zu frühzeitiger Betonstahlkorrosion, zum Verlust der Betonhaftung, zu häßlichen Korrosionsverfleckungen an Sichtbetonflächen sowie zu Rissen und Abplatzungen. Auch die Betonfestigkeitsklasse B 15 – nach DIN 1045 vom Jahre 1978 für Stahlbeton zulässig – hat sich nicht immer als frost- und witterungsbeständig erwiesen. Inzwischen ist auch bekannt, daß neben dem w/z-Wert der Zementgehalt entscheidenden Einfluß auf die Schadensanfälligkeit des Stahlbetons hat, besonders auf das Korrosionsverhalten des Stahls.

„Richtlinien zur Verbesserung der Dauerhaftigkeit von Außenbauteilen aus Stahlbeton" als Ergänzung zur DIN 1045 von 1978 sollen eine wartungsfreie Lebensdauer der Bauteile von etwa 50 Jahren sicherstellen. Sie sind im neuen Entwurf der DIN 1045 berücksichtigt. Wesentliche Vorschriften:

Die Betonfestigkeitsklasse soll ≥ B25 betragen.

Die Betondeckung c ist als Nennmaß nach Tab. **8.**15 festzulegen. In keinem Fall darf das zugehörige Mindestmaß unterschritten werden.

Der Wasserzementwert w/z ist auf ≤ 0,6 zu begrenzen (Sollwert).

Die Regelkonsistenz KR mit dem Ausbreitmaß $a = 45 \pm 3$ cm ist bevorzugt anzuwenden. Sie erleichtert den Betoneinbau, besonders bei feingliedrigen Bauteilen und engliegender Bewehrung. Die längere Ansteifungsfrist (Frist bis zum Erstarrungsbeginn) des Frischbetons sichert vor allem beim Transportbeton gute Verarbeitungseigenschaften.

Der Zementgehalt für 1 m³ Beton soll 300 kg nicht unterschreiten; für die Zementfestigkeitsklassen Z45 und Z55 sind es ≥ 270 kg.

Die Nachbehandlung ist nach der „Richtlinie zur Nachbehandlung von Beton" (Februar 1984) fachgerecht und sorgfältig durchzuführen. Die Nachbehandlungsdauer richtet sich nach Tab. **8.**9. Sie ist abhängig

- von den Umgebungsbedingungen,
- von der zu erwartenden Festigkeitsentwicklung des Betons, bedingt vom w/z-Wert und der Zementfestigkeitsklasse,
- von der Betontemperatur.

Tabelle **8.**9 **Mindestdauer der Nachbehandlung für Außenbauteile nach der Richtlinie von 1984**

Umgebungsbedingungen	Betontemperatur in °C	Festigkeitsentwicklung üblicher Betonsorten		
		schnell w/z <0,5 — Zement Z55, Z45F	**mittel** w/z <0,5 — Zement Z35L w/z 0,5 bis 0,6 — Zement Z55, Z45, Z35F	**langsam** w/z <0,5 — Zement Z35L-NW/HS, Z25 w/z 0,5 bis 0,6 — Zement Z35L
		Dauer der Nachbehandlung in Tagen (um evtl. auftretende Frosttage zu verlängern)		
I günstig vor unmittelbarer Sonneneinstrahlung und Windeinwirkung geschützt, relative Luftfeuchte durchgehend ≥ 80%	≥10 <10	1 2	2 4	2 4
II normal mittlere Sonneneinstrahlung und/oder mittlere Windeinwirkung und/oder relative Luftfeuchte ≥ 50%	≥10 <10	1 2	3 6	4 5
III ungünstig starke Sonneneinstrahlung und/oder starke Windeinwirkung und/oder relative Luftfeuchte < 50%	≥10 <10	2 4	4 8	5 10

Während der Nachbehandlungszeit sollte keine Betonoberfläche auf < 0 °C abkühlen. Sonst ist die Nachbehandlungszeit mindestens um die Zeit der Frostdauer zu verlängern. Geeignete Maßnahmen:

- Belassen der Schalung,
- Abdecken mit Folien (mit oder ohne Luftzwischenraum),
- Aufbringen wasserhaltender Abdeckungen, z. B. feuchter Jutematten (evtl. mit äußerer Folienabdeckung),
- Aufbringen flüssiger (filmbildender) Nachbehandlungsmittel (so früh wie möglich, vollflächig!).
- Besprühen mit Wasser (flächendeckend und kontinuierlich),

Bei Außentemperaturen unter 3 °C wird empfohlen:

- wärmedämmende Abdeckungen, Umschließen des Arbeitsplatzes oder Beheizen (z. B. Heizstrahler), Betontemperaturen ≥ 3 Tage auf + 10 °C halten;
- Beton ≥ 7 Tage vor Nierderschlag schützen;
- Nachbehandlungs- und Ausschalfristen um die Anzahl der Frosttage verlängern.

Konstruktionsgrundsatz: Regenwasser soll auf dem schnellsten Weg von Betonoberflächen der Außenbauteile abfließen können. Deshalb waagerechte Betonaußenflächen vermeiden, geneigte bzw. angeschrägte Ebenen wählen. Sonst schützende Abdeckungen (z. B. Blechprofile) bzw. Beläge anordnen. Vorspringende Bauteile stets mit Tropfkante ausbilden.

8.4 Herstellen der Bewehrung

Zuschneiden und Formen. Die in Standardgrößen vorhandenen Betonstähle müssen nach der Bewehrungszeichnung zugeschnitten und geformt werden. Einrichtungen dazu finden wir nur noch auf größeren Baustellen. Stationär eingerichtete Biegeplätze mit modernen, leistungsfähigen Maschinen bieten bei entsprechender Auslastung günstige Voraussetzungen zur rationellen Herstellung der Bewehrung. Zunehmend liefern spezialisierte Betriebe die Betonbewehrung verlegefertig auf die Baustelle und übernehmen häufig auch den Einbau.

a)

b)

8.10 Ablängen von Betonstahl

a) Betonstahlschneidemaschine in Alligatorbauweise

b) Schneiden von Betonstahlmatten mit der elektrischen Handschneidemaschine

Die planvolle Einrichtung des Biegeplatzes gewährleistet den zügigen, störungsfreien Arbeitsablauf und bietet ausreichend Schutz für Mensch, Material und Maschine. Überdeckte Boxen trennen die Stähle nach Länge, Durchmesser und Sorte. Sie ermöglichen Ordnung und Übersicht und schützen vor frühzeitiger Rostbildung. Witterungsanfällige Maschinen und Geräte (z. B. Biege- und Schneidegeräte) erfordern überdachte Stellplätze und sorgsame Pflege.

Messen und Ablängen. Zum Abmessen sollten mindestens Meßlatten verwendet werden. Gleiche Stähle werden dabei bündig nebeneinandergelegt und mit Fettkreide markiert. Genauer sind Meßvorrichtungen mit verstellbarem Anschlag. Noch rationeller arbeiten Schneid- und Meßwagen. Sie vereinigen Transport, Messen und Schneiden zu einem Arbeitsvorgang. Eine Seilwinde zieht den Stahl aus den Materialboxen. Freilaufende Transportrollen führen ihn bis zum verstellbaren Anschlag der Meßvorrichtung. Elektrisch betriebene Schneidemaschinen trennen die Stäbe an der gewünschten Stelle. Moderne Geräte in Alligatorbauweise zerteilen eine ganze Stabreihe (z. B. 20 ∅ 14) in einem Schnittvorgang (**8.**10 a). Fixlängen (Stäbe ohne Abbiegungen) gelangen über Rollen unmittelbar zum Stahllager, Biegelängen (Stäbe mit Abbiegungen) passieren zuvor den Biegetisch. Betonstahlmatten lassen sich mit Spezialschneidemaschinen in einem Arbeitsgang über die ganze Mattenbreite schneiden. Zum Nachschneiden (z. B. Aussparungen) und für kleinere Stab-∅ eignen sich die elektrische Handschneidemaschine oder der Bolzenschneider (**8.**10 b).

Bolzenschneider zerteilen noch Stäbe bis ∅ 14 mm (**8.**11). Ihre auswechselbaren Schneidebacken entsprechen meist der Anordnung in Bild **8.**12 a, bei größeren Geräten (**8.**13) auch der Anordnung **8.**12 b. Beim Schneiden mit Handbiegegeräten ist die hohe Scherfestigkeit des Stahls nur durch Anwenden des Hebelgesetzes zu überwinden. Bolzenschneider und Betonstahlscheren sind für kleinere Stückzahlen und Durchmesser noch wirtschaftlich verwendbar.

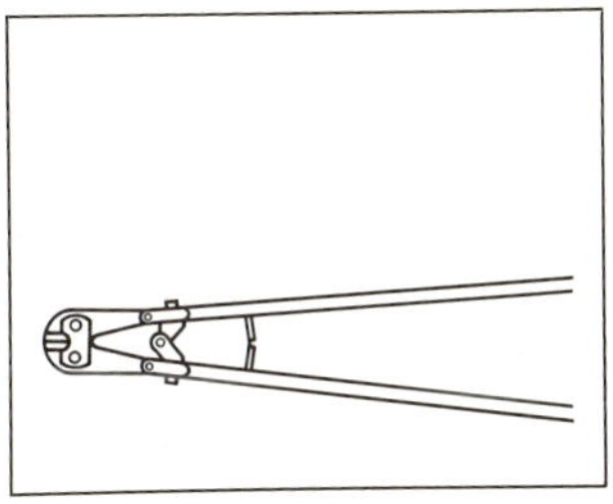

8.11 Bolzenschneider

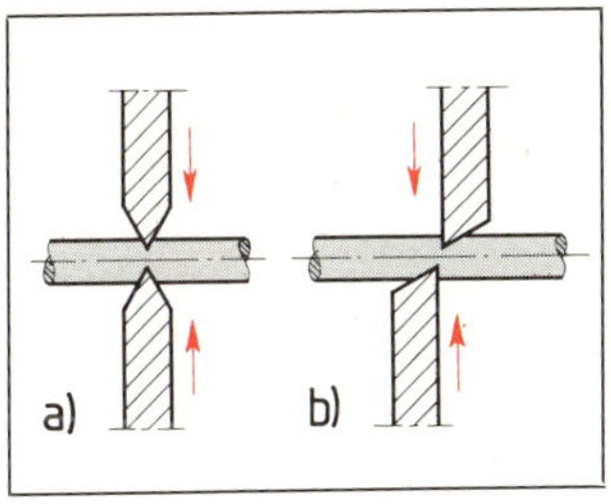

8.12 Wirkungsweise von Betonstahlscheren. Schneidbacken
a) treffen senkrecht aufeinander
b) gleiten aneinander vorbei

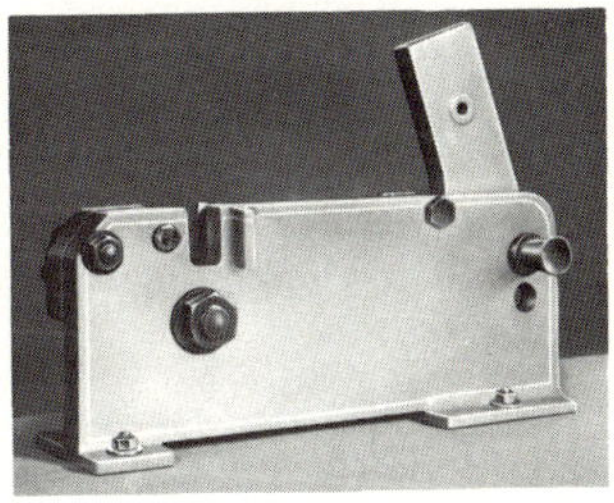

8.13 Betonstahlschere für dickere Stäbe

Meß- und Planungsfehler stellen sich häufig erst beim Biegen oder Einbau der Bewehrung heraus und verursachen dann meist erhebliche Mehrkosten. Besonders bei größeren Stückzahlen sollte man deshalb die Schnittlänge überprüfen und erforderlichenfalls durch eine Probebiegung bestätigen. Dasselbe gilt für Stähle, die von Auflager zu Auflager reichen.

Die Schnittlänge l_S entspricht der Gesamtlänge einer Stabform entlang der Stabmittelachse, die Biegelänge l_B (Einbaulänge) bezieht sich auf die fertig gebogene Stabform (**8.**14). Bei Fixlängen sind Schnitt- und Biegelänge gleich. Gebogene Stabformen erhalten Längenzugaben l_H für Endhaken und l_Z für Auf- bzw. Abbiegungen. Die Summe aller Teillängen muß stets mit der Schnittlänge übereinstimmen.

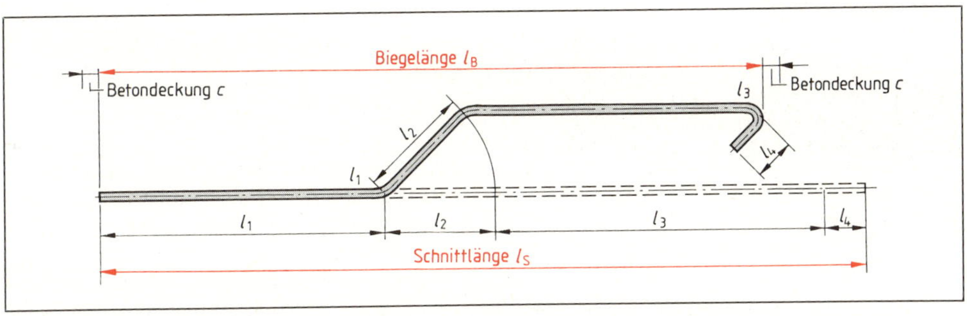

8.14 Schnitt- und Biegelängen einer aufgebogenen Stahlform

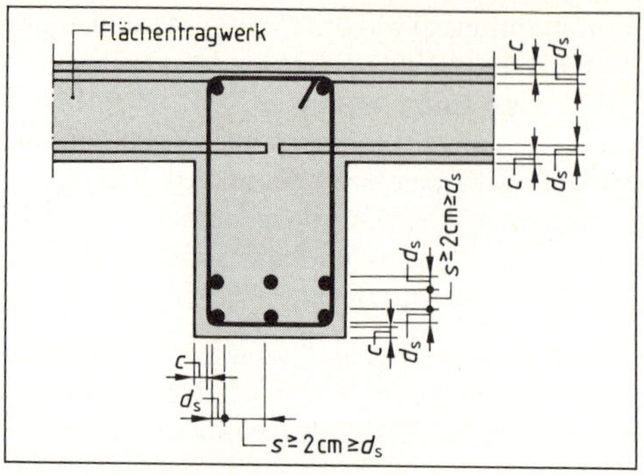

8.15 Betondeckung und lichter Stababstand
c = Nennmaß der Betondeckung
d_s = Stabdurchmesser
a_l = lichter Abstand der Längsstäbe

Betondeckung. Bei den Biegeabmessungen der Bewehrung (auch bei den Bügeln!) sind für Länge, Breite und Höhe der Bauteile die Nennmaße der Betondeckung zu berücksichtigen (**8.**15 u. **8.**16). Sie richten sich nach Stabdurchmesser, Umweltbedingungen und Betonfestigkeitsklasse. Die Mindestmaße der Tab. **8.**16 dürfen an keiner Stelle unterschritten werden. Für extreme Fälle (z. B. erd- oder wasserberührende Bauteile) können Nennmaße zwischen 4 und 8 cm gefordert werden. Weitere Bewehrungslagen aus Bügeln oder anschließenden Bauteilen sind vor allem für die Biegehöhe aufeinander abzustimmen. Dadurch vermeidet man unnötige Zeit- und Materialverluste für das Nachbiegen oder das Erneuern von Bewehrungselementen.

Tabelle **8.**16 **Maße der Betondeckung in cm, bezogen auf die Umweltbedingungen (Korrosionsschutz) und die Verbundsicherung**

	Umweltbedingungen	Stabdurchmesser d_s in mm	**Mindestmaße** für B 25 in cm	**Nennmaße** für B 25 in cm
1	Bauteile in geschlossenen Räumen, z. B. in Wohnungen (einschließlich Küche, Bad und Waschküche), Büroräumen, Schulen, Krankenhäusern, Verkaufsstätten – soweit nicht im folgenden etwas anderes gesagt ist. Bauteile, die ständig trocken sind.	≤ 12 ≤ 16 ≤ 20 ≤ 25 ≤ 28	1,0 1,5 2,0 2,5 3,0	2,0 2,5 3,0 3,5 4,0
2	Bauteile, zu denen die Außenluft häufig oder ständig Zugang hat, z. B. offene Hallen und Garagen. Bauteile, die ständig unter Wasser oder im Boden verbleiben, soweit nicht Zeile 3 oder Zeile 4 maßgebend sind oder andere Gründe dagegen sprechen.	≤ 20 ≤ 25 ≤ 28	2,0 2,5 3,0	3,0 3,5 4,0
3	Bauteile im Freien. Bauteile in geschlossenen Räumen mit oft auftretender sehr hoher Luftfeuchte bei normaler Raumtemperatur (z. B. in gewerblichen Küchen, Bädern, Wäschereien, in Feuchträumen von Hallenbädern und in Viehställen). Bauteile, die „schwachem" chemischem Angriff nach DIN 4030 ausgesetzt sind.	≤ 25 ≤ 28	2,5 3,0	3,5 4,0
4	Bauteile, die besonders korrosionsfördernden Einflüssen auf Stahl oder Beton ausgesetzt sind (z. B. durch häufige Einwirkung angreifender Gase oder Tausalze, auch im Sprühnebel- oder Spritzwasserbereich, oder „starkem" chemischem Angriff nach DIN 4030).	≤ 28	4,0	5,0

(5) Bei Beton der Festigkeitsklasse B 35 und höher dürfen die Mindest- und Nennmaße um 0,5 cm verringert werden. Die Mindestmaße dürfen mit Rücksicht auf den Verbund jedoch nicht kleiner angesetzt werden als der maßgebende Durchmesser der eingelegten Bewehrung bzw. 1,0 cm.

(7) Für Bauteile nach Tab. **8.**16 Zeile 1 ist auch ein B 15 zulässig: min c = 1,5 cm; nom c = 2,5 cm.

Zur Sicherstellung der Mindestmaße der Betondeckung ist vorgeschrieben, daß der Bewehrungszeichnung die Nennmaße nom c zugrundezulegen sind.

Abstandhalter aus Kunststoff, Zementmörtel oder Bewehrungsstahl sichern die Betondeckung und die planmäßige Bewehrung, wenn sie unverschieblich, in ausreichender Anzahl und mit dem Höchstabstand gemäß Tab. **8**.17 eingebaut sind. Wir unterscheiden punkt- und linienförmige Unterstützungen. Klötzchen halten den Abstand zur Schalung, ebenso die Stehbügel und Unterstützungskörbe für obere Deckenbewehrung. S- und U-Haken halten die Wandbewehrung auf Abstand.

Tabelle **8**.17 **Abstandhalter-Richtwerte (Abstände, Anzahl, Anordnung)**

Platten

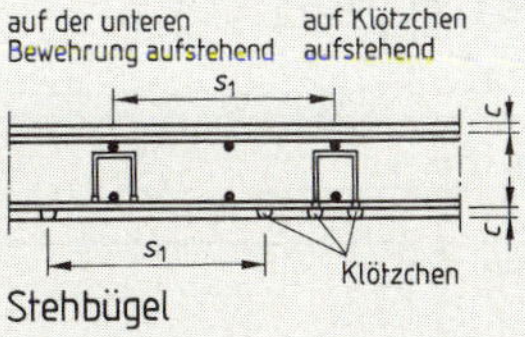

Stabdurchmesser für Stehbügel

Plattendicke d	Stabdurchmesser
bis 15 cm	Ø 8 mm
15 bis 30 cm	Ø 12 mm
30 bis 50 cm	Ø 14 mm
über 50 cm	Sonderlösung

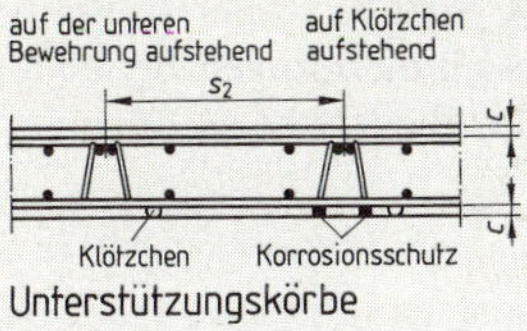

Ø Tragstäbe	Punktförmige Abstandhalter		Linienförmige Abstandhalter	
	max s_1	Stück/m²	max s_2	lfm/m²
bis 6 mm	50 cm	4	50 cm	2
8 bis 14 mm	50 cm	4	70 cm	1,4
über 14 mm	70 cm	2	100 cm	1

Balken, Stützen

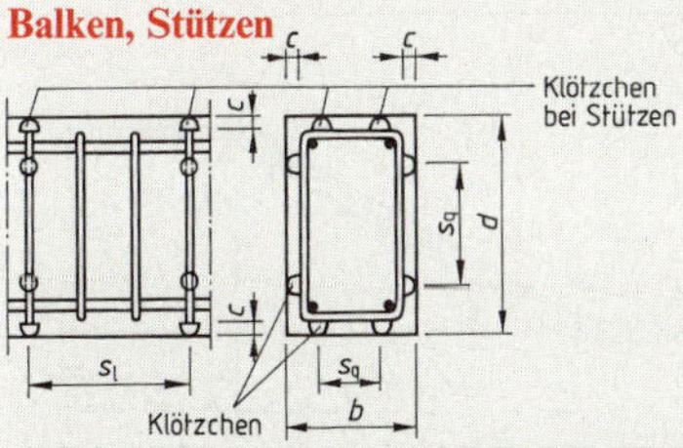

Klötzchen in Längsrichtung	
Ø Längsstäbe	max s_l
bis 10 mm	50 cm
12 bis 20 mm	100 cm
über 20 mm	125 cm

Klötzchen in Querrichtung	
b bis d	Anzahl
bis 100 cm	2 Klötzchen
über 100 cm	3 und mehr Klötzchen max s_q = 75 cm

Wände

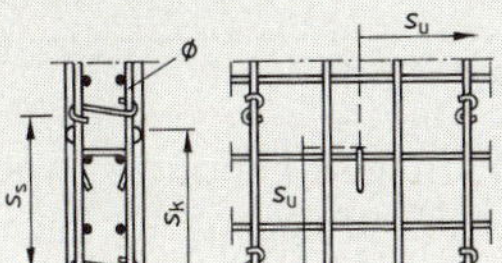

Ø Tragstäbe	Klötzchen		S-Haken (nur erforderlich bei $c \leq 2$ Ø)		U-Haken	
	max s_k	Stück je m² Wand	max s_s	Stück je m² Wand	max s_u	Stück je m² Wand
bis 8 mm	70 cm	4				
10 bis 14 mm	100 cm	2			100 cm	1
über 14 mm	100 cm	2	50 cm	4		

c [cm] Betondeckung [Nennmaß] gemäß Bewehrungszeichnung

Punktförmige Abstandhalter: z. B. Klötzchen; Stehbügel; U-Haken; S-Haken

Linienförmige Abstandhalter: z. B. Unterstützungskorb

Die Maße der dargestellten Stahlformen beziehen sich in der Regel auf die Außenkante, manchmal auch auf die Mittelachse der Stäbe. Schräge Aufbiegungslängen sind als Achsmaße anzugeben. Die Bewehrungszeichnung muß dies eindeutig festlegen.

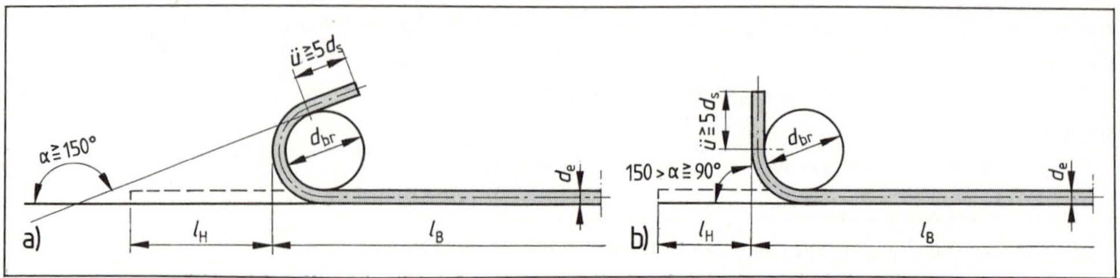

8.18 Hakenformen
a) Haken, b) Winkelhaken

Tabelle **8.**19 **Längenzugaben l_H für Haken und Winkelhaken**

Hakenform	Stahlsorte IV S ≤ ∅ 18	Stahlsorte IV S ∅ 20 bis 28
Haken	~ 9 d_s	~ 11 d_s
Winkelhaken	~ 7 d_s	~ 7 d_s

Beim Berechnen der Schnittlänge geht man von der Biegelänge aus. Für Endhaken (Haken, Winkelhaken, **8.**18) sind Längenzugaben l_H nach Tabelle **8.**19 zu addieren. Bei Aufbiegungen richtet sich die Längenzugabe l_z nach Biegewinkel und Biegehöhe (**8.**20):

$$l_z = l_A - l_G$$

l_z = Längszugabe für Aufbiegungen
l_A = Aufbiegelänge l_G = Grundmaß

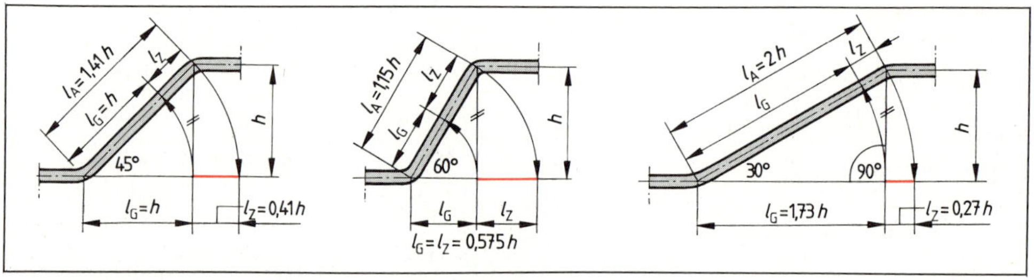

8.20 Die Längenzugabe l_z richtet sich nach Biegewinkel und Biegehöhe

Die angegebenen Rechenansätze sind nach dem Lehrsatz des Pythagoras ermittelt, wobei für die Biegehöhe das Achsmaß einzusetzen ist. Allgemein üblich ist die 45°-Aufbiegung, für flache Bauteile wählt man oft 30°, für dicke (hohe) Bauteile 60°.

Beispiel Berechnen Sie die Schnittlänge des im Bild **8.**21 gezeigten aufgebogenen Tragstabs für Ortbetonbalken (B25) im Wohngebäude. Bügel-∅ = 8 mm; Nennmaß der Betondeckung 2,5 cm nach Tab. **8.**16.

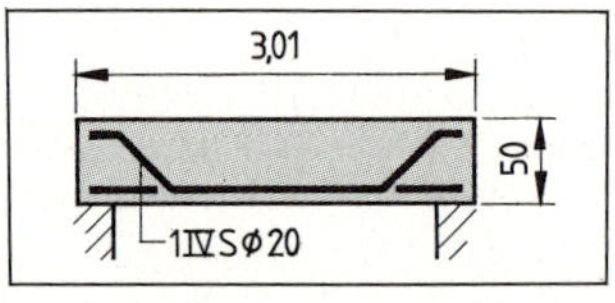

8.21 Tragstäbe in Stahlbetonbalken

Lösung
Einbaulänge = Balkenlänge − 2 · Betondeckung
= 301 cm − 2 · 2,5 cm = 296 cm

Einbauhöhe = Balkenhöhe − 2 · Betondeckung − 2 · Bügeldurchmesser
= 50 cm − 2 · 2,5 cm − 2 · 0,8 cm = 43,6 cm (gewählt 43,5 cm)

Schnittlänge = Einbaulänge + 2 · Längenzugabe l_z für Aufbiegungen
= 296 cm + 2 · 0,41 (43,5 cm − 2 cm) = **330 cm**

Beim Biegen wird der Stahl an der äußeren Randzone des Bogens (Zugzone) gereckt, an der inneren Randzone (Druckzone) gestaucht, wobei häufig die Streckgrenze erreicht wird (**8**.22). Besonders dickere und spröde Stähle können am gezogenen Rand leicht einreißen. DIN 1045 stellt deshalb Bedingungen an die Verformbarkeit der Betonstähle und ihre Verarbeitung: Der gerippte Stahl muß den Rückbiegeversuch bestehen.

Rückbiegeversuch nach DIN 488. Die Stähle werden bei Temperaturen zwischen 15 und 25 °C auf baustellenüblichen Maschinen um den Biegerollendurchmesser mit ~ 90° Biegewinkel gebogen, anschließend durch Erwärmen auf 250 °C und Halten dieser Temperatur über eine halbe Stunde gealtert und nach Abkühlen auf Raumtemperatur um ≧ 20° zurückgebogen. Für angerissene oder gebrochene Stähle gilt die Prüfung als nicht bestanden. Die Stäbe sind so zu legen, daß die Quer- oder Schrägrippen an der Stelle ihrer größten Höhe an der Biegerolle anliegen.

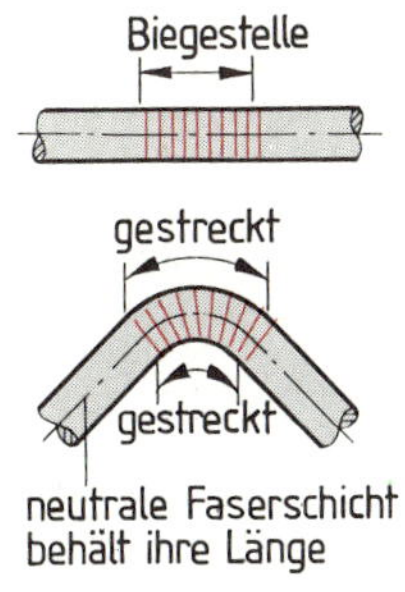

8.22 Beanspruchung der Fasern an der Biegestelle

Kühle Witterung erfordert besondere Vorsicht beim Biegen, weil die Betonstähle dann leicht verspröden und brüchig werden (Kaltbruchgefahr). Bei Temperaturen unter 5 °C sollte man deshalb größere Biegerollen und geringere Biegegeschwindigkeiten wählen. Bei stärkerem Frost lagert und biegt man die Stähle sicherheitshalber in beheizten Hallen.

Der Rückbiegeversuch nach DIN 488 weist die Eignung des Stahls zum üblichen Biegen nach DIN 1045 nach. Arbeitstechnisch bedingtes Hin- und Zurückbiegen des Betonstahls auf der Baustelle (z. B. Abbiegen vorstehender Anschlußbewehrung) darf nur nach bestimmten Vorschriften geschehen (DIN 1045, Merkblatt „Rückbiegen von Betonstahl").

> Biegen und Rückbiegen erhöhen zwar die Stahlfestigkeit, mindern jedoch die Verformbarkeit und Dauerschwingfestigkeit erheblich.

Rückbiegen von Betonstahl dient meist zur Arbeitsvereinfachung (z. B. beim Einschalen). Vorstehende (störende, auch sicherheitsgefährdende) Bewehrungsstäbe werden dabei vorübergehend abgebogen und später in ihre planmäßige Lage zurückgebogen. Dazu eignen sich alle Betonstähle nach DIN 488, andere zugelassene Stähle nur teilweise. Unzureichend zurückgebogene Stäbe mit bleibenden Krümmungen erzeugen Umlenkkräfte, die Betonabplatzungen oder deutlich größere Rißbreiten im Rückbiegebereich hervorrufen können.

Vorschriften und Ausführungsempfehlungen beziehen sich auf das Kalt- und Warm-(Zurück-)biegen (**8**.23).

Das Kaltrückbiegen ist nur für Stab-∅ ≤ 14 mm zulässig; Biegerollen-∅ $\geq 6\,d_s$, Biegewinkel ≤ 90° (Hinbiegen! **8**.24). Günstige Voraussetzungen für das Rückbiegen (Geraderichten) der Stäbe liegen vor, wenn der Stab bis zum Krümmungsbeginn einbetoniert ist (**8**.25a) oder wenn ≥ 3 cm für den Einsatz eines Kröpfeisens als Gegenhalter verbleiben (**8**.25b). Falsch ausgeführte Rückbiegevorgänge mit unerwünschten Verkröpfungen zeigen die Bilder **8**.25c und d. Betonabplatzungen entstehen vorzugsweise, wenn nach außen (gegen die Betondeckung) zurückgebogen wird (**8**.26c) oder der Krümmungsbereich einbe-

Tabelle **8**.23 **Hin- und Rückbiegen**

Temperatur	„hin"	„rück"
	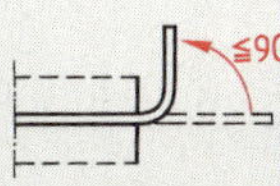	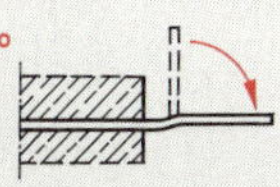
normal	Kaltbiegen Biegen[1])	Kaltrückbiegen Rückbiegen[1])
hoch (etwa 900 °C)	Warmbiegen	Warmrückbiegen

[1]) Verwendet zur sprachlichen Vereinfachung statt „Kaltbiegen" bzw. „Kaltrückbiegen"

toniert ist (**8**.27). Unzulässig ist wiederholtes Hin- und Zurückbiegen an gleicher Stelle, ferner das Rückbiegen bei Frost. An mehrlagiger Bewehrung sollte man das Rückbiegen vermeiden, ebenso an wichtigen und hochbelasteten Bauteilen. Wegen der Rückfederwirkung des Stahls muß man stets ausreichend über die Sollage hinaus zurückbiegen. Der Biegerohr-Innendurchmesser soll nur wenig größer als der Stabdurchmesser sein. Beim Rückbiegen wird das Biegerohr am Krümmungsbeginn aufgesetzt und mit gleichmäßigem Kraftaufwand gedreht – nicht ruckartig oder durch Hammerschlag! Dabei sind Kerbungen an der Stahloberfläche zu vermeiden. Schweißstellen (z. B. an Betonstahlmatten) müssen mindestens 4 d_s vom Krümmungsbeginn entfernt liegen. Lose Betonteile sind nach dem Rückbiegen zu entfernen.

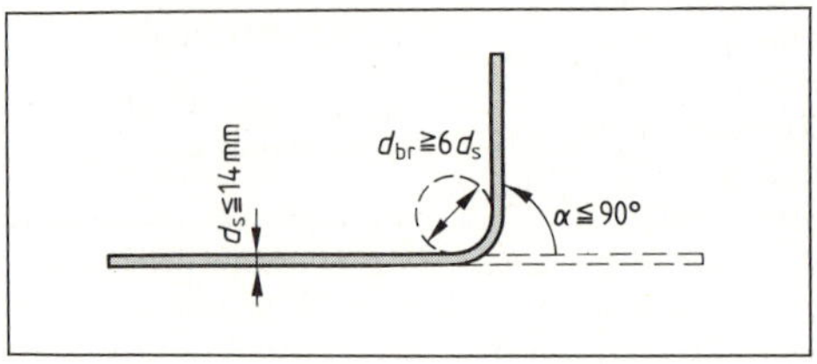

8.24 Hinbiegen, Biegerollen-∅ und Rückbiegen

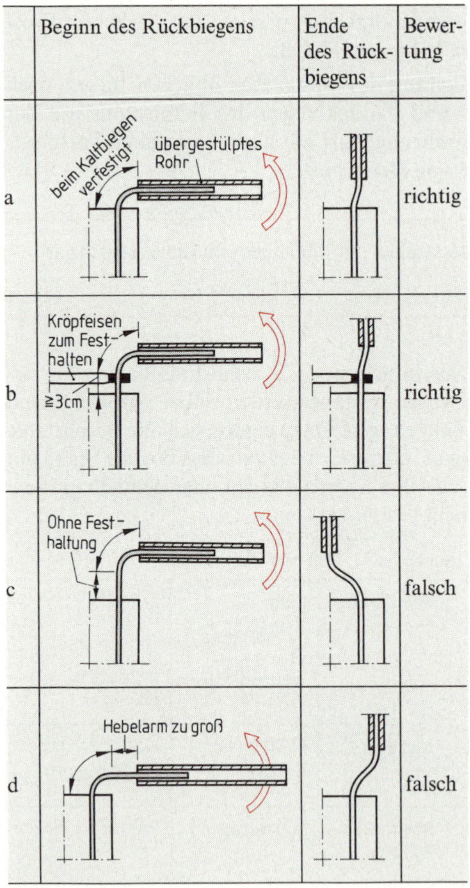

8.25 Beim Hinbiegen stets die Rückbiegerichtung beachten!

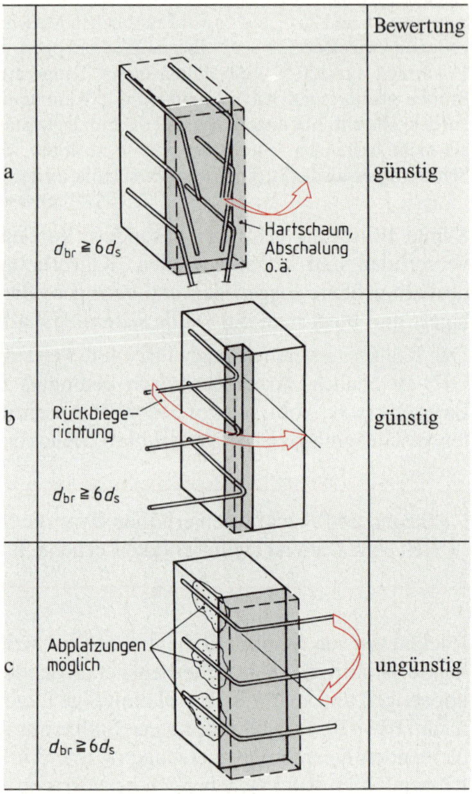

8.26 Richtiges und falsches Rückbiegen mit dem Stahlrohr

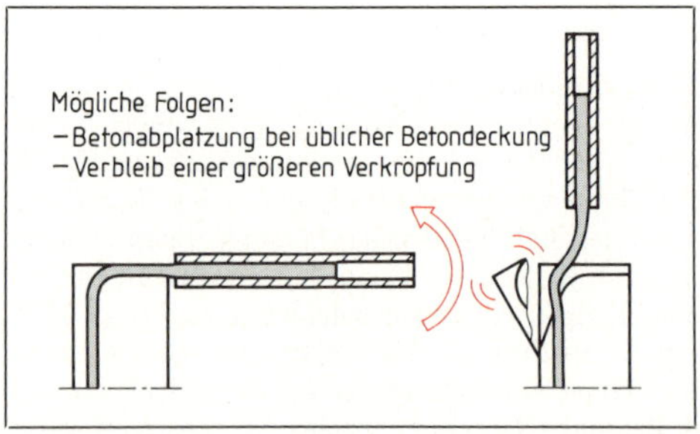

8.27 Folge einbetonierter Krümmungen beim Rückbiegen

Das Warm-(Zurück-)biegen wendet man stets an Stababbiegungen bereits einbetonierter Stähle von ≥ 16 mm Stab-∅ an. Wegen der unvermeidlichen Festigkeitsverluste (ab ≈ 500 °C) muß die Maßnahme mit dem Statiker abgesprochen werden. Der Biegebereich wird bis zur Rotglut erhitzt (≈ 900 °C) und anschließend langsam abgekühlt.

Biegerollendurchmesser d_{br} nach Tabelle **8**.29 sind vorgeschriebene Mindestwerte (**8**.28). Für Haken und Schlaufen hängt die Biegerollengröße von der Biegefähigkeit des Materials (Stahlsorte) und von der Stabdicke ab. Aufbiegungen erhalten deutlich größere Krümmungs-∅, weil an den Knickstellen infolge Umlenkung der Zugkräfte erhebliche Betonpressungen (Umlenkpressungen) auftreten. An Knickstellen mit kleinem Radius können die Betonspannungen bis über die Würfelfestigkeit hinaus ansteigen (**8**.30). Die Folge sind Betonabplatzungen infolge

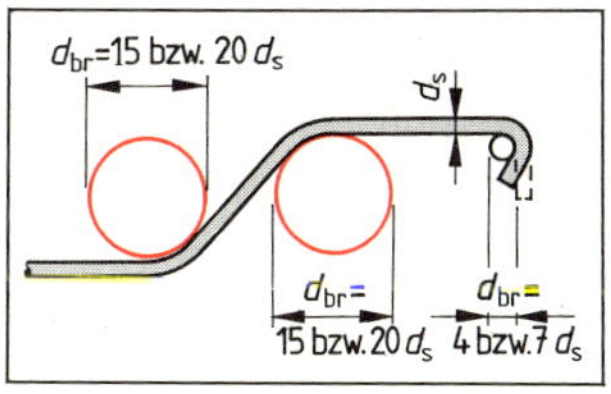

8.28 Biegerollen für Endhaken und Aufbiegungen

Tabelle **8**.29 **Mindestwerte der Biegerollendurchmesser d_{br}**

Betonstahlsorte	BSt 420 S (III S)	BSt 500 S und 500 M (IV S und IV M)
Stabdurchmesser d_s in mm	Haken, Winkelhaken, Schlaufen 	
< 20	$4\,d_s$	
20 bis 28	$7\,d_s$	
> 28	–	
Betondeckung rechtwinklig zur Krümmungsebene	Aufbiegungen und andere Krümmungen von Stäben (z. B. in Rahmenecken)[1] 	
> 5 cm und > 3 d_s	$15\,d_s$[2]	
≦ 5 cm und ≦ 3 d_s	$20\,d_s$	

[1]) Werden Stäbe mehrerer Bewehrungsanlagen an einer Stelle abgebogen, sind für die Stäbe der inneren Lagen die 1,5fachen Biegerollen-∅ zu wählen.

[2]) Der Biegerollen-∅ darf bei vorwiegend ruhender Beanspruchung auf $d_{br} = 10\,d_s$ vermindert werden, wenn die Betondeckung rechtwinklig zur Krümmungsebene und der Abstand der Stäbe ≥ 10 cm und ≥ 7 d_s betragen.

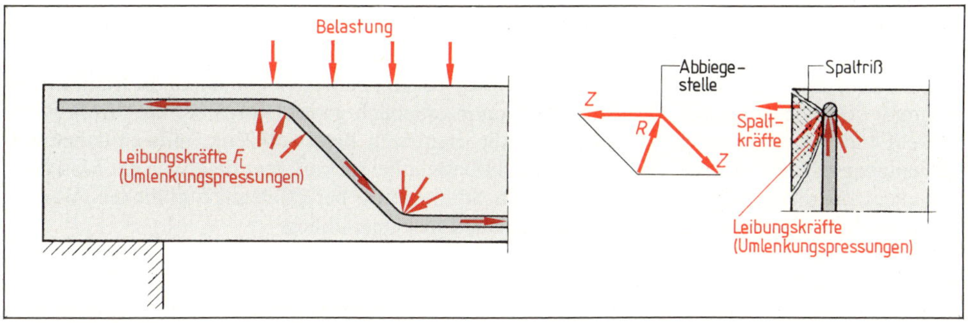

8.30 Leibungskräfte an Stabkrümmungen gefährden den Stahlbetonverbund (R = Resultierende aus den Leibungsspannungen zwischen Beton und Stahl)

Spaltwirkung. Besonders gefährdet ist der seitliche Rand. Seitliche Betondeckung $\leqq 5$ cm bzw. $\leqq 3d_s$ erfordert deshalb größere Biegerollendurchmesser (**8**.29). Stark gefährdet sind auch Bauteile mit Abbiegungen mehrerer Bewehrungsanlagen an einer Stelle (z. B. Rahmenecken). Dort sollte man den Biegerollen-∅ um 50% größer wählen.

Biegemaschinen mit elektrischem Antrieb gehören zur Einrichtung jeder größeren Biegeanlage. Drehbare Biegeteller mit auswechselbaren Biegerollen (Mittelbolzen) und versetzbaren Biegebolzen übertragen die Kräfte auf den Stab. Dabei wird der Stab gegen die Biegerolle gedrückt und mit dem Biegebolzen umgebogen (**8**.26). Verstellbare Gegenhalter (Rolle, Steuerstift oder Schiene) auf Lochschienen verhindern ein Ausweichen.

8.31 Biegemaschine mit Biegerollen

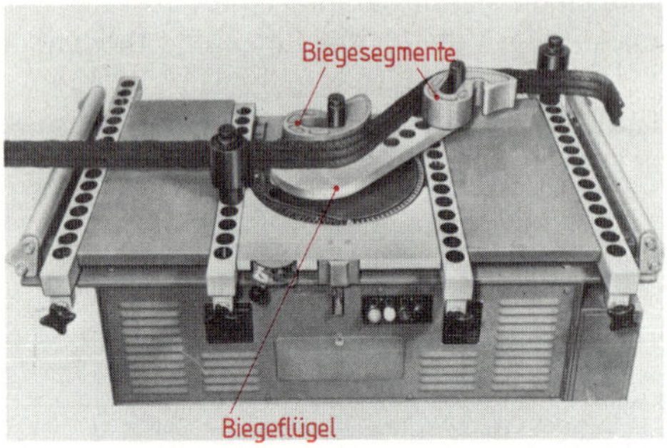

8.32 Biegemaschine mit -flügel und -segmenten

Für größere Biegeradien ersetzt man die Biegerolle durch leichtere und handliche Biegesegmente. Aufsetzbare Biegeflügel ermöglichen Doppelaufbiegungen in einem Arbeitsgang (**8**.32). Die Biegegeschwindigkeit ist durch mehrere Gänge oder stufenlos regulierbar. Alle Biegewinkel können über Gegenhalter-Lochschienen genau eingestellt werden. Fußschalter mit Ausschaltautomatik sind für Links- und Rechtslauf des Biegetellers eingerichtet und bieten Arbeitssicherheit. Zusatzeinrichtungen gibt es zum Biegen von Ringen, Spiralen, Bügeln u. a. sowie für programmierte Steuerung.

Biegefehler entstehen leicht durch Abbiegen in die falsche Richtung. Zeit- und Materialverluste sind die Folge. Erinnert sei hier noch einmal an die DIN-Vorschriften über das Hin- und Zurückbiegen. Beim Biegen wird der Stab an der Abbiegestelle infolge Zugdehnung etwas länger, er „wächst". Mehrfach abgebogene Stähle (z. B. Bügel) sollten deshalb nach einer ersten Probebiegung nachgemessen werden. Gegebenenfalls sind die Abbiegemarkierungen entsprechend zu ändern.

Rost, Beschädigungen oder Abfallteile an den Biegerollen behindern manchmal die Stabführung während des Biegevorgangs. Der Stahl wird dann erheblich gereckt (oft über die Streckgrenze hinaus) und verliert dadurch an Festigkeit. Alle drehbaren Biegewerkzeuge müssen daher stets gut gangbar gehalten werden. Die gleiche Gefahr besteht bei ruckartigem Betätigen der Maschine, vor allem für die spröderen kaltverwundenen Stähle sowie bei größeren Stabdicken. Weiches Anfahren und geringe Biegegeschwindigkeiten sind hier unerläßlich.

Richtiges Anlegen der Stäbe an die Biegerolle ist Voraussetzung für maßgenaue Biegeformen. Als Regel für Biegegeräte ohne „Aufzieh-Wirkung" gilt: Der Biegeriß (Biegemarke) für Aufbiegungen und Krümmungen liegt stets auf Mitte Biegerolle (**8**.33), der Biegeriß für Haken und Schlaufen muß um das Maß des Stab-∅ vor der Biegerolle liegen (**8**.34).

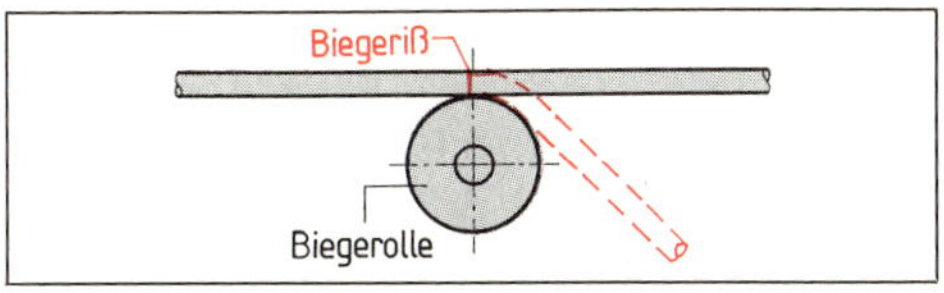

8.33 Biegerisse für Aufbiegungen liegen auf Mitte der Biegerolle

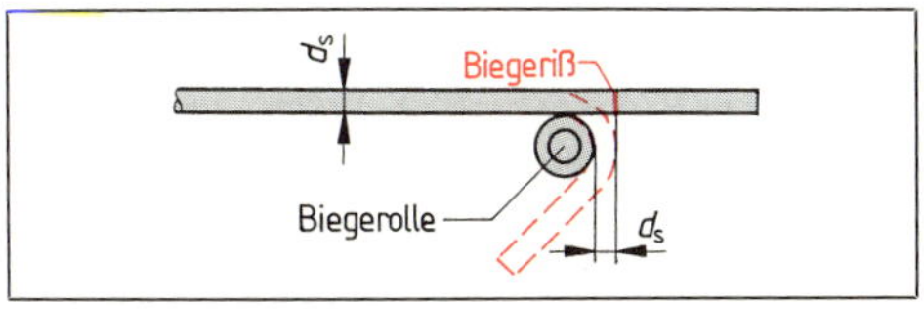

8.34 Biegemarken für Haken liegen um Stabdicke vor der Biegerolle

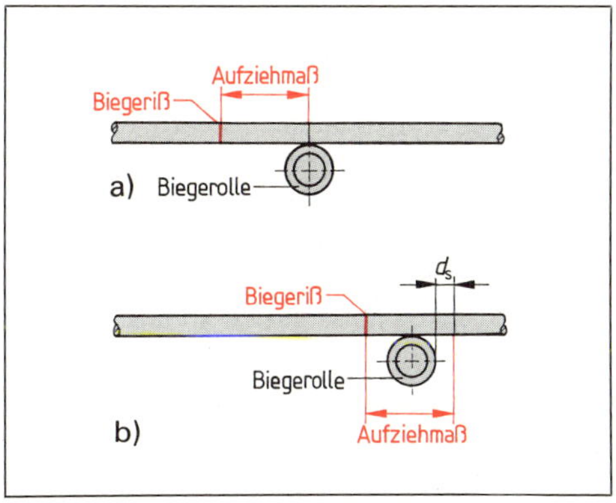

8.35 Um das Aufziehmaß zurückversetzter Biegeriß a) für Aufbiegungen, b) für Endhaken

Aufziehmaße sind bei vielen Geräten zu berücksichtigen und müssen deshalb vor Arbeitsbeginn bekannt sein. Das Aufziehmaß ist die Länge, um die der Stab während des Biegevorgangs vom Biegebolzen mitgezogen wird. Aufziehmaße hängen ab von Biegegerät, Stabdurchmesser und Stahlsorte. Ihre Länge kann man durch Probebiegung ermitteln. Die Biegerisse müssen stets um das Aufziehmaß vom Anlegepunkt zurückverlegt werden (**8.**35).

Handbiegegeräte (Biegeplatten) nach Bild **8.**36 benutzt man auf der Baustelle noch für Bewehrungen mit kleinerer Stückzahl und zum Nachbiegen fertiger, jedoch ungenauer Biegeformen. Mit Hilfe eines Handhebels biegt man den an einfachen Gegenhaltern abgestützten Stab um eine Biegerolle bzw. ein Biegesegment herum. Für Aufbiegungen zeichnet man auf die Arbeitsplatte zunächst einen Riß parallel zur Anschlagkante im Abstand h. Anschließend wird unter Berücksichtigung des Biegewinkels (z.B. 45°) der Schrägriß aufgetragen, wobei zwischen Biegerolle und Rißlinie der Abstand d_s (Stabdurchmesser) einzuhalten ist (**8.**37). Liegt der Stab im richtigen Abstand zur Biegerolle, drückt man den Hebel (möglichst ohne abzusetzen) so weit herum, bis der abgebogene Stabteil und der aufgetragene Schrägriß übereinanderliegen.

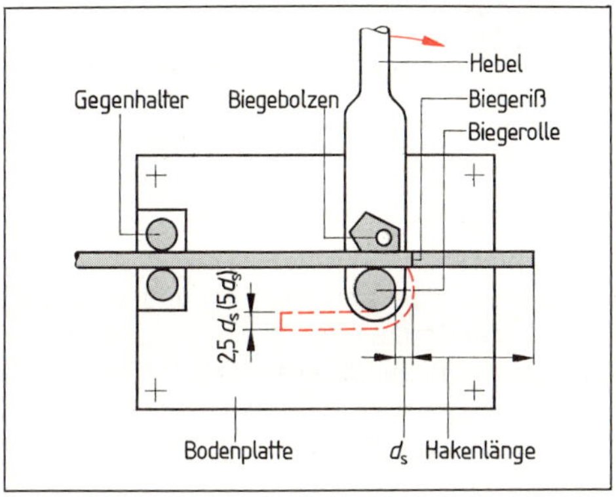

8.36 Handbiegeplatte

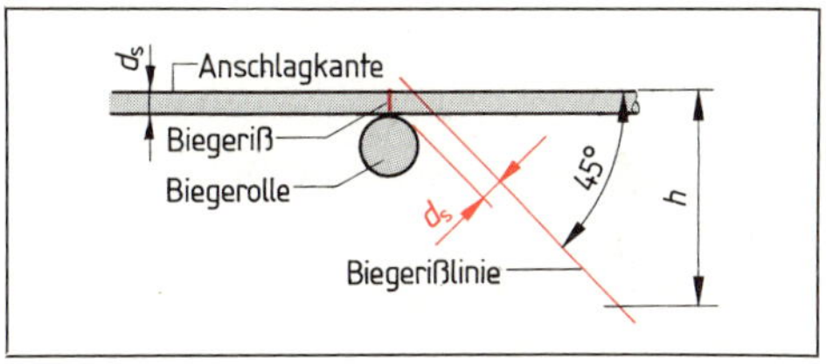

8.37 Biegen von Hand nach Rißlinien

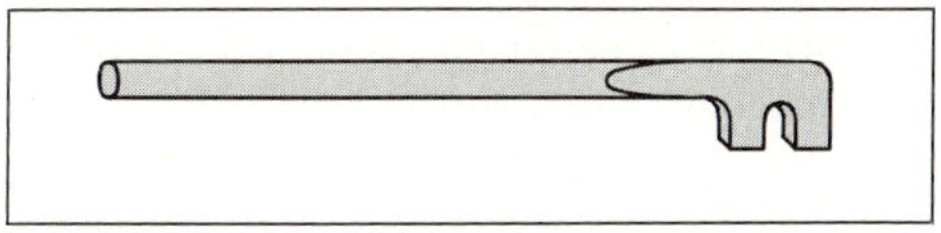

8.38 Kröpfeisen

Beim Herstellen von Bügeln wird einer der vorgeschriebenen Endhaken zunächst nur rechtwinklig abgebogen. Nach dem Schließen des Korbs biegt man auch dieses Ende erforderlichenfalls um. Für einfache Biege- und Nachbiegearbeiten benutzt man auch das Kröpfeisen (**8.**38).

Die Betonbewehrung wird meist in mechanisierten Biegebetrieben vorgefertigt und kommt von dort aus verlegefertig auf die Baustelle. Meß- und Planungsfehler vermeidet man durch ständige Kontrolle der Schnitt- und Biegelängen sowie durch Probebiegungen. Für die Biegelänge und -höhe sind vorgeschriebene Nennmaße für die Betondeckung zu berücksichtigen, Schnittlängen entsprechen der Gesamtlänge der Stabmittelachse.

Mindestwerte für Biegerollendurchmesser verringern die Beanspruchung von Stahl und Beton an den Abbiegestellen. Der Anlegepunkt der Stabmarkierung zur Biegerolle hängt ab von der Biegeform und vom Aufziehmaß des Biegegeräts.

Ruckartiges Biegen kann die Stahlfestigkeit mindern. Bei Frost besteht Kaltbruchgefahr.

Das (Kalt-)Rückbiegen erfolgt nach den Richtlinien, das Warm-Rückbiegen nach Absprache mit dem Statiker.

8.5 Bewehrungsrichtlinien

Verankerung der Betonstähle. Aus Band 1 wissen wir vom Stahlbeton, daß die im Material anfallenden Druckkräfte vom Beton, die Zugkräfte dagegen vom Stahl aufzunehmen sind. Die Zugkräfte werden durch Haftverbund (feste, unverschiebbare Einlagerung der Bewehrungsstäbe innerhalb des Betongefüges) in den Stahl eingeleitet. Dabei entstehen Haftspannungen an der Stahloberfläche, die bei stetiger Laststeigerung Beton und Stahl voneinander ablösen, so daß die Bewehrung völlig wirkungslos wird (**8**.39). Alle Stabenden der Bewehrung sind in dieser Weise besonders gefährdet und erfordern deshalb eine sorgfältige Verankerung. Gerippter Stahl bietet dazu besonders gute Voraussetzungen, glatter nicht (vgl. die Ausziehfestigkeit von Nagel und Schraube).

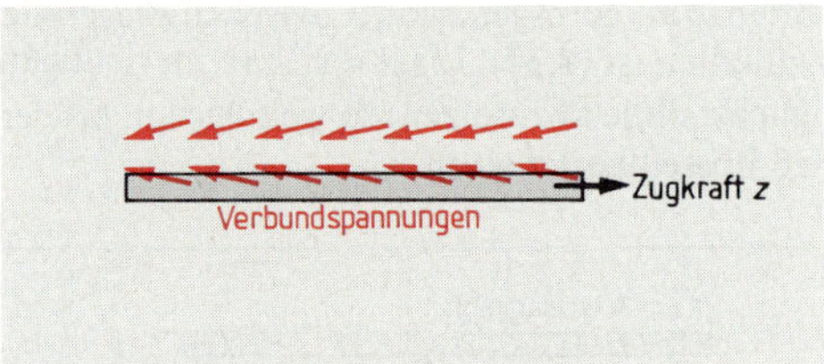

8.39 Verbundspannungen zwischen Beton und Stahl

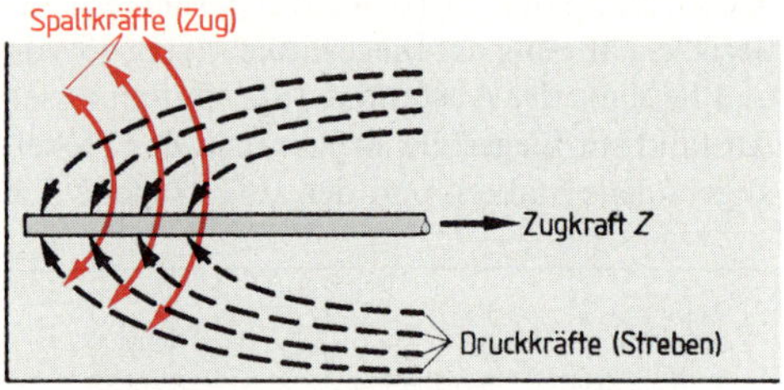

8.40 Spaltkräfte am Stabende gefährden den Haftverbund

Bild **8**.40 zeigt die Endverankerung eines Stabes durch Verbund. Dabei stützen sich schräge Betondruckstreben auf den Stahlrippen ab. Das hat Zugkräfte (Spaltkräfte, -zug) quer zum Stab zur Folge. An hochbeanspruchten Auflagern steigen diese Zugkräfte steil an und erfordern in besonderen Fällen (z. B. bei indirekter Auflagerung auf Balken, **8**.46) eine entsprechende Zugbewehrung entlang des Auflagers. Direkte Auflagerung (z. B. auf Wänden und Pfeilern) bietet den Spaltzugkräften wirksamen Widerstand.

Verankerungselemente sind:

- gerades Stabende (**8**.41 a),
- Haken, Winkelhaken, Schlaufen (**8**.41 b und c),
- angeschweißte Querstäbe (z. B. an Betonstahlmatten, **8**.41 d),
- angeschraubte oder angeschweißte Ankerkörper (**8**.41 e),

Das gerade Stabende erfordert die größte Verankerungslänge.

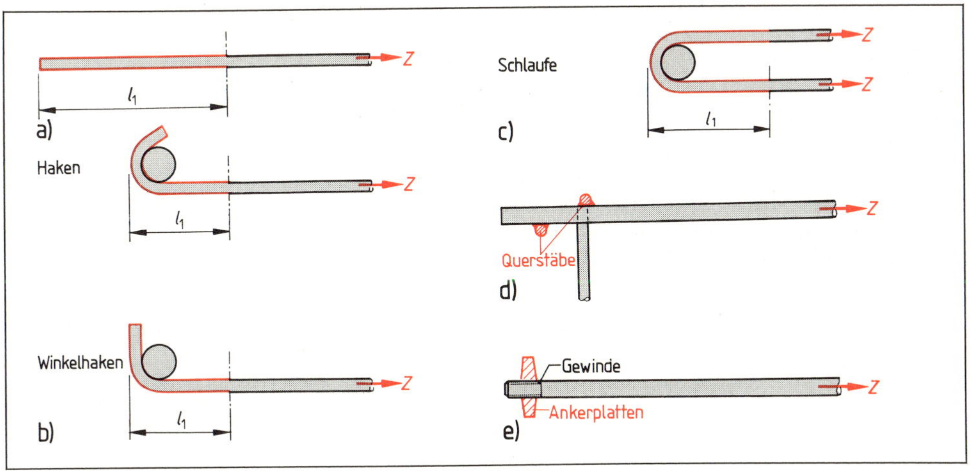

8.41 Verankerungselemente

a) gerades Stabende
b), c) Haken, Winkelhaken und Schlaufen
d) angeschweißte Querstäbe
e) angeschraubte oder angeschweißte Ankerplatten

Verbundbereiche I und II gliedern den Betonquerschnitt in Flächenteile mit guter (I) und schlechter (II) Verbundwirkung (**8.42**a). Die schlechtere Verbundeigenschaft im oberen Querschnittsteil (II) entsteht, weil bald nach dem Einbringen des Frischbetons ein Teil der feinen Zuschlag- und Zementkörner nach unten sinkt (Sedimentation, Bluten). Dabei bilden sich trennende Wasserlinsen an der Unterseite von Zuschlagkörnern und Bewehrungsstäben (**8.42**b). Verminderte Betonfestigkeit und unterbrochene Haftflächen sind die Folgen (vgl. die Ausziehfestigkeit von Schrauben in weichem und hartem Holz). Die zulässigen Verbundspannungen τ hängen deshalb je nach Betonfestigkeitsklasse wesentlich von der Stablage ab. Für den guten Verbundbereich I sind für τ-Werte zwischen 1,4 und 3,0 N/mm² zugelassen, für den Bereich II gelten die halbierten Werte.

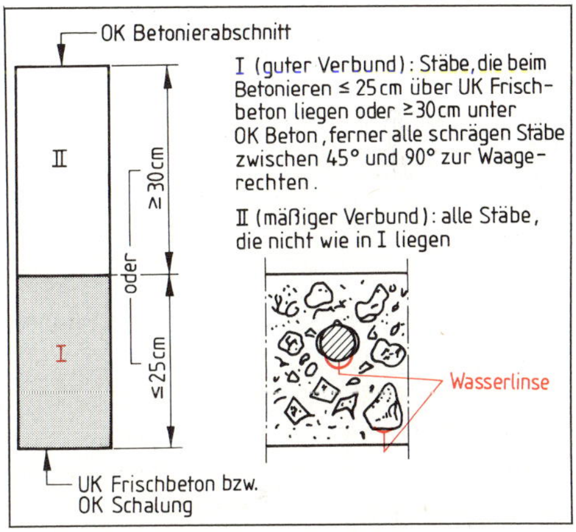

8.42 a) Verbundbereiche I (günstig) und II (ungünstig)
b) Typische Wasserlinsenbildung unterhalb von Bewehrungsstäben und Zuschlagkörnern

Beispiel 1 In Beton B 25 dürfen Betonstähle mit Haftspannungen von $\tau \leqq 0{,}9$ N/mm² im Bereich II und $\leqq 1{,}8$ N/mm² im Bereich I verankert werden (**8.43**). Stablage II ermöglicht nur halb so hohe Verankerungskräfte wie Stablage I. Welche Zugspannung F_z kann damit auf 30 cm Haftlänge in einen Stab ∅ 10 eingeleitet werden?

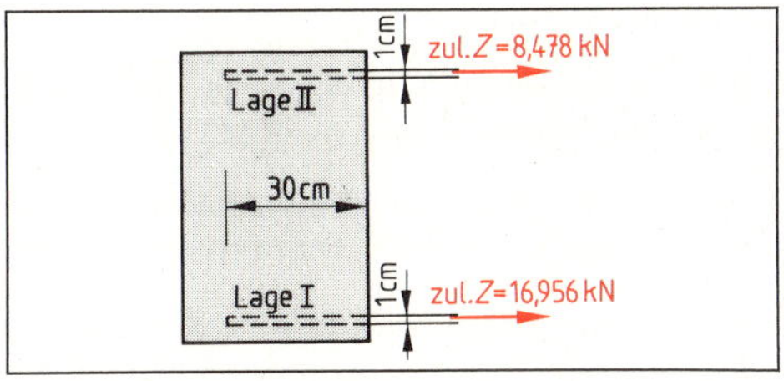

8.43 Stablage II ermöglicht nur halb so hohe Verankerungskräfte wie Stablage I

Lösung a) Verbundbereich I

Zugkraft

F_{zul} = Haftfläche $A \cdot$ Haftspannung

$F_{zul} = U \cdot l \cdot \tau = d_s \cdot \pi \cdot l \cdot \tau$

$F_{zul} = 10\ \text{mm} \cdot 3{,}14 \cdot 300\ \text{mm} \cdot 1{,}8\ \text{N/mm}^2$

$F_{zul} = 16956\ \text{N} = \mathbf{16{,}956\ kN}$

b) Verbundbereich II

Zugkraft $F_{zul} = U \cdot l \cdot \frac{\tau}{2} = d_s \cdot \pi \cdot l \cdot \tau$

$F_{zul} = 10\ \text{mm} \cdot 3{,}14 \cdot 300\ \text{mm} \cdot \frac{1{,}8}{2}\ \text{N/mm}^2$

$F_{zul} = 8478\ \text{N} = \mathbf{8{,}478\ kN}$

Beispiel 2 Vergleichen Sie Gesamtquerschnitt und Haftflächen von 12 Stäben ⌀ 8 und 3 Stäben ⌀ 16; Haftlänge = 10 cm (**8**.44).

Lösung a) Stahlquerschnitte

$A_{s\,\varnothing 8} = 12 \cdot 0{,}8^2 \cdot \frac{3{,}14}{4} = \mathbf{6{,}03\ cm^3}$

$A_{s\,\varnothing 16} = 3 \cdot 1{,}6^2 \cdot \frac{3{,}14}{4} = \mathbf{6{,}03\ cm^2}$

b) Haftfläche auf 10 cm

$A_{\varnothing 8} = 12 \cdot 0{,}8 \cdot 3{,}14 \cdot 10 = \mathbf{301{,}40\ cm^2}$

$A_{\varnothing 16} = 3 \cdot 1{,}6 \cdot 3{,}14 \cdot 10 = \mathbf{150{,}70\ cm^2}$

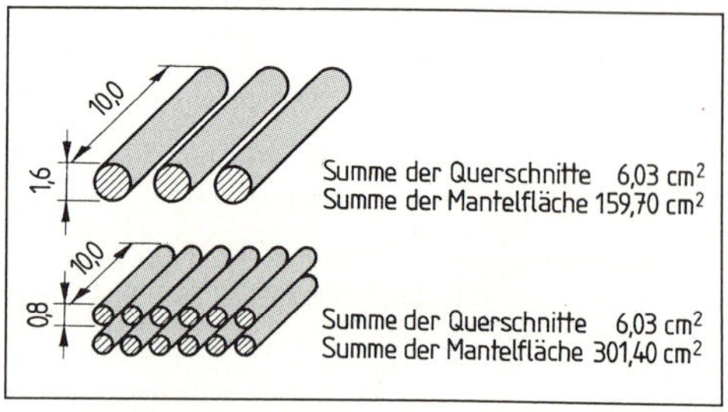

8.44 Bei gleichem Gesamtquerschnitt bieten dünne Stäbe größere Haftflächen als dicke

Ergebnis Die Gesamtquerschnitte der verglichenen Stähle und damit die Gesamtzugfestigkeit sind gleich, jedoch bieten die dünneren Stäbe (⌀ 8) doppelte Haftfläche.

Im Verbundbereich II kann (bei gleicher Verankerungslänge) nur die halbe Verankerungskraft aufgenommen werden.

Verankerungsart und Verankerungslängen werden vom Bauingenieur festgelegt und in die Bewehrungszeichnung übernommen. Dazu sind umfassende Kenntnisse der Festigkeitslehre und der Konstruktionsrichtlinien nach DIN 1045 erforderlich. Eigenmächtige Änderungen der Verankerungselemente sind daher unzulässig. Bewehrungszeichnungen sollen darüber genaue Angaben enthalten, besonders über die Verankerungslängen.

Verankerungen in biegebeanspruchten Stahlbetonkonstruktionen sind erforderlich

- an End- und Zwischenauflagern,
- für Bewehrungen, die im Bereich abnehmender Biegezugkräfte entbehrlich werden (z. B. bei gestaffelter Bewehrung) und vor dem Auflager enden,
- hinter Auf- und Abbiegungen zur Schubsicherung,
- im Bereich von Bewehrungsstößen.

End- und Mittelauflager erhalten Verankerungen nach Bild **8**.45. Überlappend gestoßene Stäbe über Mittelauflagern bieten mehr Sicherheit bei unplanmäßiger Beanspruchung (z. B. Brand, Senkung) als getrennt aufliegende (**8**.45b). An indirekten Auflagern wie beim Überzug **8**.46 müssen die Tragstäbe stets oberhalb der unteren Bewehrung (Feldbewehrung) des Hauptträgers eingeführt werden.

Direkte Auflager bieten z. B. Wände und Pfeiler, auch Balken bei Einbindung von Decken bzw. Nebenbalken in der oberen Querschnittshälfte (**8**.48).

Indirekte Auflagerung liegt beim Einbinden von Decken bzw. Nebenbalken in der unteren Querschnittshälfte des Hauptbalkens vor (**8**.49). Sie erfordert meist größere Verankerungslängen als die direkte Auflagerung.

Die Bemessungsangaben für Verankerungslängen in den Bildern **8**.45 und **8**.46 gelten als untere, noch zulässige Grenzwerte für den Verbundbereich I. Im Verbundbereich II sind sie zu verdoppeln. Für den Einzelfall sind diese Werte dem Bewehrungsplan bzw. der statischen Berechnung zu entnehmen.

Betonstahlmatten werden meist mit geraden Stabenden verankert, weil sich wegen der gewöhnlich kleinen Stabdurchmesser kurze Verankerungslängen ergeben. Doch werden nach wie vor auch die angeschweißten Querstäbe als Verankerungselemente genutzt, wenn es sinnvoll oder notwendig ist (z. B. bei Fertigteilelementen, **8.**45 c).

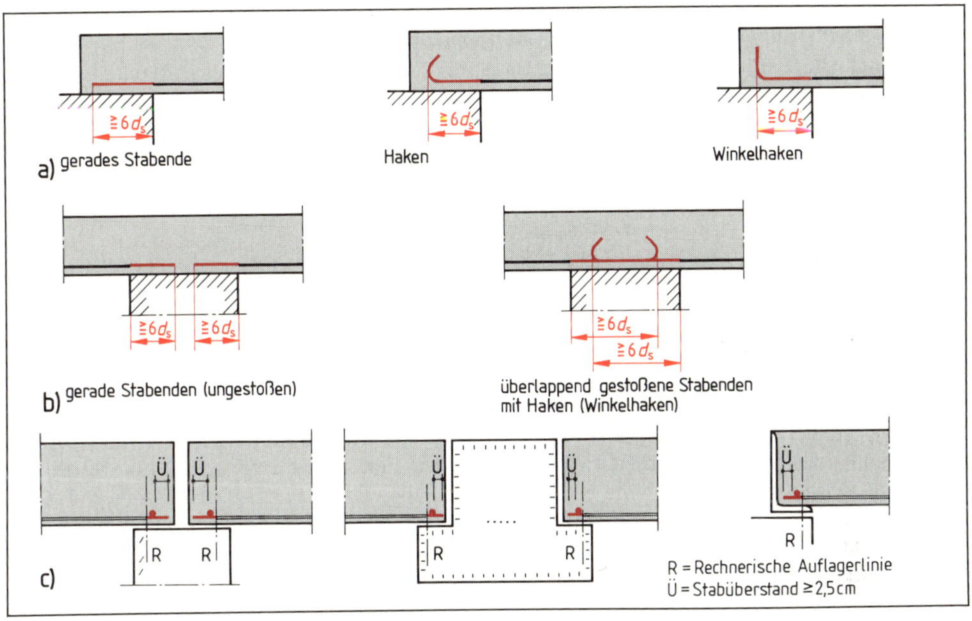

8.45 Verankerungen an Auflagern für Verbundbereich I (Grenzwerte)
a) Verankerungen an direkten Endauflagern, b) Verankerungen an direkten Mittelauflagern, c) Verankerung von Betonstahlmatten durch einen Querstab hinter der rechnerischen Auflagerlinie *R* (für knappe Auflager, z. B. bei Fertigteilen und Profilträgern)

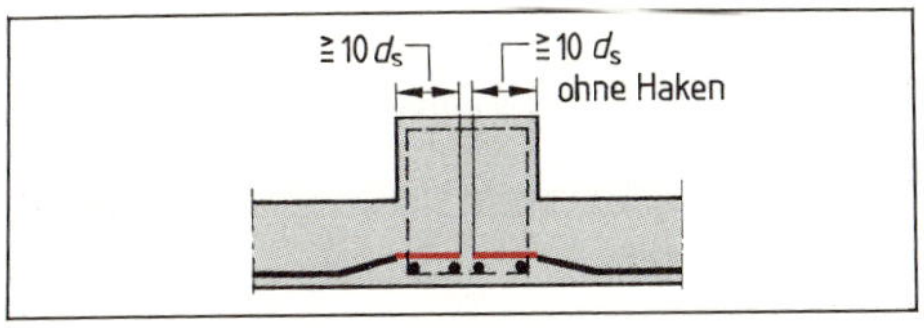

8.46 Verankerung an indirekten Auflagern für Verbundbereich I

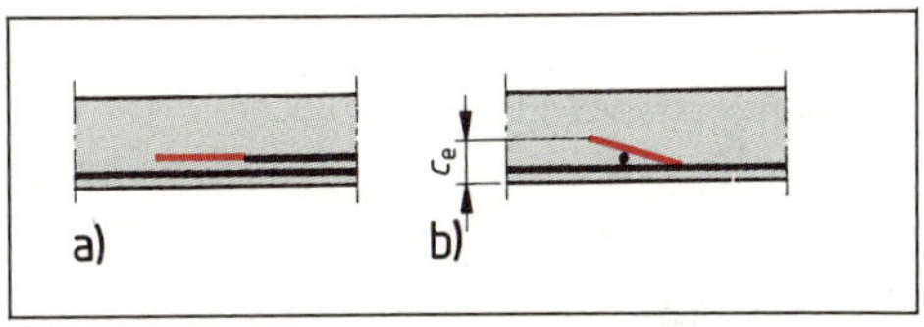

8.47 Verankerung im Feld durch a) freie Stabenden, b) Einschwenken der Stabenden

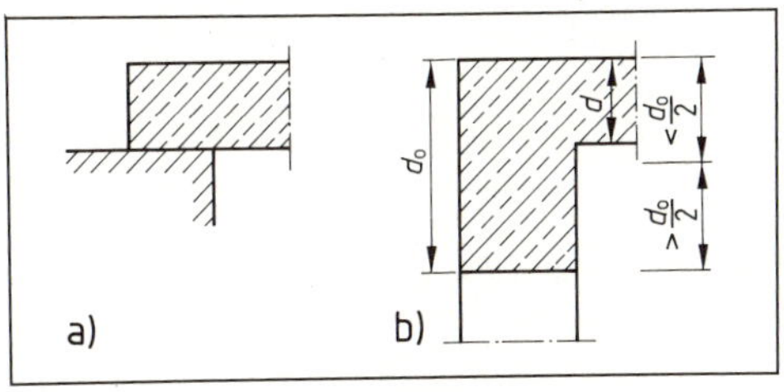

8.48 Direktes Auflager. Die Decke ist unmittelbar von der Wand unterstützt (a) oder bindet in die obere Hälfte des Balkenquerschnitts ein (b)

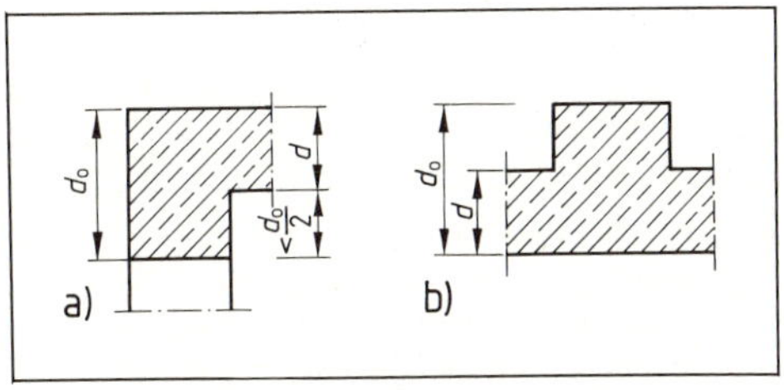

8.49 Indirektes Auflager. Die Decke liegt in der unteren Balkenhälfte auf, a) beim Plattenbalken, b) beim Überzug

Verankerungen im Feld (**8.**47a auf S. 171) werden angewendet bei oberer Bewehrung über Mittelstützungen und bei gestaffelter Feldbewehrung in Balken und Platten. Von der Feldbewehrung dürfen unter bestimmten Bedingungen bis zu ⅔ des Querschnitts vor den Auflagern enden, bei Platten meist jedoch nur die Hälfte. Höhere Querzugsspannungen erfordern zusätzliche Maßnahmen:

- größere Betondeckung durch eingeschwenktes Stabende (**8.**47b): $c \geqq 1{,}2\,d_s$ bei Stababständen $s \geqq 6\,d_s$, $c \geqq 24\,d_s$ bei Stababständen $s \geqq 3\,d_s$ (c = Maß der Betondeckung),
- Querbewehrung. Bei Balken genügen u.a. die Bügel, bei Platten die Verteiler. Stabenden mit ∅ > 14 mm erfordern nach außen liegende Querbewehrung.

Auf- und Abbiegungen zur Schubsicherung erhalten gerade Verankerungslängen, bei Platzmangel auch zusätzlich angebogene Winkel, Haken oder Winkelhaken (**8.**50).

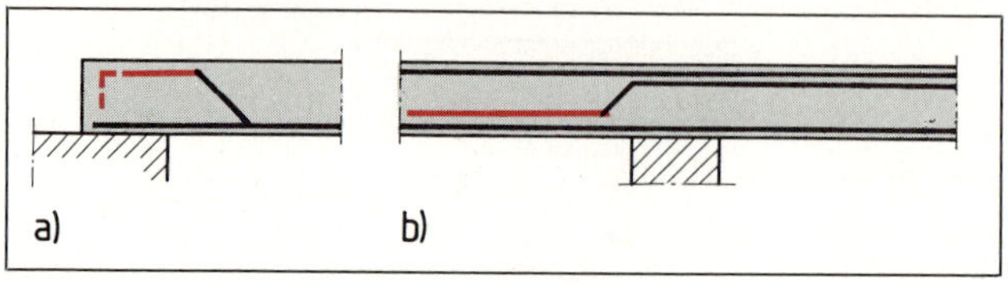

8.50
Verankerung der Schubbewehrung durch Haftlängen
a) für Schubaufbiegung
b) für Schubabbiegung

Stöße ergeben sich an Arbeitsfugen (Ende von Betonierabschnitten) und bei nicht ausreichenden Stablängen (Lieferlängen), wenn die Bewehrung mit abweichenden Stabdurchmessern fortgeführt werden soll oder wenn die Arbeitstechnik Stöße der Bewehrung erfordert. Man verlegt sie möglichst an weniger beanspruchte Stellen des Bauteils. Direkte Stoßverbindungen werden durch Schweißung oder Muffen kraftschlüssig (**8.**51 d bis g). Indirekte Stoßverbindungen wirken erst durch Verankerung im erhärteten Beton (**8.**51 a bis c).

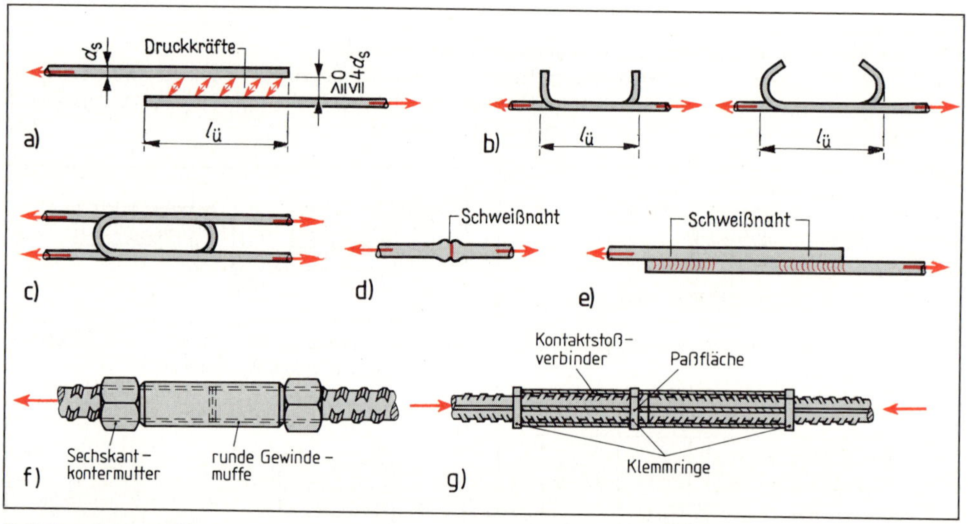

8.51 Bewehrungsstöße

indirekt
a) durch Übergreifungslänge $l_ü$ (Draufsicht)
b) durch Übergreifungsstöße mit Haken
c) durch Schlaufen

direkt
d) durch Stumpfschweißung
e) durch geschweißten Übergreifungsstoß
f) durch Muffenstoß (Preß- oder Schraubmuffen); hier Schraubmuffe mit Kontermutter bei Stahl mit aufgewalztem Gewinde (GEWI-Muffenstoß)
g) durch Kontaktstoß (nur für Druckstäbe; **8.**61)

Anzahl und Lage der Stöße sind bei Schweiß- oder Schraubverbindungen beliebig, ebenso bei einlagig verlegten Rippenstählen und allen Querbewehrungen. In den anderen Fällen verringert sich der zul. Anteil der Bewehrungsstöße je Bauteilquerschnitt auf 50%. Durch Längsversatz der Stöße kann man aber auch hier den Anteil der gestoßenen Gesamtbewehrung beliebig steigern. Als Abstand gilt das 1,3fache der Übergreifungslänge $l_{ü}$ (**8**.52).

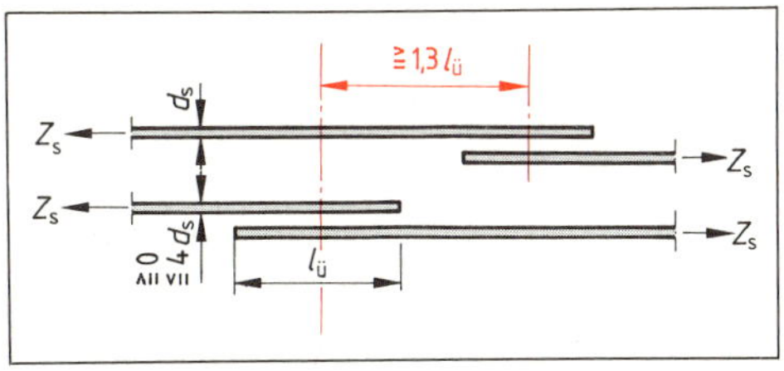

8.52 Der Längsversatz von Bewehrungsstäben beträgt stets $\leq 1{,}3\ l_ü$

Erhöhte Querzugspannungen im Stoßbereich erfordern stets sichernde Querbewehrung. Für größere Beanspruchungen baut man an den Stoßenden zusätzlich Bügelbewehrungen ein. Stöße aus übereinanderliegenden Stählen erzeugen stärkeren Querzug (Spaltwirkung) als nebeneinanderliegende. Ihre Querbewehrung unterliegt daher strengeren Vorschriften.

Betonstahlmatten werden allein durch Übergreifungslängen gestoßen. Kleinere Stabdurchmesser und höhere Betonfestigkeiten erlauben infolge größerer Haftung kürzere Übergreifungslängen. Im umgekehrten Fall sind größere Übergreifungslängen nötig, ebenso bei Stäben im schlechteren Verbundbereich II und bei Doppelstabmatten.

Zwei-Ebenenstöße unterliegen strengeren Vorschriften als die weniger verwendeten Ein-Ebenenstöße (**8**.53). Bei mehrlagiger Mattenbewehrung ist das Versetzen der Stöße aus konstruktiven Gründen stets zu empfehlen, bei Zwei-Ebenenstößen ohne bügelartige Umfassung ist es Vorschrift.

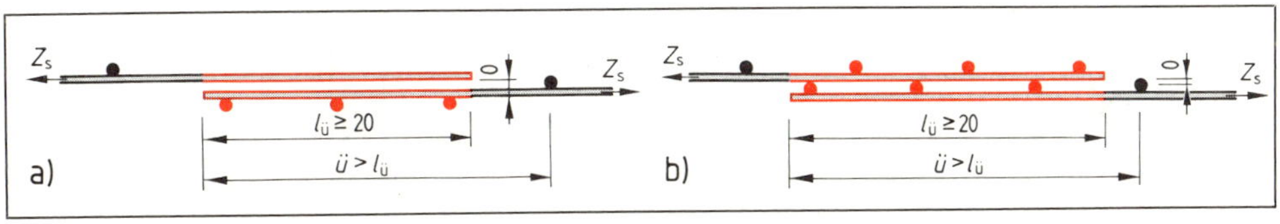

8.53 a) Ein-Ebenen-Stoß mit einseitig langen Überständen $ü > l_ü$, b) Zwei-Ebenen-Stoß

Tragstäbe der Matten dürfen im allgemeinen bis zu einem Anteil von 100% je Bauteilquerschnitt gestoßen werden.

Die Verteilerbewehrung für Decken und Wände darf man als Ein- oder Zwei-Ebenenstoß ohne bügelartige Umfassung herstellen. Die Übergreifungslänge beträgt $\geqq 20$ cm bei den Einebenenstößen bzw. $\geqq 15$ cm bei den Zweiebenenstößen (**8**.54). Dickere Verteilerstäbe erfordern größere Maße ($\geqq 25$ cm bzw. $\geqq 35$ cm). Wie bei allen Querbewehrungen darf auch hier der Anteil von 100% je Bauteilquerschnitt gestoßen werden.

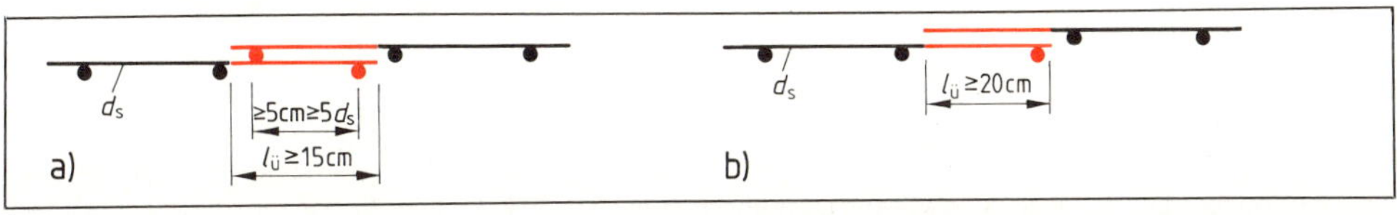

8.54 Mindestübergreifungslänge der Querbewehrung von Betonstahlmatten a) Ein- und Zweiebenenstoß mit je einem wirksamen Querstab, b) Einebenenstoß ohne wirksamen Querstäbe

Verankerungen durch Haftlängen, Endhaken, angeschweißte Querstäbe oder Ankerkörper sichern die Unverschlieblichkeit der Bewehrung im Beton. Sie sind nötig für alle frei endenden Bewehrungsstäbe an Auflagern, für Bewehrungsstöße, Aufbiegungen und gestaffelte Bewehrung. Am Stabende von Verankerungen ergeben sich erhöhte Querzugspannungen, die häufig zusätzliche Konstruktionsmaßnahmen erfordern (z. B. Querbewehrung).

8.6 Stahlbetonstützen (Säulen)

Stützen sind stabförmige Druckglieder mit vier- oder vieleckigen, runden oder aufgelösten Querschnitten. Rechteckstützen haben Seitenverhältnisse bis 1 : 5, größere Seitenlängen ergeben Wände. Stützen müssen höchsten Belastungen standhalten, besonders bei mehrstöckigen Gebäuden (Dach-, Decken-, Wand- und Balkenlasten). Größte Sorgfalt bei der Herstellung ist daher geboten.

Beanspruchung. Druck in Längsrichtung der Stütze (Normalkraft) ergibt sich durch Belastungen aus dem Bauwerk. Jedoch lange bevor das Material durch Normalkraft zerdrückt wird, knickt die Stütze aus. Theoretisch müßte z. B. eine Betonsäule aus B 25 genau 1 km (!) hoch werden, ehe die Nennfestigkeit des Betons an der Grundfläche erreicht ist; in Wirklichkeit bricht sie infolge Knickens viel früher zusammen. Auch die in Bild **8**.55 senkrecht stehende Reißschiene weicht schon bei leichtem Druck seitlich aus – sie knickt. Aus Erfahrung wissen wir, daß lange und schlanke (schmale) Stäbe sehr viel früher ausknicken als kurze und dicke. Die von der Schlankheit abhängige Knicklast (nicht die Materialspannung!) bestimmt somit die Tragkraft der Stütze. Beim Ausknicken entsteht Biegung. Im Stützenquerschnitt bildet sich daher, wie an Balken und Decken, eine Biegedruck- und Biegezugzone (**8**.56). Außermittige Belastungen steigern diesen Zustand. Die Längsbewehrung am äußeren Rand der Stütze nimmt daher Biegezug-, Druck- und Biegedruckkräfte auf (**8**.57). Umschließungsbügel verhindern durch Aufnahme der Querzugspannungen (Spaltkräfte) äußere Betonabplatzungen und das Herausknicken der Längsstäbe aus der Betoneinbettung, ferner den sonst bei Knickbeanspruchung üblichen plötzlichen Bruch.

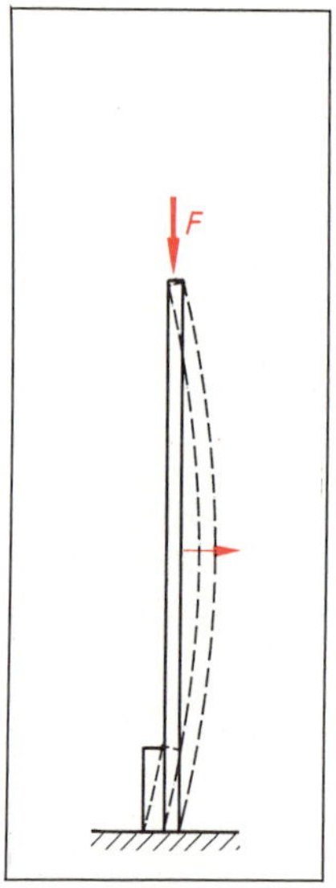

8.55 Ausknickende Reißschiene

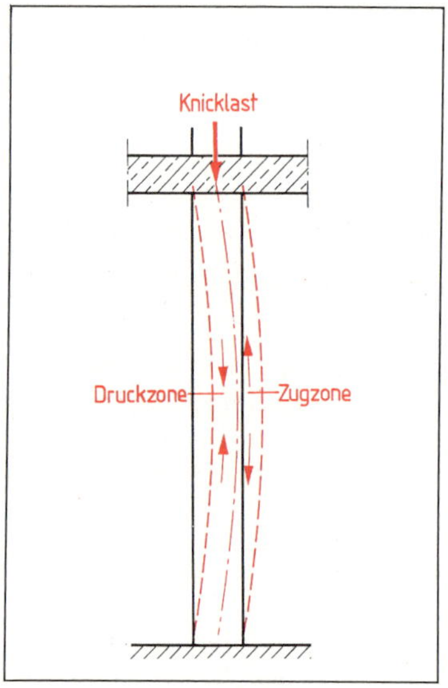

8.56 Knickbeanspruchung erzeugt Biegedruck- und Biegezugkräfte

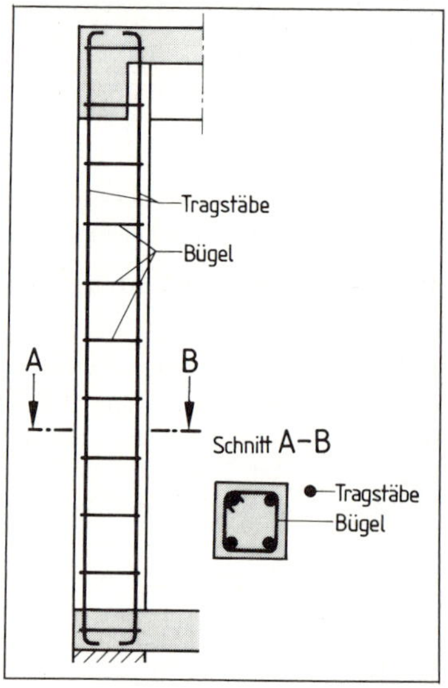

8.57 Bewehrung einer Stahlbetonstütze

Konstruktionsregeln nach DIN 1045 bestimmen Mindestanforderungen an Querschnitt, Bewehrung und Materialgüte der Stahlbetonstützen.

Mindestdicken für Stahlbetonstützen richten sich nach Querschnittsform und Herstellungsart der Bauteile. Die Grenzwerte nach Tabelle **8**.58 berücksichtigen statische und einbautechnische Erwägungen.

Längsbewehrung. Es gelten die Mindeststabdicken nach Tabelle **8**.59. Mindestquerschnitte ($\geqq 0{,}008\ A_b$) dienen der Tragsicherheit, Höchstquerschnitte ($0{,}09\ A_b$, auch bei Stößen) gewährleisten einwandfreien Betoneinbau (A_b = Gesamtquerschnittsfläche der Betonstütze).

Tabelle **8.**58 **Mindestdicken bügelbewehrter stabförmiger Druckglieder in cm**

Querschnittsform	stehend hergestellt in Ortbeton in cm	liegend hergestellt als Fertigteil in cm
Vollquerschnitt, Dicke	20	14
Aufgelöster Querschnitt, z. B. I-, T-und L-förmig (Flansch- und Stegdicke)	14	7
Hohlquerschnitt (Wanddicke)	10	5

Tabelle **8.**59 **Mindestdurchmesser d_{sl} der Längsbewehrung für stabförmige Druckglieder (Stahlbetonstützen)**

kleinste Querschnittdicke der Druckglieder in cm		< 10	≧ 10 bis < 20	≧ 20
d_s in mm bei Betonstahl	BSt 420 S und BSt 500 S	8	10	12

Abstand und Anordnung. Jede Stützenecke erhält mindestens 1, höchstens 5 Tragstäbe (**8.**60). Ihr Achsabstand $\leqq 15\,d_{sbü}$ ($d_{sbü}$ = Bügel-∅) ist vom Eckstab aus einzuhalten. Der zulässige Höchstabstand der Tragstäbe ist $s_l \leqq 30$ cm. Ausnahme: Für Stützen mit $b \leqq 40$ cm genügt 1 Stab/Ecke.

Als Mindestabstand der Längsstäbe gilt das lichte Maß $s_l \geqq d_{sl}$ (d_{sl} = Längsstab-∅), jedoch stets ≧ 2 cm.

Umschließungsbügel (Hauptbügel) erhalten grundsätzlich Endhaken, bei 3 bis 5 Eckstäben müssen sie Bild **8.**61 entsprechen. Stets sollte man die Endhaken in Stützenhöhe versetzt anordnen. Die Abstände $s_{bü}$ der Umschließungsbügel verdeutlicht Bild **8.**62. Es gilt jeweils der kleinere Wert.

Zwischenbügel oder S-Haken nach Bild **8.**63 sichern Tragstäbe mit Abständen von > 30 cm untereinander bzw. > 15 $d_{sbü}$ vom Eckstab. Sie dürfen den doppelten Abstand der Hauptbügel erhalten.

Der Mindestdurchmesser der Bügel richtet sich nach der Stabdicke d_{sl} der Längsstäbe (**8.**64).

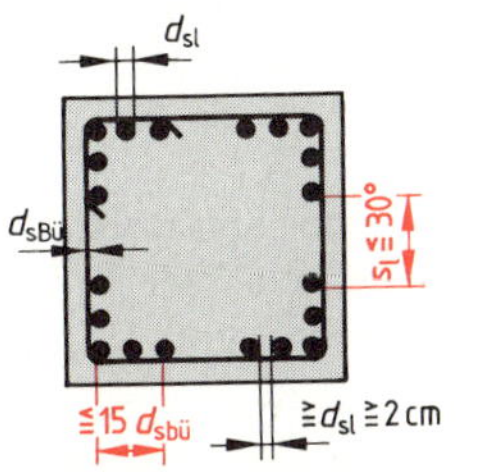

8.60 Zulässige Stabanordnung ohne Zwischenbügel, an einer Stützenhälfte dargestellt

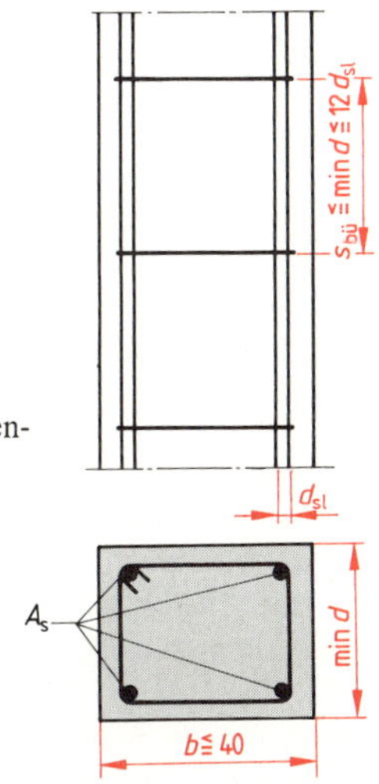

8.62 Mindestabstände der Umschließungsbügel

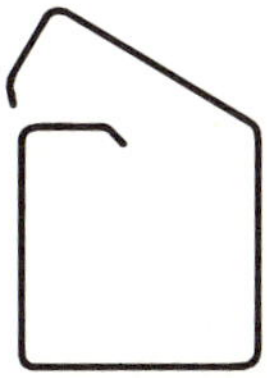

8.61 Umschließungsbügel mit erweiterten Endhaken

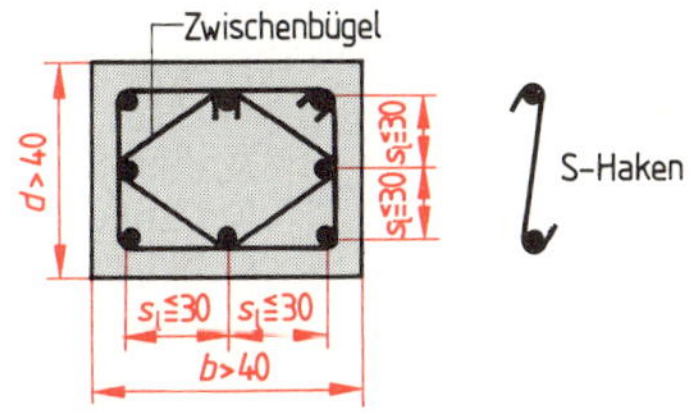

8.63 Zwischenbügel oder S-Haken für Mittelstäbe

Tabelle **8.64** **Mindest-Bügeldurchmesser $d_{sbü}$**

$d_{sbü}$	Bedingungen
≧ 5 mm	BSt 420 S, BSt 500 S und BSt 500 M, ferner d_{sl} < 20 mm
≧ 8mm[1])	bei Tragstab-∅ ≧ 20 mm

[1]) durch entsprechend größere Anzahl Bügel mit $d_{sbü} \geqq 5$ mm ersetzbar

Übergreifungsstöße für mehrgeschossige Stützen liegen aus arbeitstechnischen Gründen (Arbeitsfuge) oberhalb der Geschoßdecke (**8.**65 a). Die Haftlängen werden in der Regel nach innen abgekröpft, damit die neu ansetzenden Tragstäbe des nächsten Geschosses genügend Platz finden.

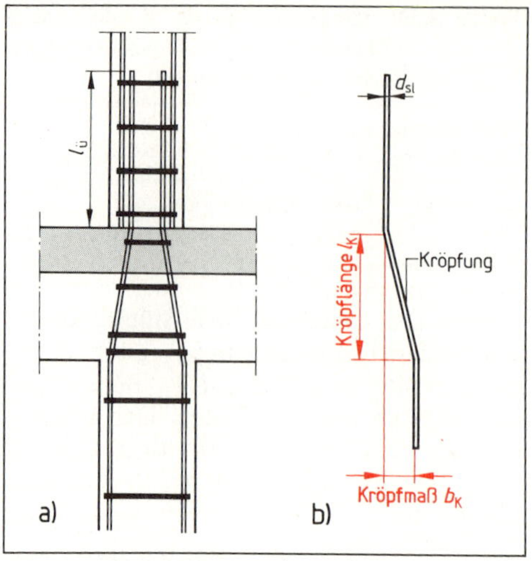

8.65 Anschlußbewehrung durch abgekröpfte Stähle

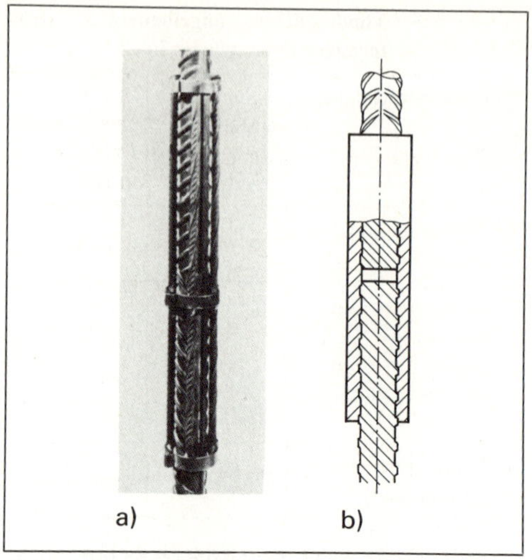

8.66 a) Kontaktstoßverbinder mit 3 Klemmringen
b) Preßmuffenstoß

Zu beachten sind hier Anschlußstützen mit verringertem Betonquerschnitt.

Bei engliegender Bewehrung und bei größeren Stabdicken (∅ ≧ 20 mm) stellt man den Anschluß durch Preßmuffen, Schweiß-, Schraub- oder Kontaktstoßverbindungen her (**8.**66). Vollstöße (100% der Bewehrung in einen Schnitt gestoßen) sind bei geringem Bewehrungsanteil (≦ 0,03 A_b) erlaubt. In anderen Fällen sind höhenversetzte Halb- bzw. Teilstöße auszubilden.

Schwierig ist es manchmal, die notwendige Verankerungslänge der Längsstäbe am abschließenden oberen Stützenende unterzubringen. Als Ersatzmaßnahme dürfen dort engere Bügelabstände angeordnet werden.

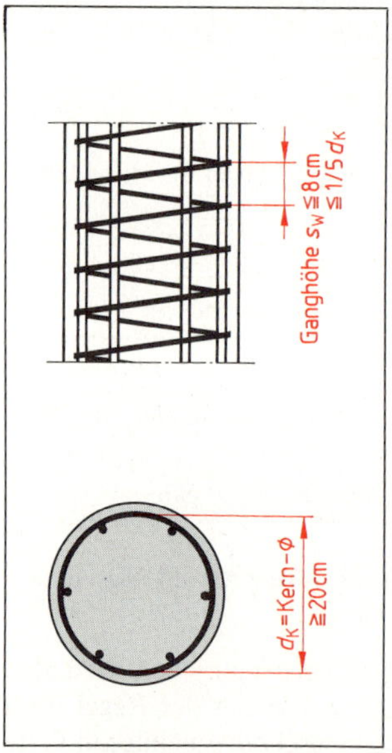

8.67 Spiralbewehrte Rundstütze

Runde Stützen werden häufig durch Wendel- oder Spiralbewehrung umschnürt, die den Querdehnungen erhöhten Widerstand bieten (**8.**67). Hierzu gelten besondere Vorschriften, u. a.: Ganghöhe des Wendels ≦ 8 cm bzw. ≦ $d_k/5$ (d_k = ∅ des Kernquerschnitts), Wendel-∅ ≥ 5 mm; Mindeststabzahl ≧ 6 Tragstäbe, gleichmäßig auf den Umfang verteilt.

Einbau. Die Stützenbewehrung 4- und mehreckiger Stützen wird in der Regel wie die Balkenbewehrung als Korb vorgefertigt. Zum Flechten benutzt man auch hier 2 Montageböcke. Man legt die Längsstäbe einer Stützenseite auf, markiert die Bügelabstände an den Eckstäben, verteilt die Bügel und bindet sie an den Längsstäben fest. Die Haken sollten stets ringsum versetzt werden (**8.**68). Nun werden die restlichen Längsstäbe eingesetzt und ausgebunden. Diagonal angebrachte Montagestäbe halten den Korb beim Transport und Einbau unverschieblich. Die punktförmigen Abstandhalter (Klötzchen) zur Sicherung der Betondeckung richten sich in Anordnung und Anzahl nach Tab. **8.**17. Der Baukran führt den fertigen Stützenkorb von oben in die vorbereitete Schalung. Dies ist bei leichteren Bewehrungen auch von Hand möglich. Das Flechten geschieht dann zweckmäßig auf der Deckenschalung.

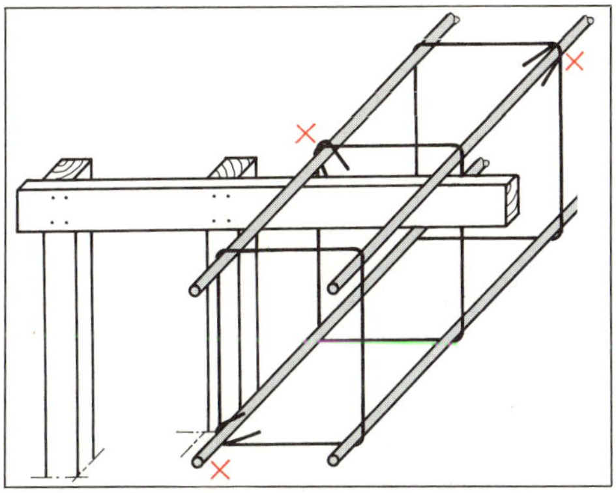

8.68 Stützenbügel mit ringsum versetzten Haken

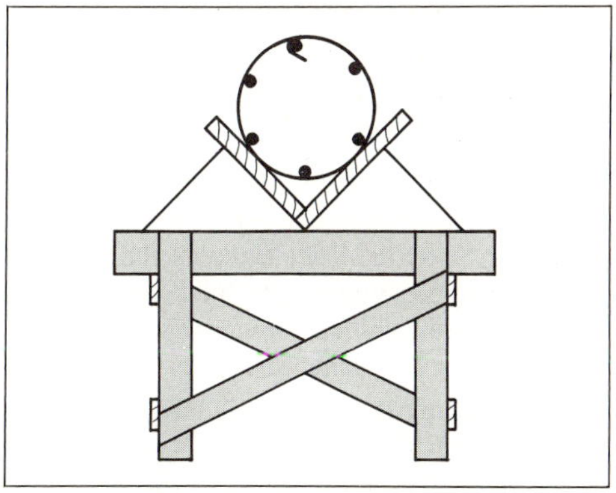

8.69 Montagegerüst für umschnürte Säulenbewehrung

Bei großen und schweren Stützen läßt sich die Bewehrung auch einzeln in die ein- oder zweiseitig offene Schalung einbauen. Man befestigt beide Endbügel durch Nägel an der Stützenschalung, markiert die Bügelabstände an der Schalfläche, stapelt den Rest der Bügel mit versetzten Bügelschlössern unten auf, befestigt die Längsstäbe an den Endbügeln und bindet nun jeden Bügel im Abstand der Markierungen an die Längsstäbe. Mangelhaft befestigte Bügel rutschen während des Betonierens leicht nach unten, was die Standsicherheit der Stütze erheblich mindern kann.

Umschnürte Säulen werden zweckmäßig in einer rechtwinkligen Holzrinne auf Gerüstböcken geflochten (**8**.69). In die fertig gebogene Spirale werden die Tragstäbe einzeln eingelegt und unter stetiger Kontrolle der Ganghöhe angebunden. Eine passende Kontrollschablone aus Holz erspart das ständige Nachmessen der Ganghöhe.

Säulenschalung. Für den Einzelfall und für Säulen mit abweichenden Querschnitten (z. B. vieleckig, schiefwinklig) wird die Säulenschalung oft noch handwerklich gefertigt. Stand der Technik ist jedoch die Systemschalung mit hohem Vorfertigungsgrad. Handwerklich gefertigte Säulen für rechtwinklige Querschnitte bestehen meist aus einem vierseitig geschlossenen Schalungskasten, aus Säulenzwingen (Schalungszwingen) zur Aufnahme des Betondrucks und aus Verstrebungen zur seitlichen Aussteifung.

Für die Schalhaut sind gewöhnlich Schaltafeln gesondert anzufertigen. Sorgfältig geplante Schalungsauszüge erleichtern dies. Darin ist jede Schaltafel in der Außenansicht skizziert, vollständig bemaßt und mit Stückzahl und Pos.-Nr. versehen (s. Baufachkunde 1). Schalungstafeln gegenüberliegender Seiten erhalten stets die gleiche Breite (**8**.70).

Schiebetafeln (innere Tafeln) entsprechen in der Breite dem Betonmaß. Sie stehen meist an den Schmalseiten der Stütze (**8**.73). Ihre Laschen stehen beidseitig um je eine Brettdicke über.

Deckentafeln (äußere oder überbaute Tafeln) sind um zweifache Brettdicke breiter als das entsprechende Betonmaß und erhalten bündige Laschen. Sie stehen an den Breitseiten bzw. an der Seite bündiger Balkenanschlüsse.

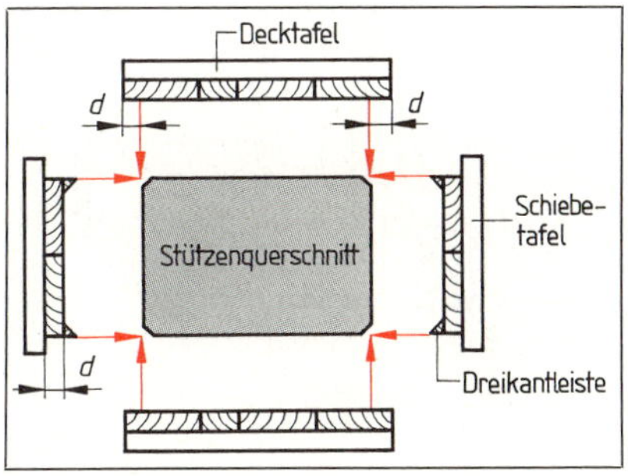

8.70 Schalungstafel für eine Rechteckstütze (Querschnitt)

Die Tafellängen ergeben sich, wie auch die Balkenaussparungen, aus der darüberliegenden Tragkonstruktion (Balken, Decken).

Das Zuordnen (Verbinden) von Stützen- und Balkenschalungen erfordert räumliches Vorstellungsvermögen und Kenntnis der Schalungsregeln. Einfache und sichere Verbindungen sind ebenso anzustreben wie schneller, materialschonender, gefahrloser Abbau des Schalgerüsts.

Grundregeln

a) Für Balkenaussparungen an der Stützenschalung ist die einbindende Brettdicke der Balkenschalung mitzurechnen (**8.**71).

b) Die Balkenschalung liegt auf der Stützenschalung und schließt bündig mit Innenkante Stützenschalung ab (**8.**71 und **8.**72).

c) Die Seitentafel der Balkenschalung liegt auf der Stützenschalung, wenn bei ein- bzw. beidseitig bündig anschließenden Balken die Decktafel der Stütze auf der Seite des Balkenanschlusses angeordnet sind (**8.**74a). So sollte möglichst geplant werden, weil Boden- und Seitentafeln der Balkenschalung dann gleiche Längen erhalten.

d) Die Seitentafel der Balkenschalung ist gegenüber der Bodenplatte um jeweils 2,5 cm (= Brettdicke) kürzer und liegt nicht auf der Stützentafel, wenn ihre Stirnfläche gegen die Decktafel der Stütze stößt (**8.**75). Andernfalls müßte die Decktafel der Stütze im Anschlußbereich um 1 Brettdicke ausgespart werden, was zusätzlichen Aufwand und unnötigen Verschnitt kostet (**8.**74b).

Obere Querlaschen der Stützentafeln sind mit Rücksicht auf die Stoßlasche für den Balkenanschluß entsprechend zu verkürzen. Einfacher ist der Verzicht auf die Stoßlasche und statt dessen die Verbindung durch Heftnagel.

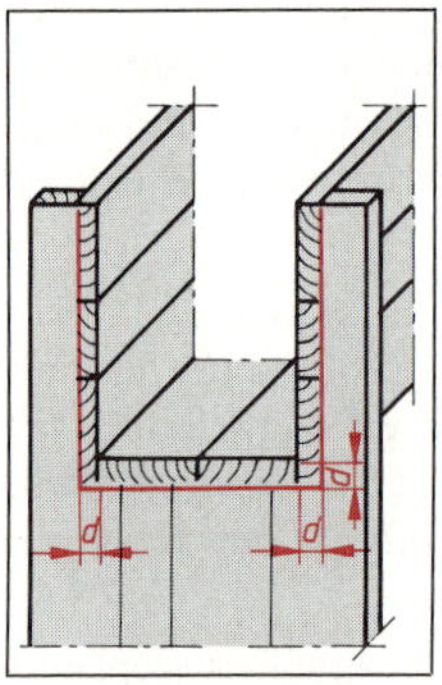

8.71 Aussparung für Balkenschalung

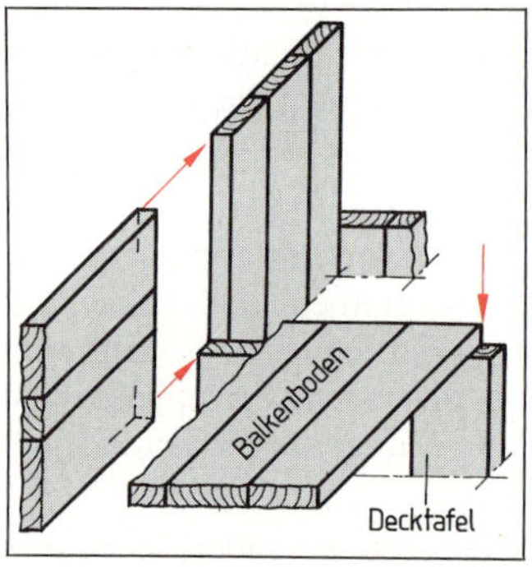

8.72 Balkenböden und Seitentafeln reichen bis Innenkante Seitentafel

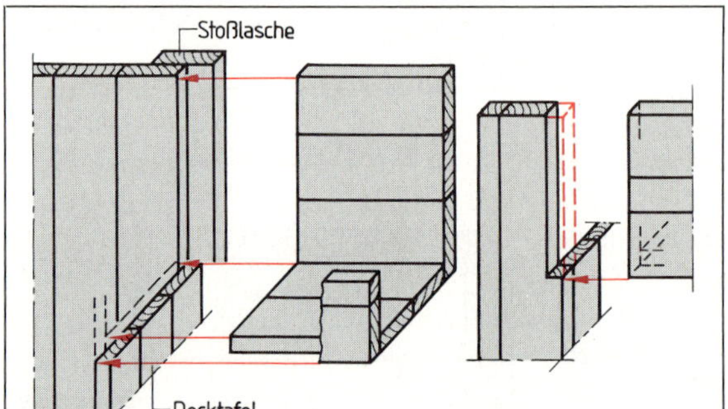

8.74 a) Gleichlange Seiten- und Bodentafeln
b) Decktafel mit zusätzlicher Aussparung

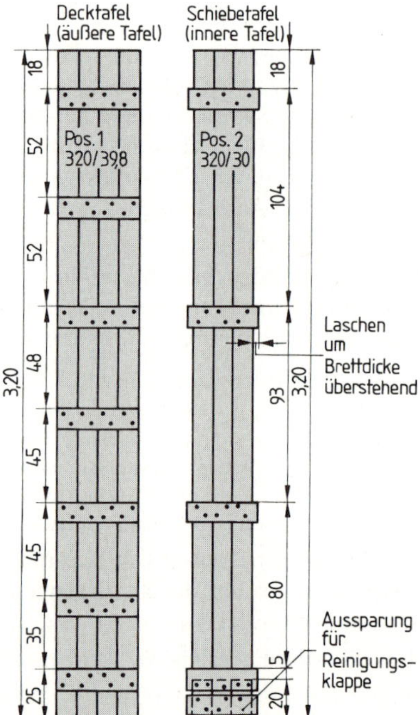

8.73 Schiebetafeln und Decktafeln

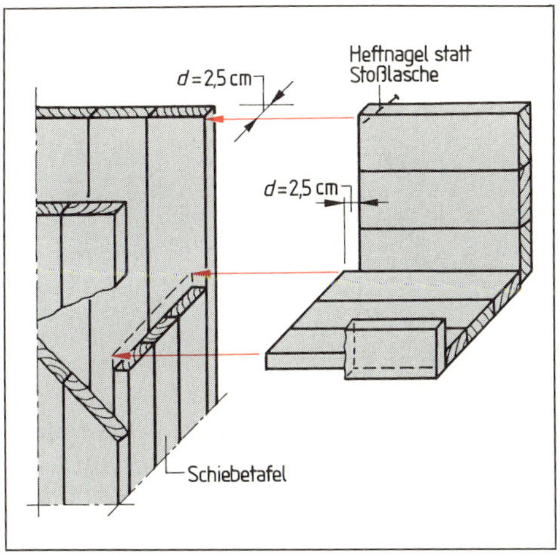

8.75 Seitentafeln um Brettdicke verkürzt

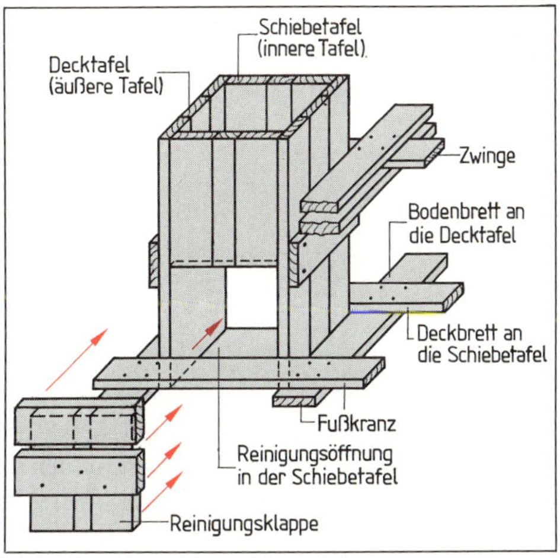

8.76 Reinigungsöffnung

Durch eine Reinigungsöffnung (Spülloch) am Fuß jeder Stütze kann man störende Materialreste entfernen. Sie liegt am Deckbrett des Fußkranzes, damit Schmutz und Wasser ungehindert ablaufen können (**8.**76). Zweckmäßig trennt man dazu den unteren Teil einer Schiebetafel ab, der nach dem Reinigen als Paßstück durch Stoßlaschung wieder eingesetzt wird.

Angefaste (gebrochene) Betonkanten erreicht man durch Einbau von Dreikantleisten nach Bild **8.**77 oder durch Einkleben von Schaumstoffstreifen. Scharfkantig geplante Betonstützen sind kaum einwandfrei herzustellen, weil in den Eckbereichen meist ein Teil des Zementleims ausfließt, so daß beim Ausschalen schartige Kanten entstehen.

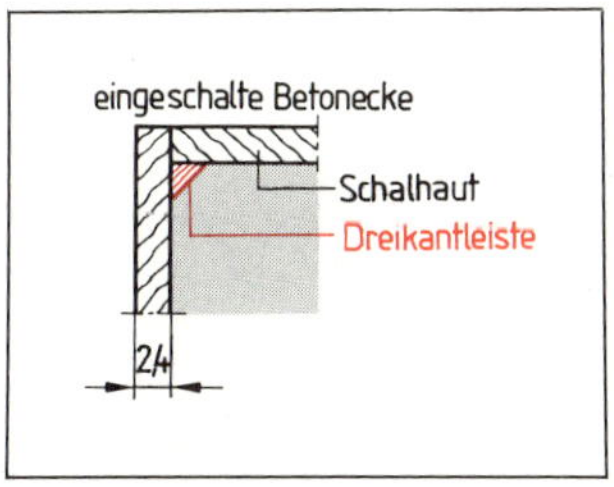

8.77 Dreikantleisten ergeben saubere, gefaste Betonkanten

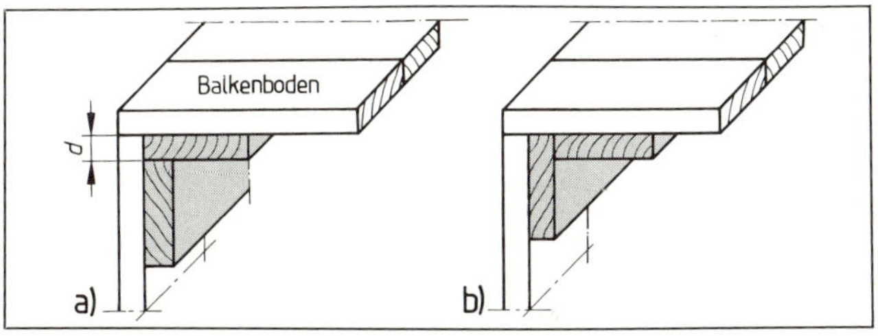

8.78 Kopflasche der Stützenschalung
a) um Brettdicke unter der Tafeloberkante
b) bündig am Tafelende

Die Laschen der Schalungstafeln dienen den Säulenzwingen oft als Montagehilfe und werden deshalb nach dem Abstand der Zwingen verteilt. Der größere Schalungsdruck im unteren Stützenteil erfordert dort etwas engere Abstände als oben. Als Faustregel gilt: Die ersten 3 Laschen mit 25, 35 und 45 cm Abstand anordnen, die weiteren mit 50 bis 60 cm (jeweils bis OK Lasche gemessen). Die letzte Lasche kann 10 bis 15 cm vom oberen Rand sitzen. Bei Aufnahme der Bodenplatte einer Balkenschalung ergibt ein Abstand von 2,5 cm oder der bündige Abschluß die bessere Verbindung (**8.**78).

Schalungszwingen nehmen den Schalungsdruck auf (Näheres s. S. 185). Bei Einzelfertigung können für leichte Stützen Brettverbindungen noch angebracht sein (**8.**76), größere und höhere Stützen erfordern stabilere Zwingen. Stählerne Schalungszwingen mit verstellbaren Winkelschenkeln lassen sich auf verschiedene Stützenabmessungen einstellen und durch schraubbare Ankerstrebverbindungen schnell montieren (**8.**79).

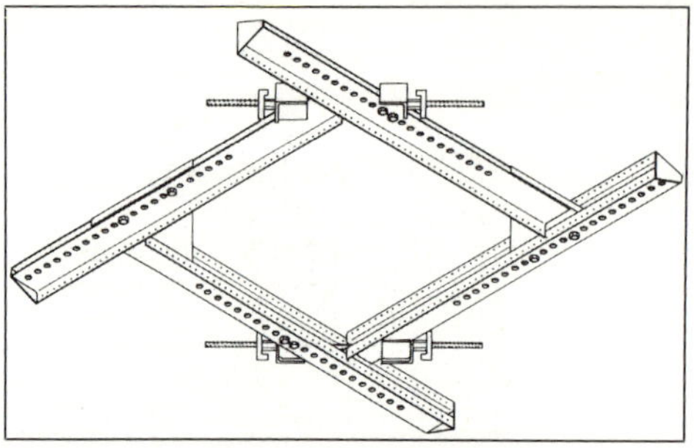

8.79 Schalungszwingen, Schalungsanker

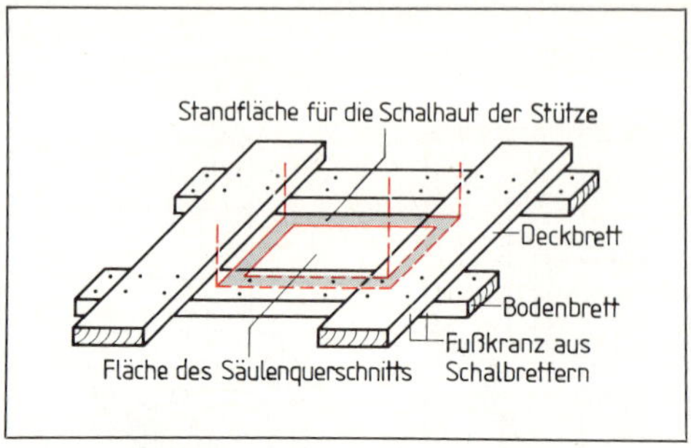

8.80 Fußkranz

Der Fußkranz fixiert die planmäßige Lage der Stütze auf dem Betonboden. Dazu werden 2 Boden- und 2 gegenüberliegende Deckbretter auf den noch jungen Beton genagelt. Beim Einmessen ist die Brettdicke der Stützentafel mitzurechnen: Lichtmaß = Betonmaß + 2 · Brettdicke (**8**.80). Mit Rücksicht auf die Reinigungsöffnung (an der Schiebetafel) sind die Bodenbretter des Fußkranzes den Decktafeln, die Deckbretter dagegen den Schiebetafeln zugeordnet.

Weitere Schalungsmethoden zeigt Bild **8**.81. Die Decktafeln sind hier ein- bzw. beidseitig um Brettbreite (Kantholzbreite) überbaut, so daß 2 bis 4 Drängbretter (Dränghölzer) Platz finden. Diese Konstruktionen sind besonders stabil und erlauben häufig die Verwendung vorgefertigter Schalungsplatten. Sehr hohe Stützen erhalten zusätzliche Aussteifungen durch Standhölzer, vielfach auch die Stützen mit Sichtbetonflächen (**8**.82). Sie verbessern die Formstabilität und Standsicherheit der Schalungskonstruktion. Bei Verwendung von Sperrholzplatten für die Schalhaut kann man im Gegensatz zum Bild **8**.82 meist auch auf Brettlaschen verzichten. Hier sollten auch die Schalungszwingen entsprechende Stabilität aufweisen. Wir fertigen sie daher aus Kantholz oder verwenden stählerne Zwingen (z. B. nach Bild **8**.79).

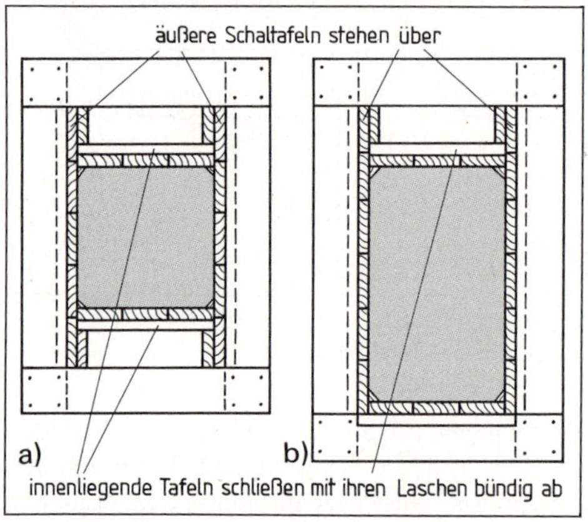

8.81 Stützenschalungen mit überstehenden Decktafeln a) beidseitig, b) einseitig

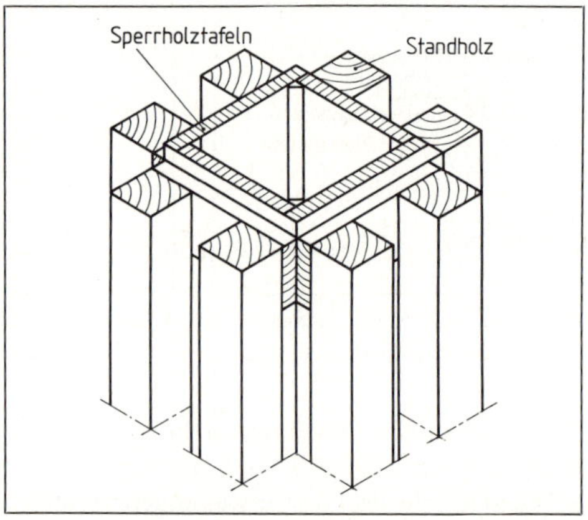

8.82 Günstige Längsaussteifung für hohe Stützen durch Standhölzer (Zwinge nicht dargestellt)

Beim Aufstellen der Stützenschalung wird zunächst der Schalungskasten ausgerichtet und durch hölzerne Strebenfüße festgestellt. Zur Befestigung verkeilt man Kantholzstücke in zuvor einbetonierte Stahlbügel (**8**.83). Jedoch sind justierbare Stahlrohrstützen hier stabiler sowie schneller und genauer einstellbar. Mit den einarmigen Stützen läßt sich nur der Kopfteil der Schalung verstellen, mit den neu entwickelten zweiarmigen auch der Fußteil (**8**.82). Stahlbetonsäulen werden im Bauablauf meist vor den Balken und Decken eingeschalt, bewehrt und betoniert. Nur die Stahlrohrstreben gewährleisten das dafür nötige Maß an Genauigkeit und Standsicherheit.

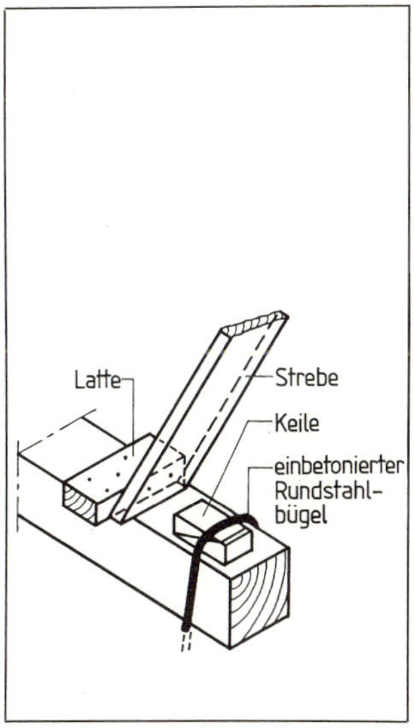

8.83 In Stahlbügeln verkeilte Kanthölzer

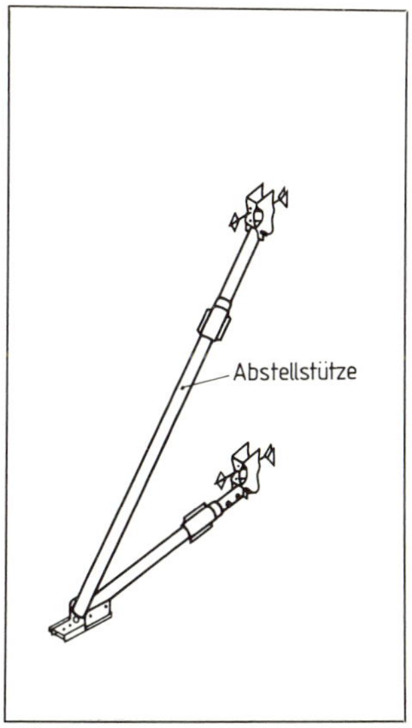

8.84 Justierbare, zweiarmige Stahlrohrgelenkstütze

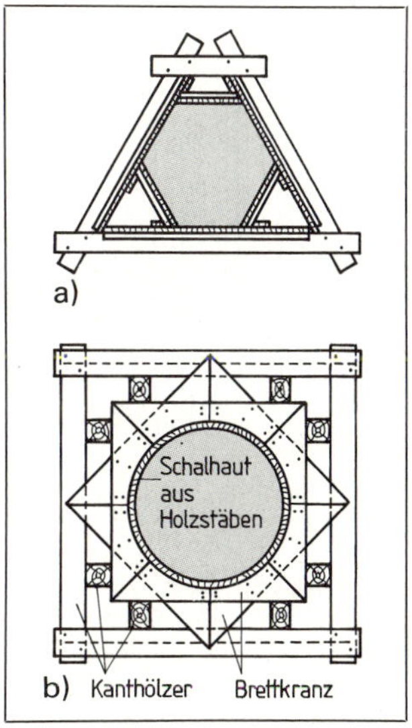

8.55 Schalungsquerschnitt
a) einer Sechskantstütze
b) einer Rundstütze

Säulenzwingen lassen sich von kleinen, fahrbaren Arbeitsgerüsten aus leichter und gefahrloser montieren als von Leitern.

Schiefwinklige, runde oder zusammengesetzte Stützenquerschnitte stellen höhere Anforderungen an die Erfahrung und konstruktive Phantasie des Handwerkers. Schalungsbeispiele, im Schnitt dargestellt, zeigt Bild **8.**85. Als Zwingen verwendet man hier neuerdings auch Sperrholzplatten, in die der jeweils notwendige Querschnitt mittels Stichsäge eingeschnitten wird.

Systemschalungen. Mit wachsender Säulenanzahl werden die oben beschriebenen handwerklichen Säulenschalungen immer unwirtschaftlicher (hoher Arbeitsaufwand, lange Montagezeit, großer Verschnitt). Ingenieurmäßig konstruierte Säulenschalungen erhalten durch die Konstruktion selbst und durch arbeitsvorbereitende Maßnahmen einen hohen Grad an Vorfertigung. Die statisch aufeinander abgestimmten Bestandteile der Schalung mit vorteilhaften Querschnittsformen der biegebeanspruchten Teile bieten optimale Lösungen mit hoher Tragkraft und Stabilität bei sparsamem Materialverbrauch und geringer Eigenlast.

Einfache Verbindungen und weitgehende Anpassungsfähigkeit der Systemschalungen an Querschnittsmaße und Konstruktionshöhe der Bauteile tragen wesentlich dazu bei, die Montagezeit zu verkürzen und Umsatzgeschwindigkeit und -häufigkeit der Schalung zu steigern.

Rechteckige Säulen können auch als kurze Wände aufgefaßt werden, so daß moderne Wandschalungen oft auch für Säulenschalungen nutzbar sind. Wie bei den Wänden unterscheiden wir die Trägerschalungen mit Standholz und Querriegel (Quergurtung) und die Rahmentafelschalungen.

Trägerschalung (**8.**86). An den diagonal gegenüberliegenden Riegelhälften sind die Standhölzer (z. B. Schalungsträger H 20) mit speziellen Flanschklammern befestigt und bereits mit der Schalhaut aus paßgenauen Sperrholzplatten versehen. Zwei dieser vorgefertigten Schalungshälften lassen sich mit Kranhilfe vor Ort versetzen und durch spezielle Schraubanker an den Eckriegelenden zur fertigen Säulenschalung montieren.

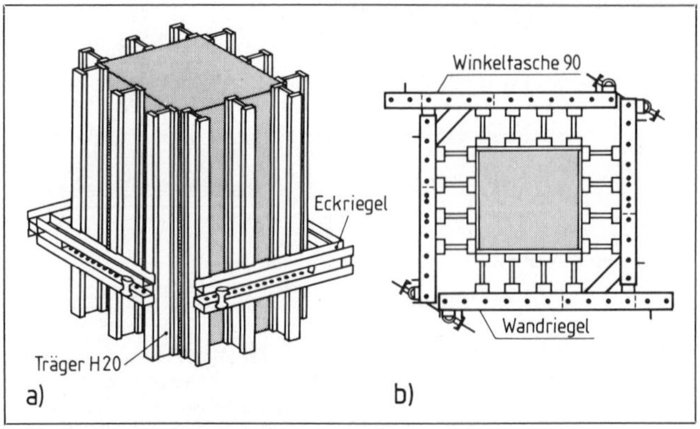

8.86
Schwere Säulenschalung aus 2 vorgefertigten Hälften nach dem Trägerprinzip für Wandschalungen ausschließlich aus Wandschalungsmaterial

a) mit Eckriegel
b) mit Winkellasche

Rahmentafelschalung. Die Tafeln bestehen aus feuerverzinkten stabilen Metallrahmen (neuerdings auch Leichtmetallrahmen), die einseitig schon mit der Schalhaut beplankt sind. Die Querprofile und das eingebaute (integrierte) Riegelsystem ersparen die Gurtungen und erleichtern das Verbinden der Tafeln sowohl untereinander als auch mit den Zubehörteilen. Für Säulenschalungen eignen sich Universaltafeln mit vorgeplantem Lochraster, das unterschiedliche Querschnitte in der dargestellten windflügelartigen Anordnung ermöglicht. Größere Konstruktionshöhen erreicht man mit Aufstockelementen. Die gleichen Tafeln eignen sich in Querlage auch sehr gut für Streifenfundamentschalungen.

Spezielle Rahmentafeln für Stützen (z. B. Alu-Framax SI nach Bild **8.**87) haben unverlierbar montierte Verbindungsteile. Außergewöhnlich vorteilhaft ist die Möglichkeit der stufenlosen Einstellung der Querschnittsmaße für Stützen zwischen 20 und 60 cm. Die Schalhaut kann, je nach gewünschter Betonoberfläche, beliebig gewählt und einfach ausgetauscht werden.

Sowohl die Träger- als auch die Rahmentafelschalungen ergeben feste und verwindungssteife Konstruktionen. Die verleimten Standhölzer H 20 in Bild **8.**86 sind ausgesprochen formstabil. Der statisch günstige I-Querschnitt bietet trotz geringer Eigenlast (≙ etwa der eines 10er Kantholzes) hohe Biegefestigkeit, so daß man auch die hohe Tragfähigkeit der zugehörigen Eckriegel voll ausnutzen und ihre Anzahl selbst bei hohem Schalungsdruck auf nur wenige notwendige Gurtungen beschränken kann.

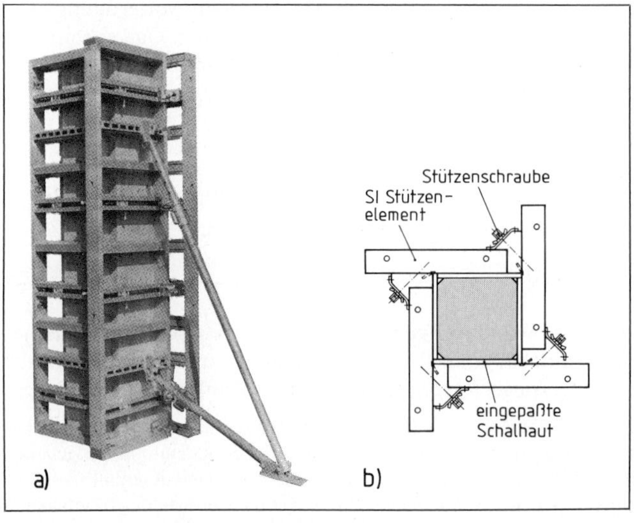

8.87
Säulenschalung aus Rahmentafeln

a) Stützenschalung Alu-Framax-SI. Beliebige Schalhautvarianten lassen sich von innen aufnageln oder von außen rückwärtig anschrauben
b) Querschnitt

Moderne Richtstützen (-streben) mit Justiergewinde und zwei Gelenkarmen (statt eines) ermöglichen das stufenlose Einrichten der Säulenschalung sowohl am Kopf- als auch am Fußende (**8**.84). Einsteckbare Gerüstkonsolen dienen zur Montage des Arbeitsgerüsts. Sie erleichtern wesentlich den Einbau und die Verdichtung des Frischbetons, vor allem wenn die Säulen zeitlich vor den Balken und Decken betoniert werden.

Rundsäulen unterschiedlicher Durchmesser kann man sehr rationell mit Hilfe der zusammensteckbaren Leichtmetall-Stabprofile nach Bild **8**.88 a einschalen.

Blechschalungen aus Wendelfalzwickelrohr sind sehr zeitsparend, als Wegwerfschalung jedoch nur einmal einsetzbar (**8**.88 b).

„Roll"schalungen aus zähplastischem Kunststoff erlauben ~ 20 Einsätze. Die paßgenaue Schalung wird durch Rollen der Schalhaut in die Zylinderform gebracht. Durch Anfeuchten verbessert man die Verformungswilligkeit der Kunststoffschalhaut. Gegenüberliegende Randschlitze und „Zungen" schließen den Stoß. Der Zylindermantel hat etwa den dreifachen Kreisumfang als Länge, so daß sich 3 Lagen Schalhaut ergeben. Glasfaserverstärkte Verschlußbänder ersetzen die Schalungszwingen. Sie werden meist aufgeklebt. Der Säulenfuß erhält einen hölzernen Fußkranz. Ein stählerner Kopfring fixiert den Säulenkopf durch Anschluß der aussteifenden Schrägstützen.

∅-gerechte Paßschalungen aus 2 starren glasfaserverstärkten Kunststoff-Schalungshälften werden über Seitenflansche verbunden und ähnlich wie die Rollschalung gestützt (**8**.89 b).

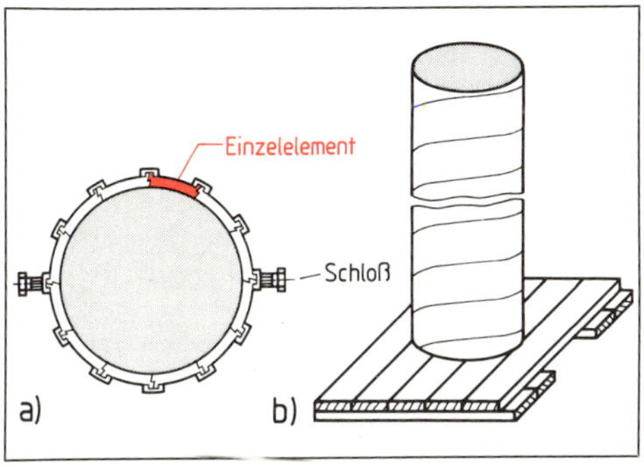

8.88 a) Zusammensteckbare Einzelprofile aus Leichtmetall
b) Fertige Wendelfalz-Wickelrohre aus Blech

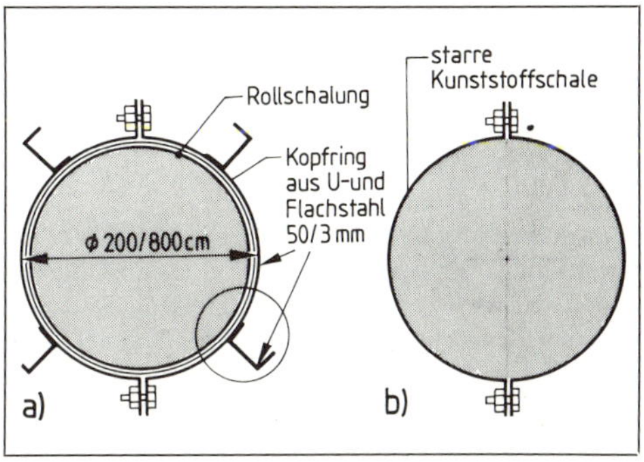

8.89 a) Kunststoff-„Roll"schalung mit Kopfring
b) glasfaserverstärkte Kunststoffschalung (zweiteilig)

Säulen (Stützen) sind meist hochbelastete, überwiegend knickbeanspruchte Bauteile (stabförmige Druckglieder). Ihre Bewehrung besteht aus bügelumschlossenen Längsstäben. Für Bewehrungsquerschnitte, Stabanordnung, Bügeldurchmesser und -abstände sind Mindestanforderungen zu beachten.

Handwerkliche Säulenschalungen werden in Einzel- oder Sonderfällen gefertigt. Für rechteckige Querschnitte bestehen sie gewöhnlich aus selbstgefertigten Schalungstafeln (Deck- und Schiebetafeln), Schalungszwingen übernehmen den Betondruck (Schalungsdruck), Streben und Fußkranz sichern die planmäßige Lage der Stützenschalung. Bei Verbindung mit Balkenschalungen schließen die Boden- und Seitentafeln der Balkenschalung bündig mit Innenkante Säulenschalung ab.

Systemschalungen aus Holz, Kunststoff und Metall haben einen hohen Vorfertigungsgrad und vermindern dadurch den Arbeitsaufwand auf der Baustelle erheblich. Mit verstellbaren Elementen lassen sich unterschiedliche Säulendurchmesser herstellen und mit den zweiarmigen Richtstützen einfach einloten.

8.7 Wände

Stahlbetonwände (Druckglieder) werden vorwiegend durch aufliegende Decken und Geschoßwände belastet. Sie sind wie die Stützen knickgefährdet, jedoch können aussteifende Querwände die Standsicherheit erhöhen. Mindestwanddicken richten sich nach der Betonfestigkeitsklasse und der Deckenkonstruktion (**8**.90). Für unbewehrte Wände gelten größere Werte.

Tabelle **8**.90 **Mindestdicken für Wände aus Stahlbeton**

Beton	unter nicht durchlaufenden Decken	unter durchlaufenden Decken
B 15 bis 55	12 cm (10 cm)[1]	10 cm (8 cm)[1]

[1]) Klammerwerte gelten für Fertigteilwände

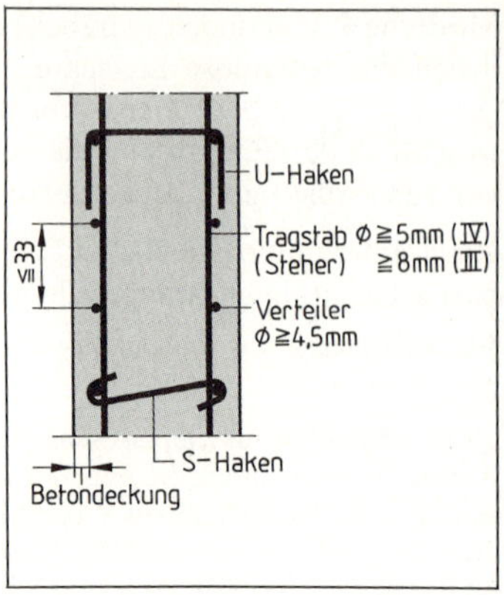

8.91 Bewehrung in Stahlbetonwänden (Längsschnitt)

Die Bewehrung ist zu beiden Seiten des Wandquerschnitts angeordnet. Sie besteht aus Betonstahlmatten oder einem Geflecht aus Betonstabstahl (**8**.91). Die Tragstäbe (Steher) sind lotrecht, die Verteiler (Querstäbe) waagerecht angeordnet. Bewehrungsrichtlinien nach DIN 1045 enthalten Mindestforderungen:

Tragstäbe. Mindest-∅ = 8 mm, bei Betonstahlmatten = 5 mm; Höchstabstand = 20 cm (**8**.92).

Querstäbe (Verteiler). Je m Wandhöhe mindestens 3 ∅ 6 mm, bei BSt 500 M genügen 3 ∅ 4,5 mm oder eine größere Anzahl dünnerer Stäbe mit gleichem Gesamtquerschnitt. Höchstabstände 33 cm (gilt auch für die Querbewehrung der Platten).

Wandmatten aus BSt 500 M (R 131-W, R 188-W und Q 131-W, Q 188-W) sind auf übliche Geschoßhöhen abgestimmt. Der einseitig lange Längsstab-Überstand dient als Anschlußbewehrung und erspart die sonst doppelte Querbewehrung im Übergreifungsbereich (**8**.93).

Lage der Bewehrung. Verteiler außen – Tragabstände innen. Häufige Ausnahme: Verteiler innen – Tragstäbe außen, wenn Tragstäbe mit ∅ $\leqq$ 16 mm und Betondeckung von $\geqq 2 \cdot d_s$ (= 2 · Tragstab-∅) und stets dann, wenn Betonstahlmatten als Bewehrung gewählt werden.

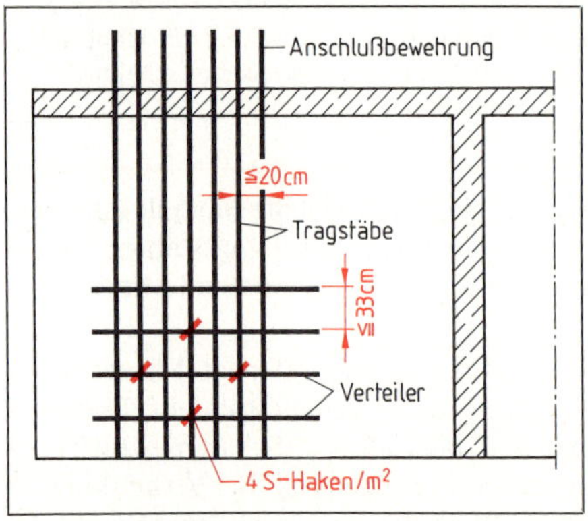

8.92 Stababstände der Wandbewehrung

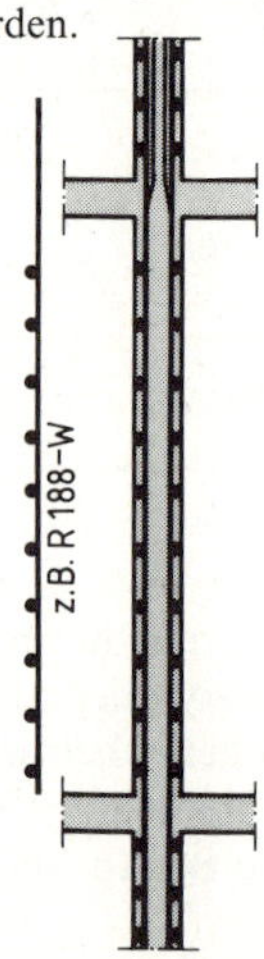

8.93
Materialsparende Betonstahl-Wandmatten mit einseitig überstehenden Längsstäben

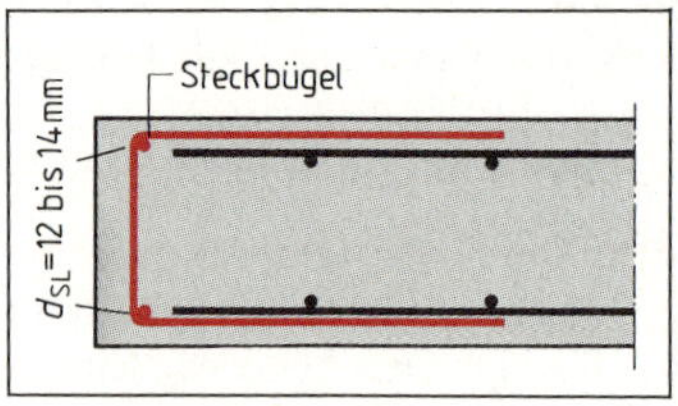

8.94 Eckstäbe und Steckbügel- (Randbügel)

Zusatzbewehrung. Alle freien Ränder (seitlich und oben) werden durch Steckbügel (**8**.94), alle Wandecken durch Eckbewehrung gesichert (**8**.95). Freie Wandenden erhalten Eckstäbe von $\geqq$ ∅12 mm.

S- oder U-Haken verankern die Bewehrung beider Wandseiten miteinander. Für die Verteilung gilt Tab. **8**.17. Sie umgreifen die Außenstäbe. Entfallen dürfen sie bei Tragstäben mit ∅ $\leqq$ 16 mm und Betondeckung $c \geqq 2 \cdot d_s$ (also stets für den Fall außenliegender Tragstäbe).

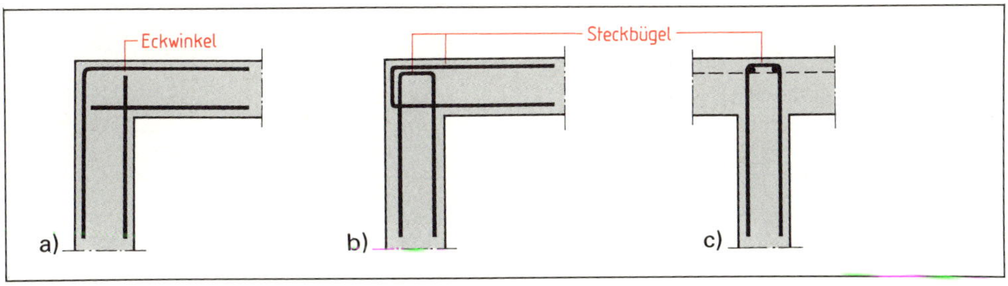

8.95 Zusatzbewehrung für Wandecken und -stöße (Beispiele)

a) Eckwinkel in Wandecken, b) sich kreuzende Steckbügel in Wandecken, c) Steckbügel mit Endstäben im Wandstoß

Der Einbau der Bewehrung erfolgt gegen die zuerst aufgestellte Schalungswand. Bei Stabstahl markiert man die Stabteilung der Längs- und Querbewehrung auf der inneren Schalungsfläche, befestigt End- und einige Mittelstäbe einschließlich Wandabstandhalter durch Nagelung und bindet die restlichen Stäbe aus (**8.**96). Die gegenüberliegende Wandbewehrung erhält ihre Anfangsstabilität durch Anbinden einiger Stäbe an die zuvor eingehängten S-Haken (oder gleichwertige Verbindungsteile). Nach Ausbinden aller Stäbe sind auch hier Wandabstandshalter nach Tab. **8.**17 anzusetzen.

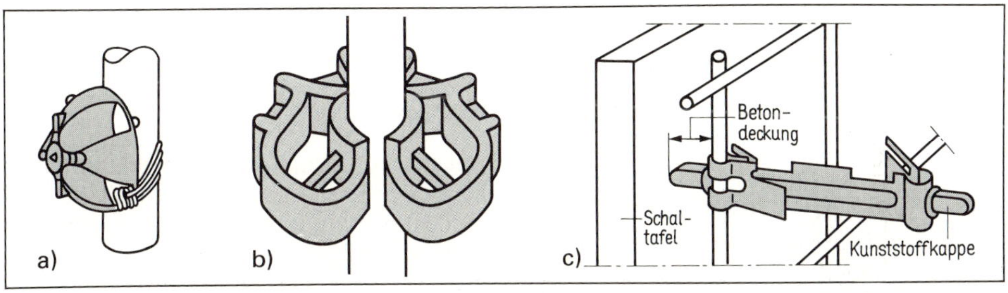

8.96 Wandabstandhalter a), b) Klötzchen, c) mit Abstandhalter kombiniert

Bewehrungen mit Betonstahlmatten erfordern viel weniger Arbeit, weil ein großer Teil der Flechtarbeiten entfällt.

Wandschalungen müssen hohem Schalungsdruck widerstehen (**8.**97). Ihre Schalhaut ist daher in angemessenen Abständen durch eine biegefeste Unterkonstruktion aus Schalungsträgern und

8.97

Diagramm zum Bestimmen des Frischbetondrucks p_B in Abhängigkeit von der Steiggeschwindigkeit v und der Konsistenz k

Beispiel 1 Schalungsdruck p_b für Wandbeton der Konsistenz KR und $v = 2$ m/h etwa 45 kN/m²

Beispiel 2 Beton KR für Stahlbetonsäule und $v = 6$ m/h erzeugt einen p_b von etwa 100 kN/m²

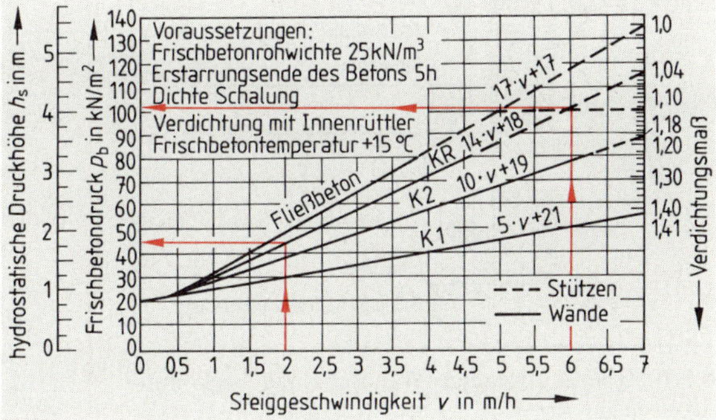

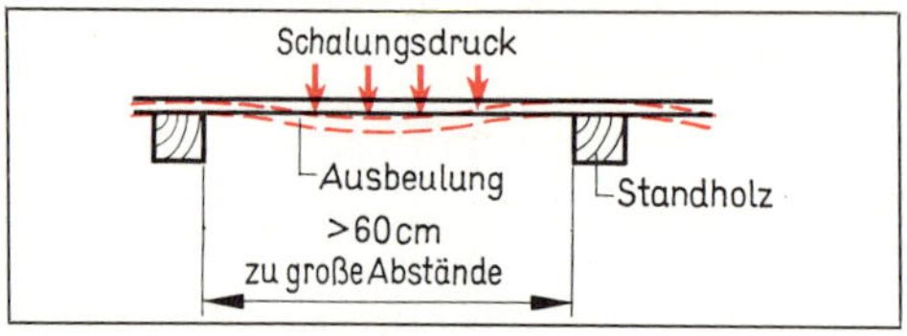

8.98 Wandausbeulung

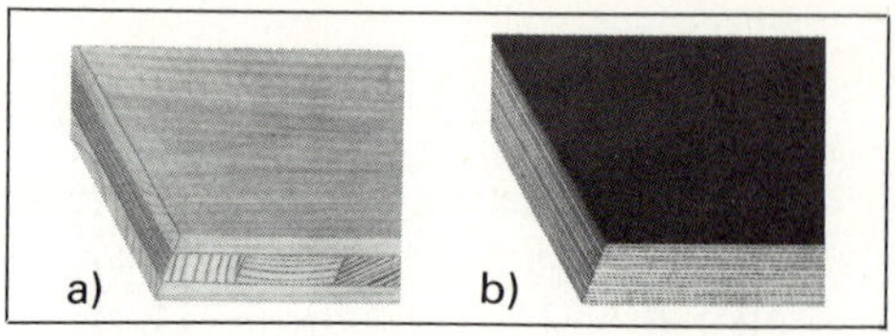

8.99 Bevorzugte Schalungstafeln

a) Dreischichtenplatte, b) Multiplex-Schalungstafel

Querriegeln (Gurte) zu unterstützen. Unerwünschte Wandausbeulungen sind oft die Folge zu groß gewählter Abstände zwischen den aussteifenden Schalungsträgern (**8.**98). Je nach Schaltafeldicke sind dafür 60 bis 80 cm einzuhalten. Zugfeste Schalungsanker nehmen den Schalungsdruck auf und sichern zusammen mit Spreizen, Gurten und Streben die planmäßige Lage und gleichmäßige Dicke der zu schüttenden Betonwand. Die Schalhaut besteht meist aus Sperrholz-Schalungsplatten. Schalbretter sind dafür zu unwirtschaftlich und eignen sich allenfalls für Paßflächen und Aussparungskästen. Für Restschalflächen kommen auch Ausgleichsbleche in Frage.

Dreischichtenplatten aus Nadelholz, kreuzweise koch- und wetterfest verleimt und mit hochdruckverpreßter Kunstharzoberfläche versehen, gelten als Standardware (**8.**99 a). Sie sind meist 22 mm dick und in Abmessungen zwischen 100 cm × 50 cm bis 600 cm × 100 cm im Handel.

Multiplex-Schalungsplatten bestehen aus 7 bis 15 kreuzweise verleimten Furnierlagen (**8.**99 b). Bevorzugte Plattendicken: 9 bis 21 mm. Mit folienbeschichteten Oberflächen sind besonders viele Einsätze möglich. Die empfindlichen Schnittkanten sind mit Versiegelungslack zu schützen.

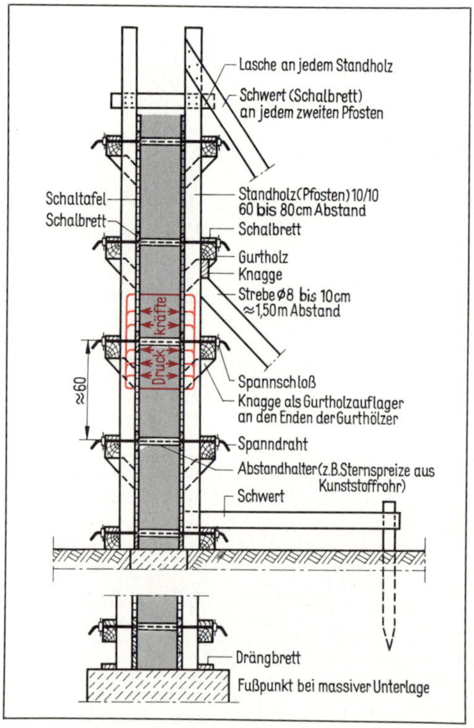

8.100 Arbeitsaufwendige Wandschalung herkömmlicher Art

Schalungskonstruktionen nach Bild **8.**100 gehören weitgehend der Vergangenheit an. Steigende Lohnkosten und verschärfter Wettbewerb begünstigen den Trend zur ingenieurmäßigen Planung und genauen zeichnerischen Darstellung der Schalungskonstruktion, meist durch spezialisierte Fachkräfte der Herstellerbetriebe. Mit technisch hochentwickelten Systemen erreicht man so unter Nutzung aller arbeitstechnischen Vorteile einen optimalen Rationalisierungsgrad bei geringstem Kostenaufwand.

Neuzeitliche Wandschalungen

- haben geringe Eigenlast, wenig Einzel- und Kleinteile, einen hohen Vorfertigungsgrad, hohe Biegefestigkeit und Formstabilität auch bei geringer Konstruktionsdicke, statisch aufeinander abgestimmte Tragteile mit günstiger Materialausnutzung sowie einfache Verbindungen.
- sind vielseitig anwendbar und anpassungsfähig, lassen sich schnell und einfach montieren, abbauen und umsetzen sowie durch Zubehörteile ergänzen (z. B. Arbeitsgerüste).

Wir unterscheiden nach

- **Konstruktionssystem:** Trägerschalungen und Rahmentafelschalungen.
- **Aufbau und Transport:** Handschalungen (kranunabhängig) und Großflächenschalungen (kranabhängig).
- **Verankerung:** zweiseitige (zweihäuptige) Schalungen aus gegenseitig verankerten Schalungshälften und einhäuptige Schalungen aus einer Schalungshälfte mit fußverankertem Abstützbock.
- **Betonierfortschritt:** stationäre (ortsfeste) Schalungen, Kletter- und Wanderschalungen für absatzweise Fertigung, Gleitschalungen für gleichmäßig fortschreitende (kontinuierliche) Fertigung.

Trägerschalungen erhalten als Unterstützungskonstruktion hölzerne Vollwand- oder Gitterträgerprofile oder stählerne Profilträger mit eingelegter Holzleiste zum Aufnageln der Schalungsplatten.

Der spezialverleimte I-Vollwand-Holzträger H 20 (20 cm Profilhöhe) hat das herkömmliche Kantholz als Schalungsträger auf der Baustelle weitgehend abgelöst (**8.**101). Trotz geringer Eigenlast beträgt seine Biegefestigkeit mehr als das Dreifache. Größere Gurt- und Ankerabstände, gleichbleibende Formstabilität, vielseitige Einsatzfähigkeit und leichte „Hand"habung sind die wesentlichen Vorteile.

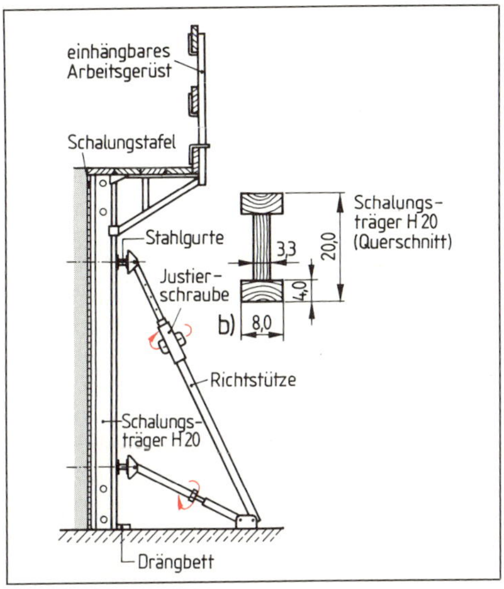

8.101 Neuzeitliche Trägerschalung mit sehr biegefesten I-Holzträgern und äußeren Stahlprofilgurten

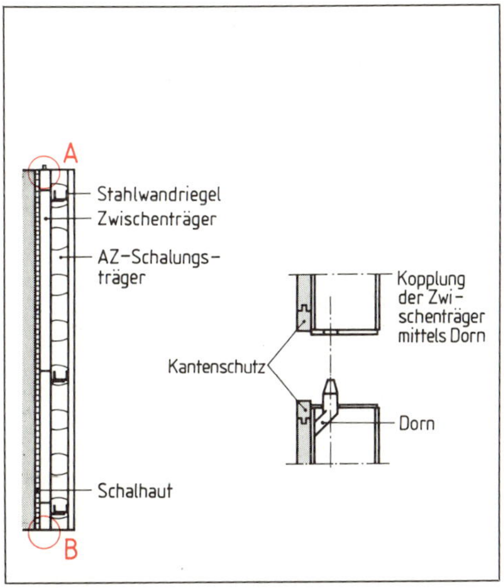

8.102 Wandschalung mit Leichtmetall-Schalungsträgern. Die Stahlwandriegel werden durch die Stegaussparungen geführt

Die Stahlgurtung ist quer zu den Schalungsträgern angeordnet. Sie gewährleistet die fluchtgerechte, ebene Schalungskonstruktion. Stählerne Gurtträger widerstehen dem Anpreßdruck der Ankerplatten besser als hölzerne und werden deshalb bevorzugt (**8.**101). Bei den Leichtmetall-Schalungsträgern werden die Gurtprofile in Aussparungen durch den Trägersteg geführt (**8.**102; platzsparend, günstiger Aussteifungseffekt).

Trägerschalungen aus fertigen Elementen (z. B. FF 20) zeigen den neuesten Entwicklungsstand. Aus nur wenigen Standardelementen lassen sich durch Kombination und einfache Koppelbarkeit der Elemente nach allen Seiten die üblichen Wandhöhen und -breiten einschalen. Geringerer Verschleiß, hohe Einsatzzahlen und vorteilhafte Lagerung, vor allem jedoch der schnelle Auf- und Abbau (einzig nötiges Montagewerkzeug ist ein Hammer!) machen die Investitions- oder Leihkosten bald wieder wett (**8.**103). Spezielle Zubehörteile und durchdachte Details z. B. für den Längenausgleich, für Wandecken, -enden und -stöße ergänzen das System (**8.**104).

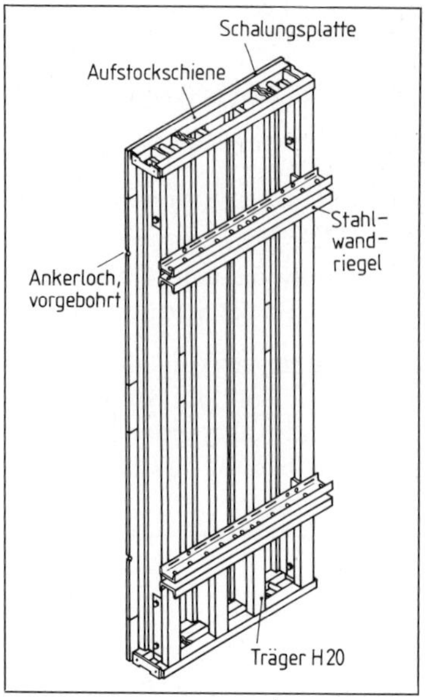

8.103 Allseitig koppelbares Fertigelement einer Trägerschalung

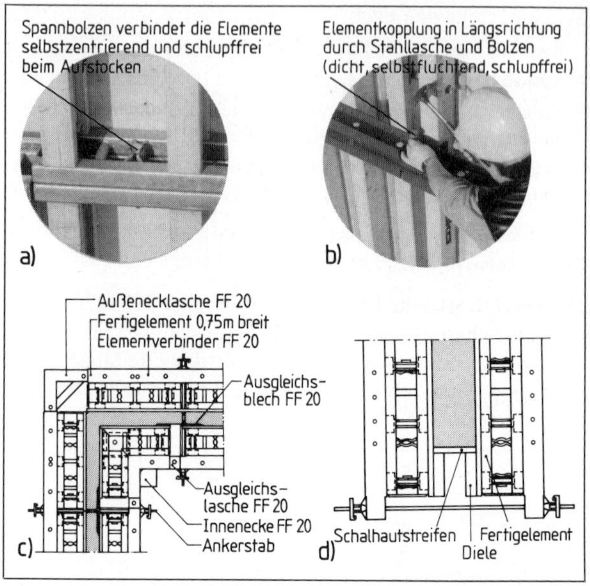

8.104 Verbindungen und Anschlüsse bei der Trägerschalung **8.**103
a) Aufstockung, b) Elementverbindung, c) Ecklösung, d) Wandabschottung

Rahmentafelschalungen. Rahmentafeln bestehen meist aus geschoßhohen feuerverzinkten Stahl- oder Alurahmen mit aussteifenden Querprofilen und einer aufgeschraubten, filmbeschichteten Multiplex-Sperrholz-Schalungsplatte. Die übergreifenden Rahmenecken schützen die empfindliche Schnittkante der Platte (**8.**105). Der stabile, biegefeste Rahmen ersetzt Schalungsträger und Gurtungen. Leichte Rahmentafeln lassen sich von Hand versetzen. Ihre geringe Konstruktionsdicke (10 cm) bewährt sich besonders bei beengten Arbeits- und Lagerplatzflächen. Dennoch lassen sich die Tafeln auch zu größeren Flächen verbinden und mit Kranhilfe versetzen. Beschädigte Schalhaut kann man mit Hilfe der vorgegebenen Schrauben oder Nieten auswechseln.

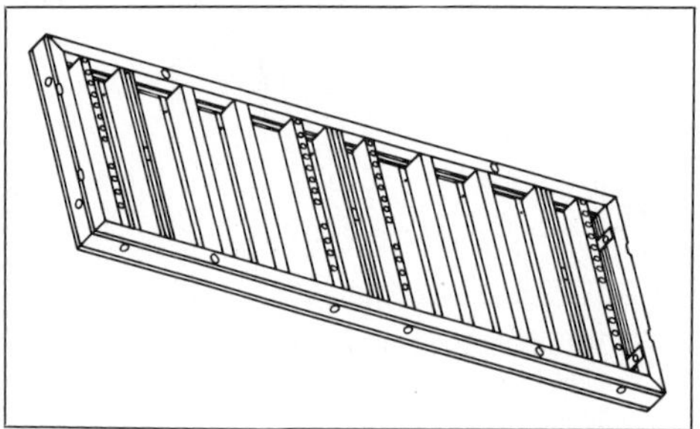

8.105 Rahmentafel mit eingebautem Riegelsystem

Rahmentafelschalungen mit eingebautem (integriertem) Riegelsystem (z. B. Typ Framax) erleichtern das Anschließen von Zubehörteilen (wie Streben, verbindende Klemmschienen, Gerüstkonsolen), das fluchtgerechte Aufstocken sowie den Übergang zu konventionell geschalten Teilen (**8.**105). Eine umlaufende Rahmennut dient zur Rahmenverbindung mittels der zangenförmig wirkenden Schnellspanner. Ankerlöcher sind bereits in den Rahmenteilen vorgesehen. Ihre konische Form erleichtern das Einführen der Ankerstäbe. Bei überlegter Nutzung unterschiedlicher Standard-Tafelgrößen bleiben nur kleine Restschalflächen, die sich meist mit den angebotenen Ausgleichsblechen schließen lassen. Für die üblichen Details (z. B. Innen- und Außenecken, Abschalungen) stehen Standardelemente mit entsprechendem Zubehör zur Verfügung. Bei schiefwinkligen Konstruktionen erleichtern die scharnierverbundenen Eckelemente den Arbeitsaufwand (**8.**106 und **8.**107).

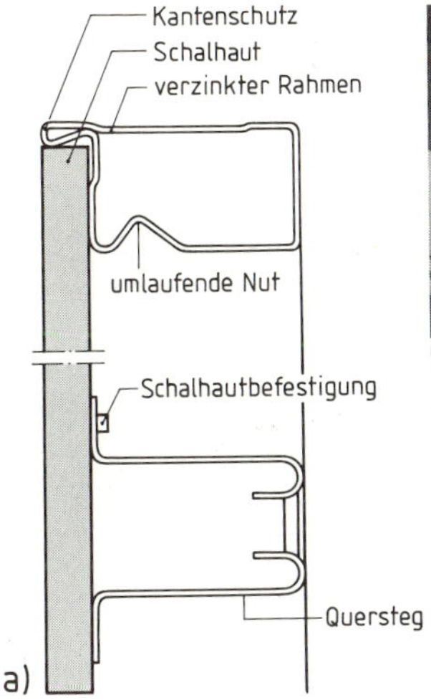

8.106 Rahmentafeldetails und -verbindungen

a) Kantenschutz und Schalhautbefestigung
b) Elementverbindung mit Schnellspanner RU durch Hammerschlag
c), d) Keil und Bolzen an einer Leichtschalung unverlierbar eingebaut, Bolzen durchschieben (c), Keil einschlagen (d)

Die zweiarmigen Einrichtestützen eignen sich bei Träger- und Rahmentafelschalungen zum Fixieren und Einloten der Schalungskonstruktion. Auf Kranbaustellen ermöglichen sie das kippsichere Abstellen von Großflächenelementen, vermindern damit die Kranbindezeit und die Unfallgefahren (**8.**107 und **8.**84).

Schalungsanker sind nach DIN 18216 genormt. Die früher verbreiteten Keilklemmen mit oder ohne Exzenter werden zunehmend von Schalungsankern mit Schraubverschluß ersetzt (**8.**108). Sie zeichnen sich durch hohe Trag-

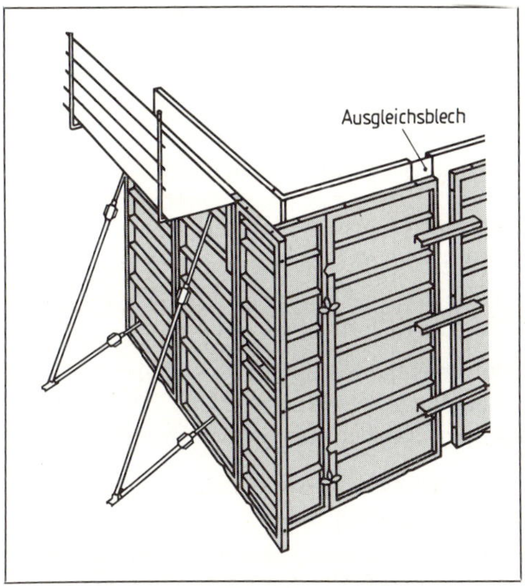

8.107 Wandschalung aus Rahmentafeln

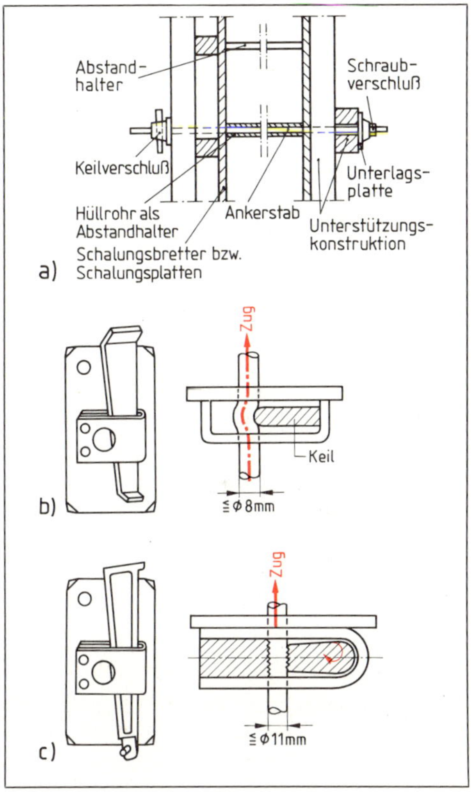

8.108 Schalungsankersysteme

a) links Keilverschlüsse, rechts Schraubverbindungen
b) Keilklemme für Stäbe mit ≤ 8 mm Ø
c) Spannklemme mit Keilexzenter

kraft und einfache Montage aus. So entfällt die Spannspindel als Werkzeug (**8.**109). Bevorzugt werden Ankerstäbe aus Spannstahl 70/100 mit robustem Nockengewinde im Durchmesser 16 mm. Für Stab-Ø 15 mm sind z.B. 91 kN Tragkraft zugelassen. Mit Trennscheiben lassen sich die Spannstähle leicht auf Länge zuschneiden.

8.109 Spannspindel für Keilverbindungen

8.110 Nockenmutter, durch Hebelwirkung fixierbar

Die Ankerplatten setzt man mit Flügelmuttern fest. Z.T. sind beide beweglich, jedoch unlösbar und daher unverlierbar miteinander gekoppelt. Lösen und Fixieren der Muttern geschieht durch Hammerschlag, bei den neu entwickelten Nockenmuttern auch durch Hebelwirkung (**8.**110).

Wandabstandhalter (Spreizen) bestehen überwiegend aus Kunststoff- oder Faserzement-Hüllrohren. Die verhältnismäßig kleinen Stirnflächen übertragen erhebliche Spannungen auf die Holzschalung, zu deren Schutz konische Endstücke mit vergrößerter Standfläche aufgesetzt werden (**8.**111).

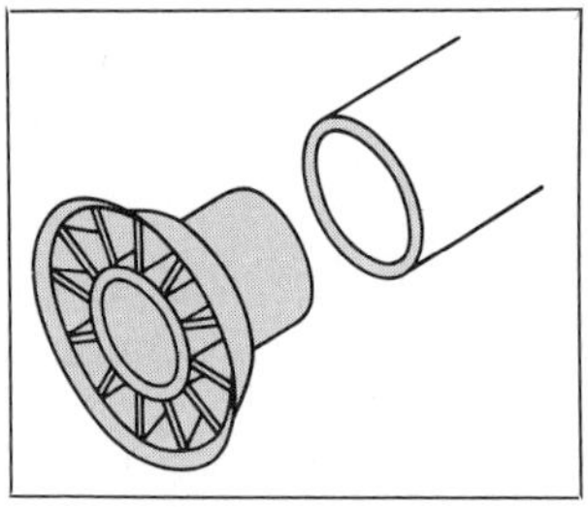

8.111 Abstandhalter mit druckverteilendem konischem Endstück für Durchspannsysteme

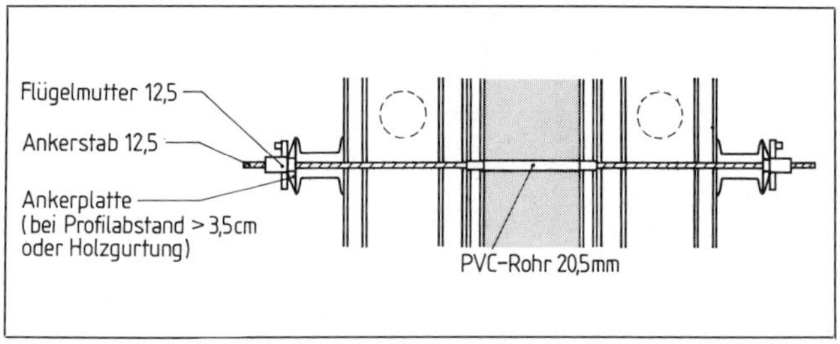

8.112 Durchspannanker mit verlorenem Abstandhalter und wiedergewinnbarem Ankerelement

Durchspannanker nach Bild **8.**112 gelten als Standardlösung. Nach dem Ausschalen steht das ganze Ankerelement wieder zur Verfügung. Der Hüllrohr-Abstandhalter bleibt im Beton und kann von beiden Seiten mit passenden Stopfen und Spezialkleber verschlossen werden.

Systeme mit mehrteiligen Ankerstäben dienen zum Herstellen wasserundurchlässiger Wände. Meist benutzt man dabei den Anker selbst als Wandabstandhalter mit.

Systeme mit „verlorenem" Ankerstab-Mittelstück werden durch nachträglich ausschraubbare Ankerkonen aus Blech oder Kunststoff miteinander verschraubt (**8.**113a). Die Ankerkonen hinterlassen ausreichend tiefe Löcher, so daß nach dem Verschließen mit Zementmörtel die notwendige Betondeckung gewährleistet ist.

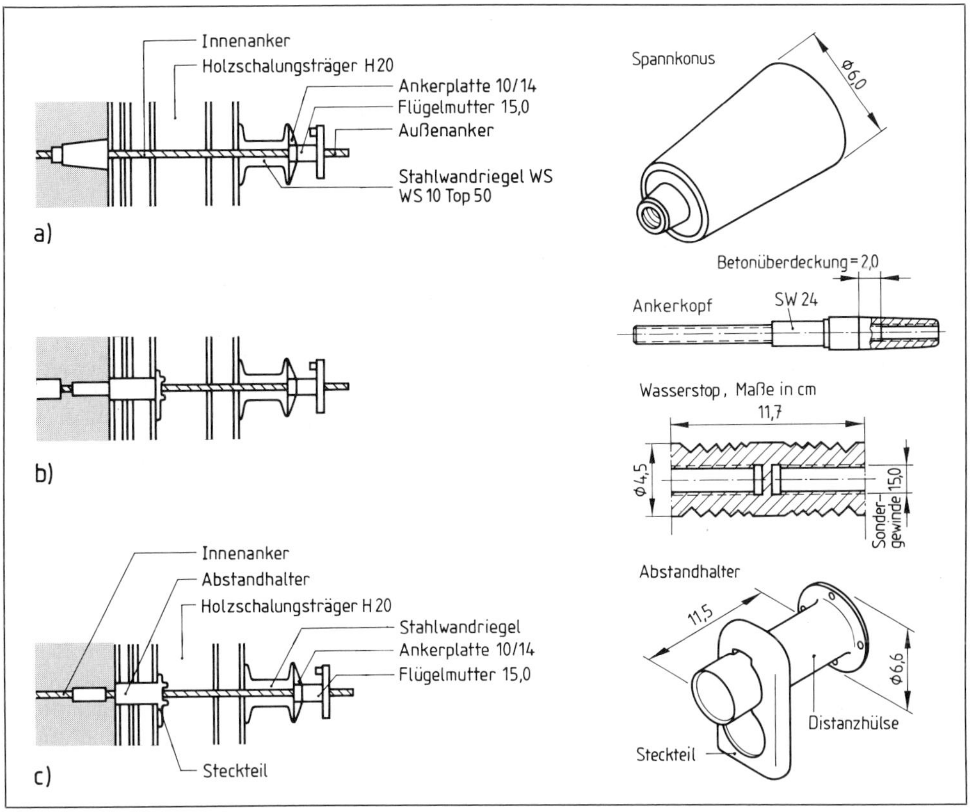

8.113 Anker für wassersperrende Wände
a) mit ausschraubbaren Ankerkonen und verlorenem Mittelstab,
b) mit spezieller Wassersperre, c) mit Ankerkopf

Systeme mit Wassersperre werden über ein Gewindeteil mit wassersperrendem Mittelsteg gekoppelt. Die „verlorenen“ zweiteiligen Abstandhalter ermöglichen die volle Wiedergewinnung der Ankerelemente (**8.**113 b).

Systeme mit Ankerkopf werden als weitgehend komplette Einheiten geliefert: Ankerplatte, -stab und Nockenmutter bleiben unzerlegt und damit unverlierbar. Im Gegensatz zu den Ankerkonen nach Bild **8.**113 a und b lassen sich die Ankerköpfe bereits einen Tag nach dem Betonieren ohne störende Betonhaftung lösen. Mit den neuartigen einschraubbaren Abstandhaltern läßt sich die Wanddicke mit Hilfe eines einsteckbaren Fixierblechs in den vorgesehenen Schlitz von außen einstellen. Das einzige „verlorene“ Teil bleibt das Ankerstab-Mittelstück (**8.**113 c).

Die Arbeitsfolge bei herkömmlichen Wandschalungen verlangt erheblichen Arbeitsaufwand: Wand einmessen und auf der Grundfläche anreißen. Drängbretter aufnageln, dabei Dicke von Schalhaut und Standholz berücksichtigen (**8.**114 auf S. 192). End- und einige Zwischenstützen im Raster der Schaltafellängen aufstellen, ausrichten und wie bei Stützenschalungen verstreben. Erstes und letztes Schalbrett (Fuß- und Kopfbrett) zur Längsausrichtung anbringen. Restliche Stützen aufstellen und an vorhandene Schalbretter anheften (50 bis 70 cm Abstand, jedoch stets eine Stütze am Plattenstoß). Schaltafeln mit Halteblech oder durch Nagelung befestigen. Zwischen den Tafelreihen je ein Schalbrett für Bohrungen der Ankerstäbe vorsehen (Platten werden geschont). Gurthölzer auf zuvor angesetzte Knaggen oder Gurthalter auflegen (**8.**115, in Höhe der Tafelstöße, evtl. Heftnagel anbringen). Erforderlichenfalls Trennmittel auf die Schalhaut auftragen. Bewehrung und Aussparungskörper einbauen. Anschließend gegenüberliegende Wandschalungshälfte aufstellen. Falls erforderlich, seitliche Absperrtafel mit Drängbrett anbringen.

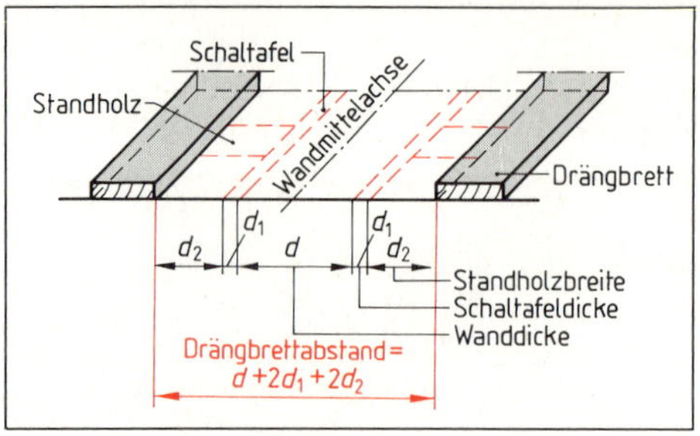

8.114 Festlegen des Drängbrettabstands

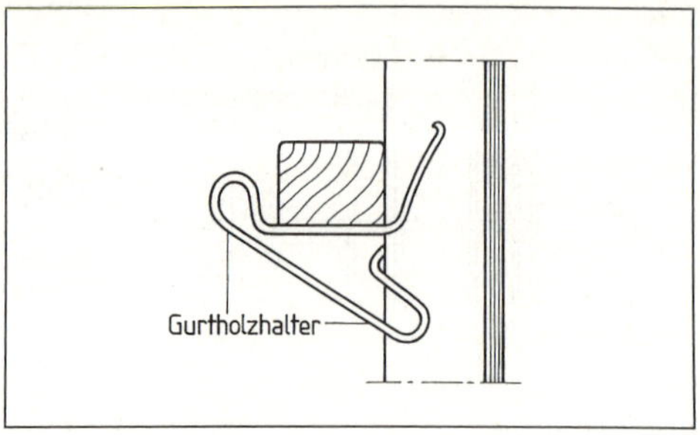

8.115 Gurtholzhalter

Arbeitssicherheit. Nur Kreissägen mit Spaltkeil verwenden. Er gewährleistet die offene Schnittfuge, verhindert das Heißlaufen und Ausbeulen des Sägeblatts und sichert vor zurückschleudernden Werkstückteilen ebenso wie vor unbeabsichtigtem Berühren des aufsteigenden Zahnkranzes. Bei sich spreizenden Schnittfugen zieht man den Parallelanschlag bis Mitte Sägeblatt zurück oder setzt zusätzlich einen Hilfsanschlag. Kleinere, schleudergefährdete Abfallstücke leitet eine eingespannte keilförmige Abweisleiste vom aufsteigenden Zahnkranz des Sägeblatts weg.

Die Arbeitsfolge bei neuzeitlichen Wandschalungen auf der Baustelle beschränkt sich zunehmend auf Montagetätigkeit. Wichtig sind der Umgang mit Schalungszeichnungen und das schnelle Erlernen neuentwickelter systemabhängiger Verbindungs- und Montageverfahren, der sorgsame Umgang mit dem hochwertigen Einschalmaterial sowie rationelles, kosten- und sicherheitsbewußtes Planen und Handeln im Arbeitsteam. Grundsätzlich wird nach dem Einmessen der Rißlinien und dem Anbolzen der Drängbretter zunächst eine Seite der Wandschalung aufgestellt, ausgerichtet und durch Streben fixiert. Dann setzt man die Aussparungskästen für Wandöffnungen ein, baut die Bewehrung einschließlich Abstandhalter ein und setzt die Schalungsanker ein. Nun erst wird die zweite Wandschalungsseite aufgestellt und mit der ersten durch Ankerelemente und Wandabstandhalter verspannt.

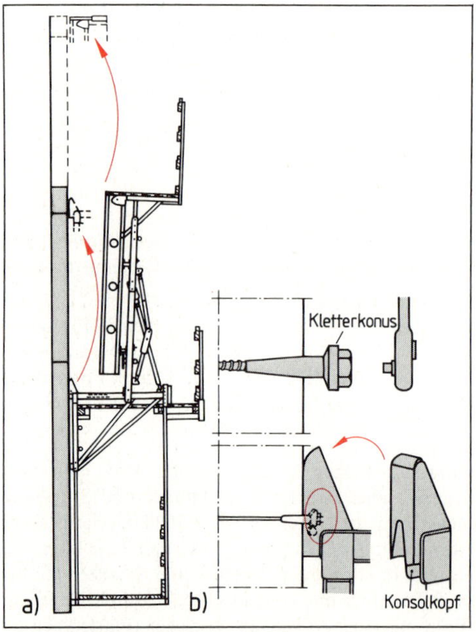

8.116 a) Die Kletterschalung wird mit Kranhilfe auf Betonierhöhe versetzt, b) der Konsolkopf greift selbstzentrierend am aufgeschraubten Kletterkonus ein

Kletterschalungen eignen sich für hohe Wände, wenn ihre Fertigung in einzelnen Höhenabschnitten zweckmäßig ist. Im Prinzip klettert hier das etwa geschoßhohe Schalgerüst nach jedem Betonierabschnitt mit Kranhilfe am jeweils fertigen Wandteil empor (**8.**116a). Das Schalelement einschließlich Arbeitsgerüst ist an der Kletterkonsole montiert, deren Konsolköpfe nach dem Klettervorgang in die vorbereitete Wandverankerung einrasten (**8.**116b). Dazu betoniert man zunächst aufschraubbare Vorlaufkonen mit den zugehörigen Gewindeankerstäben paßgenau ein. Nach dem Ausschalen werden sie durch Kletterkonen ersetzt. Über die Scherenspindel läßt sich nun die Wandschalung genau in die geplante Lage einfahren. Nach Einbau der Bewehrung, Aussparungskästen und Anker wiederholt man den

Klettervorgang auf der Gegenseite und verspannt schließlich beide Schalungshälften durch Festsetzen der Schalungsanker.

Selbstkletternde Schalungen bewältigen große Wandhöhen auch ohne Kranhilfe. Statt der Kletterkonen ersetzen hier besondere Kletterschuhe die aufgeschraubten Vorlaufkonen (**8.**117). Der Kletterautomat mit hydromechanischem Hubsystem hat zwei aneinander verschiebliche (Kletter-)Rahmen. Der eine wird zunächst auf die halbe Kletterhöhe gefahren und fest an den Kletterschuhen montiert. Mit dem anderen wird das gesamte Schalgerüst nachgeholt und fest verankert. Durch Wiederholen des Klettervorgangs erreicht man die gewünschte Betonierhöhe. In der gleichen Weise klettert auch die gegenüberliegende Wandschalung.

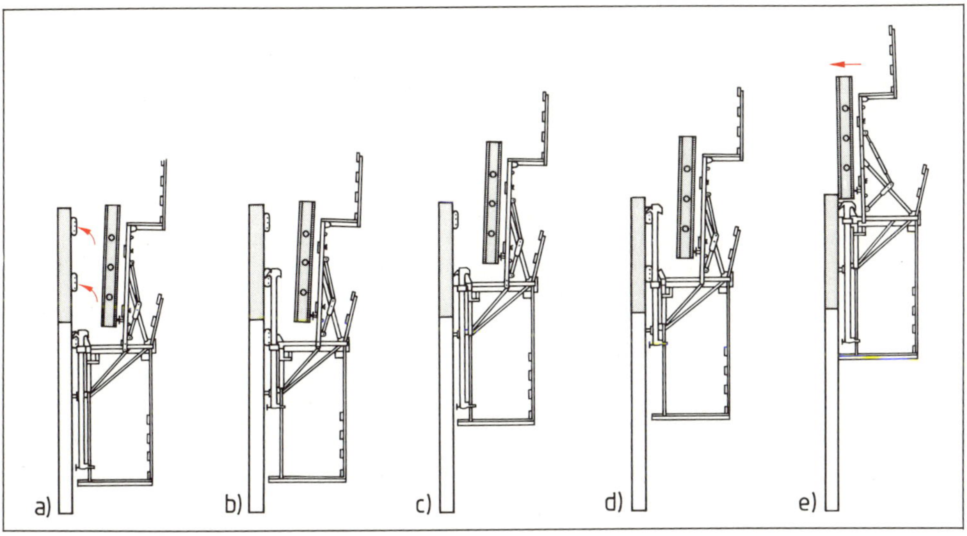

8.117 Die selbstkletternde Schalung zieht sich hydraulisch am vorlaufend montierten Kletterrahmen in 2 Kletterschritten auf Betonierhöhe

Mit der Gleitschalung lassen sich auch sehr hohe Baukörper (z. B. Türme, Silos) rationell fertigen. Die Schalhaut ist nur 1,20 bis 1,50 m hoch und umschließt den gesamten Wandquerschnitt des Grundrisses. Zwischen den Wänden wird eine vollflächige Arbeitsbühne, davor ein Kraggerüst und unterhalb der Schalung beidseitig ein umlaufendes Arbeitsgerüst mitgeführt. An Kletterstangen aus Rundstahl (∅ 26 bis 28 mm), die in Abständen bis etwa 2,50 m in Wandquerschnittsmitte stehen, wird das ganze Schal- und Arbeitsgerüst mit einer Hubgeschwindigkeit von etwa 20 cm je Stunde hydraulisch aufwärtsbewegt (**8.**118). Die einsetzende Betonerhärtung gewährleistet ausreichende Tragfähigkeit – jedoch nur bei entsprechender Witterung! Die Bewehrungs- und Betonierarbeiten müssen dem

8.18
Gleitschalung
1 Hubvorrichtung
2 Gleitbock
3 Kletterstange
4 Gleithüllrohr (entfällt bei Gleiten mit verlorener Kletterstange)
5 Arbeitsbühne
6 Laufstegkonsole für Kraggerüst
7 Hängegerüst
8 Schaltafeln
9 Verschiebevorrichtung
10 Bohrung für eventuelle Bühnenaufstockung
11 Zuganker

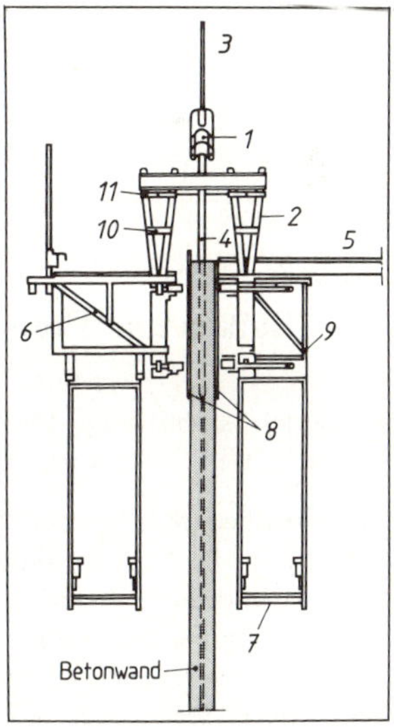

ohne Unterbrechung fortschreitenden Hochgleiten der Schalung Tag und Nacht folgen. Probleme entstehen bei Frost, Sturm und Defekten in der Hubmechanik. Auch erreicht die Betonoberfläche – durch Anreiben des noch frischen Betons unterhalb des Schalhautrands behandelt – nur eine begrenzte Qualität im Aussehen. Kletterschalungen können im Vergleich dazu vorteilhafter sein.

Als Schalhaut werden senkrecht gestellte Brettschalung, Sperrholztafeln, vergütete Holzschalungsplatten (kunstharzbeschichtet, mit Stahl- oder Alublech benagelt) und reine Stahlschalungen verwendet. Stahlschalungen werden vorwiegend bei konischen Querschnitten oder veränderlichen Wanddicken eingesetzt, da sich die Schaltfeln bei verjüngter Wanddicke bzw. konischem Baukörperquerschnitt überlappend übereinanderschieben können. Neben größerer Lebensdauer und besserer Gleitfähigkeit bietet die Stahlschalung auch die Möglichkeit zur Herstellung besserer Betonoberflächen.

Die Gleitreibung verringert sich erheblich, wenn sich der Abstand der gegenüberliegenden Schalflächen nach oben hin um $\frac{1}{300}$ bis $\frac{1}{150}$ der Schalungshöhe verjüngt. Dies entspricht etwa 4 bis 7 mm. Wird dies nicht beachtet, kann der Reibungswiderstand extrem emporschnellen, die Hubvorrichtung überlasten und den Aufriß des frischen Betons verursachen. Aussparungskästen sollten beidseitig um je ½ cm zurückstehen, um nicht beim Gleitvorgang mitgezogen oder verschoben zu werden. Auch die Betondeckung der Bewehrung sollte gegenüber den geltenden Vorschriften um 1 cm erhöht werden.

Stahlbetonwände sind beidseitig durch senkrechte Trag- und waagerechte Verteilerstäbe bewehrt. Beide Bewehrungsseiten sind im allgemeinen durch 4 S-Haken bzw. Steckbügel/m^2 untereinander verbunden.

Trägerschalungen bestehen aus Schalungsträgern und quer dazu aufgesetzten Gurtungen. Paßgenaue, vorgefertigte Großflächenschalungen oder einfach koppelbare, vormontierte Standardelemente vereinfachen die Einschalarbeiten.

Geschoßhohe Rahmentafeln aus feuerverzinkten Metallprofilen, einseitig mit Sperrholz beplankt, werden als Handschalung bevorzugt. Schalungsanker (vorzugsweise Schraubsysteme) mit Nockenmutter und Ankerplatte übernehmen den Schalungsdruck und sichern mit Wandabstandhaltern die geplante Wanddicke.

Zweiarmige, stufenlos verstellbare Streben (Einrichtestützen) erleichtern das Einloten des Schalgerüsts und sichern seine Stabilität. Die einhäuptige Schalung (aus nur einer Wandschalungsseite, z. B. vor einer Felswand) erfordert wegen fehlender Wandanker meist schwere, fußverankerte Stützrahmen zur Aufnahme des Schalungsdrucks.

Kletterschalungen bewältigen große Wandhöhen mit absatzweiser, Gleitschalungen in ununterbrochener Arbeitsfolge.

8.8 Balken und Plattenbalken

Balken sind stabförmige, überwiegend biegebeanspruchte Träger mit beliebigen, meist rechteckigen Querschnitten (**8.**119 a und d).

Plattenbalken (**8.**119 b und c) bilden aus Balkensteg und Deckenflansch den idealen T-förmigen Querschnitt für Stahlbetonträger: Überflüssige Betonmassen in der Zugzone entfallen bis auf den nötigen Stegbeton, dagegen vergrößert sich die Druckzone um den mitwirkenden Plattenquerschnitt. Randbalken ergeben einseitige, Mittelbalken zweiseitige Plattenbalken. Trotz Materialersparnis und geringer Balkenhöhe entstehen Bauteile von hoher Tragfähigkeit, die z. B. vorteilhaft bei Plattenbalkendecken in Ortbeton oder aus Fertigteilen angewendet werden (**8.**120 und **10.**9).

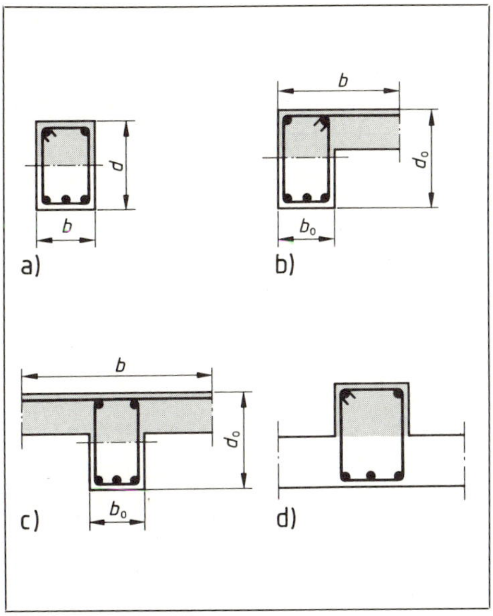

8.119 Querschnitte von Balken und Plattenbalken
a) Balken, b) einseitiger Plattenbalken, c) zweiseitiger Plattenbalken, d) Balken als Überzug, über Mittelstützen auch als Plattenbalken verwendbar (grau = Druckquerschnitt)

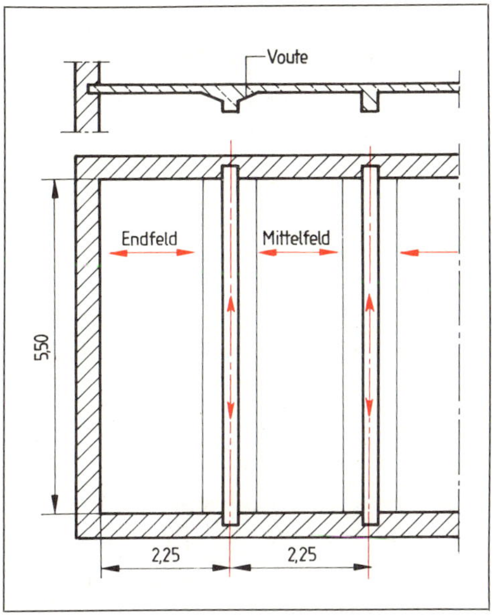

8.120 Anwendung des Plattenbalkens bei Plattenbalkendecken, einmal mit, einmal ohne Voute

Die Tragfähigkeit erhöht sich mit der Balkenbreite linear, mit der Balkenhöhe jedoch quadratisch. So bewirken z. B. doppelte Balkenbreite zweifache, doppelte Balkenhöhe dagegen etwa vierfache Tragfähigkeit. Deshalb wählt man die Balkenquerschnitte üblicherweise mit $b < d$, Plattenbalken mit $b_0 < d_0$.

Begriffliche Abgrenzungen gegenüber den Wänden, wandartigen Trägern und Platten ergeben sich aus den Querschnittverhältnissen. Es gelten für Balken $b < 5\,d$, für Plattenbalken $b_0 < 5\,d_0$, für Platten $b > 5\,d$.

Die Balkenauflagerlänge beträgt $\geqq$ 10 cm. Im allgemeinen entspricht sie etwa der Balkenhöhe. Bei größeren Auflagerlasten ist sie statisch zu berechnen.

Die Zugbewehrung (Feldbewehrung) enthält in den unteren Balkenecken stets je 1 durchgehenden geraden Tragstab und dazwischen (bei Bedarf) weitere gerade oder aufgebogene Tragstäbe. Für größere Stahlquerschnitte ist das Verlegen in 2 Lagen möglich.

Der lichte Stababstand beträgt $\geqq$ Stab-∅, jedoch mindestens 2 cm.

Schubbewehrung. Bügel, lotrecht und/oder schräg angeordnet (**8.**121), ersetzen zunehmend die früher häufig verwendeten Aufbiegungen (weniger Arbeitsaufwand!). Man schließt sie nach Bild **8.**122a bis c. In kritischen Schubbereichen (z. B. Auflagernähe) sind häufig kleinere Bügelabstände erforderlich, auch doppelte (vierschnittige) Bügelreihen oder korb-, leiter- oder girlandenförmige Schubzulagen (**8.**123). Aufbiegungen (Schrägstäbe) erhalten Höchstabstände nach Bild **8.**121c.

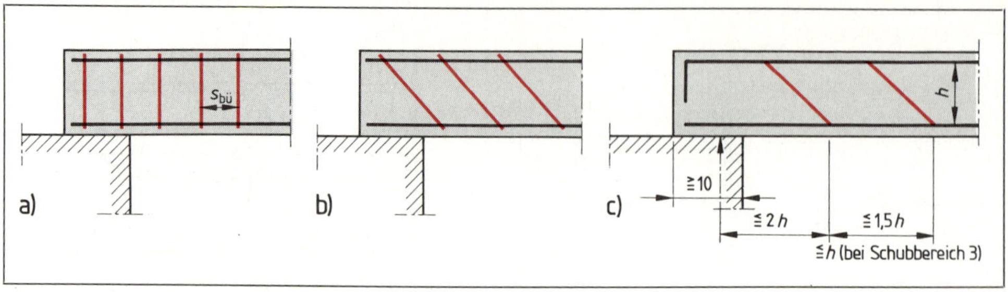

8.121 Schubbewehrung für schubgefährdete Stahlbetonbalken

a) durch Bügel, b) durch Schrägbügel, c) durch Aufbiegungen

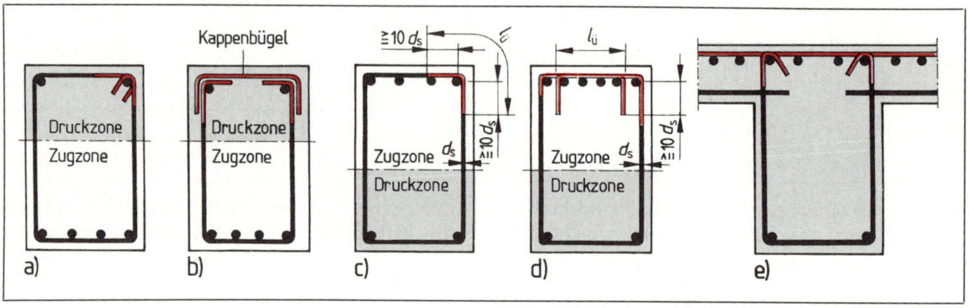

8.122 Möglichkeiten für das Schließen von Bügeln

a) und b) in der Druckzone, c) und d) in der Zugzone, e) offener Bügel, durch Deckenbewehrung geschlossen (nur im Plattenbalken)

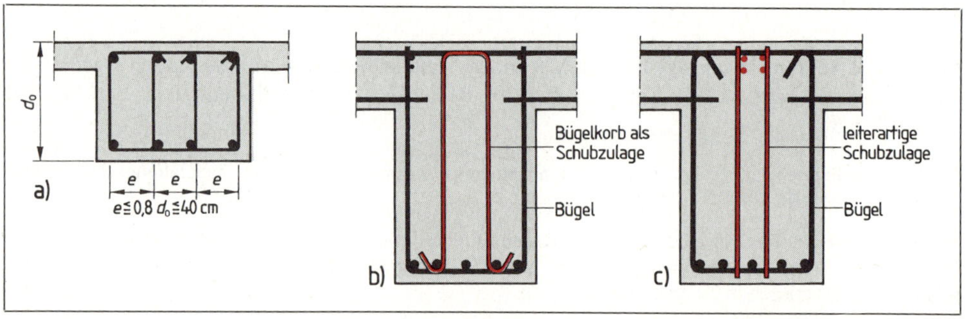

8.123 Anordnung mehrschnittiger Schubbewehrung durch

a) vierschnittige Bügel, b) korbförmige Schubzulagen, c) leiterartige Schubzulagen

Montagestäbe liegen in den oberen Balkenecken und sichern die Bügellage.

Stegbewehrung erhalten Balken ab 1 m Höhe (**8.**124).

Die Abrißbewehrung soll Abrisse an Plattenbalken zwischen Balkensteg und Deckenplatte verhindern, ist jedoch zwingend nur bei gleicher Spannrichtung beider Bauteile notwendig (**8.**124). Sie beträgt mindestens ⅓ der Feldbewehrung.

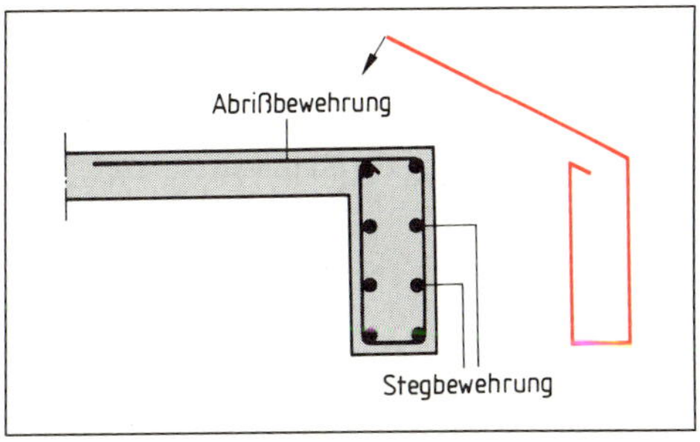

8.124 Hohe Balken erfordern Stegbewehrung, gleichgespannte Balken und Decken Abreißbewehrung

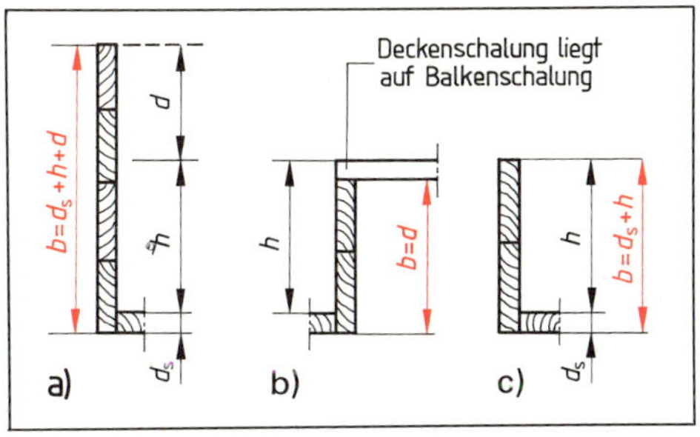

8.125 Bestimmen der Breite *b* von Balkenseitentafeln
a) Außentafel für Balken mit Deckenanschluß
b) für Balken mit Deckenanschluß
c) für Balken ohne Deckenanschluß

Die Bewehrungsherstellung gleicht der für Säulenbewehrung beschriebenen Arbeitsfolge. Für die Anordnung und Verteilung der punktförmigen Abstandhalter zur Sicherung der Betondeckung gilt Tab. **8.**17.

Balkenschalungen werden aus Boden- und Seitentafeln zu einseitig offenen Schalungskästen zusammengesetzt, durch Schalgerüste unterstützt und gegen seitliches Ausweichen gesichert.

Die Länge der Balkentafeln richtet sich nach der Art der Auflager. Stoßen Balken rechtwinklig auf Mauerwerk, führt man die Schaltafeln stumpf gegen die Mauerfläche (**8.**126). Liegen Balken am Auflager auf einer oder beiden Seiten bündig in der Mauerflucht, führt man die Seitentafeln bis hinter das Balkenauflager, wo sie dicht am Mauerwerk anliegen. Bei Verbindungen mit Stahlbetonstützen oder -wänden sind die Tafellängen unter Beachtung der Schalungsregeln aus Abschn. 8.3 festzulegen.

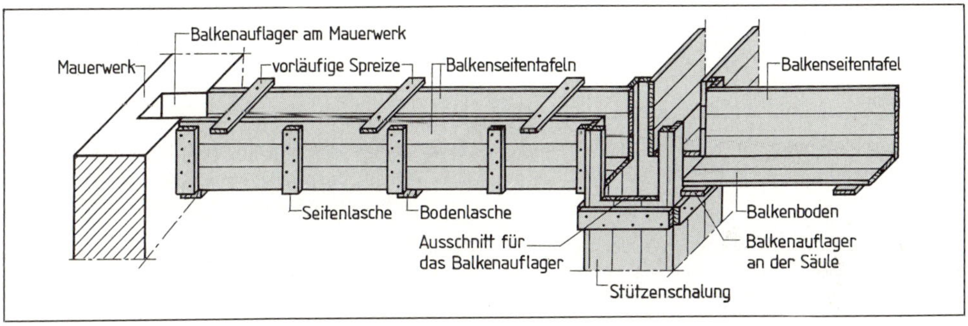

8.126 Balkenschalung (Unterstützungen nicht mitgezeichnet)

Die Tafelbreite für den Balkenboden entspricht stets dem Betonmaß (Balkenbreite). Für Seitentafeln sind drei Möglichkeiten zu bedenken (**8.**125):

- **Seitentafelbreite = Betonmaß + Schalbrettdicke + Deckendicke;** gilt für alle Außentafeln von Randbalken, die gleichzeitig die Decke seitlich abschotten müssen.
- **Seitentafelbreite = Betonmaß;** gilt bei allen Deckenanschlüssen für die innere Seitentafel, denn Deckenschalung liegt stets auf Balkenschalung.
- **Seitentafelbreite = Betonmaß + Schalbrettdicke;** gilt für Balken ohne Deckenanschluß.

Laschen schließen mit den Seitentafeln bündig ab. An Bodentafeln stehen sie beidseitig um Brettdicke über. Da Bodentafeln durch Kopfhölzer (Zargen) mehrfach gestützt werden, genügen hier Mittel- und Endlaschen (**8.**127).

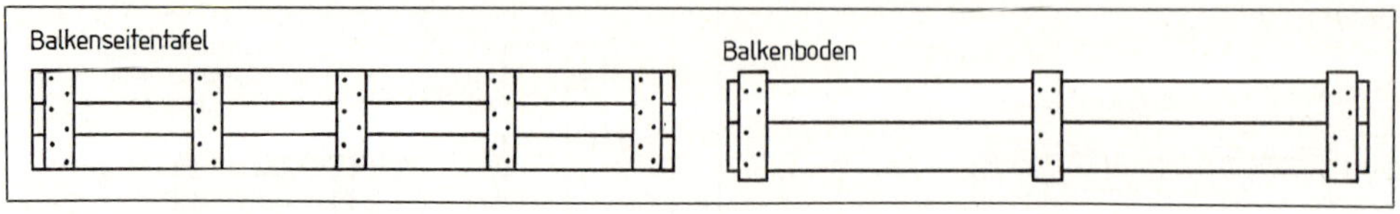

8.127 Schalungstafeln für Balken

Drängbretter verhindern ein Ausweichen der Seitentafeln infolge Schalungsdrucks und müssen daher dicht gegen die Seitenlaschen aufgenagelt werden. Brettstreben, Schalungsanker, Zwingen, Sturzklammern oder anschließende Deckenschalungen halten den oberen Tafelrand.

Unterstützungen. Leichte Balken werden durch Kopfsteifen (Bocksteifen, **8.**128) unterstützt, schwere Balken durch doppelte Bocksteifen. Die Unterstützung durch Joche aus Schalungsträgern und Kopfholz (wie Decken, **8.**129) verursacht meist geringeren Arbeitsaufwand (Einsatz selbststehender Stahlrohrstützen), Materialeinsatz und -verschnitt. Die Kopfhölzer sollen in 50 bis 70 cm Abstand liegen und möglichst einen rechten Winkel mit den Stützen bilden.

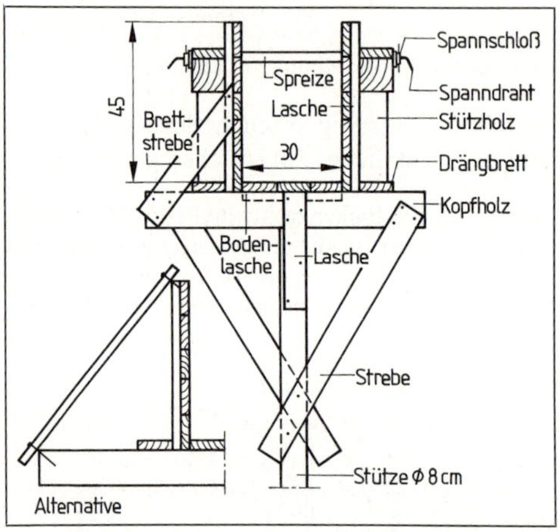

8.128 Balkenschalung mit Kopfsteife ist arbeitsaufwendig

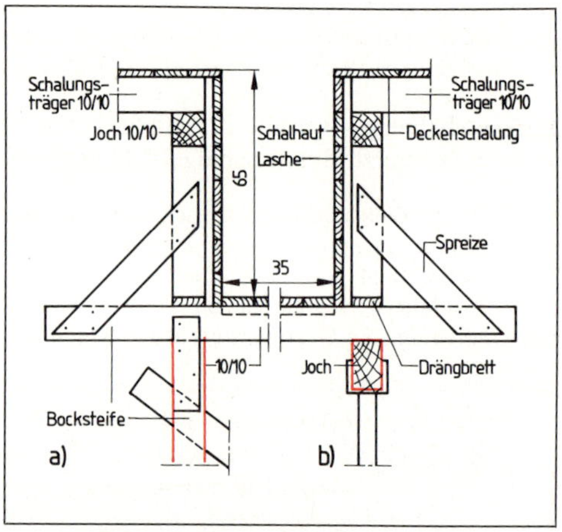

8.129 Balkenschalung mit Deckenanschluß

a) auf Bocksteife, b) auf Joch (wie Deckenschalung, bevorzugte Lösung)

Hängezargen sind in Höhe und Breite verstellbar und lassen sich einfach an Deckenschalungsträger anhängen. Ihre Vorteile: Zeit- und Materialersparnis durch Wegfall der Unterstützungskonstruktion, Drängbretter, Streben und Schalungsanker, ferner einfaches Ausschalen (**8.**130).

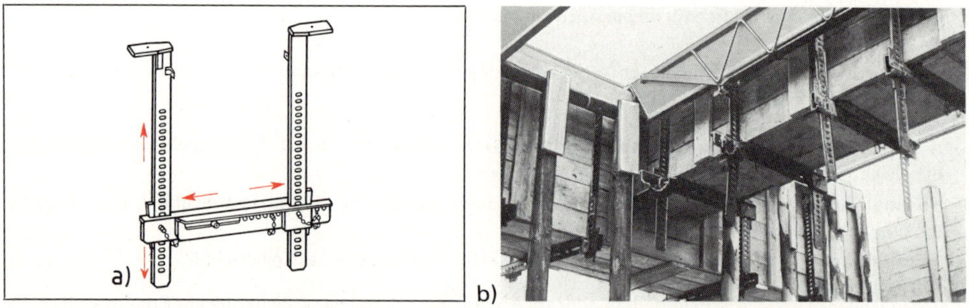

8.130 Schalungszargen (Hängezargen)

a) verstellbare Schalungszargen, b) Balkenschalung mit Schalungszargen

Systemschalungen nach Bild **8.**131 (Typ Topec) sind für unterschiedliche Balkenquerschnitte einsetzbar. Der verstellbare U-Rahmen erlaubt die Anpassung an die Balkenbreite. Die Steckauflager sind im Lochraster der Seitenelemente (U-Tafeln) höhenverstellbar. Einfache Koppelvorrichtungen ermöglichen den freien Vorbau der Schalungselemente. Nach dem Einrichten der Stützen und dem Festsetzen der Schraubverbindungen ist nur noch der Balkenboden einzupassen. Die winkelförmige Aufkantung der U-Tafeln läßt den Anschluß aller Deckensysteme zu. Vormontierte Balkenschalungen kann man auch mit Kran versetzen.

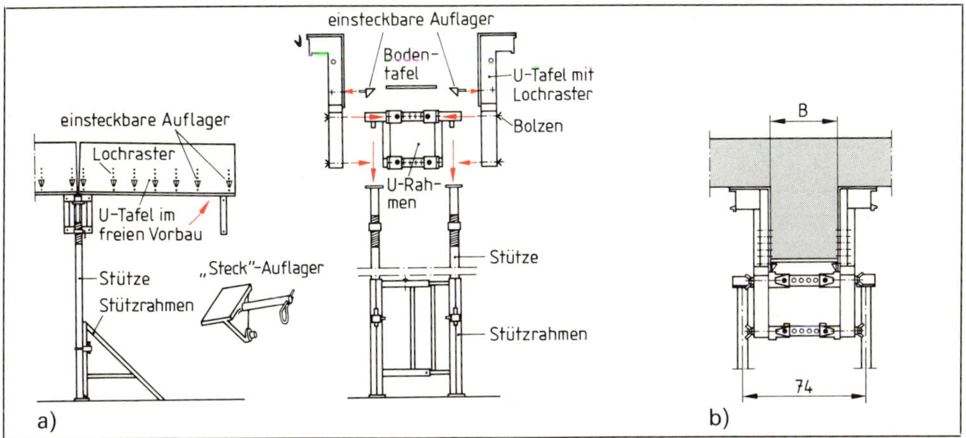

8.131 Systemschalung für Balken (Typ Topec)
a) Aufbau und Querschnitt
b) mit Anschluß an Deckenschalung

Balken und Plattenbalken übertragen Decken- und Wandlasten auf Wände und Stützen. Plattenbalken bieten besonders günstige T-förmige Querschnitte für biegefeste Stahlbetonträger. Tragstäbe übernehmen Biegezugkräfte, gerade oder schräge Bügel sowie Aufbiegungen die Schubkräfte.

Balkenschalungen aus Bodenplatten und Seitentafeln liegen auf unterstützten Kopfhölzern oder auf Hängezargen. Die Jochunterstützung ist meist rationeller als Bockstützen. Drängbretter, Schalungsanker und Streben halten die Seitentafeln in der gewünschten Lage. Länge und Breite der Tafeln richten sich nach der Auflagerung der Balken sowie nach Stützen- und Deckenanschlüssen.

8.9 Massivdecken

8.9.1 Stahlbetonplatten

Stahlbetonplatten sind quer zu ihrer Ebene belastete ebene Flächentragwerke. Sie liegen linienförmig auf Wänden oder Balken auf (4-, 3-, 2- oder 1-seitig) oder punktförmig auf Stützen (Pilz- oder Flachdecken). Zu den Platten gehören auch stark horizontal belastete Wände (z. B. U-Bahntunnel). Sie können in einer Richtung (einachsig), bei quadratischen oder gedrungenen Flächen auch nach zwei Richtungen (zweiachsig) gespannt sein und aus einem Feld oder mehreren durchlaufenden Feldern mit oder ohne überstehende Kragplatten bestehen (**8.**132).

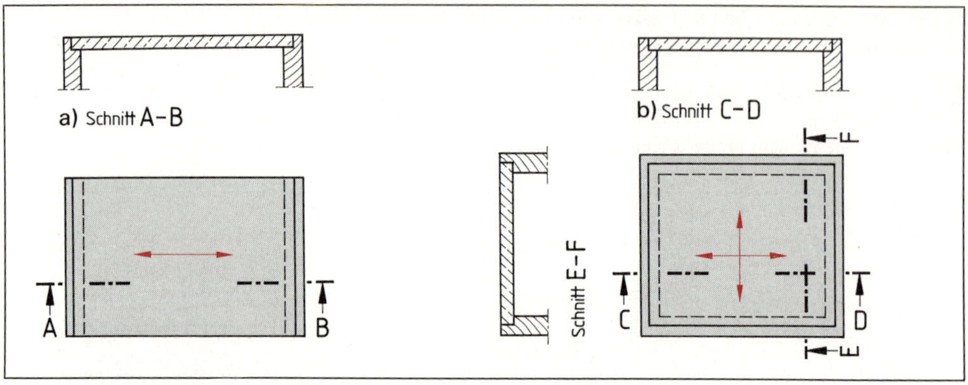

8.132 Einachsig gespannte Platten haben gegenüberliegende Auflager in einer Richtung (a), zweiachsig gespannte in zwei Richtungen (b)

Aus der Baufachkunde 1 wissen wir, daß Platten überwiegend auf Biegung beansprucht werden und daher im Bereich der Zugzonen zu bewehren sind. Diese Bewehrung wird für 1 m breite Deckenstreifen berechnet.

Die untere Bewehrung (Feldbewehrung) einachsig gespannter Platten besteht aus der Hauptbewehrung (Tragstäbe) und Querbewehrung (Verteilerstäbe) und nimmt alle Zugkräfte an der Deckenunterseite auf (**8.**133). Die Tragstäbe verlaufen in Deckenspannrichtung. In der Regel bilden sie die unterste Bewehrungslage. Mindestens ein Teil der in Feldmitte vorhandenen Tragstäbe muß bis zu den Auflagern reichen und dort verankert sein (meist ≧ 50%). Auch Kragplatten erhalten eine untere (konstruktive) Bewehrung zur Sicherheit gegen mögliche Zugkräfte bei Montage- oder Reparaturarbeiten.

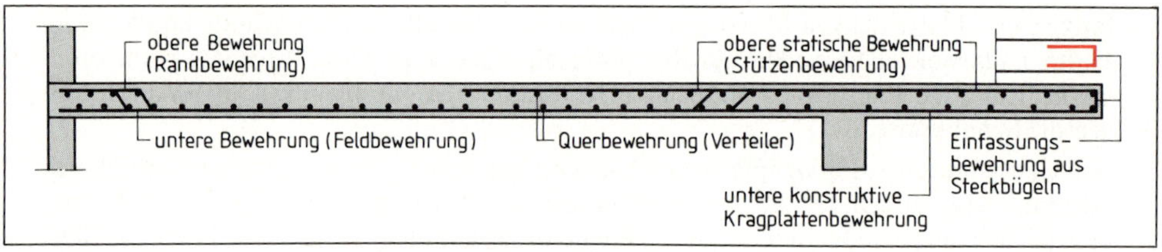

8.133 Querschnitt einer bewehrten Einfeldplatte mit Kragarm

Verteiler. Die quer zu den Tragstäben, meist in der 2. Lage von unten liegenden Verteilerstäbe nehmen Querzugspannungen aus ungleicher Lastanordnung auf. Der Stahlquerschnitt der Verteilerstäbe beträgt ≥ 20% des Querschnitts der Tragstäbe, mindestens jedoch 3 Stäbe mit 6 mm Durchmesser (3 ∅ 6) je Meter.

Einfassungsbewehrung (Steckbügel oder entsprechend umgebogene Stabenden) sind für alle freiliegenden, ungestützten Deckenränder vorgeschrieben (**8.**133). Wechselstäbe (Wechsel) verstärken den Rand von Deckenaussparungen (z. B. für Schornsteine und Treppen).

Konstruktions- und Bewehrungsrichtlinien nach DIN 1045 (Mindestanforderungen)

Plattendicke

$d \geqq 7$ cm (für befahrbare Platten $\geqq 10$ cm)

Deckenauflagertiefe

$a \geqq 7$ cm auf Mauern oder Beton B 5 und B 10
$a \geqq 5$ cm auf Stahl oder Beton B 15 bis B 55

Stababstände

Allgemein

$a \geqq 2$ cm $\geqq$ Stab-∅, es gilt der größere Wert

für Tragstäbe

$$a \leqq 15\,\text{cm} + \frac{\text{Deckendicke in cm}}{10}$$

für Verteiler

$a \leqq 33$ cm für BSt IV u. III

Die Feldbewehrung zweiachsig gespannter Platten besteht aus Tragstäben in beiden Richtungen. Ihre Höhenlage zueinander ist statisch festgelegt und darf nicht verwechselt werden.

Die obere Bewehrung (Stützbewehrung) nimmt Zugspannungen auf: an der Deckenoberseite über Zwischenauflagern, in auskragenden Platten und in Rahmenecken (Stahlbetondecke/Stahlbetonwand). Bei Endauflagern sichert sie als Randbewehrung den oberen Deckenrand gegen unbeabsichtigte Einspannung (z. B. durch aufgehende Wände, **8.**133).

Oft werden die Platten an der Oberseite zur Aufnahme von Schwind- und Temperaturspannungen im Beton in beiden Richtungen durchgehend bewehrt (wie an der Unterseite).

Die Tragstäbe der Stützbewehrung verlaufen quer zu den Unterstützungen, die Verteilerstäbe dagegen parallel. Meist liegen die Tragstäbe in der obersten Lage.

Mattenbewehrung für Stahlbetonplatten bietet bei geringem Stahlverbrauch wesentliche arbeitstechnische Vorteile. So kann die Bewehrung sehr schnell und genau verlegt werden. Das Verrödeln der Einzelstäbe untereinander entfällt. Das Verschweißen der Längs- und Querstäbe garantiert ihre planmäßige Lage beim Betonieren. Reststücke von Lagermatten kann man meist an anderer Stelle, z. B. als obere Randbewehrung, verwenden.

Die Bewehrungszeichnung (auch Matten- oder Verlegeplan) zeigt je eine Draufsicht der oberen und unteren Bewehrung, oft auch einen Schnitt der bewehrten Platte. Einzelstäbe sind nicht eingetragen, sondern nur die Umrisse jeder Matte oder Mattengruppe mit der jeweiligen Flächendiagonalen oder nur die Achsen für die Längs- und Querstäbe. Die 3 Möglichkeiten zeichnerischer Darstellung zeigt Bild **8.**134 für die untere Bewehrung einer Platte.

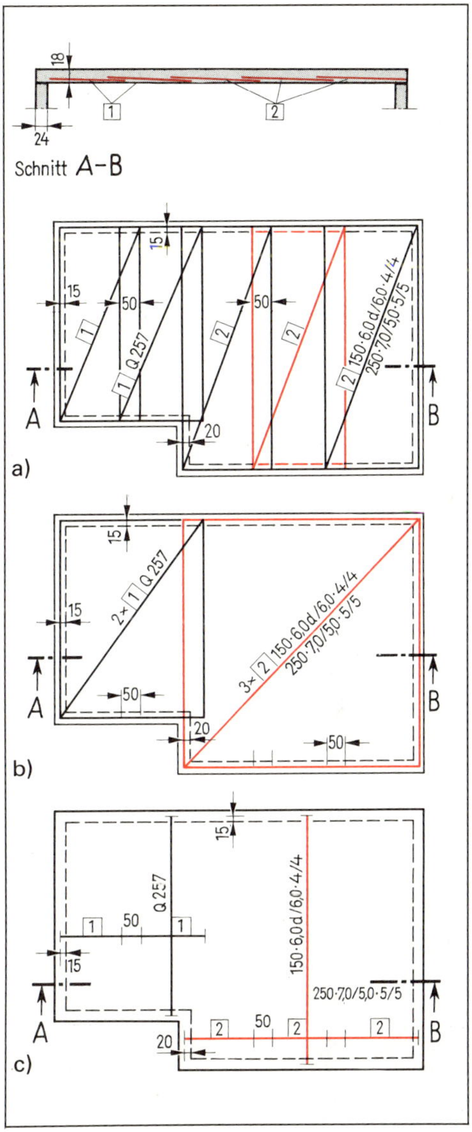

8.134 Darstellungsmöglichkeiten der Betonstahlmatten für die untere Bewehrung einer Stahlbetonplatte (1 Lagermatten, 2 Listenmatten)

a) als Einzelmatten
b) gruppenweise diagonal
c) gruppenweise achsenbezogen

Bestandteile der Zeichnung

Positions-Nr. (Pos.-Nr.). Sie ist durch rechteckige Umrahmung gekennzeichnet und an jede Matte oder Mattengruppe anzutragen. Die gleiche Form-Nr. steht später auch auf den angebundenen Positionsschildchen der entsprechenden Matten und erleichtert so das zeichnungsgerechte Verlegen der Bewehrung.

Mattenaufbau (Stababstände, -durchmesser, Randausbildung). Bei Lagermatten ist mit der Kurzbezeichnung ein bestimmter Aufbau verbunden (z. B. Q 257 in Bild **8.**134, Pos. 1, s. Lieferprogramme der Hersteller). Der Aufbau von Listenmatten wird in achsengetrennter Schreibweise mindestens einmal je Position angeschrieben (**8.**134, Pos. 2). An Zeichnungsmatten steht der Vermerk „Matte nach Zeichnung".

Richtung der Längs- und Querstäbe. Bei der überwiegenden rechteckigen Mattenform geht die Lage der Längs- und Querstäbe aus dem Bewehrungsplan hervor. Bei quadratischer oder nahezu quadratischer Mattenform sollte sie auf der Zeichnung bei allen Darstellungen wie bei der achsengetrennten Schreibweise angegeben werden.

Verankerungslängen an Auflagern sind gewöhnlich bei jeder Mattenposition einmal vermerkt. Sie geben an, wie weit die Mattenstäbe (gemessen von der Auflagerinnenkante) über das betreffende Auflager zu führen sind.

Verlegeabstände (Randabstände) entsprechen bei Stützbewehrungen dem Maß von einem Mattenrand bis zum Zwischenauflager; bei gestaffelter Stütz- oder Feldbewehrung dem Maß von einem Rand der 2. Lage bis zum Zwischen- bzw. Endauflager oder bis zum Rand der 1. Lage. Bei Feldsparmatten (Listenmatten mit abwechselnd kürzeren Längsstäben) ist es das Maß von einem Ende der verkürzten Mattenstäbe bis zum nächstliegenden Mattenende. Bei symmetrischer Bewehrungsordnung ist oft nur eine Seite bemaßt. Für die gegenüberliegende Seite gelten die entsprechenden Maße.

Schneiden und Verlegen. Lagermatten haben Standardabmessungen und müssen daher meist auf Paßgröße zugeschnitten werden. Schneideskizzen enthalten die Angaben dazu und ermöglichen bei geschickter Ausnutzung der vorgegebenen Mattenfläche geringen Verschnitt (**8.**135).

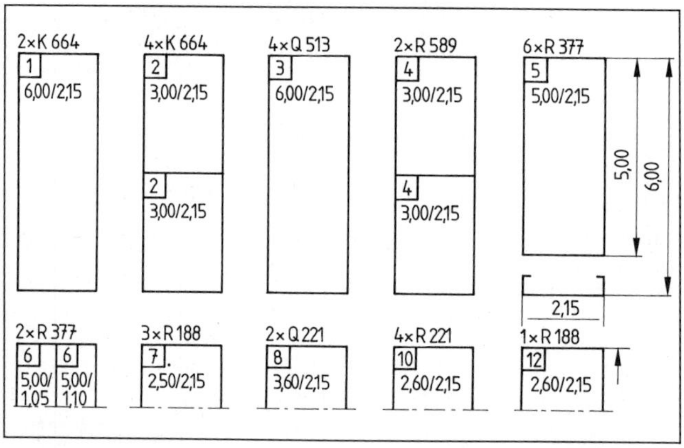

8.135
Ausschnitt einer Schneideskizze für Betonstahl-Lagermatten

Untere Bewehrung. Man beginnt in der Raumecke und legt die folgenden Matten mit schuppenförmiger Randdeckung dazu. Grundsätzlich legen wir Tragstäbe nach außen, Verteiler nach innen (**8.**136). Ausnahmen (z. B. bei mehrlagiger Bewehrung durch Zulagematten) erfordern deutliche Hinweise in der Bewehrungszeichnung (**8.**137).

Abstandhalter aus Kunststoff oder Beton sichern die vorgeschriebene Betondeckung (**8.**138) und werden – je nach Fabrikat – vor oder nach dem Verlegen der Matte aufgesetzt. Anordnung und Abstände richten sich nach Tab. **8.**17. Bei Endverankerung der Matten in Stahlbetonbalken mit geschlossenen Bügeln dürfen störende Teile des letzten Verteilerstabs herausgeschnitten werden.

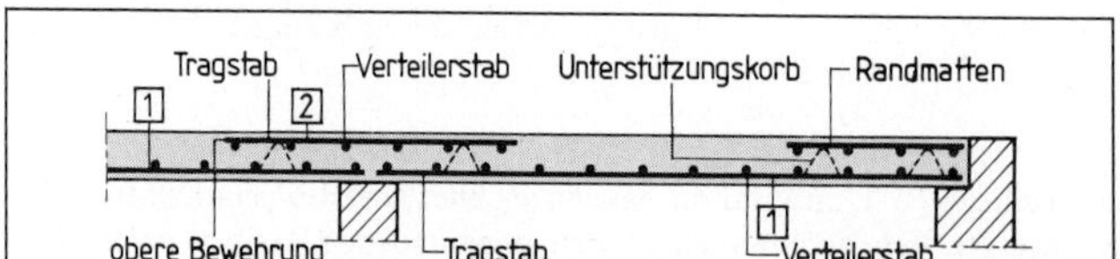

8.136
Die Tragstäbe (Längsstäbe) der oberen und unteren Bewehrung liegen stets außen, die Verteiler innen

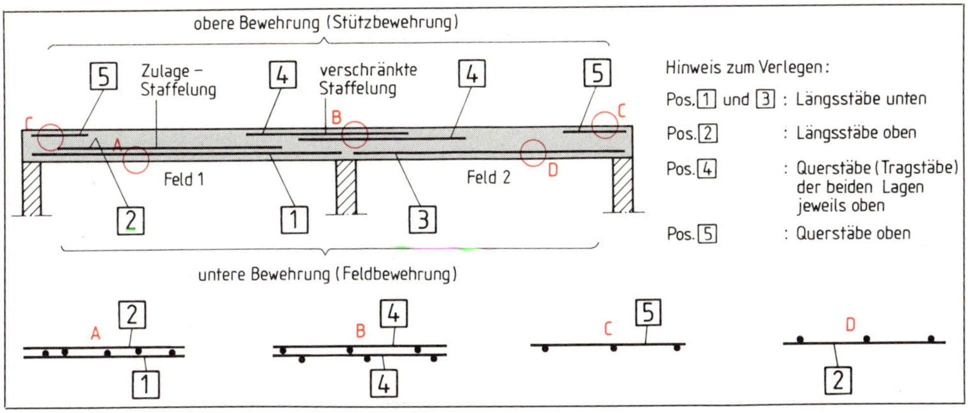

8.137 Querschnitt einer mattenbewehrten Decke. Die zweilagige Bewehrung liegt im Feld 1 als Zulagestaffelung, über der Mittelwand als verschränkte Staffelung. Die Längs- und Querablage ist genau zu verdeutlichen, besonders bei zweilagiger Bewehrung

8.138 Abstandhalter für untere Bewehrung, besonders für Betonstahlmatten geeignet

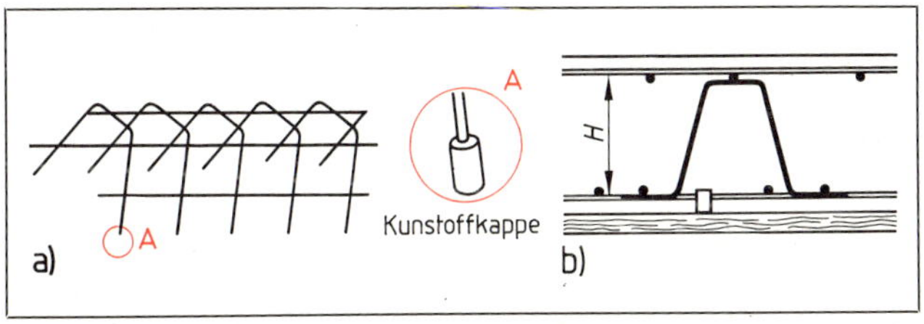

8.139 Korb als Abstandhalter für obere Mattenbewehrung

a) auf die Schalhaut, b) auf die untere Bewehrung gestellt

Obere Bewehrung. Sie muß auf stabilen und in der Höhe passenden Unterstützungen, z. B. Körbe (**8.**139), Stehbügel, Ringstreifen, aufliegen und darf während des Betonierens nicht heruntergedrückt werden. Abstände und Anordnung der Unterstützungen richten sich nach Tab. **8.**17. Mit unterstützten Lauf- oder Karrbohlen kann man die obere Bewehrung überbrücken und das wichtige Einhalten ihrer Höhenlage sicherstellen. Das Verlegen erfolgt wie bei der unteren Bewehrung.

Stabstahlbewehrte Stahlbetonplatten erfordern höheren Arbeitsaufwand und sind daher seltener. Der Biegeplan enthält die Angaben zum Ablängen, Biegen und Verlegen der Stäbe (**8.**140). Die obere Bewehrung besteht ganz oder z.T. aus aufgebogenen Stabteilen der Feldbewehrung.

Verlegt wird in dieser Reihenfolge:

a) Stababstände auf der gesäuberten Schalfläche markieren. Bei gleichen Stababständen genügt die Markierung für jeden 2. Stab.
b) Gerade Tragstäbe und Verteiler für aufgebogene Stabteile verlegen.
c) Aufgebogene Tragstäbe verlegen.
d) Die restlichen Verteiler auslegen und im Randbereich jeden, sonst jeden 2. Kreuzungspunkt ausbinden.
e) Abstandhalter für die Feldbewehrung und Montageböcke unter der oberen Bewehrung aufsetzen.
f) Etwaige Zulagestäbe (z. B. für die obere Bewehrung) einbauen.

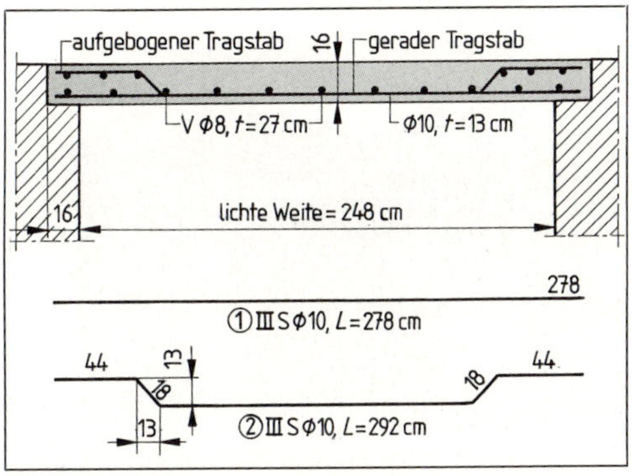

8.140 Biegeplan für stabstahlbewehrte Einfeldplatte

Die Deckenschalung soll eine völlig waagerechte, ebene Fläche ergeben. Als Nivellierhilfe markiert man mittels Schlauchwaage bzw. Nivelliergerät Höhenrisse an den Raumwänden, entweder 1,0 m über OK Fußboden (1-m-Riß) oder auf OK Joch.

Die selbststehenden Stahlrohr-Faltstützen mit ausklappbarem Dreibein am Stützenfuß bieten eine wesentliche Hilfe und mehr Arbeitssicherheit beim Aufstellen der Deckenjoche. Sie werden an den Jochenden und am Jochstoß angeordnet, zunächst durch Ausziehen der Stütze, dann durch das Justiergewinde genau auf Höhe gebracht (**8.**141).

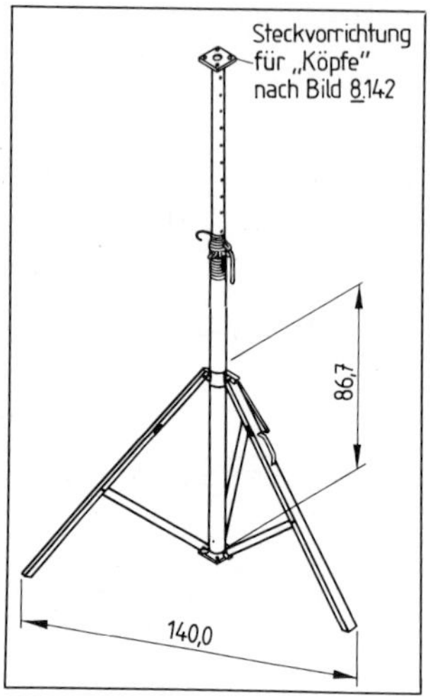

8.141 Selbststehende Faltstütze

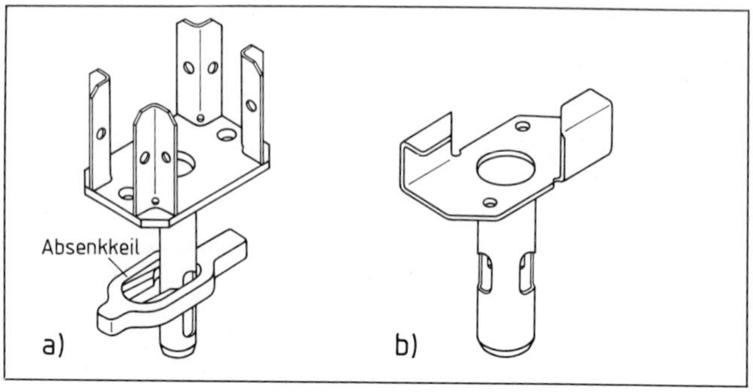

8.142 Vierwegekopf

a) Der aufsteckbare Absenkkopf gewährleistet kippsicher gelagerte Joche, bei Drehung um 90° auch Jochstöße
b) Der aufsteckbare Haltekopf für Zwischenunterstützungen setzt sich durch Drehung des Stützenschafts im Untergurt (-flansch) des I-förmigen H16-Trägers fest (Leiterbenutzung für Heftnägel entfällt)

Als Jochträger eignen sich die schon bei der Wandschalung beschriebenen Schalungsträger. Da die Deckentafeln meist nur etwa 10% des Wandschalungsdrucks zu tragen haben, bevorzugt man leichte Träger (z. B. die 16 cm hohen H16). Mit dem speziell geformten Absenkkopf an den Stahlrohrstützen werden die Träger kippsicher in senkrechter Lage gehalten. Sie können darauf stumpf und (bei quergestelltem Stützenkopf) auch überlappend gestoßen werden, so daß jeglicher Verschnitt entfällt. Für Zwischenstützen genügt der Haltekopf (**8.**142).

Bogenbalken. Nach dem Ausrichten der aufgestellten Joche legt man quer dazu die Bogenbalken (Querträger) auf. Die Abstände richten sich nach der Schalhautdicke und der zu erwartenden Deckenlast. Sie betragen 40 bis 75 cm. Ein Träger liegt stets unter den Schalungsplattenstößen. Auch für die Bogenbalken wird der Schalungsträger H 16 als „Ersatzkantholz" bevorzugt. Er ist leicht (3,5 kg/m), handlich und raumsparend. Die mit Spezial-„Niet" verstärkten, angeschrägten Trägerenden machen ihn robust und langlebig.

8.143 Aufstellen einer Deckenschalung mit Trägergabel

Mit Bemessungstabellen der Hersteller kann man die Abstände der Joche und Bogenbalken ohne Sicherheitsverlust auf das Mindestmaß beschränken. Die formstabil verleimten, absolut geraden Träger erleichtern das Herstellen ebener Schalungsflächen. Praktische Arbeitshilfen, wie z. B. die Trägergabel, vereinfachen und erleichtern den Ein- und Ausbau der Träger und verbessern die Arbeitssicherheit (**8.**143).

Ausschalen. Zunächst die Stützen mit Haltekopf durch leichtes Drehen des Schaftes lösen und abbauen. Durch Zurückschlagen der Absenkkeile läßt sich nun die gesamte Deckenschalung um etwa 6 cm absenken. Bogenbalken und Schaltafeln können jetzt sicher und materialschonend entfernt werden. Hierbei werden auch die nicht mehr benötigten Joche und Stützen entfernt.

Schalhaut. Beim Auflegen der Deckenschalungsplatten ist es oft zweckmäßig, den Paßstreifen für die Restschalfläche etwa in Raummitte anzuordnen, so daß man unmittelbar darunter die Notstütze aufstellen und später ohne Störung der Ausschalarbeiten stehenlassen kann. Nur dicht verlegte und ausreichend unterstützte Schalungstafeln ergeben gratfreie und planebene Deckenflächen. Die Unverschieblichkeit des gesamten Schalungsgerüsts ist meist durch die Raumwände gesichert. Sonst sind aussteifende Streben erforderlich.

Beim Ausschalen der Decke gibt es immer noch Materialbruch, besonders bei den Schalungsplatten. Die oben beschriebene Deckenschalung läßt sich ohne Materialverluste ausschalen, wenn man so vorgeht: Faltstützen entspannen, Zwischenstützen entfernen, die noch stehenden Faltstützen um einige cm absenken, Bogenbalken zwischen den Plattenstößen mittels Trägergabel kippen und entfernen, Schalungsplatten von Hand abnehmen, Joche mit Trägergabel entfernen, Faltstützen zusammenklappen und zum Abtransport bereitlegen. Mit Hilfe fahrbarer Stapelpaletten läßt sich das Material übersichtlich paketieren sowie schnell, leicht und schonend zum nächsten Einsatzort transportieren.

Deckenschaltische eignen sich bei größerer Stückzahl gleichgroßer Decken oder Deckenteile. Dazu wird das gesamte unverschieblich verstrebte Deckenschalgerüst mit fest montierten Jochen und Schalungsträgern einschließlich Schalhaut als W a n d e r s c h a l u n g vorgefertigt. Es kann mit Kranhilfe versetzt und/oder durch Radmontage an den Stützenfüßen waagerecht verfahren werden (**8.**144). Ferner kann man es über Justiergewinde auf Höhe bringen bzw. für den Ausschalvorgang absenken. Spezielle Kranhilfen erleichtern Höhentransport, einklappbare Stützen ermöglichen den Horizontaltransport durch Wandöffnungen.

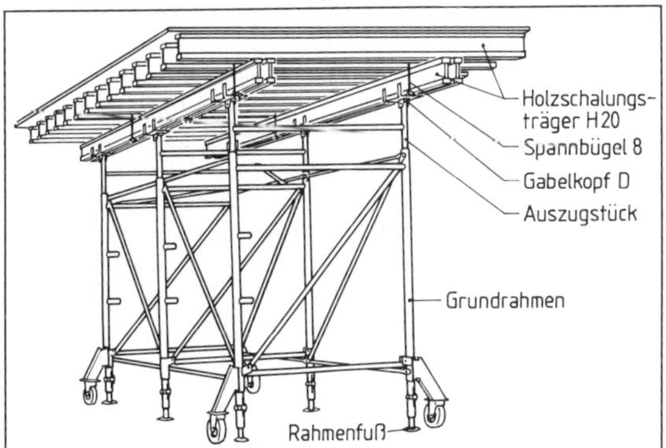

8.144 Vorgefertigte Deckenschaltische

8.145 Die Kopflagerstütze bietet Auflager für 4 Tafelecken

Deckenschalungen nach dem Kopflagersystem (z. B. Typ Topec) bestehen aus leichten Rahmentafeln (sperrholzbeplankte Alu-Rahmen 90/180 cm) und Stahlrohrstützen mit speziellen aufsteckbaren Kopflagern. In Raummitte lagern 4, am Rand 2 Rahmentafeln mit jeweils einer Tafelecke direkt auf der Stütze (**8.**145 bis **8.**147). Joche und Bogenbalken entfallen. Ausgleichsflächen lassen sich im Rand- und Mittelbereich vorsehen. Die Grundausstattung besteht nur aus 3 Bauteilen und 2 Bauhilfen. Sie ermöglicht Einschalwerte von weniger als 0,4 Std./m^2. Einfach und ohne Materialverlust geht auch das Ausschalen vor sich: Stützen absenken, paarweise einschwenken, Rahmentafeln aushängen.

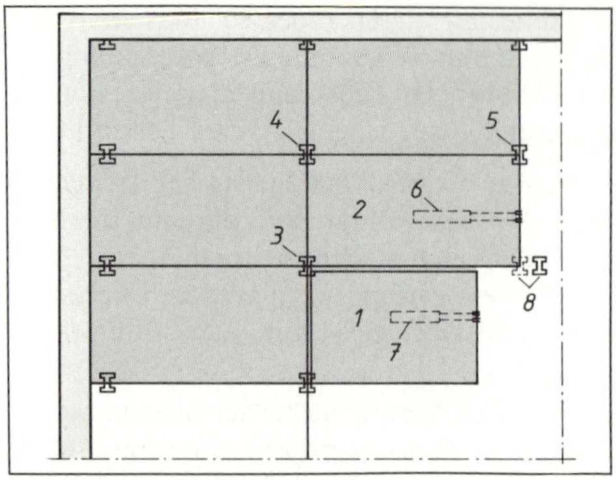

8.146 Einschalvorgang

Tafel *2* lagert auf Kopflagerstützen *3*, *4*, *5* und Montagestütze *6*. Tafel *1* mit Montagestütze *7* aufschwenken und Stütze *8* setzen usw. Ausschalen in umgekehrter Reihenfolge.

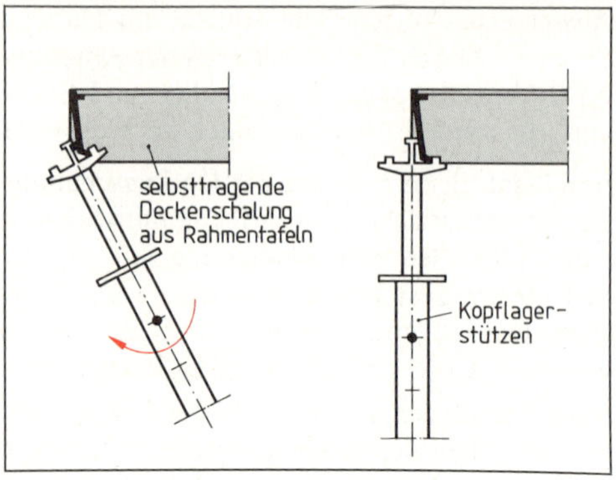

8.147 Einschwenken der Kopflagerstütze

Fertigteilplatten mit statisch mitwirkender Ortbetonschicht sind ≧ 4 cm dick. Die raumgroßen oder -breiten Platten bilden den unteren Deckenteil und enthalten bereits die Feld- und Verbund- bzw. Schubbewehrung (**8.**148). Verteilerstäbe können, Querstäbe zweiachsig gespannter Platten müssen in der noch einzubringenden Ortbetonschicht liegen. Plattenstöße sind in jedem Fall durch Querbewehrung zu sichern.

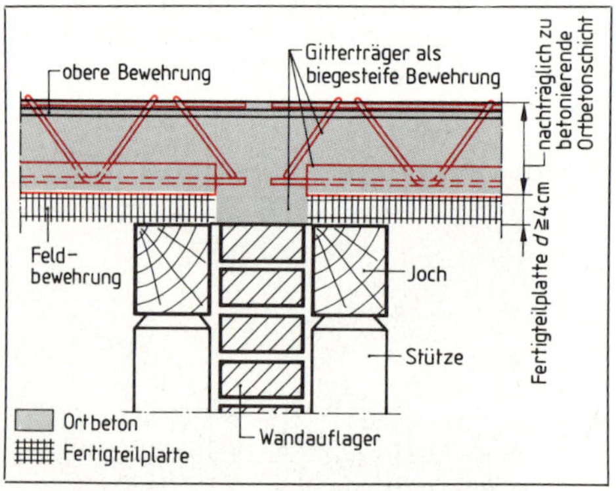

8.148 Fertigteilplatten mit Ortbetonschicht

Biegesteife Bewehrung aus Gitterträgern erhöht die Steifigkeit der Platten und vereinfacht Transport und Montage (z. B. wenig Hilfsjoche). Trag- und Schubbewehrung sind hier durch Obergurte ergänzt und zu tragfähigen fachwerkartigen Trägern verschweißt.

Einbau. Nach dem Aufstellen der Hilfsjoche werden die Platten mit dem Baukran versetzt und – nach Verlegen der unteren Quer- sowie der oberen Stützen- und Randbewehrung – mit Ortbeton zur fertigen Decke ergänzt. Vorteile: Die Deckenschalung entfällt mit Ausnahme weniger Stützjoche, die streich- bzw. tapezierbaren Deckenflächen müssen nicht mehr verputzt werden, beschleunigter Baufortschritt. Das gleiche Deckensystem wird auch in schmalem Einzelstreifen geliefert und kann dann von Hand verlegt werden (bevorzugt für Kellerdecken).

Stahlbetonplatten (ebene Flächentragwerke) können als Einfeld-, Mehrfeld- oder Kragplatten ein- oder zweiachsig gespannt werden. Einachsig gespannte Platten erhalten als untere Bewehrung Tragstäbe in Deckenspannrichtung und querliegende Verteilerstäbe, zweiachsig gespannte Platten Tragstäbe in Längs- und Querrichtung. Tragstäbe der oberen Bewehrung sind durch feste Unterstützungen in ihrer Höhenlage zu sichern.

Betonstahlmatten vereinfachen den Einbau der Deckenbewehrung. Die Bewehrungszeichnung (Mattenplan) zeigt Einzelmatten in diagonalbezogener Form oder mehrere gleiche Matten in gruppenweise diagonaler oder achsenbezogener Darstellung.

Die Deckenschalung muß eben, waagerecht und dicht sein. Sie besteht meist aus Stützen, Wand- und Mitteljochen, querliegenden Bogenbalken und daraufliegenden Schalplatten. Selbststehende Faltstützen und verleimte I-Schalungsträger (z. B. H 16) vereinfachen die Einschalung. Für häufige Einsätze eignen sich Deckenschaltische als Wanderschalung.

8.9.2 Rippendecken

Rippendecken können trotz vergleichsweise geringer Eigenlast und sparsamen Materialverbrauchs große Spannweiten überbrücken. Die Räume zwischen den Rippen schaffen Platz für Ver- und Entsorgungsleitungen, vor allem in Gebäuden mit hohem Installationsgrad. Rippendecken nutzen die beim Plattenbalken beschriebenen Vorteile des T-Querschnitts für biegebeanspruchten Stahlbeton. Auch hier nehmen Betonstege als Rippen die Feldbewehrung auf. Die Deckenteile wirken als Flansch und verstärken die Druckzone. Grenzwerte für die Balkenbreite b_0, die Deckendicke d und den lichten Rippenabstand W_R zeigt Bild **8.**149.

Für den geringen Rippenabstand erübrigt sich eine Biegebewehrung der Deckenplatte. Die konstruktive, durchlaufende Mindestbewehrung der Platten sichert die Queraussteifung der Rippen und wirkt als Zugband für die angenommene Gewölbewirkung in den Deckenplatten. Größere Spannweiten und Belastungen erfordern aussteifende Querrippen (**8.**150). Zweiachsig gespannte Rippendecken sind durch die quer angeordneten Tragrippen hinreichend ausgesteift (**8.**151).

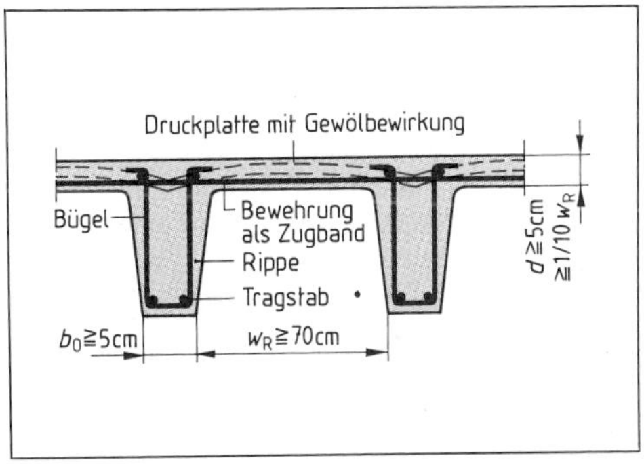

8.149 Rippendecke ohne Zwischenbauteile im Querschnitt

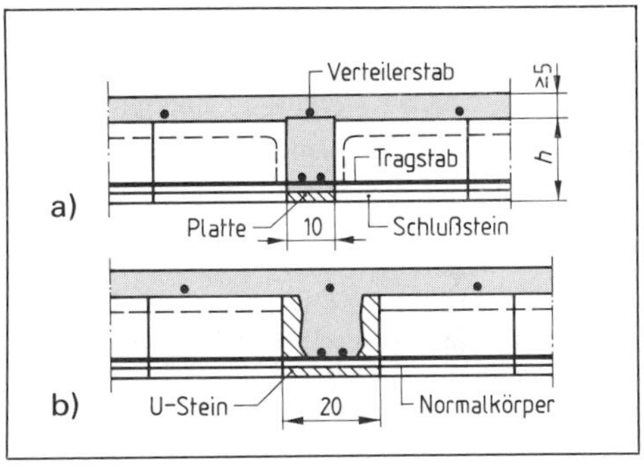

8.150 Querrippen einer Rippendecke
a) mit unterlegten Bimsbetonplatten
b) mit U-Steinen

8.151 Zweiachsig gespannte Rippendecke (Kassettendecke)

8.152 Schalung und Bewehrung für Vollbetonstreifen über einer tragenden Mittelwand

Vollbetonstreifen müssen den unteren Deckenteil verstärken, wenn auftretende Biegedruckkräfte und Schubkräfte nicht mehr allein von den Rippenquerschnitten aufgenommen werden können (z. B. im Randbereich von Mittel- und Endauflagern, **8.**152).

Rippenabstand, Konstruktionshöhe und Plattendicke richten sich nach Spannweite und Belastung der Decke. Für Rippenabstände sind Achsmaße zwischen 25 und 75 cm gebräuchlich, für Konstruktionshöhen 20 bis 40 cm.

Spezialfirmen bieten verschiedene Konstruktionssysteme an und liefern dazu Schalungs- und Fertigteile, z. B. ganz oder teilweise vorgefertigte Rippen oder Rippenbewehrungen, wiedergewinnbare oder verlorene Schalungskörper, nichttragende Zwischenbauteile (Füllkörper), ferner tragende Zwischenbauteile aus druckaufnehmenden Deckensteinen.

Konstruktionsvorschriften nach DIN 1045

Trag- oder Längsrippen. Lichter Abstand ≦ 70 cm, Rippenbreite ≧ 5 cm, Mindestauflagerlänge ≧ 10 cm. Die Bewehrung besteht aus Tragstäben und offenen Bügeln, z. T. auch aus vorgefertigten filigranartigen Elementen.

Querrippen erhalten obere und untere Bewehrung. In den Kreuzungspunkten liegen die Tragstäbe der Längsrippen stets unten.

Deckenplatten. Dicke ≧ $\frac{1}{10}$ des lichten Rippenabstands jedoch ≧ 5 cm. Mindestbewehrung (quer zur Rippenachse) je m Deckenstreifen ≧ BSt III S oder BSt IV S mit ∅ 6 mm oder 3 BSt IV M mit ∅ 4,5 mm oder eine größere Anzahl dünner Stäbe vergleichbaren Querschnitts.

Ortbetonrippendecken ohne Zwischenbauteile erfordern eine dem Deckenquerschnitt angepaßte Schalform. Wiedergewinnbare Schalkörper bestehen überwiegend aus Blech oder nichthaftendem Kunststoff (**8**.153). Endstücke sind einseitig geschlossen. Besondere Vorkehrungen ermöglichen das Einschalen verschiedener Deckenhöhen, den Zusammenbau größerer Schalungsbatterien oder auch das vorzeitige Entfernen der Schalhaut (nach 2 bis 3 Tagen) unabhängig vom Schalgerüst. Verlorene Schalungen aus Wellblechen oder Holzwerkstoffen (Holzfaser, Preßspan) bleiben Bestandteil der Decke. Oft ist es zweckmäßig, die Schalkörper auf einer vollflächigen ebenen Deckenschalung zu verlegen.

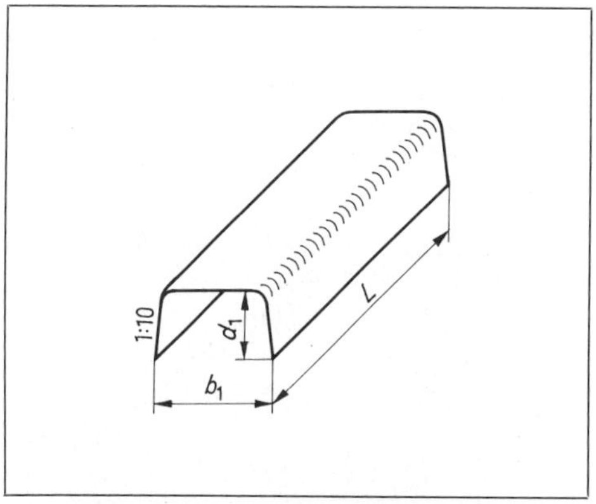

8.153 Schalkörper (wiedergewinnbar) für Rippendecken ohne Zwischenbauteile

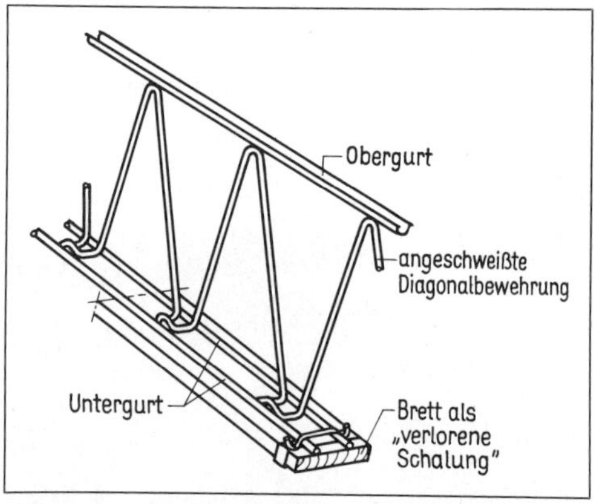

8.154 Biegesteife Bewehrung als vorgefertigter Gitterträger

Die Bewehrung kann herkömmlich gebogen und eingebaut werden. Für die Rippen verwendet man vorzugsweise biegesteife Bewehrungen in Form von verschweißten Rundstahlgitterträgern (**8**.154). Unterseitig montierte Bretter sperren die Rippenschalung von unten ab und dienen den Schalkörpern als Auflager (**8**.155). Oft bleiben sie als Montagehilfen für Verkleidungen oder Putzträger in der Decke. Für abgehängte Decken verwendet man Montageprofile (**8**.156). Die von sich aus schon biegesteifen Bewehrungselemente werden nach den Angaben des Herstellers durch Hilfsjoche unterstützt.

8.155 Verlegen von Schalblechen auf Gitterträgern

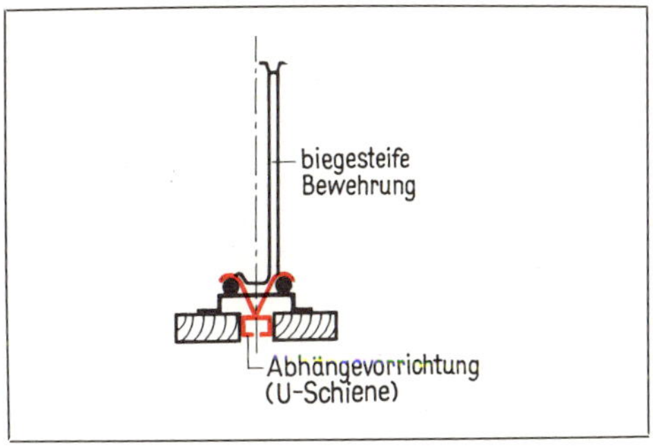

8.156 Montageprofil

Ortbetonrippendecken mit Zwischenbauteilen erhalten Deckenhohlsteine aus Beton oder Leichtbeton nach DIN 4158 oder Deckenziegel nach DIN 4159, auch wärmedämmende Füllkörper aus Dämmstoff. Die an ihrer Unterseite überstehenden Steine dienen als Schalung und schaffen eine ebene, stofflich einheitliche, putzbare Deckenfläche. Deckenteile aus Vollbeton werden durch materialgleiche Negativplatten unterlegt.

Statisch nicht mitwirkende Zwischenbauteile dienen nur als verlorene Schalung (Füllkörper) und erfordern daher stets eine Ortbetondruckplatte (**8.**157a).

Statisch mitwirkende Zwischenbauteile mit Festigkeiten von $\geqq 20\ N/mm^2$ bilden zugleich die aussteifende Druckplatte der Rippendecke. Zur kraftschlüssigen Verbindung durch Ortbeton und zur Aufnahme der Querbewehrung sind im oberen Teil der Steine Aussparungen vorgesehen. Nur in diesem, meist verstärkten Teil sind die Steine auf Druck beanspruchbar (**8.**157b).

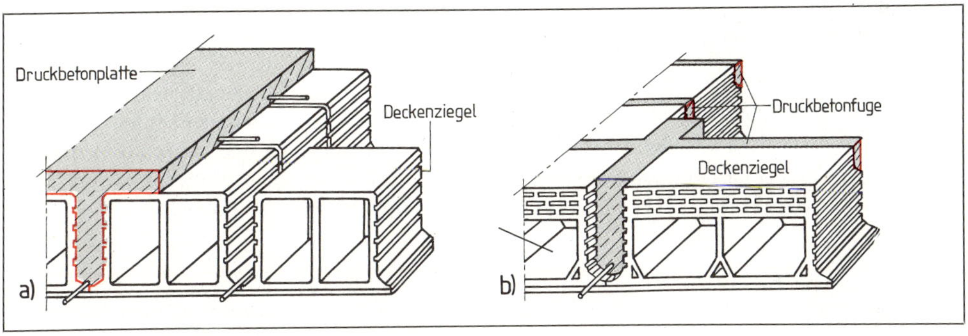

8.157 Stahlbetonrippendecke
a) mit statisch nicht mitwirkenden Zwischenbauteilen (Deckenziegel)
b) mit statisch mitwirkenden Zwischenbauteilen (Deckenziegel)

Rippendecken mit ganz oder teilweise vorgefertigten Rippen erhalten in der Regel Zwischenbauteile. Teilweise vorgefertigte Rippen bestehen aus den bereits beschriebenen Bewehrungselementen (**8.**158 auf S. 210). Ihre Tragstäbe sind von einem festen Betonflansch ummantelt, der den Zwischenbauteilen als Auflager dient. Auch hier genügen einige Hilfsjoche als Schalgerüst.

Rippen aus vorgefertigten Stahlbeton- oder Spannbetonträgern mit ⊥- oder I-förmigem Querschnitt enthalten schon die Rippenbewehrung (**8.**158b). Die Zwischenbauteile werden von den unteren Flanschen aufgenommen. Die überstehende Bügelbewehrung begünstigt den Verbund zwischen Ortbeton und Fertigteil. Hilfsjoche sind nur bei größeren Spannweiten erforderlich.

Die Zwischenbauteile können auch hier als statisch mitwirkende oder nicht mitwirkende Deckenteile ausgebildet sein. Die ersten erfordern kraftschlüssige Ortbetonfugen, die letzten eine bewehrte Ortbetonschicht.

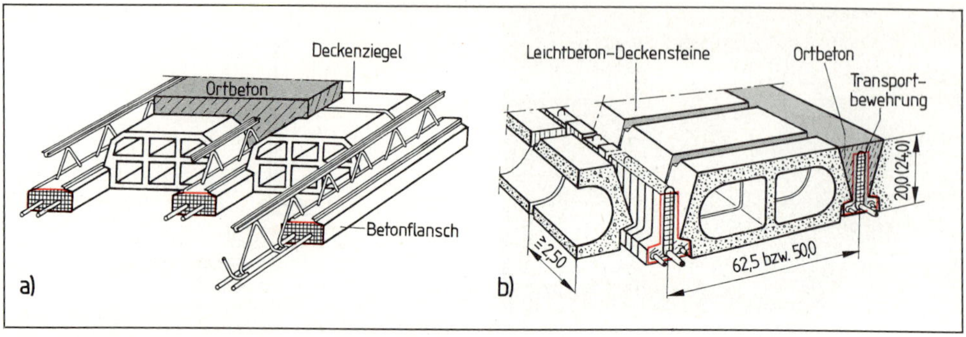

8.158 Stahlbetonrippendecke

a) mit statisch nicht mitwirkenden Zwischenbauteilen auf Gitterträgern mit Betonflansch

b) mit statisch mitwirkenden Zwischenbauteilen (Leichtbeton-Deckensteine) auf vorgefertigten Rippen (DIN-F-Decke)

8.159 Streifenschalung für Ortbeton-Rippendecken mit Zwischenbauteilen

Herstellung. Für die verschiedenen Deckensysteme liefern die Hersteller Verlegepläne und Arbeitsanweisungen. Ortbetonrippendecken mit Zwischenbauteilen erfordern häufig noch Schalgerüste wie bei den Stahlbetonplatten. Als Schalhaut genügt jedoch meist eine den Rippenabständen entsprechende Streifenschalung (**8.**159). Sie verläuft stets in Deckenspannrichtung, was schon beim Aufstellen des Schalgerüsts zu beachten ist. Biegesteife Bewehrungen und vorgefertigte Rippen erhalten spätestens vor dem Verlegen der Deckensteine die notwendigen Stützjoche. Zwischenbauteile sind oft stark wassersaugend und daher vor dem Betonieren gründlich zu besprühen, um dem Beton das Abbindewasser zu erhalten.

Rippendecken bestehen aus kraftschlüssig verbundenen Plattenbalkenreihen mit höchstens 70 cm lichtem Rippenabstand. Zum Einschalen dienen verlorene oder wiedergewinnbare Schalkörper aus Blech, Holzwerkstoff oder Kunststoff. Zwischenbauteile aus Leichtbeton oder Deckenziegel ergeben ebene, putzbare Deckenflächen. Statisch nicht mitwirkende Deckensteine dienen als Füllkörper, statisch mitwirkende ersetzen die sonst übliche Ortbetondruckplatte.

Ortbetonrippendecken erfordern Schalgerüste, Fertigteilrippen nur wenige Unterstützungen. Gründliches Annässen saugfähiger Deckensteine erhält dem Frischbeton das nötige Abbindewasser.

8.9.3 Balkendecken

Stahlbetonbalken sind die tragenden Elemente dieser Decken.

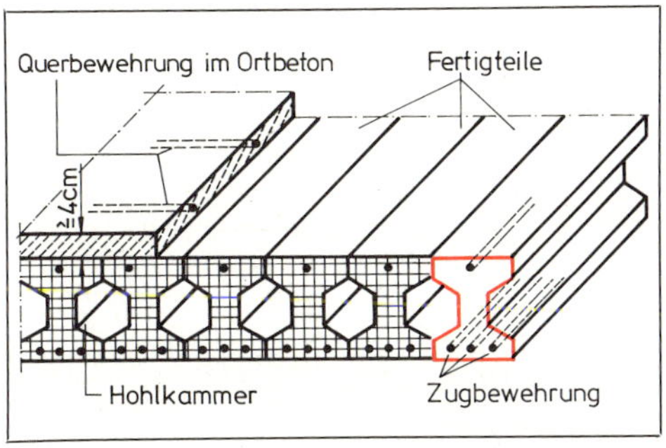

8.160 Balkendecke (Zeilendecke) mit dichtverlegtem Fertigteilbalken

Decken mit dichtverlegten Fertigteil-Balken lassen sich ohne Schalgerüst herstellen. Ihre I-förmigen Querschnitte bilden Hohlkammern zur Material- und Gewichtsersparnis. Unterschiedliche Durchbiegungen in den Balkenfugen verhindert eine bewehrte Ortbetonschicht nach Bild **8.**160.

Decken mit statisch nicht mitwirkenden Zwischenbauteilen nach DIN 4158 erhalten Balken-Achsabstände von ≦ 1,25 m. Decken mit Zwischenbauteilen und Ortbeton erfordern eine Streifenschalung. Im Stoß der Deckenstein-Reihen ergeben sich die Form des Balkenquerschnitts und Raum zur Aufnahme der Bewehrung (**8.**161). Decken mit Zwischenbauteilen und ganz oder teilweise vorgefertigten Balken brauchen als Schalgerüst nur wenige Joche (**8.**162). Der Vergußbeton darf die statisch wirksame Balkendruckzone erhöhen bis auf das 1,5fache der Deckendicke bzw. ≦ 35 cm.

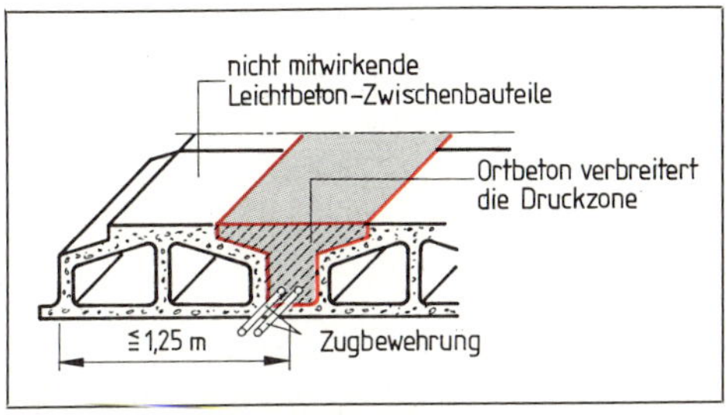

8.161 Ortbeton-Balkendecke

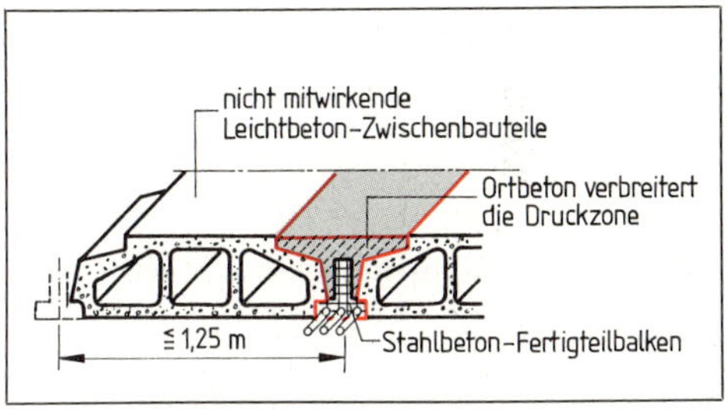

8.162 Balkendecke mit Fertigteilbalken und Zwischenbauteilen

> Stahlbetonbalkendecken bestehen aus dichtgefügten Fertigbalken oder aus Ortbeton- bzw. Fertigteilbalken mit statisch nicht mitwirkenden Zwischenbauteilen.
>
> Größere Balkenabstände (bis 1,25 m) und die fehlende Ortbetonplatte unterscheiden sie von der Rippendecke.

8.9.4 Stahlsteindecken

Stahlsteindecken sind Verbundtragwerke aus Deckensteinen (meist Ziegel), Beton und Betonstahl. Die gelochten Deckensteine übernehmen im Verbund mit den Betonfugen (-rippen) Biegedruck- und Schubkräfte. Sie ersetzen ferner den größten Teil des Konstruktionsbetons und verringern damit die Deckeneigenlast.

Deckenziegel für vollvermörtelbare Stoßfugen ergeben gleichmäßig druckfeste Deckenquerschnitte, die für Einfeld- und Mehrfeldplatten geeignet sind (**8.**163a). Die Deckenziegel sind 25 cm lang und breit, abgestuft 11,5 bis 16,5 cm hoch.

Deckenziegel für teilvermörtelbare Stoßfugen erhalten nur im oberen Teil festere Querschnitte und Aussparungen zur Aufnahme des Verbundbetons (**8.**163b). Sie eignen sich daher für Einfeldplatten; andernfalls sind Vollbetonstreifen auf Ziegelschalen vorzusehen. Die Steine sind gleichfalls 25 cm lang und breit, abgestuft jedoch 11,5 bis 24 cm hoch.

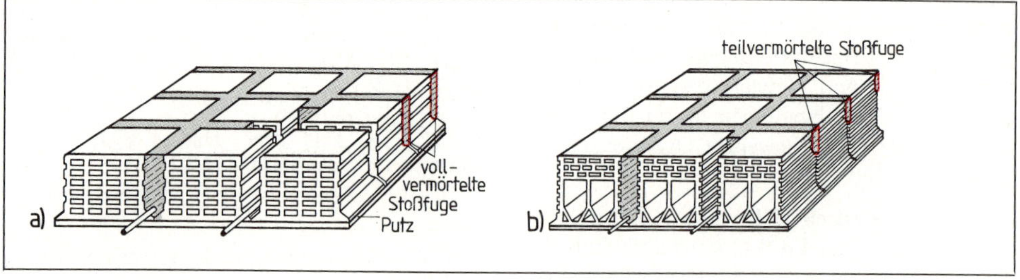

8.163 Stahlsteindecke

a) mit vollvermörtelten Stoßfugen, b) mit teilvermörtelten Stoßfugen

Durch den seitlich überstehenden Fuß der dicht an dicht verlegten Deckensteine ergeben sich gleichmäßig breite, durchgehende Deckenfugen (-rippen) zur Aufnahme des Betons und der Bewehrung, außerdem stofflich einheitliche Putzflächen an der Deckenunterseite. Die Saugfähigkeit der Ziegel und ihre gerippten Seitenflächen ermöglichen innigen Haftverbund mit dem Beton und ausreichende Quersteifigkeit der Deckenplatte.

Es gibt Stahlsteindecken als Ortbeton- und als Fertigteildecken. Beide dürfen nur einachsig gespannt sein.

Die wichtigsten Konstruktionsregeln nach DIN 1045

Deckendicke ≧ 9 cm.

Materialfestigkeiten. Beton ≧ B15 ist für Deckenziegel mit ≧ 22,5 N/mm² Festigkeit vorzusehen, Beton ≧ B25 erfordert solche mit ≧ 30 N/mm². Geeignete Stahlsorten sind BSt 420 S und 500 S.

Bewehrung. Längsbewehrung aus geraden Tragstäben in Abständen ≦ 25 cm. Aufgebogene Tragstäbe sind nicht zulässig. Querbewehrung (Verteiler) ist nur bei höheren Verkehrslasten erforderlich. Sie liegt bei teilvermörtelten Steinen in der Druckfuge (oben), bei vollvermörtelten Steinen auf den Tragstäben (unten).

Auflager. Auflagertiefe wie bei den Stahlbetonplatten. Deckensteine liegen nicht auf, statt dessen sind Betonrandstreifen auszuführen.

Herstellung. Die Deckenschalung der Stahlsteindecken entspricht der von Stahlbetonplatten. Als Schalhaut eignet sich auch Streifenschalung mit 25 cm Mittenabstand. Zunächst verlegt man die Deckenziegel trocken, dann die Bewehrung. Trockene Deckenziegel werden vor dem Betonieren angenäßt. Der Vergußbeton muß die Deckenfugen satt ausfüllen und sorgfältig verdichtet werden. Nur so entsteht ein kraftschlüssiger Verbund zwischen Stein, Beton und Stahl.

Stahlsteindecken bestehen aus teil- oder vollvermörtelbaren, statisch mitwirkenden Deckenziegeln und bewehrten Betonfugen. Sie sind einachsig gespannt und im Abstand von ≦ 25 cm durch gerade Tragstäbe bewehrt. Die gelochten Deckenziegel werden auf Voll- oder Streifenschalung verlegt. Lückenhafter Einbau und fehlende Verdichtung des Vergußbetons gefährden die Tragsicherheit der Decke.

Aufgaben zu Abschnitt 8

1. Mit Zement Z 35 soll eine Betonfestigkeit von 34 N/mm² erreicht werden. Welcher w/z-Wert ist nach Bild **8**.2 einzuhalten?
2. Bei einem Versuch zur Zementleimdosierung wurden 9,12 kg Zementleim mit einem w/z-Wert von 0,53 verbraucht. Berechnen Sie den Zement- und den Wasseranteil.
3. Ein verdichteter Frischbetonwürfel von 20 cm Kantenlänge ergibt eine Masse von 19,25 kg. Berechnen Sie die Frischbeton-Rohdichte in kg/dm³.
4. Der Würfel aus Aufgabe 3 wurde nach dem Mischungsverhältnis z:w:g = 1:0,53:6,45 hergestellt. Berechnen Sie die Mischungsanteile für 1 m³ Beton.
5. Berechnen Sie nach der Stoffraumrechnung ein Rezept für Beton B 35. Konsistenz KR (Mitte), Zement PZ 35 mit $\varrho_z = 3$ kg/dm³, Zuschläge 0/32 mit $k = 5{,}10$ und $\varrho_g = 2{,}55$ kg/dm³. Vorhaltemaß = 5 N/mm².
6. Unterscheiden Sie die Schnitt-, Biege- und Fixlänge bei Betonbewehrungen.
7. Wie ermittelt man die Biegehöhe für aufgebogene Bewehrungsstähle?
8. Ein Stahlstab ∅ 14 hat eine Biegehöhe von 32 cm und eine Einbaulänge von 2,78 m. Wie groß ist die Längenzugabe für beidseitige Aufbiegungen a) unter 45°, b) unter 60°?
9. Warum sind beim Stahlbiegen bestimmte Mindest-∅ für Biegerollen einzuhalten?
10. Erklären Sie die Beanspruchung des Betons durch Umlenkkräfte im Bereich aufgebogener Stäbe.
11. Was ist ein Aufziehmaß, wie stellt man es fest, und wobei muß man es berücksichtigen?
12. Worauf ist beim Anlegen der Betonstähle an die Biegerolle zu achten
    a) für Haken und Schlaufen.
    b) für Auf- und Abbiegungen?
13. Warum ist beim Herstellen von Bügeln eine Probebiegung zweckmäßig?
14. Erklären Sie die Verbundbereiche I und II. Welche Folgen ergeben sich daraus für die Verankerungslänge der Betonstähle?
15. In welchen Bauteilbereichen sind Verankerungen der Betonstähle erforderlich?
16. Welche Material- und Verarbeitungseinflüsse begünstigen den Haftverbund?
17. Eine Betonsäule soll mit einer Betoniergeschwindigkeit von 7 m/h hergestellt werden. Welcher Schalungsdruck ist bei einer Konsistenz von KP bei einem Verdichtungsmaß $v = 1{,}10$ zu erwarten? (Vgl. dazu Bild **8**.100.)
18. Erklären Sie die Beanspruchung von Stützen.
19. Nennen Sie die Bewehrungsteile der Stahlbetonstützen und ihren Zweck.
20. Unterscheiden Sie Umschließungsbügel und Zwischenbügel an Stützen (Form, Mindestabstände).
21. Warum sollen die Bügelendhaken an der Säulenbewehrung ringsum versetzt angeordnet sein?
22. Wie stellt man die Säulenbewehrung her?
23. Wozu wird die Säulenbewehrung abgekröpft?
24. Was versteht man unter der Ganghöhe der Spiralbewehrung?
25. Beschreiben Sie den Umschließungsbügel und seine Anwendung bei der Säulenbewehrung.
26. Worin unterscheiden sich die neuzeitlichen Säulenschalungen nach dem Träger- und dem Rahmentafelprinzip?
27. Welche Möglichkeiten zum rationellen Einschalen von Rundsäulen gibt es? Worin unterscheiden sie sich?
28. Welche Regeln gelten für Verbindungen von Balken- und Säulenschalungen?
29. Wie wird eine Säulenschalung aufgestellt?
30. Nennen Sie Zweck und Anordnung der Bewehrungsteile von Stahlbetonwänden.
31. Womit sind die gegenüberliegenden Geflechte der Wandbewehrung zu verbinden?
32. Welche Bewehrunsgteile sind an freien Rändern und in den Eckbereichen der Wände zusätzlich anzuordnen?
33. Woran erkennen wir Wandmatten? In welchen Fällen sind sie zweckmäßig?
34. Nennen Sie wesentliche Elemente der Wandschalung und ihren Zweck.
35. In welchen Abständen sind Stand- und Gurthölzer anzuordnen?
36. Welche Vorteile bieten die wetterfest verleimten I-Vollholz-Schalungsträger gegenüber dem herkömmlichen 10er-Kantholz?
37. Vergleichen Sie Material und Konstruktionsteile der Träger- und Rahmentafelschalungen.
38. a) Welche Vorteile bietet die Trägerschalung aus fertigen Einzelelementen?
    b) Beschreiben Sie das Prinzip der Kletterschalungen und nennen Sie Anwendungsmöglichkeiten.
    c) Wieviel Wandabstandhalter (Klötzchen) und U-Haken sind je m² Wandbewehrung mit Tragstab-∅ bis 8 mm erforderlich? (s. dazu Tab. **8**.17)

39. Nennen Sie die beiden Systeme von Schalungsankern nach DIN 18216.
40. Welche Möglichkeiten kennen Sie, um Wandschalungen für wasserundurchlässige Wände zu verankern? Worin unterscheiden sie sich?
41. Warum erhalten Wandabstandhalter konusförmige Endstücke?
42. Nennen Sie die Unterschiede von Wandschalungen mit Kletterautomat und Gleitschalungen.
43. Nennen Sie die Bewehrungsteile der Stahlbetonplatten und beschreiben Sie ihren Zweck.
44. Warum ist die Höhenlage der oberen Deckenbewehrung besonders sorgfältig zu sichern?
45. Welche 3 Möglichkeiten gibt es für die zeichnerische Darstellung der Betonstahlmatten im Verlegeplan?
46. Wie kennzeichnet man Lager- und Listenmatten?
47. Welchen Zweck erfüllt die obere Randbewehrung?
48. Erläutern Sie die Unterschiede der verschränkten zweilagigen Bewehrung und der Zulagenbewehrung.
49. Welche Behauptung über die Lage der Längsstäbe (Tragstäbe) und Querstäbe (Verteiler) von Betonstahlmatten ist richtig?
    a) Längsstäbe auf die Außen-, Querstäbe auf die Innenseite;
    b) Querstäbe auf die Außen-, Längsstäbe auf die Innenseite.
    Begründen Sie Ihre Antwort.
50. a) An welchen Stellen der Deckenbewehrung sind Wechselstäbe erforderlich? b) Welchen Zweck erfüllen sie?
51. Beschreiben Sie das Einschalen einer Stahlbetondecke (Holzschalung).
52. Welche Vorteile bieten Faltstützen beim Aufstellen der Deckenschalung?
53. Wie ist die Notstütze im Hinblick auf das Ausschalen zu untersteifen?
54. Beschreiben Sie, wie man eine Deckenschalung aus Schalungsplatten, Bogenbalken und Jochen ohne Materialverluste ausschalen kann.
55. Worauf müssen Sie bei den Abständen der Bogenbalken (Querträger) achten?
56. Unter welchen Bedingungen ist das Einschalen mit Deckenschaltischen zweckmäßig?
57. Verleimte I-Schalungsträger für Joche und Bogenbalken sind vorteilhafter als das 10er-Kantholz. Warum?
58. Welche Vorteile bieten Decken mit nachträglich aufzubetonierender Ortbetonschicht?
59. Welche Bewehrungsteile sind für Decken mit nachträglich aufzubetonierender Ortbetonschicht vor dem Ortbetoneinbau noch zu verlegen?
60. Vergleichen Sie Querschnitte und Tragwirkung von Balken und Plattenbalken.
61. Welcher Mindestabstand gilt für Tragstäbe der Balkenbewehrung?
62. Wozu dienen die Bügel der Balkenbewehrung?
63. Welchen Zweck haben gerade und aufgebogene Tragstäbe?
64. Welche Lage haben die Trag- und Montagestäbe bei Balkenbewehrungen?
65. Welcher Klötzchenabstand ist bei Längsstäben ∅ 14 mm für die Abstandhalter in Längsrichtung erforderlich? (s. Tab. **8**.17)
66. Erklären Sie die Unterschiede zwischen 2- und 4-schnittigen Bügeln in Konstruktion und Anwendung.
67. Wonach richtet sich grundsätzlich die Breite der Bodenplatte von Balkenschalungen?
68. Worauf müssen Sie beim Festlegen der Breite von Balken-Seitentafeln achten?
69. Wie kann man den oberen Rand von Balken-Seitentafeln sicher aussteifen?
70. Warum bevorzugt man die Jochstütze für Balkenschalungen gegenüber der Bock- und Kopfsteife?
71. Wie ist der Anschlußpunkt von Balkenseitentafel und Deckenschalung auszuführen?
72. Welche Regeln gelten für die Laschen von Boden- und Seitentafeln (Abstand, Überstand)?
73. Beschreiben Sie Querschnitt und Tragwirkung der Rippendecken.
74. a) Nennen Sie die Bewehrungsteile der Rippendecke, b) beschreiben Sie ihre Lage und ihren Zweck.
75. Beschreiben Sie Aufbau, Bestandteile, Anwendung und Vorteile biegesteifer Bewehrungselemente.
76. Beschreiben Sie die Schalung von Ortbetonrippendecken ohne Zwischenbauteile.
77. Vergleichen Sie statisch mitwirkende und statisch nicht mitwirkende Zwischenbauteile für Stahlbetonrippendecken.
78. Unterscheiden Sie Rippen- und Balkendecken.
79. Warum sind saugende Deckensteine vor dem Betonieren der Decken gründlich anzunässen?
80. Unterscheiden Sie Stahlstein- und Rippendecken.
81. Wodurch unterscheiden sich Deckensteine mit voll- und teilvermörtelbaren Stoßfugen bei Stahlsteindecken?

9 Spannbeton

9.1 Entwicklung und Grundlagen

Nachteile des Stahlbetons. Bei der Entwicklung biegefester Stahlbetonbauteile hat sich die theoretische Annahme, Biegedruckkräfte dem Beton zuzuweisen und Biegezugkräfte durch Betonhaftung auf die Stahlstäbe zu übertragen, als durchführbar und zweckmäßig erwiesen. Mängel und Grenzen der Stahlbetonbauweise ergeben sich jedoch aus den unterschiedlichen Eigenschaften von Stahl und Beton und aus der Verbundwirkung:

a) Mangelhafte Zugdehnung des Betons (bis 0,2 mm/m) und seine geringe Zugfestigkeit (1 bis 10 N/mm²) führen bereits bei Stahlspannungen von 30 bis 50 N/mm² zu Rißbildungen. Die gerissene Zugzone ist bei wirtschaftlicher Nutzung der hohen Stahlzugfestigkeit unvermeidbar. Grundsätzlich sind Risse jedoch unerwünscht und häufig die Ursache von Bauschäden.

b) Die Stahlfestigkeit ist nur beschränkt nutzbar, um die noch zulässige Betonrißbreite von 0,2 mm nicht zu überschreiten (für BSt 420 S z. B. nur 240 N/mm²). Begründung: Mit den zugelassenen Stahlspannungen sind unvermeidbare Zugdehnungen bis 1,2 mm/m zu erwarten. Berücksichtigt man die Eigendehnung des Betons von 0,2 mm/m, so ergibt sich eine Gesamtrißbreite von $1{,}2 - 0{,}2 = 1{,}0$ mm/m. Gerippte Stahloberflächen und Querbewehrung verteilen diese Rißbreite auf $\geqq 5$ Stellen je m, so daß noch zulässige Einzelrißbreiten von $\leqq 1{,}0$ mm: $\leqq 0{,}2$ mm entstehen und somit Rostschutz und Haftverbund gesichert bleiben.

c) Weniger als die Hälfte des Betonquerschnitts (nur die Druckzone) ist statisch genutzt (**9**.1).

d) Überflüssige Eigenlasten des statisch unwirksamen Betons aus der Zugzone beanspruchen die Konstruktion erheblich (sind jedoch für die Verbundwirkung unerläßlich). Schwere Konstruktionen und beschränkte Stützweiten sind die Folge der statisch ungenutzten Betonmassen.

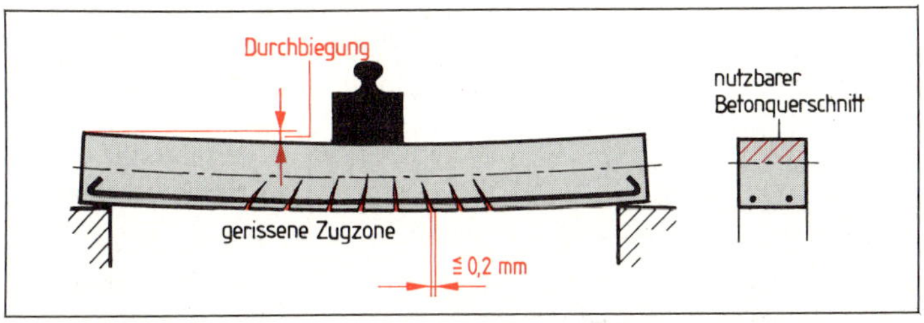

9.1 Gerissene Zugzone, Durchbiegung und geringe Materialnutzung an schlaff bewehrtem Stahlbeton

Die bewehrte Zugzone des Stahlbetons ist zwar ein wesentlicher Fortschritt, jedoch technisch unbefriedigend gelöst und deshalb zugleich Ursache für die Nachteile der Stahlbetonbauweise.

Der Spannbeton verhindert von vornherein das Entstehen einer Zugzone (ganz oder zum größten Teil). Die bei Belastung auftretenden Biegezugkräfte unterhalb der Spannungsnullinie werden hier nicht aufgenommen (wie beim Stahlbeton), sondern durch künstlich eingeleitete, mindestens gleich große Gegenkräfte (Druckkräfte) aufgehoben. Man erreicht dies durch dauerhafte Vorspannung und Verankerung der Bewehrungsstähle im erhärteten Beton. Hierdurch überträgt sich die Zugkraft des Stahls als Druckkraft in den Beton und erzeugt einen Spannungszustand (Druck), der den von der äußeren Belastung erzeugten Biegezugspannungen in der Zugzone entgegenwirkt.

Die Wirkungsweise der Vorspannung kennen wir bereits von den Schalungsankern für Wände und Balken (s. Abschn. 8). Mit Schraubenmuttern erzeugen wir die Vorspannkraft und beanspruchen dabei den Ankerstab auf Zug, den Wandabstandhalter auf Druck.

Versuch 1 verdeutlicht die Wirkungsweise der schlaffen Stahlbetonbewehrung, Versuch 2 die Vorspannwirkung.

Versuch 1 Der Einschnittbalken aus Schaumstoff in Bild **9.**2 wird durch ein schlaff eingelegtes kräftiges Gummiband „bewehrt".

Ergebnis Bei geringer Belastung entstehen klaffende Fugen in der Zugzone (gerissene Zugzone).

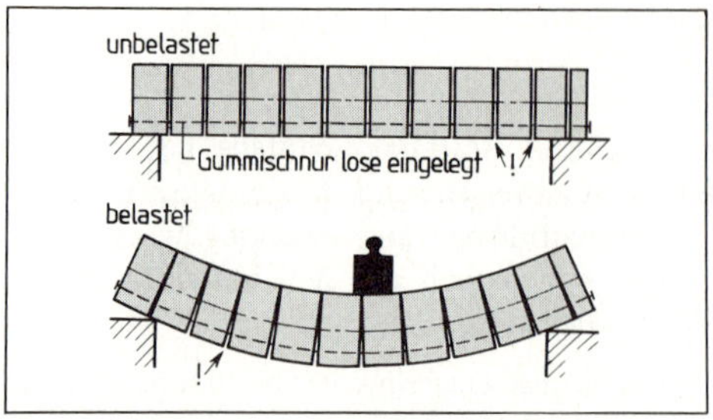

9.2 Wirkungsweise der schlaffen Bewehrung am Modell

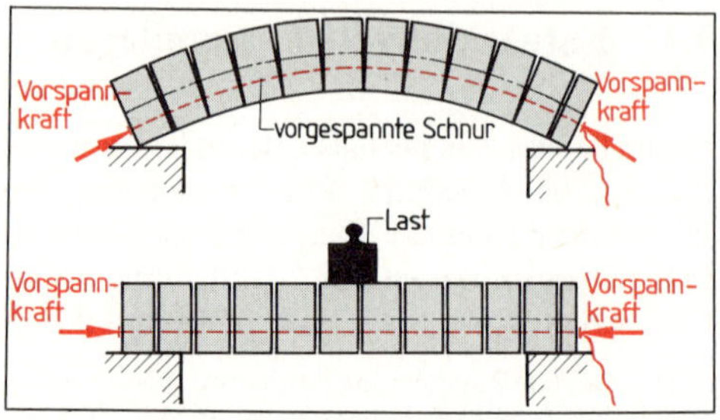

9.3 Formänderungen aus Vorspannung und Belastung gleichen sich aus (Durchbiegung überhöht dargestellt)

Versuch 2 Der Versuch 1 wird wiederholt, jedoch bei kräftig gespannter Gummischnur, die jetzt Druckkräfte in die Zugzone des Balkens einleitet (Lastfall 1).

Ergebnis Es entsteht die „vorgedrückte" Zugzone. Der Balken biegt leicht nach oben durch und kann nun wesentlich höher belastet werden (Lastfall 2), wobei sich die Durchbiegung wieder ausgleicht (**9.**3).

Spannungsdiagramme erklären die Vorspannwirkung. Sie zeigen die Verteilung der Zug- und Druckspannungen im Balkenquerschnitt, getrennt nach Lastfällen und beim Zusammenwirken im Endzustand. Der Lastfall Vorspannung (Lastfall 1) zeigt deutlich die kräftigen Druckspannungen und bei ausreichend großer Vorspannkraft noch eine schwache Zugzone im oberen Querschnittsteil (**9.**4).

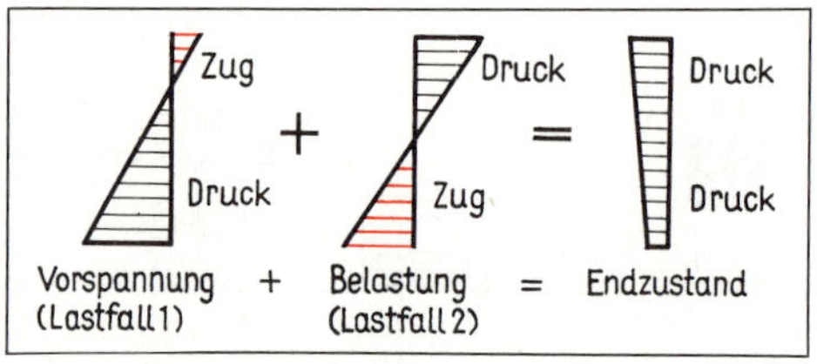

9.4 Unerwünschte Betonzugspannungen entfallen durch Überlagerung der Lastfälle aus Vorspannung und Belastung

Bei Belastung (Lastfall 2) stellen sich entgegengerichtete Spannungen ein, Zug unten und Druck oben. Beide Spannungsfälle überlagern sich, die Zugspannungen heben dabei gleichgroße Druckspannungen auf. Das Restdiagramm (Endzustand) zeigt die verbleibenden Druckspannungen auf dem ganzen Balkenquerschnitt.

Vorspannung verhindert also unerwünschte Biegezugspannungen im Beton, mindert die Durchbiegung und erhöht die Tragfähigkeit biegebeanspruchter Bauteile (Balken, Decken).

Die Vorteile vorgespannter Betontragwerke gegenüber der Stahlbetonbauweise sind beachtlich:

- Materialersparnis durch bessere Materialnutzung (für Beton bis 50%, für Stahl bis 75%);
- Rissefreiheit, da der gesamte Betonquerschnitt nur noch auf Druck beansprucht wird (günstig für wasserundurchlässigen Beton);
- kleinere Bauteilquerschnitte (schlankere Bauteile), vor allem geringere Höhen;
- wesentlich größere Spannweiten und geringe Durchbiegungen;
- Verwendung und Ausnutzung hochfester Stähle;
- neue Bauweisen (z. B. freier Vorbau bei Brücken).

Nachteile sind die geringere Feuerbeständigkeit (deutlicher Festigkeitsabfall der Stähle bereits ab 100 °C) und der höhere Arbeitsaufwand (Mehrkosten).

Durch Schwinden und Kriechen entstehen Längenänderungen am erhärteten Beton und zugleich am darin verankerten Spannstahl, dessen Vorspannkraft sich dabei erheblich verringern kann.

Schwinden ist eine durch Trocknung des Betons verursachte Längenverkürzung. Günstige Kornverteilung der Betonzuschläge, sparsamer Zementverbrauch und kleiner w/z-Wert begrenzen das Schwindmaß.

Kriechen ist die Folge hoher Dauerbelastung. Besonders anfällig ist junger Beton. Druck verkleinert, Zug vergrößert die Betonabmessungen, und zwar endgültig.

Schwinden und Kriechen zusammen verursachen bleibende Längenänderungen bis etwa −0,5 mm/m. Der vorgespannte und entsprechend gedehnte Stahl erfährt dabei die gleiche Verkürzung und verliert die Vorspannkraft, die für eine Stahldehnung gleicher Länge notwendig ist. Dieser Spannungsverlust muß deshalb zusätzlich zur statisch erforderlichen Vorspannkraft aufgebracht werden (vergleichbar mit einem straff und weniger straff gespannten Gummiband).

Die Materialanforderungen für Spannbeton sind aufgrund der hohen Beanspruchungen besonders streng. Für den Beton gelten Mindestfestigkeiten von ≧ B25, beim Spannbettverfahren ≧ B35 (vgl. Abschn. 10.2). Der Spannstahl soll eine möglichst hohe Streckgrenze erreichen (denn nur im elastischen Dehnbereich ist Vorspannung möglich) und gegenüber dem Betonstahl nach DIN 488 erheblich höhere Festigkeiten.

Spannstähle sind unter verschiedenen Firmenbezeichnungen und mit unterschiedlichen Festigkeiten, Querschnittsformen und -größen im Handel. Sie unterscheiden sich hauptsächlich durch ihre chemische Zusammensetzung. Gezogene Drähte und Litzen bestehen aus entsprechendem Kohlenstoff-Manganstahl. Stahlstäbe und vergütete Drähte haben meist höheren Silicium-, teilweise auch höheren Chromgehalt.

Ihre Festigkeiten reichen von 600/900 bis 1800/2000 (≙ Streckgrenze/Zugfestigkeit in N/mm²). Wie das Spannungsdiagramm in Bild **9**.5 zeigt, sind die erreichbaren Festigkeiten erheblich höher als die des zum Vergleich angegebenen (kalt verformten) Betonstahls 420 S. Das Diagramm verdeutlicht auch das günstigere Dehnverhalten des Spannstahls. Diese materialtypischen Eigenschaften des Spannstahls erreicht man a) durch Legieren (bei warmgewalzten Stählen), b) durch Kaltverformen (z. B. Walzen, Ziehen), c) durch Vergüten = Erhitzen, plötzliches Abkühlen (Abschrecken) und nochmaliges Erhitzen (Anlassen).

Die Querschnitte der Drähte und Stäbe sind rund oder oval. Litzen bestehen aus bis zu 7 miteinander verwundenen Drähten (**9**.6). Stähle mit runden Querschnitten haben ∅ von 5 bis 36 mm und meist aufgewalzte Rippen (auch Gewinderippen). Ovale Drähte und Litzen erhalten Querschnitte von ≧ 30 mm² und glatte oder profilierte Oberflächen. Die Bruchdehnung der Spannstähle beträgt 6 bis 8%.

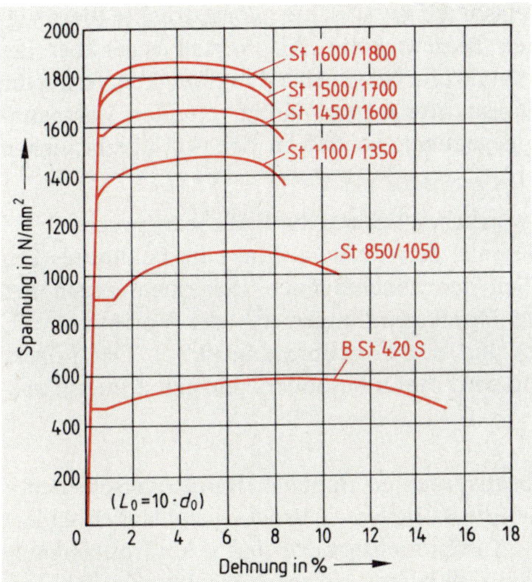

9.5 Spannungs-Dehnungs-Linien von Stahl- und Spannbetonstahl

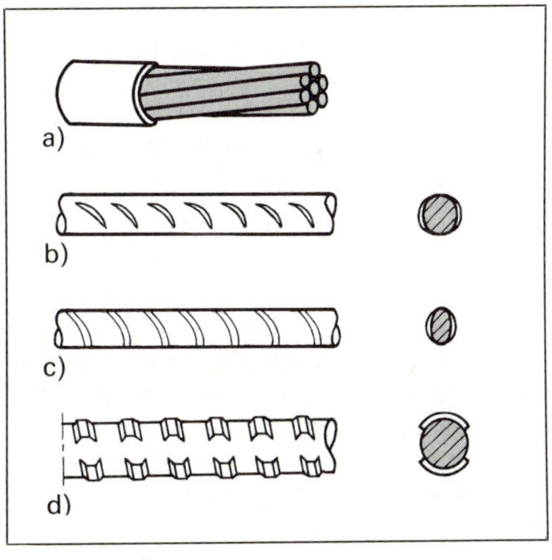

9.6 Spannstähle
a) 7teilige Drahtlitze mit Rostschutzmantel, b) gerippter Rundstahl, c) gerippter Ovalstahl, d) Rundstahl mit Gewinderippung

Bewehrungsführung. Lage und Linienführung der Spannstäbe beeinflussen die Größe der Vorspannkraft und das Tragverhalten der Bauteile (**9**.7).

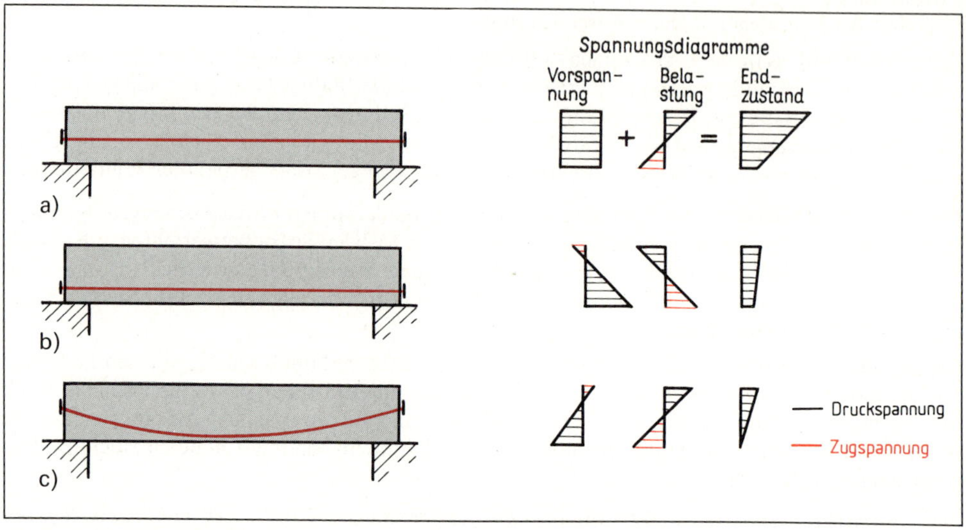

9.7 Bewehrungsführung

a) Mittige Vorspannung verursacht zusätzliche Druckspannungen

b) und c) Günstige Spannungsüberlagerungen bei außermittig und gekrümmt angeordneter Bewehrung

Zentrisch eingeleitete Vorspannkräfte durch mittig verlegte Spannbewehrung verteilen sich gleichmäßig auf den Betonquerschnitt. Für Stützen bieten sich dabei Vorteile, für biegebeanspruchte Balken und Decken entstehen jedoch Nachteile, weil die Biegedruckzone schon durch die Vorspannung erheblich beansprucht wird (**9**.7a).

Außermittig eingeleitete Vorspannkräfte erzeugen die gewünschte „vorgedrückte Biegezugzone" mit einer der Belastung entgegengerichteten Biegewirkung. Als Vorteil gegenüber der mittigen Vorspannung ergeben sich geringere Vorspannkräfte bei gleicher Tragfähigkeit, ferner die voll nutzbare Druckzone. Jedoch stehen den in Längsrichtung gleichmäßig verteilten Vorspannkräften ungleichmäßig verteilte Biegespannungen gegenüber, so daß in den Auflagerbereichen unerwünschte Restzugspannungen verbleiben (**9**.7b).

Die gekrümmte Spannstahlführung folgt dem wirklichen Verlauf der Biegebeanspruchung bei etwa gleichmäßig verteilter Belastung. Sie hat deshalb den tiefsten Punkt in Feldmitte. Die ansteigende Bewehrungslinie bewirkt den Ausgleich der abnehmenden Biegespannungen aus äußerer Belastung durch entsprechend verringerte Druckspannungen aus der Vorspannkraft, ferner einen Abbau der Querkräfte (Schubkräfte) und der Durchbiegung (**9**.7c). Der höhere Arbeitsaufwand bei gekrümmter Spannstahlführung wird durch besonders günstige Materialausnutzung ausgeglichen.

Anwendung. Spannbeton eignet sich für alle biegebeanspruchten Bauteile (Balken verschiedener Querschnitte, Plattenbalken und Platten). Weitgespannte Bauteile (wie Brücken und Hallenbinder) sind nur mit Spannbeton zu verwirklichen. Weitere Anwendungsgebiete sind u.a. Großbehälter, schwere Brückenpfeiler, Masten, Pfähle und Schwellen. Geknickte und gebogene Bauteile (Schalen, Binder) sind technisch ebenso lösbar wie gerade, auch ihre Herstellung in Ortbeton oder als Fertigteil.

Spannbeton verhindert Betonzugspannungen und -zugrisse durch Einleitung ausgleichender Druckspannungen in die Zugzone von Balken oder Decken. Dazu dienen vorgespannte hochfeste Spannstähle, die durch Verbund mit dem Beton am elastischen Zurückweichen (Kontraktion) gehindert werden und so Betondruckspannungen erzeugen.

Zentrisch angeordnete Spannbewehrung eignet sich für Stützen (Säulen), außermittige Bewehrung für Balken und Platten. Gekrümmte Spannstahlführung ist aufwendiger als gerade, dafür jedoch technisch vorteilhafter.

9.2 Systeme und Bauteile

Die Herstellungsverfahren des Spannbetons unterscheiden sich nach dem Zeitpunkt des Vorspannens. Wir kennen das Vorspannen vor der Betonerhärtung (sofortiger Verbund im Spannbett) und das Vorspannen nach der Betonerhärtung (gegen den Festbeton). In Ausnahmefällen ist auch Spannbeton ohne Verbund möglich.

Verfahren mit sofortigem Verbund (Spannbettverfahren) eignen sich für das Herstellen von Spannbeton-Fertigteilen. Hier beginnt man mit dem Verlegen und Spannen der Bewehrung im Spannbett zwischen festen Widerlagern (Spannböcken). Dann wird betoniert. Nach der Betonerhärtung löst man die vorgespannten Stähle (**9**.8). Dabei verhindert die Betonhaftung den Rückgang ihrer Zugdehnungen und bewirkt zugleich die Einleitung der Vorspannkraft als Druck in den Beton. Dünne Spannstähle bieten große Haftflächen und günstigere Verankerung (Haftverbund). Das Spannbettverfahren erlaubt nur die gerade Bewehrungsführung; die beschriebenen Nachteile ungünstiger Spannungsüberlagerungen in Auflagernähe sind daher unvermeidbar, ebenso größere Spannkraftverluste durch Schwinden und Kriechen.

Auf der 100 bis 150 m langen Spannbahn werden meist mehrere Bauteile hintereinander gefertigt. Beim Spannen der Stähle gegen die Spannböcke und während der Betonierarbeiten besteht erhöhte Unfallgefahr durch Drahtbruch. Fangbügel verhindern das Hochschleudern gerissener Spanndrähte. Warnschilder und Absperrungen an den gefährdeten Bereichen sind unerläßlich und unbedingt zu beachten. Besondere Gefahren bestehen bei unvermeidbaren Arbeiten zwischen den gespannten Drähten und beim Einbringen und Verdichten des Betons.

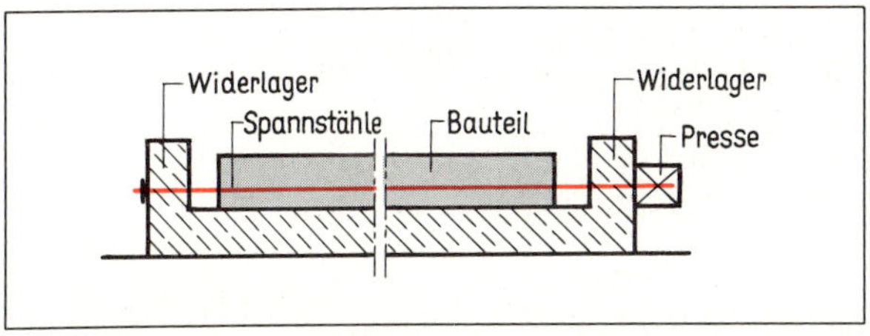

9.8 Spannbettverfahren

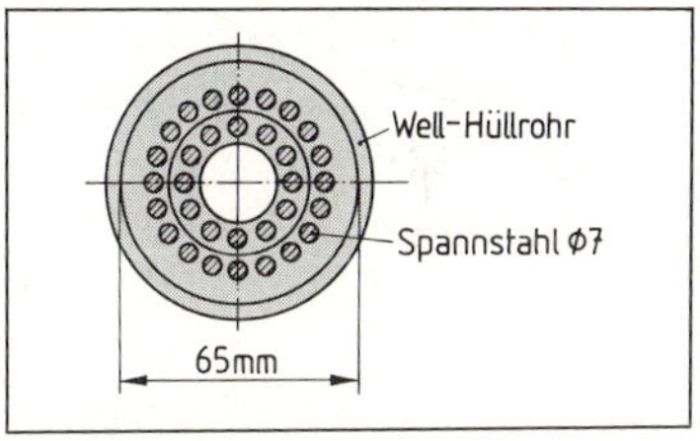

9.9 Spannglied (Querschnitt) mit Stabbündel, Tragfähigkeit = 1152 kN

Spannbeton mit nachträglichem Verbund wird nach verschiedenen Verfahren vorwiegend auf der Baustelle angewendet. Die Bewehrung wird hier gegen den erhärteten Beton gespannt, an den Enden verankert und schließlich durch Verbundmörtel fest im Ortbeton eingebettet. Zunächst liegen die Spannstähle lose als Einzelstab oder Stabbündel in beweglichen (flexiblen) Spannkanälen aus rundem, ovalem oder rechteckigem Metallhüllrohr (**9**.9 und **9**.11 a). Ihre gewellte Form verbessert den Betonverbund. Sie bilden zusammen mit den Endverankerungen das Spannglied. Systeme nach Bild **9**.9 tragen je nach Hüllrohrgröße und Stabzahl zwischen 216 und 1512 kN.

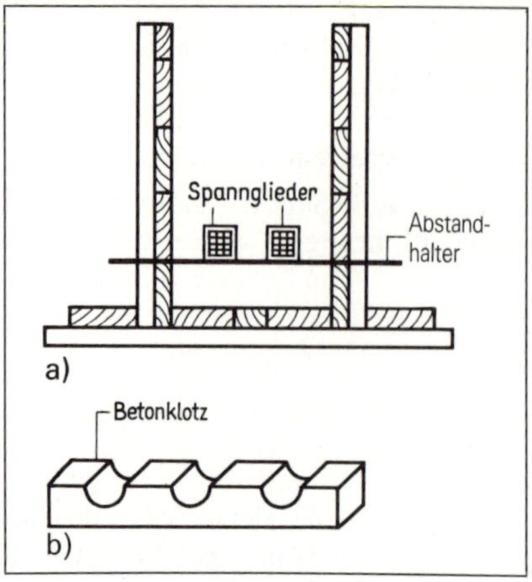

9.10 Einbau-Unterstützungen
a) Spannstab als Abstandhalter
b) markierter Seitenabstand für runde Spannglieder

Schädliche Rostbildung mindert den späteren Haftverbund zwischen Spannstahl und Einpreßmörtel. Die Spannkanäle sind daher gut abzudichten und erforderlichenfalls mit trockener Luft auszublasen. Aus den gleichen Gründen sollten Spannstähle stets in geschützten Räumen gelagert und zugerichtet werden. Erlaubt ist leichter festsitzender Flugrost.

Schweißverbot für Spannstähle soll ihre Festigkeit gewährleisten. Auch Schweißwärme und herabfallendes Schweißgut mindern die Stahlfestigkeit. Hier sind erforderlichenfalls schützende Abdeckungen nötig.

Beim Einbau der Spannbewehrung wirken sich bereits geringe Abweichungen von der geplanten Spanngliedlage erheblich auf die Tragfähigkeit der Bauteile aus. Die Höhenlage der Spannglieder muß daher millimetergenau mit den Planmaßen übereinstimmen und durch Unterstützungen (Abstandhalter, -bügel, Befestigungsmittel) auch während der Betonierarbeiten gesichert sein (**9.**10). Während des Betonierens dürfen die Spannglieder nicht durch Rüttelflaschen berührt werden. An beschädigten Hüllrohren oder Ankerdichtungen dringt leicht Feinmörtel zwischen die Spannstähle, der später das Spannen und das einwandfreie Einbringen des Einpreßmörtels be- oder gar verhindert. Mangelhafter Verbund und unzureichender Rostschutz sind die Folge. Vorsorgliche Kontrolle ist daher dringend anzuraten.

Die Endverankerung erhalten die vorgespannten Bewehrungsstäbe (-drähte, -litzen) nach dem Spannvorgang. Für die verschiedenen Spannverfahren wurden dazu unterschiedliche Verankerungssysteme entwickelt (**9.**11).

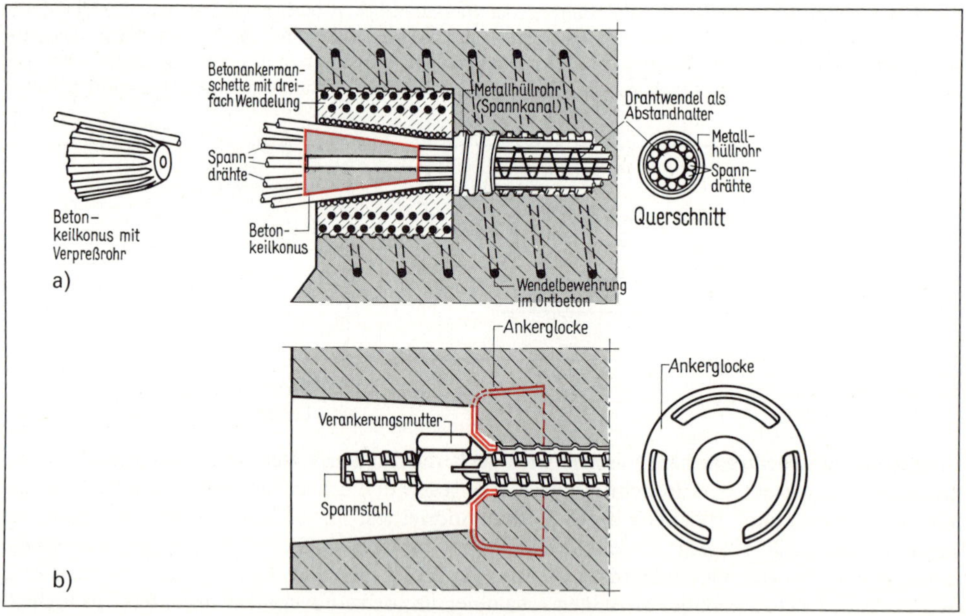

9.11 Endverankerung a) Spannglied für 530 kN, b) Schraubverankerung für 180 kN

Festanker bestehen z. B. aus Spanndrahtbündeln, deren fächerartig auslaufende Drähte (Verankerungsfächer) den direkten Verbund mit dem Ortbeton herstellen (**9.**12). Größere Vorspannkräfte erfordern Ankerplatten.

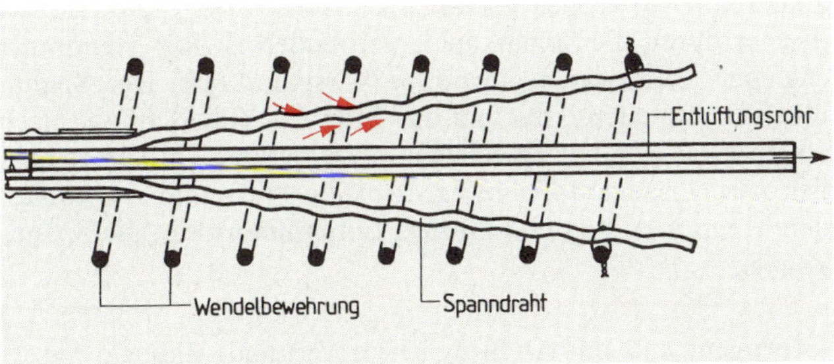

9.12 Festanker (Fächerwendel) für 330 kN

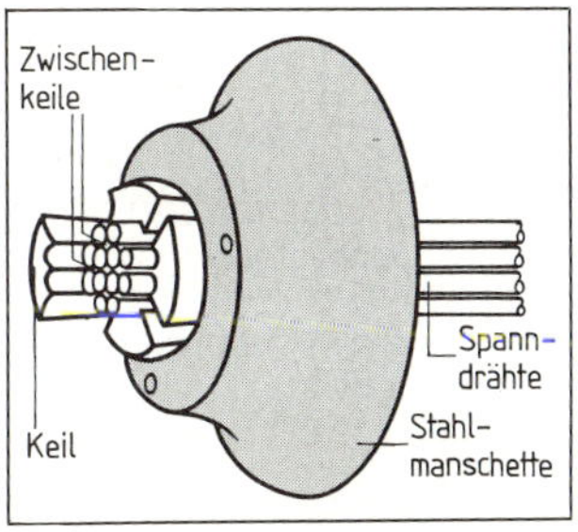

9.13 Die Stahlmanschette sichert den Anpreßdruck der Keile

Spannanker am freien Ende des Spannglieds ermöglichen das Einleiten der Vorspannkräfte durch Spannpressen (meist hydraulisch, **9.**14). Der Zugkolben überträgt die Vorspannkraft auf die Bewehrung. Der vorgespannte Stahl wird dann durch Schraub-, Keil- oder Klemmvorrichtungen festgesetzt. Ankerkeile verursachen hohe Anpreßdrücke und erfordern deshalb sehr feste manschettenförmige Ankerkörper aus Beton oder Stahl (**9.**13 und **9.**11).

Die Endverankerungen übertragen erhebliche Preßdrücke auf den Ortbeton. Sie werden deshalb durch Wendelbewehrung umschnürt.

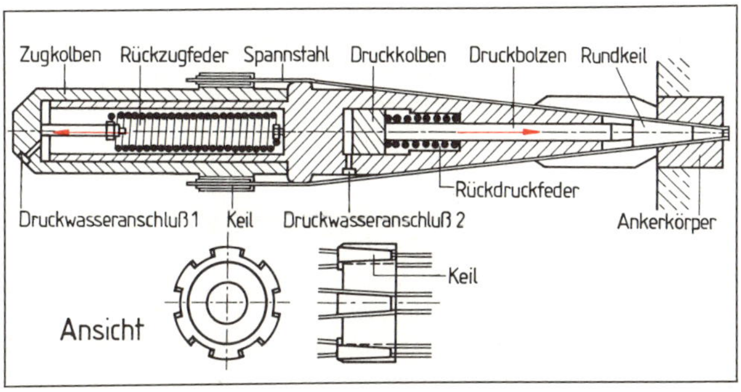

9.14 Spannpresse

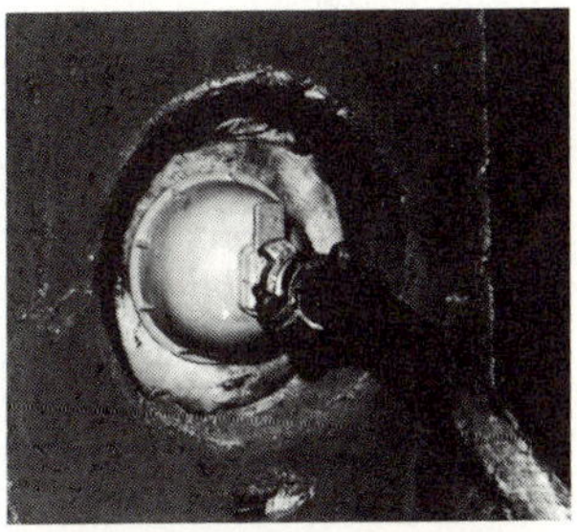

9.15 Auspreßglocke am Spannanker während der Mörtelinjektion

Einpreßmörtel aus Zementleim bewirkt den nachträglichen Verbund sowie den notwendigen Rostschutz der Spannstähle. Zugelassen sind dafür alle Zemente der Festigkeitsklassen Z 45 und Z 55, ferner PZ 35 F und EPZ 35 F. Vor dem Einbringen des Einpreßmörtels sind die Hüllrohre mit Wasser durchzuspülen und nachträglich mit Druckluft auszublasen. Damit verhindert man Störungen beim Injizieren (Einpressen) des Zementmörtels und reinigt die Haftflächen. Anschließend wird durch Einpreßöffnungen am Spanngliedende zügig der Zementmörtel mit Hilfe des Einpreßgeräts eingeleitet (**9.**15). Einpreßhilfen als Zusatzmittel (EH) verbessern die Fließfähigkeit des Mörtels. Nach dem Erhärten des Zementmörtels besteht Haftverbund zwischen Zementmörtel und Spannstahl sowie über das Wellhüllrohr zum Ortbeton.

Korrosionswasserstoff-Zerstörungen am Spannstahl sind oft die Folgen von Hohlstellen im Spannkanal. Dort angesammeltes Überschußwasser sondert freien Wasserstoff ab, der im korrodierenden Stahl die gefürchtete Wasserstoffversprödung bewirkt. Verlust an Tragfähigkeit bis hin zur Bruchgefahr ist die Folge. Auf größte Sorgfalt beim Verpressen der Hüllrohre kann darum nicht eindringlich genug hingewiesen werden.

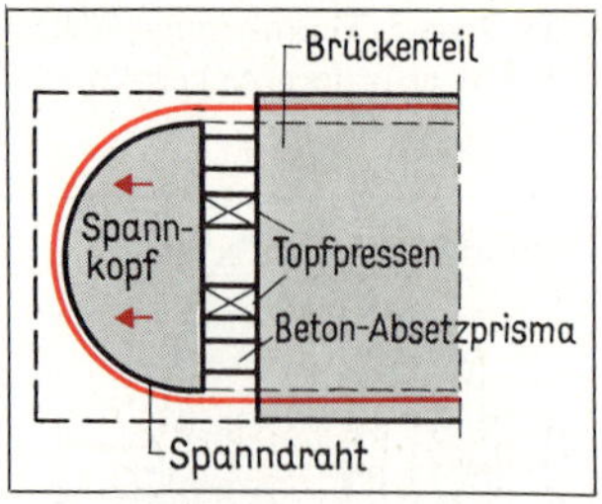

9.16 Spannblockverfahren (Draufsicht)

Das Spannblockverfahren wurde für den Brückenbau entwickelt. Die Spannbewehrung ist um einen Spannblock als Schlaufe verankert (Ankerkörper entfallen). Dieser bildet das zunächst abgetrennte beweglich gelagerte Endstück des Tragwerks, mit dem er durch die Spannkanäle verbunden ist. Im Trennraum erzeugen Topfpressen die nötige Vorspannkraft. Der Spannblock bewegt sich dabei um das Maß der Stahldehnung nach außen (**9.**16). Mit vorbereiteten Absetzprismen blockiert man den zurückgelegten Dehnweg, baut die Pressen aus, betoniert den Trennraum aus und injiziert Einpreßmörtel in die Spannkanäle.

Es gibt Spannverfahren mit sofortigem und mit nachträglichem Verbund. Bauteile mit sofortigem Verbund werden bei vorgespannter Bewehrung im Spannbett hergestellt. Die Vorspannung überträgt sich durch Haftverbund auf den erhärteten Beton beim Lösen der Spanndrahtenden.

Spannbetonbauteile mit nachträglichem Verbund erhalten Spannglieder aus flexiblen Leichtmetallhüllrohren (Spannkanäle) mit schlaff eingelegter Bewehrung und Ankerkörpern an den Enden. Die Spannglieder müssen millimetergenau verlegt und vor Rostbildung, Hitze, Beschädigungen und Verunreinigungen geschützt werden. Ankerkörper verschiedener Fabrikate erhalten die Vorspannwirkung durch Verbund (bei Festankern), Ankerplatten mit Schraubvorrichtung, Keil- oder Klemmverschluß. Einpreßmörtel aus Zementleim erzeugt den nachträglichen Haftverbund zwischen Spannstahl, Spannkanal und Ortbeton.

Dauerhafter Schutz gegen Korrosion und Wasserstoffversprödung der Stähle ist nur bei absolut hohlraumfreier Zementleimverpressung gewährleistet.

Aufgaben zu Abschnitt 9

1. Nennen und erklären Sie die Nachteile und Grenzen der Stahlbetonbauweise.
2. Vergleichen Sie die Wirkungsweise des Stahl- und des Spannbetons.
3. Was versteht man unter der vorgedrückten Zugzone?
4. Erklären Sie das Ausschalten der Betonzugspannungen mit Hilfe von Spannungsdiagrammen.
5. Nennen Sie die Vorteile vorgespannter Betontragwerke.
6. Erklären Sie den Verlust an Vorspannkraft durch Schwinden und Kriechen.
7. Warum müssen Festigkeit und Streckgrenze des Spannstahls besonders hoch sein?
8. Welche Festigkeiten haben die gebräuchlichen Spannstähle?
9. Beschreiben Sie Querschnitte und Formen der Spannstähle.
10. Warum ist die zentrisch angeordnete Spannbewehrung für Platten und Balken unzweckmäßig?
11. Außermittige und gekrümmte Spannstahlführung sind vorteilhaft. Warum?
12. Beschreiben Sie das Spannverfahren mit sofortigem Verbund.
13. Welche Unfallgefahren bestehen beim Arbeiten am Spannbett?
14. Beschreiben Sie das Spannverfahren mit nachträglichem Verbund.
15. Woraus besteht ein Spannglied?
16. Nennen Sie Begründung und Maßnahmen für den Rostschutz der Spannbewehrung.
17. Warum darf der Spannstahl nicht geschweißt und erhitzt werden?
18. Erklären Sie Zweck und Wirkungsweise der Ankerkörper.
19. Warum ist Wendelbewehrung an den Ankerkörpern erforderlich?
20. Woraus besteht der Einpreßmörtel?
21. Welchem Zweck dient der Einpreßmörtel?
22. Erklären Sie das Spannblockverfahren.
23. Nennen Sie Ursache und Wirkung der Korrosions-Wasserstoffzerstörung.

10 Bauen mit Stahlbetonfertigteilen

10.1 Grundlagen, Systeme, Modulordnung

Die Entwicklung des Stahlbetons begann mit der Herstellung von Fertigteilen. Die zahlreichen Möglichkeiten der Formgebung durch entsprechende Schalungen begünstigten zunächst die Entwicklung des Ortbetons. Arbeitskräftemangel und Lohnkostenanstieg zwangen später zur Industrialisierung des Bauens (Montage vorgefertigter Bauelemente). Technisch ausgereifte Systeme beweisen inzwischen die Ebenbürtigkeit, vielfach auch die Überlegenheit der Fertigteilbauweise gegenüber dem Ortbeton.

Vorteile. Stationäre Betriebsanlagen und weitgehend mechanisierte (rationelle) Fertigungsmethoden; Wegfall witterungs- und baustellenbedingter Behinderungen; Leistungssteigerung und kurze Bauzeiten, Einsparung aufwendiger Schalung und Rüstung auf der Baustelle; Eignung für den Winterbau (Trockenmontage), weniger Baufeuchtigkeit; Material- und Gewichtsersparnis durch besseres Ausnutzen der Stoffestigkeiten, vor allem bei Spannbetonbauteilen; hohe Maßgenauigkeit und Qualität; hoher Ausbaugrad; Einsparung der Putzarbeiten.

Voraussetzungen für Produktivitätszuwachs und Kostensenkung:
- Geringe Anzahl unterschiedlicher serienproduzierter Typenelemente.
- Einfache, sichere und kostensparende Verbindungen der Elemente.
- Vielseitig anwendbare (kombinierbare) Elemente (Baukastenprinzip).

Die statischen Probleme der Fertigteilbauweise erforderten neuartige konstruktive Lösungen zur Stabilität der Gebäude und zur Verbindung der Bauelemente.

Systeme und Bauverfahren. Nach dem Grad der Vorfertigung unterscheiden wir Voll- und Teilmontageverfahren. Bei der Vollmontage besteht das Gebäude von einer bestimmten Geschoßhöhe an nur noch aus Fertigteilen. Teilmontage liegt vor, wenn ein Teil der tragenden Bauteile aus Ortbeton besteht (z. B. Stützen in Ortbeton, Balken und Decken aus Fertigteilen).

Die Großtafelbau- und die Skelettbauweise unterscheiden sich nach der Art der tragenden Bauteile.

Beim Großtafelbau bilden selbsttragende raumgroße Wand- und Deckentafeln ein räumliches Faltwerk (**10**.1). Je drei Wand- und eine Deckentafel sichern als raumstabile Zelle die Aussteifung des

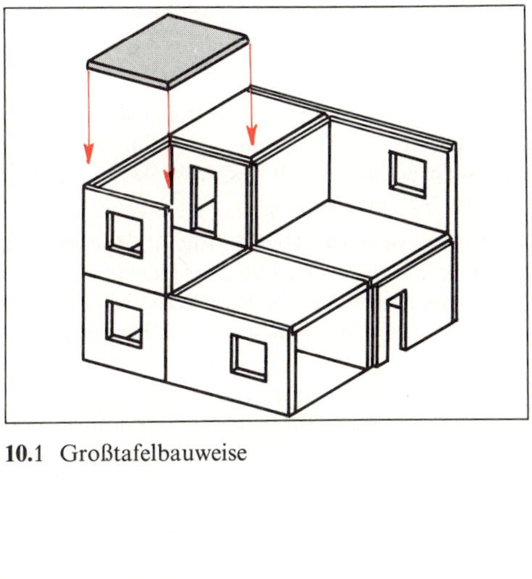

10.1 Großtafelbauweise

10.2 Skelettbauweise

Gebäudes. Größere Bauhöhen erfordern zusätzliche Maßnahmen. Großtafeln haben den höchsten Ausbaugrad (eingebaute Leitungen, fertige Außen- und Innenflächen, eingebaute Anschlüsse). Man verwendet sie überwiegend beim Wohnungsbau in Ballungsgebieten.

Beim Skelettbau (Gerippebau) bilden die Stützen und Balken das tragende Gerüst des Gebäudes (**10**.2). Die Wandflächen werden ausgefacht. Im Gegensatz zum Großtafelbau besteht hier eine klare Trennung zwischen tragenden und raumbildenden Elementen. Hauptanwendungsgebiet sind großräumige Gebäude (z. B. Hallen), ferner Gebäude mit veränderbaren Grundrissen (versetzbare Wände).

Herstellungsrichtlinien für werkmäßig hergestellte Betonfertigteile enthält DIN 1045.

- **Fachkundige Werkleiter** müssen die Betonierarbeiten überwachen. Die Ausstattung des Werkes muß sinngemäß den Auflagen für B II-Baustellen entsprechen.
- **Überdachte Arbeitsflächen** sind notwendig, sofern der Witterungsschutz der Betonteile nicht schon durch die Schalung gesichert ist. Bei Außentemperaturen unter $+5\,^\circ C$ muß in geschlossenen Räumen mit $\geqq +5\,^\circ C$ betoniert werden. Das Nacherhärten der Bauteile im Freien ist erlaubt.
- **Lieferscheine** mit Angaben über Betonfestigkeitsklasse, Betonstahlsorte, Positions-Nr. des Verlegeplans und Betondeckung der Stahleinlagen sind mit jeder Anlieferung von Fertigteilen dem Empfänger auszuhändigen.
- **Aufschriften** (deutlich lesbar!) an Betonfertigteilen beinhalten: Name der Herstellerfirma; Hinweise zur Einbaulage (z. B. oben), falls Verwechslungsgefahr besteht; Hinweise zur Beförderungsart (z. B. „nicht seitlich lagern“), wenn andernfalls Beschädigungen zu erwarten sind.
  Teile von gleicher Form jedoch unterschiedlicher Bewehrung, Betongüte und Betondeckung sind optisch besonders deutlich zu kennzeichnen (z. B. unterschiedliche Schriftfarbe).

Arbeitssicherheit. Beim Bauen mit Fertigteilen besteht erhöhte Unfallgefahr. Quetschungen, Prellungen und Brüche sind häufig die Folgen unbedachter Arbeitsweise. Schutzhelme, Sicherheitsschuhe und -handschuhe bieten nur unvollkommen Schutz. Um so eindringlicher muß zu ständiger Aufmerksamkeit und sorgfältiger Arbeit aller am Bau Beteiligten gemahnt werden, besonders beim Befestigen, Verankern, Absetzen, Transportieren und Einbauen der Betonelemente.

Der Aufenthalt unter schwebenden Lasten gleicht einem Selbstmordversuch!

Module und Bezugssysteme. Die Modulordnung dnach DIN 18 000 folgt den Bestrebungen nach einer international einheitlichen Maßordnung und wird im Fertigteilbau vielfach bevorzugt. Gegenüber der gültigen „Maßordnung im Hochbau“ nach DIN 4172 mit dem Ausgangsmaß von 12,5 cm ($= 1/8$ m) liegt der Modulordnung das Maß 10 cm ($= 1/10$ m) zugrunde. Die Baumaße nach der Modulordnung lassen sich häufiger in ganze mm teilen, was den verstellbaren Einschalvorrichtungen im Fertigteilbau entgegenkommt und Ungenauigkeiten aus Auf- und Abrundungen der Baumaße vorbeugt.

Das Grundmodul M = 10 cm ist das kleinste gemeinsame Vielfache modularer Baumaße. Es gilt als Maßsprung für Geschoßhöhen und Türbreiten. Multimoduln nach Tabelle **10**.3 sind genormte ganzzahlige Vielfache des Grundmoduls und dienen als Maßsprung für Abstände von Gebäudeachsen (z. B. 7 × 6 M = 42 M = 4,20 m). Submoduln sind Teile des Grundmoduls M (z. B. M/2 = 5 cm, M/5 = 2 cm).

Tabelle **10**.3 **Maßsprünge nach der Modulordnung**

Grundmodul	Multimoduln				
M	3 M	6 M	12 M	30 M	60 M
10 cm	30 cm	60 cm	120 cm	300 cm	600 cm

Koordinationsebenen (Bezugsebenen) bestehen aus einem kreuzweise angeordneten Plan-System von Gebäudeachsen (**10**.4). Sie erleichtern die Verständigung über alle Fragen der Lage und Bemessung von Bauteilen.

Koordinationsräume sind von Bezugsebenen umschlossen und dienen der maßlichen Einordnung von Bauteilen (**10**.4).

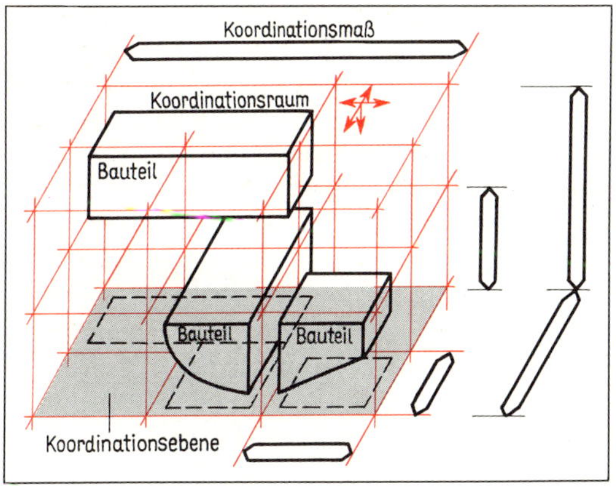

10.4 Koordinationsräume und Koordinationsebenen nach der Modulordnung

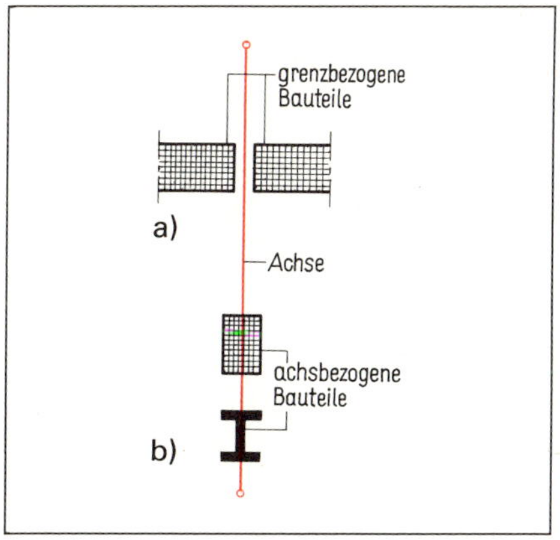

10.5 Einordnung von Bauteilen
a) durch Grenzbezug
b) durch Achsbezug

Die Achs- und Koordinationsmaße sind modular (= Vielfache von Multimoduln), die Konstruktionsmaße der Bauteile jedoch nicht, da die Fugen- und Toleranzmaße noch abzuziehen sind.

Das Einordnen der Bauteile geschieht durch den Grenz- oder den Achsbezug, häufig auch durch beide oder daraus abgewandelte Bezugsformen. Je nach Bauteil kann man ein-, zwei- oder auch dreidimensional einordnen.

Beim Grenzbezug sind die Bauteile zwischen den Achsen, die Konstruktionsfugen mittig dazu angeordnet (**10.**5 a).

Beim Achsbezug fallen die Bauteilachsen mit der Koordinationsebene zusammen. Gegenüber der grenzbezogenen Anordnung ist hier die Lage des Bauteils genau festgelegt, nicht jedoch die Abmessung (**10.**5 b).

Maßtoleranzen sind eng begrenzt. Es gelten
- ± 2 mm für die Querschnittsmaße von Balken und Stützen sowie für Wand- und Deckendicken,
- ± 2,5 mm für Längenmaße an Stützen, Balken, Wand-, Deckentafeln,
- ± 3 mm für Maße in Achsen und Ebenen.

Stahlbetonfertigteile ermöglichen kurze Bauzeiten und rationelle Bauverfahren. Im Großtafelbau fügt man tragfähige Wand- und Deckentafeln zu raumstabilen Zellen, im Skelett- oder Gerippebau bilden Balken und Stützen das Traggerüst des Gebäudes. Strenge Herstellungsrichtlinien nach DIN 1045 sichern die geforderte Qualität der Fertigelemente.

Umsicht und Sorgfalt während der Montage- und Transportarbeiten mindern das hohe Unfallrisiko. Die Modulordnung gilt als bevorzugtes Maßsystem im Montagebau.

10.2 Skelettbau (Gerippebau)

Die herkömmlichen Ortbeton-Rahmenkonstruktionen mit ihren biegesteifen Eckverbindungen zwischen Stütze und Balken sind für Montageverfahren zu sperrig, zu schwer und bei nachträglicher Verbindung der Rahmenecken zu aufwendig. Stützen und Balken werden daher im Fertigbau vorwiegend als Einzelteile gefertigt. Technische Probleme ergeben sich dabei für die Gebäudeaussteifung und für die Verbindung der Elemente untereinander. Den speziellen Erfordernissen des Montagebaus angepaßte, neuartige Konstruktionen und Verbindungen lassen sich einfach, sicher und mit wenig Montageaufwand herstellen.

Block- und Köcherfundamente. Stützen bis etwa 10 mm Bauwerkshöhe kann man ohne Abstützungen unmittelbar in vorbereitete Köcherfundamente (auch Hülsen- oder Becherfundamente) einspannen (**10.**6). Die breite Fundamentsohle überträgt die Bauwerkslasten sicher auf den Baugrund und ermöglicht ausreichende Stabilität (vergleichbar mit stehendem Betonstampfer) gegen den horizontal wirkenden Windangriff. Fertigteil-Köcherfundamente verringern den Arbeitsaufwand auf der Baustelle erheblich (Schalen und Bewehren). Die Köcheraussparung erhält allseitig etwa 5 cm Spielraum zur Stütze, um den Vergußbeton einwandfrei einbauen zu können. Zentrierhilfen

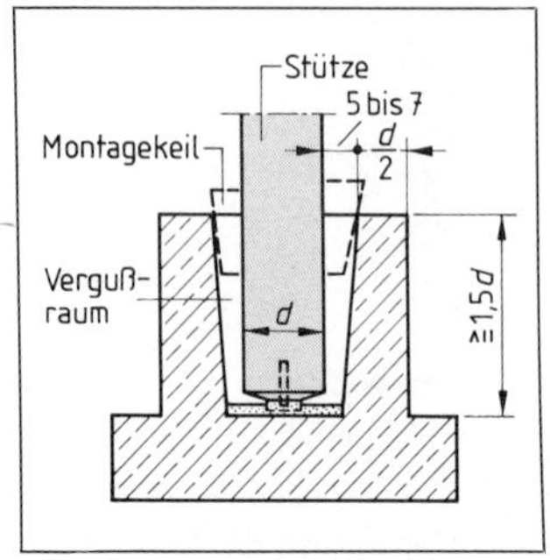

10.6 Köcherfundament für eingespannte Stützen

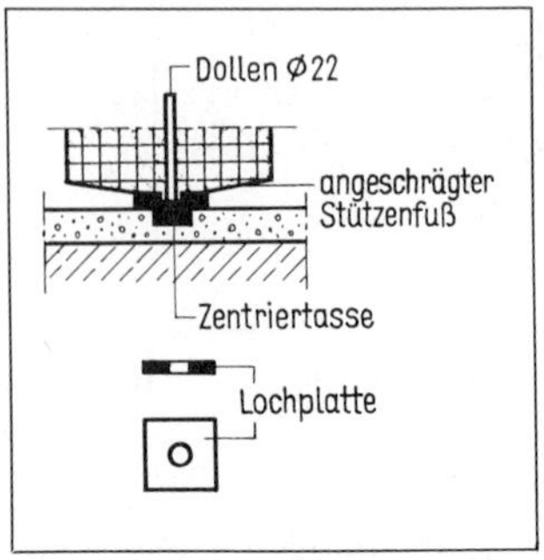

10.7 Zentrierhilfen für die Stützenmontage (Zentriertasse, Lochplatte)

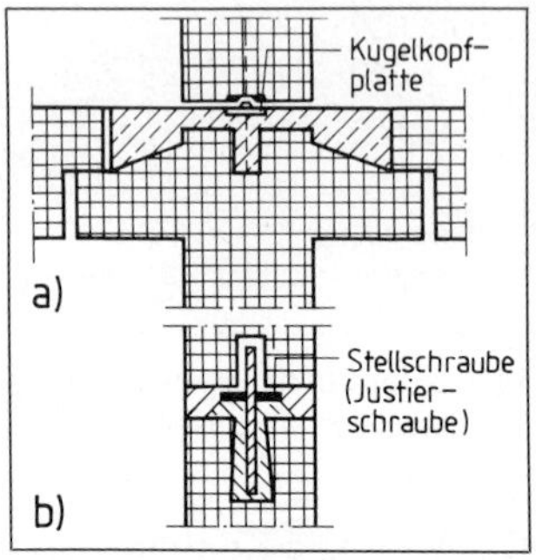

10.8 Zentrierhilfen für geschoßweise gestoßene Stützen
a) Kugelkopfplatte
b) Stellschraube

(Tasse, Lochplatte, Dollen) erleichtern das Montieren (**10.**7). Man kann sie auf den Köcherboden einmessen und durch Zementmörtel genau auf Höhe bringen. Entsprechende Dollen am Stützenfuß rasten dann passend ein. Mit Wasserwaage oder Theodolit bringt man die Stützen ins Lot. Kräftige Holzkeile sichern die planmäßige Lage bis zur Erhärtung des später eingebrachten Vergußbetons. Stützen mit leicht angeschnittenem Fuß erleichtern das Verfüllen der Bodenfuge. Rauhe Köcherflächen verbessern den Verbund des Vergußbetons. Seine Mindestfestigkeit erreicht er erst durch sorgfältiges Verdichten und Nachbehandeln. Höhere Stützen bis etwa 30 m lassen sich auf die gleiche Weise aufstellen, erfordern jedoch in der Regel zusätzliche Gebäudeaussteifungen (z. B. Wände, Ortbeton-Treppenhäuser oder -Fahrstuhlschächte).

Für Stützenstöße (z. B. bei Pendelstützen) werden Montagehilfen aus Kugelkopfplatten oder Justierschrauben vorbereitet (**10.**8). Steife Stützenstöße entstehen durch Schweiß- oder Schraubmuffen-Verbindungen der Tragstäbe und sorgfältiges Ausbetonieren der Fuge. Überschreitungen der Dicke von Mörtelfugen vermindern ihre Druckfestigkeit. Entscheidend ist das Verhältnis der Fugendicke zur kleineren Fugenbreite. Die Bruchgefahr der Fuge beginnt beim Maßverhältnis 1 : 7. So erreichen z. B. 10 mm dicke Fugen aus Zementmörtel Festigkeiten von etwa 30 N/mm^2, 25 mm dicke Fugen nur noch 15 N/mm^2.

Stützenkonsolen oder Aussparungsschlitze schaffen die nötigen Auflager für Balken und Deckenplatten. Verankerte Dollen oder Bolzen dienen als Einbauhilfe und zur Arbeitssicherheit. Dazu erhalten die ausgeklinkten Balkenenden entsprechende Ankerlöcher zum Einrasten (z. B. aus Wellhüllrohr), so daß bereits im Montagezustand ein Umkippen oder Abrutschen der Balken ausgeschlossen ist (**10.**9). Torsionsgefährdete Balken erhalten zwei nebeneinanderliegende Dollen (Bolzen). Bei größerer Verdrehungsgefahr werden sie zusätzlich mit Schraubenmuttern gehalten. Bei Gabellagerung ist die Kippsicherheit ohne Bolzen gegeben (**10.**10).

Balken- und Deckenauflagerungen ohne ausgleichende Zwischenlagen verlangen den geringsten Montageaufwand, setzen jedoch glatte Auflagerflächen und präzise Arbeit voraus. Größere Auflagerkräfte erfordern lastverteilende Platten oder Streifen aus elastischem (Elastomerlager), manchmal auch aus Kunststoff, Blei, Holzwerkstoff oder Pappen. Nach dem Vergießen der Bolzenlöcher und Toleranzfugen mit Zementmörtel entstehen horizontal unverschiebliche Verbindungen zwischen Stütze und Balken.

Balkenquerschnitte (nach statischen Gesichtspunkten konstruiert) sind schmal, leicht und sehr tragfähig. Profile mit unteren Flanschen ermöglichen das Auflegen von Platten, Plattenbalken oder Rippendecken unter Einsparung der sonst zusätzlichen Konstruktionshöhe (**10.**9 b, c).

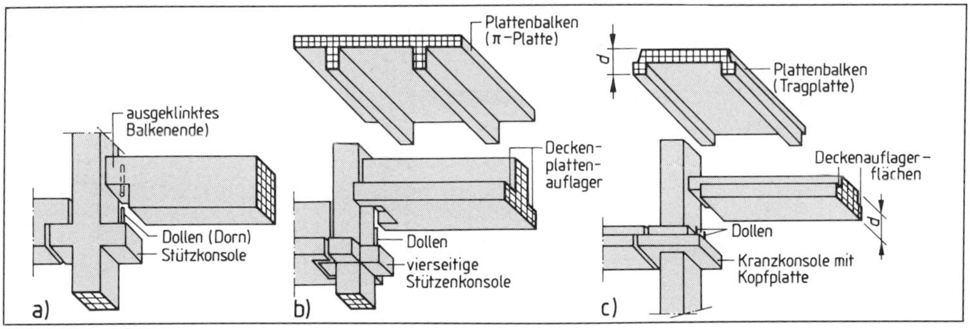

10.9 Balken-/Deckenauflager a) ausgeklinktes Balkenende auf Stützkonsole, b) Balken mit Deckenauflagerkonsolen und ausgeklinktem Ende, c) Balken, Konsole, Plattenbalken mit geringer Konstruktionshöhe

Typisierte Dachbinder aus Spannbeton eignen sich für weitgespannte Hallen und werden meist durch Gabellagerung mit den Stützen verbunden (**10.**10 und **10.**11). Durch Vorspannung und statisch günstige Formgebung (T-, I- oder Hohlquerschnitte) ergeben sich gegenüber schlaff bewehrten Bauteilen beträchtliche Verminderungen der Querschnittsfläche, des Materialverbrauchs und damit auch der Eigenlast.

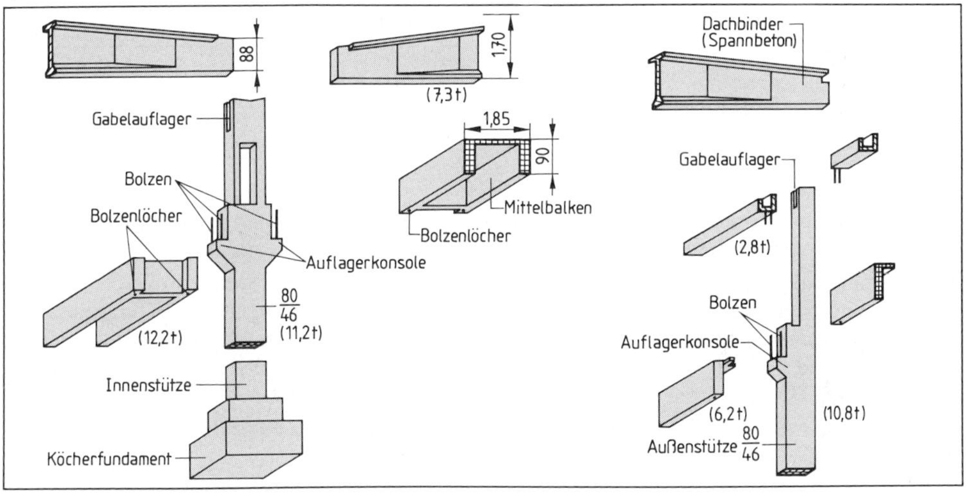

10.10 Bauteile und Verbindungen einer Halle

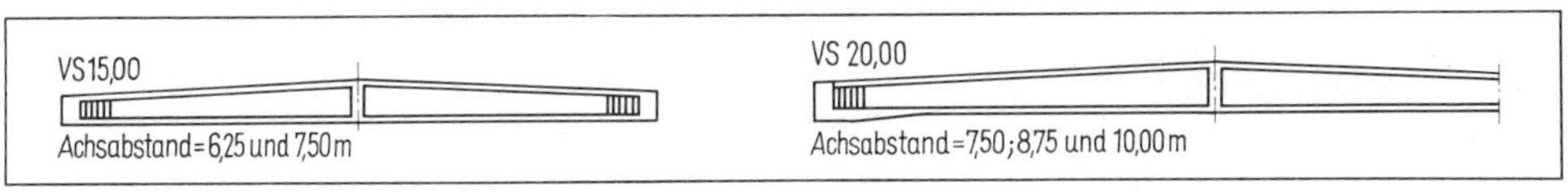

10.11 Typisierte Satteldachbinder

Maßgenauigkeit beim Herstellen und Verlegen der Bauteile ist Voraussetzung für den störungsfreien Arbeitsablauf und die Tragsicherheit. Die Maßabweichungen einzelner Bauteile sind meist gering und daher im Bereich der Stöße (Fugen) problemlos ausgleichbar. Maßungenauigkeiten können sich jedoch besonders beim Skelettbau zu gefährlichen Größen addieren.

Beispiel Für eine Halle ist in 12 m Höhe ein Balken zwischen 2 Stützen mit je 10 cm Auflagertiefen auf auskragende Konsolen einzusetzen. Die Sollänge beträgt 7,96 m, der Abstand von Innenkante Stütze je 2 cm (= Fugenbreite, **10.**12).

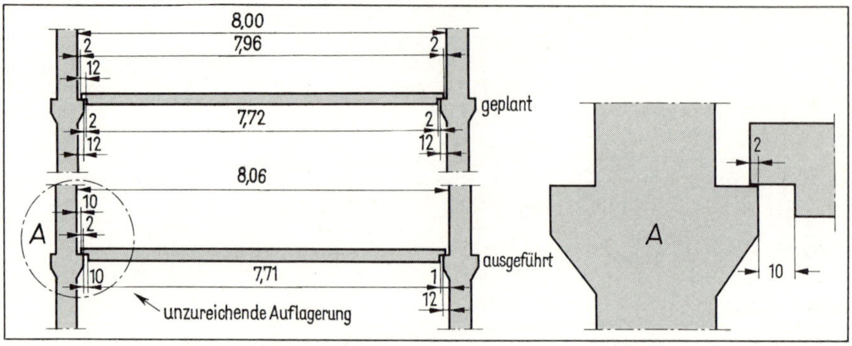

10.12 Ungünstige Addition von Maßabweichungen gefährdet die Tragfähigkeit von Bauteilen

Fehler	Maßabweichung
1. Die Istlänge des Balkens beträgt nur 7,95 m	1,0 cm
2. Beide Stützen weichen nach außen um je 2 mm/m von der Lotrechten ab; bei 12 m Höhe sind dies 2 × 12 × 2 = 48 mm =	4,8 cm
3. Beim Einmessen der Stützen wurde die Stützenweite um 1,2 cm überschritten	1,2 cm
4. Statt 2 cm Abstand zur Stütze wurde versehentlich nur 1 cm eingehalten	1,0 cm
Summe aller Fehler	**8,0 cm**

Somit verbleiben auf einer Seite nur noch 10 cm − 8 cm = 2 cm als Auflagerlänge, was allergrößte Einsturzgefahr bedeutet.

Die Stabilität einer Skelettkonstruktion aus Fertigteilen erreicht man zweckmäßig durch Einspannen vorgefertigter Stützen in vorbereitete Köcherfundamente.

Holzkeile halten die Stütze bis zum Erhärten des Vergußbetons. Bei Stützenstößen vermindert sich die Druckfestigkeit der Mörtelfugen mit zunehmender Fugendicke. Stützenkonsolen und -schlitze dienen als Balkenauflager, gelochte Balkenenden und Konsoldorne als Montagehilfe und zur Arbeitssicherheit. Zischenlagen bewirken gleichmäßige Auflagerpressungen. Große Räume überbrückt man mit Spannbetonbindern.

Ungünstige Addition einzelner geringer Maßabweichungen kann im Endergebnis die Tragfähigkeit einer Verbindung ernsthaft gefährden.

10.3 Großtafelbau

Tafeln, Scheiben, Platten. Die raumbildenden Wand- und Deckentafeln sind Flächentragwerke und wirken je nach statischer Beanspruchung als Scheibe oder/und Platte (**10.**13).

Scheiben übernehmen Kräfte in Tafelebene, z. B. die tragenden Wandtafeln (-scheiben). Auch horizontale Kräfte (Windkräfte) wirken auf Wand- und Deckenscheiben.

Platten sind quer zur Ebene belastet, z. B. alle Deckentafeln, ferner windbelastete Außenwandtafeln.

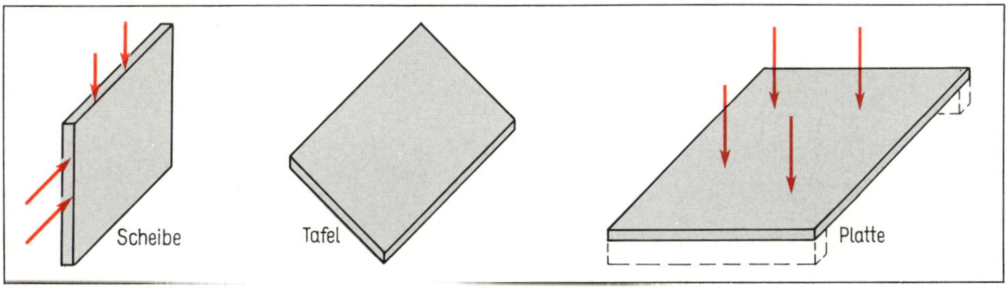

10.13 Großtafeln als Platten und/oder Scheiben beansprucht

Die Stabilität im Großtafelbau beruht auf über- und nebeneinandergefügten „raumstabilen Zellen", die sich durch rutschfeste Lagerung einer Deckenplatte auf mind. 3 Wandtafeln ergeben (**10.**14). Für große hohe Gebäude schafft man sichere Aussteifungen durch Zusammenfassen der Decken- und Wandtafeln zu größeren Scheiben.

Tabelle **10.**14 **Nur raumstabile Zellen widerstehen beliebigen Lastangriffen**

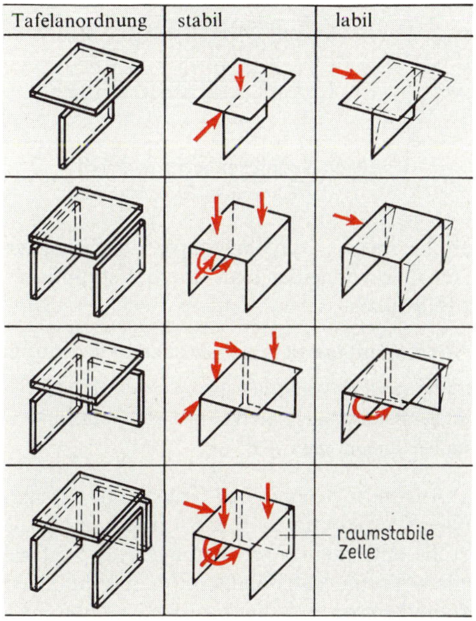

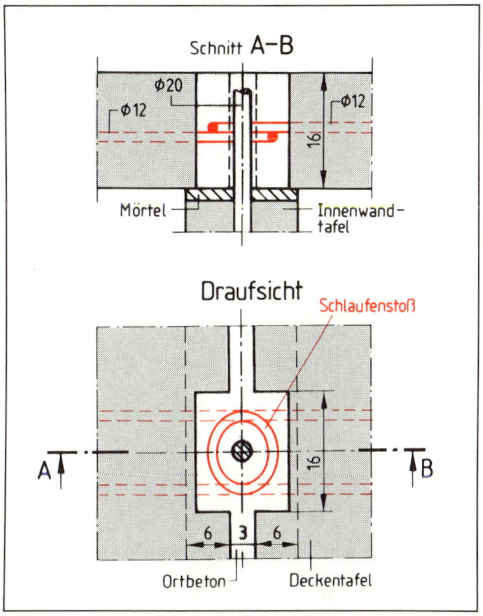

10.15 Stoß der Ringankerbewehrung in Deckenplatten (Schlaufenstoß)

Deckentafeln und -stöße. Deckentafeln sind ein- oder zweiachsig gespannte Stahlbetonplatten. Weniger beanspruchte Platten dürfen trocken aufliegen, höhere Auflagerkräfte erfordern druckausgleichende Mörtelfugen oder verformbare Streifen als Zwischenlagen (z. B. Filz, Pappe).

Ringanker fassen mehrere Deckenplatten zu einer starren Scheibe zusammen. Die Ringankerbewehrung liegt meist in den äußeren Deckentafeln. Sie wird in den Stoßfugen durch Schlaufenstoß verbunden (**10.**15). Ortbetonringanker bewehrt man auf der Baustelle (**10.**16). Die mit Längsstäben bewehrten Deckenfugen über den tragenden und aussteifenden Wänden verbinden die gegenüberliegenden Seiten des Ringbalkens. Druckkräfte in Plattenebene überträgt der Stoßfugenmörtel (Fugendicke $\geqq 2$ cm, Fugenmischung). Profilierte (gezahnte) Deckenränder verbessern die gegenseitige Schubfestigkeit der Platten, die vorstehenden Bewehrungsschlaufen im Fugenraum schaffen zugfeste Plattenanschlüsse, ebenso verankerte Schweißplatten (**10.**17, **10.**18).

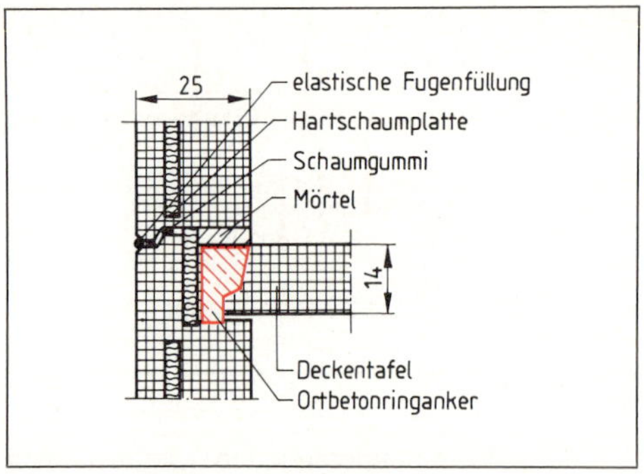

10.16 Ringanker aus Ortbeton

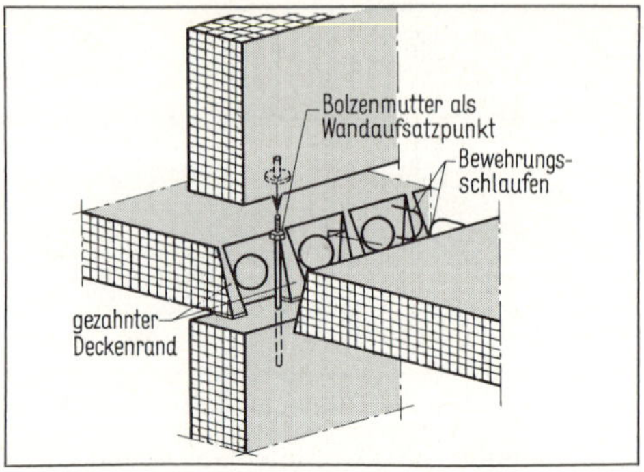

10.17 Deckenplatten mit profiliertem Rand

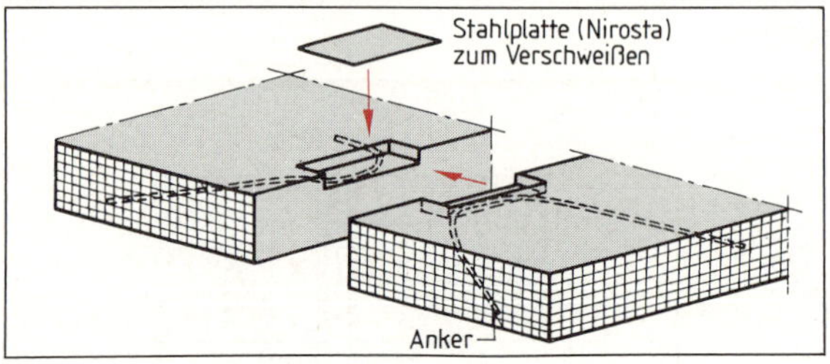

10.18 Schweißverbindung gestoßener Deckenplatten

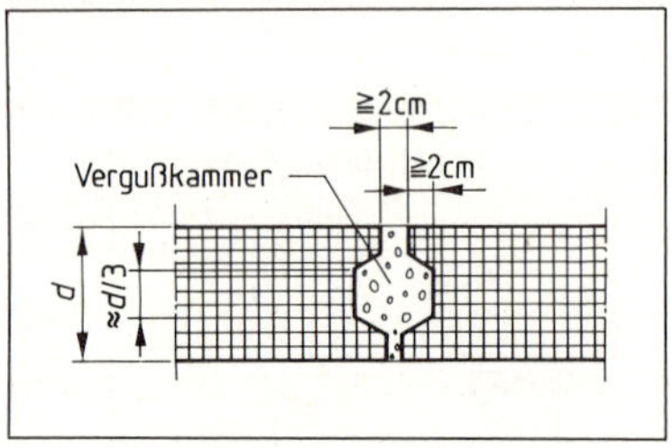

10.19 Vergußkammern zwischen freiliegenden Deckenrändern

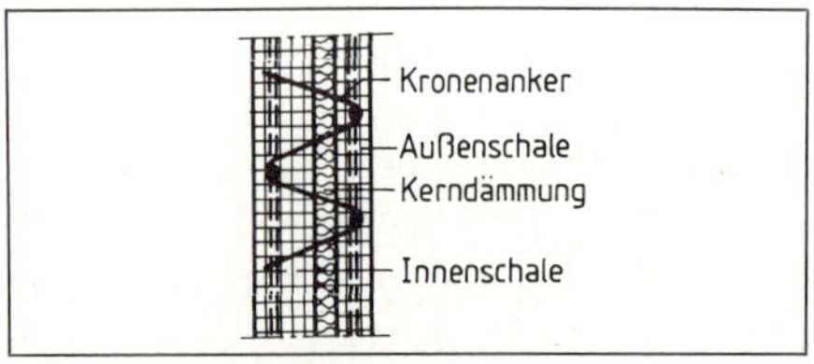

10.20 Außenwandtafeln als Sandwichkonstruktion

Unterschiedliche Durchbiegungen freiliegender Deckenstöße vermeidet man durch Vergußfugen nach Bild **10**.19.

Die Mindestauflagertiefe der Deckentafeln beträgt

- 7 cm bei gemauerten Wänden oder Beton B 5 und B 10,
- 5 cm bei Betonwänden ab B 15 und Stahlträgern,
- 3 cm bei Spannweiten $\leqq$ 2,5 cm.

Wandtafeln und -stöße. Wandtafeln sind $\geqq$ 8 cm dick. Aus wärmetechnischen Gründen fertigt man Außenwandtafeln aus Leichtbeton oder als mehrschalige Konstruktion, z. B. mit Kerndämmung als Sandwichplatte (**10**.20). Druckübertragende Tafelstöße entstehen durch Betonverguß, zugfeste Anschlüsse durch Schrauben, Schweißen oder Fugenbewehrung. Tafelränder mit Längsnut bilden in den Stößen geschlossene Ortbetonvergußkammern und ersparen dadurch zusätzliche Einschalarbeiten (**10**.21). Schräg zulaufende Randverzahnungen (Waschbrettprofilierung) sichern die

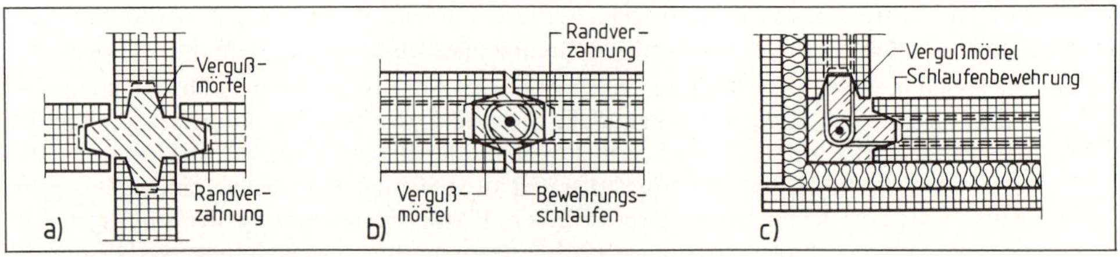

10.21 Wandtafelstöße mit Vergußkammern und Waschbrettprofilierung
a) unbewehrt, b) bewehrt, c) bewehrte Eckverbindung einer Außenwand

Schubfestigkeit der gestoßenen Wandtafeln. Übereinanderstehende Tafeln kann man durch zusätzliche Vergußkammern für überstehende Anschlußstäbe miteinander verankern (**10**.22).

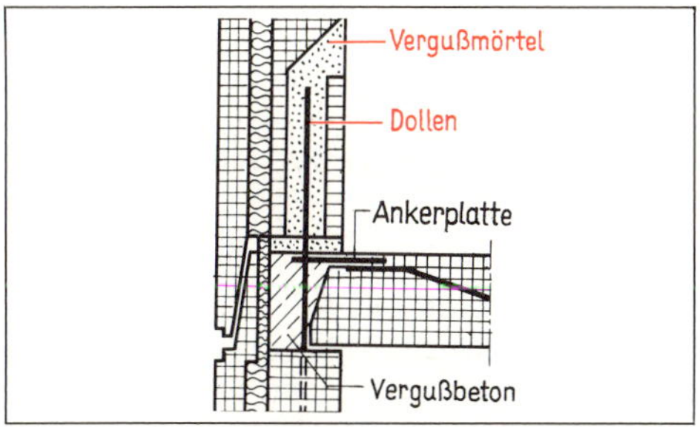

10.22 Verankerung übereinanderstehender Außenwandtafeln durch Dollen und Vergußkanal

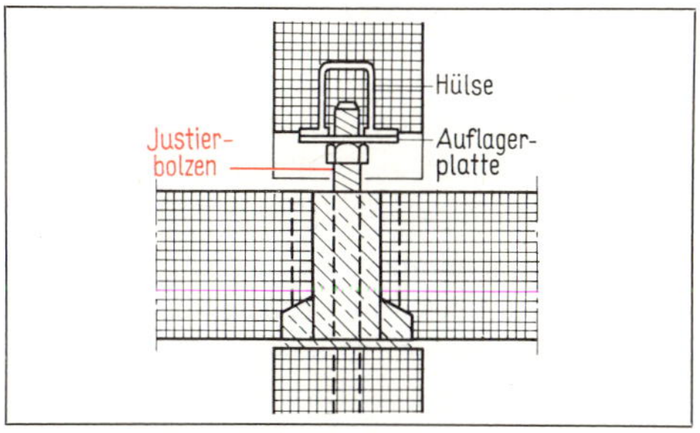

10.23 Höhenverstellbare Justierhilfen für die Wandtafelmontage

Wandtafelauflagerung. Justierhilfen in den Auflagerfugen gleichen die vorhandenen Unebenheiten und Höhendifferenzen aus:

- durch höhengleiche mörtelgelagerte Hartholz-, Keramik oder Stahlplättchen,
- durch höhenverstellbare Keillager oder Schraubhülsen, deren Gewindebolzen werkseitig im oberen Wandteil verankert sind (**10**.17 und **10**.23).

Nach dem Absenken der verstellbaren Justierhilfen kann sich die Wand voll auf den frischen Mörtel absetzen. Bei festen Justierplatten muß die Lagerfuge ≧ 0,5 cm dick sein und besonders sorgfältig unterstopft werden. Sonst entstehen bei ansteigender Belastung gefährliche Spitzenspannungen über den Auflagerplättchen.

Wandtafeln kann man zunächst auch auf halbhoch verfüllte breite Deckenfugen aufsetzen, so daß nach dem Verguß des restlichen Fugenraums eine schubfeste Einspannung entsteht. Andere Fertigbausysteme gleichen bereits die Höhenungenauigkeiten in der Decken-Auflagerfuge aus. Die Wände im nächsten Geschoß stehen dann trocken auf der Decke, auf dünner Mörtelfuge oder auf Zwischenlagen.

Verbindungen von Wand- und Deckentafeln stellt man durch entsprechende Anschlußbewehrung her. Bei Außenwandauflagern sind die Verbindungsstellen untereinander in Abständen von ≦ 2 m anzuordnen und ≦ 1 m vom Tafelrand. Die Innenwandtafeln greifen an mindestens 2 Stellen, bei $l \leqq 2{,}5$ m auch an 1 Stelle durch Anschlußbewehrung in die Deckenfuge ein.

Arbeitsablauf. Je nach Bauverfahren sind 3 Arbeitsabschnitte neben- oder nacheinander auszuführen.

1. Nivelieren der Justierhilfen auf der gesamten Montageebene. Schraubmuttern werden durch Drehen auf genaue Höhe gebracht, Plättchen durch Mörtelbett.

2. Versetzen und Verlegen der Elemente. Schrägsteifen mit Stellschrauben und vorbereiteten Halterungen erleichtern das Einrichten der Elemente und sichern ihre Stabilität während des Montagezustands.

3. Herstellen der Vergußfugen für einen Montageabschnitt. Vorbereitende Arbeiten: Ausrichten vorstehender Anschlußbewehrung, Einbau zusätzlicher Bewehrungsstäbe, Einbau notwendiger Dämmschichten und Leerrohre für Elektroleitungen.

Wichtig: Beim Verfüllen senkrechter Vergußkammern wird der Mörteltransport häufig durch vorstehende und engliegende Bewehrungsteile behindert. Das hat größere Fehlstellen und verminderte Tragfähigkeit zur Folge. Den weich angemachten Mörtel muß man daher besonders sorgfältig einbauen und verdichten. Der Fugenmörtel erhält gemischtkörnigen Sand 0/4 mm, ferner ≧ 400 kg Zement der Festigkeitsklasse ≧ 35 F auf 1000 l Frischmörtel.

Nachbehandlung: Wind, Regen, Frost und Schadstoffe, auch trockene wassersaugende Fugenflächen stören den Erhärtungsvorgang des Mörtels und erfordern entsprechende Maßnahmen (z. B. dichte, feuchte oder dämmende Abdeckungen).

Äußere Fugenabdichtungen sollen die Fassade gegen Wind- und Wasserdruck schützen, Wärme- und Feuchtigkeitsschutz gewährleisten sowie Bewegungen benachbarter Elemente aus Feucht- und Wärmedehnung schadlos aufnehmen. Allein durch Feuchtigkeitsaufnahme dehnt sich der Beton bis zu 0,4 mm/m.

Abdichtungen sind ein- und zweistufig sowie konstruktiv möglich. Zweistufige Abdichtungen sind durch Luftzwischenraum und eine 2. Dichtungsebene doppelt gesichert, so daß nach Ausfall der äußeren immer noch die innere Dichtung wirksam bleibt. Konstruktive Fugendichtungen wirken allein durch die Form des Fugenquerschnitts.

Einstufige Abdichtungen bestehen aus Bändern und elastoplastischen Massen (s. Abschn. 11). Nur maßgenaue Fugen mit sauberen Fugenflächen lassen sich wirksam abdichten. Scharfkantige Fugenränder sind meist schartig, porös und neigen daher zur Umläufigkeit (Feuchtigkeitsaufnahme). Die Fugenränder sind deshalb mit Fasen auszubilden. Sie liegen dann auch geschützter hinter der Oberfläche. In der Regel sollen die Fugenflanken beim Einbringen der elastischen Masse trocken, sauber und frei von öligen oder bituminösen Belägen sein. Erforderlichenfalls sind sie mit speziellen Reinigungsmitteln und Stahlbürste zu säubern. Zum Ausbessern von Schadstellen eignet sich Kunststoffmörtel und Epoxidharz.

Weiche Fugenmassen (Fugendichtungsmassen) dürfen i.a. nur bei Temperaturen zwischen +5 °C und 40 °C verarbeitet werden. Arbeitsgänge: Abkleben der Fugenfasen mit Klebeband; Auftragen eines Primers (wasserabweisender Anstrich in den Fugenflanken); Einbau des elastischen Hinterfüllmaterials, z. B. Schaumstoffschnur (**10**.24), unter Einhaltung der geforderten Fugentiefe und -dicke (**10**.30). Man erreicht damit ausreichenden Anpreßdruck, gleiche Fugentiefe und mehr Sicherheit gegen Abrisse. Die Haftflächen betragen

Tabelle **10**.24 **Elastische Hinterfüllschichten verhindern Fugenabrisse**

	aufgeschnittene Fuge falsch	richtig	Verfugung in der Fase falsch	richtig	Eckfuge falsch	richtig
Einbauzustand	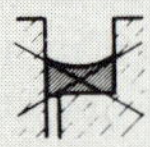	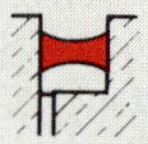			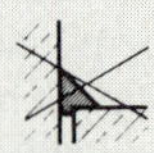	
gedehnter Zustand	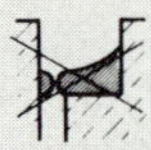				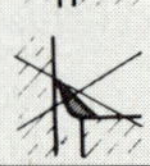	

das Doppelte der Fugenbreite, mindestens jedoch 3 cm (**10**.25 und **10**.30). Düsenspitze entsprechend der Fugendicke abschneiden und Fugen von oben her ausspritzen; Fugenmasse sofort nach dem Einbringen mit angefeuchtetem Spezialspachtel andrücken und abglätten, weil sich schon nach wenigen Minuten eine Haut bildet; Klebebänder entfernen. Die Gesamtverformung aus Stauchung und Dehnung soll 25% nicht überschreiten. Für den Betonbau eignen sich nur dauerelastische Stoffe. Sie sind bis 3 cm Fugendicke noch wirtschaftlich. Sehr wirksam und wirtschaftlich sind auch die neuerdings bevorzugten vorkomprimierten Abdichtbänder (**10**.25 b). Nach dem „Aufgehen" schließen sie selbst unregelmäßige Fugen staubdicht und regensicher ab.

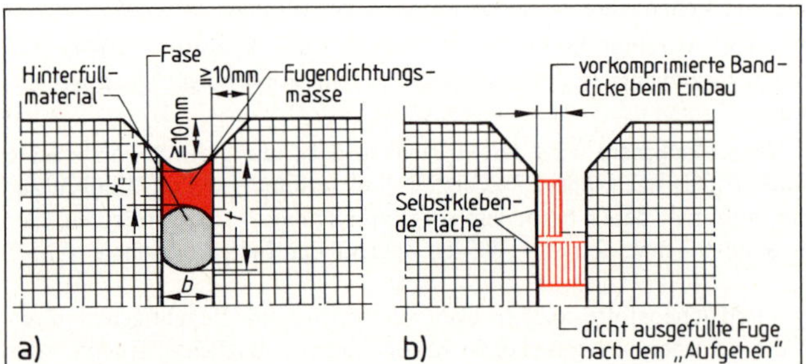

10.25
a) Mindestabmessungen für einstufig „weich" abgedichtete Fugen
b) vorkomprimierte Banddicke

Zweistufige Abdichtungen haben sich als druckausgleichende Konstruktionen für die senkrechten Fugen bewährt (**10**.26). Der belüftete Fugenraum zwischen Regen- und Windsperre gleicht den Überdruck zur Außenluft aus, so daß anfallendes Regenwasser hinter der durchlässigen Regensperre oder spätestens in der Flankennut nach unten abfließen kann. Die 2. Dichtungsebene wird dabei kaum in Anspruch genomnmen; sie ist absolut dicht und dient als Windsperre gegen die Auskühlung der Wärmedämmschicht. Die feingliedrigen Aussparungen in den Fugenflanken lassen sich zweckmäßig durch eingelegte Kunststoff- oder Metallprofile herstellen. Gegenüber der einstufigen Fugendichtung mit weichen Massen erfordert die zweistufige druckausgleichende Fuge aufwendigere und genauere Schalungsarbeit, bietet auf Dauer jedoch mehr Sicherheit.

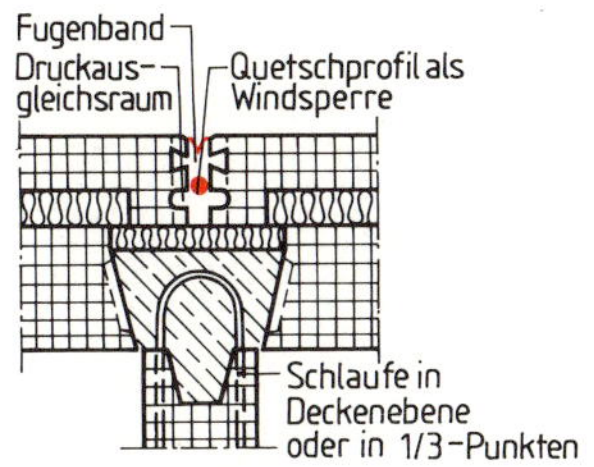

10.26 Zweistufig abgedichtete Vertikalfuge mit Druckausgleichsraum

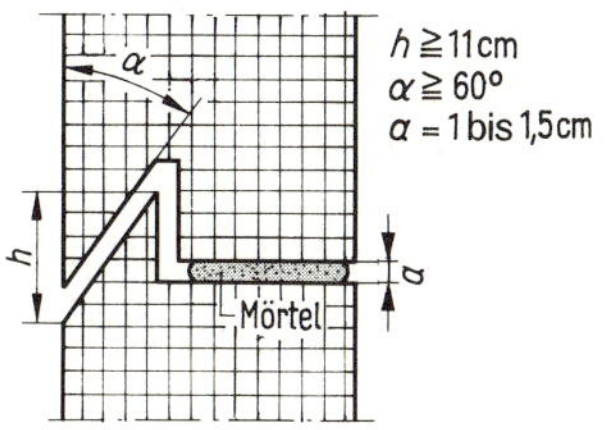

10.27 Prinzip der konstruktiven Schwellenfuge

Die konstruktive Fugendichtung in Form der fallenden Fuge (Schwellenfuge) hat sich als Standardkonstruktion für waagerechte Außenfugen durchgesetzt und wirkt wie ein Uferdeich gegen das vom Wind eingetriebene Regenwasser (**10**.27). Der Neigungswinkel soll $> 60°$ betragen, die Schwellenhöhe $h \geqq 11$ cm. Um Kapillarwirkung auszuschließen, beträgt die Fugendicke 1 bis 2 cm. Das obere Mörtelbett (Lagerfuge) dichtet die Schwellenfuge gegen die Außenluft ab. Schaumstoffstreifen, Dichtungsstricke oder äußere elastische Fugenfüllungen bieten zusätzliche Sicherheit. Abdeckprofile aus Kunststoff schützen die freiliegende Fugenfläche gegen Durch-

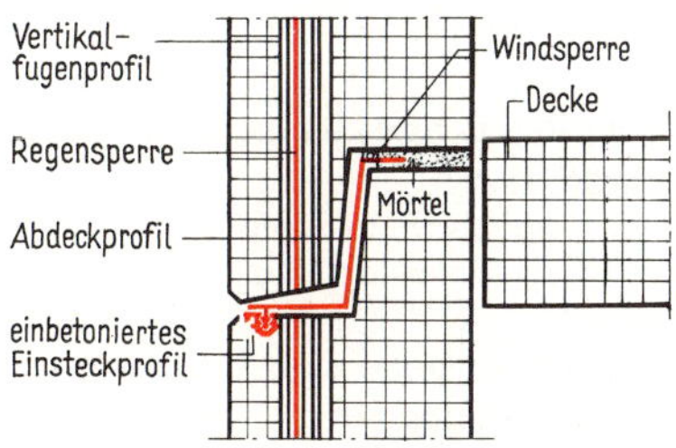

10.28 Schwellenfuge mit einsteckbarem Abdeckprofil

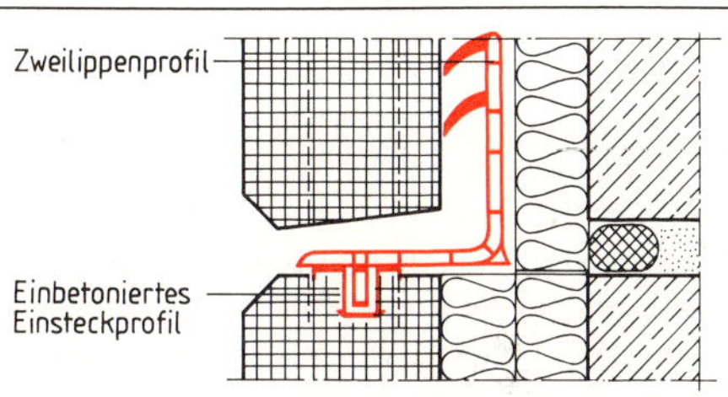

10.29 Das Zweilippenprofil bildet selbst die Schwellendichtung

Tabelle **10**.30 **Richtwerte für Fugen mit Fugendichtungsmassen für Wände im Hochbau nach DIN 18540 T 1, 3**

Fugenabstand in m	bis 2	über 2 bis 4	über 4 bis 6		über 6 bis 8	
Fugenbreite b in mm	10	15	20	25	30	35
Fugentiefe t in mm	30	30	40	50	60	70
Dicke der Fugendichtungsmasse t_F[1]) in mm zul. Abweichung	8 ±2	10 ±2	12 ±2	15 ±3	15 ±3	20 ±4

[1]) Werte im Endzustand, hierbei ist auch der Volumenschwund der Dichtungsmasse zu berücksichtigen.

feuchtung (10.28). Besonders gefährdet sind Wände aus porigem wassersaugendem Leichtbeton. Einbetonierte Einsteckprofile erleichtern das Einbauen und Befestigen der Abdeckprofile. Das 2-Lippen-Profil nach Bild **10.**29 (auf S. 233) erspart das Ausbilden der Schwelle. Die versetzt gelochten Lippen sorgen für Druckausgleich und Belüftung.

Großtafeln werden als Scheibe parallel, als Platte quer zur Ebene beansprucht. Zugfeste Tafelverbindungen erreicht man durch Schlaufenstöße, z. T. auch durch Schrauben und Schweißen. Schubfestigkeit in Tafelebene schafft man durch Randprofilierung, quer zur Tafelebene durch Vergußkammern in den Tafelstößen. Mörtelgelagerte Justierplatten oder verstellbare Schraubvorrichtungen ergeben höhengleiche Auflagerpunkte für Wandtafeln. Sorgfältig unterstopfte Mörtelfugen verhindern Spitzenspannungen infolge punktförmiger Lagerung.

Zweistufige Abdichtungen mit Druckausgleichsraum, offener Regen- und dichter Windsperre eignen sich für Vertikalfugen, ebenso die einstufigen Abdichtungen aus Kunststoffbändern oder elastoplastischen Massen. Die konstruktive Abdichtung in Schwellenform gilt als Standardlösung für waagerechte Fugen.

Aufgaben zu Abschnitt 10

1. Nennen Sie Vorteile der Fertigteilbauweise.
2. Vergleichen Sie den Großtafelbau und den Montage-Skelettbau.
3. Wie kann man der hohen Unfallgefahr beim Fertigteilbau vorbeugen?
4. Erklären Sie die Begriffe Grundmodul und Multimodul.
5. Unterscheiden Sie das Einordnen der Bauteile nach dem Grenz- und nach dem Achsbezug.
6. Warum sind die Achsmaße modular, die Bauteilmaße nicht?
7. Welche montagetechnischen Vorteile bieten Köcherfundamente bei der Montage von Fertigteilstützen?
8. Beschreiben Sie das Einspannen von Stützen in Köcherfundamente.
9. Welchen Einfluß hat die Dicke der Mörtelfuge auf ihre Druckfestigkeit?
10. Wie kann man Fertigteilstützen und -balken verbinden?
11. Wie erreicht man eine gleichmäßige Lastverteilung der Balkenauflagerkräfte?
12. Beschreiben und vergleichen Sie Querschnitte von Fertigteilbalken.
13. Warum muß man Maßabweichungen im Skelettbau besonders sorgfältig unter Kontrolle halten?
14. Erklären Sie die Beanspruchung von Platten und Scheiben im Großtafelbau.
15. Beschreiben Sie Aufbau und Wirkung einer raumstabilen Zelle?
16. Durch welche Maßnahmen kann man Deckenplatten druck-, zug- und schubfest verbinden?
17. Beschreiben Sie Wirkung und Ausbildung des Ringbalkens.
18. Wie kann man unterschiedliche Durchbiegungen freiliegender Plattenstöße vermeiden?
19. Wie erreicht man zug-, druck- und schubfeste Wandtafelverbindungen?
20. Beschreiben Sie Justierhilfen zur waagerechten Ausrichtung von Wandtafeln.
21. Welchen Vorteil bieten absenkbare Justierhilfen?
22. Welche Regeln gelten für die Dicke von Wandtafel-Lagerfugen?
23. Warum muß die Punktlagerung der Wand durch sorgfältiges Unterstopfen mit Mörtel vermieden werden?
24. Wie kann man übereinanderstehende Wandtafeln miteinander verankern?
25. Welche Vorschriften gelten für die Zusammensetzung des Vergußmörtels bei Fertigteilen?
26. Welche Maße gelten für die Mindestauflagertiefe von Deckentafeln?
27. Beschreiben Sie den Querschnitt und die Herstellung einer einstufig gedichteten Fuge mit elastoplastischer Fugenmasse einschließlich der vorbereitenden Arbeiten.
28. Erklären Sie Aufbau und Wirkungsweise der zweistufigen druckausgleichenden Vertikalfuge.
29. Wofür verwendet man die konstruktiv dichtende Schwellenfuge? Erklären Sie ihre Wirkung und die Ausführungsregeln.

11 Fugen

11.1 Dehnungsfugen

Zweck. Infolge wechselnder Umgebungstemperatur verändern sich die Längen der Bauwerke. Betonteile verformen sich außerdem bei wechselndem Feuchtigkeitsgehalt durch Schwinden (bei Trocknung) und Quellen (Feuchtdehnung). Durch Behindern der Längenänderungen (Zwängung) entstehen erhebliche Materialspannungen und daraus Risse mit Folgeschäden.

Dehnungsfugen trennen Gebäudeteile voneinander, vermindern damit die Längenänderungen und geben Raum für spannungsfreies Verformen. Äußere Dämmschichten vermindern die Temperaturschwankungen und Formänderungen in Außenbauteilen, innere Dämmschichten fördern sie.

Lage und Abstände. Die Fugenabstände für Außenwände betragen je nach Material, Konstruktion, Farbe und Himmelsrichtung 10 bis 60 m, für massive Dachdecken sind es infolge größerer Sonneneinstrahlung und je nach Dämmschichtdicke 10 bis 20 m.

Bei Reihen- und Doppelhäusern nutzt man meist die durchgehend offene Schalldämmfuge der doppelschaligen Gebäudetrennwände zugleich als Dehnungsfuge. In anderen Fällen liegen die Dehnungsfugen vor der Trennwand (ohne oder mit ausgesparten Wandschlitzen, **11.1**).

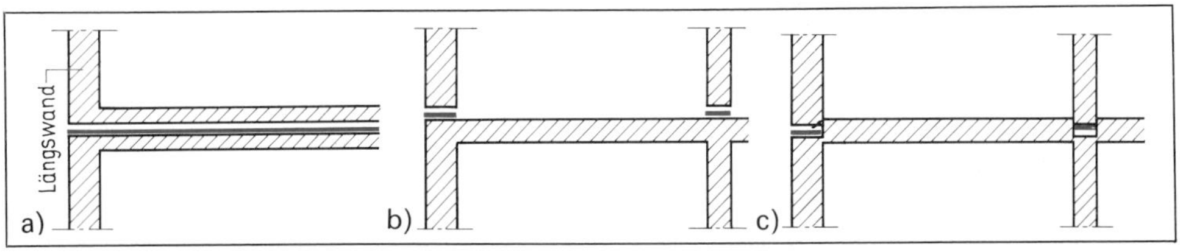

11.1 Dehnungsfugen in Trennwänden
a) zwischen zweischaliger Wand, b) am Wandanschluß, c) an einbindender Wand

Äußere Wandschalen aus z.B. KS-Vormauersteinen trennt man im Bereich der Gebäudedecken, bei kerngedämmten Wänden zusätzlich nach 5 bis 6 m, bei Luftschichtmauern nach 6 bis 8 m, bei vermörtelter Schalenfuge nach 8 bis 12 m (**11.2**). Als Trennstellen eignen sich Fenster und Türbereiche (**11.3**). Bei mehrgeschossigen Gebäuden mit mehrschaliger Außenwand nach DIN 1053 ist die Außenschale auch durch waagerechte Dehnungsfugen zu trennen, und zwar unterhalb von Abfangungskonstruktionen in Höhenabschnitten von ≦ 12 m (**11.4**). Auch unterhalb auskragender Balkonplatten sollte man Dehnungsfugen anordnen.

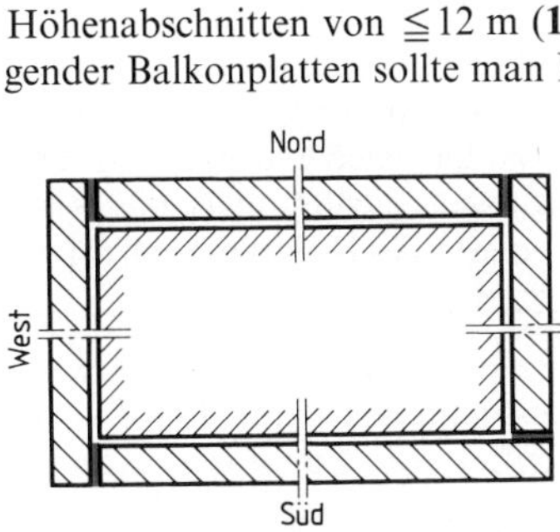

11.2 Dehnungsfugen an äußeren Wandschalen der Gebäudeecken

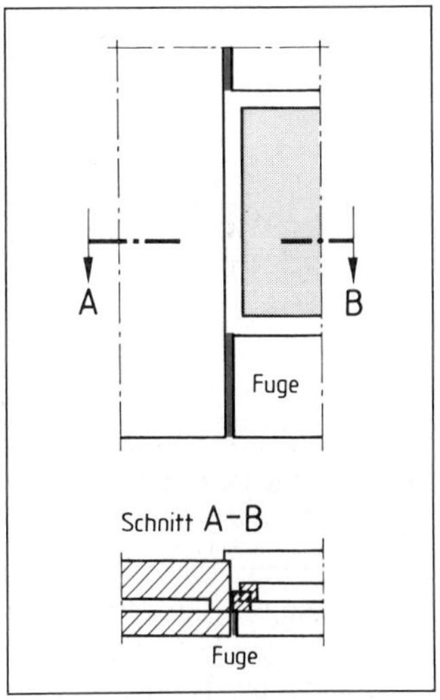

11.3 Dehnungsfuge der äußeren Wandschale im Fensterbereich

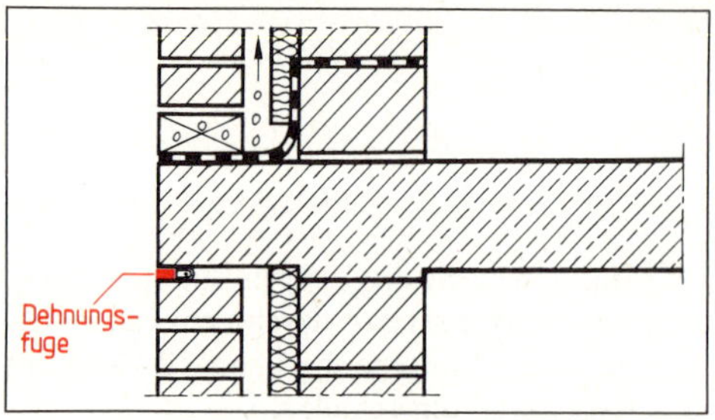

11.4 Waagerechte Dehnungsfuge der äußeren Wandschale unterhalb der Abfangkonstruktion

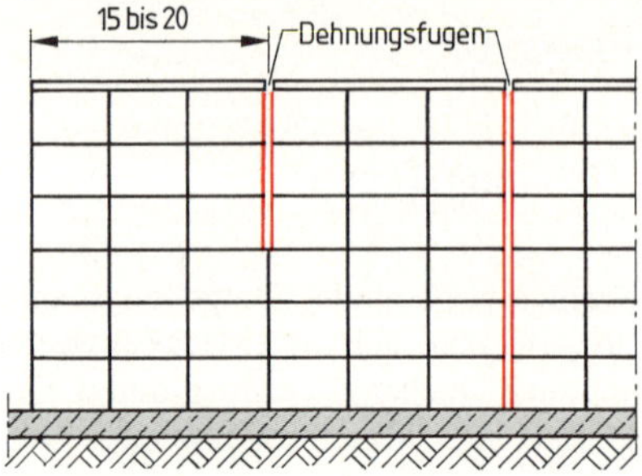

11.5 Dehnungsfugen an einem größeren Gebäude

Ausbildung der Dehnungsfugen. Sie sind mit der festgelegten Breite (1 bis 3 cm) von Oberkante Fundament durchgehend bis zur Dachhaut zu führen. Zusätzliche Fugen an hohen Gebäuden liegen im oberen Gebäudeteil (**11**.5). Dehnungsfugen sind offen oder durch elastische Stoffe ausgefüllt, z. B. durch zusammendrückbare, verrottungsfeste Absorbitplatten oder -streifen. Wasserdichte Dehnungsfugen (häufig im Betonbau verlangt) erreicht man durch zähelastische, alterungsbeständige Dehnungsfugenbänder aus Kunststoff (Kunstkautschuk, auch Gummi, Bitumenbahn oder Metallbänder). Die Ankerrippen sichern den Betonverbund, der verformbare Mittelschlauch gleicht die Längenänderungen aus (**11**.6). Vor dem Betonieren sind die Bänder unverschieblich zu befestigen, z. B. durch Anbinden an die Bewehrung. Das Band darf weder knicken noch Falten oder Wellen bilden. Auswechselbare Fugenbänder für Böden ordnet man nach Bild **11**.7 an.

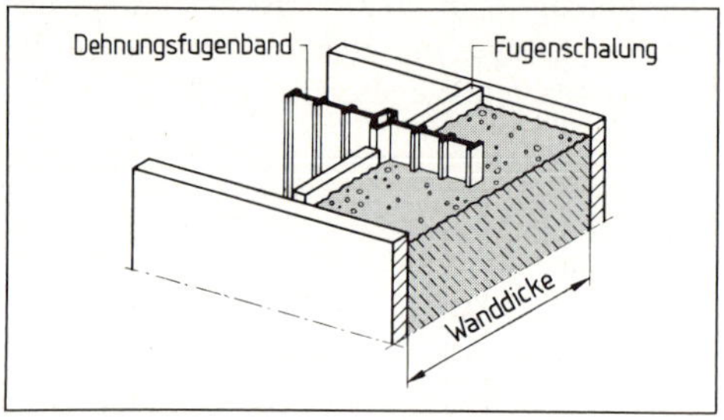

11.6 Dehnungsfugenband zum Abdichten einer Dehnungsfuge in einer Betonwand

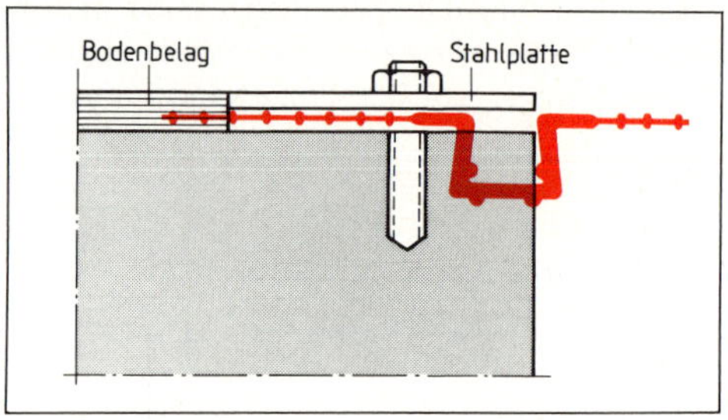

11.7 Anordnung eines auswechselbaren Fugenbands

Bei dicken Betonwänden werden Bewegungsrisse in geplanten Abständen zunächst absichtlich herbeigeführt. Dazu baut man wandhohe Aussparungskörper aus Rippenstreckmetall ein. Nach dem Abklingen der Temperatur- und Schwindbewegungen dichtet man die Risse durch Ausbetonieren der Hohlräume ab (**11**.8).

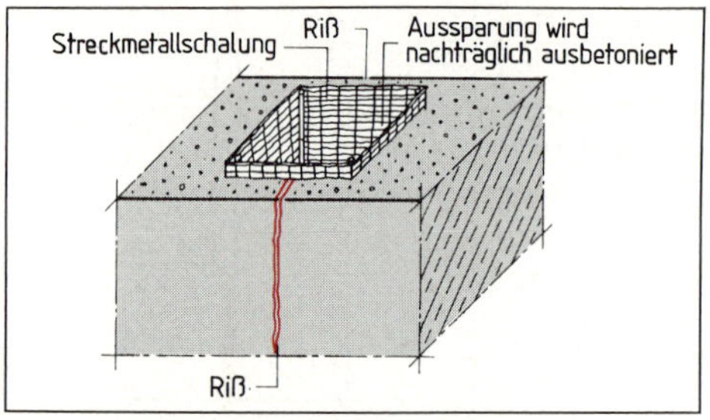

11.8 Geplante Dehnungsrisse werden durch nachträgliches Betonieren abgedichtet

Dehnungsfugen gleichen temperaturbedingte Formänderungen aus. Sie reichen von OK Fundament bis zur Dachhaut. Fugenabstände und -dicke bestimmt der Planer. Die Zwischenräume können mit elastischen Platten (Streifen) ausgefüllt sein. Für wasserdichte Fugen im Betonbau eignen sich zähelastische Dehnungsfugenbänder.

11.2 Setzfugen

Gebäude mit gegliederten Grundrissen, unterschiedlichen Geschoßzahlen, unregelmäßigem Baugrund oder zeitlich verschiedenen Bauabschnitten setzen sich häufig ungleichmäßig. Sorgfältig vorausgeplante Trennfugen sind daher zur Vermeidung von Setzrissen unerläßlich (**11**.9). Im Gegensatz zu den Dehnungsfugen sind hier auch die Fundamente zu trennen. Als Fugenbreite genügen nur wenige Millimeter. Nachträgliche Bauabschnitte bindet man trocken in vorgeplante Wandschlitze ein (**11**.10). Setzfugen können offen bleiben, aber auch mit Pappe oder Hartschaumplatten ausgefüllt sein.

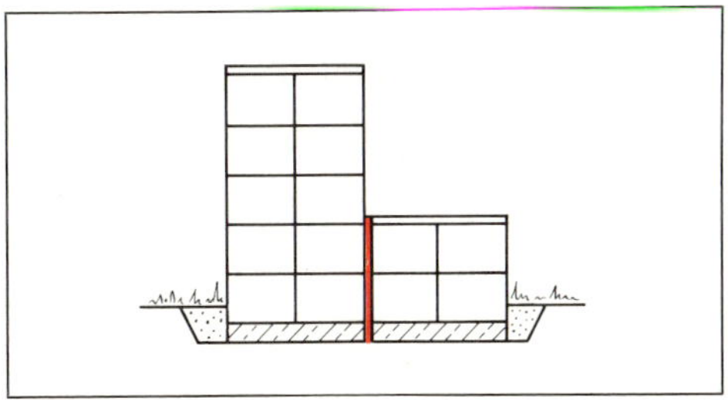

11.9 Setzfuge für unterschiedlich hohe Gebäude

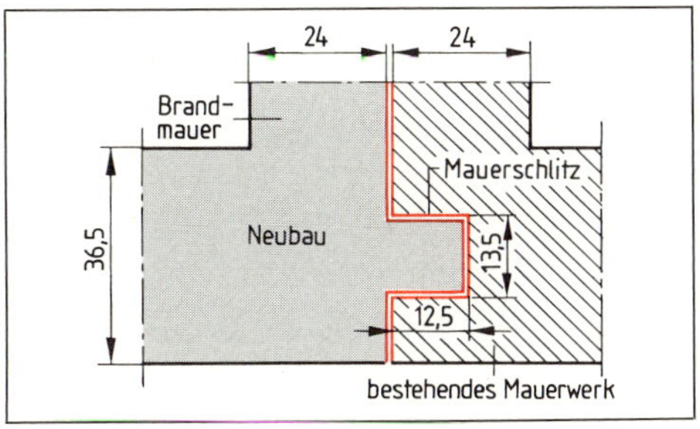

11.10 Wandschlitz mit Setzfuge fügt Neu- und Altbau ineinander (Draufsicht)

Setzfugen sind nur wenige Millimeter dick und trennen Gebäudeteile einschließlich ihrer Fundamente, so daß unterschiedliche Setzungen spannungs- und rissefrei möglich sind. Anschließende Wandteile fügt man trocken in Nischen.

11.3 Gleitfugen

Formänderungen an massiven Dackdecken übertragen durch den Reibungswiderstand der Deckenauflager Schubkräfte in das tragende Mauerwerk. Während der Betonerhärtung addieren sich häufig die Formänderungen aus Schwinden und Temperaturabfall. Die Folgen sind umlaufende Mauerwerksrisse unterhalb der Dachdecke (**11**.11).

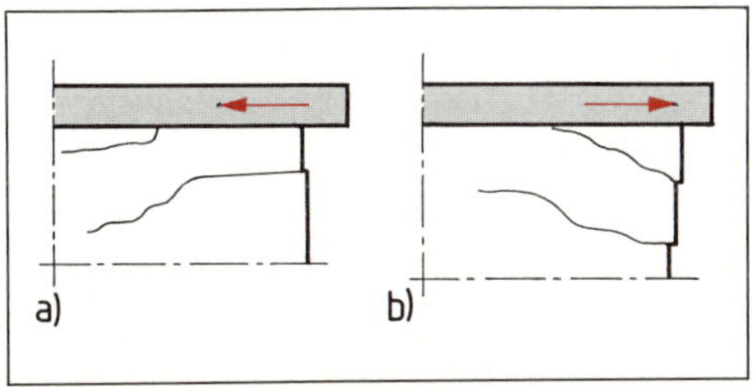

11.11 Schubrisse unter der Dachdecke
a) durch Schwinden und Temperaturabfall
b) durch Temperaturanstieg

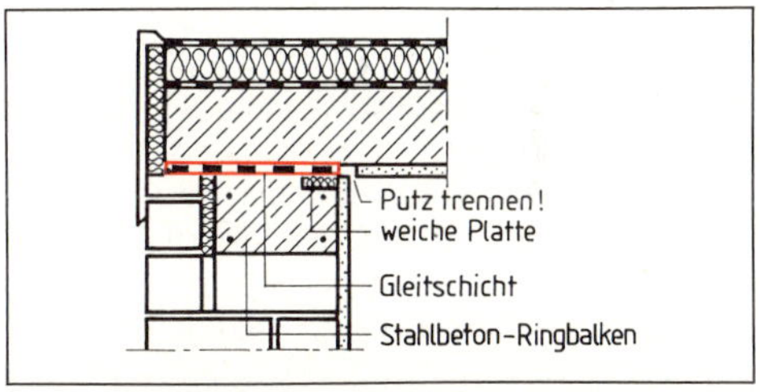

11.12 Gleitfuge unter Deckenauflager (Innenkante aus weichem Plattenstreifen) verhindert Risse durch Kantenpressung

Gleitfugen verringern den Reibungswiderstand der Deckenauflager, die Schubspannungen im Mauerwerk und die Rissegefahr (**11**.12). Sie liegen zwischen Decke und dem umlaufenden Stahlbetonringbalken und bestehen meist aus ein- oder beidseitig mit schaum- oder kunststoffkaschierten Gleitfolien. Eck- und Stoßbereiche sind zu überlappen. Unerwünschte Kantenpressung vermeidet man durch Auflagerung im Mittelteil der Wandauflager. Putzflächen müssen zur Vermeidung von Rissen im Bereich der Gleitfugen unterbrochen sein. Auch nichttragende Innenwände sind konstruktiv von der Decke zu trennen, um bei später möglichen Durchbiegungen nicht durch Schubrisse beschädigt zu werden (**11.**13). Festpunktbereiche (Verformungsruhepunkt) sichern die feste Lage der Decke (**11.**14).

Deformationslager, in regelmäßigen Abständen angeordnet, übertragen die Deckenlasten punktförmig auf die Wände und geben den anfallenden Bewegungen widerstandslos nach.

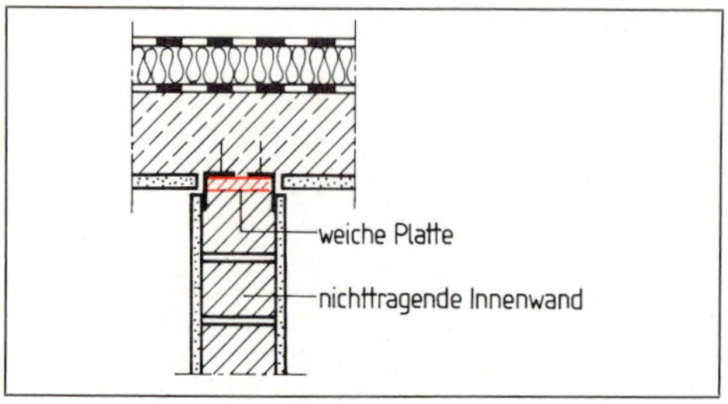

11.13 Trennung von Dachdecke und nichttragender Innenwand

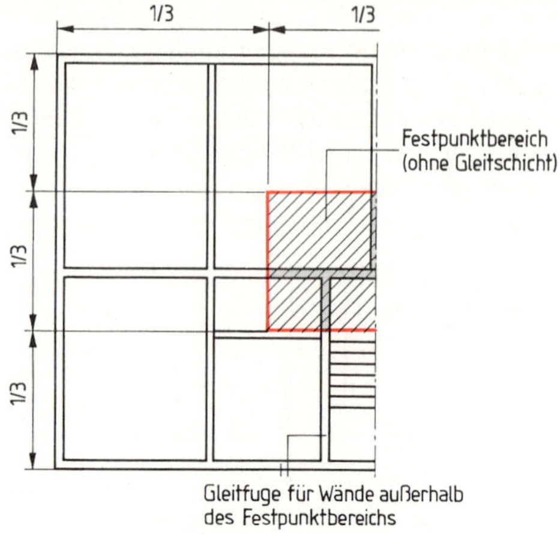

11.14 Festpunktbereich einer Dachdecke (Grundriß der linken Gebäudehälfte)

Gleitfugen(-schichten) aus Folieneinlagen ermöglichen unbehinderte Temperaturdehnungen zwischen massiven Dachdecken und ihren Wandauflagern. Sie verhindern (Schub-) Rißbildungen an den Wänden.

11.4 Arbeitsfugen

Arbeitsfugen entstehen bei einer geplanten oder umständehalber erzwungenen Unterbrechung von Betonierarbeiten. Ziel aller Maßnahmen ist hier, den Gefügeverbund des Betons zu erhalten. Bei Arbeitsunterbrechungen bis zu 2 Stunden kann man in der Regel frisch in frisch weiterbetonieren. Beide Betonlagen sind dann gemeinsam zu verdichten. Durch Zusatzmittel (Erstarrungsverzögerer) kann der Beton bis zum Weiterbetonieren plastisch gehalten werden, wenn man die Arbeit erst am nächsten Tag bzw. nach dem Erstarrungsbeginn fortsetzen kann.

Mit Rippenstreckmetall kann die Arbeitsfuge auch abgeschottet werden, wenn längere Arbeitsunterbrechungen unvermeidbar sind. Die Anschlußflächen sind schon vor dem Erhärten aufzurauhen und vor dem Weiterbetonieren von losen Resten zu befreien. Ältere Anschlußfugen muß man gründlich säubern und zum Ausgleich des Schwindgefälles einige Tage gut feucht halten; erst dann darf man mit steif-plastischem Beton weiterarbeiten. Wandanschlüsse sichert man zusätzlich durch vorbereitete Betonschwellen (**11.**15).

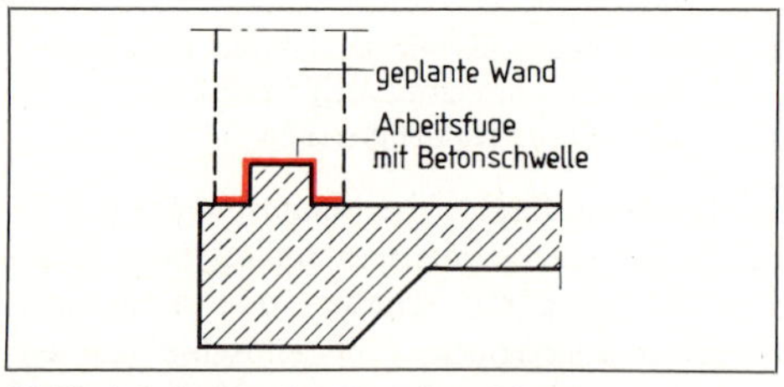

11.15 Arbeitsfuge für Wandanschlüsse

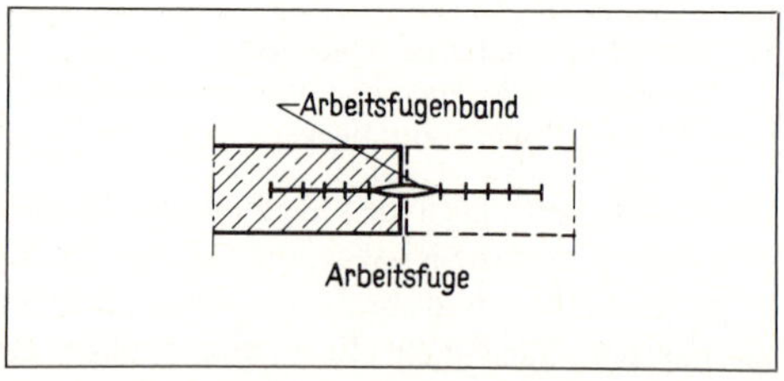

11.16 Arbeitsfugenband für dichte Fugen

Arbeitsfugenbänder ermöglichen wasserundurchlässige Betonfugen. Sie werden in halber Breite vor der Arbeitsfuge eingebaut (**11.**16). Verbindungen mit der Bewehrung sichern die vorgesehene Lage des Bandes während des Betonierens.

Arbeitsfugen entstehen durch Unterbrechen der Betonierarbeit. Kraftschlüssigen Gefügeverbund erreicht man je nach Unterbrechungsdauer durch Abschottungen mit Streckmetall, Erstarrungsverzögerer (für 1 Tag) sowie Aufrauhen, Säubern und Feuchthalten der Anschlußfläche. Arbeitsfugenbänder ermöglichen wasserdichte Arbeitsfugen.

11.5 Fugenverschlüsse

Äußere Fugenabdichtungen dienen dem Schutz gegen Eindringen von Feuchtigkeit, Schmutz und Schadstoffen, je nach Zweck und Lage auch gegen Wärmeverlust und Schallübertragung. Sie sollen die anfallenden Formänderungen auf Dauer schadensfrei überstehen, ebenso die Einwirkung von UV-Strahlen.

Klemmprofile aus PVC werden als Fugenkeil in die offene Fuge eingedrückt, ebenso die Profile mit Abdeckband (Fugenpilz), das zur Sicherheit noch einseitig angeklebt werden kann (**11.**17). Zuvor sind die Fugen gründlich von Materialresten oder Füllungen zu säubern. Bei kühler Witterung sollte man die Bänder vor dem Einklopfen in heißem Wasser anwärmen. Sie sind dann elastischer.

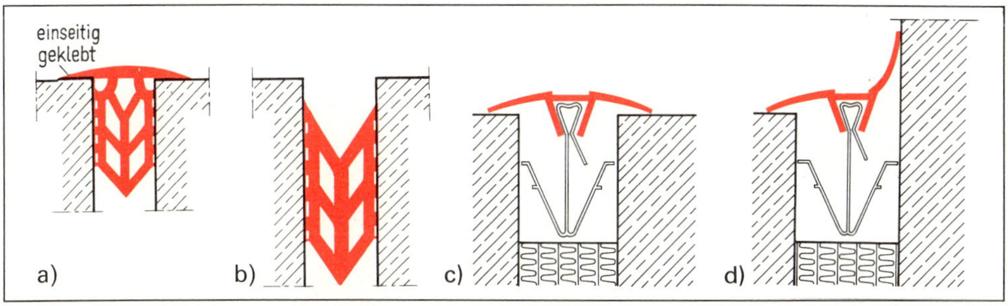

11.17 Querschnitte von Fugenverschlußbändern
a) Fugenpilz, b) Fugenkeil, c) und d) Profile auf Stahlklammern

Besonders festsitzende Profile mit rostfreien Stahlklammern auch bei unregelmäßigen oder beschädigten Fugenflanken und großen Fugentoleranzen zeigen die Bilder **11.**17c und d.

Fugenbänder aus hochelastischem Polysulfidkautschuk (z.B. Palesit TK) lassen sich an breiten, sonst schwer verschließbaren Fugen vorteilhaft als frei bewegliche Schlaufe einkleben, so daß der

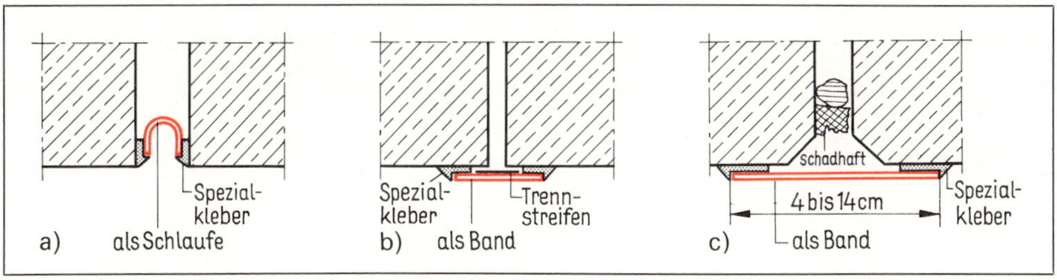

11.18 Klebbare Fugenbänder a) für breite Fugen, b) für enge Fugen, c) zur Sanierung schadhafter Fugen

größte Teil der Dehnungen spannungsfrei aufgenommen wird. Sehr dünne und daher schwer verfüllbare Fugen (Preß- und Setzfugen) werden mit den gleichen Bändern dauerhaft überklebt, ebenso schadhaft gewordene Fugen aus elastischen oder plastischen Kitten (**11**.18).

Abdicht-(„Kompri-")Bänder aus dauerelastischem Schaumstoff, vorkomprimiert (auf Rollen), imprägniert, temperaturbeständig (−40 bis +90 °C) und selbstklebend, haben hervorragende Flankenhaftung und Ausdehnungsreserven bis 450 %. Sie lassen sich leicht in die Fugen einlegen, pressen sich dann beim „Aufgehen" fest an die Fugenflanken und schützen selbst bei unregelmäßigem Fugenverlauf und wechselnder Fugenbreite wirksam gegen Schlagregen (auch Wasserdruck), Zugluft, Staub, Lärm und Wärmeabfluß ($\lambda = 0{,}06$ W/mK, **11**.19). Bewegungsfugen in befahrbaren Platten lassen sich ebenso abdichten wie solche im Außenmauerwerk und Montagebau sowie Anschlußfugen mit Fugenflanken aus unterschiedlichen Stoffen (z. B. Mauerwerk, Beton, Metall, Kunststoff, Holz und unterschiedliche Beschichtungen).

Gegenüber den weichen Fugenfüllungen (s. nächste Seite) bieten die vorkomprimierten (Fertig-)Dichtbänder arbeitstechnische Vorteile: keine Vorbehandlung der Fugenflanken mit Primer bzw. Voranstrich, kein Abkleben der Fugenränder, kein Nachglätten, Hinterfüllen und Versiegeln, keine Zusatzgeräte, bei jeder Witterung verlegbar.

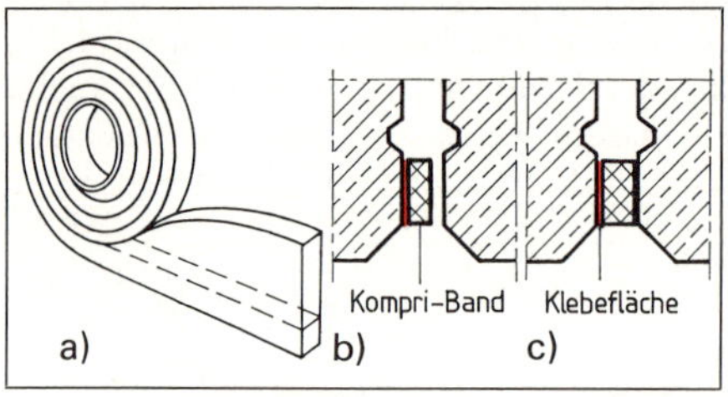

11.19 Selbstklebendes, vorkomprimiertes dauerelastisches Schaumstoff-Abdichtband, a) auf der Rolle, b) beim Einbau, c) Endzustand

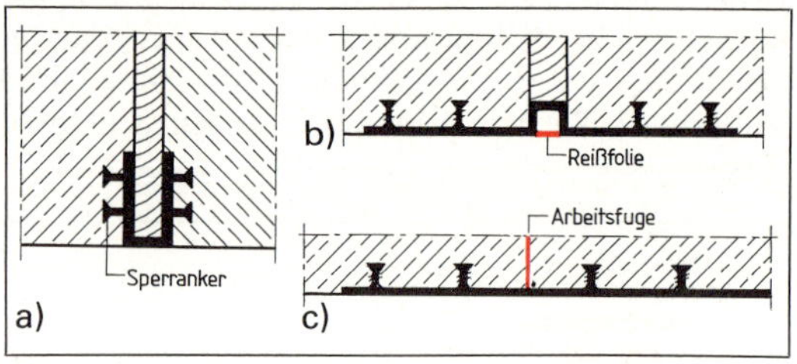

11.20 Fugenverschlußprofile für wasserdichte Fugen a) mit 2 Sperrankerpaaren, b) mit Reißfolie, c) für Arbeitsfugen

Wasserdruckdichtende Fugenabdeckbänder für den festen Einbau an Dehnungs- und Setzfugen von Stahlbetonwänden und -platten bestehen aus öl- und bitumenbeständigem Weich-PVC. Profile mit 1 bis 3 Sperrankerpaaren sichern besonders die Fugenflanken gegen eindringendes Wasser und befriedigen auch gestalterisch. Profile mit Mittelschlaufe und Reiß-Verschlußfolie widerstehen größeren Dehnungen und mit Hilfe der kräftigen Ankernocken auch negativem Wasserdruck. Gleichartige Abdeckbänder, jedoch ohne Mittelschlaufe, eignen sich für schalungs- und ablauftechnisch bedingte Arbeitsfugen (**11**.20).

Für Putzbauten ergeben Fugenbänder mit verformbarer Mittelschlaufe absolut dichte Abschlüsse. Sie werden an den abgeglätteten Fugenrändern aufgeklebt oder mit Breitkopfnägeln befestigt.

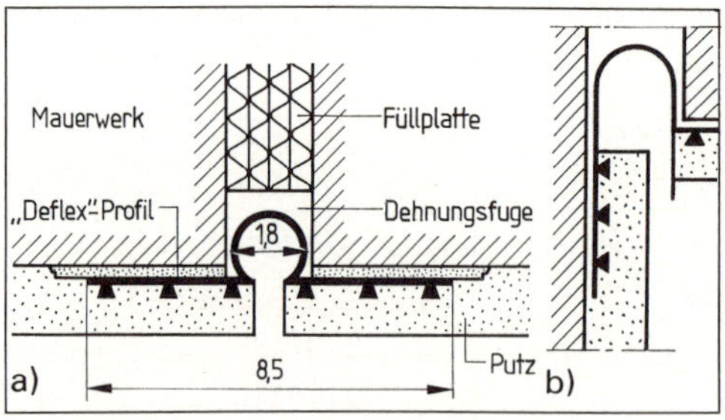

11.21 Fugenverschlußbänder im Putzbau a) im Fassadenbereich, b) im Eckbereich

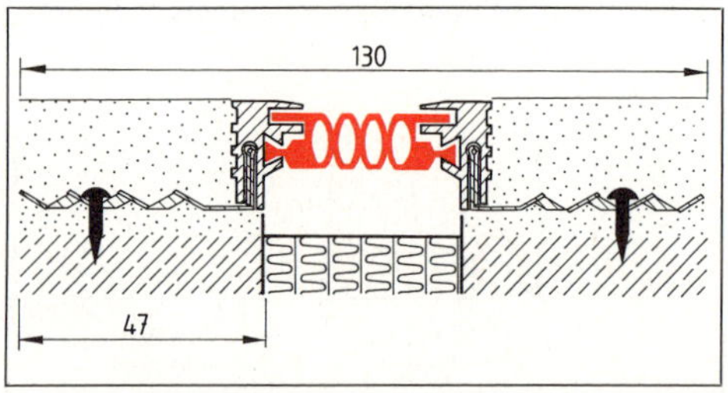

11.22 Fugenverschluß durch Faltprofil in Metallschienen mit Putzträgerstreifen und mit doppelter Wassersperre

Gerippte Verankerungsstreifen sichern den Mörtelverbund (**11.**21). Faltprofile können größere Gebäudedehnungen spannungsfrei aufnehmen, auch Setzungen durch die freie Beweglichkeit der Bänder zwischen den Metallschienen ohne Faltung ausgleichen. Die Verankerungsstreifen aus Streckmetall oder Lochblech dienen als Putzträger, die Schienen als Putzlehre und Abschlußkante (**11.**22).

Für Fußböden ist eine Fugenkonstruktion in Bild **11.**23 als Beispiel dargestellt.

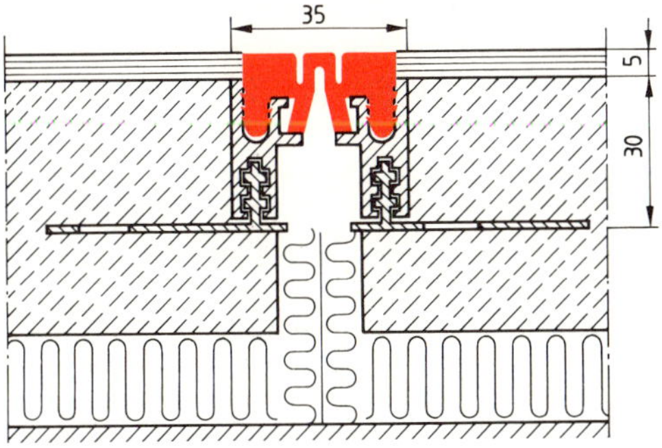

11.23 Beispiel einer Fugenausbildung für Fußböden aus schwimmendem Estrich

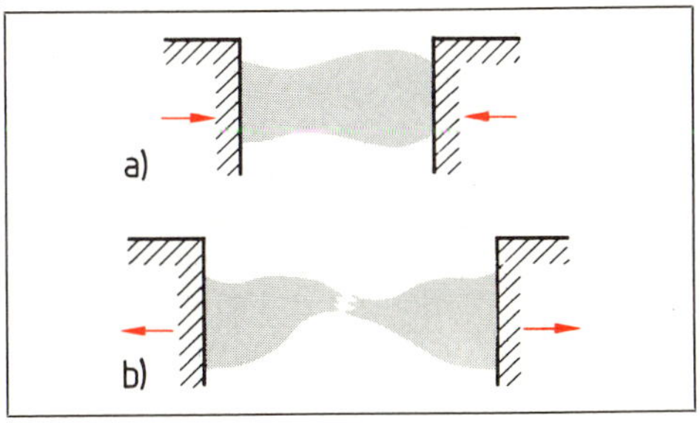

11.24 „Kaugummieffekt" nach mehreren Stauch-/Dehnungs-Wechseln
a) im Anfangsstadium, b) im Endstadium

Weiche Fugenfüllungen. Dichtungskitte oder -massen der verschiedensten Fabrikate dienen dem nachträglichen Verschluß von Fugen.

Plastische Massen verformen sich spannungsfrei und unregelmäßig. An der zuerst geschwächten Stelle verdünnt sich das Material bei jeder weiteren Dehnung und reißt schließlich ab (Kaugummieffekt, **11.**24).

Elastische (rückstellfähige) Massen werden durch Formänderung unter Spannung gesetzt. Fugendehnungen über 15% (1,5 mm je 10 mm Fugendicke) ergeben in der Regel Abrisse an der Fugenflanke.

Elastoplastische/dauerelastische Massen verformen sich unter Dauerbelastung auch plastisch, so daß sich die Eigenspannungen abbauen. Sie werden bevorzugt, denn sie übertragen nur geringe Kräfte und konservieren kaum Spannungen. Es sind 1-, überwiegend aber 2-Komponenten-Präparate im Handel:

Polysulfidkautschuk (Thiokol) übersteht auf Dauer Fugendehnungen bis 25% und genügt fast allen Ansprüchen im Hoch- und Tiefbau, jedoch nur, wenn der Polysulfidanteil $\geqq 30$ Masse-% beträgt.

Acrylkautschuk für Dauerdehnungen bis 20%, auch auf feuchtem Untergrund einsetzbar.

Silikonkautschuk für Fugen- und Rissedichtungen im Hochbau, übersteht schadlos Temperaturen von -50°C bis 180°C; kann noch bei -15°C verarbeitet werden; Dauerbelastung = 10% der Fugenbreite.

Polyurethankautschuk für Fugen an Holz, Metall und Stein, sowie Anschlußfugen an Fenster- und Türrahmen, Dauerdehnung = 15%.

Beim Verarbeiten der Fugenmassen sind die Hersteller-Richtlinien gewissenhaft zu erfüllen. Tiefe Fugen erhalten runde, weichelastische Hinterfüllprofile (∅ = 1,5 × Fugenbreite, **11.**25). In anderen Fällen muß unerwünschte Haftung am Fugenboden (Dreiflächenhaftung) durch lose Streifen (z. B. aus Polyäthylen) verhindert werden (**11.**26). Häufig sind haftfördernde Anstriche (Primer)

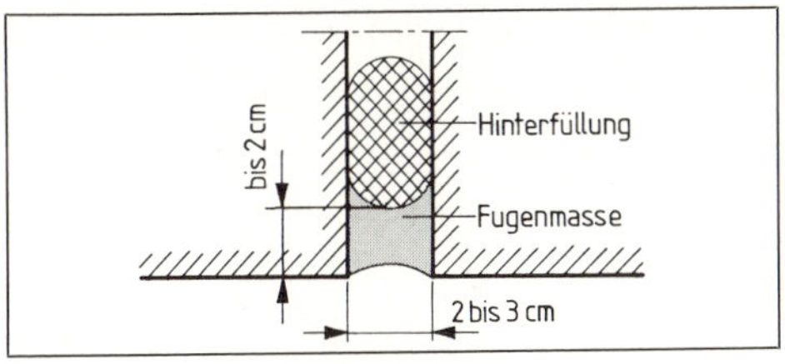

11.25 Elastoplastische Dichtung in einer Außenwandschale

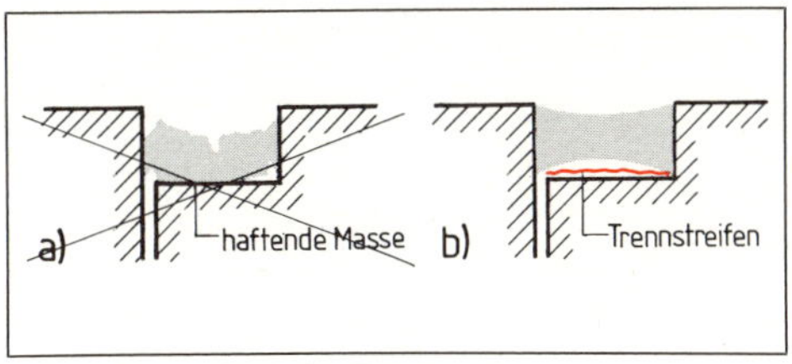

11.26 Elastoplastische Fuge
a) mit Dreiflächenhaftung, b) mit Trennstreifen

an den Fugenflanken gefordert. Besonders wichtig sind das Einhalten der Ablüftzeiten und das Verhältnis Breite/Länge der Fuge. Um Lufteinschlüsse zu vermeiden, arbeitet man bei senkrechten Fugen von oben nach unten. Verarbeitungsfehler sind die Ursache von 90% aller Schadensfälle. Beispiele: mangelhafte Vorbehandlung der Haftflächen (sehr häufig!); 2-Komponenten-Präparate nicht ausreichend vermischt; zu dünn oder zu zäh eingebrachtes Material; falsch geplante oder ausgeführte Fugen (schlecht versetzte Fertigteile), Dreiflächenhaftung als Folge fehlender oder unzureichender Trennschichten.

Fugenverschlüsse schützen gegen Feuchtigkeit, Schmutz und Schadstoffe. Kunststoff-Profilbänder werden nachträglich eingebaut und/oder angeklebt. Einfach und besonders wirksam bei unregelmäßigen Fugenflanken sind vorkomprimierte Dichtbänder. Für Putzflächen eignen sich Bänder mit seitlichen Putzträgerstreifen. Schlaufen oder Faltprofile bewegen sich fast ohne Eigenspannungen. Wasserdruckdichtende Verschlußbänder mit Sperrankern werden vor dem Betonieren in der Schalung befestigt.

Weiche Fugenmassen (-kitte) sind streng nach Herstellervorschrift zu verarbeiten. Elastoplastische Massen werden bevorzugt. Bekannt sind Polysulfid-, Silikon-, Acryl- und Polyurethankautschuk.

Aufgaben zu Abschnitt 11

1. Warum werden Wände und Decken durch Dehnungsfugen getrennt?
2. Warum müssen Setzfugen durch die Fundamente gehen, Dehnungsfugen nicht?
3. Wie werden äußere Wandschalen aus Kalksandsteinen gegen Temperaturrisse geschützt?
4. Wozu verwendet man Dehnungsfugenbänder?
5. Unter welchen Bedingungen müssen Setzfugen angeordnet werden?
6. Dehnungsfugen sind 1 bis 3 cm dick, Setzfugen nur wenige Millimeter. Warum?
7. Warum erhalten massive Dachdecken Auflager mit Gleitfolien?
8. Im Festpunktbereich entfällt die Gleitfolie. Warum?
9. Weshalb dürfen Gleitfugen nicht überputzt werden?
10. Wodurch unterscheiden sich die Arbeitsfugen von den Bewegungsfugen?
11. Wozu dienen äußere Fugenverschlüsse?
12. Erklären Sie die Wirkungsweise des vorkomprimierten Abdichtbands.
13. Unterscheiden Sie Fugenkeil und Fugenpilz.
14. Welche Vorteile bieten Schlaufen und Faltprofile?
15. Wozu dienen die Sperranker bei fest einbetonierten Fugenverschlußbändern?
16. Welche arbeitstechnischen Vorteile bieten Abdeckprofile mit Metallschienen im Putzbau?
17. Erklären Sie den Kaugummieffekt bei plastischen Dichtungsmassen.
18. Was versteht man unter rückstellfähigen Dichtungsmassen?
19. Welche Vorteile bieten elastoplastische Fugenmassen? Nennen Sie gebräuchliche Präparate.
20. Nennen Sie wichtige Verarbeitungsregeln für Fugendichtungsmassen.

12 Treppen

12.1 Grundlagen des Treppenbaus

12.1.1 Aufgaben und Teile der Treppe

Treppen sind eine Folge von regelmäßigen Stufen. Sie stellen eine leicht und sicher begehbare Verbindung zwischen verschieden hohen Geschossen und Ebenen her. Treppen dienen sowohl dem Personenverkehr als auch dem Transport von Gegenständen und Lasten. Wie alle Teile eines gelungenen Bauwerks müssen sie auch architektonischen Ansprüchen genügen. Unabhängig vom Baustoff und der Konstruktion einer Treppe legt DIN 18064 „Treppen: Begriffe“ Bezeichnungen für die Teile einer Treppe fest (**12.**1).

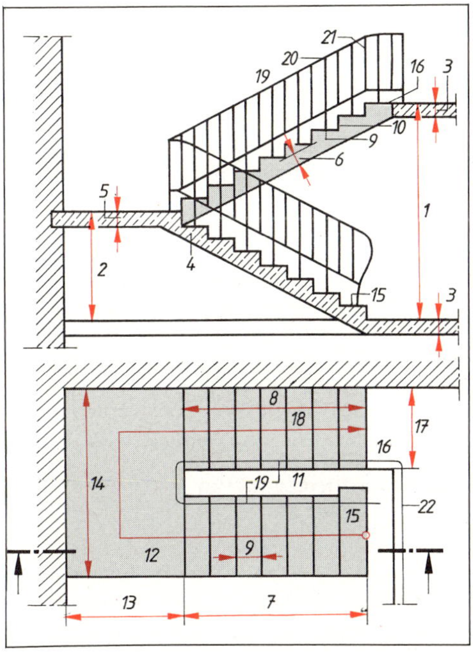

12.1
Treppenteile (Grundriß und Schnitt einer zweiläufigen Stahlbetontreppe

1 Geschoßhöhe
2 Podesthöhe
3 Dicke der Geschoßdecken
4 Treppenlaufplatte
5 Podestdicke
6 Dicke der Treppenlaufplatte
7 Lauflänge des unteren Laufs
8 Lauflänge des oberen Laufs
9 Auftritt, Trittstufe
10 Steigung, Setzstufe
11 Treppenauge
12 Podest
13 Podesttiefe
14 Podestbreite
15 Antrittstufe
16 Austrittstufe
17 Laufbreite
18 Lauflinie
19 Geländer
20 Handlauf
21 Geländerstäbe
22 Umwehrung

Bei geringen Höhenunterschieden werden in Industriegebäuden auch Rampen mit und ohne Beläge angeordnet. Bei Neigungen über 45° spricht man von Leitertreppen, zwischen 75° und 90° von Leitern (**12.**2).

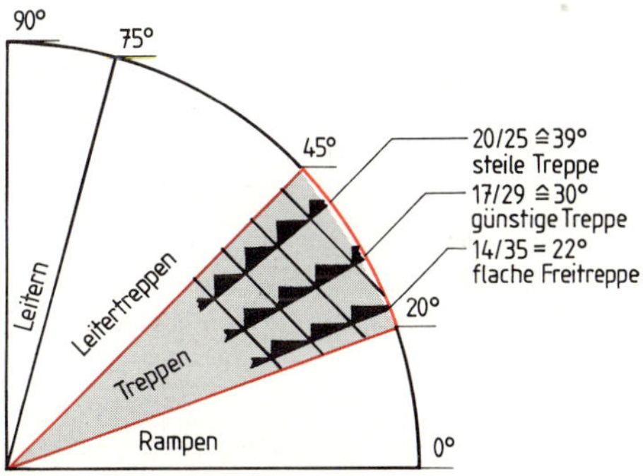

12.2 Einteilung der Treppen nach der Neigung

12.1.2 Baurechtliche Vorschriften

Die Bauordnungen (Baugesetze) der Bundesländer bestimmen Baustoffe, Abmessungen, Anzahl und Konstruktion der Treppen. Bei geringfügigen Abweichungen gelten im allgemeinen die folgenden Bestimmungen.

Treppen sind eine gleichmäßige Aufeinanderfolge von mindestens 3 Stufen. Sämtliche nicht zu ebener Erde liegenden Geschosse eines Gebäudes müssen über mindestens *eine* Treppe (notwendige Treppe) zugänglich sein. *Hochhäuser* müssen 2 voneinander unabhängige Treppen oder eine Treppe und einen Fahrstuhl haben.

Die tragenden Teile einer Treppe müssen bei allen Gebäuden mit mehr als 2 Vollgeschossen und bei Gebäuden mit 2 Vollgeschossen, deren Grundrißfläche größer als $500\,m^2$ ist, aus *nicht brennbaren Baustoffen* hergestellt werden.

DIN 4102 „Brandverhalten von Baustoffen und Bauteilen" legt folgende Begriffe fest:

Brennbarkeitsklassen der Baustoffe

A Nicht brennbare Baustoffe

B Brennbare Baustoffe
- B 1 Schwerentflammbare Baustoffe
- B 2 Normalentflammbare Baustoffe
- B 3 Leichtentflammbare Baustoffe

Für Treppen verwendete nicht brennbare Baustoffe (Klasse A) sind Steine, Beton und Mörtel aus mineralischen Bestandteilen, Stahlbeton und Stahl.

Feuerwiderstandsklassen der Bauteile

F 30 und F 60: feuerhemmend F 90 und F 120: feuerbeständig F 180: hochfeuerbeständig

Die Zahl gibt die Dauer des Brandversuchs in Minuten an, in dessen Verlauf der Bauteil den Feuerdurchgang verhindert, ohne seine Tragfähigkeit zu verlieren oder sein Gefüge wesentlich zu ändern.

Normalerweise werden für 2- bis 5geschossige Häuser Treppen der Feuerwiderstandsklassen F 30 und F 60, ab 5 Geschossen F 90 bis F 120 verlangt. Die Treppe kann dabei aus mehreren Baustoffen (Steine, Beton, Stahlbeton, Holz, Stahl und Putz) hergestellt werden.

Tabelle **12.3** **Vorgeschriebene Abmessungen nach DIN 18065 „Gebäudetreppen; Hauptmaße"**

Nutzbare Mindesttreppenlaufbreite	Wohngebäude mit ≦ 2 Wohnungen 0,80 m; Sonstige Gebäude 1,00 m Keller- und Bodentreppen 0,80 m; Zusätzliche Treppen 0,50 m
Stufenhöhe (Steigung)	Wohngebäude 17 cm ± 3 cm; Sonstige Gebäude $17\,\text{cm}\ ^{+3\,\text{cm}}_{-2\,\text{cm}}$ Zusätzliche Treppen ≦ 21 cm
Auftrittbreite (Auftritt)	Wohngebäude $28\,\text{cm}\ ^{+9\,\text{cm}}_{-5\,\text{cm}}$; Sonstige Gebäude $28\,\text{cm}\ ^{+9\,\text{cm}}_{-2\,\text{cm}}$ Keller- und Bodentreppen, zusätzliche Treppen ≧ 21 cm
Lichte Durchgangshöhe (Kopfhöhe)	≧ 2,00 m
Podeste	Podesttiefe ≧ nutzbare Mindesttreppenlaufbreite Zwischenpodest nach höchstens 18 Stufen
Geländer/Umwehrung	Höhe ≧ 0,90 m; bei Absturzhöhen über 12,00 m Höhe ≧ 1,10 m; Öffnungen ≦ 12 cm
Handläufe	Zwischen 0,75 und 1,10 m

Unter besonderen Bedingungen erlaubt die Bauaufsichtsbehörde (Baupolizei) eine größte Steigung von 20 cm und eine kleinste Auftrittbreite von 25 cm. Für Dachböden sind einschiebbare Treppen zugelassen.

Treppen sind eine Aufeinanderfolge von gleichmäßigen Stufen. Sie dienen der Überwindung von Höhenunterschieden zwischen Geschossen und Ebenen. Die Baugesetze der Bundesländer legen wichtige Abmessungen der Treppen fest.

Für tragende Treppenteile dürfen nur nicht brennbare Baustoffe verwendet werden.

12.1.3 Einteilung

Treppen können nach folgenden Gesichtspunkten eingeteilt werden:

Gesichtspunkt	Beispiele
Laufrichtung	Rechtstreppe, Linkstreppe
Grundrißform	gerade und gewendelte, ein-, zwei- und dreiläufige Treppe, Bogentreppe, Wendeltreppe
Baustoff	Massivtreppen (gemauert, Werkstein-, Beton- und Stahlbetontreppe), Stahltreppen, Holztreppen
Lage	Außentreppen (Freitreppe, Hauseingangstreppe, Kelleraußentreppe), Innentreppen (Keller-, Geschoß-, Dachbodentreppe)
Konstruktion	fundamentiert, freiaufliegend, eingespannt, freitragend

Rechts- oder Linkstreppe. Die Benennung erfolgt nach DIN 107 „Bezeichnung von links und rechts im Bauwesen" und verhindert Mißverständnisse.

Linkstreppe – der Treppenlauf führt entgegen dem Uhrzeigersinn aufwärts
Rechtstreppe – der Treppenlauf führt im Uhrzeigersinn aufwärts
Linksgeländer – liegt beim Aufwärtsgehen auf der Treppe links
Rechtsgeländer – liegt beim Aufwärtsgehen auf der Treppe rechts

Bei geraden Treppen entfällt die Links-Rechts-Bezeichnung (**12**.4).

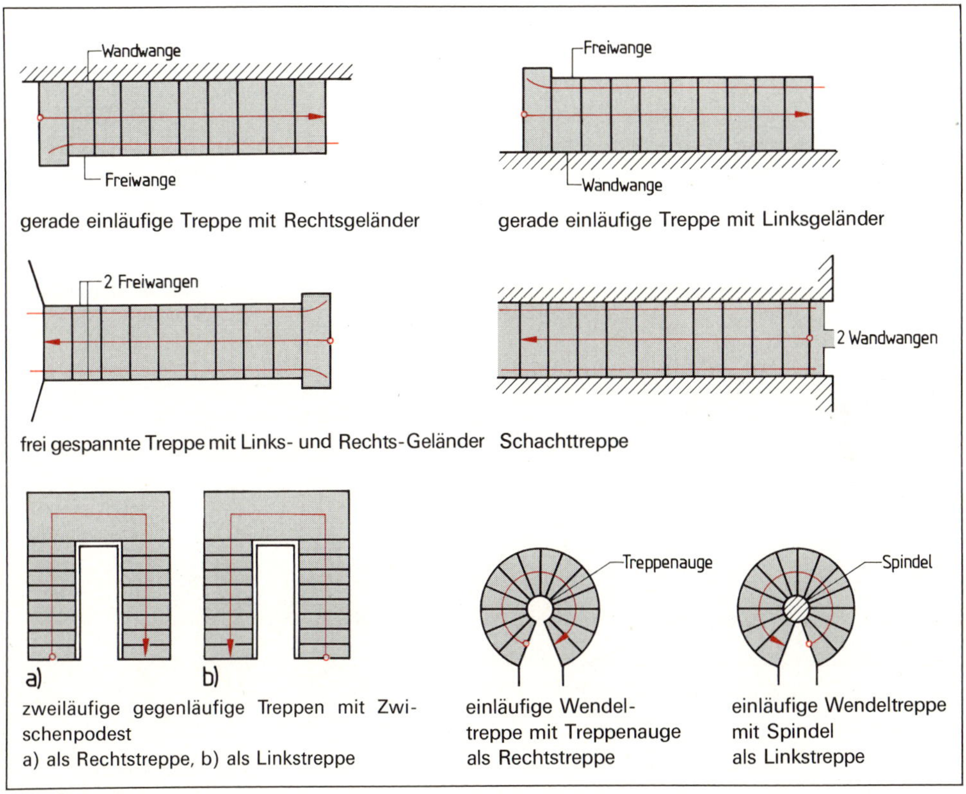

12.4 Rechts-Links-Bezeichnung bei Treppen

Die Grundrißform wird durch die Lauflinie bestimmt (**12**.5). Gerade Lauflinien ergeben gerade einläufige Treppen und gerade mehrläufige Treppen mit Zwischenpodesten. Bei abgewinkelten (geknickten) Lauflinien entstehen Treppen mit geraden Läufen und Zwischenpodesten (Eck- oder

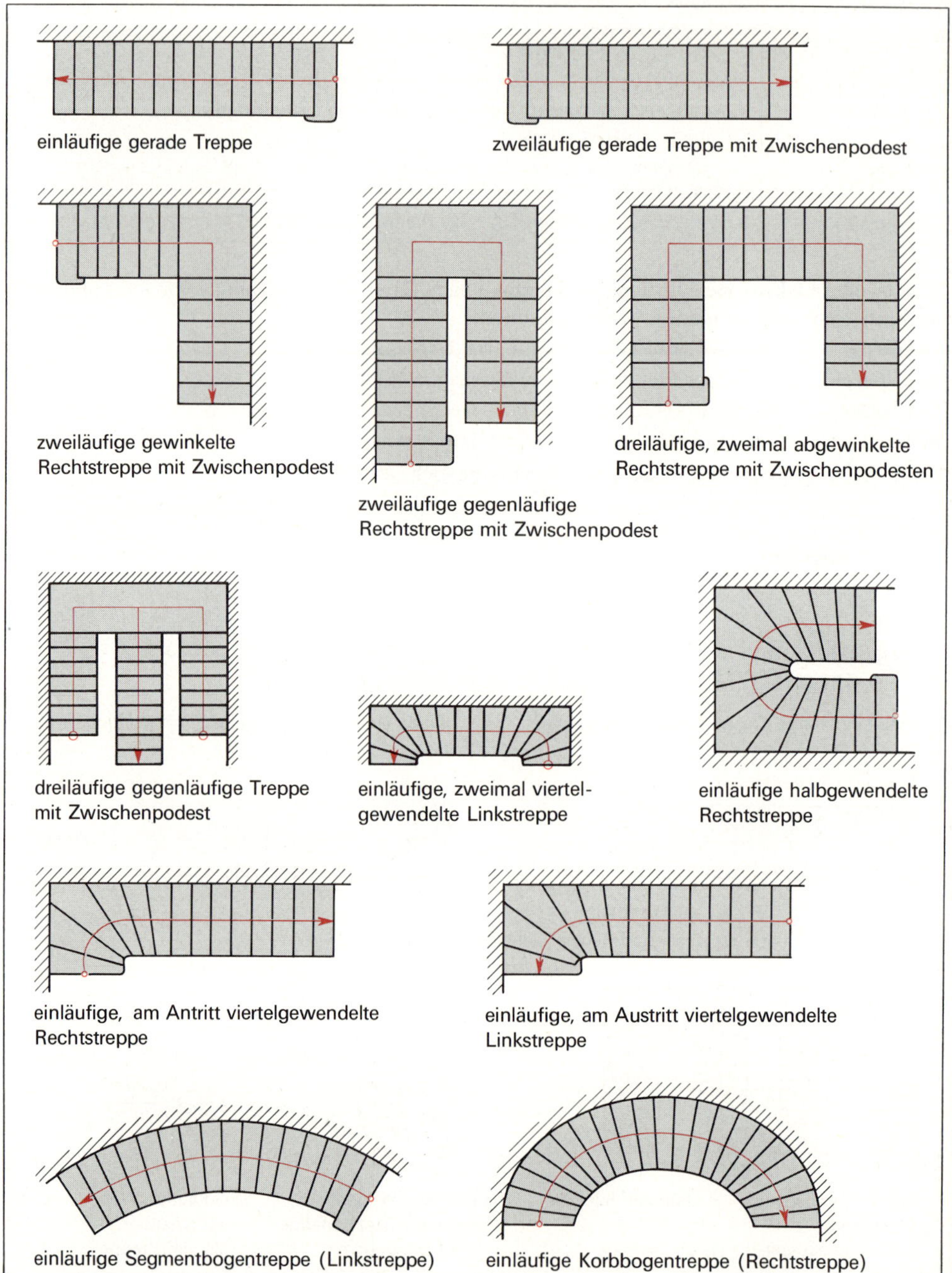

12.5 Die wichtigsten Grundrißformen von Treppen nach DIN 18064 „Treppen; Begriffe“

Halbpodesten). Lauflinien aus geraden und gewendelten Teilstücken ergeben gewendelte Treppen. Bei Bogentreppen ist die ganze Lauflinie Teilstück einer Kreis-, Korbbogen- oder Ellipsenlinie. Wendeltreppen – mit Treppenauge oder Spindel – haben Lauflinien in der Form ganz oder fast ganz geschlossener Kreis-, Korbbogen- oder Ellipsenlinien (**12.**4).

Während es bei geraden Treppen nur gerade Stufen gibt, entstehen bei gewendelten Treppen gerade und verzogene Stufen. Gerade Stufen haben eine rechteckige Auftrittfläche, der Auftritt ist in der Lauflinie, an der Innenwange und an der Außenwange (Wandwange) gleich groß (**12.**6a). Verzogene Stufen haben in der Lauflinie den Auftritt der geraden Stufen, an der Innenwange ist das Auftrittmaß kleiner, an der Außenwange größer (**12.**6b). Die Maße ändern sich von Stufe zu Stufe. Wenn die Treppenprofile der Innenwange, Lauflinie und Wandwange in einer Ebene abgewickelt werden, erkennt man die im Vergleich zur Lauflinie kürzere Innenwange mit den schmalen Auftritten und die längere Außenwange mit den breiten Auftritten (**12.**7).

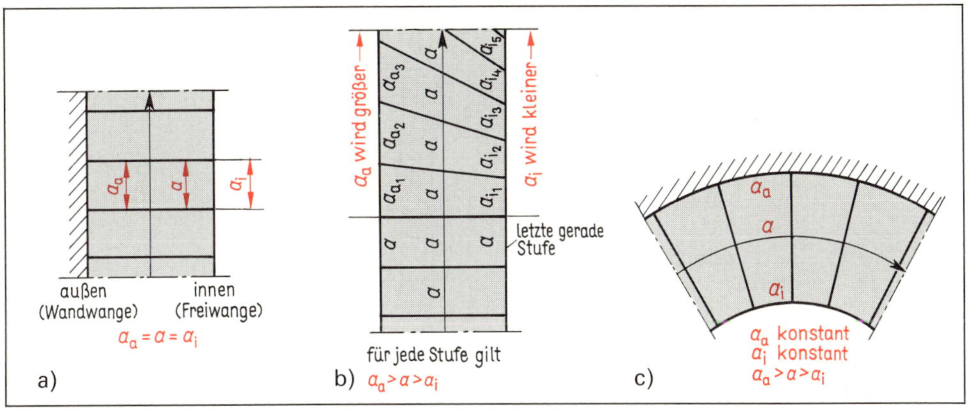

12.6 Auftrittbreiten
a) bei geraden Stufen, b) bei verzogenen Stufen, c) bei Wendelstufen

Bei Wendel- und Bogentreppen gibt es weder gerade noch verzogene, sondern nur gewendelte Stufen oder Wendelstufen. In der Lauflinie haben die Stufen den Auftritt des Steigungsverhältnisses, an der Innenwange sind sie schmaler, an der Außenwange breiter (**12.**6c). Alle Stufen sind gleich.

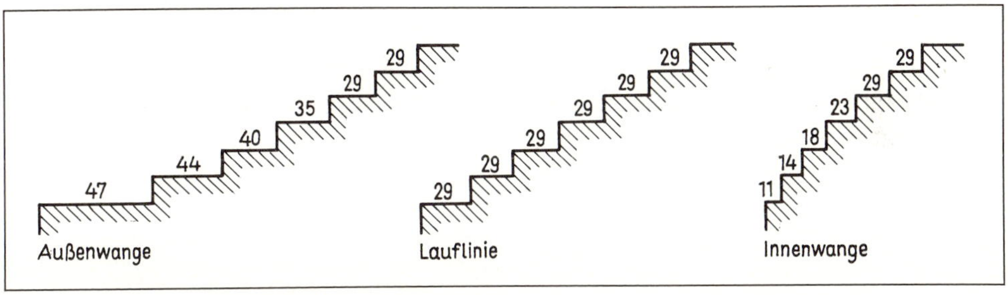

12.7 Treppenprofile (Abwicklungen) bei gewendelten Treppen, Auftrittbreiten in cm

Die Konstruktion der Treppen bestimmt Baustoff und Lage im und am Gebäude. Das wichtigste Konstruktionsmerkmal ist ihr statisches System. Darunter versteht man die Auflagerung und die Spannrichtung der Treppe: frei aufgelagert oder eingespannt, quer oder längs gespannt. Bei quer gespannten Treppen sind die einzelnen Stufen oder die Treppenlaufplatte quer zur Lauflinie der Treppe auf Wangenmauern, Wangenträgern oder in Treppenhauswänden frei aufgelagert oder in ihnen eingespannt (**12.**8). Diese Bauweise eignet sich für ganze Treppenlaufplatten und auch für

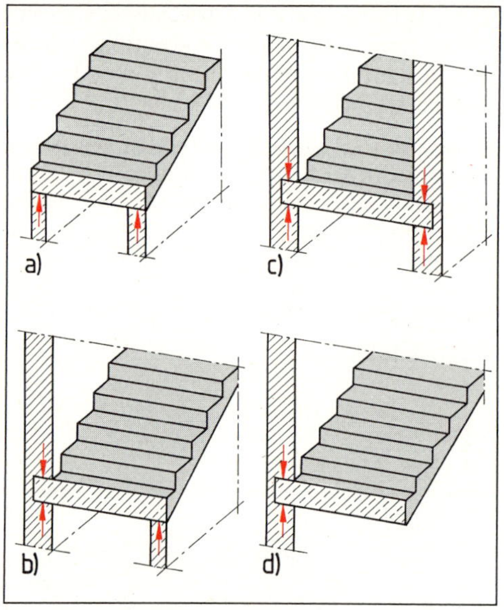

12.8 Auflagerung von Einzelstufen und Laufplatten quer zur Laufrichtung
a) auf Wangenmauern frei aufgelagert
b) links eingespannt, rechts frei aufgelagert
c) beidseitig eingespannt
d) einseitig (links) eingespannt

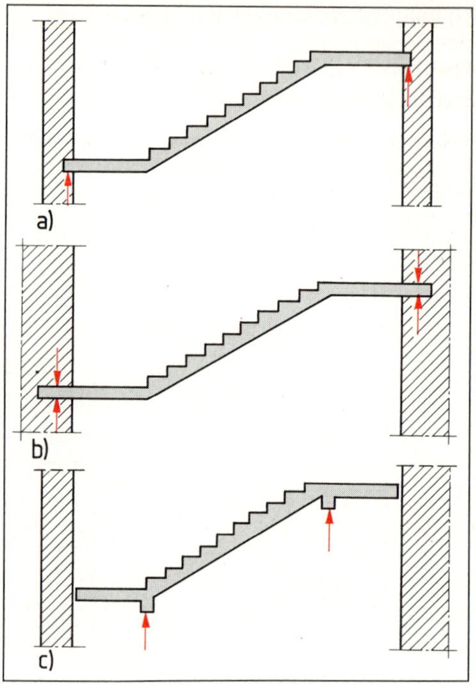

12.9 Auflagerung von Treppenlaufplatten in Laufrichtung
a) freie Auflagerung in Treppenhaus-Stirnwänden
b) in den Treppenhaus-Stirnwänden eingespannt
c) auf Podestbalken gelagert, Podestplatten auskragend

Einzelstufen aus Stahlbeton. Bei längs gespannten Treppen ist die Treppenlaufplatte in den Stirnwänden des Treppenhauses oder auf Podestträgern frei aufgelagert oder eingespannt. Diese Konstruktion wählt man bei Stahlbetontreppen aus Ortbeton mit Treppenlaufplatte (**12.**9).

Moderne Stahlbetontreppen können aus einem mittigen Stahlbetonbalken (Plattenbalken) mit beidseitig auskragenden Stufen bestehen. Diese Konstruktion eignet sich besonders für Wendel- und Bogentreppen (**12.**10). Bei Montagetreppen gibt es Kombinationen aller aufgeführten Bauweisen. Gemauerte Treppen und Betontreppen werden auf Fundamenten hergestellt.

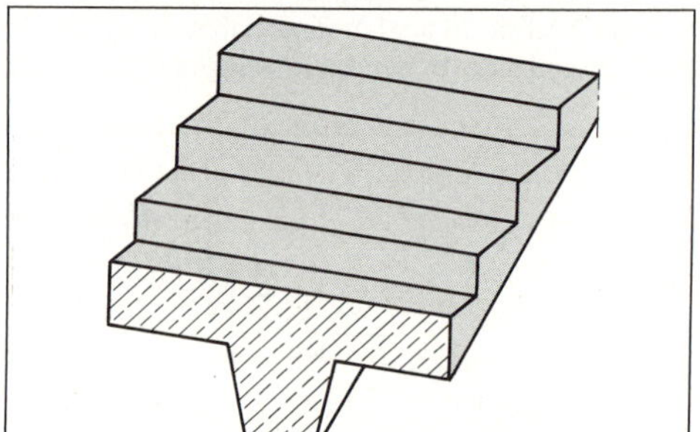

12.10 Stahlbetontreppe mit mittigem Treppenbalken und auskragenden Stufen

Treppen werden nach der Laufrichtung in Rechts- und Linkstreppen, nach der Grundrißform in gerade, gewendelte, einläufige und mehrläufige Treppen und in Wendel- und Bogentreppen eingeteilt. Nach dem Baustoff unterscheidet man Massiv-, Holz- und Stahltreppen.

Gemauerte und betonierte Massivtreppen erhalten ein Fundament. Massivtreppen aus Betonwerksteinen und Stahlbeton werden in vielfältigen Formen und mit unterschiedlichen statischen Systemen hergestellt.

12.1.4 Berechnung von Treppen

Die Berechnung einer einfachen Treppe ergibt das Steigungsverhältnis, die Stufenzahl, die Lauflänge und – wenn nötig – die Länge des Treppenlochs.

Freie und gebundene Bemessung. Sofern es der Grundriß zuläßt, kann man in einem Rechengang das beste Steigungsverhältnis mit der zugehörigen Stufenzahl ermitteln (freie Bemessung). Sind durch den Grundriß Zwangsmaße festgelegt, muß man unter Umständen durch mehrere Versuchsberechnungen das günstigste Steigungsverhältnis finden (gebundene Bemessung).

Steigungsverhältnis. Das beste Steigungsverhältnis für Geschoßtreppen hat eine Steigungshöhe oder Steigung s von 17 cm und eine Auftrittbreite a von 29 cm. Steigungsverhältnisse werden in der Form

Steigungsverhältnis = Steigung/Auftritt = s/a

geschrieben (n = Stufenzahl). Auch die Angabe ohne Stufenzahl bezeichnet man als Steigungsverhältnis (**12.**11, **12.**12).

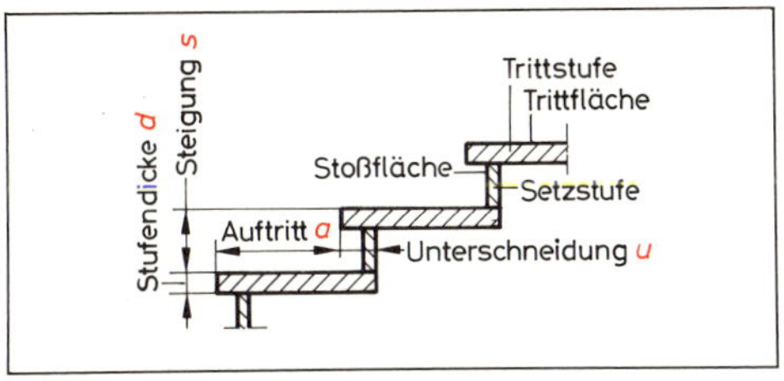

12.11 Stufenteile nach DIN 18064

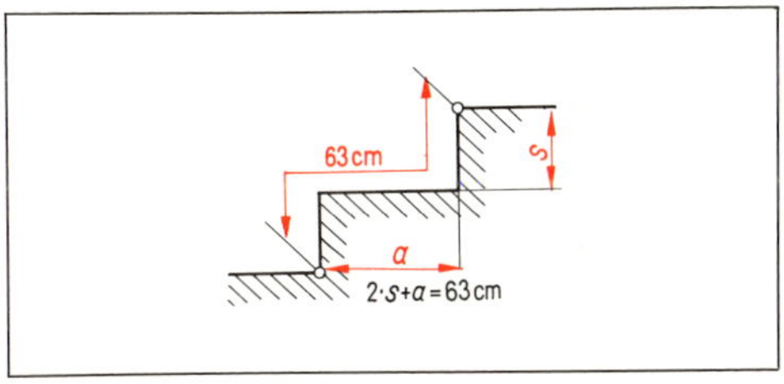

12.12 Steigungsverhältnis

Allgemeine Formel. Bei jeder Treppenberechnung versucht man, so nah wie möglich an die Bestwerte heranzukommen. Bei freier Bemessung verwendet man dazu die Schrittmaßformel

2 · Steigung + 1 · Auftritt = 63 cm $\qquad 2 \cdot s + a = 63 \qquad$ in cm

Bequemlichkeits- und Gehsicherheitsformel benutzt man außerdem bei gebundener Bemessung:

Bequemlichkeitsformel	Auftritt – Steigung = 12 cm	$a - s = 12$	in cm
Gehsicherheitsformel	Auftritt + Steigung = 46 cm	$a + s = 46$	in cm

Im Verlauf einer Treppe darf sich das Steigungsverhältnis nicht ändern!

Nur die Steigung von 17 cm und der Auftritt von 29 cm erfüllen genau alle drei Gleichungen:

1. $2 \cdot s + a = 63 \qquad 2 \cdot 17\,\text{cm} + 29\,\text{cm} = 63\,\text{cm}$
2. $a - s = 12 \qquad 29\,\text{cm} - 17\,\text{cm} = 12\,\text{cm}$
3. $a + s = 46 \qquad 29\,\text{cm} + 17\,\text{cm} = 46\,\text{cm}$

Bei einem Steigungsverhältnis von 17/29 verläuft die Treppe unter einem Winkel von rund 30° zur Horizontalen. Das entspricht einer Steigung von rund 59 % oder einem Neigungsverhältnis von 1 : 1,7.

Beispiel Berechnen Sie für eine einläufige gerade Stahlbetontreppe a) das Steigungsverhältnis, b) die Lauflänge und c) die Länge des Treppenlochs (**12.**13).

Lösung a) Stufenzahl $= \frac{\text{Geschoßhöhe}}{\text{(beste) Steigung}}$; $n = \frac{h}{s} = \frac{275\,\text{cm}}{17\,\text{cm}} = 16{,}18$

Da die Stufenzahl nur eine ganze Zahl sein kann, wird gerundet und $\boldsymbol{n = 16}$ gewählt.

Steigung $s = \frac{h}{n} = \frac{275\,\text{cm}}{16} = \mathbf{17{,}2\,cm}$

Aus der allgemeinen Treppenformel, nach a umgestellt, berechnet man den Austritt:

$2 \cdot s + a = 63$

$a = 63 - 2 \cdot s$

$a = 63\,\text{cm} - 2 \cdot 17{,}2\,\text{cm}$

$\;\;= 63\,\text{cm} - 34{,}4\,\text{cm}$

$\boldsymbol{a = 28{,}6\,\text{cm}}$

Steigungsverhältnis

$n \cdot s/a = \mathbf{16 \cdot 17{,}2/28{,}6}$

b) Für die Berechnung der Lauflänge muß man beachten, daß die Treppe 1 Auftritt weniger als Stufen (oder Steigungen) hat. Daraus ergibt sich die Formel für die Berechnung der Lauflänge:

$l = (n - 1) \cdot a$

$l = (16 - 1) \cdot 28{,}6\,\text{cm} = 429\,\text{cm} = \mathbf{4{,}29\,m}$

c) Die Länge des Treppenlochs wird über eine einfache Verhältnisgleichung ermittelt (schraffiertes Dreieck):

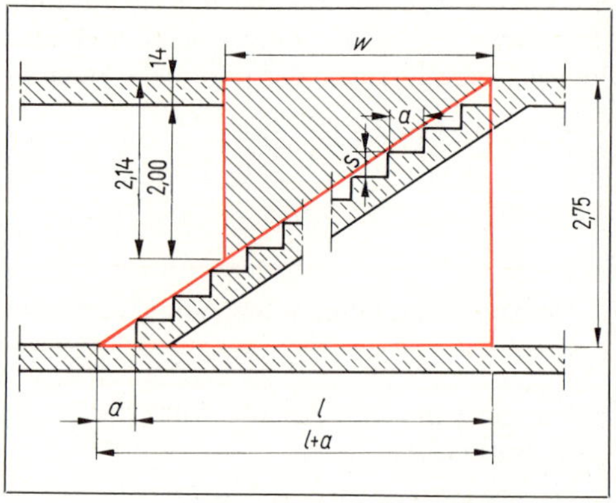

12.13 Berechnung des Steigungsverhältnisses für eine einläufige gerade Stahlbetontreppe

$w : 2{,}14\,\text{m} = (l + a) : 2{,}75\,\text{m}$

$w \cdot 2{,}75\,\text{m} = 2{,}14\,\text{m} \cdot (l + a)$

$w = \frac{2{,}14\,\text{m} \cdot (4{,}29\,\text{m} + 0{,}286\,\text{m})}{2{,}75\,\text{m}} = \mathbf{3{,}56\,m}$

Die gebundene Bemessung erfordert einen größeren Rechenaufwand, da meist 2 oder 3 Versuchsberechnungen nötig sind. Aus den so ermittelten Steigungsverhältnissen wird mit der Bequemlichkeits- und Gehsicherheitsformel das günstigste ausgewählt.

Beispiel Für eine Geschoßhöhe von 2,80 m sind die beiden Steigungsverhältnisse I: 16 × 17,5/30,7 und II: 17 × 16,5/28,8 errechnet worden. Das günstigste Steigungsverhältnis soll ermittelt werden.

Lösung

Steigungsverhältnis I		**Differenz zu den Kontrollmaßen:**
$a - s = 12$	30,7 cm − 17,5 cm = **13,2 cm**	13,2 cm − 12 cm = + 1,2 cm
$a + s = 46$	30,7 cm + 17,5 cm = **48,2 cm**	48,2 cm − 46 cm = + 2,2 cm
		Summe = **+ 3,4 cm**
Steigungsverhältnis II		
$a - s = 12$	28,8 cm − 16,5 cm = **12,3 cm**	12,3 cm − 12 cm = + 0,3 cm
$a + s = 46$	28,8 cm + 16,5 cm = **45,3 cm**	45,3 cm − 46 cm = − 0,7 cm
		Summe = **− 0,4 cm**

Das Steigungsverhältnis II weicht weniger (0,4 < 3,4) von den Kontrollwerten ab und ist deshalb das bessere.

Das beste Steigungsverhältnis hat eine Treppe mit einer Steigung $s = 17\,\text{cm}$ und einem Auftritt $a = 29\,\text{cm}$. Bei jeder Berechnung versucht man, so dicht wie möglich an diese Idealwerte heranzukommen.

Das Steigungsverhältnis wird mit der allgemeinen Treppenformel $2 \cdot s + a = 63$ berechnet. Bei mehreren möglichen Steigungsverhältnissen kann man mit der Bequemlichkeits- und der Gehsicherheitsformel das günstigste auswählen. Steigungsverhältnisse werden in der Kurzform $n \cdot s/a$ angegeben. Die Lauflänge berechnet man mit der Formel $l = (n - 1) \cdot a$.

12.1.5 Gewendelte Treppen und Wendeltreppen

Gewendelte Treppen (**12.**4 bis **12.**7) mit fachgerecht verzogenen Stufen sind fast so sicher und bequem zu begehen wie gerade Treppen. Sie sind zwar in der Herstellung teurer als gerade Treppen, sehen aber oft besser aus und brauchen weniger Platz im Grundriß. Das Steigungsverhältnis wird bei gewendelten Treppen und bei Wendeltreppen wie bei geraden Treppen berechnet. Durch Verziehen der Stufen muß ein Ausgleich zwischen der Lauflinie und der kürzeren Innenwange herbeigeführt werden (s. Abschn. 12.1.3).

Unter Verziehen versteht man die Ermittlung der Auftrittbreiten an der kürzeren Wange der gewendelten Treppe – meist an der Innenwange (**12.**7). Das Verziehen erfolgt nach dem Augenschein, zeichnerisch oder rechnerisch. Die Auftrittbreite kann vom schmalsten Auftritt nach einer oder nach beiden Seiten allmählich bis zur Normalbreite *a* zunehmen (**12.**14).

Grundsätzlich müssen folgende Bedingungen erfüllt sein:

- Die schmalste Auftrittbreite a_{min} muß $\geqq$ 10 cm sein.
- Es darf keine Stufenvorderkante (Setzstufe) in die Ecke laufen (**12.**15).
- Der Übergang vom schmalsten Auftritt a_{min} zur normalen Auftrittbreite *a* muß allmählich erfolgen (**12.**6 und **12.**14).

Beim Verziehen nach 2 Seiten versucht man, die Eckstufe (das ist die mittlere Stufe mit a_{min}) in die Winkelhalbierende der Wendelung (Symmetrieachse) zu legen. Dann wird $x = y$ (**12.**15).

Das Verziehen mit Hilfe von Leisten (**12.**16) wird häufig bei Ortbetontreppen bevorzugt, weil man es verhältnismäßig einfach, direkt auf der eingeschalten Treppe, ohne besondere Zeichnungen und Berechnungen durchführen kann. Auf der im Grundriß eingezeichneten Lauflinie werden zuerst die Auftrittbreiten (Punkte *1* bis *13*) eingezeichnet. Dann werden gerade Leisten ausgelegt, zuerst für die Vorderkanten der geraden Stufen 1 bis 4 und der Stufe 5, danach für die Eckstufe und schließlich

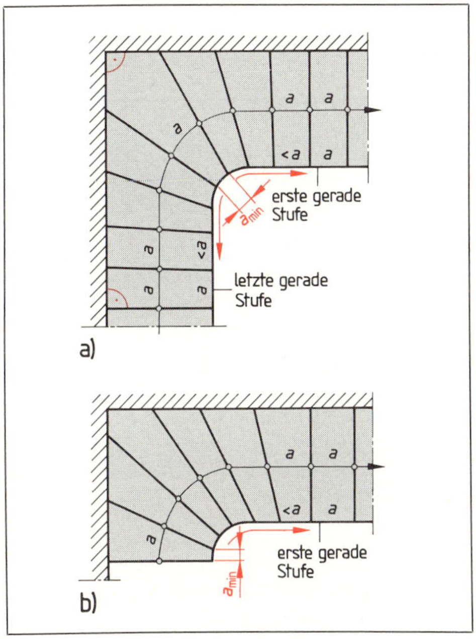

12.14 Verziehen von Stufen bei gewendelten Treppen a) nach beiden Seiten, b) nach einer Seite

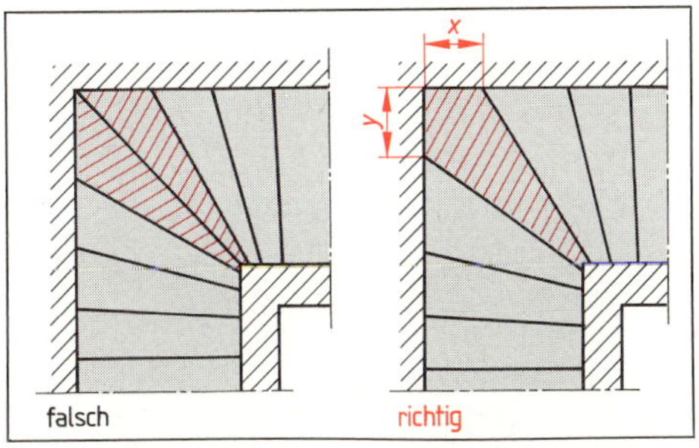

12.15 Anordnung der Eckstufen bei einer Viertelwendelung

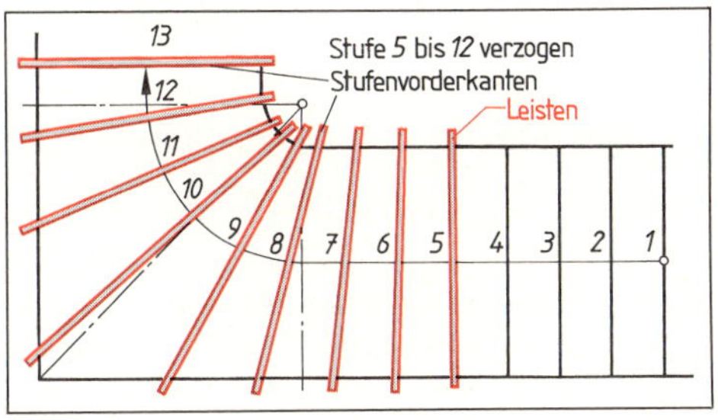

12.16 Verziehen nach dem Augenschein mit Leisten

für die übrigen zu verziehenden Stufen. Mit Blick von oben auf die Schalung schiebt man die Leisten so zurecht, daß keine Stufenvorderkante in der Ecke liegt, a_{min} eingehalten ist und ein gefälliger Übergang mit allmählich breiter werdenden Stufen erzielt wird. Das Verfahren läßt sich auch anwenden, wenn die Wendelung unmittelbar am Treppenantritt oder -austritt liegt, so daß nur nach einer Seite verzogen wird (**12.**14b).

Bei zeichnerischen Verfahren konstruiert man entweder im Maßstab 1 : 1 auf dem Reißboden oder fertigt Zeichnungen an, aus denen die Maße entnommen und auf die Schalung übertragen werden. Um eine ausreichende Genauigkeit zu erzielen, muß mindestens im Maßstab 1 : 20, besser 1 : 10 gezeichnet werden.

Beim Kreisteilungsverfahren (**12.**17) zeichnet man den Grundriß mit Lauflinie und Stufenteilung auf. Die Mittelstufe mit a_{min} wird symmetrisch zur Treppenachse festgelegt, ihre Vorder- und Hinterkante werden bis zum Schnittpunkt *A* auf der Achse verlängert. Die Verlängerung der Vorderkante der ersten (oder letzten) geraden Stufe schneidet die Treppenachse in *B*. Ein Viertelkreis um *B* mit dem Radius $\overline{AB}$ wird in so viele gleichgroße Bogenstücke unterteilt, wie auf der zugehörigen Treppenseite Stufen zu verziehen sind. Die Teilpunkte lotet man auf die Treppenachse. Die dort entstandenen Teilpunkte werden mit den Auftritten auf der Lauflinie verbunden und ergeben so die Stufenvorderkanten der verzogenen Stufen mit den Auftrittbreiten auf Innen- und Wandwange. Dieses Verfahren kann auch angewendet werden, wenn in der linken und rechten Treppenhälfte unterschiedliche Stufenzahlen zu verziehen sind oder wenn eine Stufenvorderkante in die Treppenachse zu liegen kommt.

Beim Evolutenverfahren (die Evolute ist eine mathematische Kurve) wird ebenfalls zuerst der Grundriß mit Lauflinie und Stufenteilung aufgezeichnet (**12.**18). Die Mittelstufe mit a_{min} wird aufgetragen; die Verlängerungen ihrer Vorder- und Hinterkante schneiden auf den Verlängerungen der Vorderkanten der ersten und letzten geraden Stufe die Strecken *x* und *y* ab. Diese Strecken werden auf ihrer jeweiligen Verlängerung so oft nebeneinander abgetragen, wie Stufen zu verziehen sind. Die Teilpunkte werden mit den Auftritten auf der Lauflinie verbunden und ergeben so die Vorderkanten der verzogenen Stufen und ihre Auftrittbreiten auf Innen- und Wandwange.

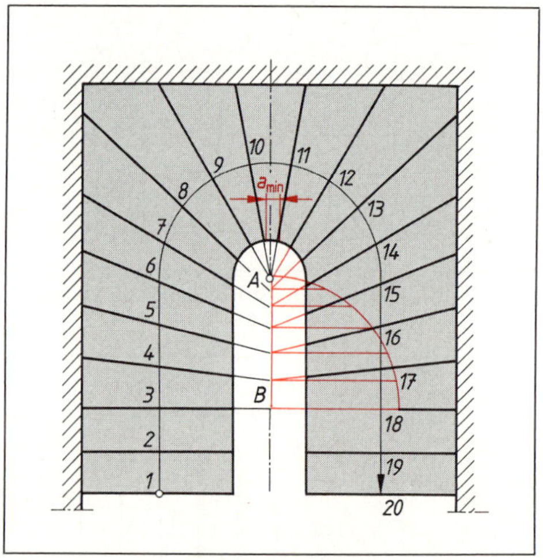

12.17 Verziehen einer halbgewendelten Treppe nach dem Kreisteilungsverfahren
2 letzte gerade Stufe
18 erste gerade Stufe
10 Mittelstufe (Eckstufe)
3 bis *17* verzogene Stufen

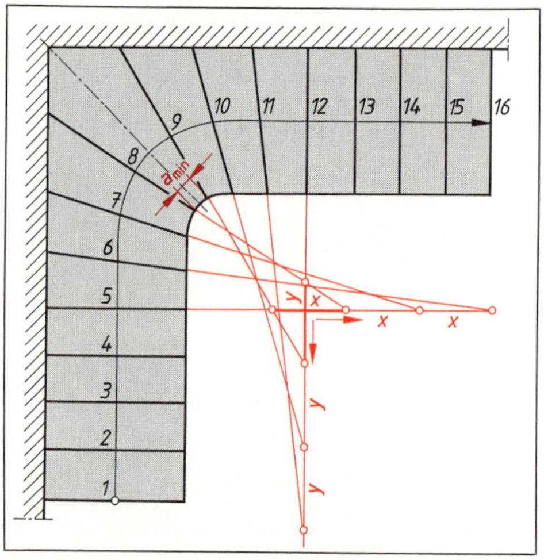

12.18 Verziehen einer viertelgewendelten Treppe nach dem Evolutenverfahren
4 letzte gerade Stufe
12 erste gerade Stufe
8 Mittelstufe (Eckstufe)
5 bis *11* verzogene Stufen

In beiden Beispielen ist nach zwei Seiten verzogen worden. Aus den Konstruktionszeichnungen ist aber leicht zu erkennen, daß durch sinngemäße Anwendung der Verfahren auch einseitig verzogen werden kann. Ebenso kann man das Kreisteilungsverfahren für Viertelwendelungen und das Evolutenverfahren für halbe Wendelungen anwenden.

Das rechnerische Verziehen ist zweckmäßig, wenn große Genauigkeit gefordert wird, z. B. bei der Herstellung von Naturwerksteinstufen und von Schalungen (Formen) für Betonwerksteinstufen. Bei diesem Verfahren wird die Differenz zwischen der Lauflinie und der kürzeren Innenwange errechnet und proportional auf die schmaleren Auftrittbreiten an der Innenwange verteilt.

Beispiel Eine halbgewendelte Treppe mit dem Steigungsverhältnis 15 × 17,5/28 und der Lauflänge $l = 3{,}92$ m soll rechnerisch verzogen werden (**12.**19).

Lösung Bei 15 Stufen zeigt der Grundriß 14 Auftritte. Um eine möglichst gleichmäßige und allmähliche Verringerung der Auftritte an der Innenwange zu erzielen, werden alle Stufen verzogen. Da die geraden Teile von Lauflänge und Innenwange übereinstimmen, liegt die Längendifferenz zwischen dem Halbkreis der Lauflinie und der Innenwange.

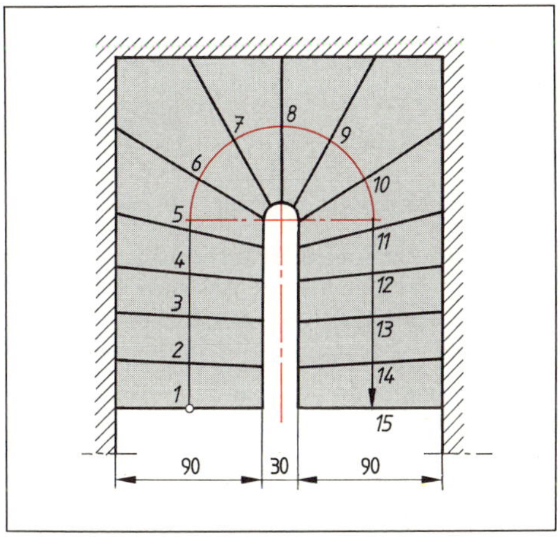

12.19 Grundrißskizze für eine rechnerisch verzogene halbgewendelte Treppe

Länge des Halbkreises der Lauflinie

$$l_L = \frac{(0{,}90 + 0{,}30) \cdot \pi}{2} = 1{,}885\,\text{m}$$

Länge des Halbkreises der Innenwange

$$l_I = \frac{0{,}30 \cdot \pi}{2} = 0{,}471\,\text{m}$$

Längendifferenz $\Delta l = 1{,}885\,\text{m} - 0{,}471\,\text{m} = 1{,}414\,\text{m} = \mathbf{141{,}4\,cm}$

Diese Längendifferenz zwischen Lauflänge und Innenwange muß durch die Verkürzung der Auftritte an der Innenwange ausgeglichen werden. Dabei soll jeder Auftritt an der Innenwange um das Verjüngungsmaß Δa schmaler als der vorhergehende Auftritt werden. Das Verjüngungsmaß Δa wird tabellarisch ermittelt.

Stufe	Verjüngungen einzeln	Verjüngungen zusammen	Berechnung des Verjüngungsmaßes Δa	Auftrittbreiten an der Innenwange (a_i)
1 und 14	je 1 Teil	2	$\Delta a = \frac{\Delta l}{56\ \text{Teile}}$	28,00 − 1 · 2,52 = **25,5 cm**
2 und 13	je 2 Teile	4		28,00 − 2 · 2,52 = **23,0 cm**
3 und 12	je 3 Teile	6		28,00 − 3 · 2,52 = **20,4 cm**
4 und 11	je 4 Teile	8	$\Delta a = \frac{141{,}4\,\text{cm}}{56\ \text{Teile}}$	28,00 − 4 · 2,52 = **17,9 cm**
5 und 10	je 5 Teile	10		28,00 − 5 · 2,52 = **15,4 cm**
6 und 9	je 6 Teile	12		28,00 − 6 · 2,52 = **12,9 cm**
7 und 8	je 7 Teile	14	$\Delta a = \mathbf{2{,}52\,cm}$	28,00 − 7 · 2,52 = **10,4 cm**
		56 Teile		

Die schmalste Auftrittbreite der beiden Mittelstufen 7 und 8 ist mit 10,4 cm größer als $a_{min} = 10$ cm.

Wendeltreppen sind einfach zu berechnen. Wenn die Grundrißabmessungen festliegen, wird über eine gebundene Bemessung das günstigste Steigungsverhältnis ermittelt. Die Auftritte an der Außen- und Innenwange bestimmt man zeichnerisch oder rechnerisch.

Beispiel Für eine Wendeltreppe mit Dreiviertelwendung sollen bei einer Geschoßhöhe von 2,50 m die Lauflänge, das günstigste Steigungsverhältnis und die Auftrittbreiten an der Außen- und Innenwange berechnet werden (**12.**20).

Lösung

$$\text{Lauflänge } l = \frac{(1{,}00\,\text{m} + 0{,}70\,\text{m}) \cdot \pi \cdot 270°}{360°}$$

Lauflänge $l = \mathbf{4{,}01\,m}$

$$\text{Stufenzahl } n = \frac{250\,\text{cm}}{17\,\text{cm}} = 14{,}7$$

gewählt $n = 15$

$$\text{Steigung } s = \frac{250\,\text{cm}}{15} = 16{,}7\,\text{cm}$$

$$\text{Auftritt } a = \frac{l}{n-1} = \frac{401\,\text{cm}}{15-1} = 28{,}6\,\text{cm}$$

Steigungsverhältnis = **15 · 16,7/28,6**

Die Auftrittbreiten verhalten sich zueinander wie ihre Abstände zum Mittelpunkt der Treppe (**12.**21).

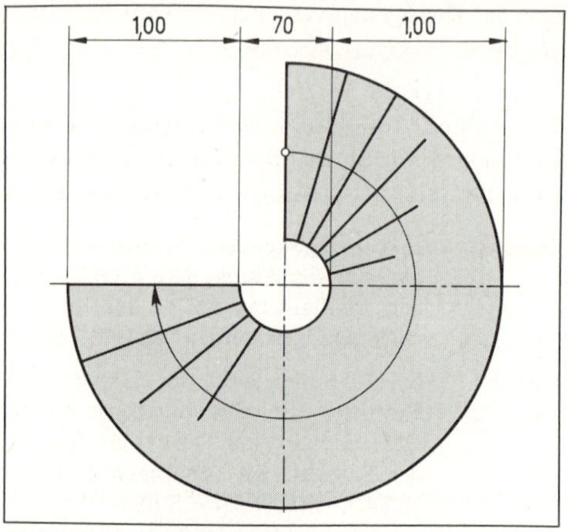

12.20 Grundrißskizze für eine Wendeltreppe

$$\frac{a_a}{a} = \frac{1{,}00\,\text{m} + 0{,}35\,\text{m}}{0{,}50\,\text{m} + 0{,}35\,\text{m}}$$

$$a_a = \frac{a \cdot 1{,}35\,\text{m}}{0{,}85\,\text{m}} = \frac{28{,}6\,\text{cm} \cdot 1{,}35\,\text{m}}{0{,}85\,\text{m}} = \mathbf{45{,}4\,cm}$$

$$\frac{a_i}{a} = \frac{0{,}35\,\text{m}}{0{,}50\,\text{m} + 0{,}35\,\text{m}}$$

$$a_i = \frac{a \cdot 0{,}35\,\text{m}}{0{,}50\,\text{m} + 0{,}35\,\text{m}} = \frac{28{,}6\,\text{cm} \cdot 0{,}35\,\text{m}}{0{,}85\,\text{m}} = \mathbf{11{,}8\,cm}$$

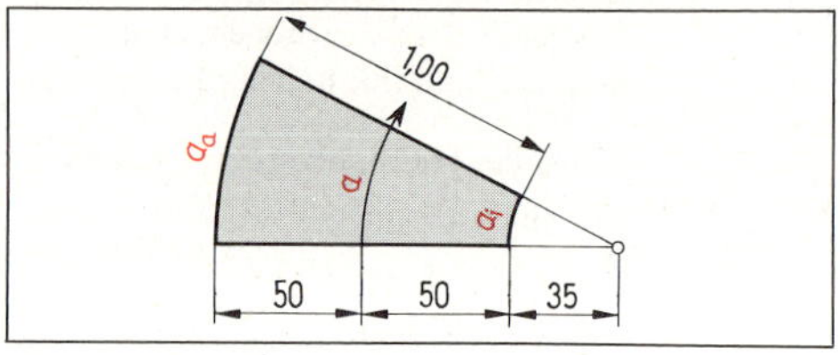

12.21 Auftrittbreite an Innen- und Außenwange der Wendeltreppe

Die Auftrittbreiten an der Außenwange (a_a) und der Innenwange (a_i) erhält man auch, wenn man die Grundrißlängen der Wangen durch die Anzahl der Auftritte teilt:

$$a_a = \frac{l_a}{n-1} = \frac{(1{,}00\,\text{m} + 0{,}70\,\text{m} + 1{,}00\,\text{m}) \cdot \pi \cdot 270°}{360° \cdot (15-1)} = 0{,}454\,\text{m} = \mathbf{45{,}4\,cm}$$

$$a_i = \frac{l_i}{n-1} = \frac{0{,}70\,\text{m} \cdot \pi \cdot 270°}{360° \cdot (15-1)} = 0{,}118\,\text{m} = \mathbf{11{,}8\,cm}$$

Gewendelte Treppen und Wendeltreppen erfordern weniger Platz als gerade Treppen, sind aber teurer.

Verziehen ist das Ermitteln der schmaleren Auftrittbreiten an der verkürzten Innenwange. Der schmalste Auftritt muß mindestens 10 cm breit sein. Die Mittelstufe soll symmetrisch zur Achse der Wendelung liegen, wobei keine Stufenvorderkante in die Ecke des Treppengrundrisses verlaufen darf.

Gewendelte Treppen werden nach Augenschein, zeichnerisch oder rechnerisch verzogen. Für zeichnerische Verfahren werden Konstruktionszeichnungen im Maßstab 1 : 20 bis 1 : 10 angefertigt. Mit rechnerischen Verfahren erzielt man die genauesten Ergebnisse. Manchmal sind mehrere Versuchszeichnungen oder -berechnungen erforderlich, bis eine Treppe zufriedenstellend gewendelt ist.

Wendeltreppen werden nicht verzogen; alle Stufen haben die gleiche Form.

12.2 Gemauerte Treppen

12.2.1 Natursteintreppen

Gemauerte Natursteintreppen werden als Freitreppen für Park- und Gartenanlagen bevorzugt, weil sie sich natürlich in die Grünanlagen einfügen (**12.**22). Gelegentlich werden auch noch Freitreppen an Hauseingängen aus Natursteinen gemauert.

Grundsätzlich gelten für die Herstellung die Regeln des Abschnitts 4, Mauerwerk aus natürlichen Steinen. Für Treppen eignen sich Bruchsteinmauerwerk, hammerrechtes, unregelmäßiges und regelmäßiges Schichtenmauerwerk sowie Quadermauerwerk. Die Reihenfolge entspricht den steigenden Herstellkosten. Treppen aus Quadermauerwerk können bereits zum Arbeitsbereich des Steinmetzen gehören.

12.22 Freitreppe aus hammerrechten Bruchsteinen in einer Grünanlage

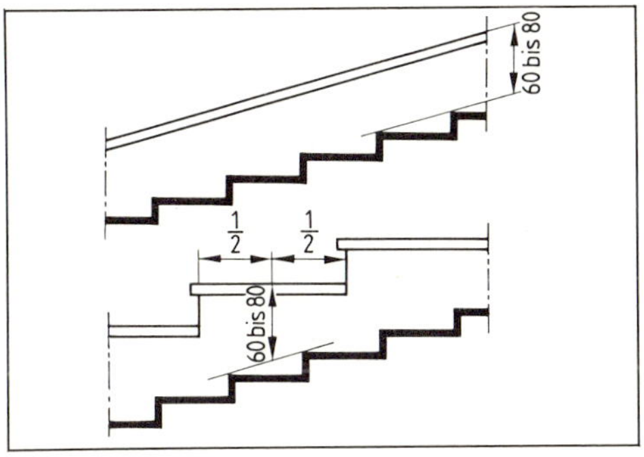

12.23 Höhe der Wangenmauern bei Freitreppen

Die Wangenmauern führt man in der Neigung der Treppe oder in größeren Abstufungen (Absätzen) 60 bis 80 cm über die Stufenoberkanten hinaus, wenn kein Geländer angebracht wird (**12.**23). Die Fundamentsohle der Wangenmauer muß frostfrei gegründet werden. Bei langen und stärker geneigten Treppen legt man sie abgetreppt an, um Schubkräfte zu vermeiden (**12.**24).

Die Stufen werden in Mörtel-, Beton- oder Kiesbettung auf das stufenförmig ausgehobene Erdreich verlegt (**12.**25). Bei schlechtem Untergrund oder besserer Bauausführung ordnet man eine

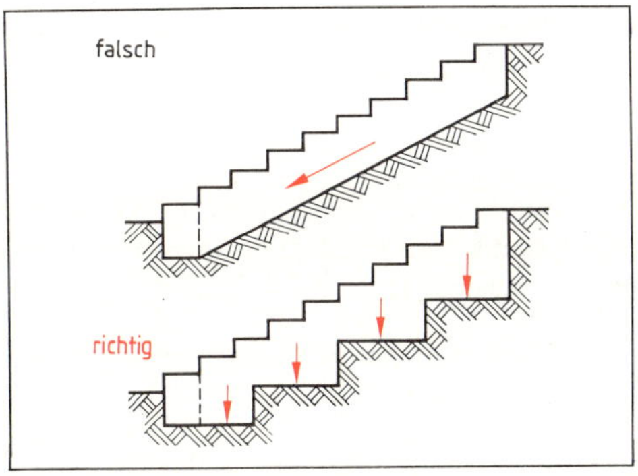

12.24 Fundamente von Wangenmauern

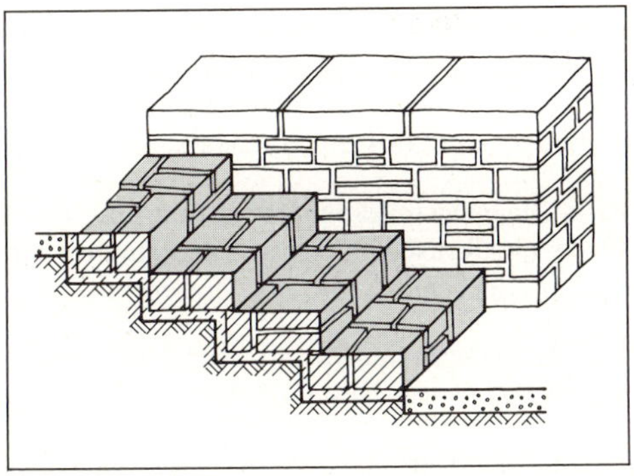

12.25 Einfache gemauerte Treppe aus Natursteinen

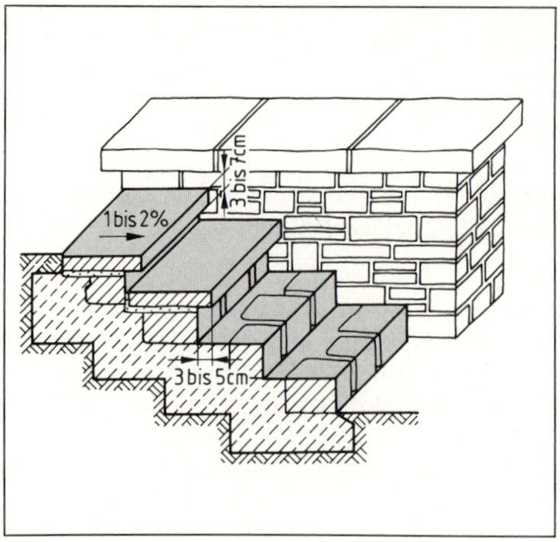

12.26 Gemauerte Treppe aus Natursteinen mit Stampfbetonfundament und Stufenplatten

Stampfbetonschicht (**12.**26) oder eine Stahlbetonplatte an. Das Steigungsverhältnis geht von 12/39 cm bis 15/33 cm. Das Profil wird zum Mauern der Stufen an den Wangenmauern angerissen oder durch eine Brettschablone festgelegt. Die Stufen werden entweder in voller Höhe gemauert (**12.**25) oder erhalten einen Plattenbelag (**12.**26). In diesem Fall wird die Vorderkante der Stufe (Setzstufe) nur in der Höhe Steigung minus Dicke des Plattenbelages gemauert und mit Beton hinterfüllt. Der Stufenbelag (Trittstufe) besteht aus 5 bis 7 cm dicken, rechtwinklig behauenen Natursteinplatten, die mit 3 bis 5 cm Überstand (Unterschneidung) und mit geringem Gefälle (1 bis 2 Grad zum schnellen Ableiten des Regenwassers) in Mörtel verlegt werden. Die Treppen dürfen einige Tage nicht betreten werden.

Das Ausfugen kann gleich beim Verlegen der Stufensteine und Stufenplatten oder später in einem Zug erfolgen. Man muß darauf achten, daß nicht nur die Stoßfugen an der Stufenoberfläche, sondern auch die Lagerfugen unter vorspringenden Platten gefüllt sind. Hier tritt sonst Wasser ein, das bei Frost die Platten lockert.

Gemauerte Natursteintreppen werden als Freitreppen in Park- und Gartenanlagen nach den Regeln für Natursteinmauerwerk gebaut. Die Wangenmauern erhalten frostfrei gegründete Fundamente. Im Stufenbereich wird auf das abgetreppte, festgestampfte Erdreich, auf eine Stampfbetonschicht oder eine Stahlbetonplatte gemauert. Die Stufen werden im vollen Querschnitt gemauert oder erhalten einen Plattenbelag. Gemauerte Natursteintreppen müssen sorgfältig verfugt werden.

12.2.2 Treppen aus kleinformatigen Mauerziegeln

Aus kleinformatigen Mauerziegeln werden Freitreppen an Hauseingängen sowie in Garten- und Parkanlagen gemauert. Gemauerte Geschoßtreppen werden nur noch selten ausgeführt. Man verwendet normal- und dünnformatige hochfeste, frostbeständige Mauerziegel und Klinker nach DIN 105 „Mauerziegel" und Zementmörtel. Beim Mauern von Treppen sind die Verbandsregeln besonders sorgfältig einzuhalten.

Beim Steigungsverhältnis erhält man die gewünschten Werte durch unterschiedliche Verbände, Flach- und Rollschichten und Kombination von Normal- und Dünnformat. Die Stufen können mit vollem Querschnitt oder mit Unterschneidung gemauert werden (**12.**27 auf S. 256).

Für die Wangenmauern gilt bezüglich Gründung und Höhe, was bei Natursteintreppen gesagt wurde. Als oberer Abschluß wird meist eine Rollschicht angeordnet.

Die Stufen mauert man (wie bei Natursteintreppen) bei tragfähigem Untergrund auf das abgetreppt ausgeschachtete Erdreich. Bei nicht tragfähigem Untergrund ist ein Stampfbetonfundament (**12.**27)

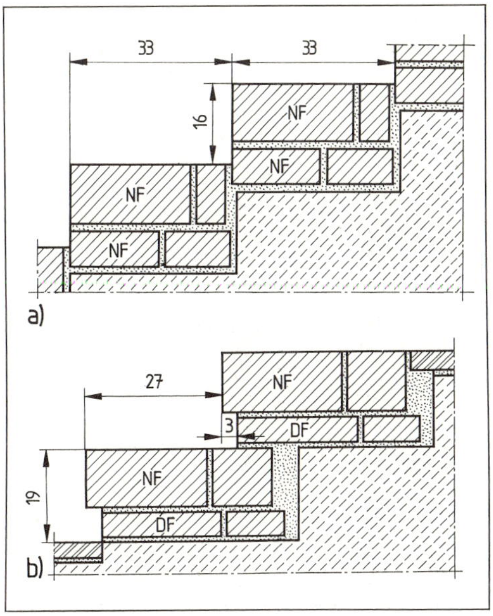

12.27 Gemauerte Treppe aus Mz-Normalformat
a) mit Betonfundament
b) und -Dünnformat mit Betonfundament

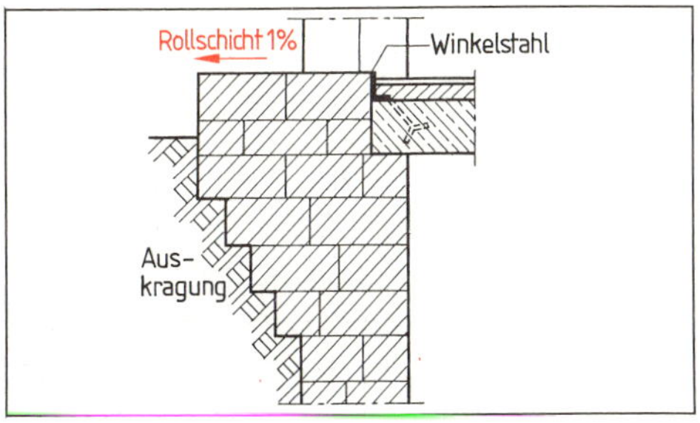

12.28 Gemauerte Hauseingangstreppe auf einer Auskragung

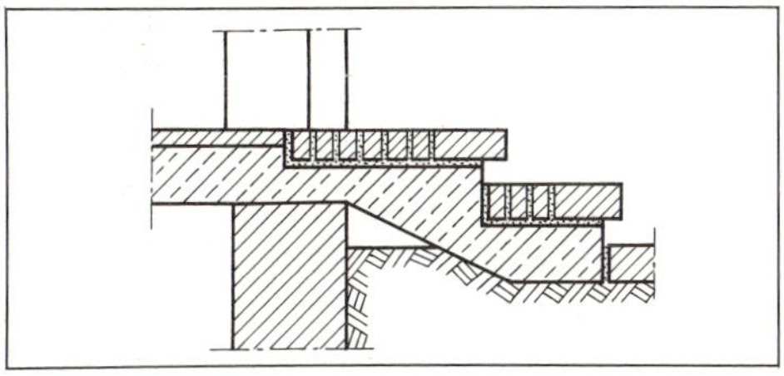

12.29 Gemauerte Hauseingangstreppe auf der auskragenden Stahlbeton-Geschoßdecke

oder eine Stahlbetonplatte erforderlich. Die Antrittstufe soll immer auf ein frostfrei gegründetes Fundament gemauert werden (**12**.30). Bei Hauseingangstreppen mit 1 bis 3 Stufen kann die gesamte Treppe im Verband aus der Kellerwand auskragen (**12**.28) oder auf einer auskragenden Stahlbetonplatte (**12**.29) gemauert werden. Für den eigentlichen Stufenauftritt eignen sich besonders Rollschichten wegen ihrer glatten und widerstandsfähigen Läufer- und Binderseiten (**12**.27, **12**.29). Freistehende Stufenecken werden so ausgeführt, daß sich die Steine nicht lockern können (**12**.31). Soll bei

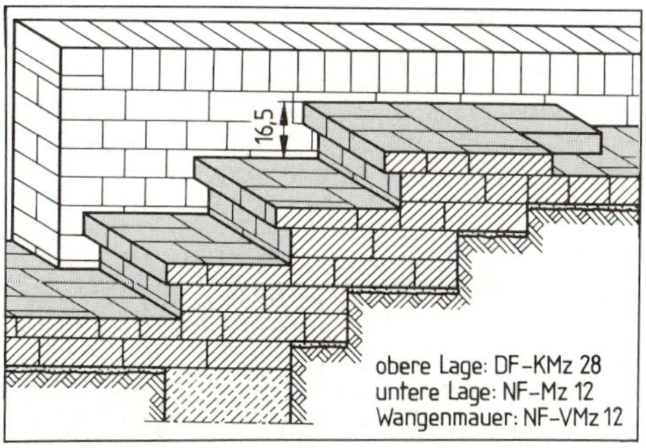

12.30 Gemauerte Freitreppe mit Wangenmauer

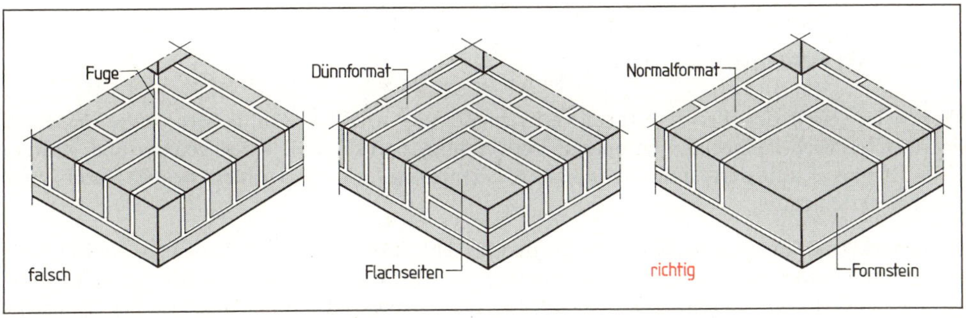

12.31 Eckausbildung von gemauerten Stufen

hochwertigem Sichtmauerwerk der Verband zwischen Stufen- und Wangenmauerwerk übereinstimmen, ist die Zahl der möglichen Steigungsverhältnisse begrenzt (**12**.32). Mauert man die Stufen mit Unterschneidung oder muß ein bestimmtes Steigungsverhältnis einhalten, läßt sich in der Regel keine Übereinstimmung erzielen (**12**.30).

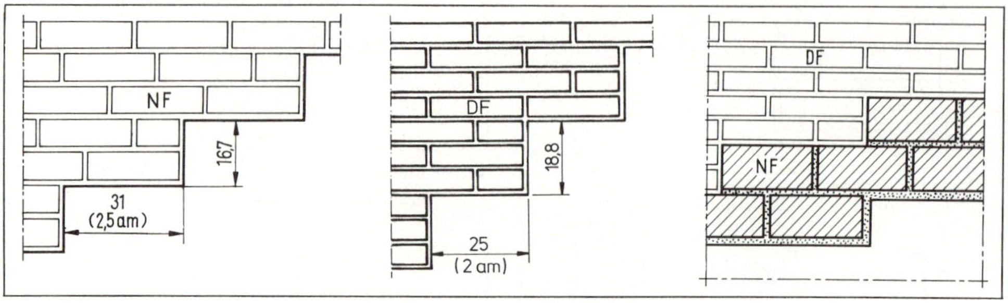

12.32 Übereinstimmender Verband zwischen Stufen- und Wangenmauerwerk

Das Verfugen gemauerter Treppen muß sehr sorgfältig mit Zementmörtel erfolgen, weil die Treppen durch die zahlreichen Fugen anfällig sind für Schäden durch Wasser, Frost und mechanische Beanspruchungen. Beim Mauern werden die Fugen etwa 2 cm tief ausgekratzt. Nach Fertigstellung der ganzen Treppe wird sie in einem Zug mit Zementmörtel glatt verfugt, dem man zur besseren Verarbeitung Kalk beigibt (20 % der Zementmenge).

Freitreppen mauert man aus kleinformatigen hochfesten, frostbeständigen Mauerziegeln und Klinkern mit Zementmörtel. Die Wangenmauern werden frostfrei gegründet, die Stufen auf tragfähigem Erdreich, Stampfbetonfundamenten oder Stahlbetonplatten gemauert. Besondere Verbände und Vermauern von normal- mit dünnformatigen Steinen ermöglichen verschiedene Steigungsverhältnisse. Gemauerte Treppen sorgfältig mit Zementmörtel verfugen!

12.3 Werksteintreppen

Werksteintreppen werden aus einzelnen Stufen hergestellt, die einseitig oder beidseitig im Mauerwerk eingespannt oder aber beidseitig auf Wangenmauern aufliegen (**12**.8). Die Antrittstufe liegt auf ihrer ganzen Länge, die übrigen Stufen liegen einige Zentimeter auf der darunterliegenden Stufe auf.

12.3.1 Werksteinstufen

Werksteine sind in der Werkstatt (handwerklich oder industriell) maßhaltig hergestellte Steine mit bearbeiteten Sichtflächen für besondere Verwendungszwecke (z.B. Fensterbänke und -stürze, Konsolsteine, Fußboden- und Wandplatten, Treppenstufen). Man unterscheidet Natur- und Betonwerksteinstufen.

Naturwerksteinstufen müssen hart, wetter- und abriebfest sein. Geeignete Steinarten sind Granit, Basalt und harter Sandstein. Die Sichtflächen werden steinmetzmäßig bearbeitet: scharriert, gestockt, gekrönelt, bossiert oder geschliffen. Die freitragende Stufenlänge ist bei Sandstein $\leqq$ 1,20 m, bei Granit oder Basalt $\leqq$ 1,50 m.

Betonwerksteinstufen bestehen aus einem Normalbeton-Kern und einem 3 bis 5 cm dicken Vorsatzbeton an den Sichtflächen. Der Kern kann zur Verbesserung der Tragfähigkeit bewehrt und zur Verminderung des Gewichts auch mit Aussparungen versehen werden (**12.**33). Für den Vorsatzbeton wählt man hartes Naturgestein in der gewünschten Farbe und mit einem Kornaufbau, der eine steinmetzmäßige Bearbeitung wie bei Naturwerksteinstufen ermöglicht. Die Sichtflächen von Betonwerksteinstufen können außerdem durch Sandstrahlen, Flammstrahlen, Absäuern oder Auswaschen der Zementhaut behandelt werden. Gerade das Auswaschen gewinnt an Bedeutung (Waschbeton). Dabei wird die Zementhaut des Betons vor dem vollständigen Erhärten unter fließendem Wasser von Hand oder maschinell mit Bürsten entfernt, „ausgewaschen". Die Zuschlagkörner werden bis zu einem Drittel ihres Durchmessers freigelegt, und man erhält bei entsprechender Körnung eine gut aussehende und widerstandsfähige Oberfläche. Betonwerksteinstufen können bei entsprechender Betongüte und Bewehrung weiter als Naturwerksteinstufen gespannt werden.

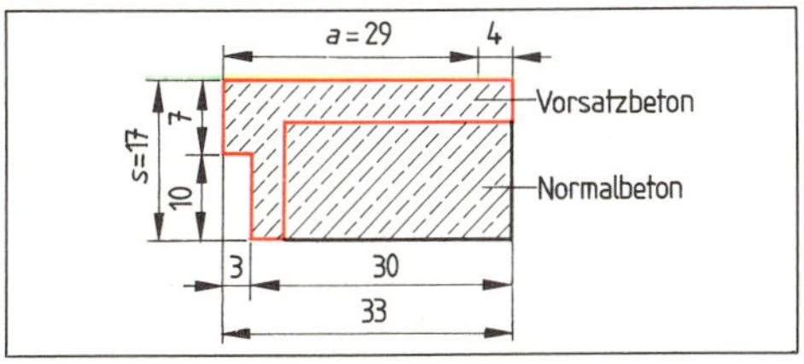

12.33 Querschnitt einer Stahlbeton-Werksteinstufe mit Vorsatzbeton

> Naturwerksteinstufen werden aus Granit, Basalt und hartem Sandstein hergestellt. Die Sichtflächen werden steinmetzmäßig bearbeitet. Betonwerksteinstufen bestehen aus einem Normalbeton-Kern mit einem 3 bis 5 cm dicken Vorsatzbeton an den Sichtflächen. Für große Spannweiten erhalten sie eine Bewehrung. Die Sichtflächen werden ebenfalls steinmetzmäßig bearbeitet oder ausgewaschen.

12.3.2 Stufenformen

Naturwerksteinstufen haben in der Regel einen rechteckigen, Betonwerksteinstufen einen rechteckigen, dreieckigen oder winkelförmigen Querschnitt.

Die Setzstufe (Stoßfläche) ist unabhängig vom Stufenquerschnitt entweder gerade oder profiliert (unterschnitten, **12.**34). Bei unterschnittener Setzstufe entstehen in der Vorderansicht der Treppe Licht- und Schattenwirkungen – die Treppe wirkt plastischer. Die Fußspitze reicht unter die Unterschneidung. Beides macht die Treppe sicherer begehbar (**12.**35).

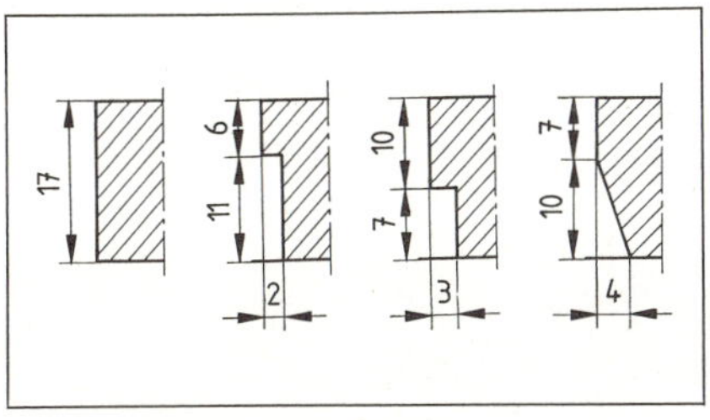

12.34 Ausbildung (Profilierung) der Setzstufe bei Werksteinstufen

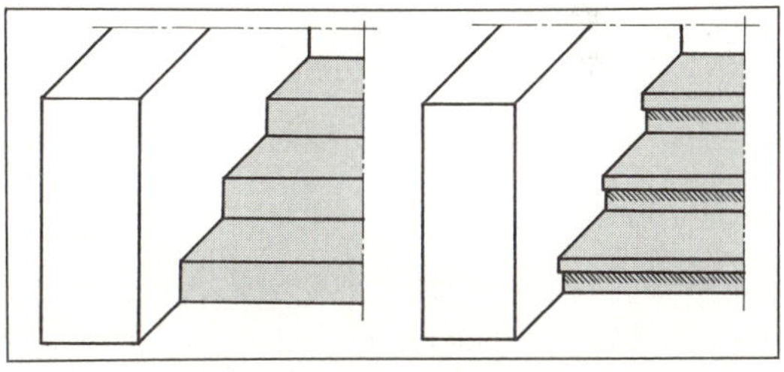

12.35 Optische Wirkung der Unterschneidung

Die Trittstufe gewinnt, vor allem bei Betonwerksteinstufen, zusätzliche Sicherheit durch einen Kantenschutz aus Metallwinkeln (in Industriegebäuden, **12.**36 a bis c) oder aus Kunststoffprofilen, die bei Betonwerksteinstufen mit einbetoniert (**12.**36 d und e) und bei Naturwerksteinstufen in einen ausgefrästen Falz eingeklebt werden (**12.**36 f).

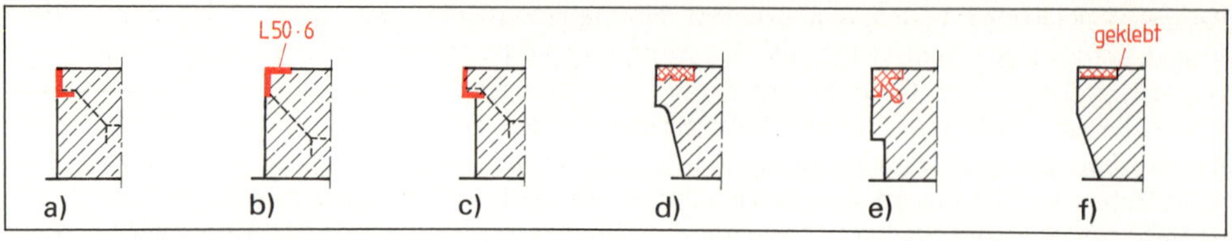

12.36 Kantenschutz bei Werksteinstufen
a) bis c) einbetonierte L-Profile, d) und e) einbetonierte Kunststoffprofile, f) aufgeklebtes Kunststoffprofil

Die Treppenunterseite wird durch den Stufenquerschnitt bestimmt. Blockstufen mit und ohne Falz ergeben eine abgetreppte (unverschalte) Untersicht. Mit Keil- oder Dreieckstufen ohne Falz erhält man eine Untersicht mit kleinen Absätzen (halbverschalt), Keilstufen mit Falz ergeben eine glatte (verschalte) Untersicht (**12.**37).

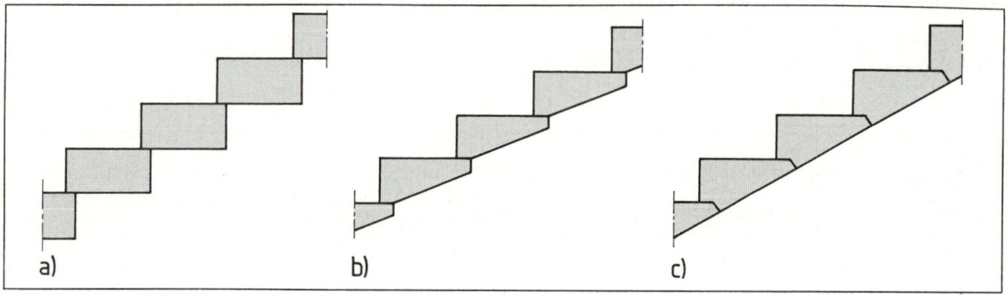

12.37 Unterseite von Werksteintreppen
a) unverschalt (abgetreppt), b) halbverschalt (mit Absätzen), c) verschalt (glatt)

Blockstufen haben einen Rechteckquerschnitt, dessen Abmessungen durch das Steigungsverhältnis festgelegt sind (**12.**34, **12.**38a). Wegen der unverschalten Unterseite werden Blockstufen für Treppen verwendet, deren Unterseite man nicht sieht (Freitreppen, Hauseingangstreppen, Kelleraußentreppen). Blockstufen sind einfach zu verlegen. Jede Stufe liegt 3 bis 5 cm mit oder ohne Falz auf der darunterliegenden Stufe mit einer etwa 5 mm dicken Feinmörtelfuge auf (**12.**38). Seitlich liegen sie auf 11,5 cm dicken Wangenmauern auf oder sind in Aussparungen der Treppenhauswände eingespannt.

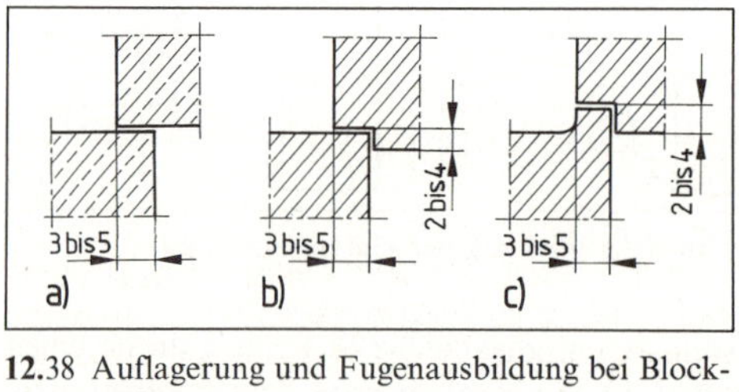

12.38 Auflagerung und Fugenausbildung bei Blockstufen
a) frei aufliegend, b) mit Falz, c) mit hochgezogenem Falz

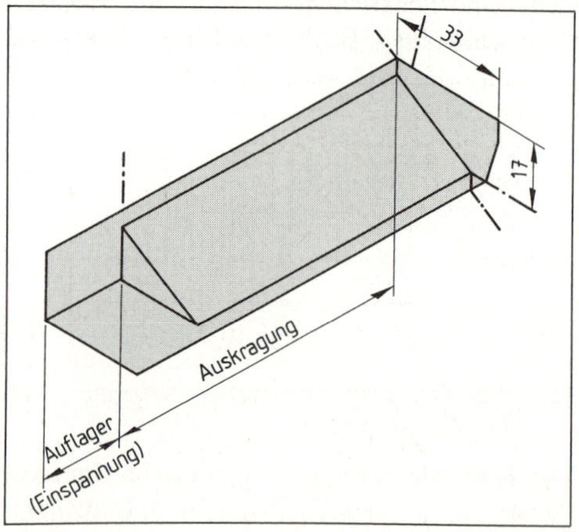

12.39 Keilstufe für einseitige Einspannung (von unten gesehen)

Keilstufen (Dreieckstufen) werden gewählt, wenn die Unterseite der Treppe sichtbar bleibt (z. B. bei Geschoßtreppen). Einseitig eingespannte Keilstufen behalten im Bereich des Auflagers einen rechteckigen Querschnitt (**12.**39 auf S. 260).

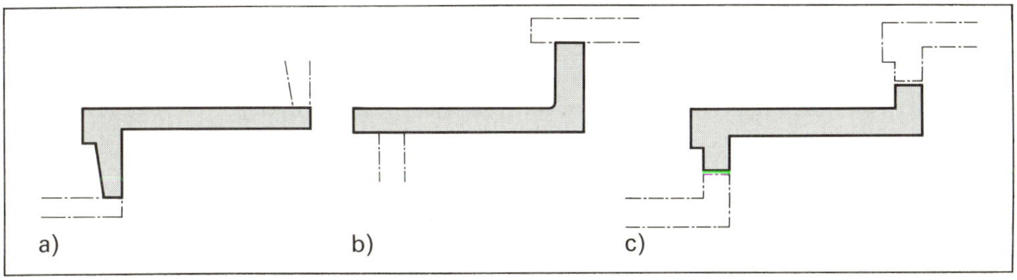

12.40 Stufen mit winkelförmigem Querschnitt
a) Winkelstufe, b) L-Stufe, c) Z-Stufe

Winkelförmige Stufen haben einen kleineren Querschnitt und werden deshalb aus Stahlbeton hergestellt, wobei eine Vielzahl von Querschnittsformen möglich ist (**12.**40). Bei winkelförmigen Stufen mit abgeschrägten Unterseiten lassen sich mit einem Stufenprofil mehrere Steigungsverhältnisse durch Verschieben in Laufrichtung (Ändern der Unterschneidung) herstellen (**12.**41). Die Auflagerung winkelförmiger Stufen auf und in Wangenmauern ist schwieriger als bei Block- und Keilstufen. Deshalb werden sie häufig mit besonderen Wangenträgern als Montagetreppen hergestellt (s. Abschn. 12.5).

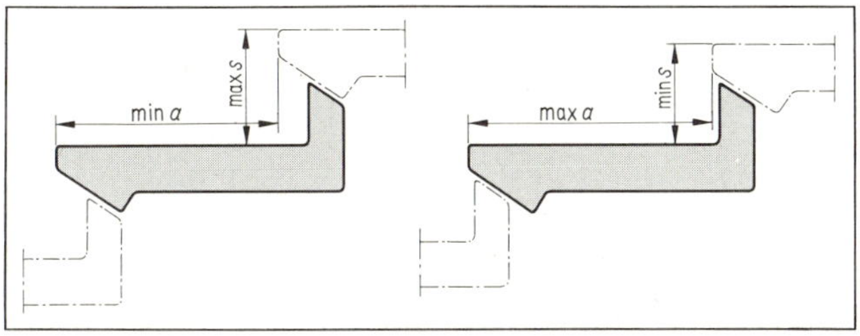

12.41
L-Stufe mit abgeschrägten Lagerflächen für verschiedene Steigungsverhältnisse

Werksteinstufen werden als Block-, Keil- oder winkelförmige Stufen hergestellt. Blockstufen und winkelförmige Stufen ergeben unverschalte, Keilstufen halbverschalte oder verschalte Treppenuntersichten. Die Setzstufe soll profiliert sein, die Trittstufe kann einen Kantenschutz erhalten. Block- und Keilstufen können mit und ohne Falz aufeinander verlegt werden. Winkelförmige Stufen mit vergleichsweisen kleinen Querschnitten bestehen vorwiegend aus Stahlbeton.

12.3.3 Frei-, Hauseingangs- und Kellertreppen

Frei-, Hauseingangs- und Kellertreppen aus Werksteinstufen werden häufig nach gleichen konstruktiven Gesichtspunkten hergestellt: Natur- oder Betonwerksteinstufen sind auf Wangenmauern frei aufgelagert. Antrittstufe und Wangenmauern haben frostfrei gegründete Fundamente (**12.**24), oder die Wangenmauern sind Bestandteil des Gebäudes. Frei- und Hauseingangstreppen erhalten ein Geländer, oder die Wangenmauern werden anstelle des Geländers hochgeführt (**12.**23, **12.**25, **12.**30).

Freitreppen aus Werksteinstufen in Garten- und Parkanlagen haben gegenüber gemauerten Treppen wesentliche Vorteile. Werksteintreppen haben nur wenige Fugen, sind witterungsbeständig und leicht zu pflegen, können schnell verlegt und bald nach der Herstellung begangen werden. Viele Formen und Farben sind möglich (**12.**42). Die Antrittstufe soll etwa um die Dicke des Gehbelages tiefer reichen als die normale Steigung der Treppe (**12.**44). Die Stufen erhalten ein leichtes Gefälle von 1 bis 2° zur Stufenvorderkante, um das Regenwasser schnell abzuleiten. Wenn die Treppenbreite die mögliche Spannweite der Stufen überschreitet, werden Zwischenfundamente angeordnet, auf denen die einzelnen Stufen mit versetzten Fugen aufgelagert werden (**12.**43).

12.42 Freitreppe mit Blockstufen aus Waschbeton

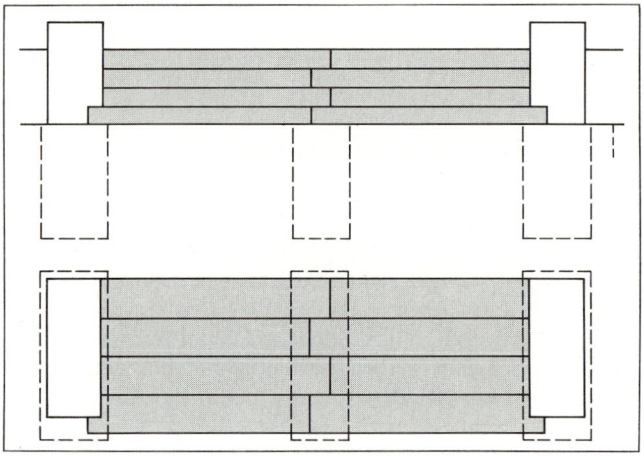

12.43 Breite Freitreppe mit Wangenmauern und Zwischenfundament

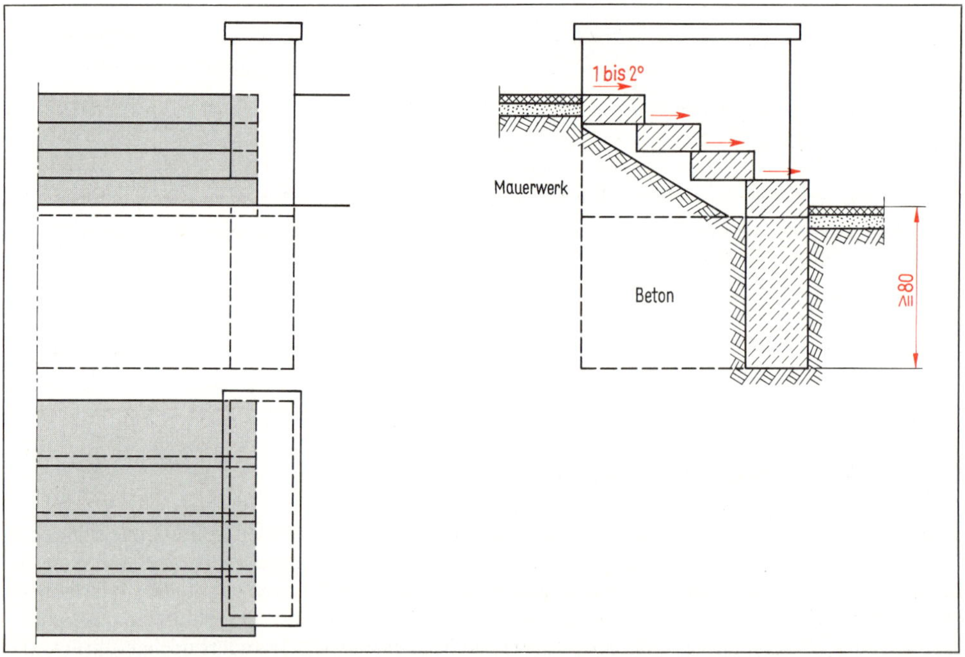

12.44 Freitreppe mit Wangenmauern

Freitreppen aus Werksteinstufen sind einfach und schnell zu verlegen, leicht zu pflegen und in vielen Farben und Formen herstellbar. Die Fundamente werden bis in frostfreie Tiefe geführt. Wenn man die Stufen auf Zwischenfundamenten auflagert, können die Treppen beliebig breit werden.

Hauseingangstreppen gleichen den Höhenunterschied zwischen den Oberkanten des Außengeländes und des Erdgeschoßfußbodens aus. Manchmal ist nur eine Einzelstufe (**12.**45), meist sind aber 3 bis 5 Stufen erforderlich. Die Treppen können je nach den äußeren Zugangswegen von einer, zwei oder drei Seiten begangen werden. Im Grundriß haben sie dann Rechteck-, Trapez- oder Halbkreisform (**12.**46). Zur Erhöhung der Sicherheit können Wangenmauern (**12.**46 a) oder Geländer (**12.**46 b und c) angeordnet werden. Die Austrittstufe (Podeststufe) erhält häufig eine Aussparung für einen Fußrost (**12.**45). Ein bis zwei Stufen liegen auf Stahlbetonkonsolen auf, die aus dem Kellermauerwerk auskragen (**12.**45 und **12.**47). Die Treppe ist dann fest mit dem Gebäude verbunden und macht alle Setzbewegungen mit; zwischen Haus und Treppe entstehen keine Risse.

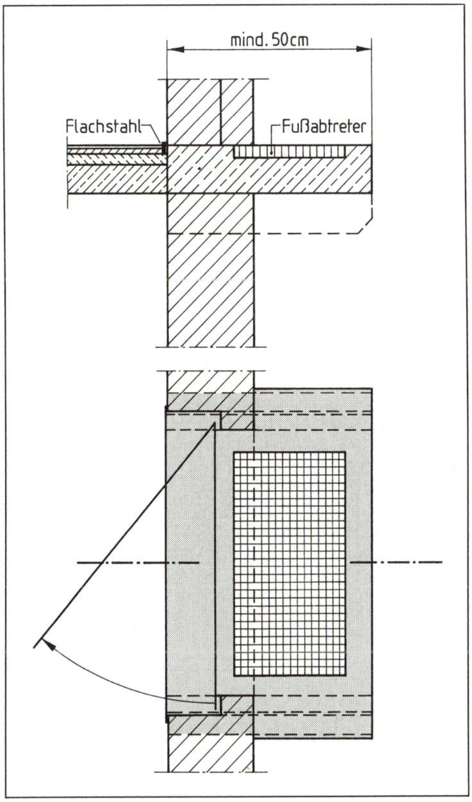

12.45 Hauseingangsstufe auf Stahlbetonkonsolen

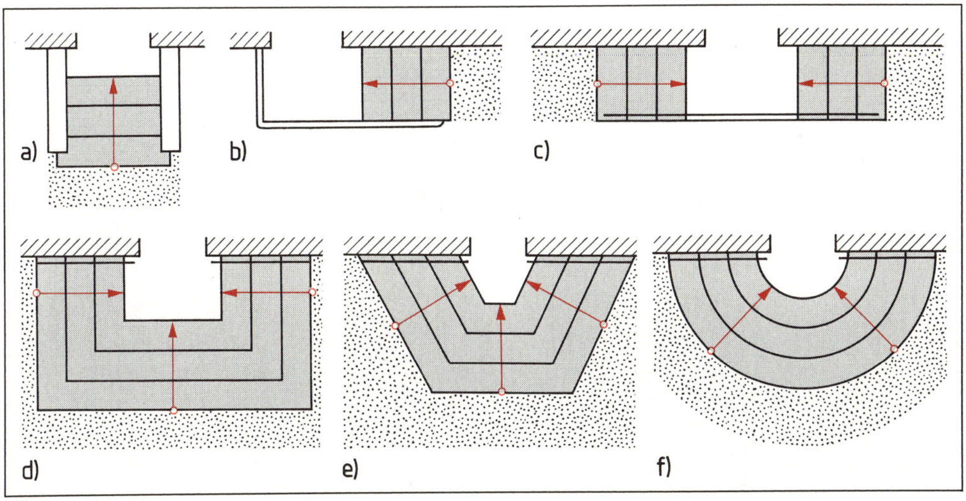

12.46 Grundrißformen von Hauseingangstreppen
a) mit Wangenmauer, b) mit Geländer und Eckpodest, c) zweiseitig begehbar, mit Geländer, d) dreiseitig begehbar, rechteckig, e) dreiseitig begehbar, trapezförmig, f) korbbogenförmig

12.47 Hauseingangstreppe aus zwei Werksteinstufen auf Stahlbetonkonsolen

12.48 Eine falsch fundamentierte Hauseingangstreppe hat sich vom Gebäude gelöst

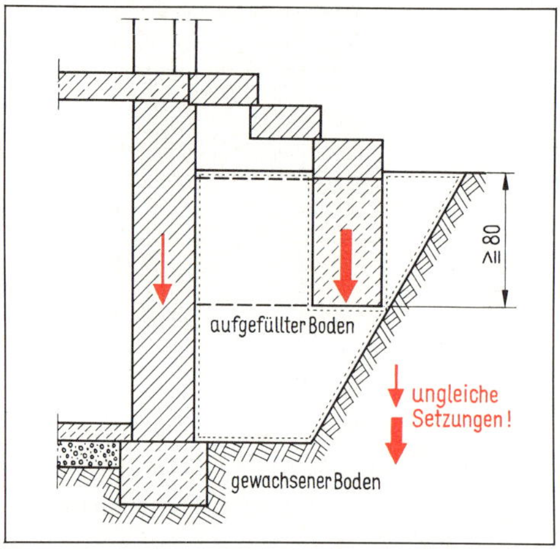

12.49 Ungünstige Fundamentierung einer Hauseingangstreppe im Bereich der Baugrubenverfüllung

Ab etwa drei Stufen werden eigene, frostfrei gegründete Fundamente angeordnet, weil Konsolen dann zu weit auskragten. Grundsätzlich sind zwei Lösungen möglich:

Bei der ersten Lösung wird ein Fundament U-förmig an das Haus anbetoniert, die Antrittstufe liegt auf ihrer ganzen Länge auf, die übrigen Stufen sind von Wange zu Wange gespannt und liegen längs einige cm auf der darunterliegenden Stufe auf (**12.**50). Bei Werksteinstufen aus Stahlbeton kann die vordere Fundamentmauer (parallel zum Haus) entfallen; die Stufen werden dann nur auf die senkrecht zum Haus stehenden Fundamente aufgelagert (**12.**51). Bei dieser Ausführung befinden sich die Fundamente häufig im Bereich des aufgefüllten Bodens. Dabei besteht die Gefahr, daß sich Haus und Treppe unterschiedlich stark setzen, wobei die Treppe vom Haus abreißt (**12.**4 , **12.**49).

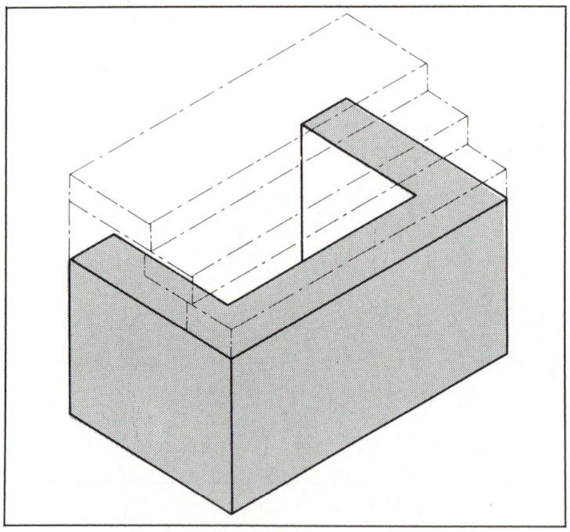

12.50 U-förmiges Fundament für eine Hauseingangstreppe

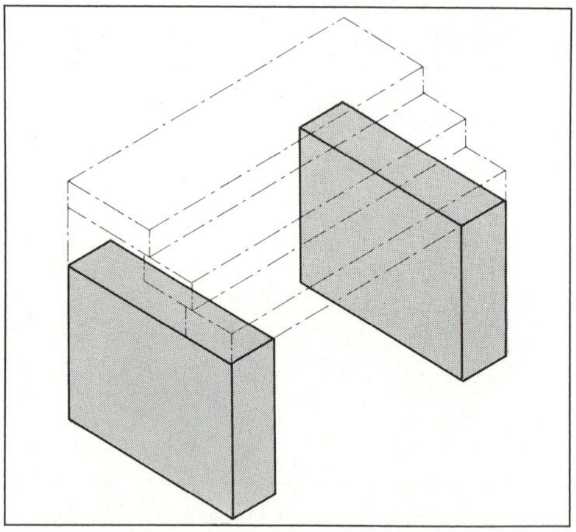

12.51 Zwei Fundamentmauern für eine Hauseingangstreppe

Bei der zweiten Lösung wird nur ein Fundament parallel zum Haus, möglichst auf gewachsenem Boden angeordnet. Zwei Stahlbetonträger werden von diesem Fundament zur Außenwand des Hauses gespannt und bilden die Auflager für die Stufen (**12.**52, **12.**54). Die Gefahr, daß die Treppe vom Haus abreißt, ist bei dieser Ausführung geringer, weil Haus und Treppe auf gewachsenem Boden gegründet sind. Bei diesen Treppen mit Stahlbetonträgern verlegt man häufig anstelle von Blockstufen nur 7 bis 12 cm dicke Stufenplatten und kann diese Treppen daher schon als Montagetreppen bezeichnen (**12.**53, s.a. Abschn. 12.5).

Treppenträger und dazu passende Blockstufen oder Stufenplatten hält der Baustoffhandel für gängige Steigungsverhältnisse auf Lager vorrätig.

Diese Treppenträger und Treppenstufen können mit unterschiedlichen Sichtbeton-Oberflächen ausgeführt werden.

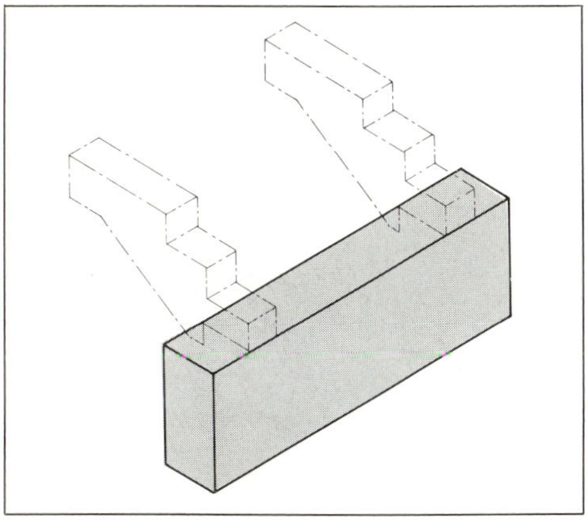

12.52 Schema einer Hauseingangstreppe mit Treppenbalken

Nach der Montage der Treppenträger und dem Versetzen der Stufen sind keine weiteren Nacharbeiten erforderlich. Damit handelt es sich um echte Fertigtreppen. Bis zum Abschluß der Bauarbeiten sollten sie durch eine Bretterabdeckung geschützt werden.

12.53 Hauseingangstreppe mit Treppenbalken und Stufenplatten (Montagetreppe)

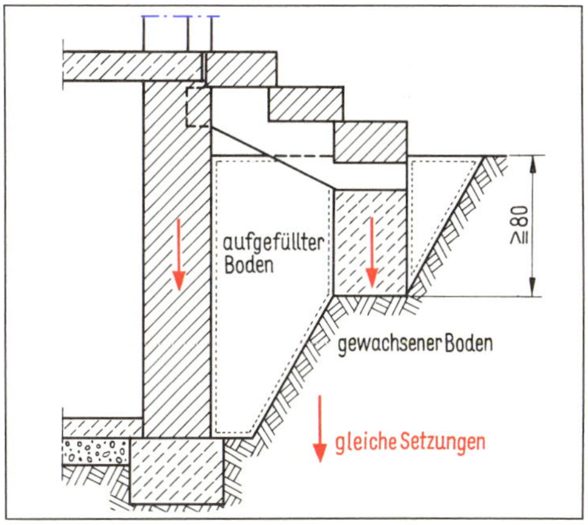

12.54 Günstige Fundamentierung einer Hauseingangstreppe mit Treppenbalken auf gewachsenem Baugrund

Hauseingangstreppen mit 1 bis 2 Stufen sind auf Konsolen fest mit dem Gebäude verbunden, machen so alle Setzbewegungen mit und reißen nicht ab. Größere Hauseingangstreppen erhalten eigene, frostfrei gegründete Fundamente.

Bei Fundamenten im Bereich der Baugrubenverfüllung besteht die Gefahr unterschiedlicher Setzungen im Vergleich zum Haus, und die Treppe reißt ab. Diese Setzungsschäden vermeidet man durch Gründung der Fundamente auf gewachsenem Boden. Die Baugrubenverfüllung wird mit Stahlbeton-Treppenträgern überbrückt.

Kellertreppen werden als Keller-Geschoßtreppen und -Außentreppen (Kellerhalstreppen) in der gleichen Art hergestellt. Die Antrittstufe liegt in ganzer Länge auf einem Fundament auf, die übrigen Stufen sind in Aussparungen der Treppenhaus-Seitenwände eingelassen.

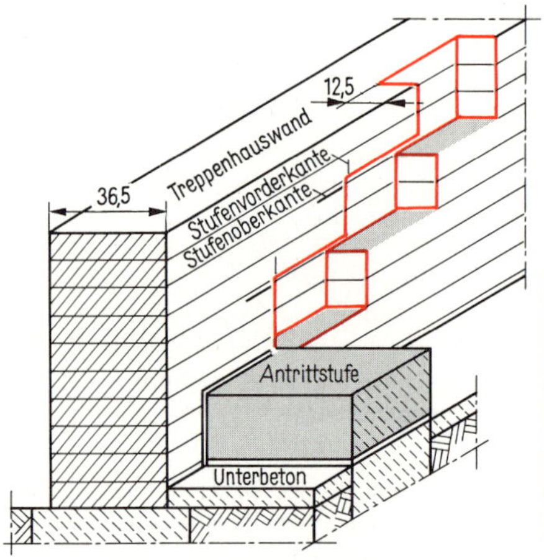

12.55 Antrittstufe und Stufenauflager in der Treppenhauswand für eine Kellertreppe

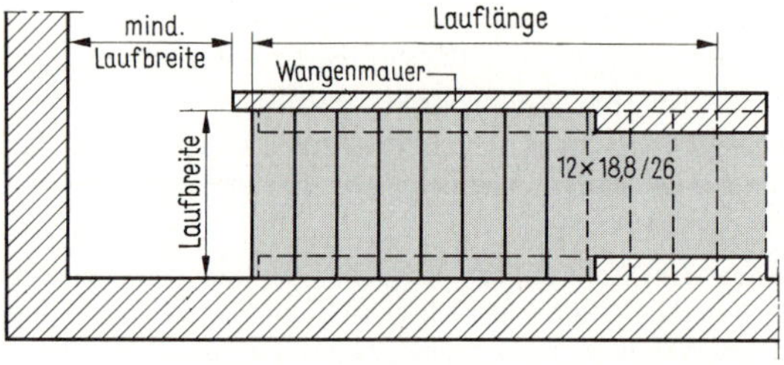

12.56 Kellertreppe mit Werksteinstufen auf Wangenmauern

Diese Aussparungen werden beim Mauern der Treppenhauswände angeordnet oder nachträglich ausgestemmt (**12.**55, **12.**57). Nachträgliches Ausstemmen sollte man aber vermeiden, weil es sehr lohnintensiv (teuer) ist. Oft ist es einfacher und billiger, das Treppenprofil auf die Seitenwände aufzureißen und eine eigene, 11,5 cm dicke Wangenmauer vorzumauern. Die innere Wangenmauer wird 24 cm dick, die Stufen binden 12,5 cm ein (**12.**56, **12.**58). Hochführen der Wangenmauern und Verlegen der Werksteinstufen erfolgen in einem Arbeitsgang.

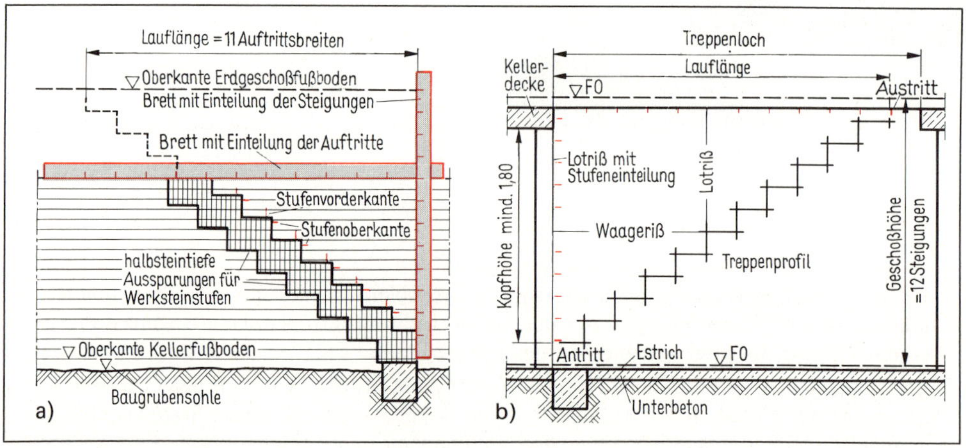

12.57 Anreißen des Treppenprofils auf die Treppenhauswand
a) mit Aussparungen für Werksteinstufen, b) für eine Wangenmauer

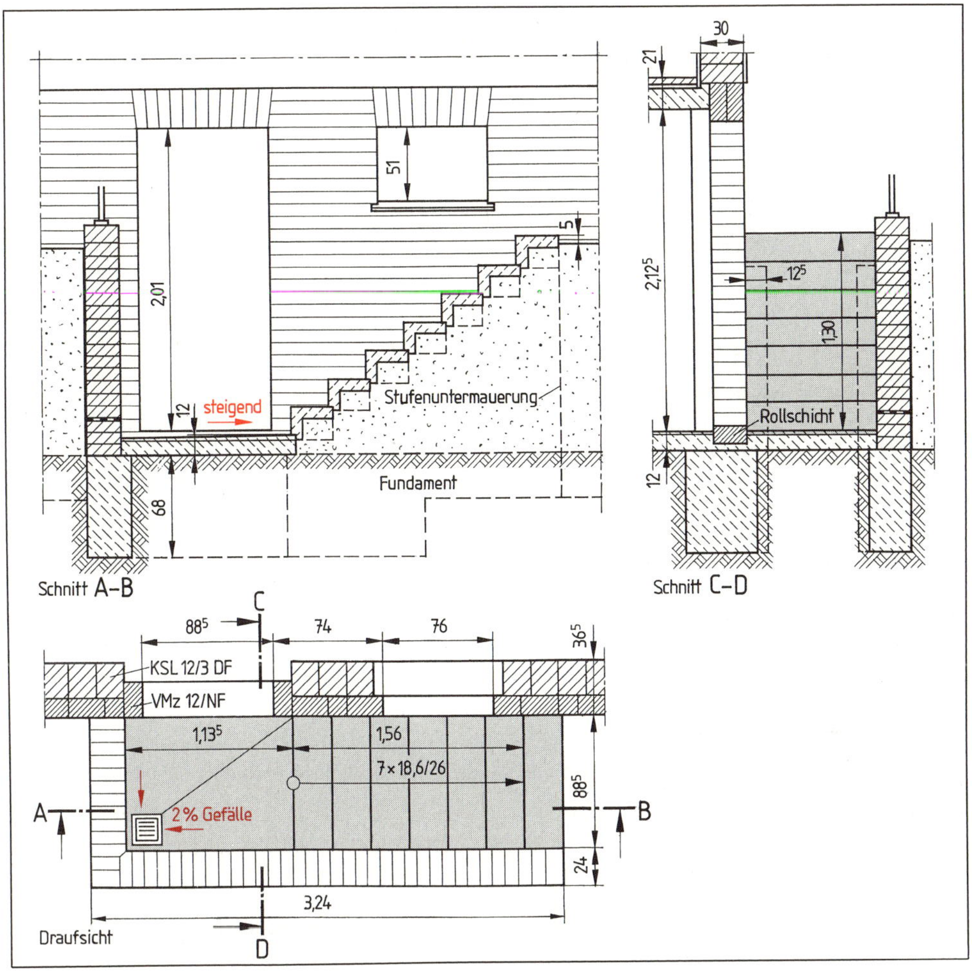

12.58 Kelleraußentreppe mit Winkelstufen auf Wangenmauern

> Kellertreppen mit Werksteinstufen werden als Keller-Geschoßtreppen und -Außentreppen hergestellt. Die Antrittstufe liegt in ganzer Länge (Laufbreite) auf einem Fundament auf. Die übrigen Stufen liegen in Aussparungen der Treppenhaus-Seitenwänden oder auf vorgemauerten Wangenmauern.

12.3.4 Geschoßtreppen

Für Geschoßtreppen mit Werksteinstufen gibt es zwei Bauweisen. Bei der ersten liegen die Stufen wie bei Kellertreppen in Aussparungen der Treppenhaus-Seitenwände oder auf besonderen Wangenmauern. Für die Herstellung gelten dieselben Gesichtspunkte wie für Kellertreppen (s. Abschn. 12.3.3). Bei der zweiten Bauweise werden die Werksteinstufen nur einseitig in eine Treppenhauswand (Wandwange) eingespannt (**12.**59). Wir sprechen dann von einer freitragenden Treppe.

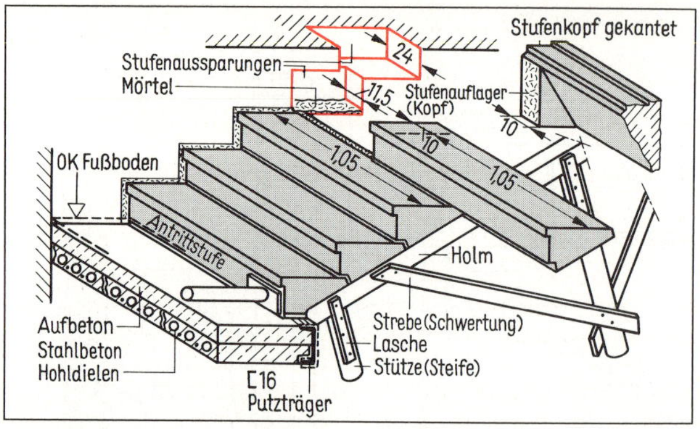

12.59 Freitragende Geschoßtreppe mit Werksteinstufen

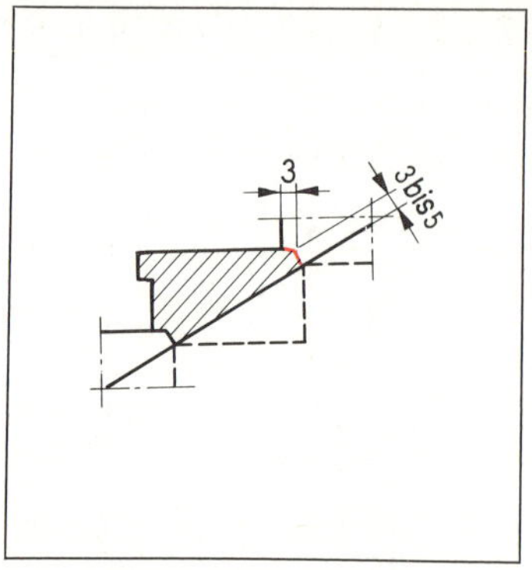

12.60 Falzausbildung bei Keilstufen für Geschoßtreppen

Da bei einer Geschoßtreppe die Treppenunterseite normalerweise sichtbar bleibt, werden für beide Bauweisen Keilstufen mit Falz verwendet, die eine glatte (verschalte) Treppenuntersicht ergeben (**12.**37c, **12.**60). Die Keilstufen behalten im Bereich der Einspannung einen rechteckigen Querschnitt (**12.**39). Bei freitragenden Treppen werden sie mindestens 25 cm tief eingemauert. Die Treppenhauswand muß eine ausreichende Auflast bilden, damit die Einspannung gewährleistet ist. Sie sollte deshalb mindestens 36,5 cm dick sein. Die Stufen kragen 1,00 bis 1,20 m aus. Jede Stufe stützt sich außerdem auf die darunterliegende ab. Während des Hochmauerns werden die auskragenden Stufen unterstützt (**12.**59). Die Treppe ist erst dann freitragend, wenn alle Stufen von Antritt- bis Austrittstufe zwischen den Geschoßdecken oder den Podesten vermauert sind, wenn die Treppenhauswand ausreichend hochgeführt und der Mörtel erhärtet ist. Erst dann darf die Unterstützung entfernt werden.

Da Geschoßtreppen aus Werksteinstufen teuer sind, werden sie in zunehmendem Maße von Stahlbetontreppen und Montagetreppen verdrängt.

Geschoßtreppen aus Werksteinstufen werden in einfacher Ausführung wie Kellertreppen und in besserer Ausführung als freitragende Treppe hergestellt. Durch Keilstufen mit Falz erhält man glatte Treppenuntersichten. Die Laufbreite der freitragenden Treppe ist durch die maximale Auskragung der Stufen auf etwa 1,20 m begrenzt. Aus Kostengründen werden sie heute von Stahlbeton- und Montagetreppen verdrängt.

12.4 Stahlbetontreppen

Stahlbetontreppen aus Ortbeton bestehen aus einer Stahlbetonplatte, der Laufplatte und gleichzeitig hergestellter Stufen, die in der Regel nicht bewehrt sind (**12.**61). Stahlbeton ermöglicht fast jede Treppenform und -bauweise: gerade, gewendelt, einläufig, mehrläufig, frei aufliegend, eingespannt, freitragend und Wendeltreppe (**12.**4, **12.**5, **12.**8 bis **12.**10). Den Vorteilen der Stahlbetontreppen aus Ortbeton stehen als Nachteile das aufwendige Herstellen der Schalung und Bewehrung sowie das Einbringen und Verdichten des Frischbetons gegenüber. Ferner müssen Ausschalfristen eingehalten werden, wodurch sich der Baufortschritt verlangsamt.

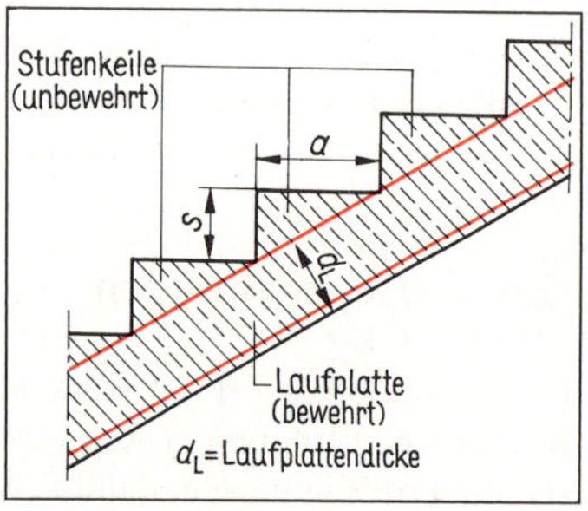

12.61 Längsschnitt der Laufplatte einer Stahlbetontreppe

12.4.1 Konstruktion und statisches System

In mehrgeschossigen Wohn- und Geschäftsgebäuden werden vorwiegend gerade ein- oder mehrläufige Treppen angeordnet, deren Laufplatten in den Treppenhauswänden oder auf besonderen Podestbalken gelagert sind (**12.**9).

Kellerinnen- und Kelleraußentreppen aus Stahlbeton sind meist quer zur Laufrichtung gespannt: die Laufplatte liegt (wie eine Werksteinstufe) beidseitig auf Wangenmauern auf. Die Spannweite ist dann nur gleich der Laufbreite, und man kommt mit einer kleinen Plattendicke, niedriger Betonfestigkeit und geringer Bewehrung aus (**12.**8).

Gewendelte Treppen und Wendeltreppen bestehen auch aus der Laufplatte mit den Stufen, manchmal aber nur aus einem mittigen Stahlbetonbalken, aus dem die Stufen beidseitig auskragen (**12.**10).

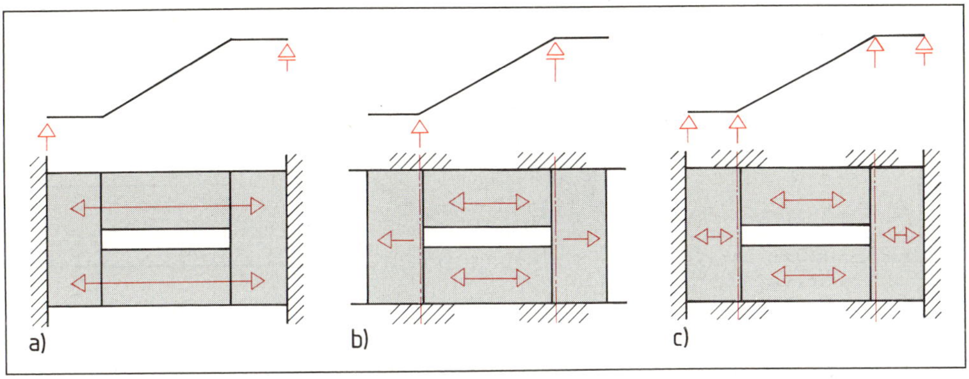

12.62 Statische Systeme von Stahlbetontreppen längsgespannt
a) zwischen den Stirnwänden des Treppenhauses: geknickter Balken auf zwei Stützen
b) zwischen Podestbalken, die in den Seitenwänden des Treppenhauses liegen; Podeste auskragend: geknickter Balken auf zwei Stützen mit Kragarmen
c) zwischen Podestbalken, Podeste auf Podestbalken und Stirnwänden aufliegend: geknickter Balken auf vier Stützen

Bei den am meisten gebauten geraden ein- und mehrläufigen Treppen bestimmt das gewählte statische System die Abmessungen der Treppe und die Bewehrungsführung. Unter dem statischen System versteht man die Anordnung im Treppenhaus, die Spannrichtung und die Auflagerung der Treppe (**12.**62).

Wenn die Laufplatte zwischen den Stirnwänden des Treppenhauses gespannt ist, betrachtet man sie statisch wie einen – zweimal geknickten – Balken auf zwei Stützen und bewehrt sie auch so (**12.**63). Dabei müssen aber die Knickpunkte besonders beachtet werden: Falsch angeordnete Bewehrungsstäbe in den einspringenden Ecken können die Betondeckung wegsprengen (**12.**64). Dieses statische System erfordert wegen der großen Spannweite einen Beton hoher Festigkeit und eine starke Bewehrung. Die genaue Anordnung der Bewehrung mit den unten- und

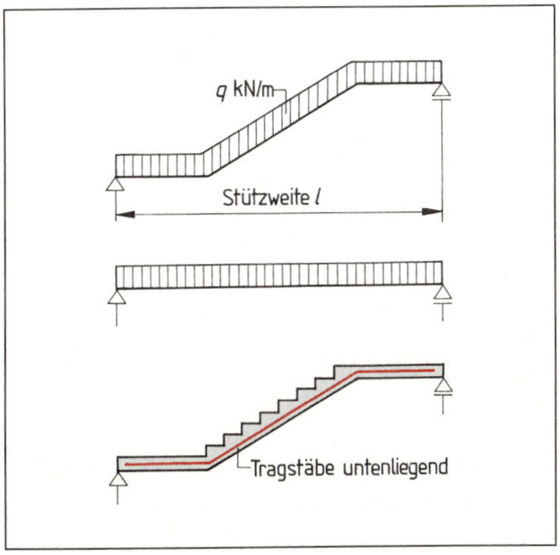

12.63 Belastungs- und Bewehrungsschema einer längsgespannten Treppe: geknickter Balken auf zwei Stützen

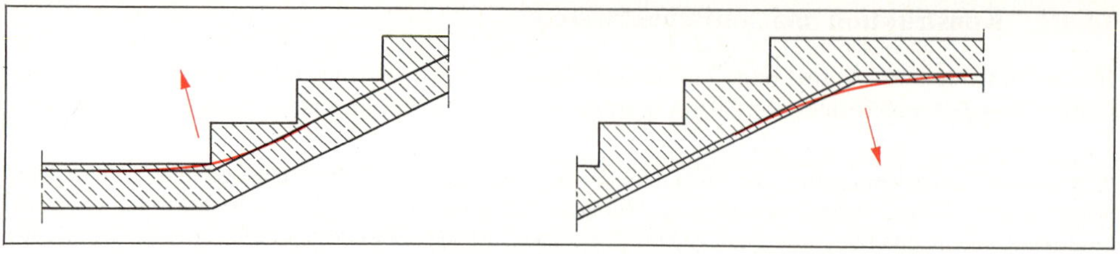

12.64 Falsche Bewehrungsführung sprengt in einspringenden Ecken die Betondeckung ab

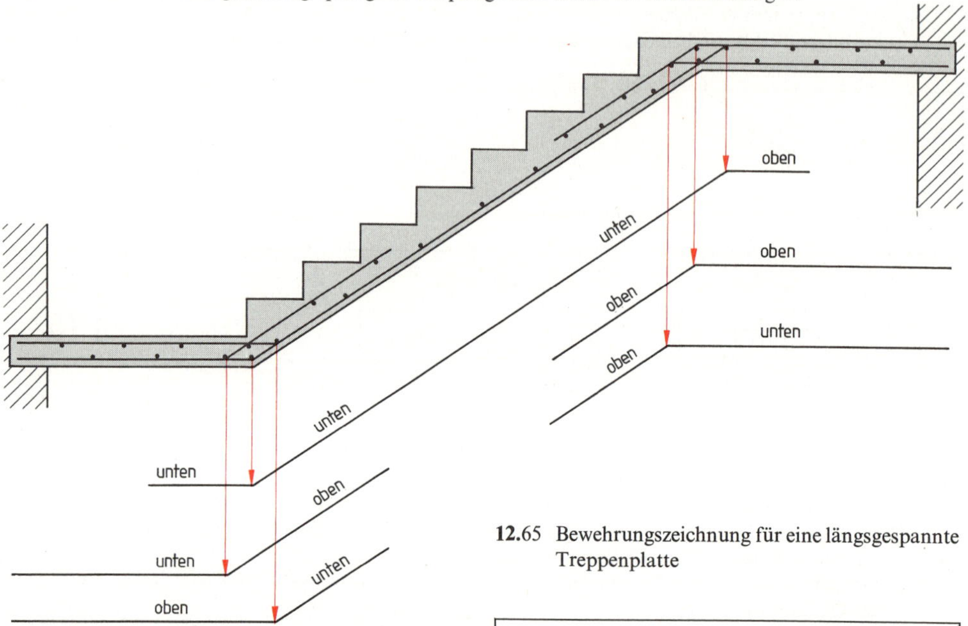

12.65 Bewehrungszeichnung für eine längsgespannte Treppenplatte

obenliegenden Stäben, Aufbiegungsstellen, Verteilern und besonders der Bewehrungsführung an den Knickpunkten zeigt die Bewehrungszeichnung (**12.**65).

Podest- und Deckenübergänge bei geraden, mehr- und gegenläufigen Treppen sollen aus architektonischen und konstruktiven Gründen an der Unterseite einen durch gehenden Knick erhalten (**12.**66). Gleichzeitig soll die Laufplattenstärke d_L etwa gleich der Podestdicke d_P sein. Beide Bedingungen werden erfüllt, wenn im Grundriß die Vorderkanten (Setzstufen) der Aus- und Antrittstufe um eine Auftrittbreite *a* versetzt werden.

Wenn die Laufplatte zwischen Podestbalken gespannt ist, die auf den Seitenwänden des Treppenhauses aufliegen, wird die Spannweite entsprechend kleiner. Die Laufplatte kann dünner und die Bewehrung geringer sein; sie ist ein Balken auf zwei Stützen mit zwei Krag-

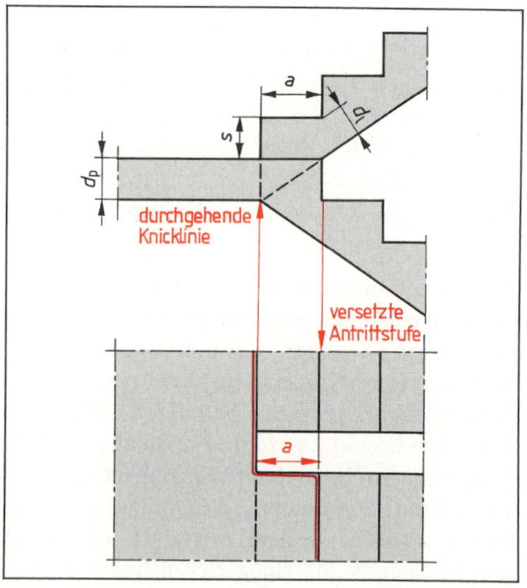

12.66 Durchgehender Knick an der Treppenunterseite bei versetzten Stufenvorderkanten

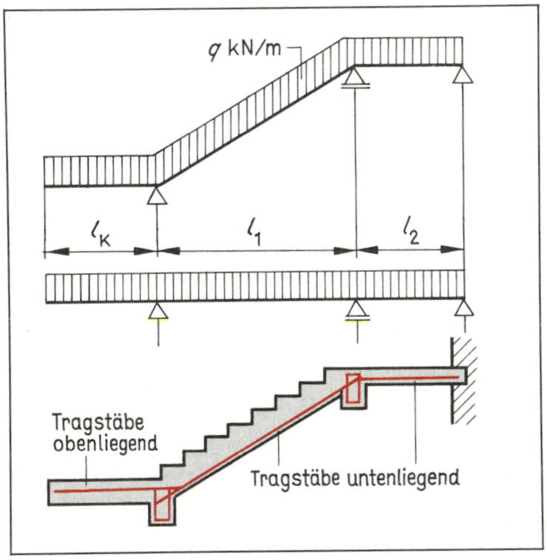

12.67 Belastungs- und Bewehrungsschema einer zwischen Podestbalken längsgespannten Treppe (verschiedene Podestausführung)

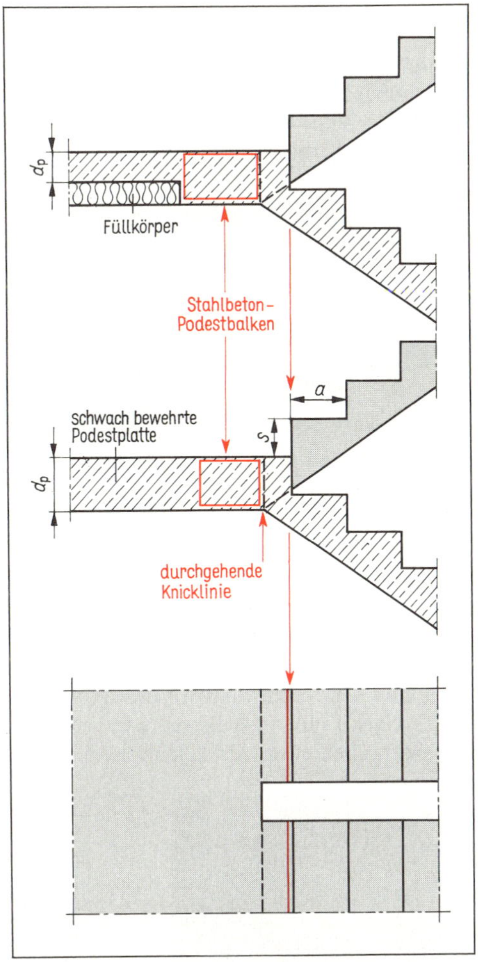

12.68 Durchgehender Knick an der Treppenunterseite bei durchlaufenden Stufenvorderkanten; Podestbalken verschwindet in der starken Podestplatte

armen (**12.**62b) oder ein Balken auf vier Stützen (**12.**62c) oder ein Balken auf drei Stützen mit einem Kragarm (**12.**67).

Bei diesem statischen System erhält man den durchgehenden Knick an der Unterseite, wenn im Grundriß die Aus- und Antrittstufe in einer Linie angeordnet werden. Dabei ergibt sich aber eine sehr große Podestdicke d_P, die statisch nicht erforderlich ist. Sie läßt sich nutzen, indem man den Podestbalken in dieser dicken Platte ausbildet. Die Podestplatte selbst wird nur in der statisch erforderlichen Dicke ausgeführt; mit Füllkörpern erzielt man eine ebene Unterseite. Wenn man die Podestplatte in der Balkendicke beläßt, wird sie entsprechend gering bewehrt (**12.**68).

Stahlbetontreppen aus Ortbeton bestehen aus den bewehrten Laufplatten mit den unbewehrten Stufen und den ebenfalls bewehrten Podestplatten. Einrüsten, Schalen, Bewehren und Betonieren sind lohnintensiv.

Kellertreppen spannt man quer zur Laufrichtung. Geschoßtreppen sind zwischen den Stirnwänden des Treppenhauses oder besonderen Podestbalken gespannt, die in den Seitenwänden des Treppenhauses aufliegen. Je nach System handelt es sich statisch um Platten (Balken) auf 2, 3 oder 4 Stützen mit einem oder zwei Kragarmen. Bei Podest- und Deckenübergängen ordnet man an der Unterseite der Laufplatte einen durchgehenden Knick an.

12.4.2 Hauseingangs-, Keller- und Geschoßtreppen

Hauseingangstreppen stellt man in einfachster Form durch Auskragung der Stahlbetondeckenplatte (Geschoßdecke) her (**12.**69). Bis zu etwa drei Stufen eignet sich diese Konstruktion. Die eigentliche Stahlbetontreppe (Rohtreppe) erhält unterschiedliche Beläge: Betonwerksteinplatten, Naturwerksteinplatten, keramische Fliesen oder eine Rollschicht aus Mauerziegeln (**12.**27).

12.69 Einzelstufe aus Auskragung der Stahlbetongeschoßdecke

12.70 Abgeschrägte Wangenmauer als Auflager für eine Kellertreppe mit Stufenlehre zur Befestigung der Stirnbretter

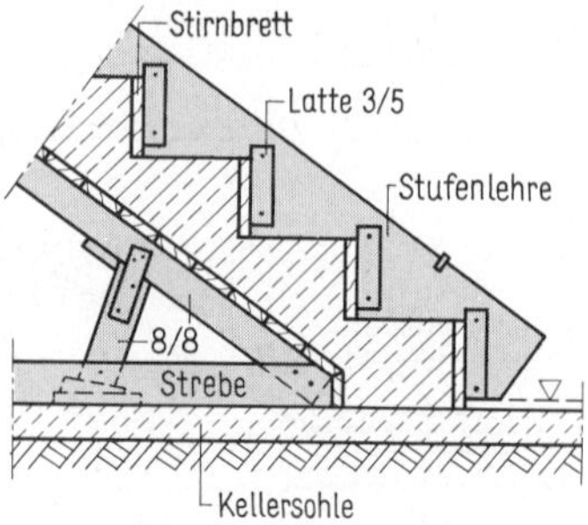

12.71 Einschalung einer Kellertreppe

Bei Kellerinnen- und -außentreppen liegen die Laufplatten auf den in der Treppenneigung abgeschrägten Wangenmauern. Das Schalgerüst besteht aus zwei Kanthölzern, die neben den Wangenmauern verlegt und von verstrebten Rund- oder Kantholzsteifen unterstützt sind; darauf liegt die Schalung für die Laufplatte. Zwei nach dem Treppenprofil ausgeschnittene Stufenlehren werden an den Seitenwänden befestigt, aufgenagelte Lattenstücke halten die Stirnbretter (**12.**70, **12.**71). Nach Einbau der Bewehrung betoniert man Laufplatte und Stufen von unten nach oben. Der plastische Beton wird lagenweise eingebracht und vorsichtig verdichtet.

12.72 Abreiben der Trittstufen einer Stahlbetontreppe

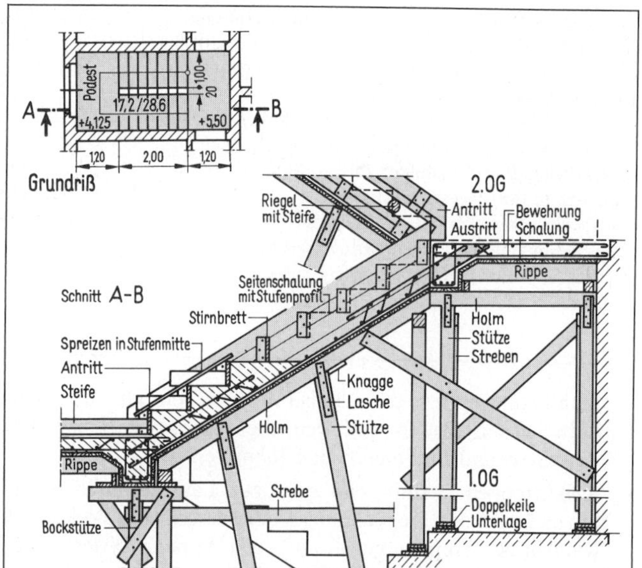

12.73 Einschalung und Bewehrung einer Stahlbetongeschoßtreppe mit Podestbalken, Beton teilweise eingebracht

12.74 Abgespreizte Stufenschalung (Stirnbretter) einer Stahlbetontreppe

Wenn man gehobelte Stirnbretter verwendet, die Auftrittflächen glatt abzieht und abreibt, sowie einen Kantenschutz einbaut, brauchen Kellertreppen meist keinen besonderen Belag (**12.**36a bis c, **12.**72).

Geschoßtreppen sind im Gegensatz zu Kellertreppen in der Laufrichtung gespannt. Die komplizierte Einrüstung erfolgt für Treppenlaufplatte und Podestplatten zusammen (**12.**73). Die Bewehrungsführung hängt vom statischen System der Treppe ab. Um den Druck des Frischbetons aufzunehmen, müssen bei breiten Treppenläufen die Stirnbretter ein- oder zweimal mit zusätzlichen Stufenlehren abgestützt werden (**12.**74, **12.**75). Die Treppe betoniert man mit steifem bis plastischem Beton von unten nach oben. Dabei werden manchmal die Stirnbretter für jede einzelne Stufe erst nach dem Betonieren der vorhergehenden Stufe eingesetzt (**12.**76).

12.75 Zweifach abgespreizte Stufenschalung einer breiten Stahlbetontreppe vor dem Betonieren

12.76 Seitenschalung einer Stahlbetontreppe; die Stufenschalung wird erst während des Betonierens eingesetzt

Bei einer Mischbauweise zwischen Werkstein- und Stahlbetontreppe wird nur die glatte Treppenlaufplatte ohne Stufen aus Ortbeton hergestellt. Sie ist in Laufrichtung zwischen den Geschoßdecken und Podestbalken oder quer zur Laufrichtung zwischen I- oder U-Trägern gespannt. Auf der glatten Plattenoberseite werden Keilstufen mit Falz verlegt. Zur sicheren Aufnahme der Schubkräfte muß man die Antrittstufe sorgfältig verankern. Die Austrittstufe muß mit OK Fertigfußboden bündig abschließen. Die Stahlprofile werden mit einem Putzträger ummantelt und verputzt (**12.**77).

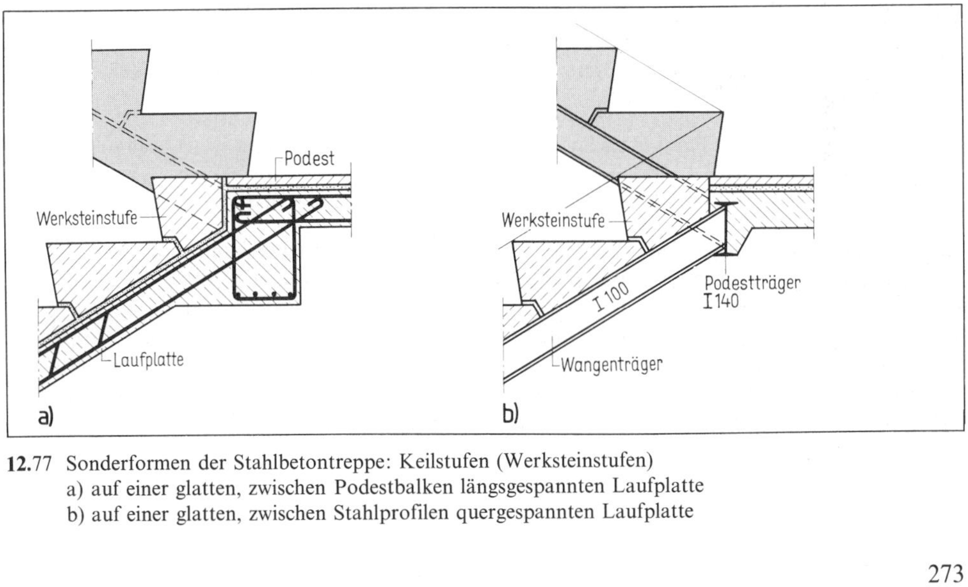

12.77 Sonderformen der Stahlbetontreppe: Keilstufen (Werksteinstufen)
a) auf einer glatten, zwischen Podestbalken längsgespannten Laufplatte
b) auf einer glatten, zwischen Stahlprofilen quergespannten Laufplatte

Gewendelte Treppen, Bogentreppen und Wendeltreppen werden als Eingangs-, Keller- und Geschoßtreppen wie Treppen mit geraden Läufen hergestellt, jedoch sind das Einschalen, Bewehren und Betonieren schwieriger und teurer. Für Innen- und Außenwange schneidet man verschiedene Stufenprofile (**12.**7). Die inneren und äußeren Auftrittbreiten sind nach einem rechnerischen oder zeichnerischen Verfahren oder mit Hilfe von Leisten nach dem Augenschein festgelegt worden (s. Abschn. 12.1.5). Anzahl, Durchmesser und Lage der Bewehrungsstäbe stehen zwar grundsätzlich in der Bewehrungszeichnung, müssen jedoch beim Einbau durch Biegen von Hand mit einem Kröpfeisen der gekrümmten Schalung angepaßt werden. Auf der Bewehrungszeichnung steht deshalb der Hinweis „Bewehrung nach der Schalung biegen!" oder „Bewehrung am Bau einmessen!". Aus diesen Gründen werden Treppen mit gekrümmten Läufen aus Kostengründen nur in teuren Gebäuden oder bei Platzmangel angeordnet.

Hauseingangstreppen aus Stahlbeton sind häufig Auskragungen der Stahlbeton-Geschoßdecke.

Kellertreppen spannt man quer zur Laufrichtung; dann genügen eine geringe Plattendicke und Bewehrung.

Geschoßtreppen erfordern eine komplizierte Einrüstung, Schalung und Bewehrung.

Gewendelte Treppen, Bogentreppen und Wendeltreppen sind schwieriger einzuschalen und zu bewehren als geradläufige Treppen, deshalb teurer und seltener.

12.5 Treppen aus Stahlbeton-Fertigteilen (Montage-Treppen)

Treppen aus Stahlbeton-Fertigteilen (Montage-Treppen) setzen sich aus Kostengründen zunehmend gegen Werksteintreppen und Stahlbetontreppen aus Ortbeton durch. Dies gilt für Treppen mit geraden und gekrümmten Läufen. Die einzelnen Bauarten und Systeme sind häufig patentrechtlich geschützte Entwicklungen des Herstellers und werden in verschiedenen Typen und Größen in Katalogen/Typenlisten angeboten und für das jeweilige Bauvorhaben ausgewählt. Die Kostenvorteile der Montage-Treppen zeigen sich besonders bei genormten Geschoßhöhen. Bei beliebigen Geschoßhöhen werden die Höhendifferenzen durch die Fugen zwischen den Stufen ausgeglichen. Für das Verlegen von Montage-Treppen muß geeignetes Hebezeug (Kran) auf der Baustelle vorhanden sein. Je nach Bauart können zwei Facharbeiter und zwei Bauhelfer in 30 bis 60 Minuten eine Geschoßtreppe verlegen. Montage-Treppen können gleich nach dem Verlegen begangen werden.

Rohtreppen werden von den Fachkräften auf der Baustelle eingebaut. Sie erhalten später beim Ausbau einen Belag.

Fertigtreppen – meist aus Betonwerkstein – werden von Montagekolonnen des Herstellers beim Ausbau versetzt.

Unabhängig von den vielen Sonderformen der zahlreichen Hersteller kann man die Montage-Treppen in einige bestimmte Grundtypen einteilen.

Die Balkentreppe besteht aus zwei, bei breiten Treppen aus drei Treppenbalken mit aufgelegten Stufenplatten, Blockstufen oder winkelförmigen Stufen aus Betonwerkstein. Wenn nur ein Treppenbalken mittig angeordnet ist, muß dieser entsprechend größer bemessen sein, und die Stufen werden fest eingespannt (verschraubt).

Die Balken sind bei An- und Austritt auf besonderen Podestbalken (**12.**78) oder auf den entsprechend ausgebildeten Geschoß- und Podestdecken gelagert (**12.**79). Die Balkentreppe wird meist als Fertigtreppe eingebaut.

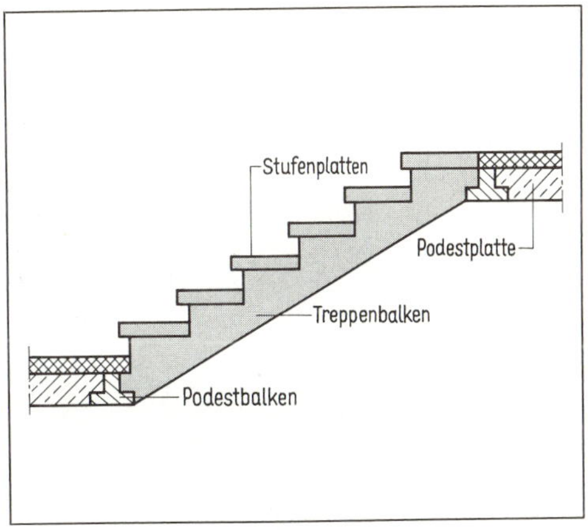

12.78 Balkentreppe mit Stahlbetonpodestbalken

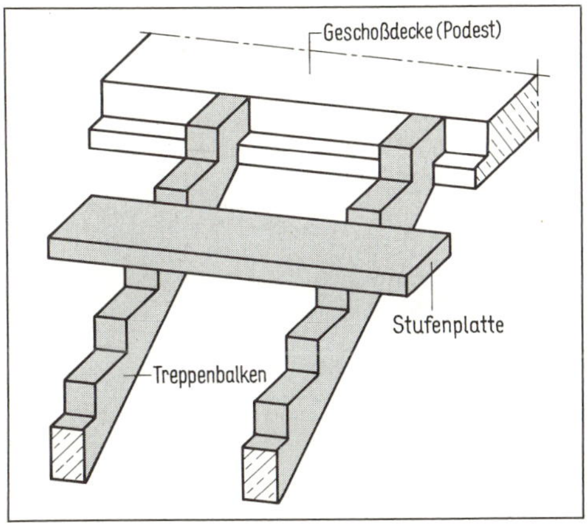

12.79 Balkentreppe mit zwei Treppenbalken und Deckenauflager

Die Wangentreppe hat zwei seitliche Wangen (Wangenträger), in denen Keilstufen, Stufenplatten oder winkelförmige Stufen liegen. Die Wangen haben einen rechteckigen Querschnitt mit Aussparungen für die Stufen (**12.**80) oder ein L-Profil, in dem Keil- oder winkelförmige Stufen liegen (**12.**81). Die Wangenträger werden im Prinzip wie die Balken der Balkentreppe aufgelagert. Auch die Wangentreppe wird meist als Fertigtreppe eingebaut.

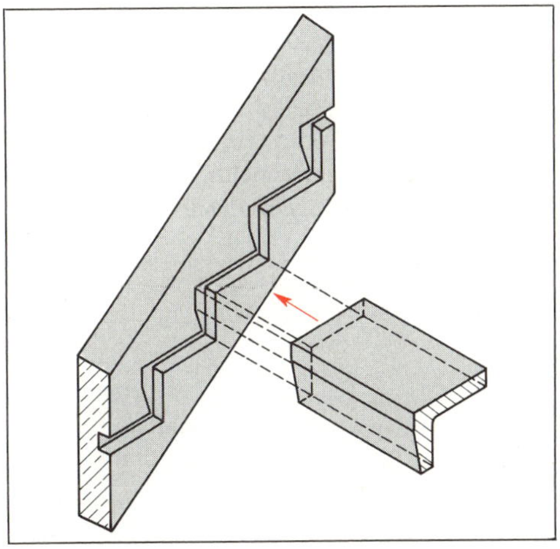

12.80 Wangentreppe mit rechteckigem Wangenquerschnitt und Winkelstufen

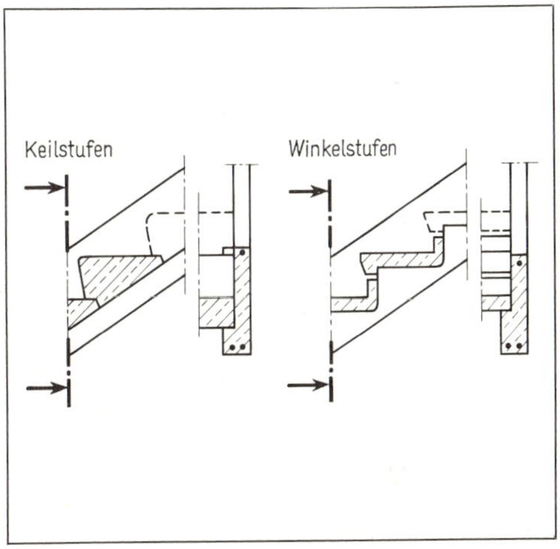

12.81 Wangentreppe mit Keil- und Z-Stufen in L-förmigen Wangenträgern

Die Belagtreppe besteht aus einer Treppenlaufplatte, die als ein Bauteil in vollständiger Länge und Breite hergestellt und verlegt wird. Unteres und oberes Auflager sind wie bei Balkentreppen ausgebildet. Die Belagtreppe wird als Rohtreppe (**12.**82) oder als Fertigtreppe (**12.**83) geliefert und eingebaut. Aus Gewichtsgründen werden sie meist als zweiläufige Podesttreppen hergestellt (kurze Läufe!); außerdem kann man in den Stufen Aussparungen (Hohlräume) anordnen.

Balken- und Wangentreppen können von Hand und mit Hilfe kleiner Hebezeuge verlegt werden. Belagtreppen sind wesentlich schwerer und müssen deshalb mit dem Turmdrehkran versetzt werden.

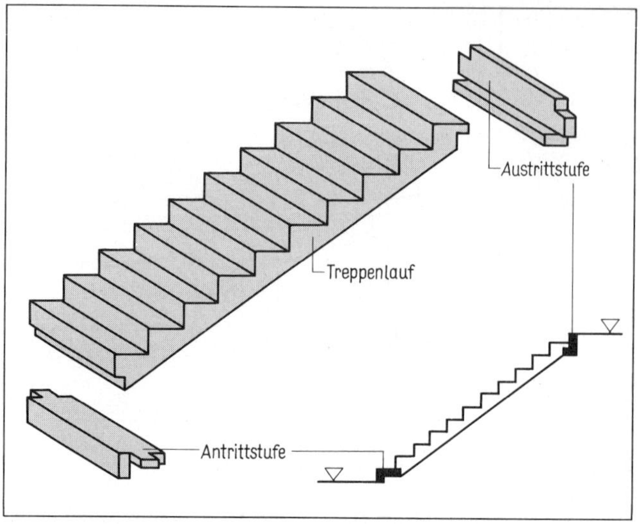

12.82 Belagtreppe

12.83 Belagtreppe vor dem Einbau, fertig belegt mit Tritt- und Setzstufen

Die Tragbolzentreppe ist die modernste Bauweise, die zunehmend Marktanteile gewinnt. Ohne Unterkonstruktion wie Platten, Balken oder Wangen werden 6 bis 8 cm dicke Stufenplatten aus Betonwerkstein durch Stahlbolzen miteinander verschraubt. Dadurch entsteht eine starre Gesamtkonstruktion. Die Austrittstufe wird in der Geschoß- oder Podestdecke verankert. Die Treppe wird entweder 6 bis 8 cm in die Treppenhauswand eingelassen und hat dann nur an der Freiwange ein oder zwei Stahlbolzen (**12.**84), oder sie wird an beiden Seiten mit einem oder zwei Stahlbolzen zusammengeschraubt und ohne Verbindung mit der Wand frei gespannt (**12.**85). Tragbolzentreppen eignen sich für gerade ein- und zweiläufige und gewendelte Treppen. Es sind immer Fertigtreppen, die während des Ausbaus von Spezialfirmen eingebaut werden.

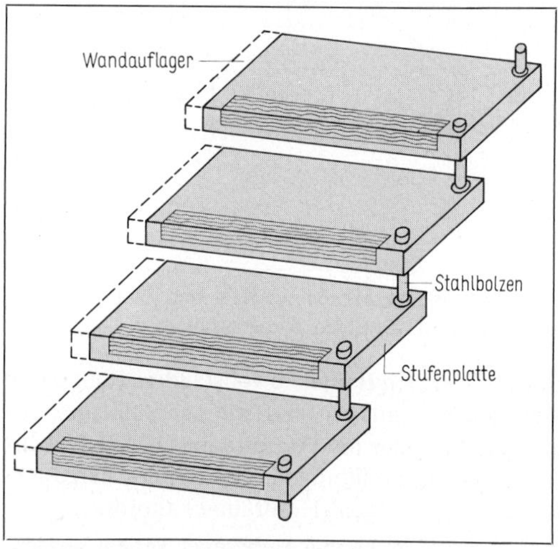

12.84 Tragbolzentreppe mit Wandauflager und Schraubbolzen an der Freiwange

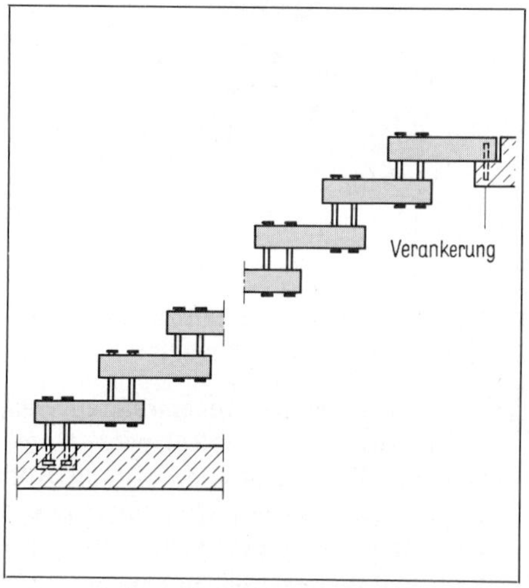

12.85 Schema der freigespannten Tragbolzentreppe mit zwei Schraubbolzen

Die Längsträgertreppe wird aus einzelnen 15 bis 25 cm breiten Längsträgern mit dem Treppenprofil zusammengesetzt, von denen man so viele nebeneinander legt, bis die gewünschte Treppenbreite erreicht ist. Die Auflager sind wie bei der Balken- oder Belagtreppe ausgebildet. Auch hier werden zur Gewichtsersparnis Aussparungen angeordnet. Die einzelnen Längsträger werden quer zur Laufrichtung mit Schraubbolzen oder durch eine in Aussparungen mit Ortbeton vergossene Querbewehrung zusammengehalten (**12.**86). Längsträgertreppen sind meist Rohtreppen.

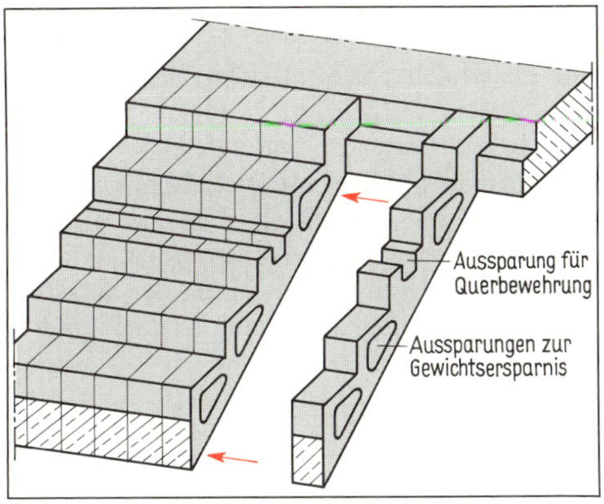

12.86 Längsträgertreppe

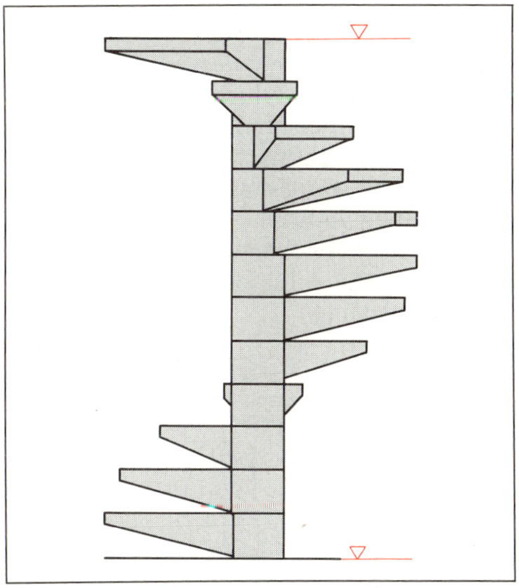

12.87 Wendeltreppe (Spindeltreppe)

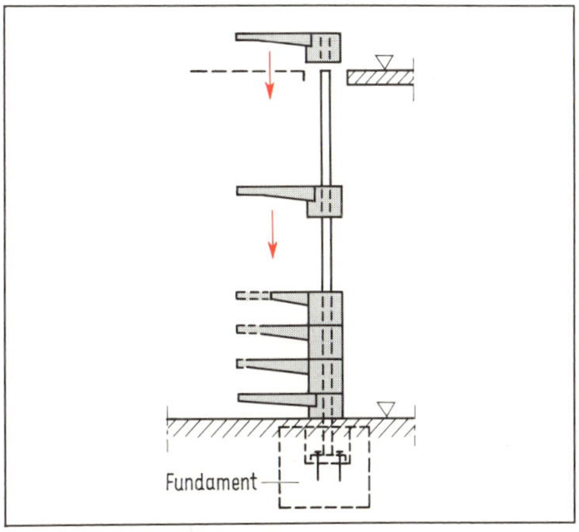

12.88 Montage einer Spindeltreppe

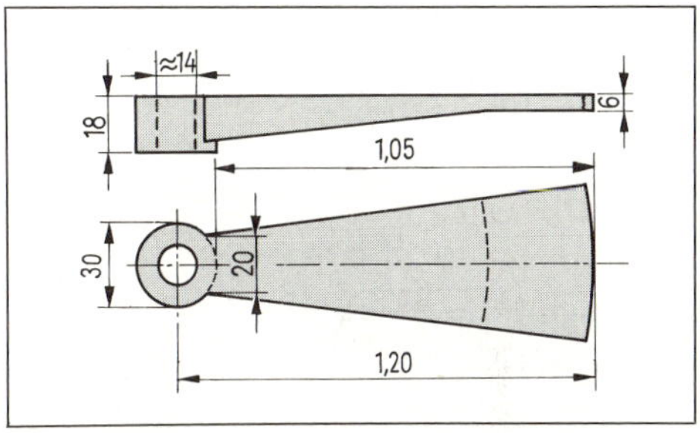

12.89 Beispiel einer Spindeltreppenstufe

Wendeltreppen in der Form von Spindeltreppen gibt es bevorzugt als Montagetreppen. Bei kleinem Raumbedarf können sie aus wenigen Einzelteilen montiert werden: ein gleichbleibender Stufentyp in der erforderlichen Stückzahl und eine Spindel aus Stahlbeton oder Stahlrohr (**12.**87 bis **12.**89), nur gelegentlich aus Ortbeton. Wendeltreppen werden als Roh- und Fertigtreppen hergestellt.

Treppen aus Stahlbeton-Fertigteilen (Montage-Treppen, angeboten als Roh- und Fertigtreppen) sind preiswert und ermöglichen einen zügigen Baufortschritt. Je nach statischem System unterscheidet man Balken-, Wangen-, Belag-, Tragwerk-, Längsträger- und Wendeltreppen.

12.6 Stufenbeläge

Stufenbeläge verschiedener Art verschönern und schützen Stahlbetontreppen.

Linoleum-, Gummi-, Kunststoff- und Teppichbeläge verlegt der Bodenleger oder Raumausstatter, Fliesen, Natur- und Betonwerksteinplatten der Fliesenleger oder der Betonstein- und Terrazzohersteller. Werksteinplatten werden gelegentlich auch vom Hochbaufacharbeiter oder Maurer verlegt.

Bei einfachen Treppen verlegt man nur Platten auf die Trittstufen. Die Stoßfläche (Setzstufe) wird verputzt und später gestrichen (**12.**90). Bei besserer Ausführung werden Tritt- und Setzstufen oder winkelförmige Stufen verlegt (**12.**91, **12.**93). Um elastische und temperaturbedingte Dehnungen zu ermöglichen, verlegt man Tritt- und Setzstufen nicht voll in einem Mörtelbett, sondern nur auf etwa 10 cm breiten Mörtelstreifen aus plastischem Zementmörtel MV 1:3 (**12.**92). Aus dem gleichen Grund dürfen Stufenplatten nicht zwischen Wänden und Wangen eingespannt werden. Winkelförmige Stufen werden nur mit der Trittstufe auf die Mörtelstreifen verlegt; hinter der Setzstufe bleibt Luft (**12.**91). Für die Zeit des Ausbaus wird die fertige Treppe durch eine Abdeckung mit Brettern geschützt.

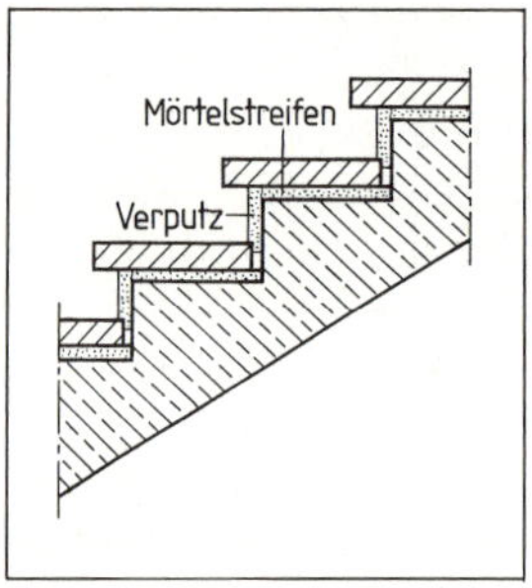

12.90 Trittstufen aus Natursteinplatten, Setzstufen

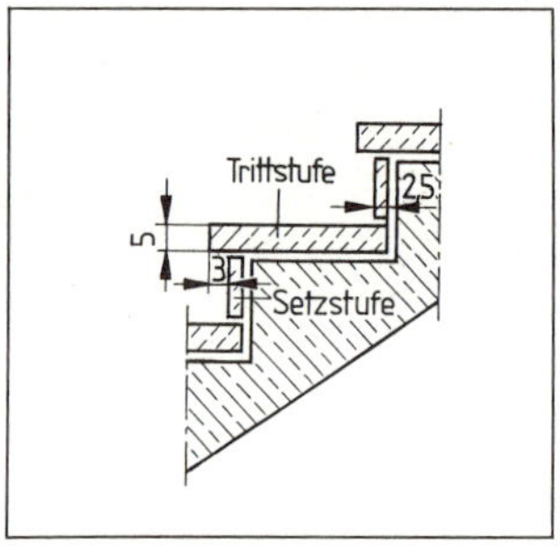

12.91 Tritt- und Setzstufen aus Betonwerksteinplatten

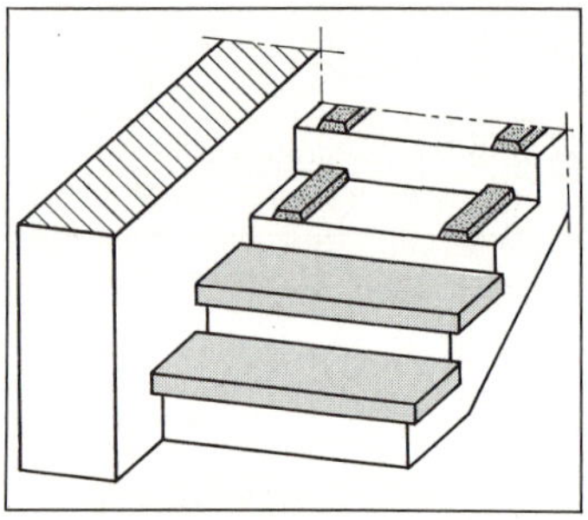

12.92 Verlegen von Stufenplatten auf Mörtelstreifen

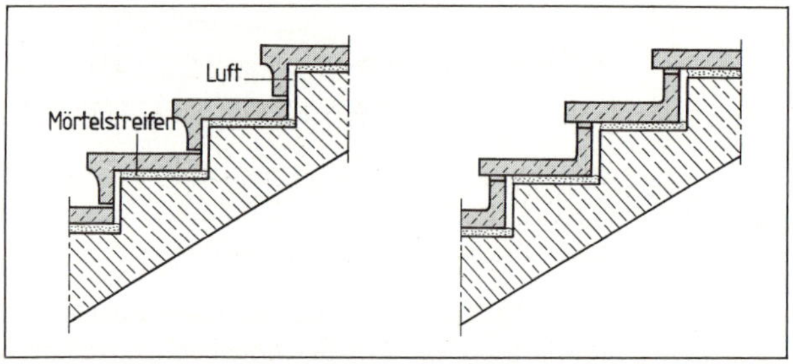

12.93 Belag mit winkelförmigen Stufen

Stahlbetontreppen (Rohtreppen) erhalten unterschiedliche Beläge. Hochbaufacharbeiter und Maurer verlegen Werksteine, sonstige Beläge gehören zum Arbeitsgebiet der Fliesenleger, Bodenleger und Raumausstatter.

Je nach Ausführung werden nur Trittstufen, Tritt- und Setzstufen oder winkelförmige Stufen verlegt. Laufbreite Stufenplatten werden nicht vollflächig sondern nur auf Mörtelstreifen verlegt. Um Dehnungen zu ermöglichen, dürfen Stufenplatten nicht eingespannt werden.

Aufgaben zu Abschnitt 12

1. Zählen Sie die wichtigsten Teile einer Treppe auf.
2. Welche Vorschriften gelten für die tragenden Teile von Treppen?
3. Welche Feuerwiderstandsklassen sind für Treppen vorgeschrieben?
4. Wie breit müssen Treppenläufe mindestens sein?
5. Welche Höchst- und Mindestmaße sind für Steigung und Auftritt einzuhalten?
6. Was versteht man unter lichter Durchgangshöhe?
7. Was versteht man unter einer Rechtstreppe und einer Linkstreppe?
8. Was sind gewendelte Treppen?
9. Was sind verzogene Stufen? Wie unterscheiden sie sich von Wendelstufen?
10. Wie lautet die Schrittmaßformel für die Treppenberechnung?
11. Was versteht man unter freier und gebundener Bemessung?
12. Mit welche Formel überprüft man die bequeme Begehbarkeit einer Treppe?
13. Wie gibt man das Steigungsverhältnis einer Treppe an?
14. Berechnen Sie das günstigste Steigungsverhältnis für die Geschoßhöhe 2,25 m (2,50; 2,625; 2,75; 2,875; 3,00 m).
15. Wie wählt man bei zwei gegebenen Steigungsverhältnissen das bessere aus?
16. Erläutern Sie den Begriff „Verziehen von Stufen".
17. Beschreiben Sie die Herstellung von gemauerten Treppen aus Natursteinen.
18. Welche Steinarten und Formate werden für Treppen aus Mauerziegeln verwendet?
19. Erläutern Sie den Zusammenhang zwischen den gewählten Steinformaten und dem Steigungsverhältnis.
20. Beschreiben Sie die Fundamentierung von gemauerten Treppen.
21. Erläutern Sie die Begriffe Naturwerkstein und Betonwerkstein.
22. Wie wird die Oberfläche von Naturwerksteinstufen und von Betonwerksteinstufen behandelt?
23. Was ist Waschbeton?
24. Was versteht man unter Vorsatzbeton?
25. Beschreiben Sie einige Möglichkeiten für die Ausbildung des Stufenprofils bei Werksteinstufen.
26. Beurteilen und vergleichen Sie Block-, Keil- und winkelförmige Stufen.
27. Welche wesentlichen Vorteile haben Werksteintreppen gegenüber gemauerten Treppen?
28. Wie werden die Fundamente für Hauseingangstreppen aus Werksteinstufen ausgebildet?
29. Was versteht man unter einer freitragenden Treppe?
30. Wie werden Werksteinstufen fachgerecht einseitig eingespannt?
31. Vergleichen Sie die Geschoßtreppen aus Werksteinstufen mit Stahlbetontreppen.
32. Erläutern Sie die Vor- und Nachteile von Stahlbetontreppen aus Ortbeton.
33. Was versteht man unter quer und längs gespannten Stahlbetontreppen?
34. Beschreiben Sie die Bewehrungsgrundsätze für geknickte Treppenlaufplatten.
35. Nennen Sie die Merkmale von Stahlbetontreppen, die zwischen Podestbalken gespannt sind.
36. Wie werden Hauseingangstreppen mit wenigen Stufen aus Stahlbeton ausgeführt?
37. Welches statisches System eignet sich für Kellertreppen?
38. Beschreiben Sie das Einschalen von Kellertreppen.
39. Wie schützt man Stufenkanten bei Kellertreppen?
40. Beurteilen Sie das Einrüsten, Einschalen und Bewehren von Treppen aus Stahlbeton mit gekrümmten Läufen.
41. Erklären Sie den Hinweis „Bewehrung nach der Schalung biegen!" auf der Bewehrungszeichnung.
42. Beschreiben Sie die Merkmale von Stahlbetontreppen aus Fertigteilen (Montagetreppen).
43. Was versteht man unter Roh- und Fertigtreppe?
44. Beschreiben Sie den Aufbau einer Balkentreppe und einer Wangentreppe.
45. Warum werden Belagtreppen häufig als zweiläufige Podesttreppen hergestellt?
46. Beschreiben Sie die beiden Bauarten der Tragbolzentreppe.
47. Beschreiben Sie die Längsträgertreppe.
48. Beschreiben Sie die Bauweise der Wendeltreppe aus Fertigteilen.
49. Welche Arten von Belägen erhalten Stahlbetontreppen? Warum erhalten Fertigtreppen keine Stufenbeläge?
50. Warum werden laufbreite Stufenplatten nicht vollflächig, sondern nur auf Mörtelstreifen verlegt?

13 Lichtschächte

Räume von Gebäuden, die so tief im Erdreich liegen, daß sich Fenster nicht über der Erdoberfläche anlegen lassen, erhalten Tageslicht und Belüftung durch Lichtschächte. Um einen möglichst großen Lichteinfall zu erreichen, legt man die Fensteröffnung unmittelbar unter die Kellerdecke.

Die Breite gemauerter Lichtschächte ist innen gleich der lichten Fensterbreite plus 6,25 cm oder 12,5 cm, die lichte Tiefe zwischen Kellermauer und Lichtschachtwand bis 51 cm bzw. gleich der Fensterhöhe. Die Oberkante der Lichtschachtsohle soll mindestens 12,5 cm unter der Fensterbrüstung liegen, damit bei Verstopfung des Abflusses das im Lichtschacht angesammelte Niederschlagswasser nicht in die tiefer liegenden Räume läuft.

13.1 Von der Kellerwand abgerissener Lichtschacht

Lichtschächte, die im verfüllten Arbeitsraum der Baugrube gegründet werden, reißen infolge späterer Setzung ab (**13.1**). Auch die Gründung auf gewachsenem Boden ist wegen der unterschiedlichen Setzung von Bauwerk und Lichtschacht nicht ratsam. Deshalb führt man Lichtschächte freitragend aus. Hierfür gibt es verschiedene Möglichkeiten.

13.1 Lichtschächte aus Beton und Mauerwerk

Als Lichtschachtauflager dienen gemauerte Konsolen, I-Träger oder eine Kragplatte aus Stahlbeton.

Die Konsolen unter den beiden seitlichen Lichtschachtwänden mauert man 24 cm dick gleichzeitig mit der Kellermauer bis zur Unterkante der Lichtschachtsohle. Die einzelnen Schichten streckt man jeweils um $^1/_4$ Stein heraus (**13.2**). Sie erhalten, wie das Kellermauerwerk, einen zweimaligen Bitumenanstrich. Auf die Konsolen betoniert man eine etwa 10 cm dicke Stahlbetonplatte mit oben geglätteter Feinschicht und Gefälle nach außen auf.

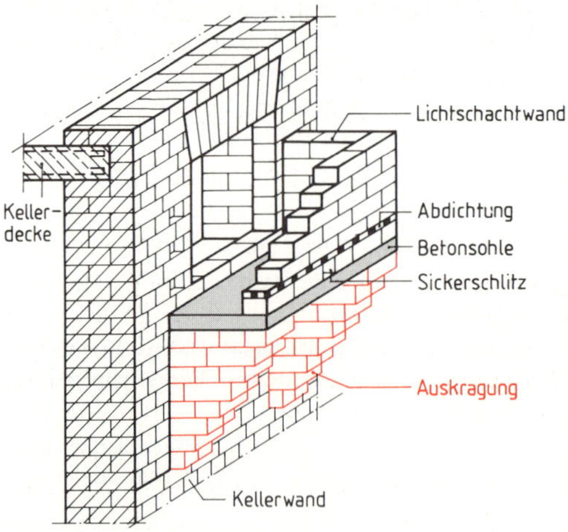

13.2 Lichtschacht auf gemauerter Konsole

13.3 Eingemauerte I-Träger zur Aufnahme von Lichtschachtsohle und -wänden

I-Träger (I 80, I 100, auch IPB 100) werden links und rechts in Höhe der Lichtschachtsohle mindestens 25 cm tief mit eingemauert (**13.**3). Zwischen die Träger, die zuvor mit Drahtgewebe als Mörtelträger ummantelt sind, betoniert man eine Stahlbetonplatte. Die Tragstäbe der Bewehrung liegen in den Trägerflanschen und werden mit Verteilern verknüpft. Der Träger ist allseits von Beton ummantelt (**13.**4).

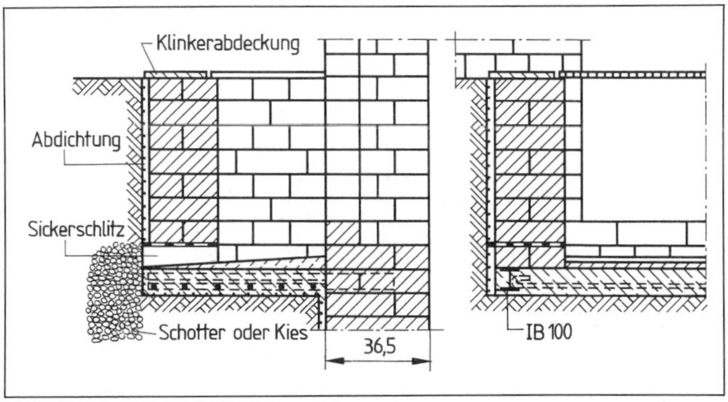

13.4
Quer- und Längsschnitt durch einen Lichtschacht auf I-Trägern

Die Kragplatte wird aus Stahlbeton mit Gefälle nach außen hergestellt. Sie ist durch die ganze Dicke der Wand hindurchzuführen, mindestens aber einsteintief einzubinden (**13.**5). Ist das Kellermauerwerk bis zur Unterkante der Lichtschachtsohle hochgeführt, wird auf einem Gerüst aus Rahmen und Steifen die untere und seitliche Bretterschalung für die Kragplatte angebracht (**13.**5 und **13.**6).

13.5 Kragplatte aus Stahlbeton mit Schalung

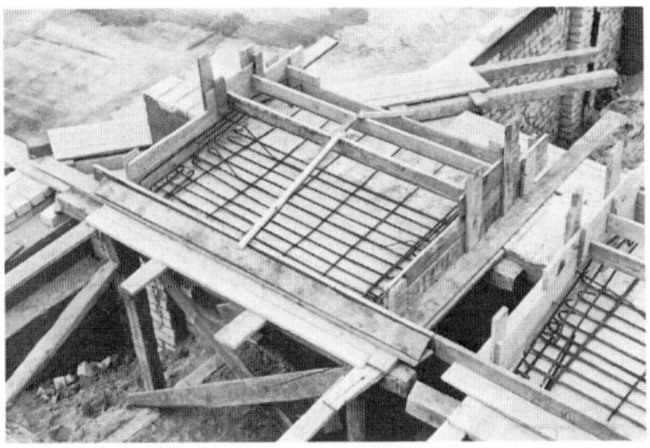

13.6 Schalung und Bewehrung der Lichtschacht-Kragplatte

Die Stahleinlagen können so verlegt werden, daß nur die seitlich in das Mauerwerk eingespannten Teile der Platte mit Stählen an der Ober- und Unterseite als Kragarme wirken. Die Tragstäbe für den nicht eingespannten Teil der Platte (in Fensterbreite) liegen dann parallel zur Mauerflucht auf der Bewehrung der Kragarme an der Plattenunterseite. Rechtwinklig dazu liegen Verteilerstäbe (**13.**6). Soll dagegen die ganze Platte als Kragarm wirken, werden die am freien Ende abgebogenen Tragstäbe rechtwinklig zur Mauerflucht an der Plattenoberseite verlegt und durch Verteilerstäbe verbunden (**13.**7 auf S. 282). Nach dem Betonieren der Kragplatte mauert man die Kellerwand mit Verzahnung für die Lichtschachtwände auf (**13.**8).

Wird der Lichtschacht erst später hergestellt, erhält das Kellermauerwerk unterhalb des Fensters und seitlich davon eine ≈ 25 cm hohe Aussparung. In diese greift die Kragplatte ein; sie wird durch Ausmauern in der Wand verspannt (**13.**9).

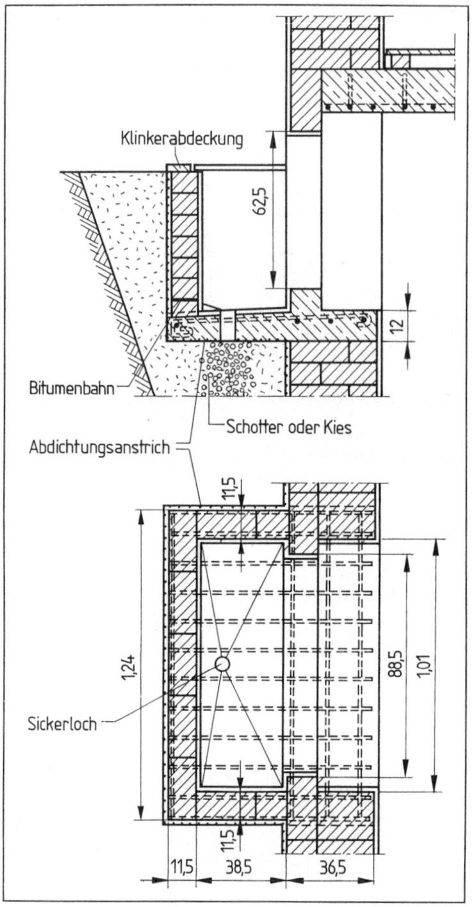

13.7 Schnitte durch Lichtschacht mit Kragplatte

13.8 Kragplatte und Verzahnung für den Lichtschachtkranz

13.9 Fensteröffnung mit Aussparung für die Kragplatte

Bei betonierten Kellerwänden stellt man meist auch den Lichtschacht aus Beton her. Zur späteren Verankerung von Sohle und Schacht läßt man aus der Kellerwand Bewehrungsstähle (Anschlußbewehrung) austreten. Der Lichtschacht erhält nach Fertigstellung außen eine Abdichtung.

Als oberen Abschluß der Lichtschachtwand betoniert man einen Kranz, in den gleichzeitig der Winkelrahmen für den Abdeckrost eingefügt wird. Als Abschluß kann man auch 2 bis 3 cm dicke Klinker verlegen, die um die Falzbreite des Rostrahmens zurückgesetzt werden (**13.**10 auf S. 282).

Lichtschachtwände werden für kleinere Fensteröffnungen 11,5 cm, für größere 24 cm dick bis zur Erdoberfläche hochgeführt (**13.**4 und **13.**7). Zur besseren Aufnahme des Erddrucks wölbt man die vordere Wand auch vor. In der untersten Schicht wird ein durch die Wand gehender Durchlaß von 6 cm Breite gelassen (**13.**2 und **13.**4) oder ein Dränrohr mit Gefälle eingesetzt, damit das Niederschlagswasser aus dem Lichtschacht abfließen kann. Der Ablauf kann auch in der Sohlplatte liegen (**13.**7). Zum Abdichten gegen aufsteigende Feuchtigkeit wird auf die unterste Schicht eine Bitumenbahn gelegt (**13.**2, **13.**4 und **13.**7).

Die Innenflächen der Lichtschachtwände werden verfugt oder wie die Außenflächen verputzt. Nach genügendem Erhärten des Putzes streicht man die Außenflächen zweimal mit Bitumen. Beim Hinterfüllen des Mauerwerks ist darauf zu achten, daß vor bzw. unter die Ablauföffnung Kies oder Schotter eingebracht wird, damit das Niederschlagswasser absickern kann. Auf die Sohle verlegt man einen Zementestrich mit Gefälle zur Ablauföffnung.

13.10
Lichtschacht mit Stahlrostabdeckung. Die Lichtschachtwände sind mit Klinker abgedeckt.

13.2 Lichtschächte aus Fertigteilen

Stahlbeton-Fertigteile (13.11) bestehen aus zwei Konsolen, den Kranzteilen und einer Bodenplatte, die im Betonwerk für übliche Fensterbreiten gefertigt werden. Die Höhe des Lichtschachts ist im Maßsprung der Kranzteilhöhen variabel. Der oberste Kranz hat einen Falz zur Aufnahme des Abdeckrosts.

Die Konsolen (Kragträger) setzt man beim Herstellen des Mauerwerks ein (**13.**12). Die Schachtkränze werden erst aufgesetzt, wenn die an der Wand durchgehend aufgebrachte Abdichtung erhärtet ist. Die Bodenplatte liegt auf der verbleibenden Konsolenfläche auf und läßt ringsum eine Sickerfuge, durch die das Niederschlagswasser abfließen kann. Statt der Bodenplatte kann auch eine Schicht Kies eingebracht werden.

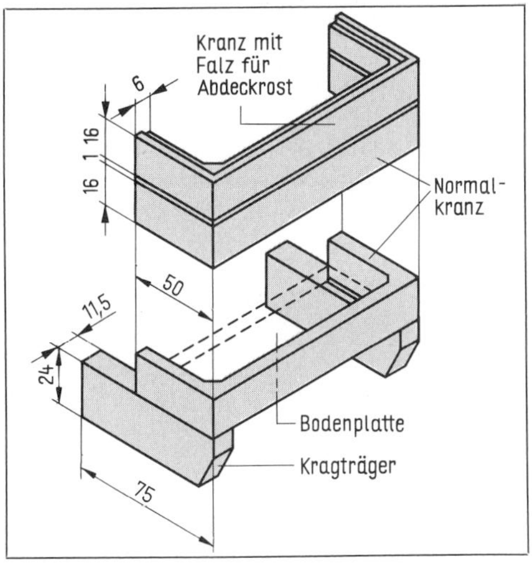

13.11 Lichtschacht aus Stahlbeton-Fertigteilen

13.12 Eingemauerte Lichtschachtkonsolen

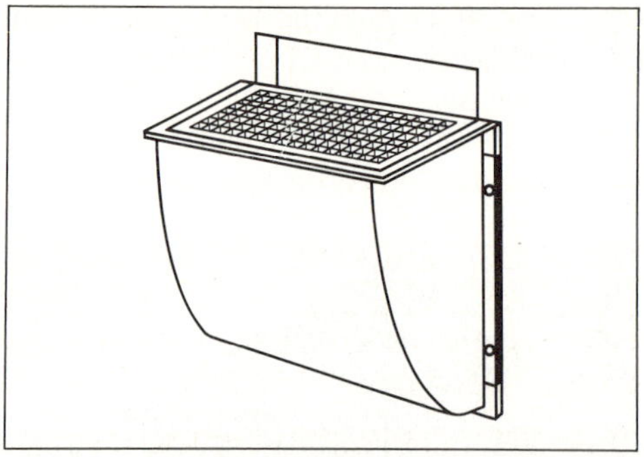

13.13 Fugenloser Lichtschacht aus Glasfaserbeton oder glasfaserverstärktem Kunststoff

Glasfaserbeton (GFB), Glasfaserverstärkte Kunststoffe (GFK, 13.13). Die Glasfasern verbessern wesentlich die Biegezug- und Schlagfestigkeit, so daß auch beim Glasfaserbeton dünne Querschnitte möglich sind. Sie halten stärkstem Erddruck stand. An der Sohle befindet sich eine Auslauföffnung für Niederschlagswasser. Ein Aufsatz überbrückt größere Fensterhöhen.

Die Lichtschächte werden an das fertig abgedichtete Mauerwerk angeschraubt. Dichtungen auf den Bohrlöchern verhindern Feuchtigkeitsbrücken zum Mauerwerk.

Vor Fenstern, die unter der Erdoberfläche liegen, baut man Lichtschächte an, um die Räume mit Tageslicht zu versorgen und um sie besser belüften zu können. Die Lichtschachtwände müssen dem Erddruck standhalten. Wichtig sind die feste Verbindung der Tragkonstruktion mit der Wand (damit der Lichtschacht infolge Setzungen nicht abreißt) und Abdichtungen, die das Übergreifen von Bodenfeuchtigkeit verhindern. Niederschlagswasser muß ungehindert abfließen können.

Aufgaben zu Abschnitt 13

1. Welchen Zweck haben Lichtschächte?
2. Geben Sie Innenmaße gemauerter Lichtschachtwände an.
3. Warum müssen Lichtschächte fest mit der Wand verbunden werden?
4. Beschreiben Sie Arten und Herstellung von Tragkonstruktionen.
5. Wie werden Lichtschachtwände ausgeführt?
6. Welche Vorteile haben Lichtschächte aus Fertigteilen im Vergleich mit Lichtschächten aus Ortbeton und Mauerwerk?
7. Welche Teile gehören zu einem Lichtschacht aus Stahlbeton-Fertigteilen?
8. Wo sind Abdichtungen bei den verschiedenen Lichtschachtkonstruktionen anzubringen?
9. Wie sorgt man für den Ablauf des Niederschlagswassers aus dem Lichtschacht?
10. Zeichnen Sie für die Lichtschachtausführung nach Bild **13.**11 die Ansicht und einen waagerechten und einen senkrechten Schnitt durch die Kellerwand und den Lichtschacht, M 1:10 – cm.

14 Putz, Estrich, Pflasterdecken und Plattenbeläge

14.1 Putz

14.1.1 Ausgangsstoffe

Putz ist ein an Wänden und Unterseiten von Geschoßdecken ein- oder mehrlagig in bestimmter Dicke aufgetragener Belag aus Mörteln oder Beschichtungsstoffen.

Putzmörtel sind ein Gemisch aus mineralischen Bindemitteln (Baukalke, Zemente, Baugipse oder Anhydritbinder), Zuschlägen (Sand mit Korngröße bis 4 mm), Wasser und eventuell Zusätzen (Zusatzmittel, Zusatzstoffe). Zusatzmittel verändern Mörteleigenschaften durch chemische und/ oder physikalische Wirkung (z. B. Verflüssiger, Luftporenbildner, Erstarrungsbeschleuniger) oder verbessern die Haftung zwischen Putzmörtel und Putzgrund. Die erstgenannten Zusatzmittel mischt man in nur geringer Menge dem Mörtel zu. Zusatzstoffe sind fein aufgeteilte Stoffe (z. B. Gesteinsmehl, Traß, Pigmente). Ihr Anteil ist im Mischungsverhältnis zu berücksichtigen.

Nach Art der Bindemittel unterscheidet man fünf Mörtelgruppen (**14.**1).

Tabelle **14.**1 **Putzmörtelgruppen nach DIN 18550 „Putz"**

Mörtelgruppe		Bindemittel	mittlere Mindestdruckfestigkeit in N/mm²
P I	a, b	Luftkalke, Wasserkalke	keine Anforderungen
	c	Hydraulische Kalke	1,0
P II	a	Hochhydraulische Kalke, Putz- und Mauerbinder	2,5
	b	Gemische aus Zement und Luft- bzw. Wasserkalken	
P III	a	Zemente mit Zusatz von Luftkalken	10,0
	b	Zemente	
P IV	a, b, c, d	Baugipse ohne und mit Anteilen von Baukalken bzw. Sand	2,0
P V	a, b	Anhydritbinder ohne und mit Anteilen von Baukalken	2,0

Empfohlene Mischungsverhältnisse s. Abschn. 6.4.2, Baufachkunde 1. Mörtel mit davon abweichendem Mischungsverhältnis müssen auf Eignung geprüft werden.

Nach dem Erhärtungszustand unterscheiden wir Frisch- und Festmörtel, nach dem Ort der Herstellung Baustellen- und Werkmörtel.

Beschichtungsstoffe bestehen aus einem Gemisch von organischen Bindemitteln (z. B. Kunstharzdispersionen), Füllstoffen und Verdünnungsmittel. Füllstoffe entsprechen den Zuschlägen, Verdünnungsmittel dem Anmachwasser bei Putzmörteln. Beschichtungsstoffe werden als Werkmörtel in den Typenbezeichnungen POrg 1 (für Innen- und Außenputze) und POrg 2 (für Innenputze) geliefert. Hinsichtlich Mindestdruckfestigkeit gibt es keine Anforderungen.

Putze dienen der Wandgestaltung eines Bauwerks und erfüllen bauphysikalische Aufgaben, z. B. Wetterschutz (Außenputz), Wärme- und Schallschutz (Dämmputz), zeitweilige Speicherung von Wasserdampf (Innenputz) und Brandschutz.

Im folgenden behandeln wir nur Putze aus Putzmörtel.

14.1.2 Putzanwendung

Nach der örtlichen Lage im Bauwerk unterscheidet man Innen- und Außenputze, an die zum Teil gleiche, wegen ihrer besonderen Beanspruchung und Aufgaben innen und außen aber auch unterschiedliche Anforderungen gestellt sind.

Außenputz ist auf den Außenflächen eines Bauwerks aufgebrachter Putz. DIN 18 550 unterscheidet

- **Kellerwandaußenputz** im Bereich der Erdanschüttung. Als Untergrund für Abdichtungen aus bitumenhaltigen Baustoffen enthält er hydraulische Bindemittel (Mörtelgruppe III).
- **Außensockelputz** oberhalb der Erdanschüttung. Er muß ausreichend fest und widerstandsfähig gegen Frosteinwirkung sein. Auch hier setzt man die Mörtelgruppe III ein.
- **Außendwandputz** oberhalb des Außensockelputzes.
- **Außendeckenputz** auf Deckenunterseiten, die der Witterung ausgesetzt sind.

Innenputz ist auf Innenflächen aufgebrachter Putz. DIN 18 550 unterscheidet Innenputz an Wand und Decke in Räumen mit

- üblicher Luftfeuchte (auch häusliche Küchen und Bäder),
- erhöhter Luftfeuchtigkeit.

Die Beanspruchungsart bestimmt die Zusammensetzung des Mörtels bzw. die Mörtelgruppe. In Räumen üblicher Luftfeuchte muß der Putz den hier immer vorhandenen Wasserdampf auch bei Taupunktunterschreitung an Wand- und Deckenflächen aufnehmen, speichern und ihn langsam nach außen oder nach innen abgeben. Hierfür eignen sich alle Mörtelgruppen außer der Gruppe P III, da Zementmörtel zu dicht ist. Für Putz in Feuchträumen dagegen scheiden die Gruppen P IV und P V aus, für Putz mit erhöhter Festigkeit die Mörtelgruppe P I.

14.1.3 Putzarten

DIN 18 550 unterscheidet Putze, die allgemeinen bzw. zusätzlichen Anforderungen genügen, und Putze für Sonderzwecke.

Putze, die allgemeinen Anforderungen genügen. Voraussetzungen für die Dauerhaftigkeit jedes Putzes sind seine gute Haftung am Putzgrund und die Haftung der einzelnen Lagen untereinander. Innerhalb der einzelnen Lagen soll der Mörtel ein gleichmäßiges Gefüge haben. Festigkeit bzw. Widerstand gegen Abrieb und Oberflächenbeschaffenheit sind der Putzanwendung anzupassen. Die Wasserdampfdurchlässigkeit der Putze muß auf den Wandaufbau abgestimmt sein, so daß sich bei der Dampfdiffusion von innen nach außen keine Feuchtigkeit durch Kondensation in bzw. hinter der Außenputzschicht ansammelt. Dies führt zu Putzablösungen durch Frosteinwirkung. Außenputze ohne besondere Anforderungen stellt man aus den Mörtelgruppen P I und P II her.

Über die allgemeinen Anforderungen an Putze hinaus muß Außenputz witterungsbeständig sein, d. h. der Einwirkung von Feuchtigkeit und wechselnden Temperaturen widerstehen.

Putze, die zusätzlichen Anforderungen genügen. Hierzu zählen wasserhemmende und wasserabweisende Putze, die Außenwände gegen Durchfeuchtung bei Schlagregen schützen. Die Anforderungen an den Schlagregenschutz legt DIN 4108 „Wärmeschutz im Hochbau" durch Beanspruchungsgruppen für Außenwände fest. Sie berücksichtigen die regionalen klimatischen Bedingungen (Regen, Wind), die örtliche Lage und die Art des Gebäudes.

Beanspruchungsgruppe I (gering):	keine zusätzlichen Anforderungen
Beanspruchungsgruppe II (mittel):	wasserhemmend
Beanspruchungsgruppe III (stark):	wasserabweisend

Wasserhemmende und wasserabweisende Putze bestehen aus den Mörtelgruppen P I und P II mit Zusatzmittel und aus P III.

Weiter gehören zu diesem Anforderungsbereich

- Außenputze mit erhöhter Festigkeit, die als Träger von Beschichtungen auf organischer Basis dienen oder mechanisch stärker beansprucht sind,
- Innenwandputz mit erhöhter Abriebfestigkeit, d. h. Innenwandflächen, die mechanischer Beanspruchung ausgesetzt sind (z. B. Wände in Treppenhäusern, Flure von öffentlichen Gebäuden und Schulen, Innenwand- und Innendeckenputz für Feuchträume). Letztere müssen gegen langzeitig einwirkende Feuchtigkeit beständig sein.

Putze für Sonderzwecke. Hierzu gehört der Wärmedämmputz, den man aus Zuschlägen mit niedriger Rohdichte herstellt und in Dicken bis 7 cm auf den Außenflächen der Außenwände aufträgt. Er wird als Werkmörtel an die Baustelle geliefert. Dazu zählt auch Putz als Brandschutzbekleidung, z. B. für Stahlbauteile, die im Brandfeuer ohne Schutz sehr schnell an Festigkeit verlieren, und Putz mit erhöhter Strahlenabsorption.

14.1.4 Putzlagen, Putzdicken, Putzsysteme

Eine Putzlage ist eine in einem Arbeitsgang durch einen oder mehrere Anwürfe des gleichen Mörtels ausgeführte Putzschicht. Es gibt ein- und mehrlagige Putze. Untere Lagen heißen Unterputz, die oberste Lage ist der Oberputz.

Putzdicke. Die mittlere Dicke von Putzen, die allgemeinen Anforderungen genügen, ist bei Außenputzen 20 mm, bei Innenputzen 15 mm. Bei einlagigen Innenputzen aus Werk-Trockenmörtel genügen 10 mm Dicke. Die Mindestputzdicke von 15 mm außen und 10 mm innen darf sich nur auf einzelne Stellen beschränken (z. B. über elektrische Leitungen). Die Dicke von Putzen, die zusätzlichen Anforderungen genügen, ist so zu wählen, daß diese Anforderungen sicher erfüllt werden. Einlagige wasserabweisende Außenputze aus Werkmörtel haben eine mittlere Dicke von 15 mm (Mindestdicke 10 mm). Wärmedämmputze haben Dicken ab 20 mm.

Mit Putzsystem meint man das ganzheitliche Zusammenwirken von Putzgrund und der aufeinander abgestimmten Putzlagen. Dies gilt auch für einlagige Putze. Dabei können zweilagige Putze aus gleichen oder verschiedenen Mörtelgruppen bestehen. Die Mörtelgruppe P III (hohe Festigkeit, dicht, geringes Aufnahmevermögen für Wasserdampf) verarbeitet man nicht als Putzlage mit den Mörtelgruppen P I (wenig fest), P IV und P V (wie P I und hohe Speicherfähigkeit für Wasserdampf). Die in den Berührungsflächen der einzelnen Putzlagen und des Putzgrunds (z. B. durch Schwinden oder Temperaturdehnungen) auftretenden Spannungen müssen vom Putzsystem aufgenommen werden. Dies ist nur möglich, wenn die Festigkeit des Oberputzes geringer ist als die Festigkeit des Unterputzes oder wenn beide Putzlagen gleich fest sind. DIN 18 550 Teil 1 enthält in tabellarischer Form bewährte Putzsystem für verschiedene Anwendungsbereiche.

14.1.5 Putzgrund

Der Putzgrund ist der Bauteil, der geputzt wird. Er muß frostfrei sein und darf eine Temperatur von etwa +5 °C nicht unterschreiten. Schon bei den Rohbauarbeiten ist daruf zu achten, daß eine ebener, lot- und fluchtrechter Putzgrund entsteht, damit der Putz in gleichmäßiger Dicke aufgetragen werden kann. Falls die Unebenheiten nicht unter Einhaltung von mindest- bzw. größtzulässigen Dicken in einer Putzlage ausgeglichen werden können (s. DIN 18 202 „Maßtoleranzen im Hochbau, Teil 2"), ist ein auf das Putzsystem abzustimmender Ausgleichputz anzubringen. Stark unterschiedliche Putzdicken erschweren das Aufbringen des Mörtels und begünstigen Putzschäden. Erschwert wird auch die Oberflächenbearbeitung des Putzes. Wartet man, bis die dick belegten Flächen angezogen haben, sind die dünn belegten bereits so fest, daß man sie nicht mehr bearbeiten kann. Wird andererseits der noch weiche Mörtel verrieben, löst er sich vom Putzgrund und weist später Hohlstellen auf.

Zur Vorbereitung des Putzgrunds gehören alle Maßnahmen, die einen festen und dauerhaften Verbund zwischen Putz und Putzgrund fördern, z. B. durch Verhindern eines zu schnellen, unterschiedlichen oder zu schwachen Wasserentzugs durch den Putzgrund.

Schmutz und Staub sind durch Abspülen oder Abfegen zu entfernen, weil sie eine Trennschicht bilden und die Haftung beeinträchtigen. Von Betonflächen sind Rückstände von Schalungstrennmitteln zu entfernen.

Bei Ausblühungen ist Vorsicht geboten. Art und Herkunft der Salze sind zu untersuchen, und es ist zu klären, woher das zum Transport der Salze erforderliche Wasser stammt. Salze, die aus den Wandbaustoffen durch normale Austrocknung der Baufeuchte an die Oberfläche gelangen (meist das für den Putz unschädliche Calciumhydroxid oder -carbonat), bürstet man trocken ab. Wasserlösliche Salze blühen bei wechselnder Feuchtigkeit immer wieder aus (wiederholtes Inlösunggehen und Auskristallisieren). Hier muß man in mehreren Arbeitsgängen den Untergrund annässen und nach Trocknung abbürsten. Sind die Ausblühungen wegen kapillar aufsteigender Feuchtigkeit aus dem Baugrund oder wegen mangelhafter Ableitung von Niederschlagswasser entstanden, muß man hier zuerst für Abhilfe sorgen (s. auch Abschn. 15.1).

Ein gleichmäßig und normal saugfähiger sowie ein rauher Putzgrund erfordern keine weiteren Vorarbeiten. Rauh ist der Putzgrund, wenn die Oberfläche ausreichend große und tiefe Hohlräume aufweist, so daß sich der Putzmörtel mechanisch verankern kann. Der mäßig saugende Putzgrund bewirkt, daß die Feststoffteilchen des Mörtels näher aneinanderrücken und somit eine größere Stabilität des Mörtels schon bald nach dem Auftragen erreicht wird.

Ungünstiger Putzgrund ist durch Maßnahmen wie Spritzbewurf, Haftbrücken oder Grundierungen vorzubehandeln. An zu wenig saugendem Putzgrund (Beton) findet der Mörtel keinen ausreichenden Halt und rutscht bei zudem noch glatten Putzgrund ab (**14.**2). Stark saugender Putzgrund entzieht dem Mörtel zu viel Wasser, so daß er an der Grenzfläche mit dem Putzgrund verdurstet und hier nicht ausreichend aushärtet. Die Folgen sind Hohlstellen unter der Putzschale.

14.2 Putzschaden (abgefallener Putz auf Betonsturz)

14.3 Volldeckender Spritzbewurf

Spritzbewurf. Bei stark und unterschiedlich saugendem Untergrund (Hütten-, Kalksand-, Gasbetonsteine, Holzwolle-Leichtbauplatten, Mischmauerwerk) trägt man einen volldeckenden Spritzbewurf auf (**14.**3). Er dämpft das unterschiedliche Saugverhalten des Untergrunds und verhindert seine zu starke Durchfeuchtung beim Putzen. Die Haftung bei schwach saugfähigem Putzgrund (z. B. Beton, Hochbauklinker) verbessert man mit einem nicht volldeckenden

Spritzbewurf, aufgebracht in einer Menge, die den Putzgrund noch durchscheinen läßt. Der nicht als Putzlage zählende Spritzbewurf ist höchstens 2 bis 3 mm dick und enthält als Zuschlag grobkörnigen, mehlkornfreien Sand. Die Oberfläche des Spritzbewurfs wird nicht bearbeitet. Auf den Spritzbewurf darf erst geputzt werden, wenn er so fest geworden ist, daß er sich nicht mehr mit der Hand abwischen läßt.

Oft genügt bei stark saugendem Untergrund gründliches Annässen. Wird jedoch zu stark vorgenäßt, geht die Saugwirkung während des Mörtelauftrags verloren – die Mörtelschichten rutschen ab. Beim stark saugenden Gasbeton bewirkt Nässen eine Volumenvergrößerung. Beim Austrocknen schrumpft der Gasbeton. Durch Stauchung entstehen Putzabsprengungen. Holzwolle-Leichtbauplatten (Schalungssteine) dürfen ebenfalls nicht vorgenäßt werden. Die Platte muß vor dem Putzauftrag zuerst austrocknen.

Haftbrücken. Für die Vorbehandlung schwieriger bzw. kritischer Untergründe (dazu gehört die spiegelglatte und nicht saugende Oberfläche, wie sie z. B. bei großflächigen Betonfertigteilen in stahl- oder kunststoffbeschichteten Schalungen entsteht) gibt es Haftbrücken auf Kunststoffbasis mit Zusatz von Quarzsand. Sie geben selbst glasig glatten Putzgründen gute Hafteigenschaften.

Grundierungen auf Kunstharzbasis gleichen unterschiedliches Saugverhalten des Untergrunds aus.

Putzträger. Bei nicht ausreichend tragfähigem oder ungeeignetem Putzgrund (z. B. Holz oder Stahl) bringt man einen Putzträger an (**14.**4). Mit Putzträgern überbrückt man auch ausgesparte Leitungskanäle und andere Hohlräume in Wand- und Deckenbauteilen (**14.**5). Putzträger sind flächig ausgebildet, verbessern das Haften des Putzes und ermöglichen einen von der tragenden Konstruktion unabhängigen Putz (z. B. abgehängte Decken). Dabei wird der Putzträger an Trageisen, Metallschienen oder Holzunterkonstruktionen befestigt. Als Putzträger stehen zur Verfügung: Draht-, Ziegeldrahtgewebe, Rippenstreckmetall.

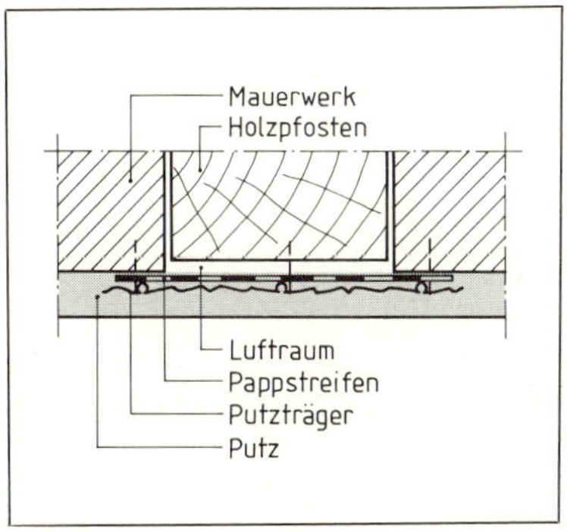

14.4 Überputztes Fachwerkholz

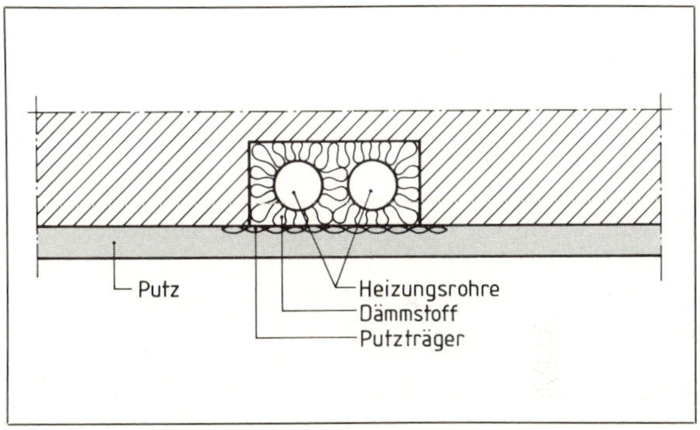

14.5 Überputzter Mauerschlitz

Drahtgewebe sind sechseckige Drahtgeflechte oder rechteckige Drahtgewebe, deren Einzeldrähte verwebt (**14.**6a) oder an den Kreuzungspunkten verschweißt sind (**14.**6b auf S. 290). Wichtig ist, daß das Gewebe mit einem geringen Abstand vom Untergrund verlegt wird, damit es später im Mörtel liegt.

Ziegeldrahtgewebe besteht aus einem quadratischen Drahtgewebe, Maschenweite 10/20 mm, mit aufgepreßten Tonkörpern, auf denen der Mörtel gut haftet (**14.**6c auf S. 290).

Rippenstreckmetall ist ein selbsttragender Putzträger aus kaltgewalztem Bandstahl, der in verschiedenen Ausführungen hergestellt wird (**14.**6d). Alle Streckmetalle haben 10 bzw. 4 mm hohe Tragrippen im Abstand von ca. 20 cm. Dazwischen liegen Grätenfelder. Die freitragende Spannbarkeit beträgt je nach Blechdicke und Rippenhöhe 35 cm bis 1,00 m. Zum Befestigen sind besondere Hakenstifte zu verwenden, damit sich die Tafeln frei bewegen können.

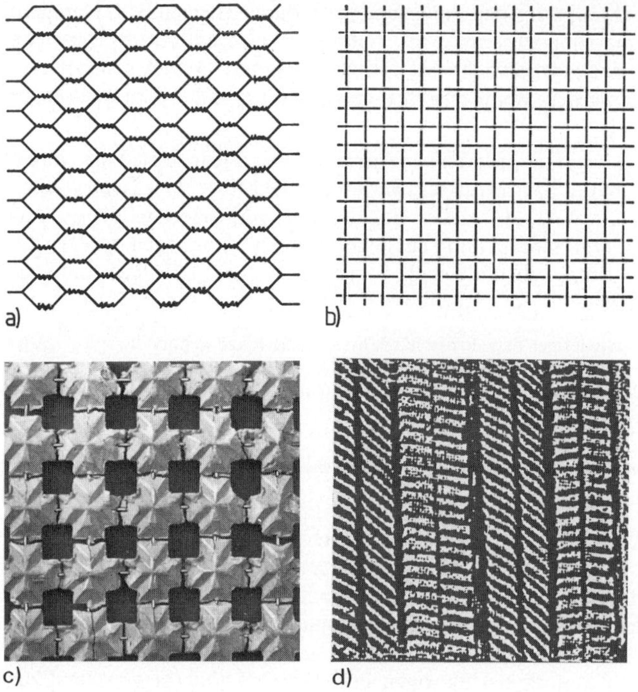

14.6
Putzträger
a) Drahtgeflecht
b) Drahtgewebe (Rabitzgewebe)
c) Ziegeldrahtgewebe
d) Rippenstreckmetall

Putzträger sollen den Putz gegen Ablösen vom Putzgrund sichern. Dazu werden sie punktweise mit dem Untergrund verbunden und sind Bestandteil der Putzlage. Die Putzträger können stumpf gestoßen oder mit einer Überdeckung von mindestens 5 cm angebracht werden. Der stumpfe Stoß wird mit Drahtgewebestreifen überspannt. Die Befestigung der Putzträger muß dauerhaft sein, Rostschäden dürfen nicht auftreten. Alle durchbrochenen Putzträger sind vor dem Aufbringen des Unterputzes in Mörtel einzubetten.

Werden einzelne als Putzgrund ungeeignete Bauteile mit einem Putzträger überspannt, muß dieser allseits mindestens 10 cm auf den umgebenden, geeigneten Putzgrund übergreifen und auf diesem befestig werden. Eine Befestigung am überspannten Bauteil ist unzulässig.

Putzbewehrungen sind Einlagen im Putz z. B. aus Metall, mineralischen Fasern oder aus Kunststoff-Fasern zur Verminderung von Rißbildungen im Putz.

14.1.6 Putzausführung

Der Putzmörtel wird entweder aus seinen Ausgangsstoffen auf der Baustelle gemischt (Baustellenmörtel) oder als Fertigmörtel im Werk hergestellt (Werkmörtel), dem auf der Baustelle nur noch Wasser zugesetzt wird. Den Mörtel für die einzelnen Putzlagen trägt man von Hand (Mörtel anwerfen, nicht andrücken!) oder mit Hilfe einer Maschine möglichst gleichmäßig dick auf und ebnet ihn mit der Kartätsche oder der Abziehlatte ein. Die folgende Lage darf erst aufgebracht werden, wenn die vorhergehende so fest ist, daß sie eine neue tragen kann. Der Unterputz ist, soweit erforderlich, aufzurauhen (**14.**7). Dehnungsfugen dürfen nicht überputzt werden.

14.7 Aufrauhen des Unterputzes

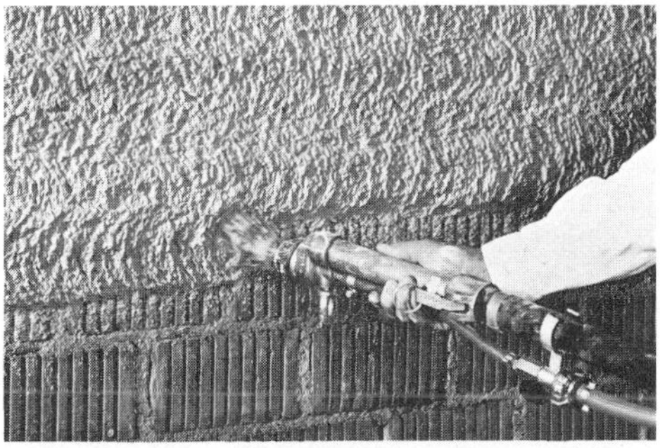

14.8 Maschineller Putzauftrag

Maschinenputz. Der Mörtelauftrag mit Putzmaschinen ersetzt die mühsame und anstrengende Arbeit des Auftrags von Hand und ermöglicht wesentlich höhere Putzleistungen und somit Kosteneinsparung (**14.**8). Dabei setzt man Werkmörtel mit besonderen Zusätzen ein. Solche Zusätze, Stellmittel genannt, steuern das Versteifungsverhalten für eine längere Verarbeitungszeit besonders bei gipshaltigen Mörteln. Sie begünstigen das Wasserrückhaltevermögen und das Haften des Mörtels. Der gleichmäßig angespritzte, deshalb gut haftende Mörtel wird mit der Kartätsche eingeebnet, nach einiger Zeit gefilzt und nach Bedarf geglättet. Verwendet werden Kolbenpumpen und Schneckenpumpen, die mit einem Mischer kombiniert sind. Pumpe und Mischer zusammen heißen Putzmaschine.

Mit Innenputzarbeiten in Gebäuden darf bei Außentemperaturen unter etwa $+5\,°C$ erst begonnen werden, wenn entweder die verglasten Fensterflächen eingesetzt oder die Fensteröffnungen behelfsmäßig verschlossen sind (**14.**9).

14.9 Mit Bautenschutzfolie abgeschlossene Fensteröffnungen zur Durchführung von Innenputzarbeiten im Winter

Außenputz wird nach dem Ausstrocknen der Wände möglichst im Frühjahr oder Herbst ausgeführt. Starke Sonnenbestrahlung und austrocknende Winde erfordern Sondermaßnahmen (Sonnenblenden, Annässen des Putzgrunds). Bei Frost dürfen Außenputzarbeiten nur ausgeführt werden, wenn die Arbeitsstelle vollständig gegen die Außentemperaturen abgeschlossen ist und der so entstehende Arbeitsraum bis zum ausreichenden Erhärten des Putzes beheizt wird. Neben seiner Funktion als Wetterschutz soll Außenputz auch schmückend wirken und die Wandfläche beleben. Dazu dienen Farbzusätze aus lichtbeständigen, kalk- und zementverträglichen Pigmenten, die nur in solcher Menge zugegeben werden, daß ein nachteiliger Einfluß auf den Putz unterbleibt.

Nachbehandeln. Putze aus Mörteln der Gruppen P I, P II und P III sind vor Austrocknung zu schützen und nötigenfalls durch Benetzen mit Wasser feucht zu halten.

14.1.7 Putzweisen

Unter Putzweise versteht man die Art der Oberflächenbearbeitung eines Putzes. Im Lauf der Zeit wurde eine große Zahl von Putzweisen für den Oberputz entwickelt. Für Außenputze sollte man jedoch nur solche Putzweisen wählen, die das Niederschlagswasser gut ableiten und durch Staub und Ablagerungen aus der Luft nicht so schnell verschmutzen.

Gefilzter oder geglätteter Putz wird wie Innenputz mit der Filzscheibe bzw. Glättkelle glattgerieben. Auf seiner Oberfläche kann sich kaum Schmutz ablagern. Er eignet sich gut für Beschichtungen mit Anstrichen und bei Innenwänden mit Tapeten. Bei fein bearbeiteten Putzen besteht die Gefahr, daß sich beim Verreiben an der Oberfläche Bindemittel anreichert, was zu Schwindrissen führen kann (**14.**10).

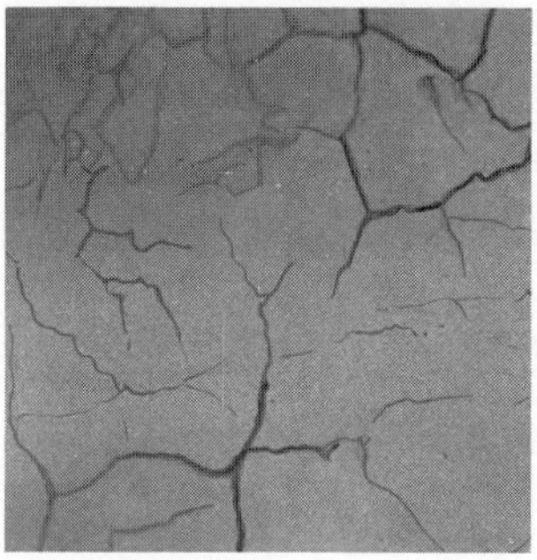

14.10 Putzschaden (Schwindrisse bei Glattputz)

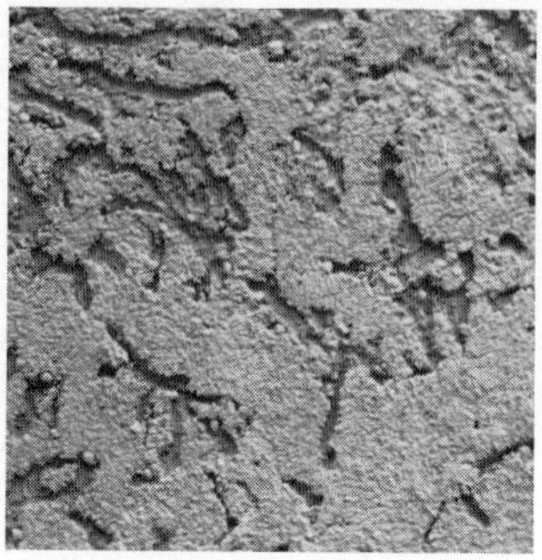

14.11 Reibeputz (Scheibenputz)

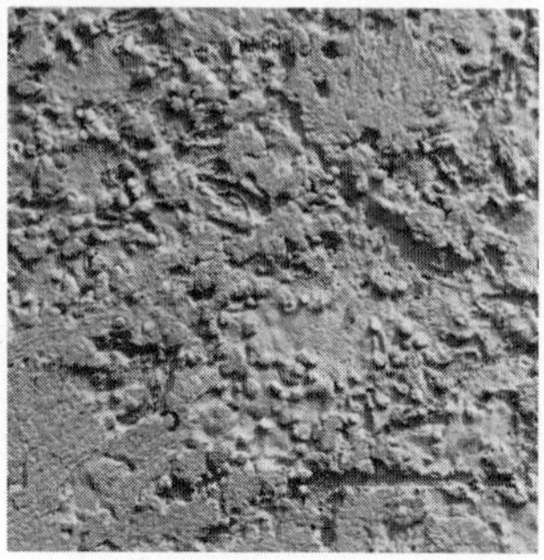

14.12 Reibeputz (Nesterputz)

Reibeputz gibt es in unterschiedlichen Ausführungen.

Scheibenputz wird als grobkörniger Oberputz mit einem gewöhnlichen Reibebrett meist rund verrieben. Dabei werden grobe Körner mitgerissen, die unregelmäßige Rillen verursachen (**14.**11). Scheibenputz kann man auch mit senkrecht oder waagerecht verlaufenden Rillen ausführen.

Nesterputz wird im Oberputz meist zweilagig hergestellt. Auf einen dünnen Spritz- oder Kellenbewurf wirft man nach dem Anziehen mit der Kelle in unregelmäßigen Abständen noch Mörtel an. Dieser wird leicht abgerieben, so daß die untere Lage in vertieften Nestern sichtbar bleibt (**14.**12).

Kellenstrichputz entsteht, wenn der frisch aufgetragene Oberputz mit der Kelle fächer- oder schuppenförmig verstrichen wird (**14.**13 und **14.**14).

Spritzputz wird durch zwei- oder mehrlagiges Aufsprenkeln eines feinkörnigen, dünnflüssigen Mörtels mittels Spritzputzgerät oder Spritzpistole hergestellt (**14.**15).

14.13 Kellenstrichputz

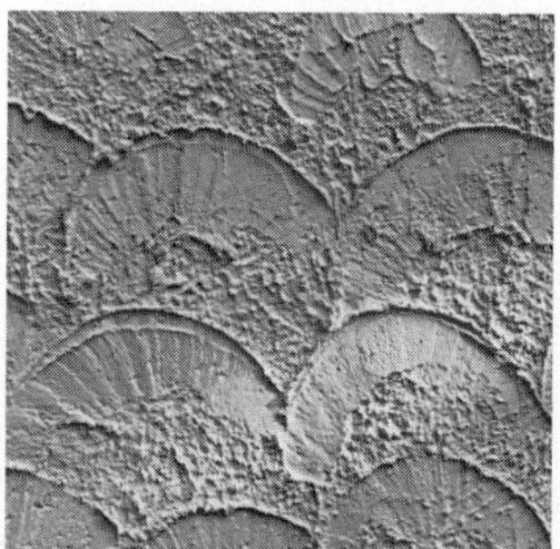

14.14 Kellenstrichputz als Fächerputz

14.15 Spritzputz

Kratzputz bearbeitet man nach begonnener Erhärtung mit einem Nagelbrett oder Sägeblatt durch Kratzen (**14.**16). Hierdurch wird die bindemittel- und damit spannungsreiche Oberfläche des Oberputzes entfernt. Durch das herausspringende Korn entsteht die charakteristische Putzstruktur, die der mit dem Stockhammer bearbeiteten Sichtbetonfläche ähnelt. Der richtige Zeitpunkt des Kratzens richtet sich nach dem Erhärtungsverlauf des Putzes. Er ist dann erreicht, wenn das Korn beim Kratzen herausspringt und nicht im Nagelbrett hängenbleibt. Nach dem Erhärten entfernt man die losen Teile.

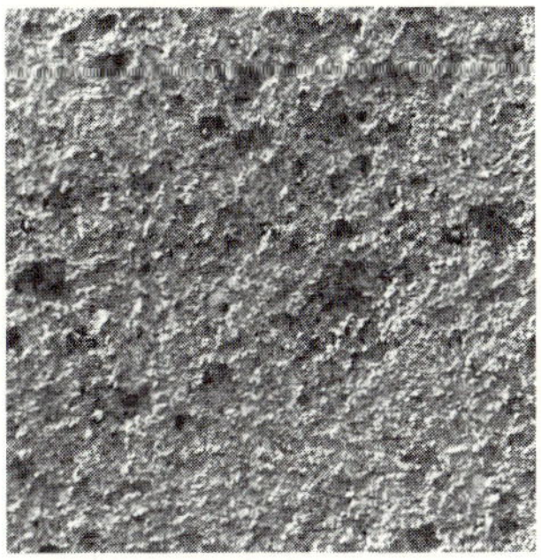

14.16 Kratzputz

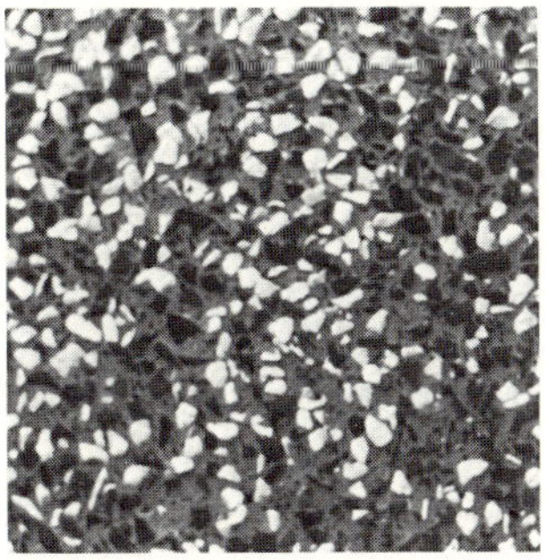

14.17 Waschputz

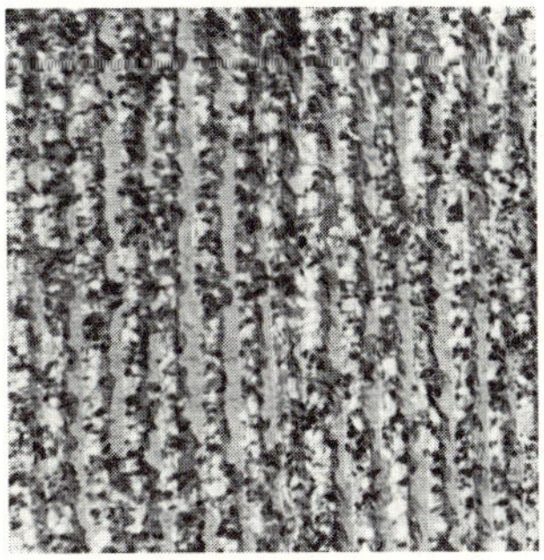

14.18 Steinputz

Waschputz ist ein besonders widerstandsfähiger Putz für Haussockel (**14.**17). Dem mit zum Teil farbigen Steinkörnchen gemischten Mörtel wäscht man die noch nicht erhärtete Bindemittelschlämme gleichmäßig aus, so daß die Körnung sichtbar wird. Waschputz erfordert ausgewählte Zuschläge grober Körnung und einen Unterputz der Mörtelgruppe P III.

Steinputz ist ein Edelputz mit besonderen Steinkörnungen. Nach ausreichender Erhärtung bearbeitet man ihn steinmetzmäßig durch Stocken oder Scharrieren (**14.**18).

Putze tragen zur äußeren Gebäudegestaltung bei und erfüllen bauphysikalische Aufgaben. Die fachgerechte Vorbereitung des Putzgrundes ist eine entscheidende Voraussetzung für die Dauerhaftigkeit des Putzes.

14.2 Trockenputz

Unter Trockenputz versteht man die Bekleidung von Innenwandflächen mit großflächigen Gipskartonplatten an Stelle einer als Naßputz aufgebrachten Mörtelschicht. Dadurch wird die Bauzeit verkürzt, und es gelangt sehr viel weniger Feuchtigkeit in die Wände und Decken.

Gipskartonplatten nach DIN 18 180 gibt es in verschiedenen Arten und Lieferformen. Die auf dem Band gefertigten Platten haben einen breit ausgewalzten Gipskern, der einschließlich der Längskanten mit Karton ummantelt ist. Die geschnittenen Kanten zeigen den Gipskern. Der Karton ist mit dem Gipskern fest verbunden. Die Längskanten haben unterschiedliche Abschlüsse (**14.**10). Standardabmessungen der Platten für den Wandputz sind: Breite 1,25 m, Längen 2,00 bis 4,00 m in Maßsprüngen von 25 cm, Dicken 9,5 und 12,5 cm.

Tabelle **14.**19 **Kantenausbildung von GK-Platten** (Auszug)

Profil	Bezeichnung	Kurzbezeichnung	Anwendung
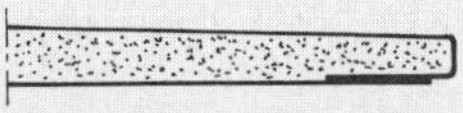	Abgeflachte Kante	AK	für fugenlose Beplankung; die Abflachung nimmt die Fugenverspachtelung auf
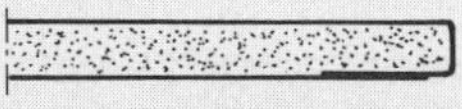	Volle Kante	VK	Montage ohne Verspachtelung für sichtbaren Plattenstoß, Klemmbefestigung und freie Auflagerung
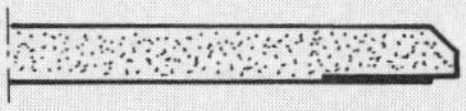	Winkelkante	WK	

Ausführung von Wand-Trockenputz. Das Ansetzen der Gipskartonplatten auf ebener Wand geschieht mittels Ansetzbinder auf dem massiven Untergrund ohne eine zusätzliche Unterkonstruktion. Deshalb gelten auch hier die in Abschn. 14.1.5 behandelten Arbeiten zur Vorbereitung des Putzgrunds. Der Arbeitsablauf gliedert sich in drei Teilvorgänge: Zurichten, Ansetzen, Verspachteln.

Zurichten heißt Schneiden der einzupassenden Platten. Zunächst schneidet man den Vorderseitenkarton mit einem Klingenmesser entlang Lineal oder Richtlatte und bricht dann den Gipskern in der Schnittkante. Danach schneidet man den Rückseitenkarton durch und arbeitet die rauhe Bruchkante mit einem Spezialhobel nach.

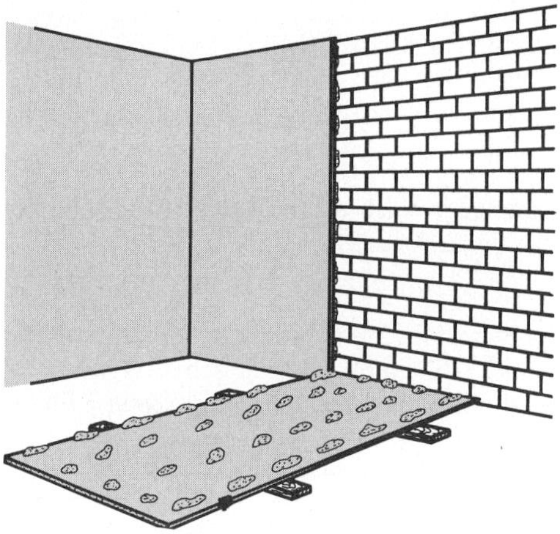

14.20 Batzenauftrag

Der Ansetzvorgang beginnt mit dem Anmachen des Ansetzgipses im sauberen Kübel durch Einstreuen des Trockenmaterials in Wasser. Die Platten legt man mit der Ansichtsseite auf eine saubere Unterlage (Fußboden, Böcke) und trägt den klumpenfrei zu einer pastenförmigen Masse verquirlten Ansetzmörtel in Batzen mit maximal 30 bis 35 cm Abstand auf der Plattenrückseite auf (**14.**20). Die Platte wird dann an die Wand gedrückt (angesetzt), mit dem Richtscheit leicht angeklopft und mit der Wasserwaage ausgerichtet.

Die Batzen können auch an die Wand geworfen werden. Die Platten, ohne Ansetzmörtel belegt, werden angedrückt. Hierbei ist zu beachten, daß das Mauerwerk dem Mörtel nicht zu rasch Feuchtigkeit entzieht. Beim Ausrichten der Platten auf bereits angezogenem Mörtel wird die Haftung beeinträchtigt.

Durch Verspachteln schließt man die Fugen zwischen den abgeflachten Längskanten der Platten (**14.**21). An die Querfugen, wo die Platten geschnitten wurden, zieht man den Karton beiderseits der Fuge auf etwa 5 cm Breite ab und erhält so eine Fugenmulde. Der Fugenmörtel wird in die Mulde eingespachtelt. In die noch feuchte Spachtelmasse drückt man einen Bewehrungsstreifen ein und überstreicht ihn. Nach Erhärten des Fugenmaterials schließt man die Fuge vollständig durch Aufziehen eines dünnen Mörtelstreifens, der nach Erhärten abgeschliffen und feingespachtelt wird.

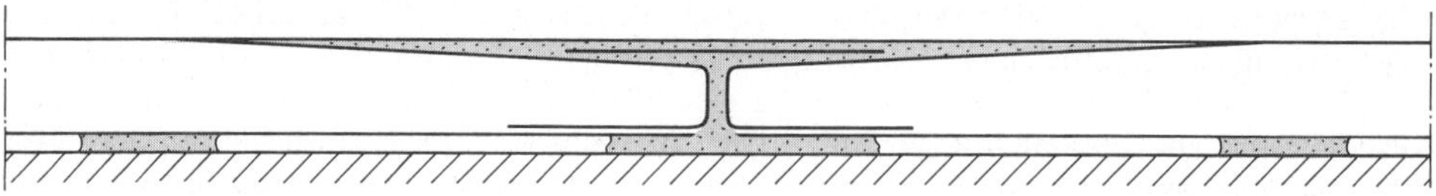

14.21 Fugenverschluß

Trockenputz auf Unterkonstruktion. Wandbekleidungen mit Gipskartonplatten haben sich bei der Renovierung alter Gebäude bewährt. Verformte Bauteile, schadhafter Putz oder neu eingebaute Installationen können abgedeckt, der Schall- und Wärmeschutz verbessert werden. Dazu wird eine Unterkonstruktion aus Holz oder Metall unter Berücksichtigung der zulässigen Plattenspannweiten an der Wand bzw. der Decke befestigt (**14.**22). Die Gipskartonplatten befestigt man auf der Unterkonstruktion in fester Verbindung durch Schrauben oder Nägel oder in freier Verbindung durch Einschieben in Schlitze oder Anklemmen mit Klemmprofilen.

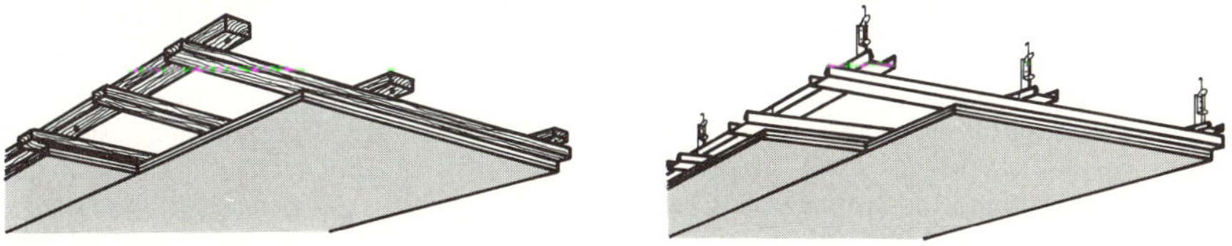

14.22 Tragkonstruktionen für Unterdecken a) aus Holz, b) aus Metall

> Mit Gipskartonplatten lassen sich bei raschem Arbeitsfortschritt Beläge an Wänden und Decken in Trockenbauweise herstellen.

14.3 Estrich

Estriche sind auf einer massiven Unterlage aufgebrachte Fußbodenschichten. Sie dienen als fertiger Gehbelag oder Unterboden für einen anderen Bodenbelag (z. B. Linoleum, Fliesen, Natursteinplatten, Kunststoff- oder Textilbelag). An Estriche als fertiger Gehbelag werden je nach Beanspruchung und Anwendung innen oder außen besondere Anforderungen gestellt, z. B. Abriebfestigkeit, Trittsicherheit, Frostsicherheit.

DIN 18560 „Estriche im Bauwesen" unterscheidet Estricharten nach dem Bindemittel und Estrichkonstruktionen nach dem Estrichaufbau.

14.3.1 Estricharten

Zementestrich (ZE) wird aus Zement, natürlichen Zuschlägen und Wasser, gegebenenfalls mit Zusatzmitteln (z. B. BV, LP, EB, VZ) und Zusatzstoffen (z. B. Kunststoffdispersionen zur Erhöhung der Biegezugfestigkeit) hergestellt. Der Zementgehalt liegt je nach Zementfestigkeitsklasse und geforderter Estrichfestigkeit bis 400 kg/m^3 verdichtetem Mörtel. Zu hoher Bindemittelanteil fördert das Schwinden des Estrichs. Die Kornzusammensetzung des Zuschlags beeinflußt in hohem Maß die Estrichfestigkeit.

Zementestriche stellt man in den Festigkeitsklassen ZE 12, 20, 30, 40, 50, 55 und 65 her. Die Zahl bezeichnet die Mindestdruckfestigkeit in N/mm^2 nach 28 Tagen.

Anhydritestrich (AE) stellt man aus Anhydritbinder und Wasser meist unter Verwendung von Zuschlag her. Der Gehalt an Anhydritbinder beträgt mindestens 450 kg je m^3 Estrichmörtel. Anhydritestrich ist sehr raumbeständig und ermöglicht die Herstellung großer Estrichflächen ohne Bewegungs- bzw. Schwindfugen. Er hat im Vergleich zum Zementestrich eine verhältnismäßig kurze „Trockenzeit". Seine Wärmeleitzahl ist wesentlich niedriger. Ein entscheidender Nachteil ist seine Empfindlichkeit gegen Nässe. Anhydritestrich ist deshalb für Feuchträume ungeeignet, wenn kein wasserdichter Oberbelag vorgesehen ist. Bei nicht unterkellerten Räumen muß eine wirksame Abdichtung gegen aufsteigende Bodenfeuchtigkeit, bei Decken über Räumen mit erhöhter Wärme- bzw. Wasserdampfentwicklung (z. B. Heizungskeller, Bäder) eine Dampfsperre unter der Dämmschicht eingebracht werden.

Anhydritestrich ist gleich nach Beendigung des Mischvorgangs bzw. nach Anlieferung auf der Baustelle einzubringen, zu verteilen, der Konsistenz entsprechend abzuziehen und zu verdichten. Die Oberfläche kann man nach Bedarf abreiben oder glätten. Pudern oder Nässen sind unzulässig. Der Estrich ist wenigstens 2 Tage vor schädlichen Einwirkungen (Sonneneinstrahlung, Zugluft) zu schützen. Vor Ablauf von 2 Tagen darf er nicht begangen werden. Im allgemeinen ist Anhydritestrich nach 10 Tagen so weit erhärtet und ausgetrocknet, daß ein Belag aufgebracht werden kann. Dazu ist meist kein Abspachteln der Oberfläche nötig, da der Estrich wegen des hohen Bindemittelanteils schon beim Glätten eine dicht geschlossene Oberfläche bekommt. Lösungsmittelhaltige Kleber für die Nutzschicht sind wasserhaltigen vorzuziehen. Anhydritestrich als fertiger Gehbelag erfordert eine Oberflächenbehandlung durch Anstrich oder Beschichtung.

Anhydritestrich gibt es in den Festigkeitsklassen AE 12, 20, 30 und 40. Bedeutung der Zahl wie bei Zementestrich. Er eignet sich gut zur Herstellung von Fließestrich. Trockenmörtel wird mit Wasser in sehr weicher Konsistenz (fließfähig) an die Verlegestelle gepumpt. Der Mörtel verläuft planeben und nivelliert sich selbst. Es entsteht eine ebene und waagerechte Oberfläche.

Magnesiaestrich (ME) wird aus Magnesiumchlorid, Magnesiumoxid und Zuschlägen unter Zugabe von Wasser hergestellt. Magnesiaestrich mit einer Rohdichte bis 1,6 kg/dm^3 heißt Steinholzestrich. Magnesiaestrich ist unverzüglich nach dem Mischen der Ausgangsstoffe einzubringen, zu verteilen, abzuziehen und zu verdichten. Die Oberfläche kann man abreiben oder glätten. Wie Anhydritestrich ist auch dieser Estrich empfindlich gegen Feuchtigkeit.

Magnesiaestrich gibt es in den Festigkeitsklassen ME 5, 7, 10, 20, 30, 40 und 60. Bedeutung der Zahl wie bei Zementestrich.

Gußasphaltestrich (GE) besteht aus Bitumen als schmelzbares Bindemittel und Zuschlag (Splitt, Sand, Gesteinsmehl) in gut abgestufter Kornzusammensetzung. Er wird in stationären Mischanlagen heiß aufbereitet und in Rührwerkskochern zur Baustelle transportiert. Das Mischgut wird mit etwa 250 °C eingebaut. Eine mechanische Verdichtung der in heißem Zustand plastischen Masse entfällt. Die Oberfläche des noch frischen, heißen Estrichs streut man mit Sand ab.

Gußasphaltestrich bringt beim Einbau keine Feuchtigkeit in das Bauwerk. Der Einbau ist witterungsunabhängig und kann großflächig ohne Fugen geschehen. Der Estrich erfordert keine Nachbehandlung. Nach 2 bis 3 Stunden ist er bereits begehbar. Er ist unempfindlich gegen Wasser, wasserdicht und dampfdicht, und hat eine hohe elektrische Isolierfähigkeit.

Gußasphaltestrich gibt es in den Härteklassen GE 10, 15, 40 und 100. Die Zahl bezeichnet die Eindringtiefe in mm mal 10 eines Prüfkörpers bei 22 °C in eine Asphaltprobe.

14.3.2 Estrichkonstruktionen

Wir unterscheiden Verbundestrich sowie Estrich auf Trennschicht und auf Dämmschicht.

Verbundestrich liegt unmittelbar auf dem tragenden Untergrund (z. B. Unterbeton, Rohdecke) und ist vollflächig und kraftschlüssig mit ihm verbunden (**14.**23a). Verbundestriche eignen sich als Nutzboden in untergeordneten Räumen von Wohngebäuden (Abstellraum, Keller) und als Nutzestrich im Industriebau. Sie dienen auch als Ausgleichestrich bei größeren Unebenheiten des Untergrunds oder wenn Rohrleitungen auf dem Untergrund verlegt sind oder als Gefälle-

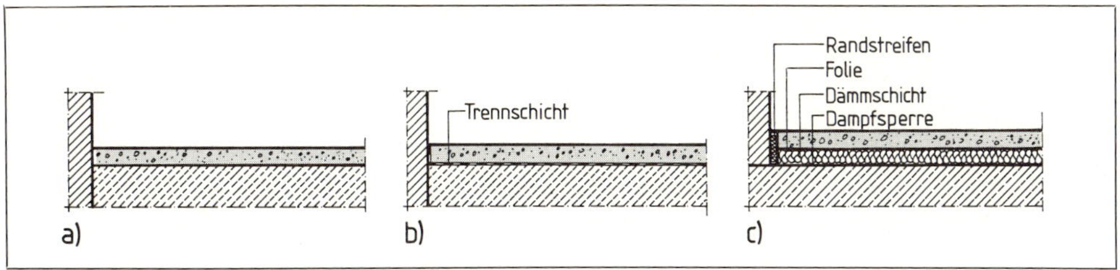

14.23 Estrichkonstruktionen
a) Verbundestrich
b) Estrich auf einer Trennschicht
c) Schwimmender Estrich

Estrich unter Bodenbelägen im Freien (z. B. Balkonbelag). Als Verbundestriche im Freien eignen sich Zement- und Asphaltestriche. Der Untergrund muß fest, eben, oberflächenrauh und sauber sein. Bei der Herstellung sind alle Einflüsse auszuschalten, die das vollflächige Haften beeinträchtigen könnten.

Die Estrichdicke bei Zement-, Anhydrit- und Magnesiaestrich ist höchstens 50 mm, bei dem Gußasphaltestrich maximal 40 mm. Aus fertigungstechnischen Gründen soll die Estrichdicke nicht weniger als das Dreifache des Größtkorns des Zuschlags betragen.

Zementestrich als Verbundbelag wird im allgemeinen auf einen Unterbeton aufgebracht. Bereits erhärteter Beton ist mindestens 24 Stunden vorzunässen. Unmittelbar vor dem Aufbringen des Estrichs ist ein breiiger, fetter Zementmörtel als Haftbrücke satt einzukehren. Der Zuschlag soll bei Estrichdicken bis 40 mm ein Größtkorn von 8 mm, bei Estrichdicken über 40 mm ein Größtkorn von 16 mm nicht überschreiten. Die Kornzusammensetzung liegt im oberen Bereich der Sieblinien zwischen A und B.

Der Estrichmörtel wird gleich nach dem Mischen eingebracht, verteilt, über Lehren abgezogen (**14**.24) und verdichtet. Für die Verarbeitung genügt steife bis plastische Konsistenz mit möglichst geringer Wasserzugabe. Zusatzmittel wie Betonverflüssiger (BV) bringen eine weichere Konsistenz bei gleichbleibender Anmachwassermenge bzw. verringern die Anmachwassermenge (Festigkeitsgewinn!) bei unveränderter Konsistenz. Die Estrichtemperatur beim Einbau muß mindestens 5 °C betragen. Estrich, der später einen Gehbelag aufnimmt, wird geglättet. Estrich als fertiger Gehbelag erhält eine griffigere Oberfläche durch Abrollen mit der Riffelwalze. Das nachträgliche Pudern mit Zement oder das Abgleichen der Oberfläche mit Feinmörtel sind unzulässig.

Den fertigen Estrich schützt man wegen der Gefahr des Austrocknens wenigstens 3 Tage vor Sonneneinstrahlung und Zugluft. Dies ist meist ohne besondere Maßnahmen sichergestellt, wenn das Bauwerk geschlossen ist. Estriche im Freien erfordern Abdeckungen mit Matten oder Folien. Der Wasserentzug mindert die Festigkeit, erhöht das Schwinden und begünstigt das Absanden der Oberfläche.

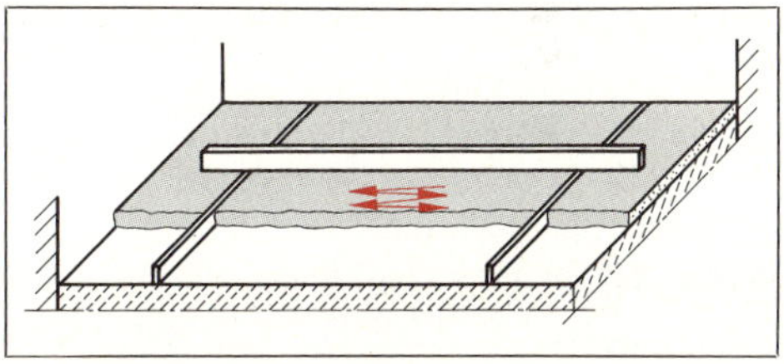

14.24 Abziehen des Estrichs

Die normgerechte Bezeichnung für einen Zementestrich mit der Mindestdruckfestigkeit von 30 N/mm² als Verbundestrich in der Dicke von 35 mm lautet: Estrich DIN 18560–ZE 30–V 35.

Estrich auf Trennschicht (**14**.23 b). Massiver Untergrund und Estrich sind durch eine Zwischenlage (Trennschicht) voneinander getrennt. Als Trennschicht eignen sich PE-Folien, $d \geqq 0{,}1$ mm, nackte Bitumenbahnen $\geqq 100$ g/m², Rohglasvlies $\geqq 50$ g/m² in glatter Ausführung und ohne Verwerfungen verlegt. Die Trennschichten sind in der Regel zweilagig, bei Gußasphaltestrich genügt die einlagige Ausführung. Abdichtungen und Dampfsperren gelten zugleich als Trennschicht.

Estriche auf Trennschicht wendet man an bei hohen Temperatur-Wechselbeanspruchungen zwischen Estrich und Untergrund sowie bei aufsteigender Feuchtigkeit aus dem Untergrund. Vorgeschriebene Mindestdicken bei Gußasphaltestrich 20 mm, bei Anhydrit- und Magnesiaestrich 30 mm, bei Zementestrich 35 mm. Der Estrich kann sich aufgrund der Trennschicht unabhängig vom Untergrund bewegen. Deshalb sind wenigstens an den Rändern zu den Wänden Bewegungsfugen vorzusehen.

Die normgerechte Bezeichnung für einen Zementestrich mit der Mindestdruckfestigkeit 40 N/mm^2 als Estrich auf Trennschicht in der Dicke von 35 mm lautet: Estrich DIN 18560–ZE 40–T 35.

Estrich auf Dämmschicht (schwimmender Estrich) (**14.**23 c). Zwischen Untergrund und Estrich liegt eine Dämmschicht. Die lastverteilende, biegesteife Estrichplatte kann sich auf ihr frei bewegen, „schwimmen" und hat keine unmittelbare Verbindung mit angrenzenden Bauteilen. Schwimmenden Estrich verlegt man auf Geschoßdecken von Aufenthaltsräumen für Menschen. Die Dämmschicht hat innerhalb des Fußbodenaufbaus die Aufgabe, die Trittschallübertragung zu vermindern und eine ausreichende Wärmedämmung zu gewährleisten. Der Estrich muß den Belastungen durch Begehen oder Möbel sicher standhalten. Mit zunehmender Dämmschichtdicke wächst auch die Estrichdicke. Der tragende Untergrund muß zur Aufnahme des schwimmenden Estrichs ausreichend trocken sein und eine ebene Oberfläche haben. Punktförmige Erhebungen oder Rohrleitungen bilden Schallbrücken und schwächen die Estrichdicke (Bruchgefahr!). Deshalb sind alle Mörtelreste vom Untergrund zu entfernen. Rohrleitungen bettet man in eine ebene abgezogene Ausgleichsschicht. Hierfür sind ungebundene Schüttungen (z. B. loser Sand) unzulässig. Aufgehende Bauteile, für die ein Wandputz vorgesehen ist, müssen vor dem Verlegen der Dämmschicht verputzt sein.

Die Dämmstoffe verlegt man mit dichten Stößen: Dämmplatten im Verband, mehrlagige Dämmschichten versetzt, und deckt sie mit nackter Bitumenbahn oder Polyethylenfolie ab, damit nicht Feuchtigkeit aus dem frischen Estrichmörtel in die Dämmschicht gelangt. Die Abdeckbahnen überlappen an den Stößen mindestens 8 cm. Dämmstreifen an den angrenzenden Wänden (Randstreifen) und um Rohrleitungen ermöglichen die ungehinderte Bewegung des Estrichs und verhindern die Übertragung von Trittschall.

Für den Transport des Estrichs legt man eine Karrbahn mit Bohlen aus, damit die Dämmschicht beim Befahren und Begehen nicht eingedellt oder zerdrückt wird. Sie wäre dann nicht mehr funktionstüchtig.

Die Estrichdicke hängt von der Estrichart und der Zusammendrückbarkeit der Dämmschicht ab, die sich aus der Differenz zwischen der Lieferdicke d_L und der Dicke unter Belastdung d_B des Dämmstoffs ergibt. Sie ist aus der Kennzeichnung der Dämmstoffe ersichtlich, z. B. 20/15 (d_L = 20 mm, d_B = 15 mm).

Bei einer Zusammendrückbarkeit der Dämmschicht bis 5 mm durch Verkehrslasten bis 1,5 kN/m^2 beträgt die Estrichdicke bei Anhydrit-, Magnesia- und Zementestrich $\geqq$ 35 mm, bei Gußasphalt $\geqq$ 20 mm. Sie ist für die drei zuvor genannten Estricharten $\geqq$ 40 mm bei einer Zusammendrückbarkeit der Dämmschicht über 5 mm bis 10 mm.

Die normgerechte Bezeichnung für einen schwimmenden Zementestrich mit der Mindestdruckfestigkeit von 20 N/mm^2 in der Dicke von 40 mm lautet: Estrich DIN 18560–ZE 20–S 40.

Estrichfugen. Gebäudetrennfugen (Bauwerksfugen) gehen durch alle tragenden und nichttragenden Teile eines Gebäudes hindurch. Sie sind bei allen Estrichkonstruktionen einzuplanen und durch Fugenprofile abzusichern (s. Abschn. 11.5).

Beim Zementestrich auf Trenn- oder Dämmschicht sind wegen seiner unvermeidlichen Längenänderung durch Schwinden oder Temperaturschwankungen Bewegungsfugen an den Grenzbereichen zu den Wänden vorzusehen (Randfugen, 5 bis 8 mm breit). Große Estrichflächen teilt man in annähernd quadratische Felder von 10,00 bis 40,00 m² je nach Beanspruchung mit Fugen von 5 bis 8 mm Breite (Feldbegrenzungsfugen), die bis auf die Gleitschicht durchgehen. Feldbegrenzungsfugen schließt man mit Fugendichtungsmassen.

Scheinfugen schwächen die Estrichdicke nur zur Hälfte durch Kellenschnitt im frischen Estrich. Sie zeichnen die Lage möglicher Schwindrisse vor, die während der Abbindezeit des Estrichs einmalig auftreten, um wilde Risse zu verhindern. Man schließt sie nach 28tägiger Erhärtungszeit kraftschlüssig mit Kunstharzen.

Estricharten unterscheidet man nach
- Bindemitteln: Zement-, Anhydrit-, Magnesia-, Gußasphaltestrich. Kurzbezeichnungen ZE, AE, ME, GE
- Konstruktion: Verbundestrich, Estrich auf Trennschicht, Estrich auf Dämmschicht (schwimmender Estrich)

14.4 Pflasterdecken und Plattenbeläge

Anforderungen. An Bodenbeläge innerhalb und außerhalb von Gebäuden werden zum Teil gleiche, wegen ihrer Lage jedoch auch verschiedene Anforderungen gestellt. Den allgemeinen Anforderungen muß in jedem Fall die oberste Schicht, der Bodenbelag, gerecht werden. Für die Dauerhaftigkeit von Belägen im Freien ist der fachgerechte Unterbau von entscheidender Bedeutung.

Alle Bodenbeläge müssen sicher zu begehen sein: genügende Rauhigkeit, um Ausgleiten zu vermeiden, fließender Übergang statt Einzelstufen (Stolperstufen) bei schwach geneigtem Untergrund im Freien. Der Belag muß auch verschleißfest sein.

Für Beläge in Räumen, die trocken bleiben müssen, ist eine Abdichtung unter dem Belag vorzusehen. In Räumen, die dem Aufenthalt von Menschen dienen, wird vom Fußboden zusätzlich Wärme- und Schalldämmung verlangt. Mit dem Fußboden steht der Mensch in beinahe ständiger Berührung. Fußböden in bewohnten Räumen sollten deshalb „fußwarm" sein. Dies erreicht man durch ausreichende Wärmedämmung im Unterbau (s. Abschn. 14.3.2) und möglichst geringe Wärmeleitfähigkeit des Belags. Bei einer schnellen Wärmeableitung erscheint ein Bodenbelag als „fußkalt".

Bei der Auswahl eines Belags ist auch der zu erwartende Aufwand für die laufende Reinigung zu bedenken. Da Beläge nur selten alle Anforderungen gleichermaßen erfüllen, müssen bei der Auswahl des Belags oft Kompromisse eingegangen werden.

Bodenbeläge müssen sicher zu begehen und verschleißfest sein.

14.4.1 Pflaster aus Mauerziegeln

Einfaches Flachschichtpflaster eignet sich bei geringer Beanspruchung für Kellerfußboden, Terrassen oder Gartenwege. Für Böden in trockenen Räumen genügen rissefreie, ebene Vollziegel. Im Freien dürfen nur frostbeständige Vormauerziegel oder Klinker verlegt werden, weil sonst das Pflaster bald Frostschäden zeigt. In Kellern und anderen trockenen Räumen muß das Pflaster waagerecht liegen. Deshalb werden 1 m über der fertigen Fußbodenhöhe Festpunkte eingewogen und angerissen („Meterriß“), bei großen Flächen auch kleine Pflöcke als Höhenfestpunkte eingeschlagen. Der Untergrund wird 10 bis 12 cm unter der fertigen Höhe eingeebnet und verfestigt, dann das Flachschichtpflaster auf einer Sandschicht nach Bild **14.**25 verlegt. Die eingeschlämmten Fugen werden 1 bis 2 cm tief gesäubert und mit Kalkzementmörtel ausgefugt.

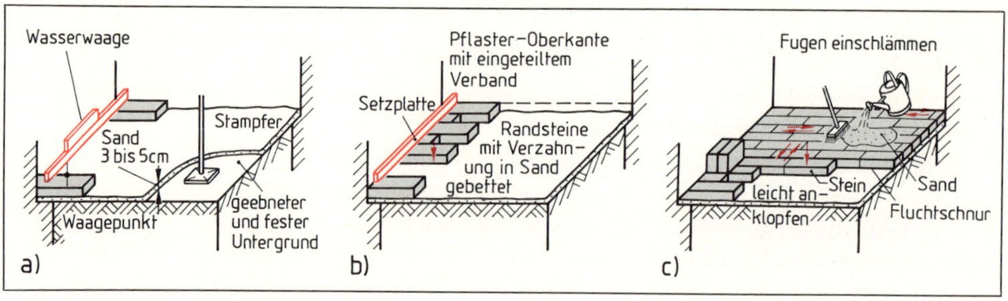

14.25 Einfaches Flachschichtpflaster

a) Ebnen und Befestigen des Untergrunds, Aufbringen einer Sandschicht, Festlegen der Pflasteroberkante
b) Einteilen des Verbands, Einbetten der Randsteine
c) Verlegen der Pflasterreihen, Einschlämmen der Fugen

Pflaster im Freien muß einen wasserdurchlässigen Untergrund haben, weil es sonst im Winter bei stauender Nässe hochfriert und locker wird. Gartenwege werden in der Längsrichtung dem Gelände angepaßt. In der Querrichtung erhalten sie, vor allem in ebenem Gelände, zur besseren Ableitung von Niederschlägen nach beiden Seiten geringes Gefälle. Auf den passend ausgehobenen und abgeglichenen Boden wird eine 10 bis 15 cm dicke grobkörnige Schicht (Kies, Schotter, Schlacke) aufgebracht und gründlich verfestigt, damit später keine Senkstellen im Pflaster entstehen. Dann setzt man unter Benutzung von Setzlatte, Wasserwaage und Fluchtschnur die Randsteine in Sand oder Zementmörtel. Der Abstand zwischen beiden Reihen richtet sich nach der Maßordnung, z.B. $8 \times 12{,}5\,\mathrm{cm} + 1\,\mathrm{cm}$ Fuge $= 101\,\mathrm{cm}$. Rechtwinklig dazu wird mit Bauwinkel und Lehre das Flachschichtpflaster auf einer Sandschicht verlegt (**14.**26). Es können auch Zierverbände angewendet werden (**14.**27). Die Fugen schlämmt man nach Bild **14.**25c mit Sand oder dünnem Mörtel ein.

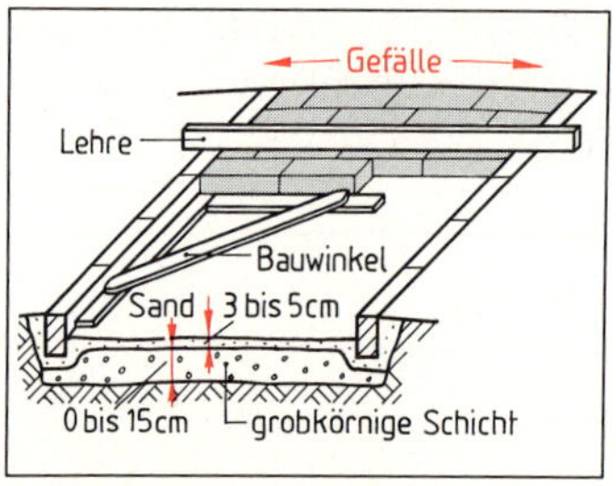

14.26 Verlegen der Pflasterreihen eines Gartenwegs

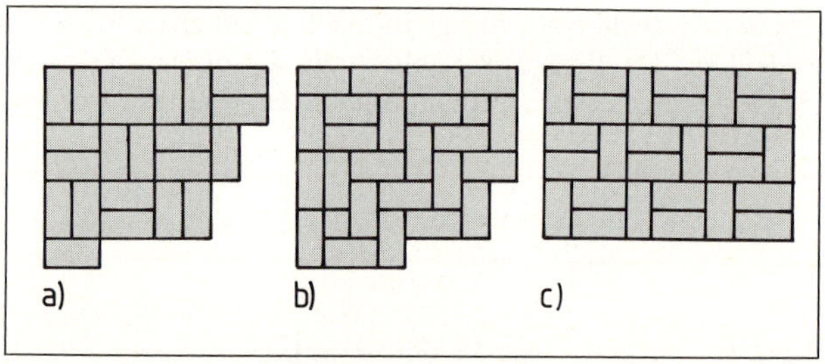

14.27 Verlegemuster für Flachschichtpflaster

Doppeltes Flachschichtpflaster hält wesentlich größere Beanspruchung als einfaches Pflaster aus und bekommt nicht so leicht Senkstellen, weil sich der auf einen Stein der oberen Lage wirkende Druck auf eine größere Fläche der unteren Lage verteilt (**14.**28).

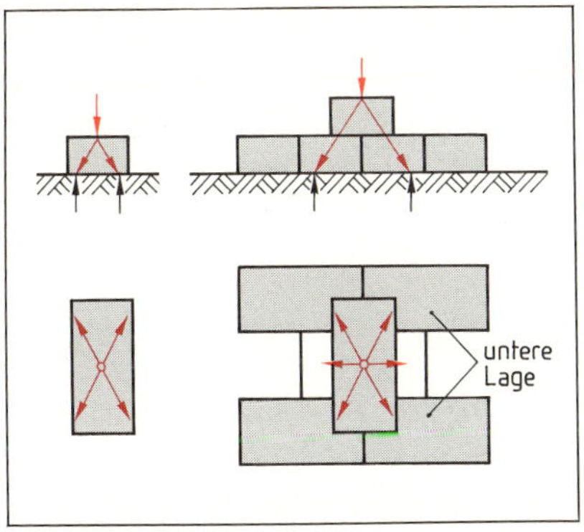

14.28 Lastverteilung bei doppellagigem Pflaster

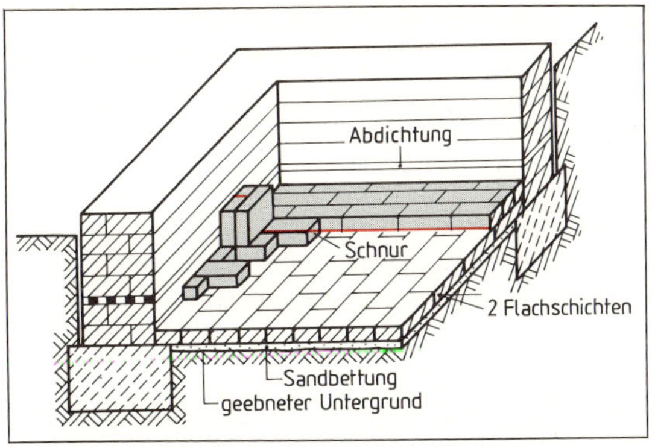

14.29 Verlegen der oberen Schicht eines doppellagigen Flachschichtpflasters

Einzelne beschädigte Steine lassen sich auch leichter auswechseln. Es wird deshalb bei Lagerräumen, Durchfahrten, Verbindungswegen in Siedlungen, Terrassen u.a. bevorzugt. Die untere Schicht führt man wie ein einfaches Pflaster aus (s. **14**.25). Darauf wird die obere Schicht in Kalkzementmörtel verlegt. Das kann rechtwinklig zur unteren Schicht im Läuferverband (**14**.29) oder in zierenden Verbänden geschehen (s. **14**.27). Die Fugen werden mit Kalkzement- oder Zementmörtel, in besonderen Fällen mit Bitumenmasse vergossen.

Rollenschichtpflaster. Dieses hochkantige Ziegelplaster wird besonders in Gebieten mit vorherrschenden Klinkerbauweisen (z. B. in Norddeutschland und Holland), bei Terrassen, vielbegangenen Wegen und auch bei Klinkerstraßen bevorzugt. Der Untergrund ist gründlich zu verfestigen. Frei endigendes Pflaster, z. B. bei Terrassen und Wegen, faßt man mit einer liegenden oder stehenden Rolle ein. Diese wird satt in Sand gebettet (s. **14**.26), bei abgeböschtem Gelände besser in Beton versetzt. Zwischen dieser Einfasssung bzw. zwischen Wänden verlegt man das Pflaster wie beim Flachschichtpflaster im Läuferverband (s. **14**.25), schwalbenschwanzförmig oder in zierenden Mustern auf einer 3 bis 5 cm dicken Sandschicht (**14**.30). Die Fugen können wie beim doppelten Flachschichtpflaster vergossen werden.

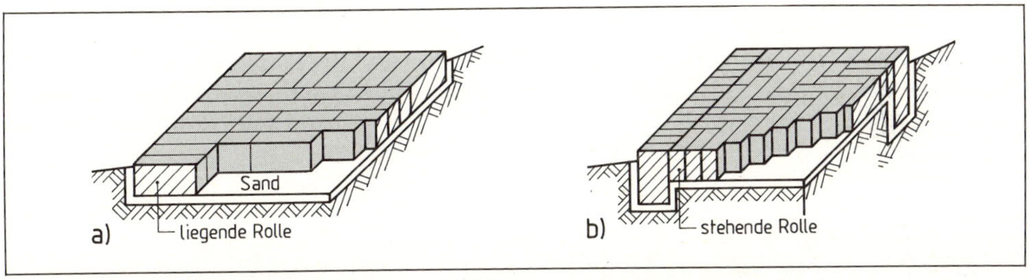

14.30 Rollschichtpflaster mit Abschluß als a) liegende Rolle, b) stehende Rolle

Einfaches Flachschichtpflaster genügt bei geringer Beanspruchung. Bei starker Beanspruchung sind doppeltes Flachschicht- und Rollschichtpflaster geeignet. Man verlegt sie in Sand auf festem Untergrund. Für Beläge im Freien auf bindigem Boden ist vorher eine Frostschutzschicht einzubauen.

14.4.2 Naturstein- und Betonpflaster

Mit Natursteinpflaster lassen sich dekorative Bodenbeläge im Innen- und Außenbereich herstellen, z.B. Gliederung von Freiflächen. Die Verlegung kann ungeordnet, in Reihen, diagonal oder im Bogen erfolgen (**14.**31). Nach DIN 18502 „Pflastersteine; Naturstein" unterscheidet man

- Großpflastersteine 12/12 bis 16/16 cm, Höhe 13 bis 16 cm,
- Kleinpflastersteine 8/8 bis 10/10 cm, Höhe 8 bis 10 cm,
- Mosaikpflastersteine 4/4 bis 6/6 cm, Höhe 4 bis 6 cm.

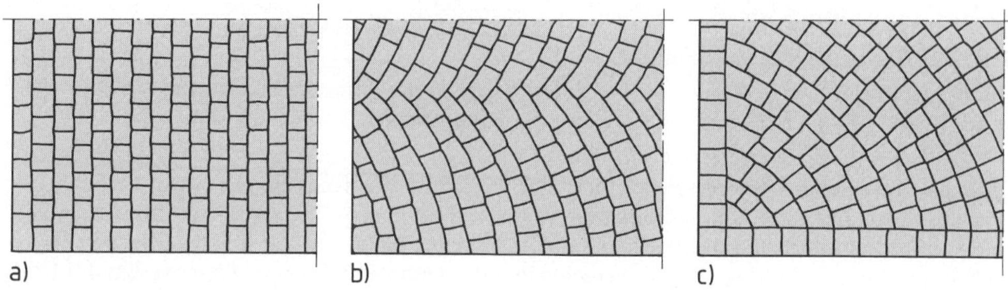

14.31 Verlegearten von Natursteinpflaster
a) Reihenpflaster, b) Netzverband, c) Segmentbögen

Geeignete Natursteine sind Basalt, Basaltlava, Diorit, Grauwacke, Melaphyr, bei Großpflastersteinen auch Granit.

Pflasterungen mit Natursteinen sind ziemlich teuer, da der Anteil der Lohnkosten sehr groß ist. Das Pflaster wird je nach Untergrund in eine Sand- oder Kiessandbettung versetzt, die – nach dem Abrammen des Pflasters – bei Kleinpflaster höchstens 3 cm, bei Großpflaster höchstens 6 cm betragen soll. Nach dem Versetzen wird die gepflasterte Fläche mit Wasser und Sand eingeschlämmt, gerammt oder auch gerüttelt und mit Sand abgedeckt.

Betonpflastersteine gibt es in einfacher prismatischer Form nach DIN 18501 und als Verbundsteine, die in ihren Abmessungen und in unterschiedlichen Formen nicht genormt sind (**14.**32). Sie müssen jedoch den Anforderungen der DIN 18501 genügen. Je nach zu erwartender Belastung gibt es die Verbundsteine in 6, 8 und 10 cm Dicke.

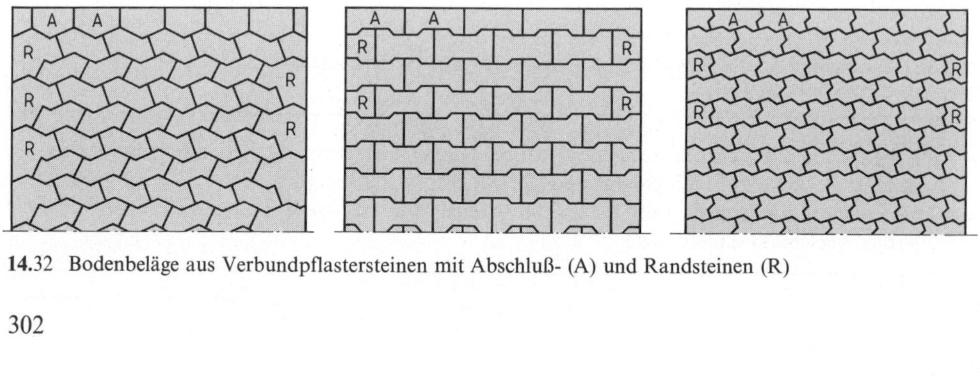

14.32 Bodenbeläge aus Verbundpflastersteinen mit Abschluß- (A) und Randsteinen (R)

Die Betonpflastersteine verlegt man in ein planeben abgezogenes Pflasterbett aus scharfkörnigem Sand. Das Feinplanum darf nicht mehr betreten werden. Deshalb verlegt man Steine im Gegensatz zu Natursteinpflaster von der fertigen Decke aus nach „vorwärts". Nach dem Abrütteln mit einem Flächenrüttler schließt man die Fugen durch Einkehren oder Einschlämmen mit Feinsand und legt den Belag sauber ab. Beispiele für Verlegepläne mit rechteckigen Betonpflastersteinen zeigt Bild **14.**33.

14.33 Verbandsbeispiele für rechteckige Betonpflastersteine

Natursteinpflaster wirken wegen der unregelmäßigen Fugen und Steine sehr dekorativ. Sie sind jedoch teuer. Beläge aus Betonpflastersteinen, besonders Verbundsteine, haben an Bedeutung zugenommen. Sie lassen sich schnell und einfach verlegen.

14.4.3 Plattenbeläge

Natursteinplatten für Beläge im Gebäudeinnern bestehen aus Marmor, Travertin, Kalkstein (Solnhofer Jurakalkstein), Quarzit, Schiefer, Basaltlava u.a. Für den Außenbereich nimmt man vorwiegend Porphyr, Sandstein, Granit, Quarzit, die auf einer wasserableitenden Packlage aus Schotter, in trockener Lage auch unmittelbar auf festgestampfter Erde, in eine 6 bis 8 cm dicke Kiessandschicht mit Wasserwaage und Richtscheit nach Schnur verlegt werden. Dabei müssen die Platten gut unterstopft und festgeklopft werden. Man kann die Platten auch in erdfeuchten Mörtel mit hydraulischem Kalk verlegen. Die Fugen werden dann mit Mörtel verstrichen (**14.**34).

a) b) c)

14.34 Verlegen von Natursteinplatten

a) Verlegen der Randsteine nach der Schnur, b) Überprüfen der Ebene mit Hilfe der Setzlatte, c) Verstreichen der Fugen mit Mörtel

Je nach Steinart, gewünschter Oberflächenstruktur und späterem Verwendungszweck bearbeitet man die Platten von Hand (z.B. bossieren, stocken, scharrieren) oder maschinell (z.B. fräsen, schleifen, polieren). Die Platten haben quadratische, rechteckige oder polygonale (unregelmäßige) Form mit Breiten zwischen 15 und 40 cm bei Plattendicken von 2 bis 3 cm.

Gehwegplatten aus Beton werden zur Befestigung leicht beanspruchter Verkehrsflächen, z.B. Fußwege in Garten- und Parkanlagen und als Beläge von Terrassen vor Wohn- und Gartenhäusern verwendet. Sie sind in DIN 485 genormt und in verschiedenen Ausführungen lieferbar, etwa einschichtig aus gleichem Beton oder zweischichtig mit Unter- und Vorsatzbeton, der eingefärbt sein kann, und die Ausführung in Waschbeton. Genormt sind quadratische Platten von 30, 35, 40 und 50 cm Seitenlänge in Verbindung mit Fries- und Eckplatten für den Diagonalverband (**14.**35, s.a. Baufachkunde 1, Abschn. 5.2). Für andere Verbände (Reihenverband, Römischer Verband) gibt es noch rechteckige Platten mit den Abmessungen 50/75 cm und 50/25 cm (**14.**36 und **14.**37). Das Verlegen geschieht wie bei den Natursteinplatten oder den Betonpflastersteinen.

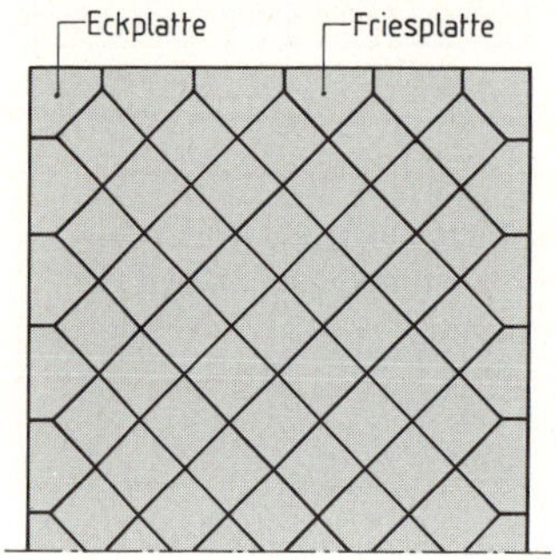

14.35 Gehwegplatten im Diagonalverband

14.36 Römischer Verband

a) 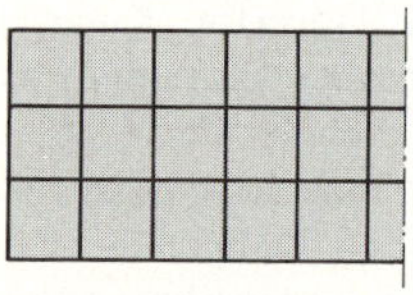

b) 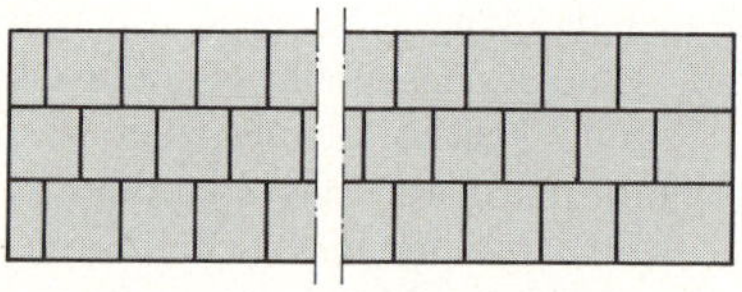

14.37
Reihenverband
a) mit Kreuzfugen
b) mit versetzten Fugen

> Für Beläge aus Natursteinplatten im Freien eignen sich nur frost- und wetterbeständige Steine. Gehwegplatten aus Beton lassen sich einfacher verlegen und ergeben im fugenversetzten Verband ansprechende Ansichtsflächen.

Aufgaben zu Abschnitt 14

1. Welche allgemeinen Anforderungen werden an Putze gestellt?
2. Nennen Sie unterschiedliche Anforderungen für Innen- und Außenputze.
3. Nennen Sie geeignete Bindemittel für Innenputz mit unterschiedlicher Beanspruchung.
4. Erklären Sie die Begriffe Putzsystem, Putzlage, Putzweise.
5. Warum darf der Oberputz nicht fester sein als der Unterputz?
6. Unter welchen äußeren Bedingungen dürfen Putzarbeiten durchgeführt werden?
7. Wie muß ein Putzgrund beschaffen sein, auf den ohne Vorbereitung geputzt werden kann.
8. Nennen Sie ungeeignete Putzgründe und Maßnahmen der Vorbereitung.
9. Unterscheiden Sie deckenden und nichtdeckenden Spritzbewurf.
10. Nennen und beschreiben Sie Putzträger.
11. Wie sind Putzträger anzubringen?

12. Beschreiben Sie das Überputzen von Bauteilen aus Holz oder Stahl.
13. Warum ist Putzmörtel anzuwerfen, nicht anzudrücken?
14. Welche Vorteile hat Werkmörtel gegenüber Baustellenmörtel?
15. Nennen Sie mögliche Putzschäden. Wie kann man sie vermeiden?
16. Nennen Sie Putzweisen für den Oberputz bei Außenputzen u. beschreiben Sie die Ausführung.
17. Warum muß der Außenputz durchlässig für Wasserdampf sein?
18. Was ist Trockenputz?
19. Was sind Gipskartonplatten?
20. Beschreiben Sie die Ausführung von Wand-Trockenputz.
21. Wie stellt man Trockenputz auf Unterkonstruktion her?
22. Geben Sie Vorteile und Anwendungsmöglichkeiten der Trockenbauweise an.
23. Was sind Estriche?
24. Unterscheiden Sie Estriche nach Konstruktion und Bindemittel.
25. Geben Sie Anwendungsmöglichkeiten der Estriche an.
26. Was ist „schwimmender Estrich"? Welche Aufgabe hat er?
27. Beschreiben Sie die Herstellung des Verbundestrichs.
28. Beschreiben Sie die Herstellung des schwimmenden Estrichs und stellen Sie dabei mögliche Fehlerquellen heraus.
29. Welche Vor- und Nachteile hat Zementestrich im Vergleich mit Anhydritestrich?
30. Ein Zementestrich
    a) sandet ab, b) blättert ab, c) wird rissig.
    Was kann Ursache für den Fehler sein?
31. Nennen Sie Fugenarten in Estrichen und ihre Aufgaben.
32. Welche Anforderungen stellt man an Bodenbeläge?
33. Nennen Sie massive Bodenbeläge und ihre Anwendungsmöglichkeiten.
34. Wie kann der Unterbau für Beläge im Freien ausgeführt werden?
35. Wie unterscheidet sich das Verlegen von Naturstein- und Betonpflaster?
36. Vergleichen Sie Plattenbeläge aus Naturstein und Beton hinsichtlich Aussehen, Beständigkeit, Herstellung, Kosten.

15 Schutz gegen Feuchtigkeit aus dem Baugrund

15.1 Bauschäden durch Feuchtigkeit

Der Wert eines Bauwerks wird wesentlich davon beeinflußt, wie es gegen Feuchtigkeitseinwirkung geschützt ist. Feuchtigkeit, die als Schlagregen, Spritzwasser, durch mangelhafte Abdeckung von oben oder durch nachlässig oder falsch ausgeführte Abdichtungen aus dem Boden ständig in Bauteile eindringt, macht die Räume feuchtkalt und ungesund. Die Luftfeuchtigkeit steigt, die Wärmedämmfähigkeit der Baustoffe nimmt ab.

Feuchtigkeit schadet auch Baustoffen und Gebäudeeinrichtungen. Holz fault oder wird von Pilzen befallen, Stahl rostet, Tapeten und Anstriche lösen sich ab, wasserlösliche Bestandteile von Mörteln werden ausgelaugt. Im Putz und Mauerwerk können bei starker Durchfeuchtung Frostschäden auftreten. Das Wasser dehnt sich beim Gefrieren um etwa $^1/_{10}$ seines Volumens aus.

Die Eiskristalle drücken, soweit sie nicht nach außen wachsen können, auf die Kapillarwände der Baustoffe. Putz und nicht frostbeständige Steine blättern schalenförmig ab oder zermürben (**15.1**). Plattenbeläge auf Terrassen und Balkonen frieren ab. An den der Luft ausgesetzten Wandflächen entstehen Ausblühungen. Dies sind weißliche Ausschläge von Salzen, die, im Wasser gelöst, das porige Mauerwerk durchdringen und nach Verdunsten des Wassers an der Außenfläche sichtbar werden (s. auch S. 288).

15.1 Zerfrorene Mauerziegel in einer durchfeuchteten Wand

15.2 Versuchsanordnung zur Darstellung von Ausblühungen

Versuch Stellen Sie einen Vollziegel in eine mit Glaubersalzlösung (schwefelsaures Natrium) 2 bis 3 cm hoch gefüllte Schale. Beobachten Sie das Aufsteigen der Feuchtigkeit und das Entstehen von Ausblühungen nach dem Verdunsten des Wassers (**15.2**).

Sulfatausblühungen (schwefelsaure Salze; Sulfur = Schwefel) sind besonders häufig. Es sind meist weiße oder weißgraue lockere Ausschläge, die fälschlich auch Mauersalpeter genannt werden. Diese Salze dringen, wenn die Abdichtungen mangelhaft ausgeführt sind, mit der Bodenfeuchtigkeit ins Mauerwerk.

Sulfatausblühungen beobachtet man oft an Bauteilen, die dauernder Feuchtigkeit ausgesetzt sind (schlecht abgedichtetes Kellermauerwerk, Einfriedungsmauern, Brückenmauerwerk). Sie sehen häßlich aus, beeinträchtigen das Haften des Putzes und wirken bei starkem Auftreten zerstörend auf das Mauerwerk (**15.3**). Sie werden möglichst nur trocken abgebürstet. Beim Abwaschen können größere Mengen aufgelöster Salze wieder in das Mauerwerk dringen und erneut ausblühen. Durch

15.3 Sulfatausblühungen am Ziegelmauerwerk

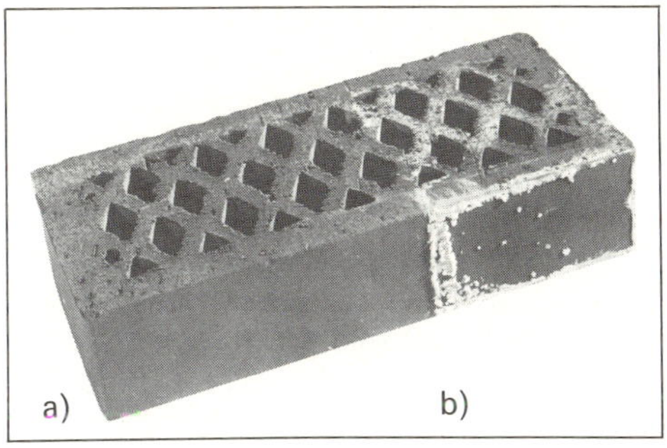

15.4 Schutz gegen Sulfatausblühungen durch Silikonbehandlung
a) imprägniert, b) unbehandelt

Besprühen des gesäuberten Mauerwerks mit einem Silikon-Bautenschutzmittel läßt sich erneutes Auftreten von Ausblühungen verhindern. Die ausblühfähigen Sulfatsalze gelangen dann nicht mehr an die Außenflächen des Mauerwerks, weil das als Lösungsmittel notwendige Wasser von außen (z. B. bei Schlagregen) nicht eindringt und aus feuchtem Mauerwerk nur in Dampfform durch die imprägnierten Porenwandungen nach außen gelangen kann (**15.4**).

Carbonatausblühungen (Salze der Kohlensäure; Carboneum = Kohlenstoff) werden auch Kalkausblühungen oder -auswaschungen genannt. Als weiße, feste Krusten erscheinen sie in der Regel unterhalb von Lagerfugen. Sie entstehen, wenn Regenwasser von oben oder von der Seite ins Mauerwerk dringt. Im Wasser enthaltene Kohlensäure löst kohlensauren Kalk des Fugenmörtels und bildet ihn in wasserlöslichen, doppeltkohlensauren Kalk um. Dieser tritt mit dem Wasser nach außen und wird auf der Oberfläche der Steine wieder als fester kohlensaurer Kalk (ähnlich wie der Kesselstein im Kochtopf) ausgeschieden. Hier hilft nur ein Absäuern mit verdünnter Salzsäure (5 bis 10 %). Doch muß vorher das Mauerwerk gründlich angenäßt und hinterher mit reinem Wasser nachgespült werden, weil sonst Salzsäure ins Mauerwerk dringt.

Chloridausblühungen (Salze der Salzsäure) zeigen weiße, meist feuchte Flecke, weil Chloride stark hygroskopisch sind und deshalb Feuchtigkeit aus der Luft aufsaugen. Meist entstehen sie durch unsachgemäße Arbeit, z. B. nach dem Absäuern von Verblendmauerwerk mit zu wenig verdünnter Salzsäure oder nach ungenügendem Nachwaschen. Auch bei zu reichlicher Anwendung von Frostschutzmitteln (z. B. Kochsalz = Chlornatrium) können sie auftreten (**15.5**). Käufliche Frostschutzmittel müssen deshalb genau nach Vorschrift angewendet werden.

Nitratausblühungen (Salze der Salpetersäure; „Mauersalpeter"; Nitrogenium = Stickstoff) werden wegen der zerstörenden Wirkung auch Mauerfraß genannt. Sie können entstehen, wenn stickstoffhaltige Fäulnisstoffe ins Mauerwerk dringen. Diese bilden zusammen mit Mörtelbestandteilen wassergierigen, zerfließlichen Kalksalpeter, der Mörtel und Steine allmählich mürbe und bröckelig macht. Er tritt besonders häufig an Jauchegruben und Viehställen auf, deren Mauerwerk nicht genügend durch Abdichtungen geschützt wurde.

15.5 Chloridausblühung, verursacht durch zu reichliche Anwendung eines Frostschutzmittels im Mauermörtel

Zu den Aufgaben der Bauwerksabdichtung gehören alle Maßnahmen, die das Eindringen von Feuchtigkeit in Form von Niederschlagswasser, Wasser aus dem Baugrund, aus dem Innern des Gebäudes oder einzelner Bauteile (z. B. Feuchträume, Schwimmbad) in das Bauwerk verhindern. Im folgenden behandeln wir nur die Abdichtungen der erdnahen und erdberührten Wände und Fußböden im Bereich Hochbau. Abdichtungen dieser Art machen bei Neubauten meist nur einen Bruchteil der Gesamtkosten aus. Wenn jedoch Schäden durch falsche Beurteilung des Wasserangriffs und unsachgemäße Ausführung behoben werden müssen, fallen viel höhere Kosten an, besonders wenn die Schadstelle nicht leicht festzustellen, nur sehr schwer freizulegen bzw. zugänglich ist. Oft sind nachträgliche Schadensbehebungen nur unvollständig möglich.

Viele Schäden an Bauwerken sind auf mangelhaften Schutz gegen Feuchtigkeitseinwirkung zurückzuführen: Zersetzen von Baustoffen durch Auslaugen, Faulen, Rosten und Salzablagerungen (Ausblühungen), Abfrieren von Belägen und Zerfrieren tragender Bauteile. Feuchte Wände schaffen auch ein unbehagliches und ungesundes Raumklima. Das Wärmedämmvermögen feuchter Bauteile und Baustoffe ist wesentlich herabgesetzt. Die Nachbesserung schadhafter Abdichtungen verursacht unverhältnismäßig hohe Kosten.

15.2 Wasser im Baugrund und Abdichtungsarten

Bodenfeuchtigkeit ist in unseren Breiten im Baugrund stets vorhanden, auch in wasserdurchlässigen, nichtbindigen Böden (Kies, Sand). Hierbei handelt es sich um nichttropfbares Wasser, das an und zwischen Bodenteilchen haftet.

Sickerwasser, durch Niederschläge und Schmelzwasser verursacht, füllt weitgehend die Bodenporen. Es haftet nicht mehr an den Bodenteilchen und sickert in tiefere Schichten ab.

Grundwasser staut und sammelt sich über wenig wasserdurchlässigen Schichten. Die Hohlräume zwischen den Bodenteilchen sind wassergesättigt (**15.**6).

Mit Bodenfeuchtigkeit ist nur in nichtbindigen Böden zu rechnen, die so tief reichen, daß sich kurzzeitig auftretendes Sickerwasser nicht vor den erdberührten Wänden des Bauwerks staut (**15.**7). Voraussetzung ist, daß der Arbeitsraum ebenfalls mit wasserdurchlässigem Boden verfüllt ist.

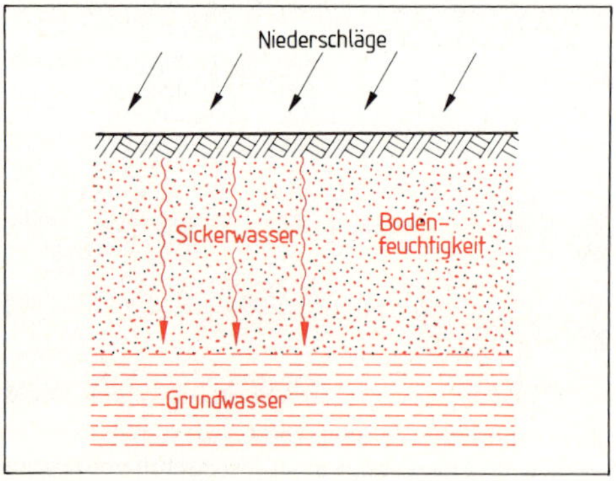

15.6 Wasser im Baugrund

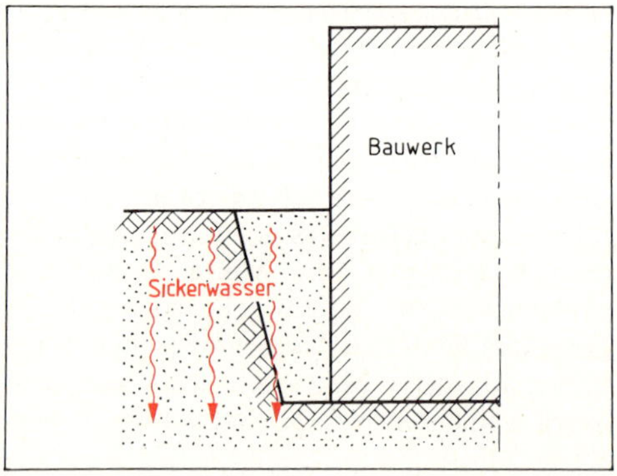

15.7 Versickerndes Wasser in nichtbindigem Boden

Abdichtungsarten. Durch waagerechte Abdichtungen in den Wänden und Abdichtungsanstriche an den Wandaußenflächen verhindert man, daß die kapillaren Wandbaustoffe Feuchtigkeit ansaugen und in den Baukörper weiterleiten (s. Abschn. 15.4.1).

Häufiger kommt jedoch wenig oder nicht wasserdurchlässiger bindiger Boden als Baugrund vor. Sickerwasser staut sich dann im verfüllten Arbeitsraum vor der Kellerwand und beansprucht sie über einen längeren Zeitraum (**15.**8). Mit Stauwasser muß auch bei Hanglage eines Gebäudes in nichtbindigen Bodenarten gerechnet werden. Die Ausführung von waagerechten und senkrechten Abdichtungen wie gegen Bodenfeuchtigkeit genügen nur dann, wenn das Stauwasser durch eine funktionstüchtige Dränung abgeleitet wird (s. Abschn. 15.4.2). Verzichtet man auf die Dränung, müssen Dichtungsbahnen auf Wände und Böden geklebt werden. Bei langanhaltendem Stauwasser sind Dichtungsbahnen und Dränung erforderlich.

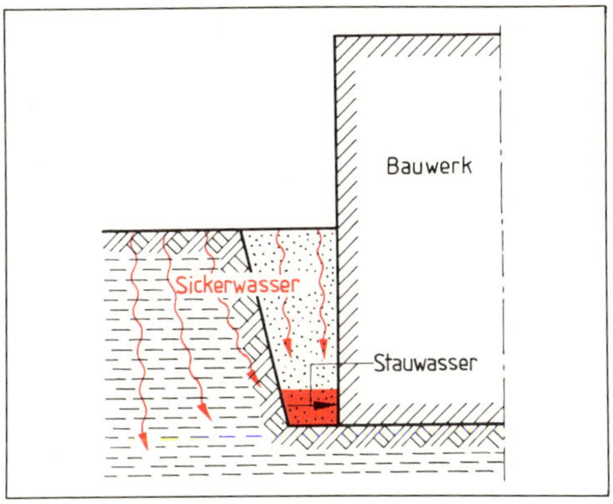

15.8 Stauwasserbildung vor der Kellerwand bei bindigem Boden

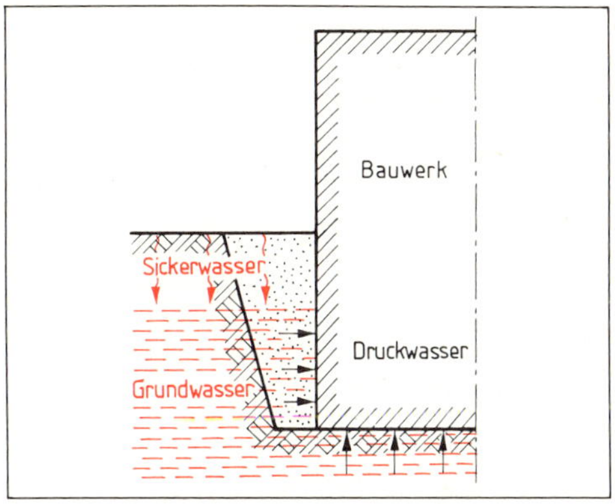

15.9 Druckwasserbeanspruchung durch Grundwasser

Grundwasser oberhalb der Kellersohle drückt dauernd auf Wände und Fußböden (**15.**9). Der Wasserandrang ist so intensiv, daß sich sogar Fußböden aufwölben. Hier muß das Gebäude in eine biegesteife Wanne gesetzt werden, die mit mehreren Lagen Dichtungsbahnen ausgekleidet ist (s. Abschn. 15.4.3).

Erdberührte Bauteile unterliegen dauerndem Wasserangriff durch Bodenfeuchtigkeit, die sich infolge Kapillarität der Baustoffe auch in höher gelegene Bauteile ausbreitet. Abdichtungen in bzw. an den Wänden im Erdreich verhindern das Eindringen der Feuchtigkeit. Sickerwasser, das sich vor dem Baukörper staut (Stauwasser), und Grundwasser, das gegen und in das Bauwerk drückt (Druckwasser), erfordern besondere Schutzmaßnahmen.

15.3 Abdichtungsstoffe und Verarbeitung

Abdichtungsstoffe sind Bitumen und Teerpech (s. Baufachkunde 1, Abschn. 15.2), die unmittelbar auf die zu schützenden Flächen aufgestrichen, mittels Trägerschichten (Rohfilzpappen, Glasfasergewebe, Jutegewebe oder Metall- und Kunststoffolien) in Bauteile gelegt oder an bzw. auf Bauteile geklebt werden. Teerpech und Bitumen werden als kaltflüssige (Lösungen und Emulsionen) oder heißflüssige Anstriche aufgebracht.

Versuch Stellen Sie in Schalen mit Glaubersalzlösung je einen Vollziegel, der a) einmal lückenhaft mit Bitumen gestrichen, b) einmal getaucht und darüber gründlich gestrichen ist.

Ergebnis Der mangelhaft gestrichene Stein läßt die Lösung durch. Das Salz blüht an der oberen Steinhälfte aus (**15.**10).

15.10 Versuchsanordnung zur Prüfung der Wirksamkeit von Abdichtungsanstrichen

Kaltanstriche. Das dünnflüssige Lösungsmittel dringt mit den gelösten Abdichtungsstoffen in die Poren des Untergrunds ein und hinterläßt nach dem Verdunsten das Bitumen. Lösungen haften jedoch nur auf trockenem Untergrund.

Da die verdunstenden Lösungsmittel giftig und explosionsgefährlich sind, ist besondere Vorsicht beim Verarbeiten geboten. Man darf sie nicht in geschlossenen Räumen anwenden.

Emulsionen eignen sich als Abdichtungsanstrich auf feuchtem Untergrund. Das Eindringvermögen ist jedoch nicht so gut wie bei Lösungen, da die Bitumenteilchen größer sind als in Lösungen. Bis zum Verdunsten des Wassers sind Emulsionsaufträge frostgefährdet und können leicht durch Regen abgewaschen werden.

Heißanstriche. Ohne Zusatzstoffe lassen sich Bitumen und Teerpech als Abdichtungsanstrich, Spachtel- und Klebemasse nur in heißem Zustand verarbeiten. Dazu erhitzt man sie unter ständigem Rühren in besonderen Schmelzkesseln auf 150 bis 200 °C. Heißanstriche haften schlecht auf saugendem Untergrund und neigen zu Blasenbildung, weil sich unter dem Aufstrich auf dem immer etwas feuchten Untergrund sofort ein Dampfpolster bildet. Sie dürfen deshalb erst nach einem kaltflüssigen Voranstrich aufgebracht werden.

Unbedingt zu beachten ist, daß Teerpechanstriche nicht auf Bitumenanstriche und umgekehrt kommen, weil sich die Stoffeigenschaften ändern. Ein Vermischen ohne Beeinträchtigung der Abdichtungseigenschaften ist nur in ganz bestimmten Mengenverhältnissen möglich. Dies darf nur im Herstellwerk, nicht auf der Baustelle geschehen.

Abdichtungen mit Asphalt werden aufgespachtelt. Sein Anwendungsgebiet erstreckt sich vorwiegend auf Abdichtungen im Behälterbau und bei Brückenbauwerken.

Dichtungsschlämmen. Neben dem traditionellen Abdichtungsstoff Bitumen verwendet man heute vielfach Dichtungsschlämmen, die meist aus Zement, Quarzsand und Kunststoffverbindungen bestehen. Sie werden gebrauchsfertig in Pulverform (weiß bis grau) geliefert. Zur Verarbeitung dürfen sie nur mit Wasser gemischt werden. Sofern die Schlämme Zement enthält, gelten für die Verarbeitung die gleichen Richtlinien wie für alle anderen Arbeiten mit Zement, z. B. begrenzte Verarbeitungszeit, fester, sauberer Untergrund, keine Verarbeitung bei Frost oder auf gefrorenem Untergrund, Nachbehandlung (Schutz vor Sonneneinstrahlung, Hitze, Zugluft).

Arbeitsablauf

- Untergrund annässen;
- Dichtungsschlämme in Wasser einstreuen und verrühren, bis ein gleichmäßiges, streichfähiges Gemisch ohne Knoten entsteht;
- Schlämme mit Quast oder Deckenbürste satt und dicht auftragen;
- je nach Anforderungen weitere Schlämmaufträge bzw. ein Auftrag in Putzkonsistenz.

Wasserabweisender Putz und wasserundurchlässiger Beton erhalten ihre gegen Feuchtigkeit schützende Wirkung durch geeignete Zusammensetzung, niedrigen Wasserzementwert, gute Verdichtung und Nachbehandlung. Durch Zugabe eines Dichtungsmittels (Betonzusatzmittel DM) allein wird keine ausreichende Wasserundurchlässigkeit erreicht.

Abdichtungsstoffe sind wasserundurchlässig. Sie werden als bituminöse Heiß- und Kaltaufstriche, Dichtungsschlämmen und in Form von selbsttragenden Abdichtungsschichten (Dichtungsbahnen) angebracht. Unklare Begriffe führen oft zu Mißverständnissen.

Abdichten: Schutz gegen Feuchtigkeit

Dämmen: Schutz gegen Wärme/Kälte oder Schall

Isolieren: Schutz gegen elektrischen Strom

15.4 Abdichtungen

15.4.1 Abdichten gegen Bodenfeuchtigkeit

Waagerechte Abdichtungen in Wänden sollen die aus dem Baugrund durch die Fundamente und den Kellerfußboden eindringende Feuchtigkeit und das Spritzwasser in Höhe der Erdoberfläche am Aufsteigen hindern.

Bei nicht unterkellerten Gebäuden und freistehenden Wänden verlegt man ≈30 cm über der Erdoberfläche eine waagerechte Abdichtung (**15**.11).

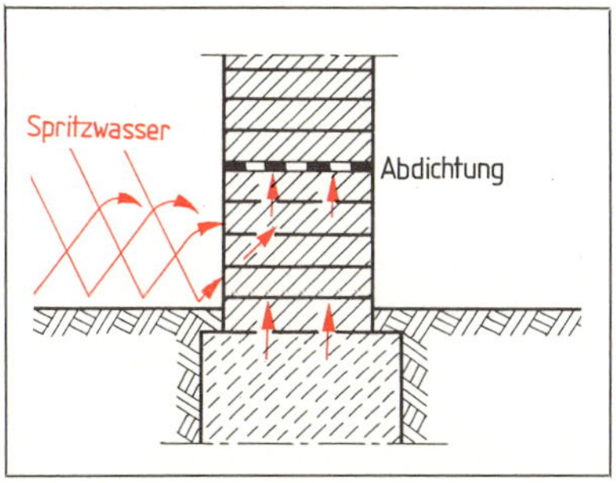

15.11 Abdichten einer Einfriedungsmauer gegen aufsteigende Feuchtigkeit und Spritzwasser

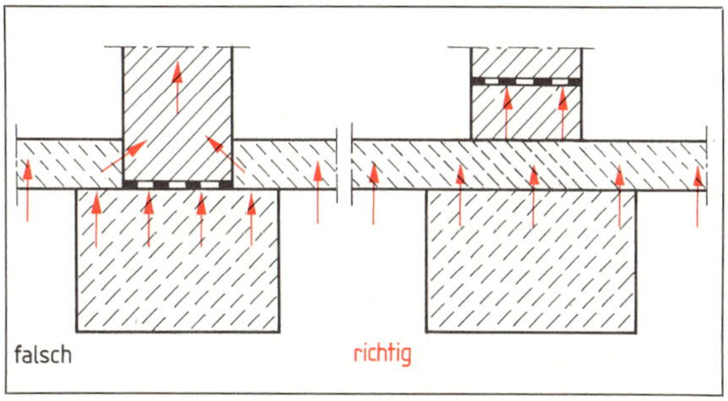

15.12 Abdichten gegen Bodenfeuchtigkeit an Kellerinnenwänden

Bei unterkellerten Gebäuden sind in Außenwänden zwei unterschiedlich hoch liegende Abdichtungsschichten erforderlich. Die untere Abdichtung liegt mindestens 10 cm über dem Kellerfußboden, damit die Feuchtigkeit weder vom Fundament noch vom Fußboden aus aufsteigen kann (**15**.12). Die zweite Abdichtung ordnet man über dem Spritzwasserbereich (≈ 30 cm über Erdreich) an. Sie verhindert den Übertritt von Feuchtigkeit in die Erdgeschoßwand. Das kann bei genügend hohem Sockel in Fensterhöhe, sonst mindestens eine Schicht unterhalb der Kellerdecke geschehen (**15**.13). Abdichtungen unmittelbar unter der Kellerdecke können leicht beim Aufbringen der Decke beschädigt werden. Auf die obere Abdichtung in Innenwänden sollte man nicht verzichten. Zwar gibt es hier weder Spritzwasser noch Bodenfeuchtigkeit, doch kann Feuchtigkeit aus irgendwelchen Gründen in die Innenwände gelangen.

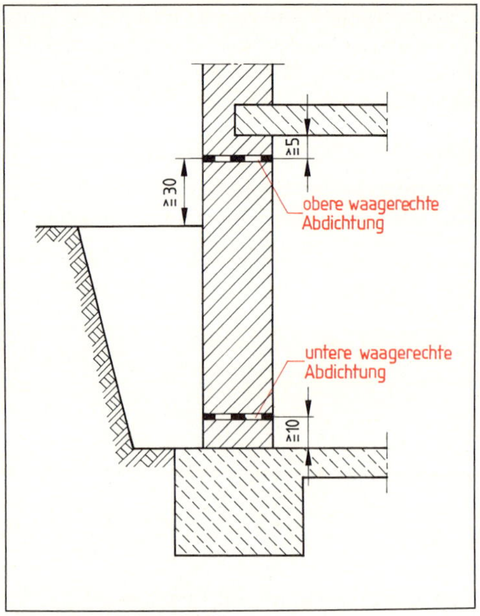

15.13 Lage der unteren und oberen waagerechten Abdichtung

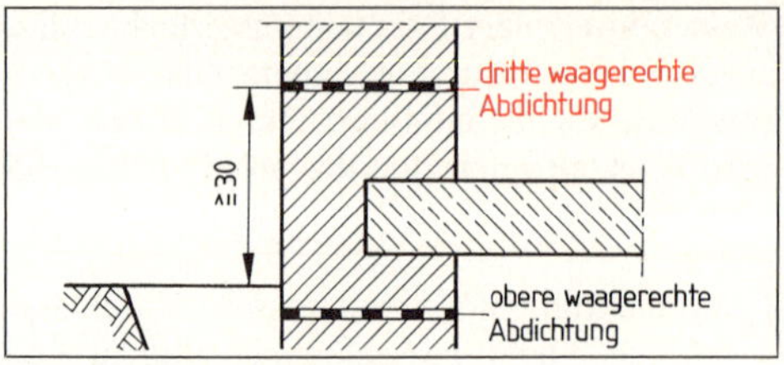

15.14 Dritte Abdichtung in der Erdgeschoßwand

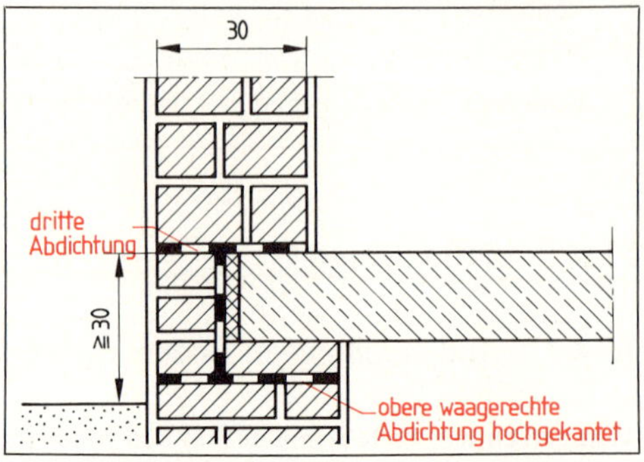

15.15 Abdichtungen in einer Außenwand bei tiefliegender Kellerdecke

Liegt die Kellerdecke im Bereich der Erdoberfläche, ist eine dritte waagerechte Abdichtung anzuordnen (**15**.14). Die Abdichtung unterhalb der Kellerdecke kann man durch Aufkanten in die dritte Abdichtung führen (**15**.15). Die Anordnung der Abdichtungen bei zweischaligem Mauerwerk zeigt Bild **15**.16.

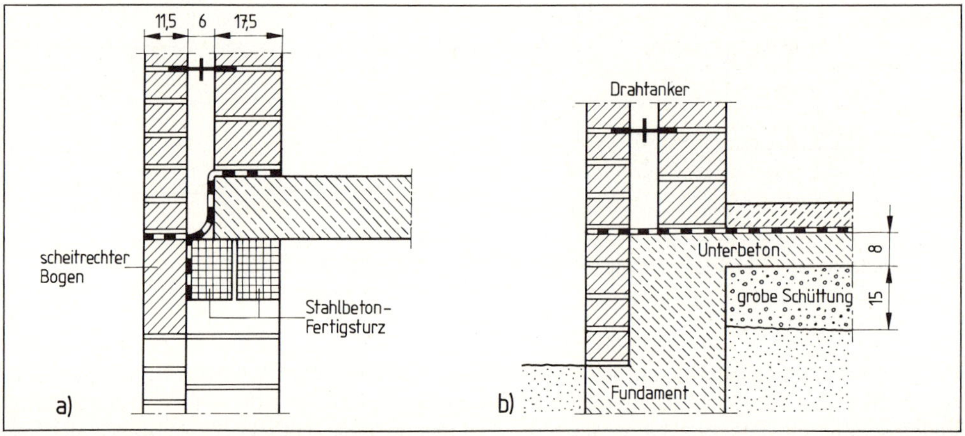

15.16 Abdichtungen in zweischaligem Mauerwerk
a) Fenstersturz, b) Sockel

Als Abdichtungsstoff nimmt man beiderseits besandete Bitumendachbahnen. Die rauhen Oberflächen der Bahnen ermöglichen eine gute Haftung am Lagerfugenmörtel. Vor dem Verlegen gleicht man die Mauerschicht mit Zementmörtel ab, damit die Bahn nicht durch Unebenheiten beschädigt wird oder hohl liegt. Stellen, die später von der Wandlast nicht zusammengepreßt werden, sind anfällig gegen Verrotten.

An Stoßstellen müssen die Enden ≧ 20 cm überdecken. An der Überlappung kann jedoch leicht Feuchtigkeit infolge Kapillarität übergreifen. Eine zweite Lage, deren Stöße man ≧ 1,00 m gegenüber der ersten Lage versetzt, verhindert dies zuverlässig (**15**.17). Zwei Lagen 333er Bahn sind deshalb sicherer als eine Lage 500er Bahn. Das Verkleben der Bahnen an den Überlappungen ist zulässig, jedoch nicht Vorschrift.

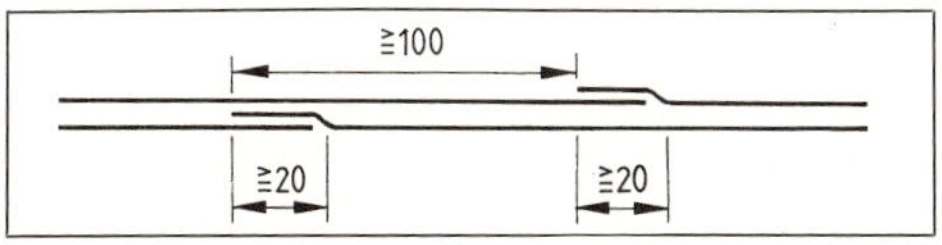

15.17 Stoßversatz bei zweilagiger Abdichtung

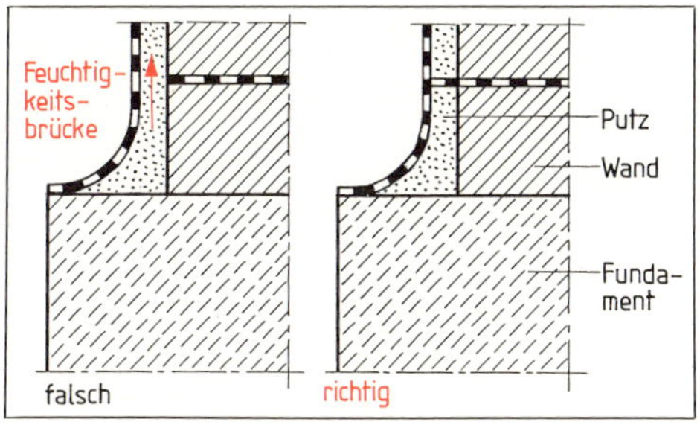

15.18 Anschluß der waagerechten an die senkrechte Abdichtung

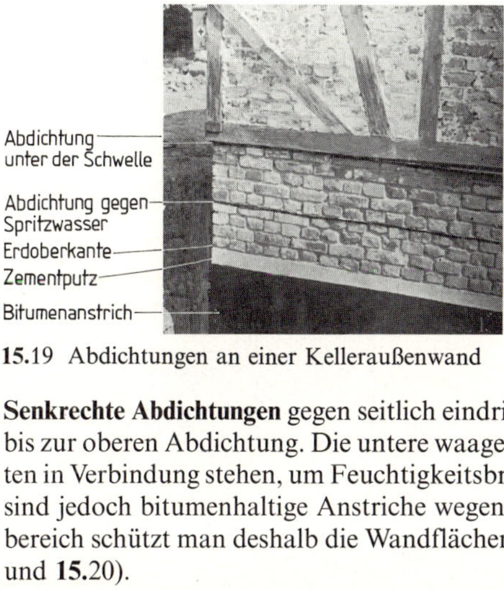

15.19 Abdichtungen an einer Kelleraußenwand

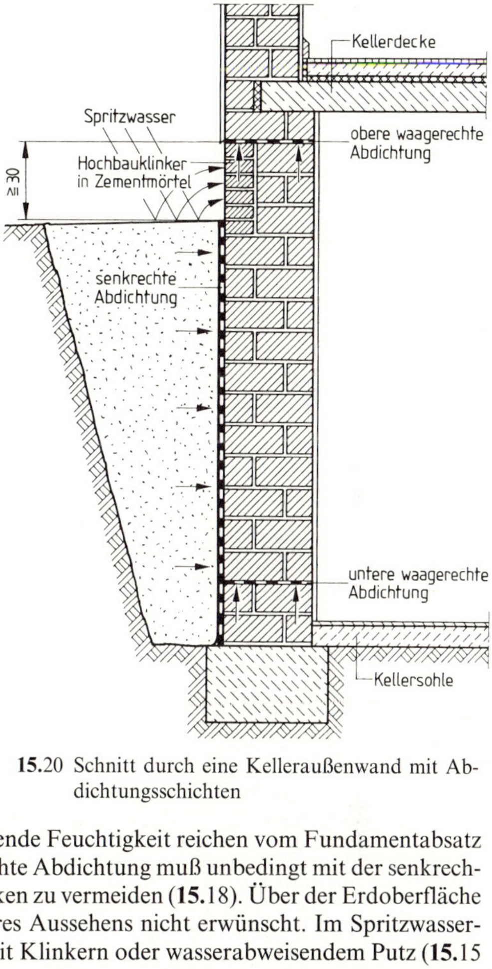

15.20 Schnitt durch eine Kelleraußenwand mit Abdichtungsschichten

Senkrechte Abdichtungen gegen seitlich eindringende Feuchtigkeit reichen vom Fundamentabsatz bis zur oberen Abdichtung. Die untere waagerechte Abdichtung muß unbedingt mit der senkrechten in Verbindung stehen, um Feuchtigkeitsbrücken zu vermeiden (**15**.18). Über der Erdoberfläche sind jedoch bitumenhaltige Anstriche wegen ihres Aussehens nicht erwünscht. Im Spritzwasserbereich schützt man deshalb die Wandflächen mit Klinkern oder wasserabweisendem Putz (**15**.15 und **15**.20).

Der Untergrund für die Abdichtungsanstriche muß eben und fest sein. Mauerwerk ist zu verfugen, Beton zu entgraten. Unebene und aus grobporigen Steinen bestehende Wandflächen erhalten einen abgeriebenen Putz aus Zementmörtel im MV 1 : 3 (**15**.18 und **15**.19). Auf die erhärtete bzw. gesäuberte Fläche trägt man einen kaltflüssigen Voranstrich aus Bitumen mit wechselnder Richtung des Bürstenstrichs auf. Der Voranstrich (Lösung auf trockenem, Emulsion auf feuchtem Untergrund! s. Abschn. 15.3) begünstigt die Haftung der folgenden Anstriche. Nach dem Trocknen werden zwei heiß- oder drei kaltflüssige Deckaufstriche aufgebracht. Bild **15**.20 zeigt ein Ausführungsbeispiel mit den erforderlichen Abdichtungen.

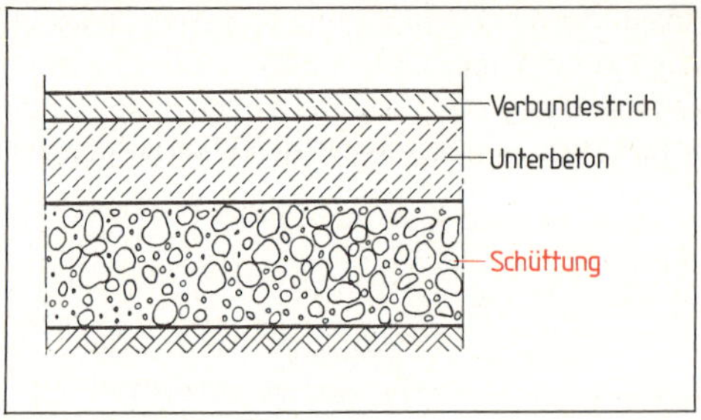

15.21 Grobkörnige Schüttung als kapillarbrechende Schicht

Fußbodenabdichtung. Unter massiven Fußböden in Kellerräumen genügt meist eine mind. 15 cm dicke Schicht aus grobkörnigem Material, das wegen seiner größeren Einzelporen keine Feuchtigkeit kapillar weiterleitet (**15.**21). Bei nicht unterkellerten Gebäuden und in Kellerräumen, deren Boden unbedingt trocken bleiben muß, sind waagerechte Abdichtungen unterhalb des Fußbodens erforderlich. Die Abdichtung liegt auf einer 8 bis 12 cm dicken Sohle aus Beton B 15 und geht bis an die Außenfläche der Wand (**15.**22 und **15.**23). Sie soll in der Regel aus zwei Lagen 333er nackter Bitumenbahn bestehen. An Nähten und Stößen müssen sich die Bahnen mindestens 20 cm überdecken. Die erste Lage ist mit ihrer Unterlage und mit der zweiten Lage zu verkleben. Auf diese wird ein Deckanstrich aus der gleichen Klebemasse aufgetragen. Liegt die Abdichtungsschicht auf der Betonsohle niedriger als die in der Wand, wird sie hochgekantet und mit der überstehenden Wandabdichtung verklebt (**15.**24).

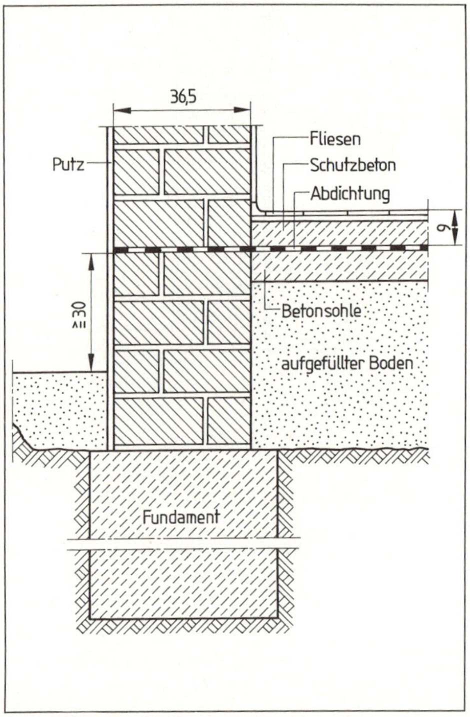

15.22 Abdichtung von Außenwand und Fußboden eines nicht unterkellerten Gebäudes

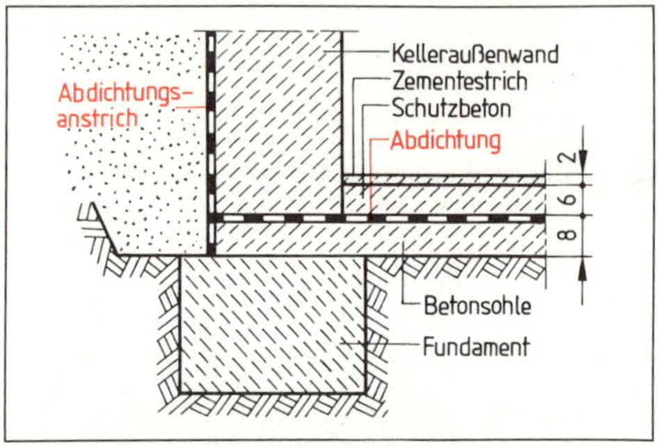

15.23 Abdichten eines Kellerfußbodens

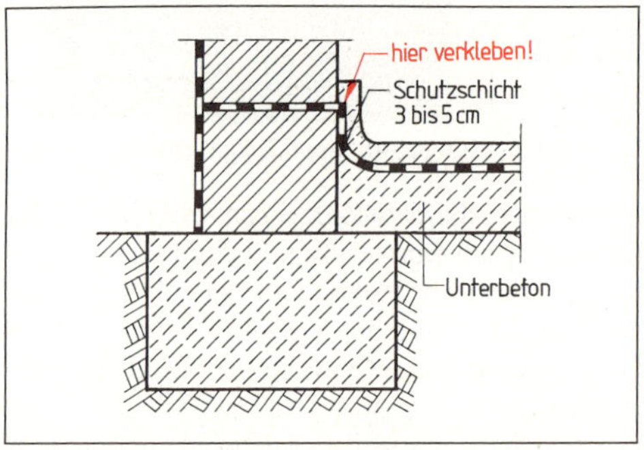

15.24 Fußboden- und Wandabdichtungsanschluß

Zum Schutz gegen aufsteigende Feuchtigkeit erhalten Kellerwände zwei waagerechte Abdichtungsschichten aus besandeter Bitumendachbahn. Abdichtungsanstriche auf den Wandflächen schützen gegen seitlich eindringende Feuchtigkeit.

15.4.2 Abdichten gegen Stauwasser

Bei stauendem Sickerwasser schützt die für Bodenfeuchtigkeit geeignete Abdichtung nur, wenn das Stauwasser in einem Dränsystem ungehindert abfließen kann. Es besteht aus Ringdränung und Sickerschichten.

Ringdränung. In Höhe des Fundaments umschließt eine mit Gefälle verlegte Rohrleitung aus Tondränrohren (**15**.25) oder geschlitzten Dränrohren aus Kunststoff (**15**.26) das Gebäude. Vom höchsten Punkt, der mindestens 20 cm unter der OK Bodenplatte liegen soll, führt man die Leitung ohne Unterbrechung mit einem Gefälle von mindestens 0,5% zum Sammelschacht am Tiefpunkt. Meist genügt ein lichter Rohrdurchmesser mit einer Nennweite DN = 100 mm. Bei zu hoch verlegter Ringdränung drückt das Wasser während der Stauphase auf die Abdichtung und durchfeuchtet die Wand (**15**.27).

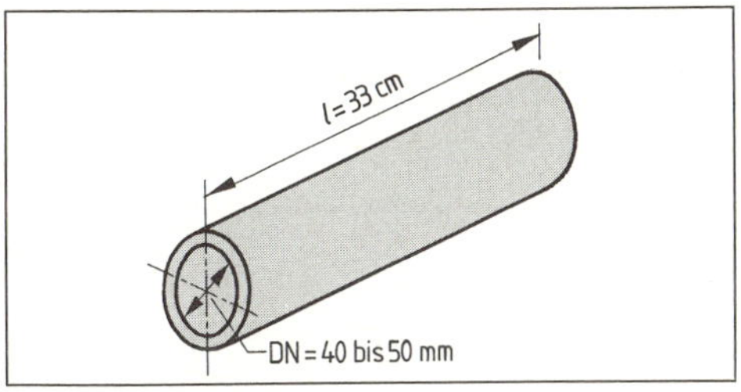

15.25 Dränrohr aus gebranntem Ton

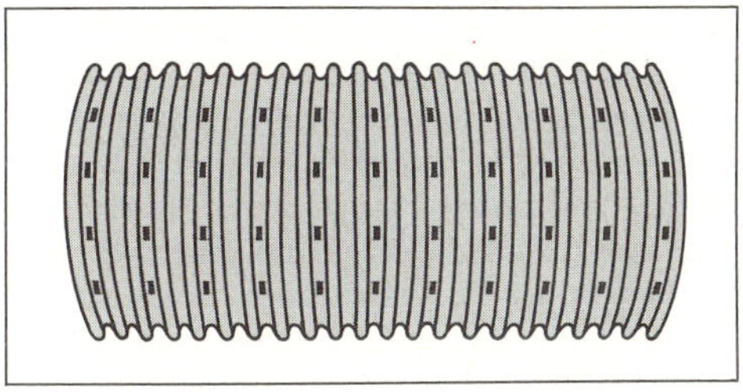

15.26 Kunststoffdränrohr mit Wassereintrittsöffnungen

Die Dränrohre erhalten eine allseits mindestens 20 cm dicke Ummantelung aus Sickermaterial, damit das Wasser schnell und ungehindert in die Dränleitung gelangt (**14**.27). Als Sickerpackung eignet sich Kiessand mit einem möglichst geringen Anteil an ausschwemmbaren Bestandteilen.

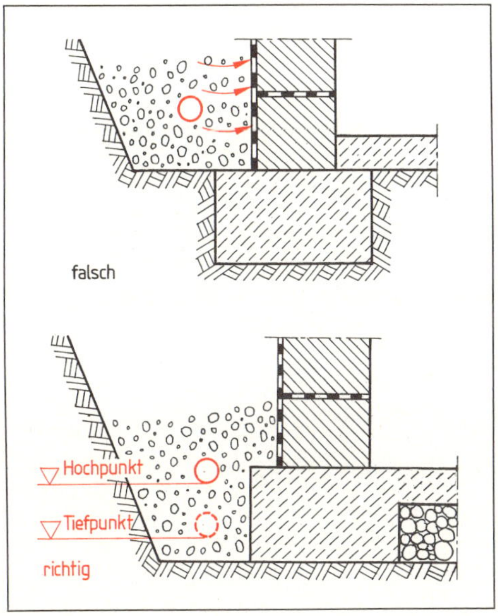

15.27 Höhenlage der Ringdränung und Sickerschicht

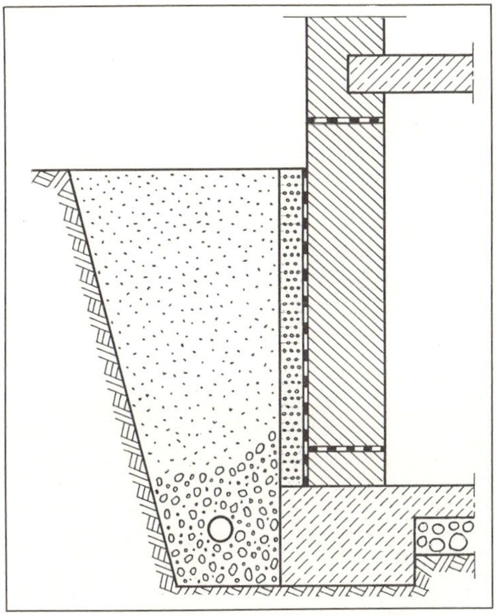

15.28 Schutz einer Kellerwand gegen Stauwasser durch Ringdränung und Sickerschichten

Senkrechte Sickerschicht. Vor die abgedichtete Wand versetzt man trocken (d.h. ohne Mörtel) Sickersteine oder -platten aus haufwerkporigem Beton oder Kunststoff (Polystyrol oder PE-Schaum), die mit der Sickerschicht um die Dränrohre in Verbindung stehen, oder eine Noppenfolie. Das Sickerwasser wandert ungehindert in die Ringdränung (**15.**28 auf S. 315). Die vorgesetzte Sickerschale bzw. die Noppenfolie schützen außerdem die Abdichtung vor Beschädigung beim Verfüllen des Arbeitsraums und schädlicher Sonneneinstrahlung während der Bauzeit.

Ringdränung und Sickerschichten leiten vor Kellerwänden stauendes Sickerwasser ab. Sie ersetzen aufwendigere Abdichtungen an Kellerwänden.

15.4.3 Abdichten gegen Grundwasser

Liegt ein Teil des Bauwerks unterhalb des höchsten Grundwasserstands, sind besondere druckhaltende Abdichtungen der Kellerwände und des Fußbodens nötig. Am besten werden die dem Wasserdruck ausgesetzten Mauern von der Wasserdruckseite, also von außen abgedichtet. Man bringt die Abdichtung auf einem Trog an, in den das ganze Bauwerk hineingestellt wird (**15.**29).

Zum Trockenhalten der Baugrube während der Bauzeit ist eine Grundwassersenkung vorzunehmen. Dazu werden Brunnen aufgestellt, aus denen das Wasser herausgepumpt wird (**15.**30). Zunächst treibt man unter abschnittsweisem

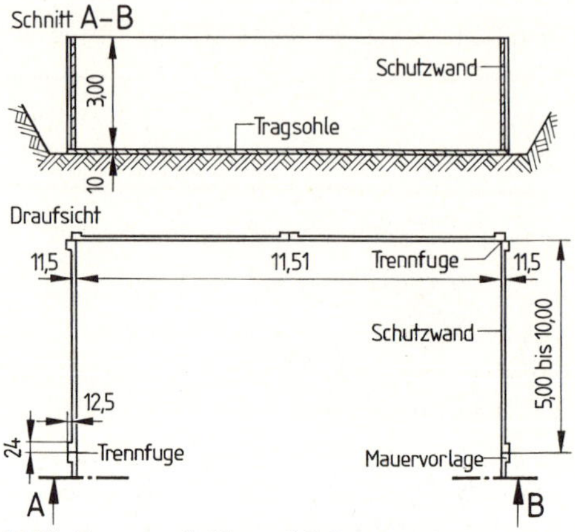

15.29 Trog aus Sohle und Schutzwänden zur Aufnahme der Abdichtung

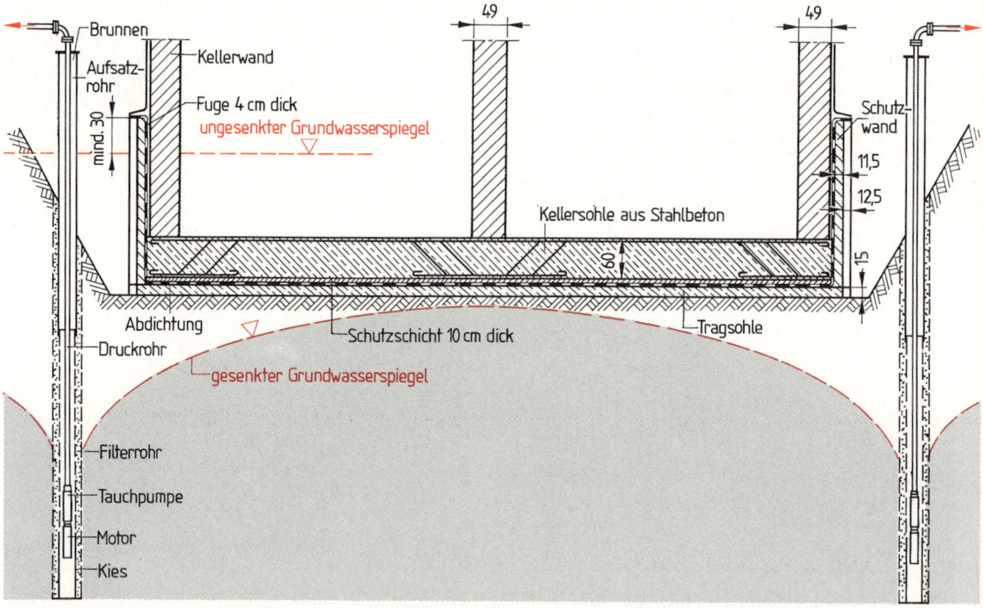

15.30 Schnitt durch eine wasserdruckhaltende Abdichtung und Grundwasserabsenkung

Bohren mit Erdbohrern ein Mantelrohr in den Boden. In das Mantelrohr wird ein entsprechend kleineres, mit Löchern versehenes Filter- und Aufsatzrohr eingesetzt. Den Zwischenraum zwischen Filter- und Mantelrohr füllt man mit Kies aus, damit die Löcher des Filters nicht verstopfen und das Wasser in den Filter eindringen kann. Das Mantelrohr wird hochgezogen und in das Filterrohr die Druckleitung mit der Tauchpumpe eingesetzt, die das Wasser nach oben drückt und ableitet. Bei Senkungshöhen unter 7,00 m führt man statt der Druckleitungen und Tauchpumpen Saugleitungen in die Filterrohre ein und saugt das Wasser durch Pumpen ab, die über der Erde aufgestellt sind.

Zur Grundwasserabsenkung sind außerdem Spülfilteranlagen zweckmäßig. Die an eine Sammelleitung angeschlossenen Spülfilter werden mit Spülpumpen in den Boden eingespült. Das Abpumpen des anfallenden Wassers aus den Spülfiltern bewirken Vakuumpumpen.

Der Trog besteht aus der Sohle und den Schutzwänden. Die Trogsohle wird aus Magerbeton mindestens 10 cm dick hergestellt und oben mit einer 2 cm dicken geglätteten Feinschicht versehen.

Die Schutzwände mauert man 11,5 cm dick aus Mauerziegeln Mz 12 oder Kalksandsteinen in Kalkzementmörtel mindestens 30 cm über den höchsten Grundwasserstand (**15**.30). Lange und hohe Schutzwände verstärkt man durch Mauervorlagen. Sie sind an den Ecken und in Abständen von 5,00 bis 10,00 m durch Trennfugen mit doppelten Einlagen aus bitumenhaltigen Bahnen zu unterteilen (**15**.31). Die Trennfugen sollen die Trogwände nachgiebiger machen, damit sie einen Druck auf die Abdichtung zulassen. Die Innenseiten der Schutzwände erhalten einen Putz aus Zementmörtel (**15**.32). Dieser wird an die Sohle mit einer Abrundung angeschlossen, damit die Abdichtungsbahn in der Ecke nicht brechen kann.

15.31 Mauervorlage mit Schutzwandtrennfuge

15.32 Verputzen des Trogs mit Zementmörtel

Die Abdichtung des Trogs besteht aus 3 Lagen nackter 500er Bitumenbahn, die mit heiß zu verarbeitender Klebemasse verklebt werden (**15**.33). Bei Schutzwänden von mehr als 3,50 m Höhe sind 4 Lagen Dichtungsbahnen zu verwenden. Auf den Schutzwänden werden die Bahnen in lotrechter Richtung mit 10 cm Stoßüberdeckung angebracht und auf die Wandoberfläche abgeklappt. Vor dem Aufbringen der Abdichtung müssen Schutzwände und Sohle trocken sein und von Staub, Sand und losen Teilen gesäubert werden. Um die Abdichtung der Sohle vor Beschädigungen zu schüt-

15.33 Kleben der Abdichtung

zen, versieht man sie gleich nach Fertigstellung mit einer 5 bis 10 cm dicken Schutzschicht aus Beton mit einem Zementgehalt von mindestens 250 kg/m^3 fertigen Betons.

Die Kellersohle aus Stahlbeton ist so zu bemessen, daß sie den Grundwasserdruck aufnehmen kann (**15**.30 und **15**.34). Auf die Kellerwände übt das Grundwasser einen seitlichen Druck aus. Reicht die Eigenlast des zu schützenden Mauerwerks aus, um den Wasserdruck aufzunehmen, können für die Kellerwände Mauerziegel Mz 12 oder Kalksandsteine verwendet werden; andernfalls sind sie aus Stahlbeton herzustellen. Die lotrechte Abdichtung muß zwischen Schutz- und Kellerwänden fest eingepreßt werden, damit sie vor Beschädigungen geschützt ist. Gemauerte Kellerwände sind deshalb mit 4 cm Abstand von der Abdichtung auszuführen. Die Fuge zwischen beiden wird mit erdfeuchtem Zementmörtel 1:5 vorsichtig fest ausgestampft (**15**.35). Oberhalb der Schutzwände erhalten die Außenseiten der Kellermauern einen Zementmörtelputz. Der Putz schließt mit einer Abrundung an die Schutzwände an und wird über deren Oberseite mit Gefälle nach außen hinweggeführt.

15.34 Bewehren der Kellersohle und -wände (Die Abdichtung ist zum Schutz vor Sonnenstrahlen mit Kalkmilch gestrichen.)

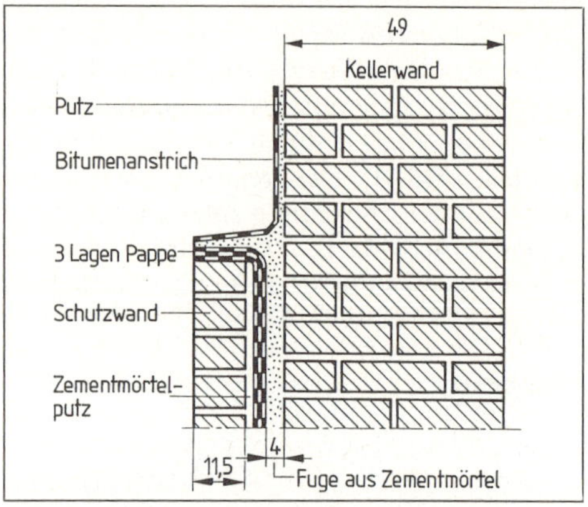

15.35 Abdichtungsabschluß an der Schutzwand

> Im Bereich des Grundwasserangriffs dichtet man Gebäude ohne Unterbrechung an den äußeren Wand- und Bodenflächen ab. Dazu wird ein mit Dichtungsbahnen ausgeklebter Trog hergestellt, in den das Kellergeschoß hineingebaut wird. Kellerwände und Kellersohle müssen dem Wasserdruck standhalten.

Aufgaben zu Abschnitt 15

1. Nennen Sie Schäden, die durch Feuchtigkeitseinwirkung am Bauwerk entstehen können.
2. Warum sinkt die Wärmedämmfähigkeit durchfeuchteter Baustoffe?
3. Nennen Sie Arten des Wasserangriffs aus dem Baugrund und geeignete Abdichtungssysteme.
4. Nennen Sie Abdichtungsstoffe.
5. Unterscheiden Sie Bitumen und Teerpech.
6. Beschreiben Sie die Verarbeitung von Dichtungsschlämmen.
7. Nennen Sie selbsttragende Abdichtungsschichten.
8. Was drückt die Zahl 333 bei Bitumenbahnen aus?
9. Wie unterscheiden sich Dichtungsbahnen von Dachbahnen?
10. Unterscheiden Sie Lösungen und Emulsionen bei Abdichtungsstoffen.
11. Geben Sie Eigenschaften und Verwendung von Lösungen und Emulsionen an.
12. Warum ist beim Verarbeiten von Lösungen besondere Vorsicht geboten?
13. Warum dürfen Heißanstriche nicht unmittelbar auf die Wand aufgebracht werden?
14. Warum ist das Mischen von Bitumen und Teerpech auf der Baustelle unzulässig?

15. Wo verwendet man nackte, wo besandete bitumenhaltige Bahnen?
16. Geben Sie Anzahl und Lage waagerechter Abdichtungsschichten in Wänden an.
17. Wie sind Stöße waagerechter Abdichtungsschichten auszuführen?
18. Beschreiben Sie die Ausführung senkrechter Abdichtungsanstriche.
19. Wie schützt man gegen Feuchtigkeit im Spritzwasserbereich?
20. Wie sind die Fußbodenabdichtungen auszuführen?
21. Wie schützt ein Dränsystem gegen Stauwasser?
22. Nennen Sie Baustoffe für die Ringdränung und die Sickerschichten.
23. Wie ist die Ringdränung anzulegen?
24. Wie werden die Schutzwände zur Abdichtung gegen Grundwasser hergestellt?
25. Warum muß die Beton-Kellersohle, wenn sie unterhalb des Grundwasserstandes liegt, eine Bewehrung erhalten?
26. Zeichnen Sie nach dem Beispiel von Bild **15.**20 den Querschnitt zu einer Kelleraußenmauer mit Eintragung der Abdichtungen und Maße.

    Angaben:
    Geschoßhöhe 2,50 m
    Fundamente: 50/30 cm, unbewehrter Beton
    Kellergeschoß: Wanddicke 36,5 cm, 2 DF; Kellersohle 15 cm, unbewehrter Beton; Verbundestrich 35 mm; Decke über dem Kellergeschoß 16 cm Stahlbeton; Innenwand- und Innendeckenputz 1,5 cm
    Erdgeschoß: Wanddicke 30 cm, Hbl 2-K-Stein; Fußboden: schwimmender Estrich mit Kunststoffbelag; Innenwandputz 1,5 cm, Außenwandputz 2 cm.

27. Wieviel m² Dichtungsbahn sind bei einer einsteindicken Einfriedungsmauer von 12,65 m Länge zu verlegen?
28. Das Kellermauerwerk im Bild **15.**36 soll gegen Bodenfeuchtigkeit abgedichtet werden. Für die Außenwände und die Innenwände sind jeweils zwei Abdichtungsschichten auszuführen.
    a) Wieviel m² Wandflächen sind waagerecht abzudichten?
    b) Wieviel m² senkrechte Wandflächen sind durch Anstrich abzudichten (Höhe des Anstrichs 1,45 m)?

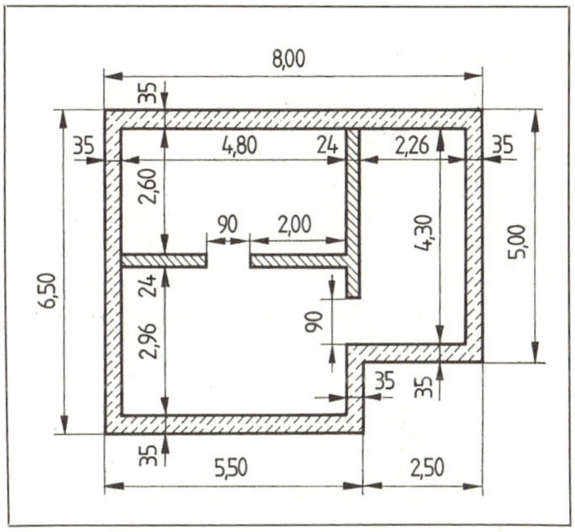

15.36 Kellergeschoßgrundriß zu Aufgabe 28

29. Ein Trog zur Aufnahme der Grundwasserabdichtung ist im Lichten 18,40 m lang und 11,65 m breit. Die Schutzwände sind 3,20 m hoch.
    a) Wieviel m² Schutzwände, b) wieviel m² innerer Wandputz sind herzustellen?

16 Dämmen

16.1 Wärmeschutz

Klimatisch fühlt sich der Mensch am wohlsten in Räumen mit Lufttemperaturen von 20 °C, bei Oberflächentemperaturen für Wände, Decken und Fußböden ab etwa 18 °C, geringer Luftbewegung und ausreichender Luftfeuchtigkeit.

Zweck. Winterlicher Wärmeschutz muß daher den Wärmeverlust während der Heizperiode einschränken, sommerlicher Wärmeschutz die Räume vor Überhitzung infolge Sonneneinstrahlung bewahren. Wärmeschutz bewirkt außerdem sparsamen Verbrauch der Energievorräte und verminderte Heizkosten. Er bietet mehr Umweltschutz (weniger Verbrennungsgase) und mehr Bautenschutz (weniger Temperaturspannungen), mehr Schutz gegen Risse, Tauwasser, Fäulnis- und Schimmelpilzbildung.

Wärmetransport ist stets die Folge von Temperaturunterschieden. Wir wissen, daß Wärme nicht dauerhaft speicherbar ist, sondern durch Leitung (in festen Stoffen), Strömung (z. B. in Wasser, Luft) oder Strahlung (z. B. Sonne, Heizstrahler) so lange zur kälteren Umgebung hin abfließt, bis die Temperaturunterschiede ausgeglichen sind.

> Schwere und dichte Stoffe leiten die Wärme wesentlich schneller als leichte und porige Stoffe (**16.**1).

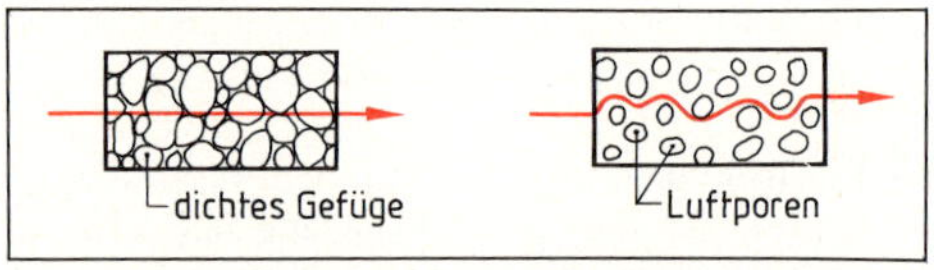

16.1 Dichte Stoffe fördern, porige Stoffe verzögern den Wärmeabfluß

Durchfeuchtete Stoffe leiten Wärme mehr als trockene, Stoffe mit kristalliner Struktur (z. B. Beton) mehr als glasige Stoffe (z. B. Schaumglas). Unter vergleichbaren Bedingungen führen z. B. Aluminium 5000mal und Beton 50mal mehr Wärme ab als Styropor-Hartschaum.

Wärmemenge und Wärmestrom. Für die Wärmemenge Q verwenden wir die Einheit Ws = Wattsekunde. Sie gleicht dem Joule J und dem Newtonmeter Nm. Die Wärmemenge ist also mit mechanischer Arbeit bzw. mit Energie vergleichbar. Der Wärmestrom $\dot{Q}$ kennzeichnet die strömende Wärmemenge je Zeiteinheit und entspricht daher einer Leistung. Wir merken uns:

Wärmemenge Q: $1\ \mathrm{J} = 1\ \mathrm{Nm} = 1\ \mathrm{Ws}$ Wärmestrom $\dot{Q}$: $\frac{1\ \mathrm{J}}{\mathrm{s}} = \frac{1\ \mathrm{Nm}}{\mathrm{s}} = \frac{1\ \mathrm{W}\cancel{\mathrm{s}}}{\cancel{\mathrm{s}}} = 1\ \mathrm{W}$

Mindestanforderungen und Berechnungsgrundlagen für den Wärmeschutz richten sich nach DIN 4108 „Wärmeschutz im Hochbau“ und nach der Wärmeschutzverordnung vom 24. 2. 1982. Danach gelten für alle wärmeübertragenden Bauteile von beheizten Räumen Mindestwerte für den Wärmedurchlaßwiderstand und Höchstwerte für den Wärmedurchgang (**16.**5).

Die Wärmeleitfähigkeit λ (sprich: klein lambda) und ihr Rechenwert λ_R sind durch Messungen festgestellte Materialkennwerte in W/mK (s. a. Baufachkunde 1, Abschn. 2.3.5). Beispiele für die Rechenwerte λ_R verschiedener Baustoffe aus DIN 4108 zeigt Tabelle **16.**2.

Tabelle **16.2** **Rechenwerte der Wärmeleitfähigkeit λ_R und Rohdichte ϱ einiger Baustoffe**

Baustoff	ϱ in kg/dm³	λ_R in W/mK	Baustoff	ϱ in kg/dm³	λ_R in W/mK
Mauerwerk aus			Zementmörtel/-estrich	2,0	1,40
Voll- und Lochziegel	1,6	0,68	Gips- und Kalkgipsmörtel	1,6	0,70
	1,2	0,50	Beton nach DIN 1045		
	1,0	0,45	mit geschlossenem		
Leicht-Hochlochziegel	0,7	0,36	Gefüge, auch Stahlbeton		2,1
Kalksandstein-Vollsteine	1,8	0,99	Nadelholz (lufttrocken)	0,52	0,14
	1,6	0,79	Fliesen	2,0	1,05
Kalksand-Lochsteine	1,2	0,56	Dämm- und Füllstoffe		
Leichtbeton-Vollsteine	0,8	0,40	Mineralwolle (Stein-,		
Leichtbeton-			Glas-, Schlackenfasern)		0,04
Hohlblocksteine	1,0	0,49	Holzwolle-Leichtbau-		
Gasbetonblocksteine G4	0,7	0,27	platten	$d \leqq 3{,}5$ cm	0,09
Putz, Mörtel				$d \geqq 5$ cm	0,08
Kalk- und Kalkzement-			Schaumkunststoffe		0,04
mörtel	1,8	0,87			

Der Rechenwert der Wärmeleitfähigkeit λ_R ist die Wärmemenge Q, die auf einer Fläche von 1 m² durch eine 1 m dicke Schicht des betreffenden Stoffes bei 1 K Temperaturunterschied in 1 Sekunde abfließt.

Mit zunehmender Durchfeuchtung eines Stoffes steigt seine Wärmeleitfähigkeit deutlich an, denn gegenüber der Luft leitet das Wasser die 25fache Wärmemenge. Der Wärmeschutz durchfeuchteter Bauteile vermindert sich daher ganz erheblich.

Der Wärmedurchlaßkoeffizient Λ (sprich: groß lambda) gibt in W/m²K an, wieviel Wärme auf der Fläche von 1 m² eines Bauteils mit der Dicke s bei 1 K (= 1 °C) Temperaturunterschied in 1 Sekunde abfließt (**16.4**).

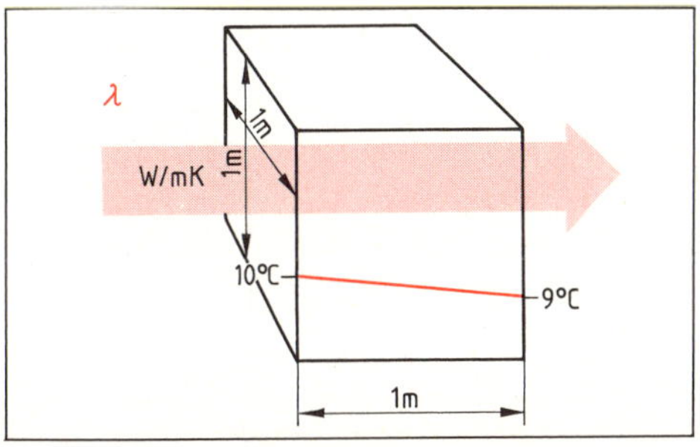

16.3 Wärmeabfluß nach der Wärmeleitfähigkeit Λ

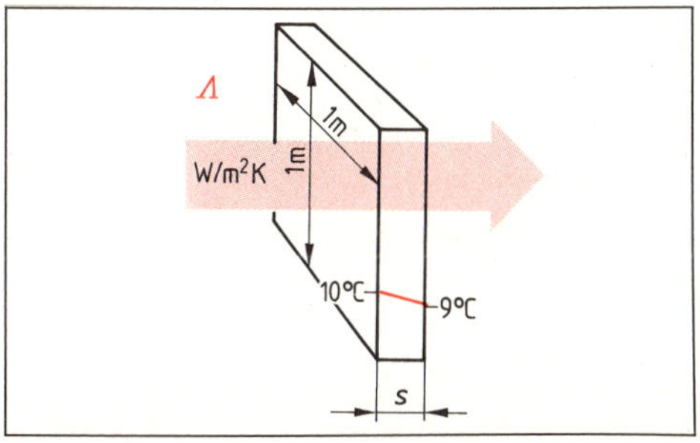

16.4 Wärmeabfluß nach dem Wärmedurchlaßkoeffizienten λ_R

Wärmedurchlaßkoeffizient Λ [W/m² K]

$$\Lambda = \frac{\lambda_R}{s} = \frac{\text{Rechenwert der Wärmeleitfähigkeit in W/mK}}{\text{Bauteildicke in m}} \mathrel{\hat{=}} \frac{\text{W}}{\text{mKm}} = \frac{\text{W}}{\text{m}^2\text{K}}$$

Der Wärmedurchlaßwiderstand 1/*Λ* in m^2K/W (auch Wärmeleitwiderstand R_λ genannt) ist der Kehrwert des Wärmedurchlaßkoeffizienten *Λ*. Er dient zur Beurteilung der Wärmedämmung durch Vergleich mit den genormten Mindestwerten der Tabelle **16.**5 für die wärmeübertragenden Bauteile. Für Bauteile aus verschiedenen Schichten (z. B. mehrschalige Wände) ergibt sich der Gesamtwert für 1/*Λ* aus den addierten Einzelwerten.

Tabelle **16.**5 **Mindestwerte 1/*Λ* und Maximalwerte *k* von Bauteilen (mit Ausnahme leichter Bauteile)**

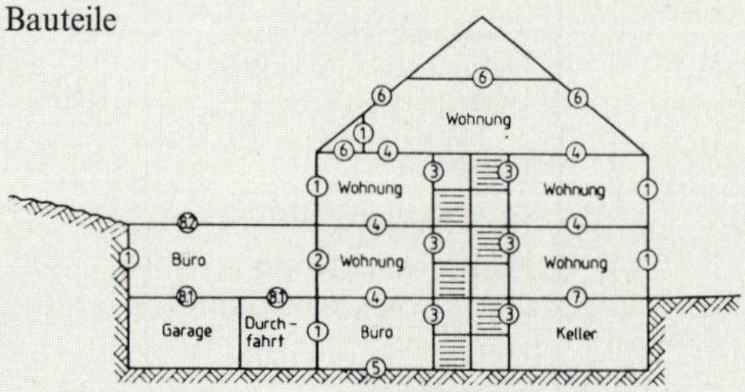

Zeile		Bauteile		Wärmedurchlaßwiderstand 1/*Λ* im Mittel	an der ungünstigsten Stelle	Wärmedurchgangskoeffizient *k* im Mittel	an der ungünstigsten Stelle
				in $m^2 \cdot K/W$		in $W/(m^2 \cdot K)$	
1	1.1	Außenwände	allgemein	0,55		1,39; 1,32	
	1.2		Für kleinflächige Einzelbauteile (z. B. Pfeiler) bei Gebäuden mit einer Höhe des Erdgeschoßfußbodens (1. Nutzgeschoß) ≦ 500 m über NN	0,47		1,56; 1,47	
2	2.1	Wohnungstrennwände und Wände zwischen fremden Arbeitsräumen	in nicht zentralbeheizten Gebäuden	0,25		1,96	
	2.2		in zentralbeheizten Gebäuden	0,07		3,03	
3		Treppenraumwände		0,25		1,96	
4	4.1	Wohnungstrenndecken und Decken zwischen fremden Arbeitsräumen	allgemein	0,35		1,64; 1,45	
	4.2		in zentralbeheizten Bürogebäuden	0,17		2,33; 1,96	
5	5.1	Unterer Abschluß nicht unterkellerter Aufenthaltsräume	unmittelbar an das Erdreich grenzend	0,90		0,93	
	5.2		über einen nicht belüfteten Hohlraum an das Erdreich grenzend			0,81	
6		Decken unter nicht ausgebauten Dachräumen		0,90	0,45	0,90	1,52
7		Kellerdecken		0,90	0,45	0,81	1,27
8	8.1	Decken, die Aufenthaltsräume gegen die Außenluft abgrenzen	nach unten	1,75	1,30	0,51; 0,50	0,66; 0,65
	8.2		nach oben	1,10	0,80	0,79	1,03

Wärmedurchlaßwiderstand 1/*Λ* [m² K/W]

für einschalige Bauteile $$\frac{1}{\Lambda} = \frac{s}{\lambda_R} = \frac{\text{Bauteildicke in m}}{\text{Rechenwert der Wärmeleitfähigkeit in W/mK}}$$

für mehrschalige Bauteile $$\frac{1}{\Lambda} = \frac{s_1}{\lambda_{R1}} + \frac{s_2}{\lambda_{R2}} + \frac{s_3}{\lambda_{R3}} \dots \quad \left[\frac{W}{mK \cdot m} = \frac{W}{m^2K}\right]$$

Wärmedurchlaßwiderstände für unbewegte Luftschichten richten sich nach Tabelle **16.**6.

Tabelle **16.6** **Rechenwerte der Wärmedurchlaßwiderstände 1/Λ von Luftschichten**[1])

Lage der Luftschicht	Dicke der Luftschicht in mm	1/Λ in m²K/W
lotrecht	10 bis 20	0,14
	über 20 bis 500	0,17
waagerecht	10 bis 500	0,17

[1]) Werte für Luftschichten, die nicht mit der Außenluft in Verbindung stehen, und für Luftschichten bei mehrschaligem Mauerwerk nach DIN 1053 T 1.

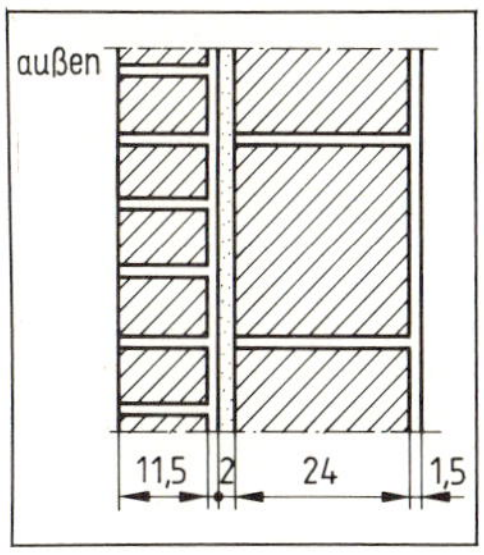

16.7 Außenwand

Beispiel Zu ermitteln ist der Wärmedurchlaßwiderstand der abgebildeten Wand (**16.**7), bestehend aus Vormauerschale mit VMz 1,6/12, Putzschicht aus MGr. II, Innenmauerschale mit LHLz 0,7/12 und Innenputz aus Kalkgipsmörtel.

Lösung
$$\frac{1}{\Lambda} = \frac{s_1}{\lambda_{R1}} + \frac{s_2}{\lambda_{R2}} + \frac{s_3}{\lambda_{R3}} + \frac{s_4}{\lambda_{R4}} = \frac{0{,}015\ \text{m}}{0{,}7\ \text{W/mK}} + \frac{0{,}24\ \text{m}}{0{,}36\ \text{W/mK}} + \frac{0{,}02\ \text{m}}{0{,}87\ \text{W/mK}} + \frac{0{,}115\ \text{m}}{0{,}68\ \text{W/mK}}$$

$$\frac{1}{\Lambda} = \mathbf{0{,}88\ m^2\,K/W} > 0{,}55 \text{ in Zeile 1 der Tab. } \mathbf{16.5}$$

Die Wand erfüllt also die Wärmeschutznorm.

Der Wärmeübergangskoeffizient α gibt in W/m²K an, welche Wärmemenge $\dot{Q}$ [Ws] je Sekunde im Grenzbereich zwischen Luft und Bauteiloberfläche auf 1 m² abfließt. Die Wärme wird durch Leitung, Strömung und Strahlung übertragen. Außen und innen angrenzende Luftschichten sind daher wärmetechnisch dem Bauteilquerschnitt zuzurechnen (**16.**8). Um die Addition mit 1/Λ zu ermöglichen, verwenden wir den Kehrwert 1/α [m²K/W] als Wärmeübergangswiderstand nach Tab. **16.**9.

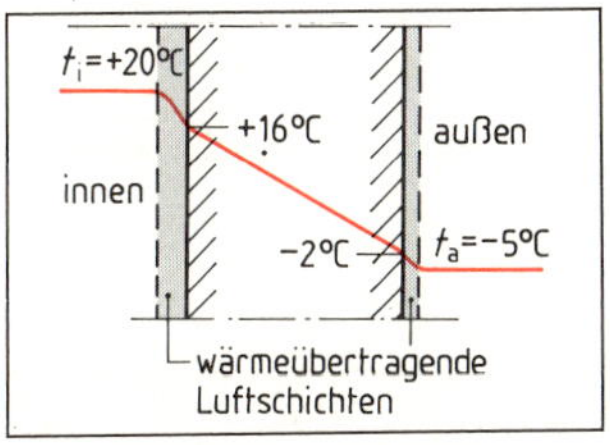

16.8 Temperaturgefälle in der Außenwand und den angrenzenden Luftschichten bei +20 °C Raumlufttemperatur und −5 °C Außentemperatur

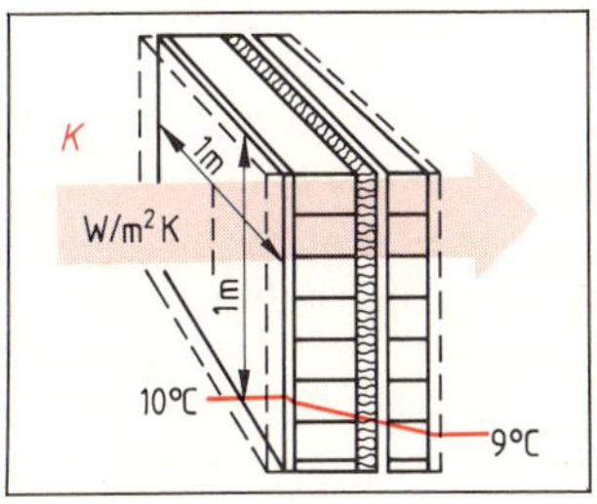

16.10 Wärmeabfluß nach dem Wärmedurchgangskoeffizienten *k*

Tabelle **16.**9 **Wärmeübergangswiderstände 1/α in m²K/W**

Bauteil	$1/\alpha_i$	$1/\alpha_a$
Außenwand		0,04
Außenwand mit hinterlüfteter Außenhaut, Abseitenwand zum nicht wärmegedämmten Dachraum		0,08
Wohnungstrennwand, Treppenraumwand, Wand zwischen fremden Arbeitsräumen, Trennwand zu dauernd unbeheiztem Raum, Abseitenwand zum wärmegedämmten Dachraum	0,13	
An das Erdreich grenzende Wand		0
Decke oder Dachschräge, die Aufenthaltsraum nach oben gegen die Außenluft abgegrenzt (nicht belüftet)	0,13	0,04
Decke unter nicht ausgebautem Dachgeschoß, unter Spitzboden oder unter belüftetem Raum (z. B. belüftete Dachschräge		0,08
Wohnungstrenndecke und Decke zwischen fremden Arbeitsräumen — Wärmestrom von unten nach oben / von oben nach unten	0,13 / 0,17	
Kellerdecke		
Decke, die Aufenthaltsraum nach unten gegen die Außenluft abgrenzt	0,17	0,04
Unterer Abschluß eines nicht unterkellerten Aufenthaltsraumes (an das Erdreich grenzend)		0

Der Wärmeübergangswiderstand $1/\alpha$ ist als Rechenwert für innen angrenzende Luftschichten ($1/\alpha_i$, auch R_i) und für außen angrenzende ($1/\alpha_a$, auch R_a) in Tab. **16.**9 vorgegeben. Damit berücksichtigen wir die Beteiligung der angrenzenden Luftschichten am Widerstand gegen den Wärmedurchgang.

Der Wärmedurchgangswiderstand $1/k$ in m^2K/W berechnet sich aus der Summe der Wärmeübergangs- und Wärmedurchlaßwiderstände. Wir brauchen ihn zum Berechnen des Wärmedurchgangskoeffizienten k (auch k-Wert genannt).

Wärmedurchgangswiderstand $1/k = 1/\alpha_i + s_1/\lambda_{R1} + s_2/\lambda_{R2} \ldots + 1/\alpha_a \quad \left[\frac{m^2K}{W}\right]$

Der Wärmedurchgangskoeffizient k entspricht in W/m^2K dem Kehrwert des Wärmedurchgangswiderstands $1/k$ (**16.**10 auf S. 323). Er kennzeichnet die je m^2 Bauteilfläche abfließende Wärme in der Sekunde bei einem Temperaturunterschied von 1 K ($\hat{=}$ 1 °C). Er dient zur Beurteilung des Wärmeverlusts (Transmissionswärmeverlust).

Wärmedurchgangskoeffizient $k = \dfrac{1}{1/\alpha_i + s_1/\lambda_{R1} + s_2/\lambda_{R2} \ldots + 1/\alpha_a} \quad \left[\dfrac{1}{\frac{m^2K}{W}} = \dfrac{W}{m^2K}\right]$

Beispiel Zu berechnen sind der Wärmedurchgangswiderstand $1/k$ und der Wärmedurchgangskoeffizient k für die im vorigen Beispiel beschriebene Wand.

Lösung Die Werte $1/\alpha_i$ und $1/\alpha_a$ entnehmen wir Tab. **16.**9, den Wert $1/\Lambda$ dem Ergebnis des vorigen Beispiels.

$$\frac{1}{k} = \frac{1}{\alpha_i} + \frac{1}{\Lambda} + \frac{1}{\alpha_a} = 0{,}13\,\frac{m^2K}{W} + 0{,}88\,\frac{m^2K}{W} + 0{,}04\,\frac{m^2K}{W} = \mathbf{1{,}05\,\frac{m^2K}{W}}$$

$$k = \frac{1}{\frac{1}{k}} = \frac{1}{1{,}05\,m^2K/W} = \mathbf{0{,}95\,\frac{W}{m^2K}}$$

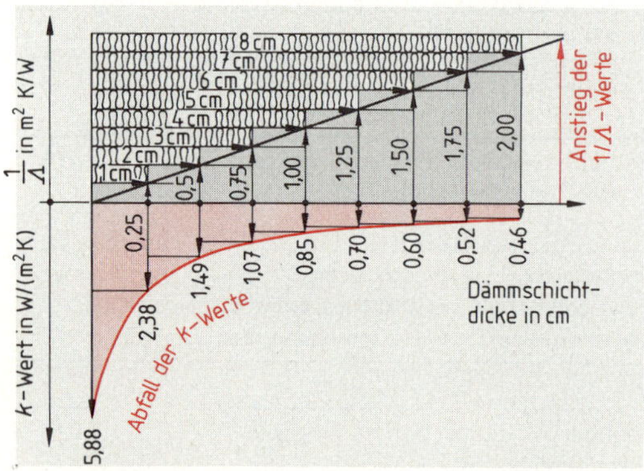

16.11 Der $1/\Lambda$-Wert steigt proportional zur Dämmschichtdicke, die Verringerung des k-Wertes wird dagegen stetig kleiner (s. Kurve)

Den Zusammenhang von k-Wert und $1/\Lambda$-Wert zeigt Bild **16.**11. Für einen Dämmstoff (z. B. PS-Schaum) sind bei den Materialdicken 0 bis 8 cm die zugehörigen $1/\Lambda$-Werte berechnet. Sie steigen entsprechend der Dämmstoffdicke von 0,25 bis 2,00 m^2K/W geradlinig an. Gleicher Dämmstoffzuwachs ergibt hier gleichen Wertzuwachs für $1/\Lambda$, in unserem Beispiel jeweils 0,25 m^2K/W.

Die k-Wertkurve zeigt dagegen, daß mit jedem Zuwachs der Dämmstoffdicke die erzielte Verminderung des k-Wertes deutlich kleiner ausfällt. Die wirtschaftliche Grenze liegt im allgemeinen bei einem $1/\Lambda$-Wert von 2,00 m^2K/W. Das entspricht in unserem Beispiel dem k-Wert von 0,46 $W/(m^2K)$ bzw. 8 cm Dämmstoffdicke.

Der Zuwachs an Wärmeschutz wird also mit zunehmender Dämmschichtdicke (bzw. zunehmendem $1/\Lambda$-Wert) stetig kleiner.

Der k-Wert ist mithin der wirklichkeitsgerechte und daher maßgebende Wert für den Wärmeverlust von Bauteilen.

Der Wärmeschutznachweis gehört wie die statische Berechnung zu den notwendigen Bauantragsunterlagen jedes Bauvorhabens. Anwendbar sind dazu das A/V- und das Bauteilverfahren. Das A/V-Verfahren ist etwas aufwendiger, jedoch genauer und aufschlußreicher. Deshalb wollen wir es näher behandeln.

Das *A*/ *V*-Verfahren berücksichtigt, daß bei jedem Baukörper abweichende Werte für das Verhältnis der Gebäudehüllfläche (A) zum beheizten Volumen (V) bestehen. Bei gleichem Volumen verlieren daher Gebäude mit kleinerer Hüllfläche weniger Wärmeenergie als die mit größerer Hüllfläche.

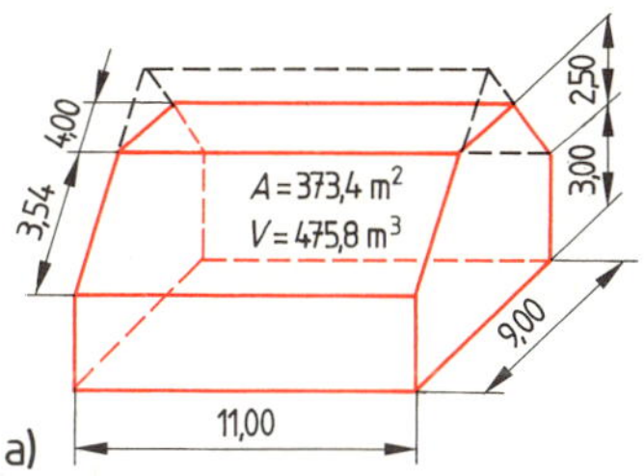

$$\frac{\text{Hüllfläche}}{\text{Volumen}} = \frac{A}{V} = \frac{373{,}4\ \text{m}^2}{475{,}8\ \text{m}^3} = 0{,}78\ \text{m}^{-1}$$

nach Bild **16**.13 ist $k_{m,max} = 0{,}66$ W/m² K zugelassen

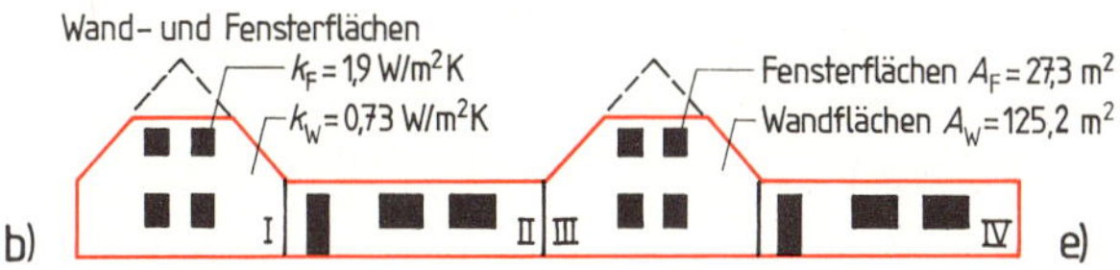

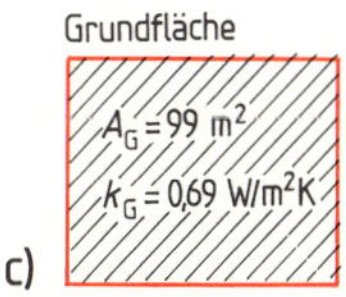

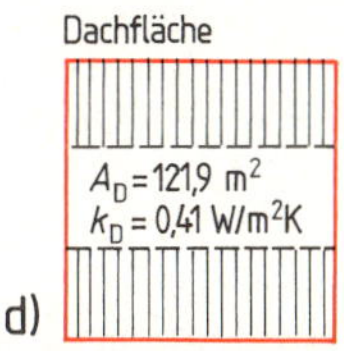

Nachweis von k_m

$$k_m = \frac{k_W \cdot A_W + k_F \cdot A_F + 0{,}8 \cdot k_D \cdot A_D + 0{,}5 \cdot k_G \cdot A_G}{A}$$

$$k_m = \frac{0{,}73 \cdot 125{,}2 + 1{,}9 \cdot 27{,}3 + 0{,}8 \cdot 0{,}41 \cdot 121{,}9 + 0{,}5 \cdot 0{,}69 \cdot 99{,}0}{373{,}4}$$

$k_m = \mathbf{0{,}58\ W/m^2 K} < k_{m,max} = 0{,}66$ (= zul. Wert nach Bild **16**.13)

16.12 Wärmeschutznachweis nach dem A/V-Verfahren

Gebäudekenndaten		zugehörige k-Werte
a) Beheiztes Gebäudevolumen $V = 475{,}8$ m³		
b) Wärmeübertragende Außenwände A_W	= 125,2 m²	k_W = 0,73 W/(m² K)
c) Wärmeübertragende Grundfläche A_G	= 99,0 m²	k_G = 0,69 W/(m² K)
d) Wärmeübertragende Dachfläche A_D	= 121,9 m²	k_D = 0,41 W/(m² K)
e) Fensterflächen A_F	= 27,3 m²	k_F = 1,90 W/(m² K)
Summe der wärmeübertragenden Flächen	= 373,4 m²	

Ein Beispiel für den Wärmeschutznachweis von Gebäuden mit $\geqq 19\,°C$ Raumtemperatur nach Verfahren 1 der Wärmeschutzverordnung (A/V-Verfahren) zeigt Bild **16.**12 auf S. 325. Die Gebäudekenndaten (Volumen, Hüllfläche, k-Werte) berechnen wir aus den vorgeplanten Baumaßen und den jeweils vorgesehenen Konstruktionen. Aus Platzgründen wird hier auf die Berechnung dieser Kenndaten verzichtet. Ihre Ergebnisse sind im Bild vorgegeben.

Der mittlere Wärmedurchlaßkoeffizient k_m ist ein Durchschnittswert, bezogen auf die gesamte wärmeübertragende Gebäudehülle A. Er berücksichtigt die Flächenanteile der Außenwände A_W, Fenster A_F, Dächer A_D, Grundflächen A_G, an unbeheizte Räume grenzenden Bauteile A_{AB}, an Außenluft grenzenden Decken A_{DL} sowie die jeweils zugehörigen k-Werte (**16.**12 auf S. 325). Für heizbare Keller zählen die erdberührenden Wände zur Grundfläche.

Mittlerer Wärmedurchlaßkoeffizient

$$k_m = \frac{k_W \cdot A_W + k_F + A_F + 0{,}8\,k_D \cdot A_D + 0{,}5\,k_G \cdot A_G + k_{DL} \cdot A_{DL}}{A}$$

Die Faktoren 0,8 und 0,5 gleichen den geringeren Wärmeabfluß an Dach- und Grundfläche infolge Sonneneinstrahlung und Erdwärme aus.

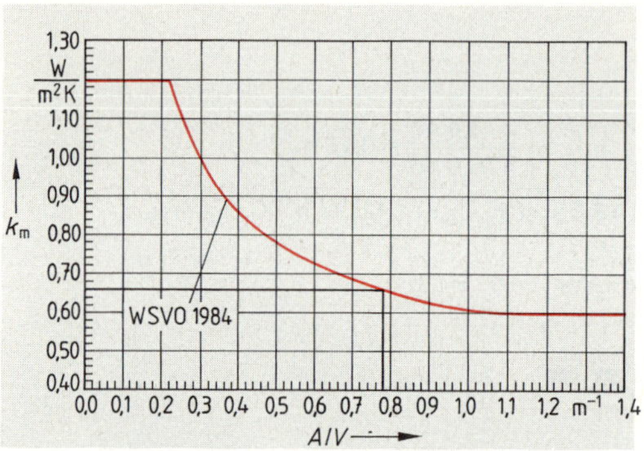

16.13 Abhängigkeit des zulässigen Wärmedurchgangskoeffizienten k_m vom Verhältnis A/V.
Für große und gedrungene Baukörper mit günstigem (kleinem) Verhältnis von A/V (wärmeübertragende Außenfläche/beheiztes Gebäudevolumen) sind k_m-Werte bis 1,2 W/(m²K) zugelassen, bei ungünstigem Verhältnis A/V nur 0,60 W/(m²K)

Der $k_{m,\,max}$-Wert ist der maximal zulässige mittlere Wärmedurchgangskoeffizient eines Gebäudes und allein abhängig von dessen Verhältnis A/V. Je nach Größe des Quotienten A/V läßt er sich aus Tabellen oder Diagrammen ablesen (**16.**13). Somit ergibt sich für jedes Gebäude aus seinen äußeren Abmessungen ein eigener, feststehender $k_{m,\,max}$-Wert als obere Grenze der zulässigen Wärmeverluste. Die Wärmeschutzberechnung muß im Ergebnis nachweisen, daß der tatsächlich vorhandene k_m-Wert gleich oder kleiner ist als der von den Gebäudekenndaten A/V bestimmte Grenzwert $k_{m,\,max}$ gemäß Bild **16.**13.

Beispiel für den Wärmeschutznachweis eines Wohnhauses. Volumen, Hüllflächen und k-Werte sind bereits ermittelt.

Fensterflächen auf der Nordseite sind wegen fehlender Sonneneinstrahlung unvermeidbare wärmetechnische Schwachstellen (besonders hoher Wärmedurchgang, Lüftungswärmeverlust). Einfachfenster mit Falzdichtungen und Isolierverglasung haben k-Werte bis 3,0 W/(m²K), besonders hochwertige Ausführungen erreichen 1,2 W/(m²K). Isolierverglaste Südfenster mit unbehinderter Sonneneinstrahlung bieten im Jahresdurchschnitt eine positive Wärmebilanz, was allerdings für wärmetechnische Berechnungen gemäß DIN 4108 unberücksichtigt bleiben muß.

Wärmespeicherfähigkeit. Schwere, dichte Baustoffe (Steine, Beton, Estrich) speichern die Wärme aus Sonnenstrahlung oder Raumheizung und geben sie bei sinkender Umgebungstemperatur wieder ab (Kachelofenwirkung). Ausgeglichene Raumtemperaturen sind daher Vorteile massiv gebauter Räume, besonders im Sommer.

Leichte Wand- und Deckenkonstruktionen mit hochwertigen Dämmstoffen bieten zwar hervorragenden winterlichen Wärmeschutz, jedoch schützt ihre geringe Wärmespeicherfähigkeit nur wenig gegen sommerliche Spitzentemperaturen. Ein Sonnenschutz im Fensterbereich (Schutzgläser, Blenden u. a.) oder Klimaanlagen (teuer) sind daher unerläßlich. Die höheren Mindestwerte für $1/\Lambda$ in Tab. **16.**14 gleichen diesen Nachteil nur unvollkommen aus.

Tabelle **16.**14 **Anforderungen an den Wärmeschutz leichter Bauteile**

Flächenmasse m der dem Raum zugewendeten Bauteilschichten in kg/m²	0	20	50	100	150	200	300
Mindestwert $1/\Lambda$ in m²K/W	1,75	1,40	1,10	0,80	0,65	0,60	0,55
max. *k*-Wert in W(m²/K)							
mit nicht hinterlüfteter Außenhaut	0,52	0,64	0,79	1,03	1,22	1,30	1,39
mit hinterlüfteter Außenhaut	0,51	0,62	0,76	0,99	1,16	1,23	1,32

Feuchtigkeitsschutz. Alle Wärmeschutzmaßnahmen sind nur dann wirksam, wenn die wärmeübertragenden Bauteile (Wände, Decken, Dächer) weitgehend trocken bleiben. Durchfeuchtungen infolge Wasserdampfkondensation entstehen in der kalten Jahreszeit, wenn der Dampfdurchgang an der kalten Seite (außen) behindert wird (z. B. durch dichte Folien, Bahnen oder unzureichende, mangelhafte Luftschichten).

Schlagregen gefährdet insbesondere die Außenwände. Die konstruktiven Anforderungen richten sich nach den 3 Schlagregen-Beanspruchungsgruppen nach DIN 4109 T 3.

Tauwasser führt auf Dauer zu Bauschäden, Heizenergieverlusten und gesundheitsgefährdendem Raumklima.

Relative Luftfeuchtigkeit. Luft kann bei jeder Temperatur nur eine bestimmte Wassermenge (Sättigungsmenge) in Form von Wasserdampf aufnehmen. Mit sinkenden Temperaturen verringert sich die maximale Wasseraufnahme deutlich. Bei einem Temperaturabfall von 20 °C auf 0 °C verändert sie sich z. B. von 17,5 auf 5 g Wasser/m³ Luft (**16.**16 und Diagramm **16.**15). Trotz dieser Unterschiede in der absoluten Wassermenge je m³ Luft betrachten wir die Sättigungsmenge stets als 100%. Enthält die Luft nur die Hälfte der Sättigungsmenge (in unserem Beispiel 8,75 bzw. 2,5 g), sprechen wir von 50% relativer Luftfeuchtigkeit.

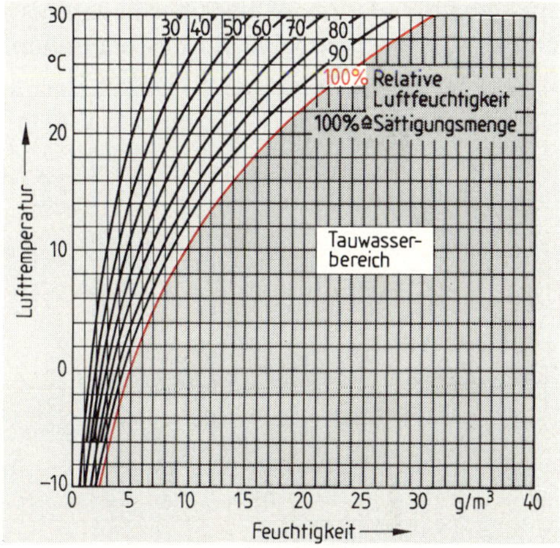

16.15 Die Wasserdampfmenge je m³ Luft nimmt mit fallender Temperatur ab

> Die relative Luftfeuchtigkeit ist der Prozentsatz der vorhandenen Wasserdampfmenge (g/m³ Luft) von der temperaturabhängigen Sättigungsmenge (g/m³ Luft ≙ 100%).

Tauwasser (Wasserdampfkondensat) entsteht, wenn die vorhandene Luftfeuchtigkeit infolge Temperaturabfalls die jeweils mögliche Sättigungsmenge übersteigt. Die Differenz wird als Tauwasser ausgeschieden. In unserem Beispiel sind es 17,5 g − 5 g = 12,5 g Tauwasser (**16.**16a auf S. 328).

Wasserdampfdiffusion. Die temperaturbedingten Dampfgehalte bewirken entsprechende Wasserdampfdrücke. Bei steigenden Temperaturen ergeben sich daher höhere, bei fallenden Temperaturen geringere Dampfdrücke. Druckdifferenzen streben wie Temperaturdifferenzen nach Aus-

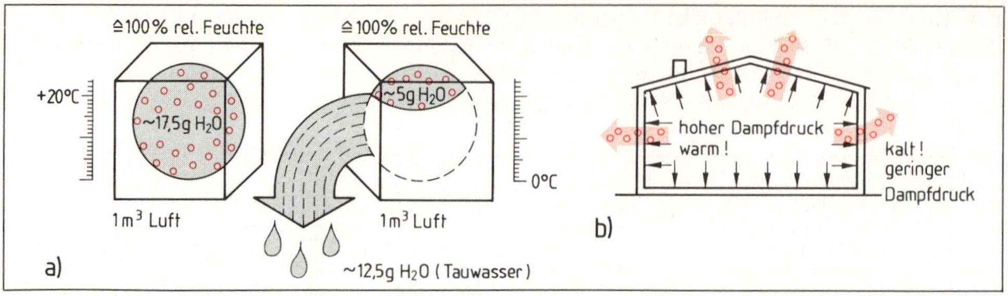

16.16 a) Gefahr der Tauwasserbildung bei sinkenden Temperaturen, b) Dampf diffundiert im Winter von innen nach außen

gleich. Im Winter besteht zwischen erwärmter Raumluft und kalter Außenluft ein deutliches Dampfdruckgefälle. Daher strömt (diffundiert) Wasserdampf durch Wände und Dächer nach außen (**16.**16b). Kühlt er dabei unter die Taupunkttemperatur ab, kann sich in Decken und Außenwänden Tauwasser mit den oben beschriebenen schädlichen Auswirkungen ansammeln.

Der Dampfdurchlaßwiderstand der Baustoffe ist unterschiedlich, bei dichten Stoffen größer als bei porigen. Stoffe aus Schmelzprozessen (z. B. Glas, bituminöse und polymere Stoffe, Bleche) können nahezu dampfdicht sein.

Tauwassergefahr besteht daher vor allem für Bauteile mit dichter Außenhaut (z. B. Flachdächer). Wasserdampf, der im Winter ungehindert bis dorthin gelangen kann, führt zu Wasserdampfstau und infolge Abkühlung zu Tauwasseransammlungen.

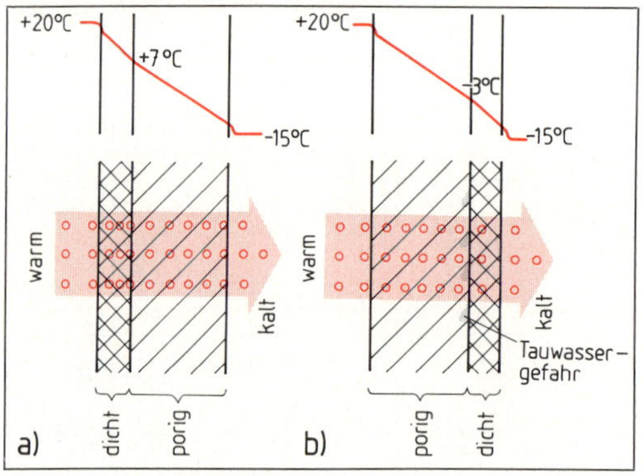

16.17 Dichtere Bauteilschichten auf der kalten (äußeren) Wandseite begünstigen die Tauwasserbildung

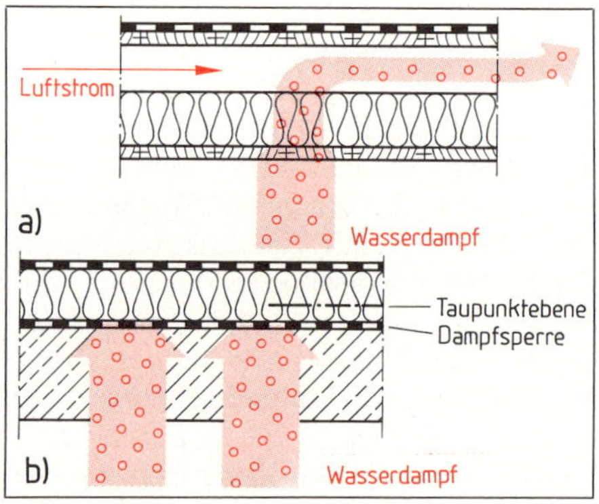

16.18 Konstruktionsmöglichkeiten zur Verhinderung von Tauwasserbildung bei dichter Außenhaut

a) durch funktionsfähige Luftschicht hinter der Dämmlage, b) durch Dampfsperre auf der warmen (inneren) Wandseite

Bei mehrschaligen Bauteilen sind die dichteren Schichten deshalb grundsätzlich auf der (warmen) Innenseite anzuordnen (**16.**17).

Andernfalls muß der Wasserdampf

- durch eine funktionsfähige Luftschicht vor der dichten Außenschale nach draußen geführt oder/(und)
- durch eine auf der warmen Innenseite angeordnete, weitgehend dichte Dampfsperre (z. B. Alufolie) am Eindringen in kältere Querschnittebenen gehindert werden (**16.**18).

Baulicher Wärmeschutz ermöglicht gesundes Raumklima, spart Energie und Kosten. DIN 4108 fordert Mindestwerte für den Wärmedurchlaßwiderstand $1/\Lambda$, die Wärmeschutzverordnung begrenzt den Wärmedurchgang für die wärmeübertragenden Außenflächen des beheizten Gebäudevolumens.

Wärmespeichernde dichte, schwere Stoffe (Stein, Beton) haben ein hohes Wärmespeichervermögen und wirken temperaturausgleichend. Porige, leichte Stoffe haben eine gute Wärmedämmung.

Durchfeuchtungen mindern die Wärmedämmfähigkeit der Bauteile erheblich.

Tauwassergefahr besteht für Außenbauteile infolge Wasserdampfdiffusion hauptsächlich im Winter. Bauteile mit dichter Außenhaut/-schale erhalten daher luftdurchströmte Schichten zwischen Außen- und Innenschale und/oder Dampfsperren auf der warmen Innenseite.

16.2 Wärmedämmstoffe

Das Dämmvermögen von Baustoffen steigt mit abnehmender Größe und zunehmender Anzahl ihrer Kleinhohlräume (Blasen, Poren, Kapillaren), Hohlraumdurchmesser $\leqq 1$ cm unterbinden die Wärmeströmung, $\leqq 0{,}1$ cm auch die Wärmestrahlung innerhalb des Materials. Die gebräuchlichsten Dämmstoffe enthält Tabelle **16.**19.

Tabelle **16.**19 **Wärmedämmstoffe**

Bezeichnung	Rohdichte ϱ in kg/dm³	Rechenwert der Wärmeleitfähigkeit λ_R in W/(mK)	Bestandteile/ Herstellung	Eigenschaften	Anwendung
Anorganische porige Dämmstoffe					
Blähglimmer (Vermiculite)	0,1	0,05	durch Hitze geblähter Glimmer (Mineral)	hitze- und aggressionsbeständig	für hitze- und feuerbeständige Schichten, z. B. im Schornsteinbau
Schaumglas	0,15 0,1	0,06 0,045	bis ≈ 1700 °C erhitzter und in Stufen abgekühlter Glasschaum	wasser- und dampfdicht, fest maßhaltig, nicht brennbar, säurebeständig	Kühlhausbau, Flachdachdämmung
Anorganische Faserdämmstoffe					
Stein-, Glas- und Hüttenwolle in Matten in Platten als lose Wolle oder Zopf	0,02 bis 0,2 0,3 0,03	0,04 (i. M) 0,04 (i. M) 0,04 (i. M)	Fasern aus geschmolzenem Kalkstein, Tonschiefer, Glas oder Hochofenschlacke, Bahnen ein- oder beidseitig auf Bitumenpapier bzw. (einseitig) Alu-Folie gesteppt. Platten z. T. bituminiert oder einseitig mit Alu-Folie	elastisch, geschmeidig, fäulnisfest, biegsam, nicht entflammbar Achtung: neuerdings Verdacht als gesundheitsgefährdender Krebserreger	Wärme- und Luftschalldämmung (Wand, Decke, Dachausbau) Schall- und Wärmeschutz für schwimmende Estriche Ausstopfen von Schlitzen, Löchern, Hohlstellen

Fortsetzung s. nächste Seite

Tabelle **16.**19, Fortsetzung

Bezeichnung	Rohdichte ϱ in kg/dm³	Rechenwert λ_R in W/(mK)	Bestandteile/ Herstellung	Eigenschaften	Anwendung
Organische porige Dämmstoffe					
Polystyrol-Hartschaum (Styropor) (PS)	0,015 bis 0,030	0,04 0,035 0,03 0,025	Styrol aus Rohöl + Treibmittel → Styropor. Vorgeschäumte Styropor-Perlen werden zu Hartschaumblöcken geformt und zu Platten geschnitten, geschlossenzelliges Gefüge	leicht- (P) oder schwerentflammbar (F), belastbar, leicht (98% Luft!), nicht feuerbeständig, alterungsbeständig, verrottungsfest, anfällig gegen Öl- und Teerprodukte und Hitze, wasserabweisend	Dämmschichten in Wänden, Decken, Fußböden, Dächern
Beplanktes Schaumpolystyrol	0,15	0,05	Hartschaumplatten ein- oder beidseitig mit Holzwolleleichtbau-Gipskarton- oder Sperrholzplatten beplankt	mehr Druckfestigkeit, formstabil	überwiegend für Dachausbau
Extrudiertes Schaumpolystyrol	0,015 bis 0,03	0,025 bis 0,04	Strangpreßverfahren im Extruder	druckfest, witterungsbeständig, geringe Wasseraufnahme, formstabil, verrottungsfest	Dach- und Fassadendämmung
Polyurethan-Hartschaum-(PUR)	0,03	0,02 bis 0,035	Platten mit und ohne Deckschichten (Alufolien, Pappe), Ortschaum für Schlitze	alterungsbeständig, raum-instabil bei Temperaturschwankungen	Flachdachdämmung
Phenolharz-Hartschaum (PF)	0,03 bis 0,06	0,03 bis 0,045	in Platten geschäumt (mit Treibmittel)	spröd-hart, feinzellig, wassersaugend, fäulnissicher	Flachdachdämmung
Korkplatten	0,08 bis 0,5	0,045 bis 0,055	Rinde der Korkeiche geschrotet, erhitzt und mit Bitumen (Pech) zusammengebacken	elastisch, fäulnisfest, flammwidrig, geringe Wasseraufnahme	Schall- und Wärmedämmschichten
Organische Faserdämmstoffe					
Torffaserplatten	0,15 bis 0,22	0,041 bis 0,048	Torf, getrocknet, geschichtet und gepreßt, bituminiert	trittfest, leichtbrennbar, wasseraufnehmend	Dämmschichten unter schwimmendem Estrich
Holzwolle-Leichtbauplatten (HWL)	0,36 bis 0,48	0,093	Holzfaserwolle mit Zement, Magnesia oder Gips gebunden	fest, gut bearbeitbar, guter Putzgrund, nicht witterungsbeständig, wasseraufnehmend, flammwidrig	wärmedämmende Putzträger, Leichtbauwände, verlorene Schalung im Stahlbetonbau
Schilfrohr-(Stroh-)platten	0,14	0,064	drahtgebundene Matten und Platten aus Schilf- oder Getreiderohr	luft- und dampfdurchlässig, elastisch, brennbar	Dachdämmung, Putzträger
Zellulosewolle	0,035 bis 0,06	0,045	meist zerfasertes Zeitungspapier unter Zusatz von Mineralsalzen (Recyclingprodukt)	diffusionsfähig, ungeziefer- und verrottungssicher, winddicht	für Wand-, Decken- und Dachhohlräume (im Einblasverfahren eingebracht)

Kurzzeichen für unterschiedliches Anwendungsverhalten (Anwendungstypen) erleichtern die Wahl geeigneter Dämmstoffe.

W	nicht druckbelastbar (z. B. zwischen Balken-/Sparrenlagen)
WD	druckbelastbar (z. B. unter begehbarem Dach)
WS/WDS	erhöht belastbar für Sonderfälle (z. B. Parkdeck)
WDH	erhöht druckbelastbar (z. B. Böden mit Lkw-Verkehr)
WY	erhöht abreiß- und scherfest
WZ	leicht zusammendrückbar (z. B. zwischen Wandschalen)
T	besonders luft- und trittschalldämmend (z. B. für Wohnungstrenndecken)

Es gibt organische und anorganische Dämmstoffe. Sie haben poriges oder faserförmiges Gefüge. Ihre Dämmwirkung beruht auf der großen Anzahl kleinster Luftzellen.

Dämmstoffe unterscheiden sich hinsichtlich Rohdichte, Festigkeit, Wärmeleitfähigkeit, Verhalten bei Feuchtigkeit, Witterungseinfluß, Feuer, Hitze, chemischen und organischen Angriffen sowie in der Bearbeitung und Druckfestigkeit (Anwendungstyp).

16.3 Wärmeschutzmaßnahmen

Dächer eingeschossiger Gebäude haben unter vergleichbaren Bedingungen (Grundriß, Dachkonstruktion) einen größeren Anteil am Gesamtenergieverlust des Gebäudes als die Dächer mehrgeschossiger Gebäude.

Geneigte Dächer erhalten Wärmedämmschichten unter, auf oder zwischen den Sparren (**16.**20). Dämmplatten mit Nut und Doppelfalz ergeben vollflächige Dämmschichten mit dichtgefügten Stößen (**16.**21 auf S. 332). Sie werden auf oder unterhalb der Sparrenlage angebracht.

Holzbalkenflachdächer sind in der Regel belüftete Dächer (Kaltdach) und erhalten daher Dämmschichten unter und/oder zwischen den Dachbalken. Bei leichten, unbelüfteten Dächern (Warmdächern) liegen die Dämmschichten über der Balkenlage (**16.**22 auf S. 332).

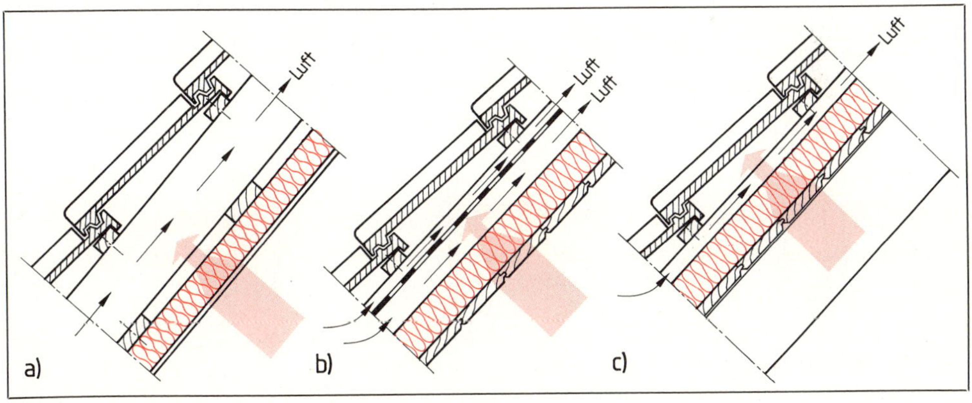

16.20 Lage der Dämmschichten für geneigte Dächer (Prinzipskizzen)
a) unter den Sparren, b) zwischen den Sparren, c) auf den Sparren

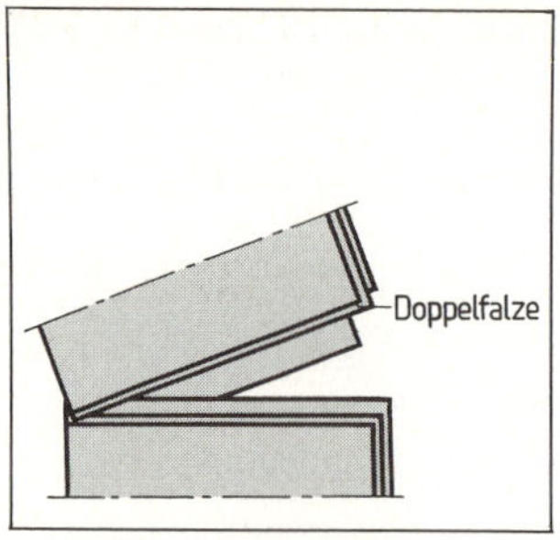

16.21 Allseitig gefalzte Dämmplatten verhindern Wärmebrücken

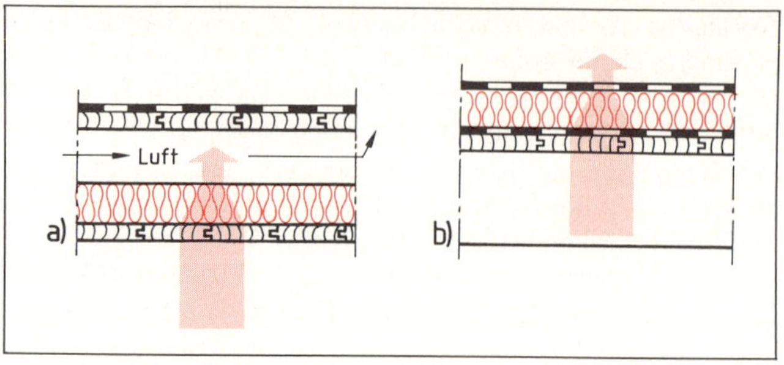

16.22 Leichte Flachdächer (Prinzipskizzen)
a) Dämmschicht zwischen den Balken (belüftetes Dach)
b) Dämmschicht über der Balkenlage (nicht belüftetes Dach)

Flachdächer aus Stahlbeton sind stets auf der Außenseite zu dämmen, um größere thermische Spannungen zu vermeiden (Rissegefahr, **16.**23). Zusätzliche Dämmlagen an der Innenseite führen leicht zu Durchfeuchtungsschäden infolge Tauwasserbildung.

Außenwände in Leichtbauweise (mit Kerndämmung) erreichen meist die geforderten Wärmedämmwerte, ebenso ausreichend dicke Wände aus porigen Mauersteinen (Leichtbetonsteine, Leicht-Hochlochziegel, **16.**24). Wände aus Steinen mit dichtem Gefüge oder aus Beton brauchen meist zusätzliche Dämmschichten (**16.**25).

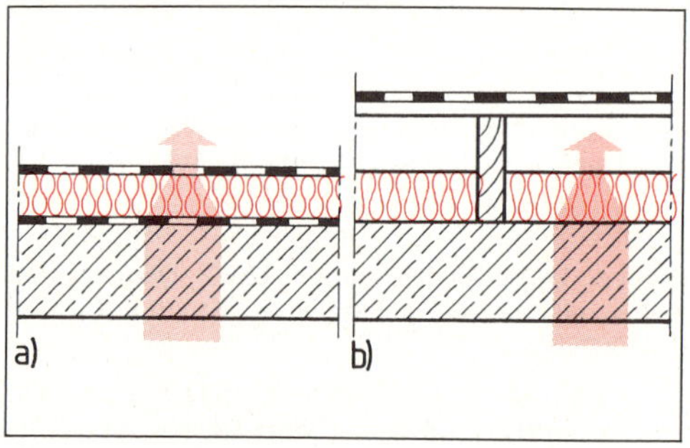

16.23 Massive Flachdächer (Prinzipskizzen)
a) Dämmschicht über der Stahlbetondecke (nichtbelüftetes Dach, Warmdach)
b) Dämmschicht unterhalb des belüfteten Hohlraums (belüftetes Dach, Kaltdach)

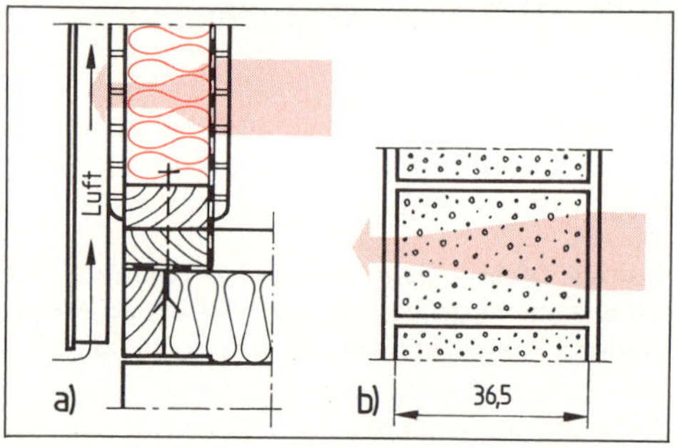

16.24 Außenwände (Prinzipskizzen)
a) Leichte Außenwand (Fertigteil mit Kerndämmung)
b) Einschalige massive Außenwand aus wärmedämmenden porigen Mauersteinen

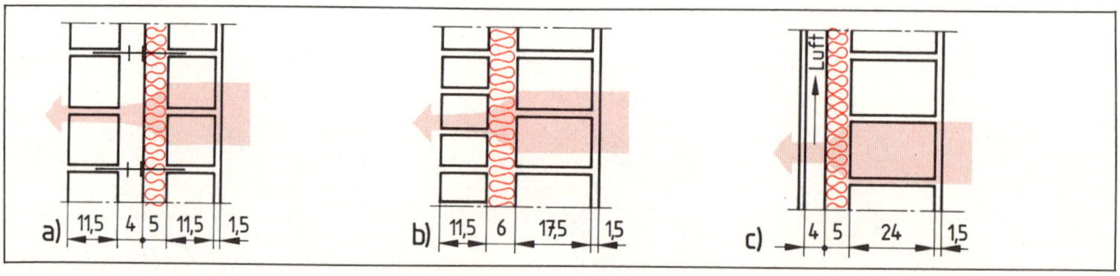

16.25 Mehrschalige Außenwände (Prinzipskizzen)
a) Luftschichtmauerwerk mit wärmegedämmter Innenschale nach DIN 1053
b) Zweischalige Außenwand mit Kerndämmung
c) Außen gedämmte Wand mit belüfteter Vorhangfassade

Räume mit innenliegenden Dämmschichten lassen sich schnell erwärmen, kühlen aber auch schnell wieder aus. Für die Außenwand besteht infolge großer Temperaturschwankungen Rissegefahr. Diese Nachteile entfallen bei Wänden mit außen- oder zwischenliegender Dämmschicht, die von innen her Speicherwärme aufnehmen und bei Auskühlung wieder nach innen abgeben können (Kachelofeneffekt, **16.**26). Äußere Dehnungsfugen verhindern temperaturbedingte Rißbildungen. Wärmedämmende Außenputze mit Polystyrolzuschlägen werden bis zu 5 cm Dicke aufgetragen. Sie verbessern den Wärmedurchlaßwiderstand der Wand bis zu 0,56 m^2K/W (**16.**27).

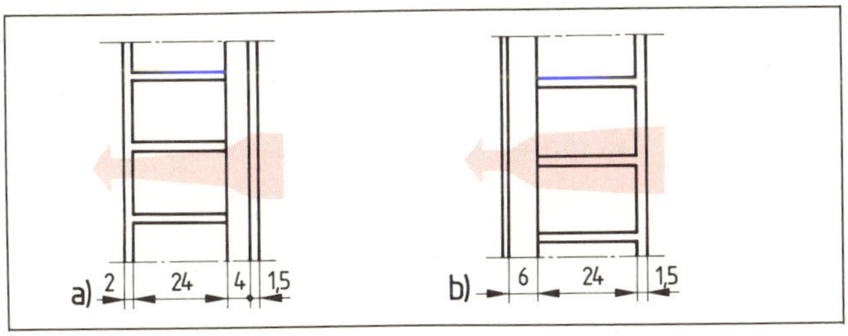

16.26 Außenwände mit aufgesetzter Dämmschicht (Prinzipskizzen)
a) Innendämmung, b) Außendämmung (z. B. Thermohaut aus Hartschaum mit Dünnputz auf Glasvliesgewebe)

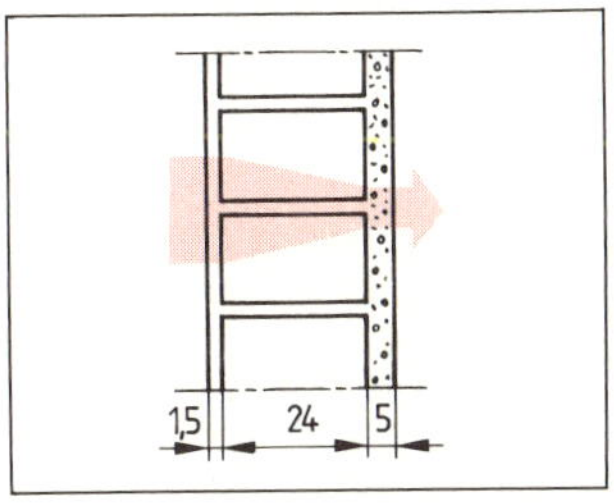

16.27 Wand mit wärmedämmendem Außenputz (Prinzipskizze)

Decken und erdberührte Böden erhalten Wärmedämmschichten unterhalb des schwimmenden Estrichs oder zwischen Holzlagern (**16.**28).

16.28
Dämmschichten für Decken (und Böden)
a) unter schwimmendem Estrich
b) zwischen Holzlagern

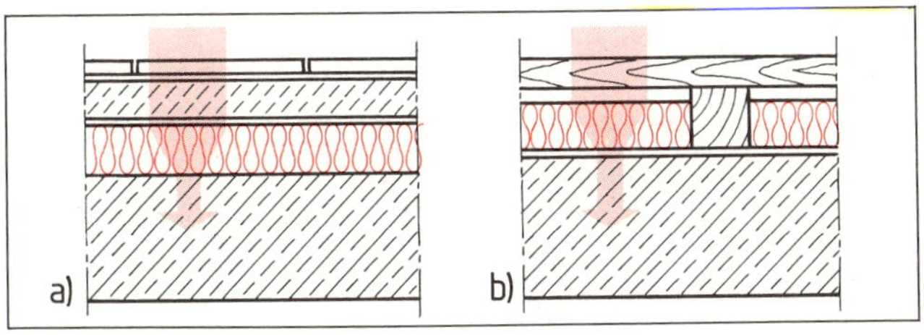

Wärmebrücken entstehen an geschwächten Bauteilquerschnitten (Schlitze, Nischen) und an stark wärmeleitenden Bauteilen (auskragende Platten, Balken, Konsolen aus Beton, Stahl). Äußere Beton- und Stahlteile sind daher besonders sorgfältig zu dämmen. Beispiele zeigt Bild **16.**29 a.

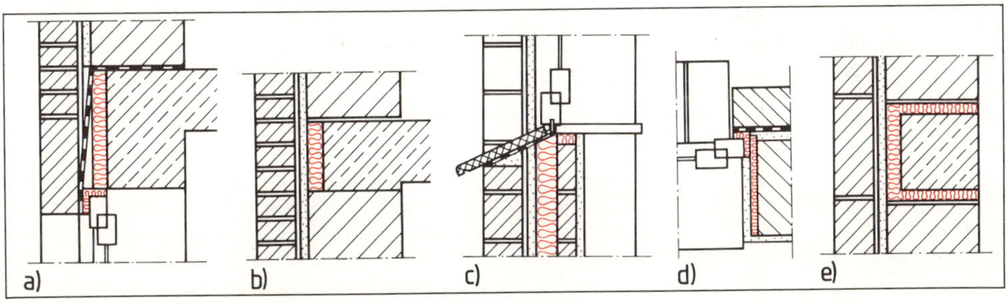

16.29 Dämmung von Wärmebrücken (Beispiele)
a) am Stahlbetonsturz, b) am Stahlbeton-Deckenauflager, c) an der Heizkörpernische, d) an der Leibung von Öffnungen, e) an einer Stahlbetonstütze (Querschnitt)

Kostenvergleiche zwischen Energieverbrauch und Wärmeschutzmaßnahmen sprechen deutlich für weitere Wärmeschutzverbesserungen.

Wärmedämmende Außenwände bestehen aus porigen leichten Mauersteinen oder aus dichten festen Steinen mit zusätzlicher Flächendämmung.

Massive Flachdächer erhalten stets äußere Dämmschichten. Für leichte flache und geneigte Dächer sind Dämmlagen auch unter oder zwischen den Holzbalken (Sparren) möglich. Wirksamer sind jedoch auch hier die Auflagersysteme mit Dämmschichten auf der Sparren-/Balkenlage (keine Wärmebrücken).

Fußböden sind meist durch wärmedämmende Platten unter dem Estrich bzw. Holzbelag ausreichend geschützt.

16.4 Schallschutz

Schallbelästigung kann Gesundheit und Wohlbefinden des Menschen erheblich beeinträchtigen. Wichtig ist deshalb der Schutz des Menschen

- vor Luft- und Trittschallübertragung aus fremden Wohn- und Arbeitsbereichen,
- vor Geräuschen aus haustechnischen Anlagen,
- vor Außenlärm, besonders vom Straßen- und Luftverkehr.

Im Gegensatz zum Wärmeschutz sind Berechnungen zur Lösung schalltechnischer Probleme nur begrenzt geeignet. DIN 4109 „Schallschutz im Hochbau“ verlangt daher überwiegend auf Meßwerten und Erfahrungen beruhende Maßnahmen.

Grundlagen und Begriffe finden wir im Abschnitt 2.4 der Baufachkunde 1. Ergänzend dazu merken wir uns:

- Das menschliche Hörvermögen beginnt etwa bei einem Schalldruck $p = \frac{2}{100000}$ N/m², die Schmerzgrenze liegt bei 20 N/m² (also dem 1 000 000fachen der Hörschwelle). Der Mensch empfindet bei gleichem Schalldruck hohe Töne lauter als tiefe.
- Meß- und Rechenwerte bezieht man zur besseren Verständigung (kleinere Zahlen) auf die Skala eines Schallpegels zwischen 0 und 120 dB (Dezibel). Zum Vergleich: Hörschwelle $= \frac{2}{100000}$ N/m² $\triangleq$ 0 dB, Schmerzgrenze 20 N/m² $\triangleq$ 120 dB.
  Die Schallpegelwerte entsprechen dem logarithmischen Maßstab: 10 dB bedeuten das 10fache, 20 dB das 100fache des Schalldrucks. dB-Werte gleich oder unterschiedlich lauter Schallquellen sind daher algebraisch nicht addier- oder subtrahierbar (2 gleichlaute Schallquellen erhöhen den Schalldruck um 3 dB, 3 gleichlaute um 5 dB, 4 um nur 6 dB, entsprechendes gilt für die Verminderung der Schallquellen).

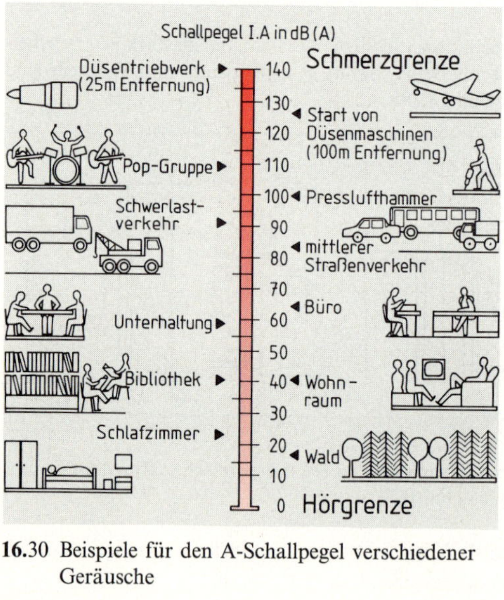

16.30 Beispiele für den A-Schallpegel verschiedener Geräusche

- **Der A-Schallpegel L_A** in dB (A) ist dem frequenzabhängigen Hörvermögen des Menschen nachempfunden. Er ermöglicht die gehörrichtige Angabe der Geräuschstärke (**16.**30) und die Einteilung der 7 Lärmpegelbereiche nach DIN 4109 vom Bereich I bis 55 dB (A) bis zum Bereich VII ab 80 dB(A).
- **Schalldämmung** mindert den Schalldurchgang durch raumbildende (-abschließende) Bauteile.
  Das Schalldämmaß *R* (in dB) kennzeichnet das Schalldämmvermögen von Bauteilen unter Laborbedingungen (ohne Schallnebenwege, **16.**31).

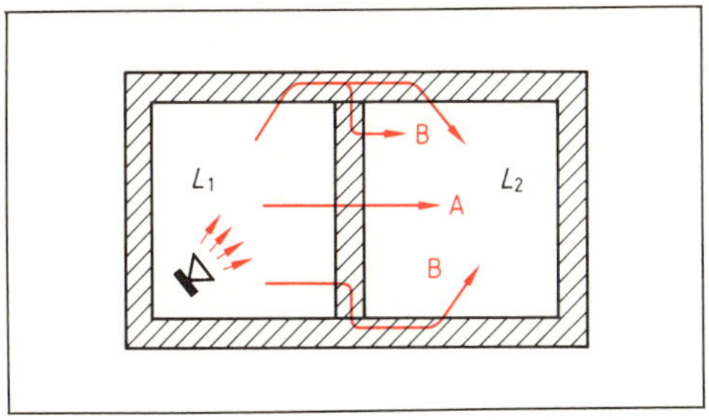

16.31

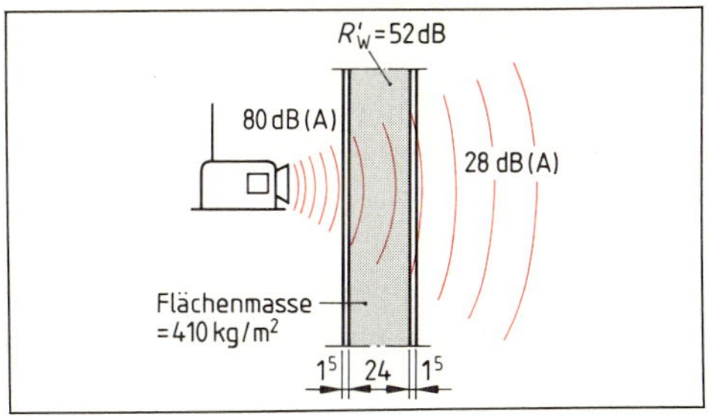

16.32

Beispiele $R = 10$ dB ($^1\!/_{10}$ des Schalls geht durch das Bauteil), $R = 20$ dB ($^1\!/_{100}$ des Schalls geht durch das Bauteil).

Das Bauschalldämmaß R' (in dB) gilt bei Berücksichtigung der vorhandenen Schallnebenwege (z. B. angrenzende Decken und Wände).

– **Das Dämmvermögen** von Bauteilen gegen Luft- und Trittschallübertragung wird durch frequenzbezogene Schallmessungen bewertet und gekennzeichnet. Die ermittelten Schallmeßkurven vergleicht man mit genormten Bezugskurven (ähnlich wie bei den Sieblinien von Betonzuschlägen).

Das bewertete Schalldämmaß R'_w (in dB) ist der Kennwert für den Luftschallschutz von Bauteilen.

Das Trittschallschutzmaß *TSM* (in dB) ist der Kennwert für den Trittschallschutz von Decken. Beide richten sich nach unterschiedlichen Bezugswerten und sind daher nicht vergleichbar.

Beispiel für Anforderungen und Beurteilung

Die Wohnungstrennwand (**16.**32) erfüllt das Mindest-Schalldämmaß von $R'_w = 52$ dB. Der im Nachbarraum erzeugte Lärm durch laute Radiomusik beträgt 80 dB (A).

Schalldurchgang = 80 dB (A) – 52 dB = **28 dB (A).**

Bedenkt man, daß für ungestörtes Lesen und Schlafen eine Schallpegelgrenze von 10 bis 20 dB (A) erwünscht ist, schützt diese Wand gerade noch gegen laute Unterhaltung aus dem Nebenraum. Daraus mag die Empfehlung für den erhöhten Schallschutz deutlich genug hervorgehen.

16.4.1 Wände

Wände sollen vorwiegend störenden Luftschall abhalten. Dazu eignen sich ein- und zweischalige Ausführungen. Die wichtigsten Anforderungen und Empfehlungen zeigt Tabelle **16.**33.

Tabelle **16.**33 **Schallschutz von Wänden und Decken nach DIN 4109,** für erhöhten Schallschutz in ( )

		erf R'_w in dB für den Luftschallschutz		erf *TSM* in dB für den Trittschallschutz
benachbarte Räume		Wand	Decke	Decke
Wohnung I	Wohnung II	53 (≥ 55)	54 (≥ 55)	10 (≥ 17)
Treppenraum	Wohnung	52 (≥ 55)	52 (> 55)	10 (≥ 17)
Doppelhaus Reihenhaus I	Doppelhaus Reihenhaus II	57 (≥ 67)	–	–

Einschalige Massivwände verbessern ihre schalldämmende Wirkung mit ansteigender Flächenmasse (kg/m²) (**16.**34). Schwere Wände lassen sich weniger leicht in Schwingungen versetzen – ab ≥ 150 kg/m² Flächenmasse sind sie biegesteif und strahlen deshalb weniger Schallenergie ab.

> Je größer die Materialrohdichte und Wanddicke sind, desto größer ist der Schallschutz der einschaligen Wand.

Für geforderte R'_w-Werte läßt sich die flächenbezogene Masse aus Bild **16.**34 ablesen, z. B. $m \geq 410$ kg/m² für $R'_w = 53$ dB. Das entspricht verputztem Mauerwerk mit Steinen der Rohdichte 1,8 kg/m³. Für den erhöhten Schallschutz mit $R'_w = 55$ dB ist die Steinrohdichteklasse 2,0 kg/m³ zu verwenden.

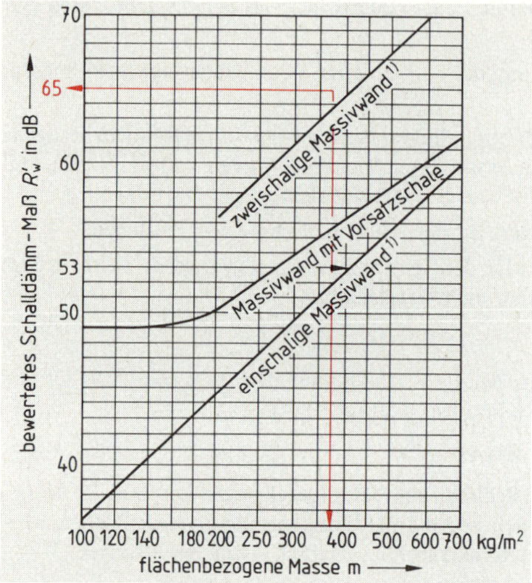

16.34 Zusammenhang zwischen flächenbezogener Masse *m* und bewertetem Schalldämmaß R'_w für Massivwände

[1]) Meßergebnisse haben gezeigt, daß bei Gasbetonteilen bis 250 kg/m² das bewertete Schalldämmaß um 2 dB höher angesetzt werden kann

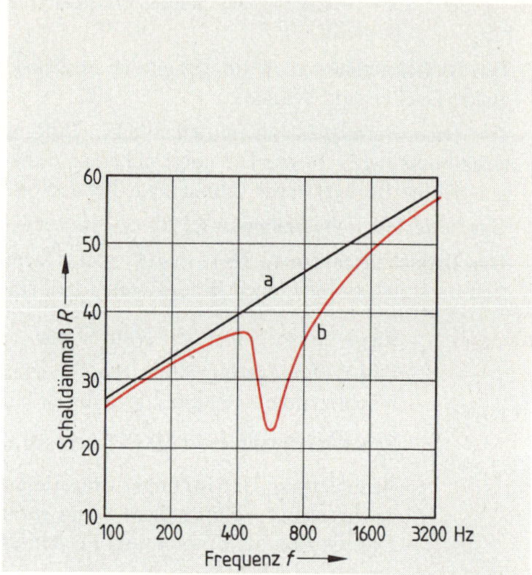

16.35 Einfachwand

a) theoretischer Verlauf, b) wirklicher Verlauf der Dämmwerte mit Verschlechterung im Bereich der Grenzfrequenz

Offene Fugen, Risse, Rohrschlitze und -durchführungen können den Schallschutz der massiven Wand erheblich mindern. Weniger wirksam sind massive Wände bis 100 kg/m² Flächenmasse, weil hier bei einer bestimmten Frequenz (Grenzfrequenz, **16.**35) gleiche Wellenlängen der Wand- und Luftschwingungen auftreten können, die sich gegenseitig verstärken.

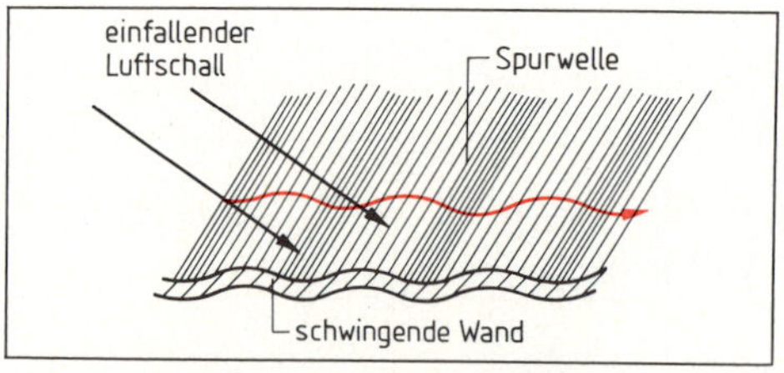

16.36 Gleichgroße Luftschall-Spurwellen und Wand-Biegewellen vergrößern die Schallabstrahlung

Hinzu kommt ein störender Spuranpassungseffekt durch schräg einfallenden Luftschall. Dabei treffen dessen Überdruckzonen in gleichem Abstand (Rhythmus) auf gleichlange Biegewellen der schwingenden Wand (**16.**36). Die Wirkung gleicht einer Schaukel, die beim Ausschwingen noch zusätzlich angestoßen wird. Oder eine Brücke, die von einer größeren Menschenmenge im Gleichschritt passiert wird. Störungen dieser Art sind nur bei Wänden bis

100 kg Flächenmasse mit Grenzfrequenzen zwischen 200 und 2000 Hz zu erwarten. Günstig sind daher schwere Wände mit sehr niedrigen (≦ 100 Hz) oder leichte biegeweiche Wände mit sehr hohen (≧ 2000 Hz) Grenzfrequenzen.

> Zweischalige Wände erzielen bei vergleichbarer (gleicher) Gesamtmasse deutlich bessere Schalldämmwerte als einschalige.

DIN 4109 unterscheidet die drei Konstruktionsgruppen in Bild **16.**37.

Zweischalige Konstruktionen aus schweren biegesteifen Schalen mit durchgehender Trennfuge. Als biegesteif gelten nur Wandschalen, die einschließlich Putz eine Flächenmasse von 150 kg/m² aufweisen.

Die Trennfuge soll mindestens 3 cm betragen, bei 200 kg/m² Flächenmasse genügen auch 2 cm, bei 100 kg/m² sind dagegen ≧ 5 cm Schalenabstand zu wählen (**16.**37 a). Die Trennfuge sollte stets – auch wenn unter bestimmten Bedingungen nicht gefordert – mit biegesteifen Mineralwolleplatten des Anwendungstyps T (trittschalldämmend) lückenlos und mit dichtschließenden Fugen ausgefüllt sein. Sie setzen den Schallwellen nicht nur einen dämpfenden Strömungswiderstand entgegen, sondern erleichtern auch das fehlstellenfreie Herstellen der durchgehenden Trennfuge, deren Vorteil ja gerade das Ausschalten aller Schallnebenwege ausmacht.

Starre Verbindungen der Wandschalen in Form von Mörtelansammlungen, Steinbrocken, Einbindungen oder Maueranker entwerten den Vorteil der Trennfuge. Sie muß deshalb, vor allem im Bereich der Decken, mit größter Sorgfalt ausgeführt werden (**16.**38 auf S. 338). Je dünner die Trennfuge, desto größer ist die Fehlstellengefahr.

Gegenüber der einschaligen Massivwand erreichen die zweischaligen Wände bei gleicher Masse um 12 dB bessere Werte. Wie aus Bild **16.**34 hervorgeht, steigt der R'_w-Wert der oben erwähnten einschaligen Massivwand mit 410 kg/m² Flächenmasse von 53 dB auf 65 dB, wenn das Material auf 2 Wandschalen verteilt wird.

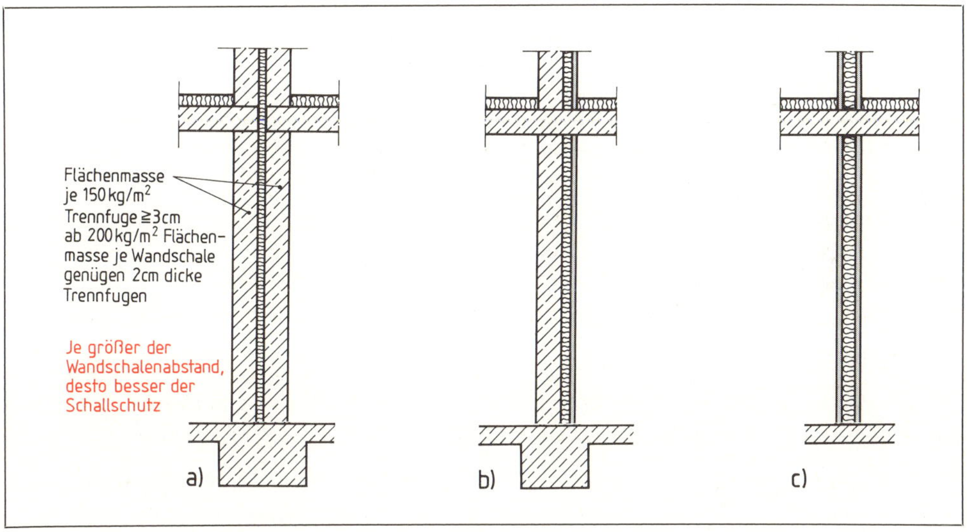

16.37 Zweischalige Wände aus
a) zwei schweren biegesteifen Schalen mit durchgehender Trennfuge
b) einer schweren biegesteifen Schale und einer biegeweichen Vorsatzschale
c) zwei biegeweichen Schalen auf Ständerwerk

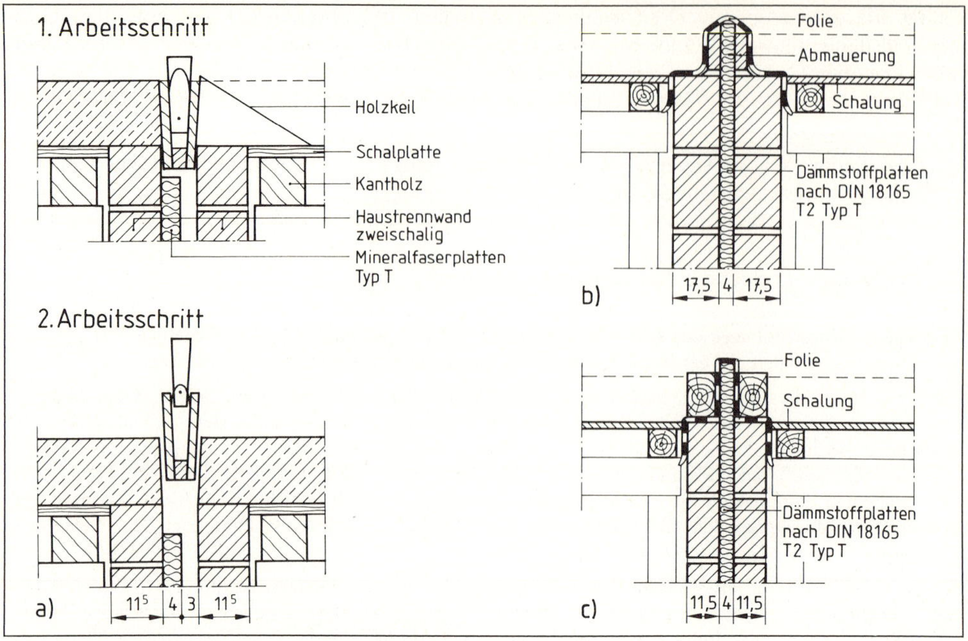

16.38 Herstellung und Schutz der Deckentrennfuge

a) durch Abschalung mit Holzkeil, b) durch Abmauerung und Folienabdeckung, c) durch Folie und Kanthölzer (vor dem Betonieren entfernen!)

Verbesserungen. Neueste Untersuchungen haben ergeben, daß bei gleicher oder geringerer Flächenmasse weitere Verbesserungen um 4 bis etwa 8 dB erreichbar sind, wenn der Wandschalenabstand von 3 auf etwa 7 cm vergrößert wird (**16.**39). Noch günstiger wirken dabei unterschiedlich dicke (schwere) Schalen. Für die breitere Trennfuge genügen 4 cm dicke Mineralwolleplatten, einseitig aufgeklebt.

Die breitere Trennfuge ist deshalb einer größeren Wanddicke stets vorzuziehen, denn sie halbiert die Resonanzfrequenz, was die dickere Wand nur geringfügig zu leisten vermag.

Wände mit biegeweicher Vorsatzschale. Als biegeweich gelten dünne, möglichst weiche Bauplatten (z. B. 2 cm dicke Gipskartonplatten oder Holzfaserplatten). Ihre Dämmwirkung beruht auf dem Abstrahlungseffekt: Beim Übertragen der Schallwellen von der steifen zur biegeweichen Schale bildet diese eigene, kleinere Biegewellen, die den aufprallenden Schall umformen. Über- und Unterdruckzonen können dabei so dicht zusammenrücken, daß sie sich weitgehend aufheben (akustischer Kurzschluß, **16.**40). Die Schallenergie wird also beim Umformen an der biegeweichen Platte weitgehend aufgebraucht, nur wenig kann noch abstrahlen.

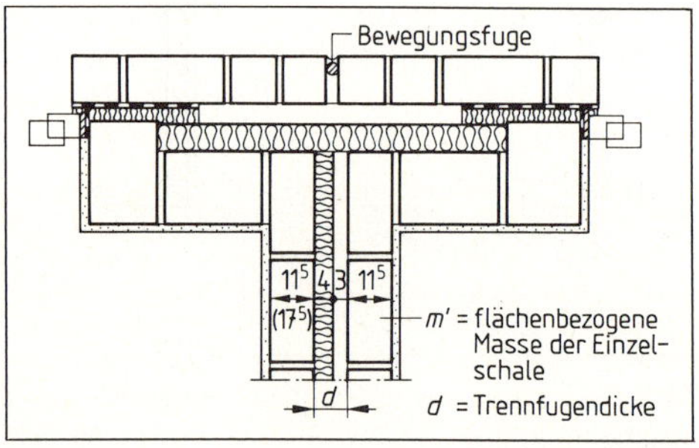

16.39

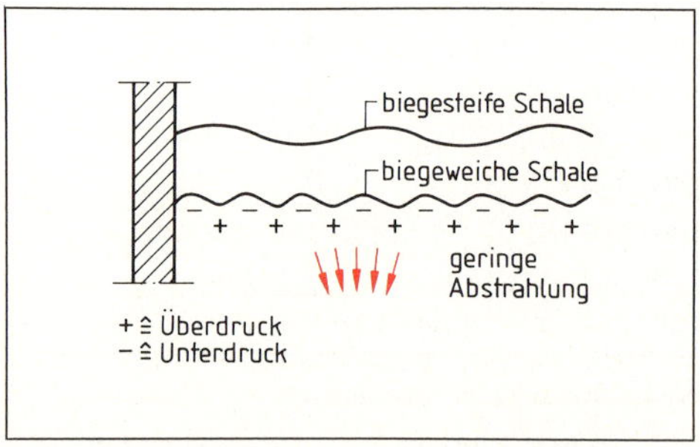

16.40 Biegeweiche Schalen erzeugen kleine Biegewellen, also geringe Schallabstrahlung

Wie das Diagramm **16.**34 zeigt, wirkt die Vorsatzschale bei kleinen und mittleren Flächenmassen zusätzlich schalldämmend. Jedoch ist sie der zweischaligen Massivwand immer noch deutlich unterlegen. Ihre Anwendung bezieht sich überwiegend auf nachträglich notwendige Verbesserungsmaßnahmen des Schallschutzes.

Vorsatzschalen können über Holzleisten an der Massivwand befestigt werden oder frei vor der Wand stehen (**16.**41).

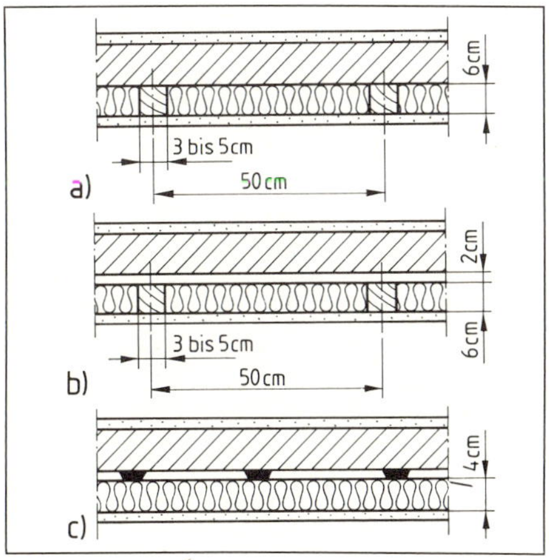

16.41 Biegeweiche Vorsatzschalen
a) über Ständerwerk dicht mit der schweren Schale verbunden
b) an getrennt stehendem Ständerwerk (Abstand ≧ 2 cm)
c) auf ankaschierten Faserdämmplatten, streifenweise angesetzt

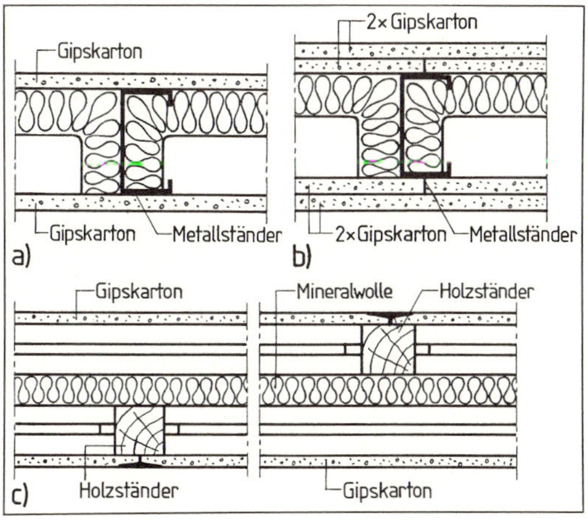

16.42 Doppelschalige Leichtwände aus biegeweichen Schalen
a) einlagig beplankte Metallständer
b) zweilagig beplankte Metallständer
c) einlagige Beplankung, jedoch auf getrennter Holzstützenkonstruktion

Doppelschalige Konstruktionen aus zwei biegeweichen Schalen lassen sich schalltechnisch verbessern

- durch Rand- und Flächendämpfung mit Faserdämmstoffen (**16.**42a),
- durch Verdoppeln der Beplankung (**16.**42b),
- durch Trennen der Wandschalen mit doppeltem Ständergerüst (**16.**42c),
- Vergrößern des Wandschalenabstands.

Doppelschalen aus 2 × 5 cm HWL-Platten mit Mineralwollekerndämmung gelten schalltechnisch ebenfalls als getrennt und bieten eine gute Dämmwirkung. Undichte durchgehende Fugen (oft an Plattenstößen und -rändern) führen zu ähnlich hohen Dämmwertverlusten wie bei den einschaligen Konstruktionen.

Die Schalleitung von Raum zu Raum folgt den drei Schallwegen nach Bild **16.**43. Wirkungsvoller Schallschutz muß alle drei gleichermaßen abdämmen.

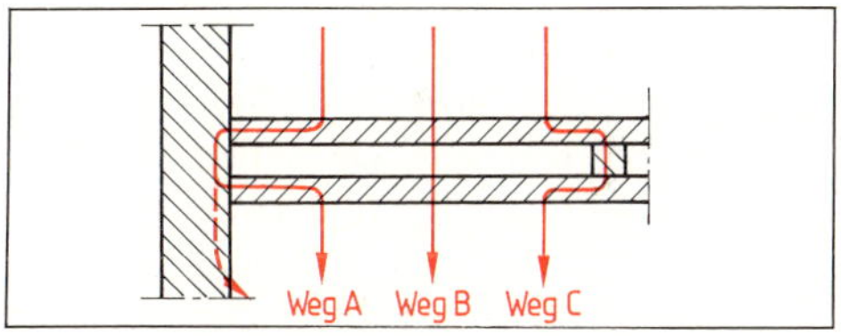

16.43 Schallübertragung
A über flankierende Seitenwand,
B über Luftschicht, C über Stege

Über den Weg A (Wandanschluß) werden biegeweiche Platten kaum, biegesteife Schalen dagegen stark zur Schallabstrahlung angeregt.

Der Luftzwischenraum für Weg B wirkt vor biegeweichen Platten gleichfalls schalldämmend. Biegesteife Schalen können hier in bestimmten Frequenzen (Grenzfrequenz) erheblich an Dämmwirkung verlieren, weil dann eine Wand der anderen als Resonanzboden dient. Absolute Sicherheit bietet nur die durchgehend eingehaltene Trennfuge aus Mineralwolle.

Über den Weg C (Stege, starre Kontakte) kann die Dämmwirkung biegesteifer Doppelschalen völlig aufgehoben werden. Für biegeweiche Schalen entstehen vergleichsweise geringe Nachteile.

Die Schall-Längsleitung geht über durchgehende flankierende Wände (auch Decken und Böden, **16.**44). Besonders anfällig sind massive Wände bis 250 kg/m² Flächenmasse. Sie lassen sich mit biegeweichen Vorsatzschalen oder durch Unterbrechung wirksam verbessern (**16.**45). Dagegen entsteht störende Resonanzwirkung durch Vorsatzschalen aus verputzten starren Dämmplatten (HWL- oder Hartschaumplatten an der flankierenden Wand).

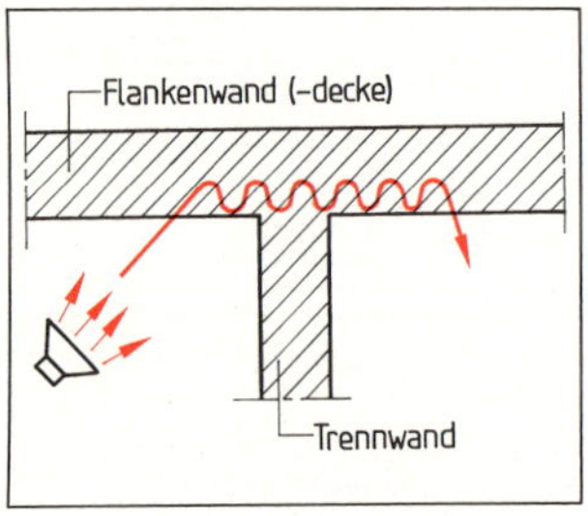

16.44 Schall-Längsleitung über flankierende Wände oder Decken

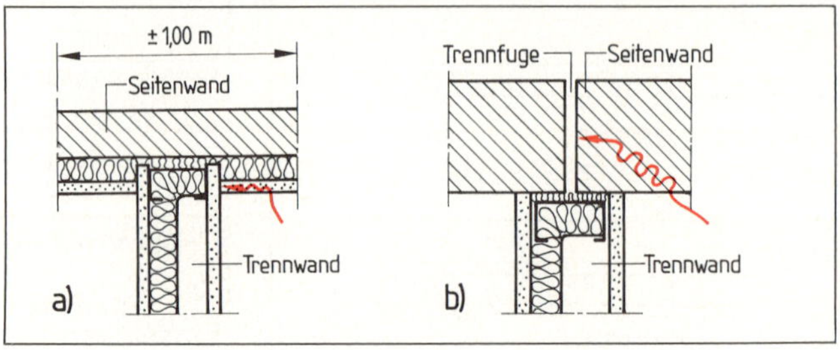

16.45 Schutz gegen Schall-Längsleitung
a) durch unterbrochene Vorsatzschale (durchgehende Trennwand), b) durch Trennfuge in der Seitenwand

Die Anschlüsse zwischen Trenn- und Flankenwand müssen

- dicht sein.
- bei biegesteifen schweren Bauteilen fest verbunden sein.
- abgeschalt oder auf 1 m Länge „weich" verfüllt sein, wenn Hohlräume hinter Vorsatzschalen vorhanden sind.

Schalldämmende Wände sind nur so gut wie ihre Schwachstellen. Außenwände erfordern daher gleichwertige Schallschutzfenster, Innenwände, schalldämmende Türen. Rohrleitungen sind ggf. „weich" zu ummanteln bzw. zusätzlich zu verkleiden.

Schalldämmende Wände in einschaliger Bauweise müssen schwer ($\geq$ 410 kg/m²), biegesteif und dicht sein. Doppelschalige Massivwände ergeben verbesserten Schallschutz bei völliger Trennung beider Schalen durch $\geq$ 3 cm Wandschalenabstand. Weitere Verbesserungen bewirken vor allem breitere Trennfugen (5 bis 10 cm) und Füllungen aus Mineralwolleplatten (T).

Biegeweiche Schalen vermindern die Schallabstrahlung durch Umformen der Schallwellen und durch geringere Schallübertragung an flankierende Wand- und Deckenschalen. Sie müssen als Doppelwand oder als Vorsatzschale (vor Massivwänden) ausgeführt sein.

Störende Längsleitung des Schalls verläuft über Nebenwege in flankierenden Wänden (und Decken). Hier bieten weiche Vorsatzschalen mit „weicher" Füllung an der Schallbrücke oder Trennfugen wirksame Dämmung.

16.4.2 Massivdecken

Luftschallschutz. Für massive Decken gelten die gleichen schalltechnischen Konstruktionsgrundsätze wie für Wände.

Schwere dichte und biegesteife Decken (etwa eine Stahlbetonplatte mit $d \geqq 14$ cm) bieten ausreichenden Luftschallschutz. Hohlkörperdecken und Rippendecken ohne Zwischenbauteile liefern aufgrund mangelnder Masse und Materialdicke nur unzureichende Dämmwerte. Man kann sie durch eine unterseitige zweite Deckenschale deutlich verbessern (**16**.46). Wie bei der Vorsatzschale an Wänden eignen sich dazu biegeweiche Platten auf angeschraubten (auch angebundenen) Latten. Durchgehende Trennwände unterbrechen die untere Deckenschale und verhindern dadurch störende Schall-Längsleitung (**16**.47). Die verlorene Schalung aus HWL-Platten, nachträglich verputzt, verursacht den störenden Resonanzeffekt. Mangelhaft gedichtete Deckendurchbrüche und Längsleitung auf Schallnebenwegen im Bereich flankierender Wände vermindern den Luftschallschutz ähnlich wie bei den Wänden.

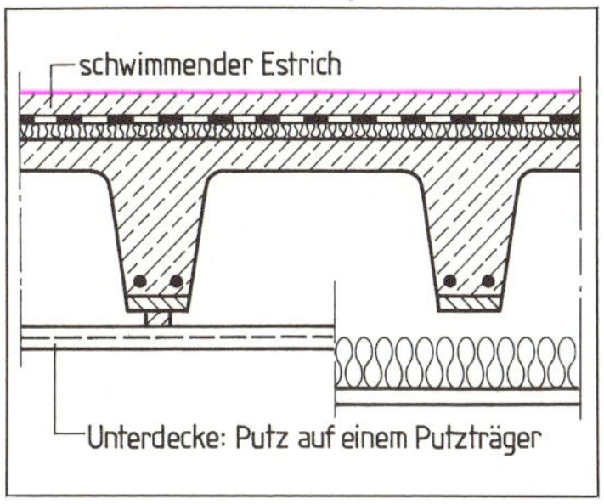

16.46 Rippendecke mit biegeweicher Unterschale

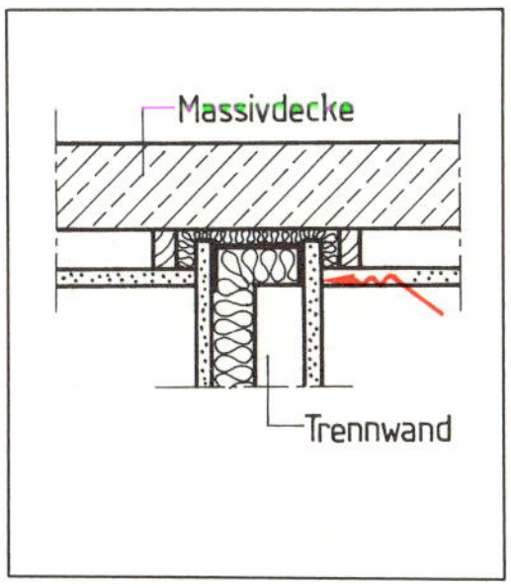

16.47 Durchgehende Trennwand unterbricht den Schallnebenweg in der Deckenschale

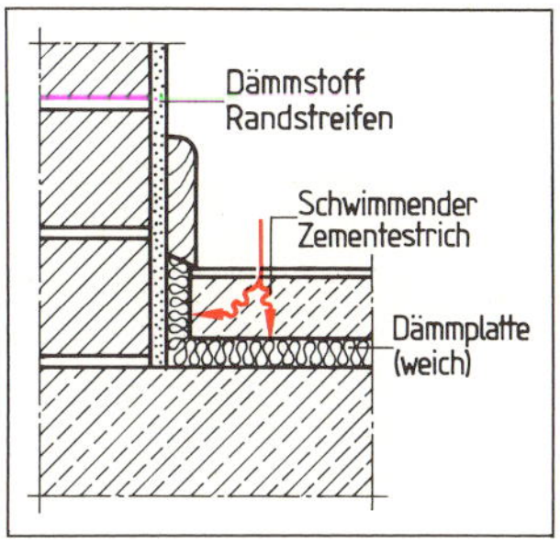

16.48 Randausbildung für schwimmenden Estrich

Trittschallschutz. Trittschall ist das Haupt-Schallschutzproblem an massiven Decken, weil dichte und biegesteife Bauteile jede Form von Körperschall besonders deutlich übertragen. Wirkungsvollen Schutz bieten die schwimmenden Estriche. Der tragende und lastverteilende Teil dieses Deckenbelags (z. B. Zementestrich mit $d = 5$ cm) liegt ohne jede Verbindung zur Massivdecke, „schwimmend" auf einer weich federnden Trennschicht aus z. B. 3 cm dicken Mineralwolleplatten (**16**.48).

Dämmstoffrandstreifen trennen den Estrich auch von den angrenzenden Wänden (Schallbrükken), so daß beim Begehen jede Körperschallanregung der Massivdecke und der Wände unterbleibt (**16**.49). Als völlig abgetrennte 2. Konstruktionsschale dämmt der Estrich auch den Luftschall wirkungsvoll ab und gilt als vollwertiger Ersatz für unterseitige biegeweiche Deckenschalen. Weitere Konstruktionsgrundsätze zur Schallbrücke Wand/Boden verdeutlicht Bild **16**.49.

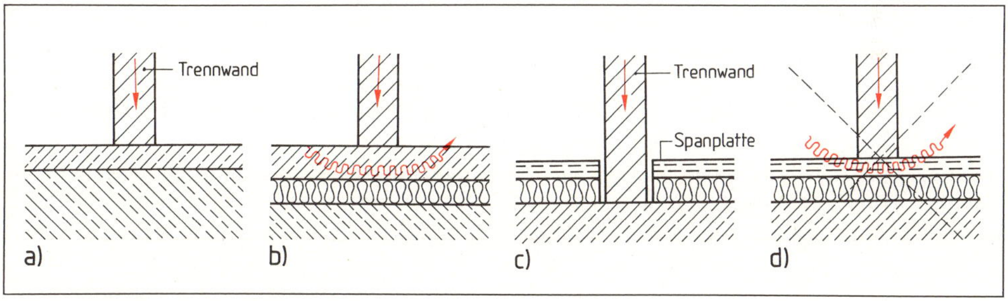

16.49 Schallbrücke Wand/Boden

a) auf Verbundestrich günstiger als
b) auf schwimmendem Estrich
c) auf Rohdecke günstiger als
d) auf schwimmend verlegten Spanplatten (abzuraten!)

Fehlstellen in der Dämmschicht ermöglichen unmittelbare Verbindungen von Massivdecke und Estrich (Schallbrücken), was zur völligen Aufhebung des angestrebten Trittschallschutzes führen kann (**16.**50).

Wasserführende Rohre dämmt man nach Bild **16.**51. Geräuschbildende, stationär aufgestellte Geräte erfordern weich federnde Unterlagen, u. U. auch getrennte Fundamente.

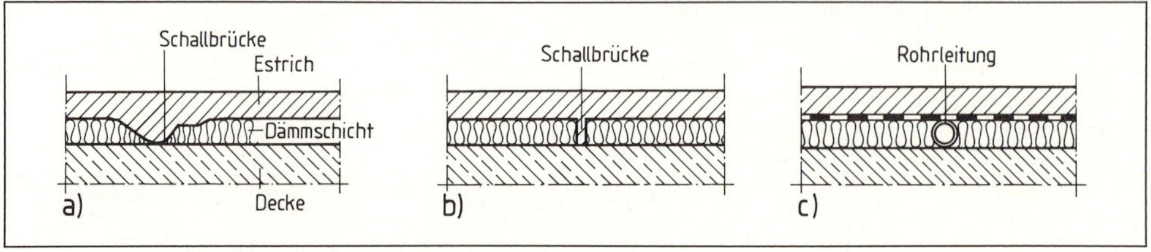

16.50 Fehlstellen im schwimmenden Estrich mindern den Trittschallschutz erheblich
a) durch schadhafte Dämmschicht
b) durch offene Stoßfugen in der Dämmschicht
c) durch Rohrleitungen in der Dämmschicht (unzulässig!)

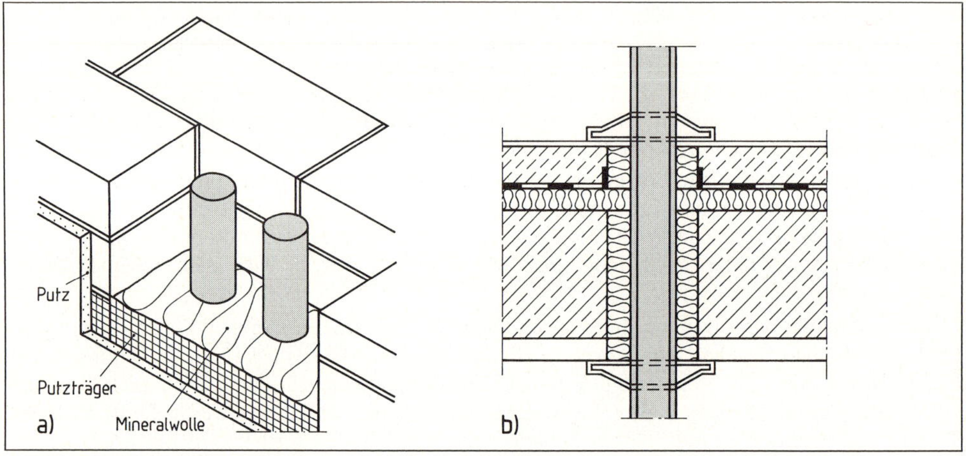

16.51 Schalldämmung wasserführender Rohrleitungen in der a) Wandnische, b) Massivdecke

Schwere und dichte Massivdecken (z. B. Stahlbetonplatten) bieten ausreichenden Luftschallschutz – Hohlkörper- und Rippendecken nicht. Entscheidende Verbesserungen schafft die 2. biegeweiche Deckenschale auf der Unterseite.

Beläge aus schwimmendem Estrich auf weicher Dämmschicht gewährleisten wirkungsvollen Tritt- und Luftschallschutz zugleich.

16.4.3 Holzbalkendecken

Holzbalkendecken übertragen den Schall über die Deckenbalken und über den Zwischenraum von Fußboden und Unterdecke. Das Hauptproblem ist der Trittschall. Wirksame Maßnahmen gegen die Trittschallübertragung reichen meist auch für den Luftschallschutz.

Die Befestigungsart der Unterdecke an die Holzbalken beeinflußt den Schallschutz (**16.**52). Besonders wirksam und wenig aufwendig sind Federbügel in Verbindung mit weichen Trennstreifen. Als Unterdecken eignen sich z. B. verputzte Rohrgewebematten, auch nicht zu leichte

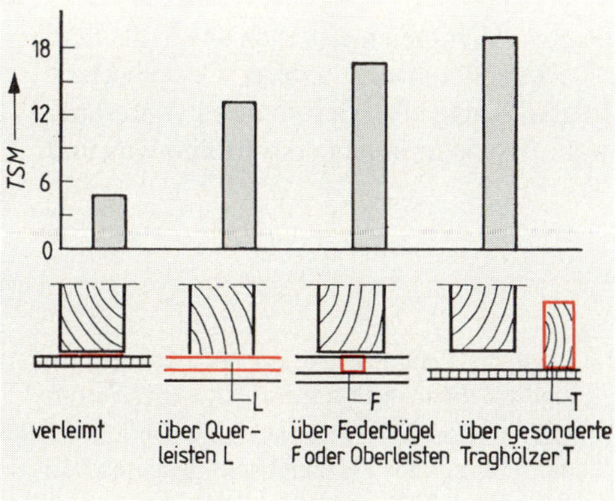

16.52 Trennung von Deckenbalken und Unterdecke erhöht den Trittschallschutz

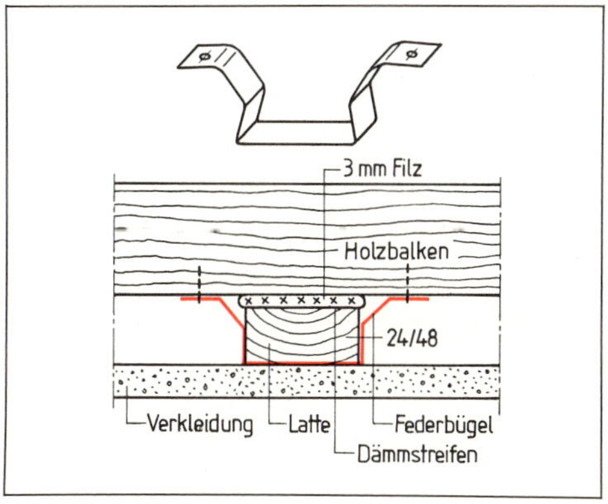

16.53 Federbügel ermöglichen eine elastische Aufhängung der Unterdecke

Gips- oder Holzspanplatten. Der Hohlraum von Holzbalkendecken kann z. T. mit Mineralwolleplatten oder durch schwere Füllungen (Sand, Lehm) ausgefüllt werden. Schalltechnische Verbesserungen sind jedoch nur zu erwarten, wenn auch die Schallbrücke an den Holzbalken unterbunden wird (z. B. nach Bild **16.**53).

Voll sichtbare Deckenbalken ergeben auch mit Böden aus schwimmenden Estrichen um etwa 12 dB geringere Dämmwerte. Unterdecken zwischen den Balken bringen keine Nachteile.

Schwimmende Estriche verbessern den Trittschallschutz von unterseitig verkleideten Holzbalkendecken bis zu 15 dB, jedoch nur bei weichen Dämmplatten (Mineralfaser). Häufig ersetzt man den Zementestrich durch schwimmend verlegte Spanplatten, die Verbesserungen von ≈ 4 dB bewirken. Eine deutliche Steigerung um 16 bis 26 dB erzielt man durch die Anordnung von 2,5 bis 4 cm dicken Betonplatten unterhalb der Trittschall-Dämmschicht nach Bild **16.**54. Sowohl die um 10 bis 15 dB günstigeren Dämmwerte als auch die trockene Montage sind wesentliche Vorteile gegenüber dem schwimmenden Zementestrich.

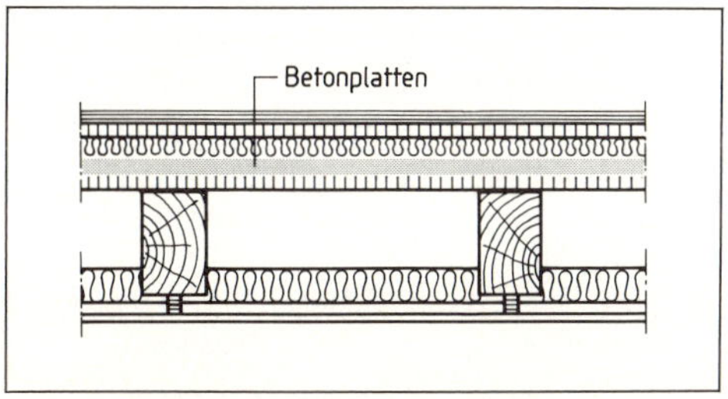

16.54 Betonplatten unter schwimmend verlegtem Bodenbelag

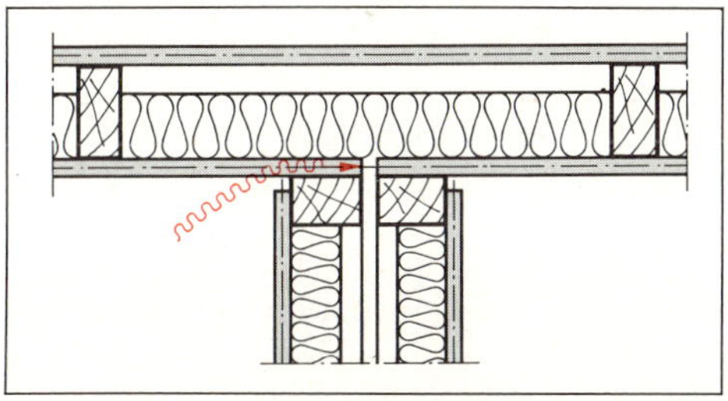

16.55 Die Fuge in der Deckenbekleidung und die aufgelegte Mineralwolle unterbrechen die Schallbrücke zum Nachbarraum

Schallnebenwege an den Balkenauflagern leiten einen Teil des Trittschalls in Massivwände, die wiederum Schallnebenwege zur Längsleitung des Luftschalls sind. Auch hier können biegeweiche Vorsatzschalen in der beschriebenen Weise Abhilfe schaffen.

Am Deckenanschluß leichter Trennwände unterbricht man die Deckenbekleidung und mindert die Schallübertragung zum Nachbarraum zusätzlich durch aufgelegte Mineralwolleplatten (**16.**55 auf S. 343).

Holzbalkendecken mit ausreichendem Trittschallschutz dämmen meist auch den Luftschall genügend ab. Die weitgehende Trennung von Deckenbalken und unterer Deckenschale ist Voraussetzung für den Schallschutz der Holzbalkendecken. Betonplatten unterhalb schwimmend verlegter Spanplatten ermöglichen die Trockenmontage des Fußbodens und hochwirksame Schalldämmung.

Aufgaben zu Abschnitt 16

1. Welche Aufgaben erfüllt der bauliche Wärmeschutz?
2. Wovon hängt die Wärmeleitfähigkeit der Baustoffe ab?
3. Erklären Sie die Begriffe Rechenwert der Wärmeleitfähigkeit, Wärmedurchlaßkoeffizient, Wärmedurchlaßwiderstand, Wärmeübergangskoeffizient und Wärmeübergangswiderstand, Wärmedurchgangskoeffizient und Wärmedurchgangswiderstand.
4. Erläutern Sie, warum sich mit ansteigendem $1/\Lambda$-Wert die Zunahme der Wärmedämmwirkung stetig verringert.
5. Berechnen Sie den k-Wert dieser Außenwand: 1,5 cm Innenputz, 36,5 cm Leicht-Hochlochziegel ($\lambda_R = 0{,}36$ W/(mK), 2 cm Außenputz.
6. Was besagt der k_m-Wert?
7. Wovon hängt der zulässige $k_{m,max}$-Wert eines Gebäudes ab?
8. Welcher Zusammenhang besteht zwischen Wärmedämm- und Wärmespeicherfähigkeit von Baustoffen?
9. Beschreiben Sie einige gebräuchliche Wärmedämmstoffe und ihre Eigenschaften.
10. Beschreiben Sie Wärmeschutzmaßnahmen für Dächer, Wände und Böden.
11. Nennen Sie Wärmebrücken und Möglichkeiten der Dämmung.
12. Erläutern Sie die Entstehung von Wasserdampfkondensat in Außenbauteilen. Wie wirkt sich Durchfeuchtung auf die Dämmwirkung aus?
13. Liegt die Dampfsperre auf der „warmen“ oder „kalten“ Seite der Dämmstoffschicht? Warum?
14. Erklären Sie den Zusammenhang von Luftschalldämmung und Flächenmasse bei einschaligen Wänden.
15. Erklären Sie die Verschlechterung der Luftschalldämmung von einschaligen Wänden im Bereich der Grenzfrequenz.
16. Erklären Sie Konstruktion und Schalldämmung doppelschalige Wände
    a) Wände aus 2 schweren Wandschalen,
    b) Massivwände mit Vorsatzschale,
    c) Wände aus 2 biegeweichen Schalen.
17. Wodurch entsteht der Resonanzeffekt?
18. Was versteht man unter Schall-Längsleitung?
19. Warum bieten Hohlkörperdecken schlechteren Luftschallschutz als Massivdecken aus Vollbeton?
20. Wie läßt sich die Flankenübertragung an Decken und Wandrändern vermeiden?
21. Wie erreicht man ausreichende Trittschalldämmung für Massivdecken?
22. Wie wirken sich starre Kontakte zwischen Estrich und Massivdecke/-wand auf die Schalldämmung aus (z. B. durch Fehlstellen in der Dämmschicht, Rohrleitungen, fehlende Randstreifen)?
23. Wie kann man die Schallübertragung wasserführender Rohre wirksam vermindern?
24. Wovon hängt der Schallschutz von Holzbalkendecken ab?
25. Beschreiben Sie Maßnahmen zur Verbesserung des Schallschutzes von Holzbalkendecken.

17 Abbrechen

17.1 Werkzeuge und Geräte

Meißel und Fäustel (Stemmzeug) benutzt man zum Aus- und Abstemmen von kleineren Bauteilen. Körperliche Ermüdung und Materialverschleiß führen dabei leicht zu Arbeitsunfällen. Fäustel mit festsitzendem Stiel und bartlose Meißel beugen Unfallgefahren vor (**17**.1).

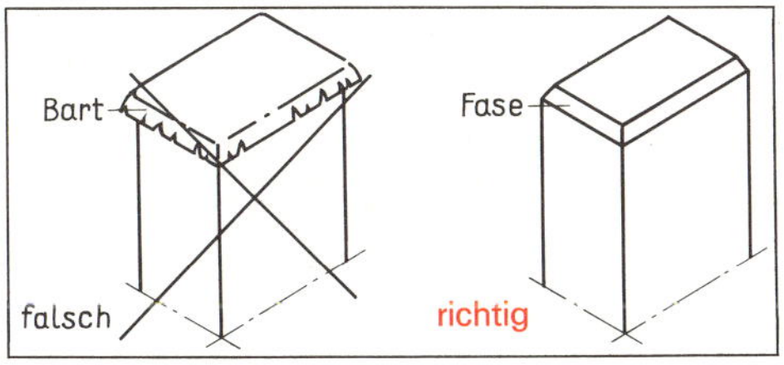

17.1 Meißel mit Bart verursachen Verletzungen

Maschinenbetriebene Abbruchwerkzeuge mit auswechselbaren Brechmeißeln (Spitz-, Flach-, Breitmeißel) erleichtern und beschleunigen die Arbeit. Druckluftwerkzeuge werden über fahrbare Kompressoren angetrieben. Sie führen 600 bis 800 Schläge je Minute. Aufreißhämmer eignen sich für schwere Bauteile, Meißelhämmer für leichte Abbrucharbeiten (**17**.3). Elektrische Schlaghämmer sind in der Regel für Gleich- und Wechselstrom (Allstrommotor) eingerichtet (**17**.2).

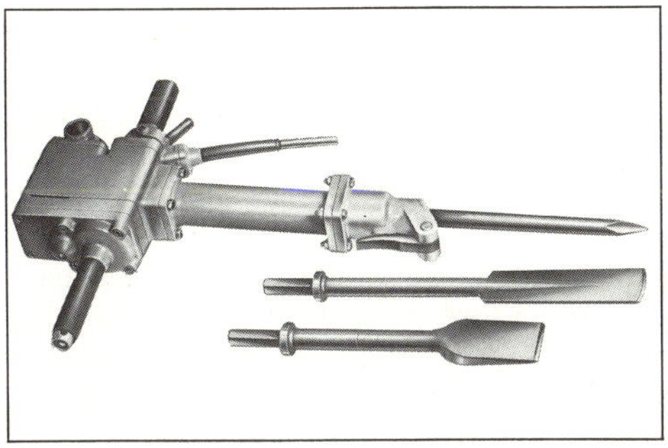

17.2 Elektrischer Schlaghammer mit auswechselbaren Meißeln

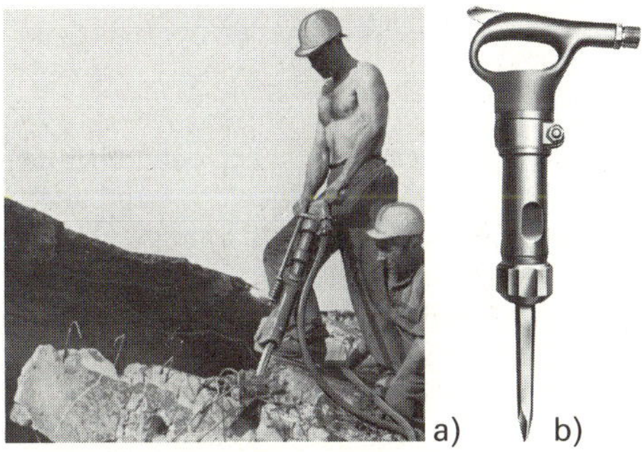

17.3 Druckluftwerkzeuge
a) Abreißhammer, b) Meißelhammer

Neuzeitliche Trenn- und Spaltgeräte bieten mehr Arbeitssicherheit, Zeit-, Arbeits-, Energie- und Kosteneinsparung sowie weniger Umweltbelastung und Gesundheitsgefährdung.

Hydraulische Steinspaltgeräte eignen sich vorwiegend zum Abbrechen von Beton und Stahlbeton, besonders wenn nicht gesprengt werden darf. Die Geräte werden mit ihren Sprengbacken (Druckstücken) in Bohrlöcher von 20 bis 50 cm Länge und 3,6 bis 8 cm Durchmesser eingeführt. Durch Ausfahren oder Rückziehen eines Keils zwischen den Druckstücken entwickeln sich sehr hohe Anpreßdrücke mit Spaltkräften für 60 bis 350 t (**17**.4). Der Spaltkeil steht dabei senkrecht zum geplanten Spaltriß (**17**.5).

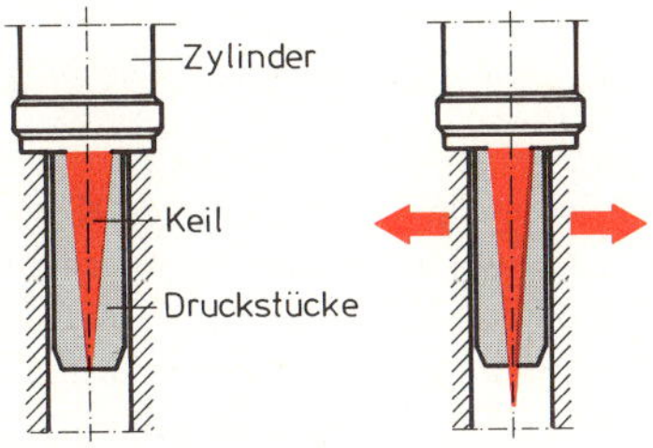

17.4 Das Steinspaltgerät arbeitet nach dem Keilprinzip

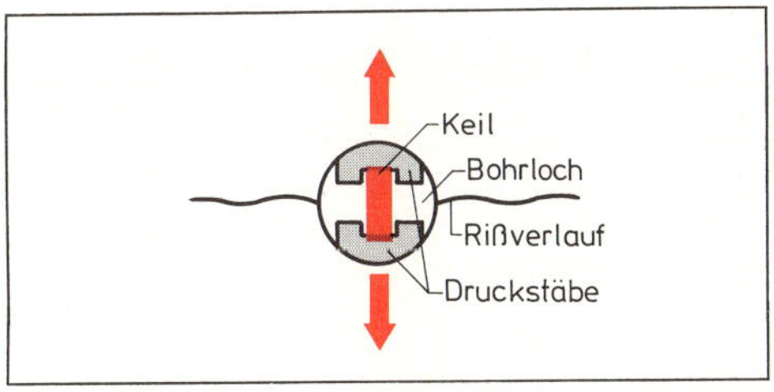

17.5 Der Keil wirkt senkrecht zur geplanten Rißlinie

17.6 Sicherheitsausrüstung bei der Arbeit mit Sauerstofflanzen

Flüssigkeitsstrahler trennen Beton durch „Beschießen" mit Quarz- oder Stahlsand, der von einem hochbeschleunigten Wasserstrahl mitgeführt wird. Strahlgeschwindigkeiten > 300 m/s und Betriebsdrücke bis 1000 bar ($\hat{=} 100$ N/mm^2) ermöglichen Schnittgeschwindigkeiten bis 20 m/h.

Thermische Trenngeräte erhitzen das Material (Beton, Stahl) im Bereich der geplanten Trennfugen bis auf 4000 °C, so daß dort flüssige, lavagleiche Schmelzschlacke abfließt. Man benutzt dazu Sauerstoffkern- oder auch -pulverlanzen. Beim „thermischen Lochstechen" brennt man eine umlaufende Lochreihe und durchtrennt dann ihre Stege. Mit Pulverlanzen lassen sich auch durchgehende Schnittfugen brennen. Abdeckungen aus Sandschichten oder Asbestplatten schützen gegen glutflüssige Lava. Die Sicherheitsausrüstung zeigt Bild **17.6**.

Diamant-Trenntechnik bewährt sich zunehmend beim Trennen von Beton- und Stahlbetonbauteilen. Bohrköpfe, Kreissägeblätter und auch Stahlseile (als Endlosseil), mit Industriediamanten bestückt, eignen sich sowohl zum Ausbrechen paßgenauer Öffnungen als auch zum Abbruch ganzer Gebäude, die dazu in passende Stücke zertrennt werden. Gegenüber der herkömmlichen Technik mit Abbruchhämmern arbeiten die speziell entwickelten Diamant-Tief- und Diamant-Seilsägen sehr viel wirtschaftlicher und umweltfreundlicher (geräuscharm, staub- und erschütterungsfrei).

Als Abbruchwerkzeug dienen Meißel und Fäustel. Rationeller sind motorbetriebene Aufreiß- und Meißelhämmer.

Einfacher, schneller und umweltfreundlicher arbeiten hydraulische Steinspaltgeräte und Flüssigkeitsstrahler sowie thermische Trenngeräte. Im Stahlbetonbau bewähren sich diamantbestückte Trennsägen und Bohrer.

17.2 Unfallschutz und Abbruchverfahren

Unfallverhütungsvorschriften. Abbrucharbeiten sind nach Anweisung und unter stetiger Kontrolle einer fachkundigen Aufsichtskraft durchzuführen. Nachbargebäude und einsturzgefährdete Bauteile (Balkone, Treppen, Gewölbe) sind rechtzeitig abzusteifen. Gefahrzonen (z. B. Abwurfplätze) erfordern Absperrungen und deutliche Warntafeln (notfalls auch Warnposten). Materialabwürfe sind durch akustische Signale anzukündigen. Auch der Abwerfende muß sich davor schützen, mitgerissen zu werden. Verkehrs- und Fluchtwege müssen stets freigehalten werden. Angehäufter Bauschutt kann Wände und Decken zum Einsturz bringen (**17.7**). Aufgesaugtes

Regenwasser erhöht die Einsturzgefahr. Abbruchmaterial ist deshalb laufend von den Zwischendecken abzuräumen. Lästige Staubentwicklung kann man durch löschendes Absprühen mindern.

Beim Geräte- und Maschineneinsatz sind die Hinweise im Merkblatt „Abbrucharbeiten“ der Bau-Berufsgenossenschaften zu beachten.

Schutzhelme sind lebenswichtig.

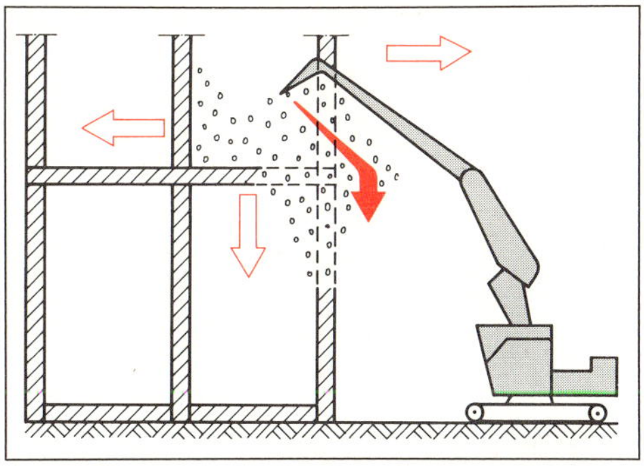

17.7 Angehäufter Bauschutt verursacht unkontrollierte Wand- und Deckeneinstürze

Das Abtragen von Bauteilen gewinnt im Zuge der Stadtsanierung wieder an Bedeutung, vor allem wenn die Fassade aus Gründen des Denkmalschutzes unversehrt bleibt, das Gebäudeinnere dagegen weitgehend entkernt werden soll. Es erfolgt von sicheren Standplätzen (z. B. Gerüste) aus nach innen, nicht von der Mauerkrone oder von Leitern (**17.8**). Schutzgerüste nach Bild **17.9** fangen herabfallende Schutteile auf. Bauschutt darf nur in geschlossenen, durchgehenden Kästen befördert und weder auf Decken noch Gerüsten gelagert werden. Bodenöffnungen sind abzudekken und zu umwehren. Bodenbeläge von Holzbalkendecken entfernt man erst nach Abbruch des darüberliegenden Geschosses.

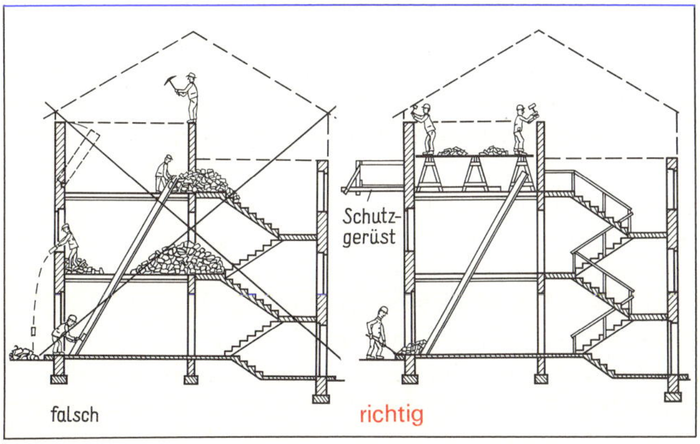

17.8 Abtragen von Bauteilen

17.9 Gebäude mit Schutzgerüst und Schuttrutsche

Einreißen. Gebäude dürfen zu diesem Zweck nicht unterhöhlt werden (z. B. durch waagerechte Schlitze). Vielmehr sind Drahtseile mit Zugvorrichtung (Winde) zu verwenden, die man zweckmäßig von Maschinenleitern aus befestigt. Mensch und Gerät müssen rechtzeitig außerhalb der Gefahrenzone sein. Niemals dürfen Bauteile von Hand aus zum Einsturz gebracht werden. Weil beim Einreißen die Bauteile nach außen gezogen werden, ist für den Bedienungsstand mindestens die dreifache Stockwerkshöhe als Sicherheitsabstand einzuhalten. Für den Fall des Seilbruchs ist er gegen unkontrolliert ausschlagende Seilteile zu schützen (**17.10** auf S. 348).

Beim Einschlagen zertrümmert eine am Ausleger des Abbruchgeräts (z. B. Seilbagger) hängende stählerne Fallbirne die Bauteile. Die ausschwingende Birne zertrümmert Wände bis 50 cm Dicke. Dabei sollen die Trümmer möglichst ins Gebäudeinnere fallen. Decken zertrümmert man durch Freifall-Aufschlag.

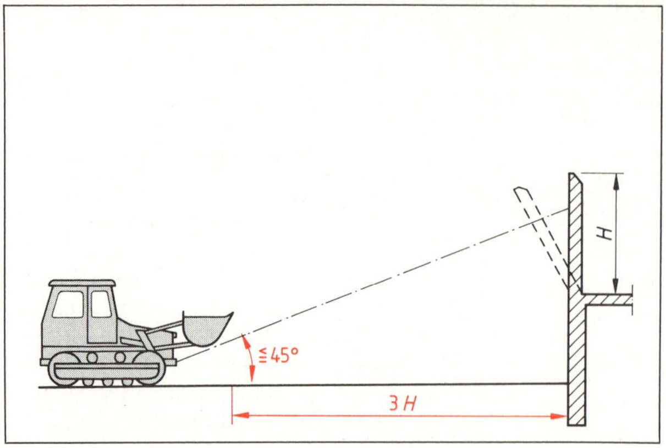

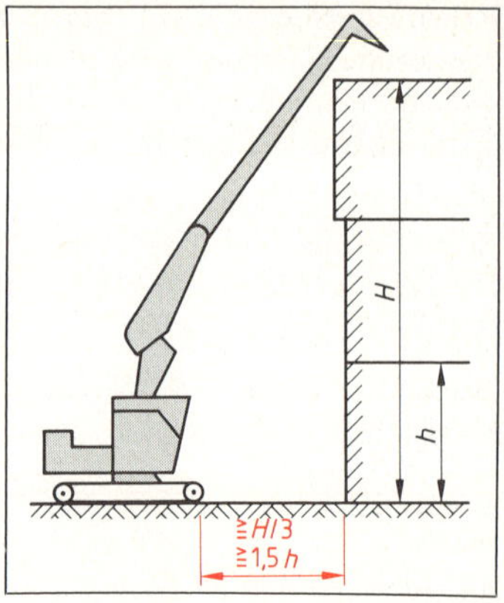

17.10 Sicherheitsabstand zum Gebäude beim Abbruch durch Einreißen ≧ 3 × Geschoßhöhe, Seitenwinkel ≦ 45°

17.11 Gebäudehohe Räumgeräte und ausreichende Sicherheitsabstände mindern das Unfallrisiko

Beim Abgreifen werden Bauteile mechanisch abgetragen, vorzugsweise mit Hydraulikbaggern. Sie bewältigen das Brechen, Räumen und Laden in einem Arbeitsgang und bieten mehr Sicherheit als das Einreißen. Der herkömmliche Tieflöffel kann durch spezielle Abbruchwerkzeuge ausgetauscht werden (z. B. durch Eindruck-Teleskopstiel mit Verlängerungsteil). Ihre Reichhöhe soll der Gebäudehöhe entsprechen. Während der Arbeiten sind Sicherheitsabstände nach Bild **17.**11 einzuhalten. Stets bricht man von der vorhandenen Gebäudeoberkante aus nach unten ab. Mit der aufsetzbaren „Kopfkralle" können wir Mauerwerksteile gezielt in vorbestimmte Richtungen auf bestimmte Fallplätze ziehen. Auch die Kralle greift immer an der Maueroberkante an. Die Fallrichtung der Außenwände zielt stets ins Gebäudeinnere. Für harte Betonkonstruktionen kann man die Bagger mit schweren Abbruchhämmern ausrüsten, für besondere Zwecke auch mit der Schrottschere bzw. dem „Betonbeißer".

Versorgungs- und Entsorgungsleitungen liegen manchmal in unmittelbarer Nähe der Abbruchbaustelle. Vorsorglich sollten rechtzeitig entsprechende Auskünfte bei den zuständigen Versorgungsunternehmen eingeholt werden. Möglichen Beschädigungen oder Unfällen kann man so wirksam vorbeugen. Bei fahrlässig verursachten Schäden ist Schadenersatz zu leisten, in bestimmten Fällen muß mit Bestrafung der Schuldigen gerechnet werden.

Sprengen mit herkömmlichem Sprengstoff darf nur ein Sprengmeister. Ein neues Sprengverfahren ohne Sprengstoff ist „Crac 200". Hierbei werden etwa 1,8 l Wasser mit nahezu Schallgeschwindigkeit und Drücken von 400 bar in ein vorbereitetes Bohrloch „geschossen", wobei sich für den Zeitraum von Millionstel Sekunden ein Sprengdruck bis 3000 bar aufbaut.

Gebäude oder Teile davon können durch Abtragen, Einreißen, Abgreifen, Einschlagen oder Sprengen abgebrochen werden. Erhöhte Unfallgefahr erfordert Umsicht und Wachsamkeit sowie das strikte Einhalten der strengen Sicherheitsvorschriften.

17.3 Ausbrechen von Öffnungen

Kleinere Öffnungen mit normalen Tür- und Fensterbreiten kann man häufig ohne sichernde Aussteifungen ausbrechen. Im Zweifelsfall entscheidet der Statiker. Zur Überdeckung der Öffnungen eignen sich Stahlprofilträger und Fertigteilstürze (z. B. Ziegelspannstürze). Ihre Querschnitte sind statisch nachzuweisen. Vor Beginn der Arbeiten sind mögliche Leitungen

(Elektro- oder Rohrleitungen) innerhalb des Ausbruchs festzustellen. Sie müssen dann von Fachleuten umgelegt werden.

Arbeitsfolge. Wandausbruch einmessen. Waagerechten Schlitz zur Aufnahme eines Trägers einseitig ausstemmen. Auflagerflächen durch Mörtelfuge vorbereiten und Träger einbauen. Restschlitz dicht ausfugen oder ausmauern. Sauber eingetriebene Keilsteine (auch Stahlkeile) leiten die Belastung bis zur Mörtelerhärtung sicher auf den Träger ab (**17.**12).

Bei dickeren Wänden von der Gegenseite 2. Träger in gleicher Weise einsetzen. Geplante Öffnung ausbrechen. Profilstähle vor dem Einbau mit Putzträger ummanteln (Draht- oder Ziegeldrahtgewebe). Sichtmauerwerk erfordert verbandsgerechte Mauerenden an Laibungen. Ausbruch und Trägerlänge daher beidseitig um je eine Steinlänge vergrößern.

Größere Mauerwerksausbrüche erfordern stets eine genaue Prüfung der baulichen Gegebenheiten. Absteifungskonstruktion und Trägergröße bestimmt der Statiker. Bild **17.**13 zeigt einen Wandausbruch im Erdgeschoß. Dazu müssen Decken- und Wandlasten durch Absteifungen abgefangen werden.

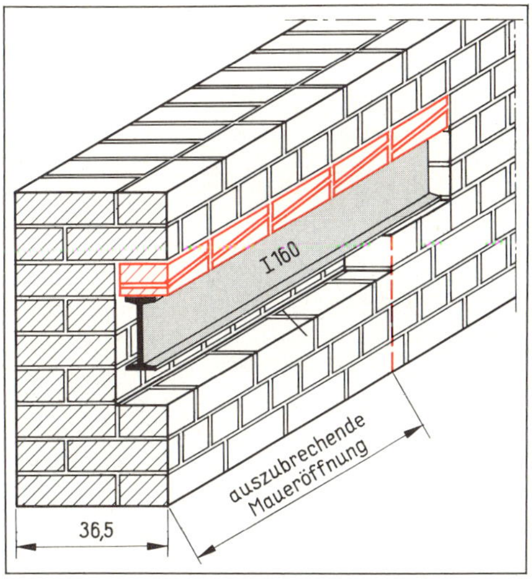

17.12 Einbau des ersten Trägers über auszubrechender Öffnung

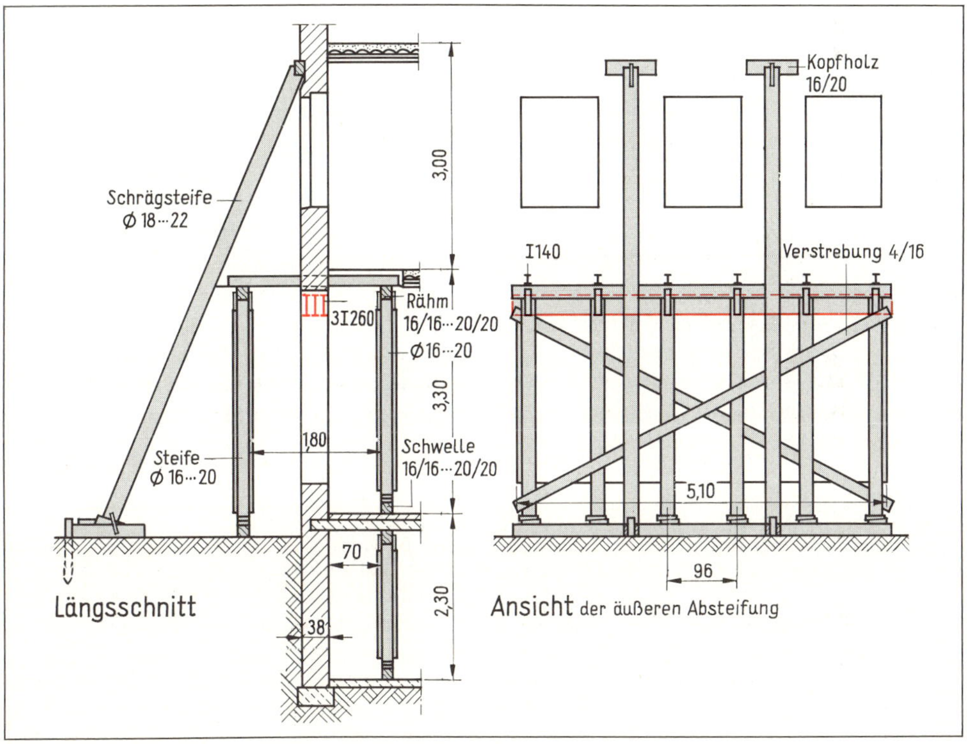

17.13 Absteifungskonstruktion für größeren Mauerwerksausbruch

17.14 Schrägsteifen

Arbeitsfolge. Geplante Öffnung einmessen. Stahlträger unmittelbar davor ablegen, um spätere Behinderungen durch das Stützgerüst zu vermeiden. Etwa 70 cm vor der Außenwand sind Stützkonstruktionen aus Bodenschwelle, Stützen (80 bis 100 cm Abstand) und Rähm (Joch) aufzustellen, erst im Keller, dann zu beiden Seiten der geplanten Öffnung. Vorher befreit man die Holzbalkendecken im Bereich der Stützfläche von Putz und weichen Putzträgern (Dämmplatten). Stützen durch Keile bzw. Gewinde fest einspannen und mit Diagonalstreben gegen Verschieben sichern. Kurze Balken durch eingestemmte Löcher oberhalb der geplanten Öffnung (80 bis 100 cm Abstand) führen, auf Rähme auflegen und fest gegen das obere Mauerwerk verkeilen.

Häufig sind zusätzlich äußere Schrägsteifen in 2 bis 4 m Abstand nötig. Man stellt sie gegen innere Trennwände oder Deckenwiderlager. Manchmal genügt allein das Abfangen der Decken durch Schrägsteifen (**17.**14). Der Steifenkopf (Kopfholz) liegt stets in ausgestemmten Maueraussparungen, der Stützenfuß kann auf Holzschwellen angekeilt, besser durch eine feste Treiblade gesichert werden (**17.**15). Das Ausbrechen der Öffnung sowie das Einsetzen und Einkeilen der Träger erfolgt in der bereits beschriebenen Weise. Paarweise verlegte Träger erhalten $\geqq 2$ Bolzenverbindungen.

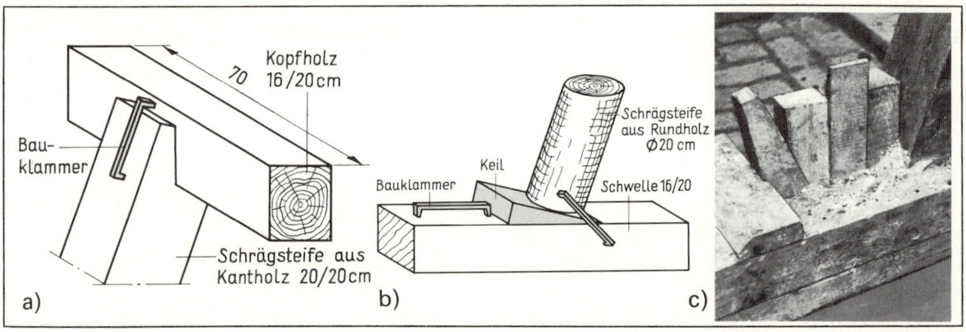

17.15 Befestigung der Schrägsteifen
a) Kopfholz, b) Fußschwelle mit Keil, c) Treiblade

Hochbelastete Auflager werden häufig durch festeres Mauerwerk ersetzt und mit lastverteilenden Stahlplatten belegt. Überhöhte Kantenpressungen mildert man durch Zurücksetzen der Auflagerinnenkante (**17.**16).

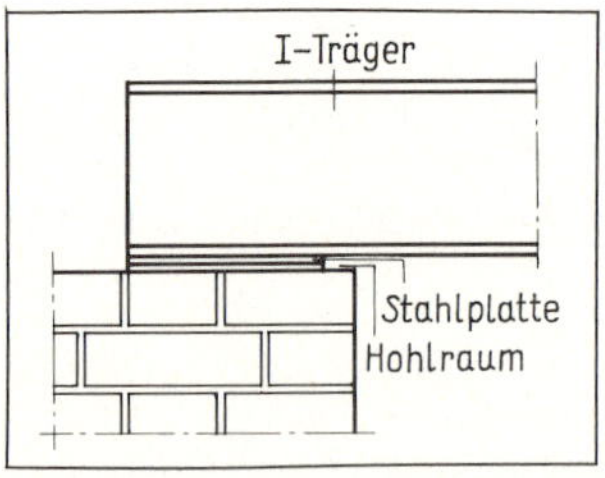

17.16 Auflager für schwere Träger

Größere Mauerwerksausbrüche erfordern Unterstützungen durch Joche und Schrägsteifen. Kopf- und Fußende der Steifen müssen gleitsicher befestigt werden (Maueraussparungen, Bodenschwelle, Treiblade). Hochbeanspruchte Trägerauflager bestehen aus druckfestem Mauerwerk mit lastverteilenden Stahlplatten.

17.4 Unterfangen von Wänden

Wände und Fundamente sind zu unterfangen, wenn Gebäude nachträglich unterkellert, Keller vertieft oder angrenzende Gebäude mit tieferer Kellersohle angebaut werden sollen. Dabei besteht Einsturzgefahr, besonders bei Unterhöhlung der Fundamente auf größerer Länge. Unterfangungen dürfen daher erst nach Abstützung der gefährdeten Wände vorgenommen werden und nur in unregelmäßig folgenden Abschnitten von 1,0 bis 1,25 m (**17.**17).

Man beginnt stets an den Gebäudeecken. Beim Untermauern sollen die Fugen voll vermörtelt und die letzte Schicht aus Keilsteinen kraftschlüssig gegen die Fundamentsohle angetrieben werden. Bei vorspringenden Fundamenten gewährleisten durchgehende Mauerwerksaussparungen nach Bild **17.**18 das störungsfreie Setzen des angebauten Gebäudes. Eine senkrechte Sperrschicht in der Trennfuge schützt die neue Wand vor Durchfeuchtung aus dem ungesperrten Unterfangungsmauerwerk.

17.17 Abschnittsweises Freilegen und Unterfangen einer Wand

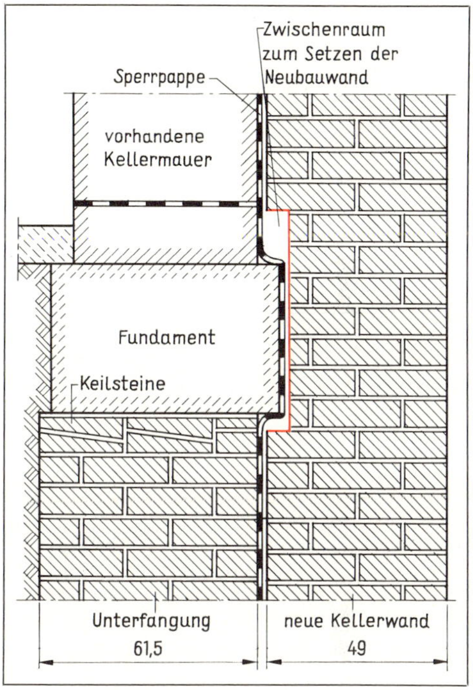

17.18 Ausgesparte Neubauwand

Absteifungen. Ein- bis zweigeschossige Gebäude erhalten Schrägsteifen in Deckenhöhe nach Bild **17.**19a auf S. 352. Kopf und Fußteil der Stützen werden in der bereits beschriebenen Art gleitsicher befestigt. Mehrgeschossige Gebäude erfordern jeweils 2 bis 3 hintereinandergestellte Schrägstützen. Sie werden über das angebolzte Brustholz gegen den Klappstiel angetrieben, der durch Zangen mit den Schrägsteifen (Streben) verbunden ist (**17.**19b).

Verspreizungen nach Bild **17.**20 eignen sich bei Unterfangungen in Baulücken bis etwa 8 m Breite, bei Spannriegeln auch bis ~ 14 m. Kräftige Spreizbalken, unterstützt durch Kopfbänder und Klappstiele stützen die gegenüberliegenden Wände gegeneinander ab.

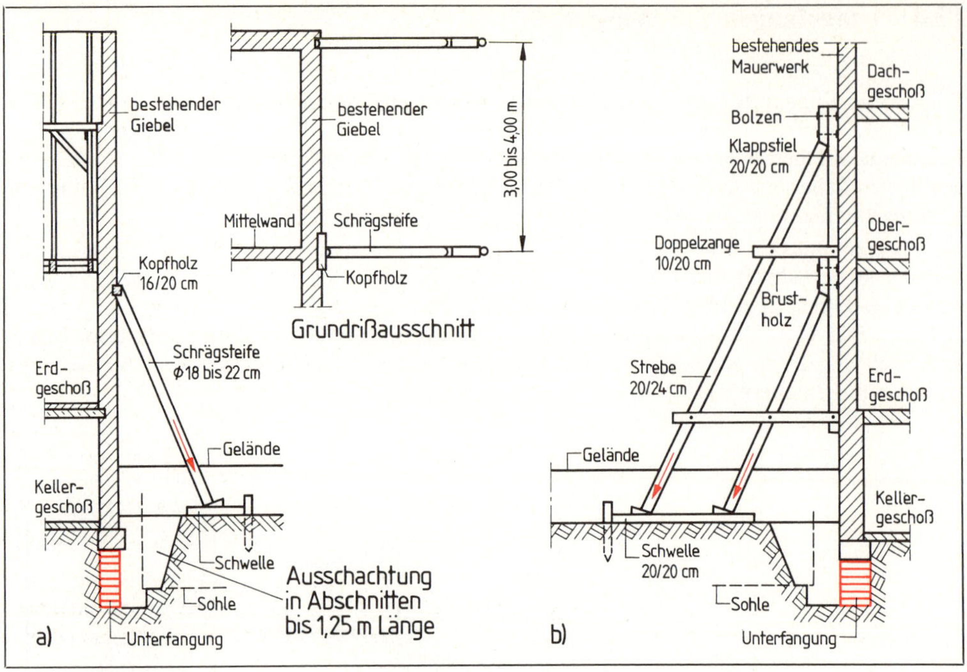

17.19 Absteifung a) für 1- bis 2geschossige Gebäude, b) für mehrgeschossige Gebäude

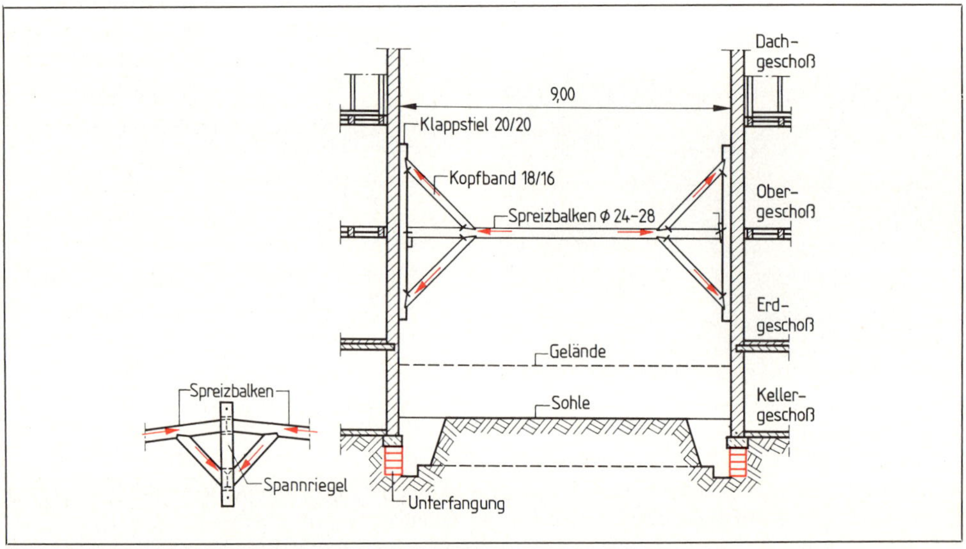

17.20 Absteifung durch Verspreizung

Unterfangungen dürfen nur in unregelmäßig folgenden Abschnitten bis 1,25 m durchgeführt werden. Gefährdete Wände sind durch Schrägstützen oder Verspreizungen zu sichern.

Aufgaben zu Abschnitt 17

1. Nennen Sie gebräuchliche Abbruchwerkzeuge.
2. Nennen Sie wichtige Sicherungsvorkehrungen beim Abbrechen von Gebäuden.
3. Wie wird der Bauschutt beim Abtragen von Gebäuden nach unten befördert?
4. Warum darf bei Abbrucharbeiten von Hand nicht von der Mauerkrone oder von Leitern aus gearbeitet werden?
5. Wie ist beim Einreißen von Gebäudeteilen zu verfahren?
6. Wodurch können Mauerausbrüche tragfähig überdeckt werden?
7. Beschreiben Sie das Absteifen, Ausbrechen und Überdecken großer Mauerwerksöffnungen.
8. Wie kann man Schrägsteifen gleitsicher befestigen?
9. Wie werden hochbelastete Trägerauflager ausgebildet?
10. Welche Grundregeln gelten für das Unterfangen von Gebäuden?
11. Beschreiben Sie die Absteifung gefährdeter Wände
    a) bei ein- bis zweigeschossigen,
    b) bei mehrgeschossigen Gebäuden.
12. Beschreiben Sie die Absteifung von Gebäuden durch Spreizkonstruktionen.

18 Informationstechnische Fachbildung

18.1 Neue Technologien

Neue Kommunikations- und Informationstechnologien durchdringen heute nahezu alle Bereiche. Wirtschaft und Produktion sind davon ebenso betroffen wie Kultur und Freizeit (**18.**1). Computer übernehmen die Steuerung von Ampelanlagen, regeln Heizungen, stellen Diagnosen in der Medizin, überwachen die Funktionstüchtigkeit des Autos und machen weltweite Kommunikation möglich.

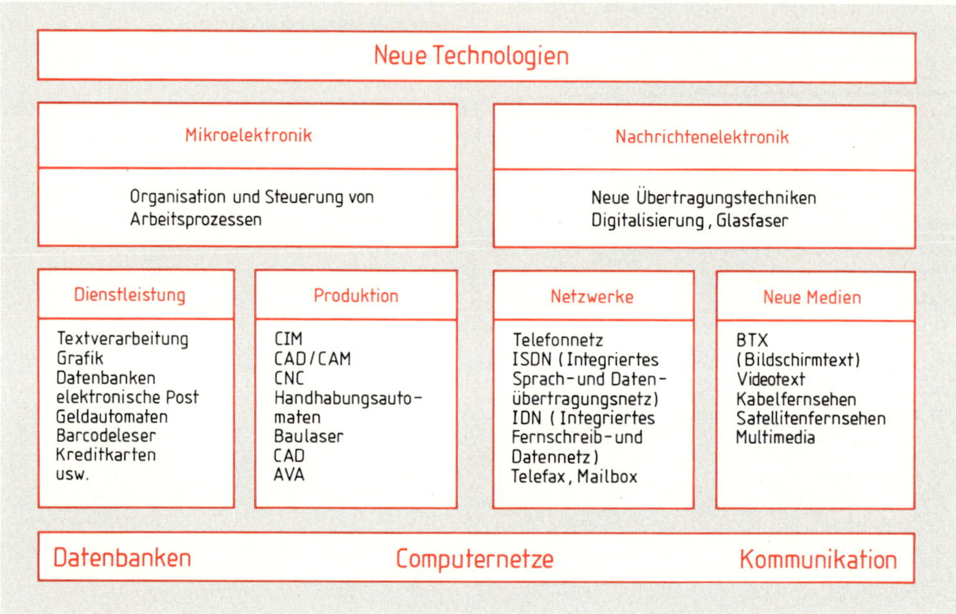

18.1 Neue Technologien

In der Wirtschaft erlaubt der Computer eine engere Verknüpfung von Technik, Verwaltung und kaufmännischem Bereich. Ziel ist die rechnerintegrierte Herstellung von Produkten, um Entwicklungs- und Lieferzeiten zu verkürzen. Es soll schneller auf die Erfordernisse des Marktes reagiert werden. Um diese Forderungen zu erfüllen, ist ein rechnerunterstützter Informationsverbund zwischen den Funktionsbereichen eines Unternehmens sowie zwischen verschiedenen Unternehmen als Zulieferer und den Unternehmen am Markt notwendig.

In vielen Bauunternehmen werden bereits Kalkulationen mit dem Personalcomputer durchgeführt, im Konstruktionsbüro die statischen Berechnungen durch einen Computer erleichtert und Zeichnungen mit Unterstützung des Rechners erstellt. Diese müssen für andere Firmen die am Bauwerk beteiligt sind, vervielfältigt und verschickt werden. Neue Organisations- und Produktionsstrukturen durch die Einführung des Computers erlauben eine engere Verknüpfung der einzelnen Unternehmensbereiche. Diese führt zu einer Integration der Informationstechniken in der industriellen Fertigung. Aus der statischen Berechnung kann der Computer unmittelbar die Zeichnung erstellen, eine Stahlliste ausdrucken und die Daten als Grundlage der Kalkulation zur Verfügung stellen.

CIM (computer **i**ntegrated **m**anufacturing = computerintegrierte Fertigung) bedeutet:

- Vernetzung von Panung, Konstruktion, Fertigung und Qualitätssicherung mit dem kaufmännischen Bereich und der Verwaltung;
- automatische Fertigung eines variablen Produktionsprogramms durch Rechnersteuerung (z. B. Stahlbetonfertigteile);
- Zuweisung der erforderlichen Werkzeuge und Materialien (z. B. Zuschläge, Zement, Wasser, Stahl).

Die Bereiche einer rechnerintegrierten Herstellung sind:

- **PPS** (**p**roduction **p**lanning and **s**teering = Produktionsplanung und Produktionssteuerung) beschreibt die Überwachung der Produktionsabläufe durch EDV. Hierzu gehören Bedarfsermittlung, Terminplanung und Materialwirtschaft.
- **CAE** (**c**omputer **a**ided **e**ngineering = Rechnerunterstützung in den Ingenieurbereichen) erfaßt den gesamten technischen Bereich eines Betriebs.
- **CAM** (**c**omputer **a**ided **m**anufacturing = rechnerunterstützte Steuerung und Fertigung) steuert Maschinen und Montagestraßen, Lager- und Materialflußsysteme und erhält Rückmeldung durch die Betriebsdatenerfassung (BDE).
- **CAP** (**c**omputer **a**ided **p**lanning = rechnerunterstützte Fertigungs- und Prüfvorbereitung) erstellt Arbeits- und Montagepläne, Prüfplanung und NC-Programmierung.
- **CAD** (**c**omputer **a**ided **d**esign = rechnerunterstütztes Zeichnen, Entwerfen und Konstruieren) erlaubt die Erstellung einfacher zweidimensionaler Zeichnungen bis hin zur Konstruktion mit dreidimensionalen Grundkörpern.
- **SPS** (**s**tored **p**rogram **c**ontrol = speicherprogrammierte Steuerung) steuert eine Anlage nicht durch festgelegte Hardwareeinrichtungen, sondern durch Software, die als flexibles Programm gespeichert ist.
- **CNC** (**c**omputer **n**umeric **c**ontrol = computerunterstützte numerische Steuerung) erlaubt das Bedienen von Handhabungsautomaten durch Koordinatenangaben.
- **CAQ** (**c**omputer **a**ided **q**uality assurance = rechnerunterstützte Qualitätssicherung) bezeichnet den Rechnereinsatz bei der Qualitätskontrolle der Erzeugnisse durch Messen. Dadurch kann die Produktion – falls erforderlich – sofort korrigiert werden (**18.**2).

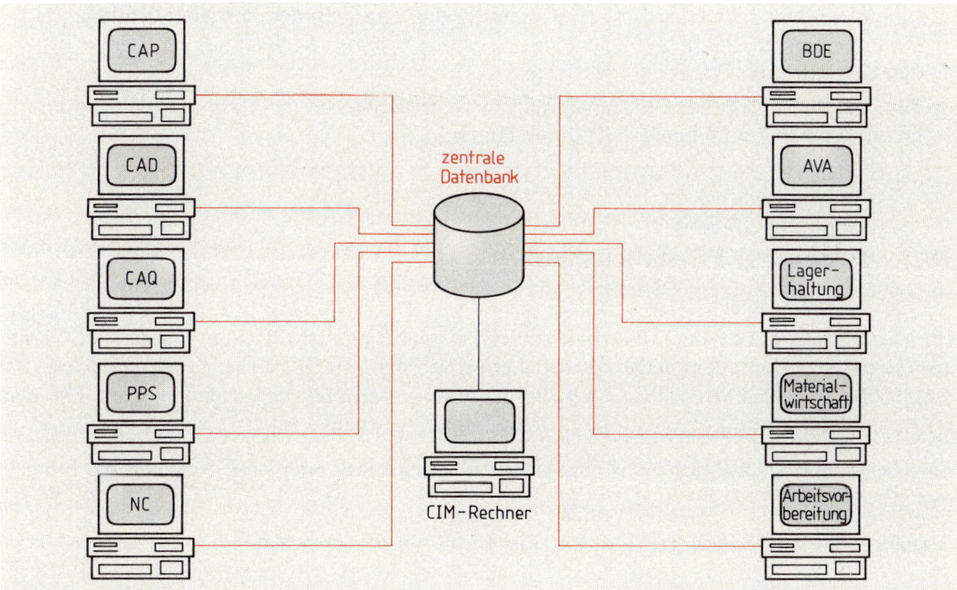

18.2 CIM-Konzept

Die Verbindung der Bereiche erfolgt über ein lokales Netzwerk (LAN = **l**ocal **a**rea **n**etwork). Es ermöglicht die Kommunikation zwischen mehreren unabhängigen Geräten. Man unterscheidet die Konstruktionsarten Stern-, Bus- und Ringnetzwerk (**18.**3).

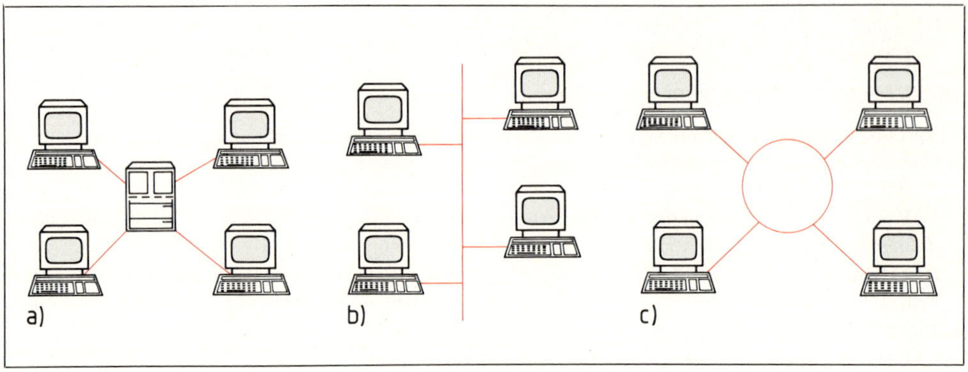

18.3 Netzwerk
a) Sternnetzwerk, b) Busnetzwerk, c) Ringnetzwerk

Ist ein Unternehmen über größere Entfernungen mit einem anderen verbunden, werden die Daten durch Einrichtungen der Deutschen Bundespost übertragen (WAN = **w**ide **a**rea **n**etwork, z. B. ISDN). Damit können auch andere Unternehmen in den Produktionsprozeß einbezogen werden. Dies führt zu einer Strategie in der Marktwirtschaft, die mit „Just in time" bezeichnet wird. Es bedeutet die termingebundene Anlieferung von Betriebsmitteln (z. B. Maschinen, Bauteile, Material) durch den Lieferanten.

In Wirtschaft und Verwaltung werden viele Arbeiten durch EDV verrichtet. Auch bei Bauunternehmungen erleichtert der Computer die Arbeit. In den Bereichen Kalkulation, Rechnungswesen, Statik und Zeichnungserstellung kommen Rechner mit der entsprechenden Software zum Einsatz.

Die computerunterstützte Fertigung hält in vielen Bereichen der Wirtschaft Einzug und erlaubt kürzere und schnellere Kommunikation.

18.2 Hardware, PC-Arbeitsplatz

In vielen Betrieben des Bauhandwerks kommen Personalcomputer (PC) zum Einsatz. Die Geräte, aus denen eine Computeranlage besteht, bezeichnet man als Hardware (= harte Ware). Sie umfaßt die Zentraleinheit (CPU = central processing unit) und die Peripheriegeräte. Die Zentraleinheit steuert und überwacht die Datenverarbeitungsanlage.

Eingabegeräte sind Tastatur, Maus, Digitalisiertablett mit Stift oder Lupe, Scanner und Massenspeicher.

Ausgabegeräte sind Bildschirm, Drucker, Plotter und Massenspeicher.

Massenspeicher sind Disketten mit einem Durchmesser von 3,5 oder 5,25 Zoll und einer Speicherkapazität bis 1,44 MByte. Festplatten sind in die Systemeinheit integriert und können bis zu

320 MByte speichern. Massenspeicher dienen der Aufnahme von Daten. Diese können im Arbeitsspeicher des Rechners weiterverarbeitet werden.

Bild **18.4** zeigt die Möglichkeiten zur Gestaltung eines CAD-Arbeitsplatzes.

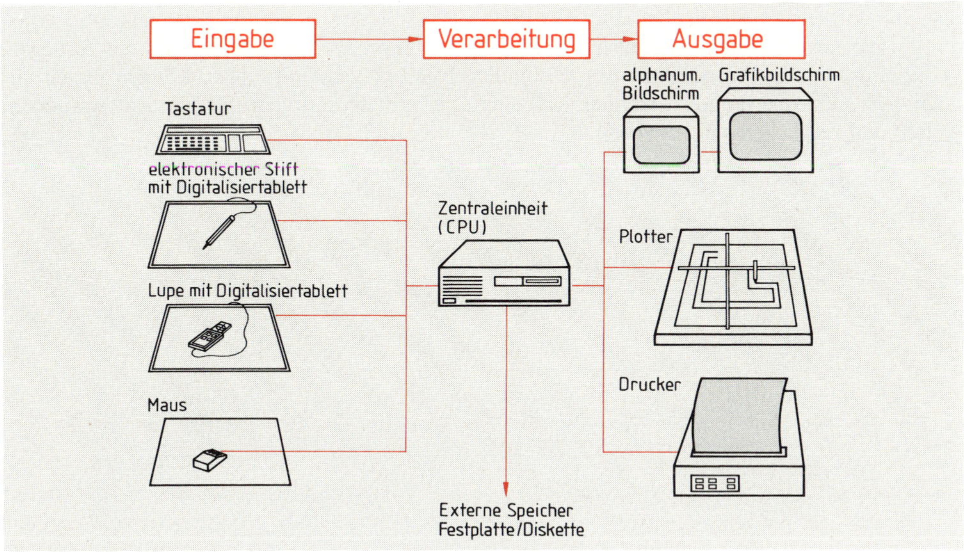

18.4 CAD-Arbeitsplatz

> Ein PC-Arbeitsplatz besteht nach dem EVA-Prinzip aus Eingabegeräten, Zentraleinheit und Ausgabegeräten. Massenspeicher stellen die Software bereit und speichern die Daten.

18.3 Branchensoftware

Damit ein Rechner arbeiten kann, braucht er Programme. Ein Programm ist eine Abfolge von Anweisungen, die den Rechner in die Lage versetzen, bestimmte Arbeiten zu erledigen. Sie werden in zwei große Gruppen unterteilt.

Systemsoftware erleichtert dem Benutzer die Handhabung des Computers. Betriebssysteme erlauben eine komfortable Rechnerbedienung und bilden den Mittler zwischen Mikroprozessor und Anwendungssoftware. Dienstprogramme regeln den Datenaustausch zwischen Zentraleinheit, Bildschirm, Tastatur und sonstigen Peripheriegeräten. Übersetzerprogramme sind erforderlich, um die jeweilige Programmiersprache, in der ein Programm geschrieben ist, in die Maschinensprache zu übersetzen und umgekehrt.

Anwendungssoftware umfaßt die Gesamtheit aller Programme, die zur Lösung anwendungsbezogener Probleme entwickelt wurde. Sie erleichtert die Arbeit der Betriebe in vielen Bereichen und wird als Textverarbeitung und Tabellenkalkulation vor allem im kaufmännischen Bereich zum Erstellen von Briefen und Rechnungen eingesetzt. Datenbanken ermöglichen das Verwalten von Dateien und das Erstellen von Serienbriefen. Neben diesen allgemein einsetzbaren Programmen nimmt die Zahl der für spezielle Probleme im Bauwesen erstellten Software ständig zu.

18.3.1 Programme im Bauwesen

AVA-Software (AVA = Auftrag – Vergabe – Abrechnung) sind modular aufgebaute Programme für den kaufmännischen Bereich einer Bauunternehmung. Es lassen sich Leistungsverzeichnisse mit dem Standardleistungsbuch oder manuell erstellen, Deckblätter frei gestalten, Projektdaten erfassen, Positionen bearbeiten, ergänzen und erweitern, Haupt- und Alternativpositionen festlegen, Preise eingeben und Vorbemerkungen einbinden. Für Mengenermittlungen können Daten aus CAD-Systemen übernommen werden, kalkulierte, ermittelte und geprüfte Massen zusammengestellt und verglichen werden (**18.5**).

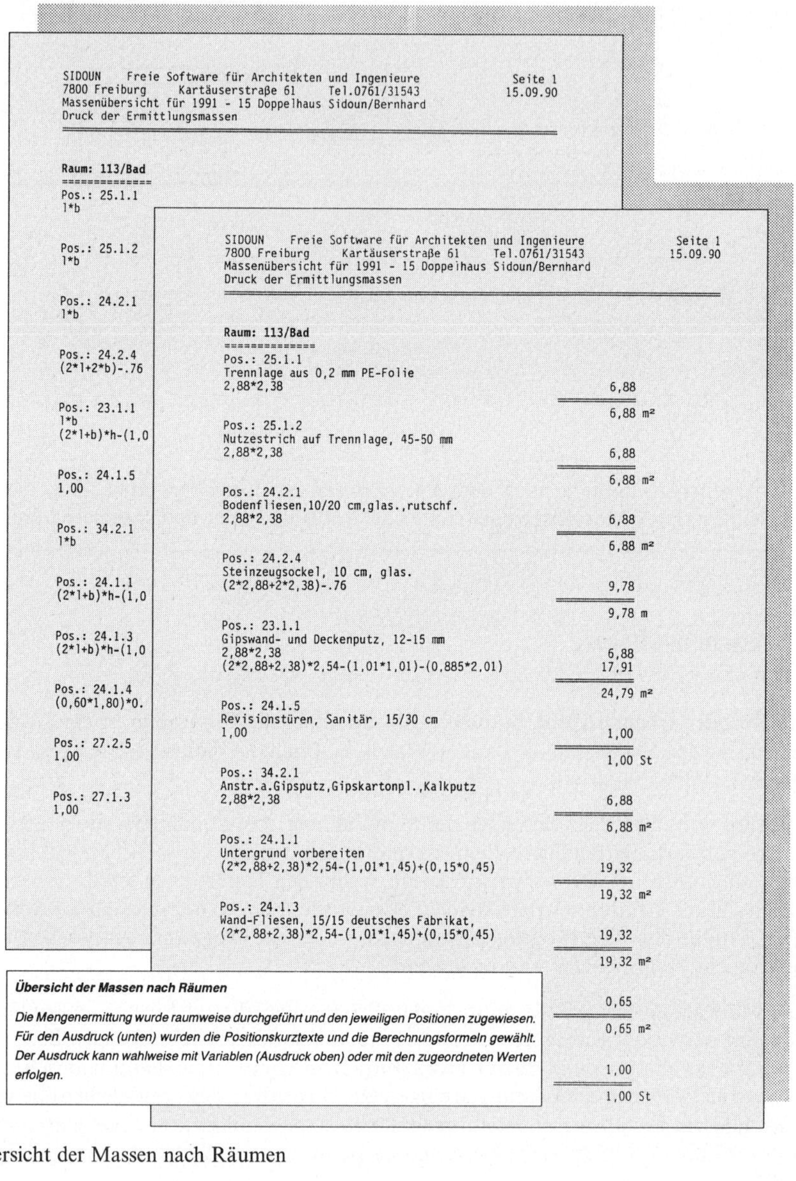

```
SIDOUN    Freie Software für Architekten und Ingenieure        Seite 1
7800 Freiburg    Kartäuserstraße 61    Tel.0761/31543          15.09.90
Massenübersicht für 1991 - 15 Doppelhaus Sidoun/Bernhard
Druck der Ermittlungsmassen

Raum: 113/Bad
==============
Pos.: 25.1.1
1*b

Pos.: 25.1.2
1*b

Pos.: 24.2.1
1*b

Pos.: 24.2.4
(2*l+2*b)-.76

Pos.: 23.1.1
1*b
(2*l+b)*h-(1,0

Pos.: 24.1.5
1,00

Pos.: 34.2.1
1*b

Pos.: 24.1.1
(2*l+b)*h-(1,0

Pos.: 24.1.3
(2*l+b)*h-(1,0

Pos.: 24.1.4
(0,60*1,80)*0.

Pos.: 27.2.5
1,00

Pos.: 27.1.3
1,00
```

```
SIDOUN    Freie Software für Architekten und Ingenieure        Seite 1
7800 Freiburg    Kartäuserstraße 61    Tel.0761/31543          15.09.90
Massenübersicht für 1991 - 15 Doppelhaus Sidoun/Bernhard
Druck der Ermittlungsmassen

Raum: 113/Bad
==============
Pos.: 25.1.1
Trennlage aus 0,2 mm PE-Folie
2,88*2,38                                                 6,88
                                                          6,88 m²
Pos.: 25.1.2
Nutzestrich auf Trennlage, 45-50 mm
2,88*2,38                                                 6,88
                                                          6,88 m²
Pos.: 24.2.1
Bodenfliesen,10/20 cm,glas.,rutschf.
2,88*2,38                                                 6,88
                                                          6,88 m²
Pos.: 24.2.4
Steinzeugsockel, 10 cm, glas.
(2*2,88+2*2,38)-.76                                       9,78
                                                          9,78 m
Pos.: 23.1.1
Gipswand- und Deckenputz, 12-15 mm
2,88*2,38                                                 6,88
(2*2,88+2,38)*2,54-(1,01*1,01)-(0,885*2,01)              17,91
                                                         24,79 m²
Pos.: 24.1.5
Revisionstüren, Sanitär, 15/30 cm
1,00                                                      1,00
                                                          1,00 St
Pos.: 34.2.1
Anstr.a.Gipsputz,Gipskartonpl.,Kalkputz
2,88*2,38                                                 6,88
                                                          6,88 m²
Pos.: 24.1.1
Untergrund vorbereiten
(2*2,88+2,38)*2,54-(1,01*1,45)+(0,15*0,45)               19,32
                                                         19,32 m²
Pos.: 24.1.3
Wand-Fliesen, 15/15 deutsches Fabrikat,
(2*2,88+2,38)*2,54-(1,01*1,45)+(0,15*0,45)               19,32
                                                         19,32 m²
                                                          0,65
                                                          0,65 m²
                                                          1,00
                                                          1,00 St
```

Übersicht der Massen nach Räumen

Die Mengenermittlung wurde raumweise durchgeführt und den jeweiligen Positionen zugewiesen. Für den Ausdruck (unten) wurden die Positionskurztexte und die Berechnungsformeln gewählt. Der Ausdruck kann wahlweise mit Variablen (Ausdruck oben) oder mit den zugeordneten Werten erfolgen.

18.5 Übersicht der Massen nach Räumen

Es lassen sich Preisspiegel erstellen, Anbieter und Anbieterpreise erfassen sowie Ideal-, Mittel- und Gesamtpreise berechnen. Mit der Textverarbeitung können Texte aufgenommen und bearbeitet, Einzel- und Serienbriefe durch die Übernahme ausgewählter Dateien der Datenbank erstellt werden. Adreßverwaltung und Schreibtischhilfen (Notizbuch, Taschenrechner, Telefonbuch, Terminkalender) sind in die Programme integriert. Ein Druckmodul erlaubt das Ausdrucken von Texten, Briefen, Etiketten, Preisspiegeln und Leistungsverzeichnissen in Kurz- oder Langform.

Angebotskalkulationen umfassen neutral kalkulierbare Teilleistungen und berücksichtigen Zeitvorgaben, Materialmenge und Gerätevorhaltung. Die Angebotssummen können nach Kosten eingeteilt werden. Netto-Einheitspreise werden aus der Zusammenfassung der Teilleistungsergebnisse ermittelt. Zeitwerte und Materialmengen lassen sich je nach Position objektbezogen variieren. Die Übernahme der einzelnen Teilleistungen dient der Auftragskalkulation und ist Voraussetzung für einen Soll-Ist-Vergleich.

Die Auftragsabrechnung erfaßt geleistete und berechnete Mengen durch Übernahme der Aufmaß- und Mengenberechnung oder durch manuelle Eingabe. Abschlags- und Schlußrechnungen erlauben einen Soll-Ist-Vergleich und sind Bestandteil der Nachkalkulation.

Die Lohn- und Gehaltsbuchhaltung verwaltet die betrieblichen, überbetrieblichen und gesetzlichen Stammdaten. Brutto- und Nettolohnabrechnungen werden nach den gesetzlichen Bestimmungen durchgeführt, Verordnungen und gültige Tarifverträge berücksichtigt. Überweisungsträger für Lohn und Gehalt werden gedruckt und gleichzeitig eine Banksammelliste erstellt.

Die Finanzbuchhaltung erfaßt Firmenstammdaten, Kostenlage und bucht laufende Kosten mit automatischer Berechnung der Mehrwertsteuer. Einmonatliche und jährliche Bilanz, Gewinn- und Verlustrechnung sind jederzeit abrufbar.

Betriebsabrechnungen geben Aufschluß über die Leistungsfähigkeit eines Betriebs. Kostenarten werden je Kostenstelle in einem Betriebsabrechnungsbogen ausgedruckt. Zwischenergebnisse von noch nicht abgeschlossenen Bauvorhaben und Endergebnisse stehen auf Befehl sofort zur Verfügung.

Durch all diese Möglichkeiten hat ein Unternehmen zu jeder Zeit einen Überblick über seine wirtschaftliche Situation.

Ingenieurbauprogramme lassen sich in Statik- und Bemessungsprogramme unterteilen. Häufig sind die Daten beider Gruppen jedoch austauschbar, d.h. ermittelte Schnittgrößen (Auflagerkräfte, Querkräfte, Biegemomente) können in die Bemessungsprogramme übernommen werden (**18**.6). Danach werden diese Daten zur Konstruktion der Zeichnung herangezogen. Berechnet werden können Stützen, Stabwerke, Platten, räumliche Tragwerke, Fundamente, Rahmen und Trägerroste. Eine Bemessung für Stahlbeton und Spannbetonbauteile läßt sich ebenso durchführen, wie

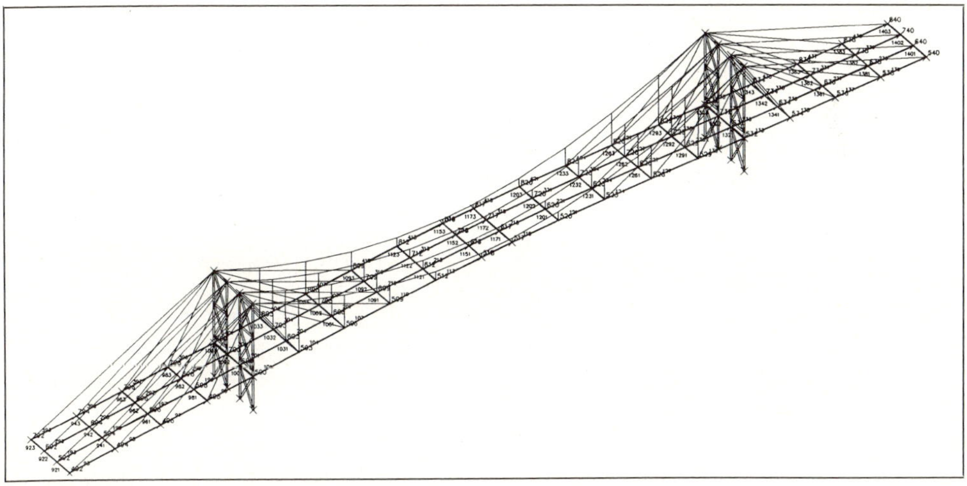

18.6 Williamsburgbridge, New York (Statik)

die Ermittlung von Holz oder Stahlquerschnitten (**18.**7). Aus den Bemessungen resultierende Stahllisten lassen sich wahlweise auf dem Bildschirm darstellen, über einen Drucker ausgeben oder in die Zeichnung einfügen (**18.**8).

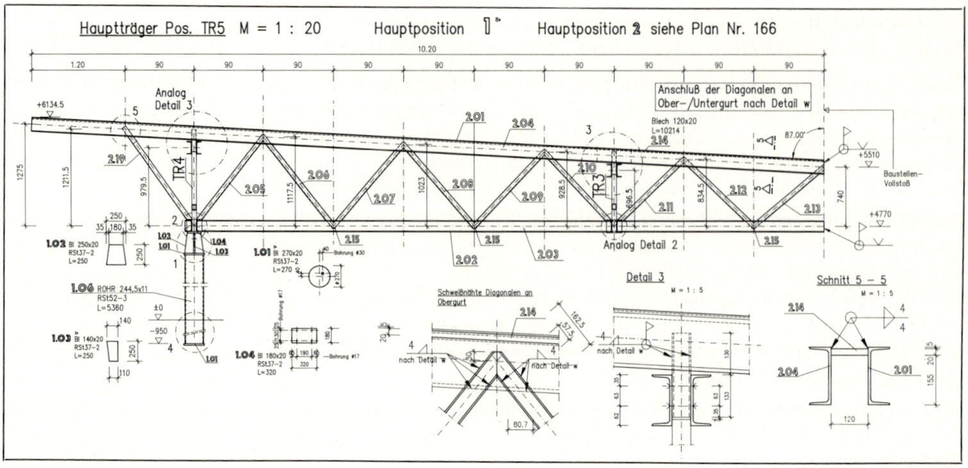

18.7 T-Rampe, Stahlbau

S T A H L L I S T E — BETONSTAHL : 500S

POS.	STK.	D	LAENGE	D10	D12	D14	D20
1	280	14	2.45			686.00	
2	200	12	6.50		1300.00		
3	120	10	3.15	378.00			
4	112	14	3.20			358.40	
5	64	10	2.35	150.40			
6	80	12	7.25		580.00		
7	80	12	8.00		640.00		
8	80	10	3.53	282.40			
9	16	10	3.16	50.56			
10	80	10	3.55	284.00			
11	48	12	1.95		93.60		
12	48	10	5.97	286.56			
13	640	20	2.60				1664.00
GESAMTLAENGEN				1431.92	2613.60	1044.40	1664.00
KG / M				D10 0.617	D12 0.888	D14 1.210	D20 2.470
KG / D				883.495	2320.877	1263.724	4110.080
GESAMTGEWICHT			8578.176 KG				

M A T T E N L I S T E — BETONSTAHL : 500M

POS.	STK.	TYP	B(m)	L(m)	R221
1	16	R221	1.25	1.45	29.000
GESAMTFLAECHEN					29.000
KG / M2					2.01
KG / MATTE					58.290
GESAMTGEWICHT		58.290 KG			

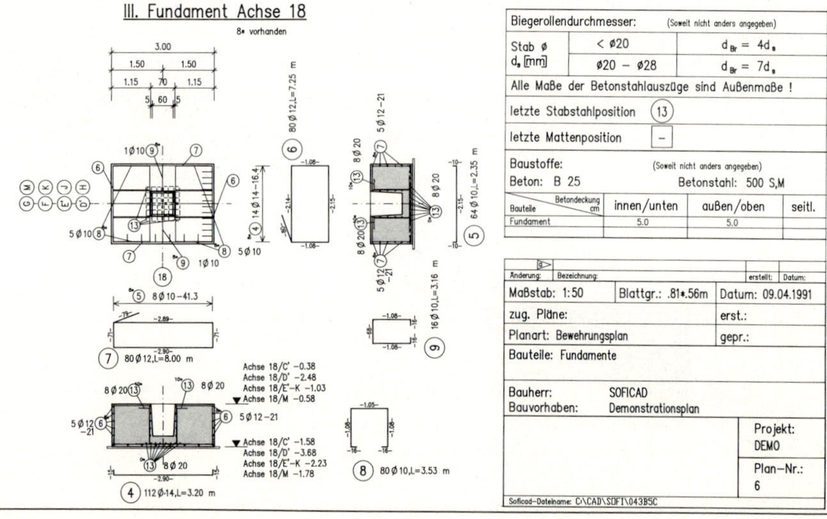

18.8 Bewehrungsplan, Fundamente

Um eine optimale Dimensionierung der Bauteile zu erreichen, werden numerische Berechnungsverfahren eingesetzt, die das Verhalten des Bauteils simulieren können. Mit der Finite-Elemente-Methode (FEM) wird das zu berechnende Teil in eine endliche Anzahl geometrisch einfacher Teilelemente zerlegt und einer Festigkeitsanalyse unterworfen. Dieser Vorgang wird so lange mit einer größeren Zahl kleinerer Teilelemente wiederholt, bis die gewünschte Sicherheit bzw. der optimale Querschnitt erreicht sind.

Ein weiteres Einsatzgebiet von Computern im Ingenieurbau bildet die Bauteilprüfung. Hier fallen große Datenmengen an, die aufbereitet und verarbeitet werden müssen. Spannungen, Verformungen und Kräfte werden erfaßt und mittels Datenbanken in Verbindung mit interaktiver Grafiksoftware weiterverarbeitet. Während der Belastung werden die Meßdaten in bestimmten Zeitintervallen durch eingebaute Meßwertgeber abgefragt, gespeichert und anschließend in Datenbanktabellen abgelegt. Die Auswertung erfolgt in Form von Tabellen, Listen oder einfachen x-y-Plots.

Viele Statikprogramme enthalten zusätzlich ein Modul zur Durchführung von Wärmeschutznachweisen. Es entfällt das lange Suchen in Tabellenbüchern. Baustoffe und Bauteildicken werden über Menümasken eingegeben, die Ergebnisse in Tabellenform und Diagrammen über Bildschirm oder Drucker ausgegeben.

Baumaschinen unterschiedlichster Art werden mit EDV-Unterstützung gesteuert, überwacht und geregelt. Maschinenführer werden bei ihrer Arbeit erheblich entlastet, da Überwachungseinrichtungen dem Fahrer alle wichtigen Funktionsdaten und unzulässige Grenzwertüberschreitungen anzeigen (**18.**9). Die Betriebsdaten der Maschine werden mit den zulässigen Werten verglichen.

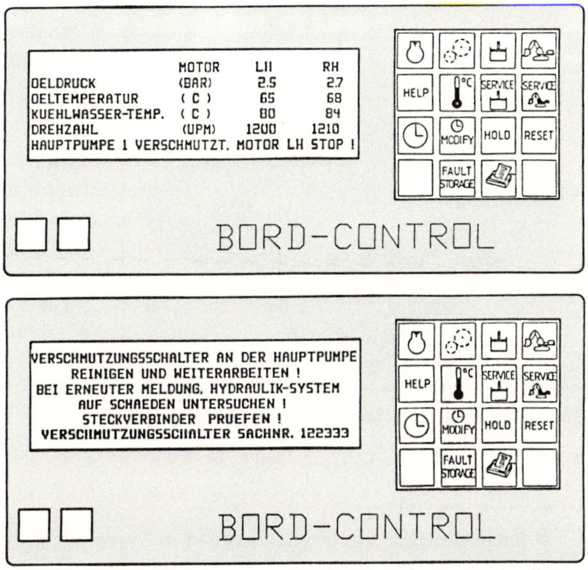

18.9
Überwachungsanzeigen

Bei Abweichungen vom Normalzustand wird der Maschinenführer auf die Störung hingewiesen. Alle Störungen werden mitprotokolliert und können später über einen Anschluß auf einem Drucker ausgegeben werden. Elektronische Systeme sind heute für Hydraulikbagger, Radlader, Raupenfahrzeuge und Turmdrehkrane im Einsatz. Beton- und Asphaltmischanlagen werden durch Mikroprozessoren und dazugehörige Programme gesteuert. Sie erlauben eine kostengünstigere und rezeptgenauere Herstellung der Baustoffe. So wird für Asphaltmischanlagen der gesamte Herstellungsprozeß auf einem Grafikmonitor im Funktionsablauf dargestellt (**18.**10).

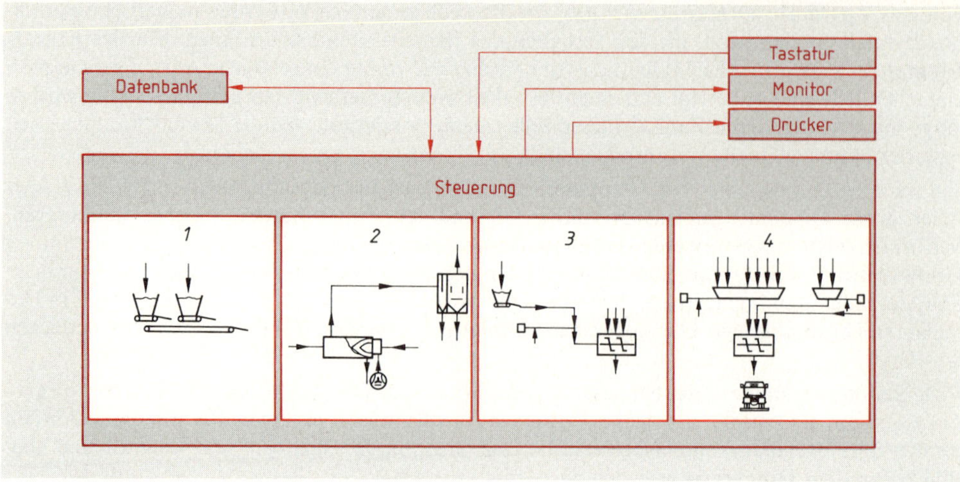

18.10 Gesamtsteuerung einer Asphaltmischanlage
1 Vordosierung
2 Trocknen und Entstauben
3 Granulatverarbeitung
4 Wiegen, Mischen und Verladen

Flexible Fertigungssysteme können für den Wohnungsbau Raumzellen auf einer Fertigungsstraße herstellen, Gebäudefassaden inspizieren, werden bei Baugrunduntersuchungen eingesetzt, erleichtern das Auskleiden von Tunneln mit Spritzbeton und werden beim Anstrich von Hochhäusern sowie beim Mauern und Betonieren verwendet.

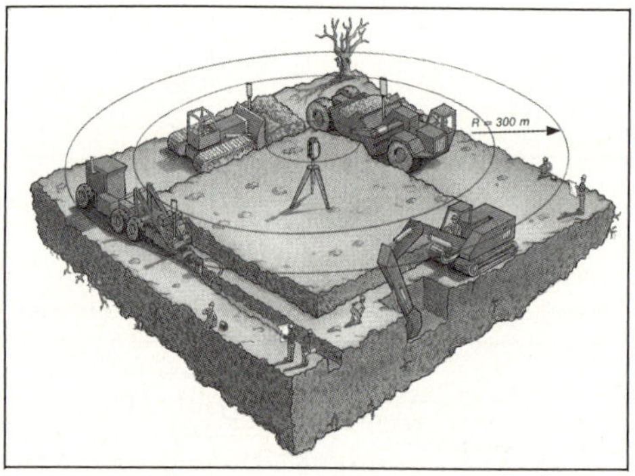

18.11 Steuerung von Baumaschinen mit einem Lasersender

Laser steuern Vortriebsmaschinen im Rohrleitungs- und Tunnelbau ebenso wie mobile Baumaschinen. Einsatzgebiete sind der Straßenbau und großflächige Anlagen wie Flugplätze und Sportplätze. Ein Laser wird zu Arbeitsbeginn justiert und ist in der Lage, eine Vielzahl von Maschinen zu steuern (**18.**11).

Branchensoftware untergliedert man in System- und Anwendungssoftware.

Im kaufmännischen Bereich einer Bauunternehmung erleichtern Programme zur Angebotskalkulation, Auftragsabrechnung, Lohn- und Gehaltsbuchhaltung, Finanzbuchhaltung sowie zur Betriebsabrechnung die Arbeit.

Ingenieurbauprogramme werden zur statischen Berechnung von Bauwerken und zur Ermittlung von Bauteilabmessungen eingesetzt.

Baugeräte werden durch Computer überwacht und gesteuert, flexible Fertigungssysteme und lasergesteuerte Baumaschinen erleichtern die Arbeit.

18.3.2 CAD-Programme

Rechnerunterstütztes Zeichnen, Entwerfen und Konstruieren bringt für Architekten und Ingenieure erhebliche Vorteile wie Zeitersparnis und Flexibilität. Ein CAD-Arbeitsplatz besteht üblicherweise aus einer Zwei-Bildschirm-Konfiguration (**18.**12). Der kleinere 14/16-Zoll-Bildschirm führt den Benutzerdialog zwischen Software und Bearbeiter, der größere 19/20-Zoll-Bildschirm ist für die Darstellung der Zeichnung reserviert. Wird nur ein Bildschirm benutzt, besteht die Benutzeroberfläche aus Statuszeile, Dialogzeile, Zeichen- und Menübereich (**18.**13).

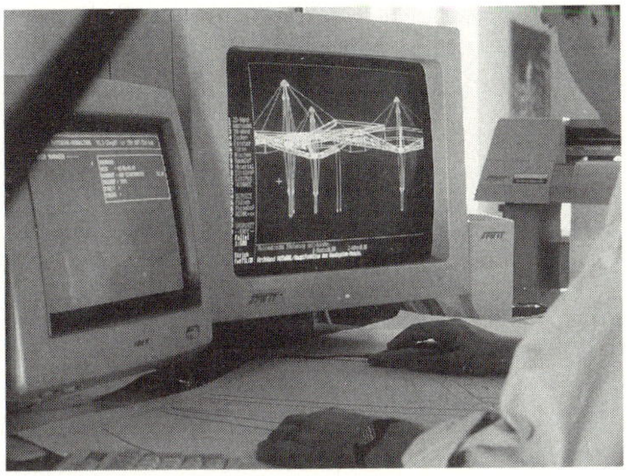

18.12 CAD-Arbeitsplatz

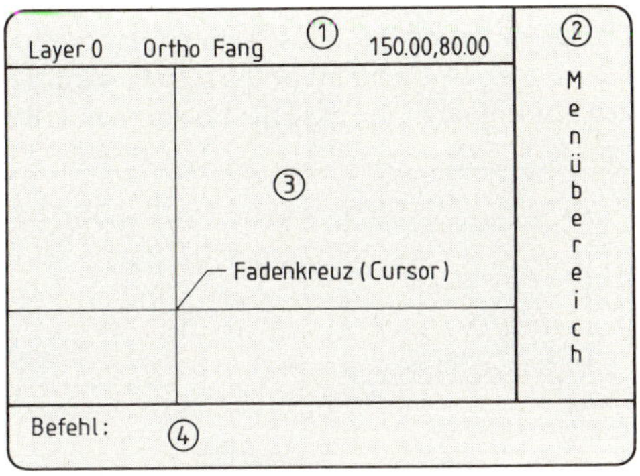

18.13 Benutzeroberfläche (Ein-Bildschirm-Konfiguration)

① Statuszeile:
- aktuelle Zeichenebene (a)
- orthogonales Zeichnen (b)
- Fangmodus (c)
- Koordinatenanzeige (d)

② Menübereich: Durch Anpicken mit dem Cursor können die verschiedenen Untermenüs aufgerufen werden.

③ Zeichenbereich mit Fadenkreuz

④ Befehlzeile: Dialogzeile Benutzer–Programm

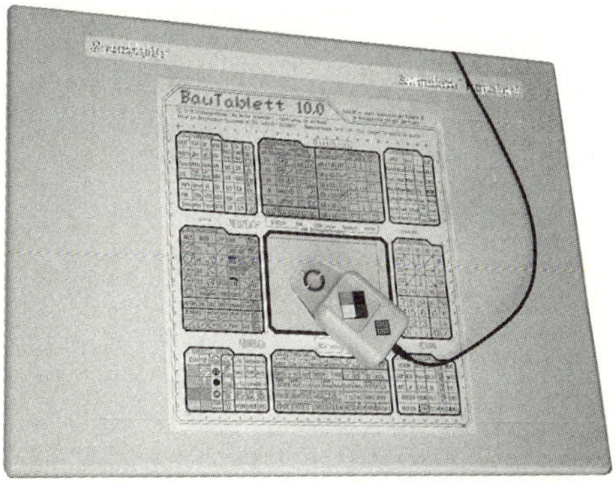

18.14 Digitalisiertablett mit Befehlsmenü

Über den Menübereich kann der Benutzer sämtliche Befehle durch Anklicken mit Maus, Lupe oder Digitalisierstift abrufen. CAD-Systeme können jedoch auch über Tastatur oder Digitalisiertablett bedient werden. Auf dem Digitalisierbrett werden Menükarten aufgebracht, auf denen die Befehle in Befehlsgruppen zusammengefaßt sind (**18.**14)

Bei Systemen mit einem Bildschirm erlaubt eine Schirmunterteilung in verschiedene Bereiche die Darstellung eines Baukörpers in den verschiedenen Ansichten und – wenn gewünscht – in einer frei wählbaren Perspektive.

Dem Benutzer stehen verschiedene Koordinatensysteme zur Verfügung.

- **Bildschirmkoordinatensysteme** haben ihren Ursprung meist in der linken unteren Ecke des Zeichenbereichs.
- **Objektkoordinatensysteme** sind fest mit dem erzeugten Objekt verknüpft und betreffen die Achsen eines Gebäudes. Wird das Objekt um einen gewählten Winkel gedreht, verändern sich die Achsen als Bestandteile der Zeichnung ebenfalls.

- **Benutzerkoordinatensysteme** können vom Anwender an jeder beliebigen Stelle definiert werden. Sie dienen zur leichteren Koordinateneingabe für Zeichnungsteile.
- **2D-Modelle** erlauben das Erstellen von Bauzeichnungen auf herkömmliche Art und Weise. Durch Hinzufügen von Höhenkoordinaten ist es möglich, ein räumliches Modell zu erstellen, um die Anschaulichkeit zu verbessern.
- **3D-Modelle** machen es möglich, beliebige Schnitte durch Angabe des gewünschten Schnittverlaufs automatisch zeichnen zu lassen. Das gesamte Gebäude setzt sich hierbei aus einfachen Grundkörpern zusammen. Der Vorteil dieser Systeme liegt darin, daß die Baumassen mit dem Aufbau des Gebäudemodells ermittelt und über eine Schnittstelle direkt in ein AVA-Programm übergeben werden können. Die perspektivische Darstellung ist in Parallel- und in Zentralprojektion möglich.

Die Orientierung am Bildschirm erfolgt durch einen Cursor, der in Form eines Pfeils, als kleines Kreuz oder als Fadenkreuz dargestellt wird. Je nach Bewegung des Cursors geben die mitlaufenden Koordinaten die aktuelle Position an (**18.**15).

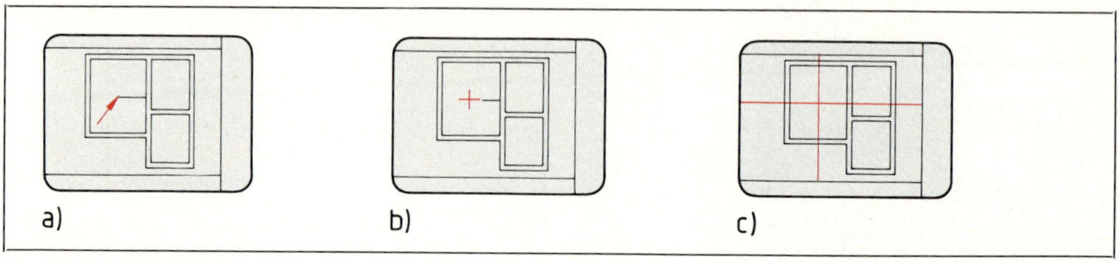

18.15 Cursordarstellung
a) als Pfeil, b) als kleines Kreuz, c) als Fadenkreuz

Zeichnungsebenen (Layer, Folien) sind eine für CAD-Systeme charakteristische Eigenschaft. Man kann sie sich als durchsichtige Folien vorstellen, die übereinandergelegt die Gesamtzeichnung ergeben. Sie dienen zur Ablage zusammengehöriger Zeichnungsinhalte (z. B. Kontur, Schraffur, Bemaßung, Einrichtung), die auf einmal angesprochen und manipuliert werden. Man kann ihnen auch verschiedene Attribute (z. B. Farben, Linienbreiten, Linienarten) mitgeben (**18.**16).

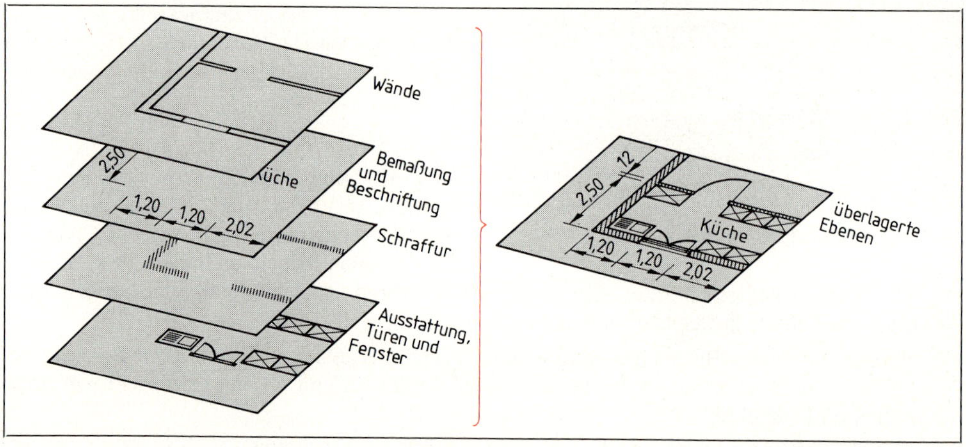

18.16 Zeichnungsebenen

Ebenen können während der Arbeit am Bildschirm beliebig ein- und ausgeblendet werden. Ihre Anzahl ist bei vielen Programmen nicht beschränkt. Es können jedoch nur so viele Ebenen am Bildschirm dargestellt werden, wie Platz im Arbeitsspeicher des Rechners vorhanden ist. Eine

Geometrieerzeugung und -änderung kann auf allen Ebenen berücksichtigt werden, doch besteht auch die Möglichkeit, Ebenen „einzufrieren", um ihren Inhalt nicht zu verändern. Beim abschließenden Plotten der Zeichnung können nicht notwendige Informationen weggelassen werden. So braucht z. B. der Maurer die Werkpläne nicht unbedingt mit vollständiger Einrichtung. Das Ausblenden unnötiger Ebenen beschleunigt außerdem den Bildschirmaufbau erheblich.

Objektwahlmethoden erlauben das Identifizieren von Zeichnungselementen. Will man Zeichnungsteile editieren (verändern), muß das System sie zunächst einmal kennen. Es gibt verschiedene Möglichkeiten, Objekte auszuwählen:

- Man zeigt mit dem Cursor den Anfangs- und Endpunkt des zu ändernden Teiles (**18.**17a),
- man pickt mit einem kleinen Quadrat (Pickbox) das zu ändernde Element an (**18.**17b),
- alle in einem Rechteckfenster liegenden Elemente werden editiert (**18.**17c),
- alle in einem Rechteckfenster liegenden Elemente und die vom Fenster berührten Elemente werden editiert (**18.**17d),
- alle innerhalb eines Polygons (Zaun) liegenden Elemente werden editiert (**18.**17e).

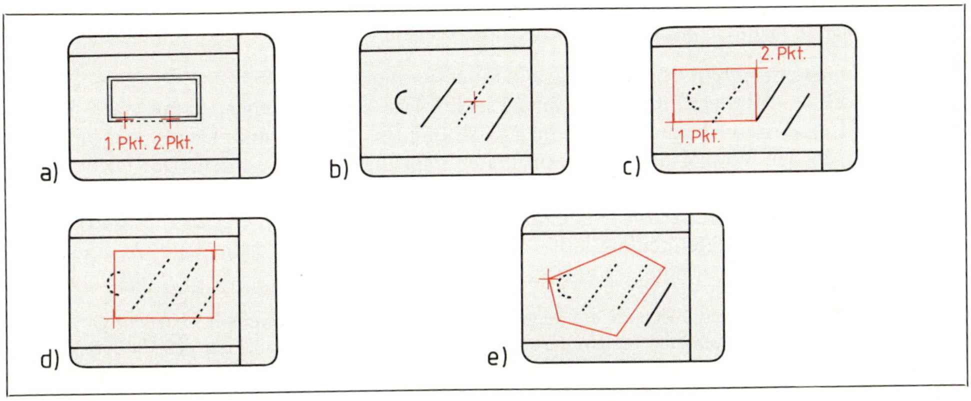

18.17 Methoden der Objektwahl

Hat das System die Elemente erkannt, werden sie aufgehellt und können verändert oder gelöscht werden.

Grundelemente sind Punkt, Linie, Kreis, Bogen (Kreisteil!), Ellipse, regelmäßige Vielecke, Symbole und 3D-Elemente. Will man ein Element zeichnen, muß man dem Programm mitteilen, um was für ein Element es sich handelt, wo es plaziert werden und wie es aussehen soll. Die Konstruktion erfolgt im Dialog mit dem Rechner. Nach Eingabe des entsprechenden Befehls fragt das System den Anwender nach den erforderlichen Parametern (z. B. Anfangspunkt der Linie, Endpunkt der Linie, Mittelpunkt des Kreises, Durchmesser). Winkel werden bei CAD-Systemen von der positiven X-Achse im Gegenuhrzeigersinn eingegeben.

Die Eingabe der Befehle und Parameter geschieht wahlweise über Tastatur, Maus oder Digitalisiertablett. Eine kombinierte Eingabe unterschiedlicher Eingabegeräte ist möglich, z. B. Wahl des Befehls über Digitalisiertablett, Eingabe der Koordinaten über Tastatur. Als Beispiel sei hier das Zeichnen einer Linie erläutert.

Der Befehl „LINIE" ist einer der Grundbefehle beim Zeichnen. Eine Linie bildet die Verbindung von zwei Punkten und wird in der Datenbank eines CAD-Systems auch so definiert. Auch ein Linienzug, der mit diesem Befehl gezeichnet wird, behandelt das System als eine Abfolge von Einzelelementen. Die Erzeugung einer Linie ist mit absoluten, relativen und polaren Koordinatenangaben möglich.

- Absolutangaben beziehen sich auf die untere linke Ecke des Zeichenbereichs (**18.**18a),
- Relativangaben beziehen sich auf den Endpunkt des zuletzt gezeichneten Objekts (**18.**18b),

– Polarangaben beziehen sich auf Länge und Winkel; die Eingabe für den ersten Punkt der Linie erfolgt mit absoluten Koordinaten (**18.**18c).

Anmerkung: Bei allen Beispielen erfolgte die erste Punkteingabe immer absolut!

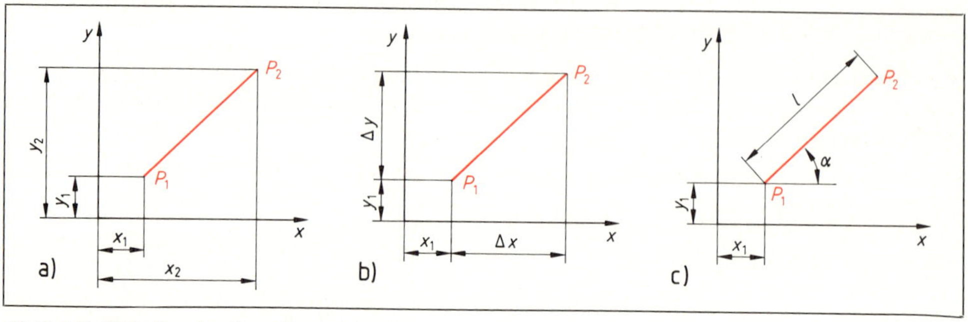

18.18 Möglichkeiten der Koordinateneingabe
a) absolut, b) relativ, c) polar

Zeichnungshilfen erleichtern dem Benutzer die Orientierung am Bildschirm sowie die Konstruktion von Objekten. Mit dem Einblenden eines Rasters wird der Zeichenbereich mit einem Punktraster hinterlegt, dessen Abstände in x- und y-Richtung frei wählbar sind. Das Raster kann mit einem vorgegebenen Winkel um den Koordinatenursprung gedreht werden. Der Orthogonalmodus bewirkt, daß Linien nur horizontal oder vertikal gezeichnet werden können. Bei eingeschalteten Fangmodus springt das Fadenkreuz auf die am nächsten liegenden Rasterpunkte. Ähnlich wie bei der Rastereinteilung läßt sich an den Rändern des Zeichenbereichs eine Skala mit den gewünschten Unterteilungen einblenden.

Der Objektfang ermöglicht es, Elemente auf geometrisch definierte Punkte bereits bestehender Objekte zu beziehen. Eine einfache Anwendung besteht darin, den Anfangspunkt einer Linie mit dem Endpunkt einer zuvor gezeichneten Linie zu verbinden. Wird der Objektfangmodus aktiviert, erscheint zusätzlich zum Fadenkreuz ein Fangfenster eingeblendet, das den Bereich zeigt, in dem die zu wählenden Elemente angepeilt werden können. Zur Wahl muß das Fenster so positioniert werden, daß sich der gewünschte Punkt innerhalb des Fangfensters befindet. Mit dem Objektfang kann man Tangenten an einen Kreis zeichnen, den Endpunkt oder den Mittelpunkt einer Linie, den Schnittpunkt zweier Linien, das Zentrum eines Kreises oder den Basispunkt eines Symbols anwählen.

Editieren bezeichnet das Verändern oder Modifizieren bereits bestehender Elemente oder Zeichnungsteile. Mit dieser Befehlsgruppe kann man gezeichnete Objekte löschen, versehentlich gelöschte Objekte zurückholen, Objekte verschieben, spiegeln, um einen bestimmten Winkel drehen, vergrößern, verkleinern, abschneiden oder verlängern, sowie einzeln, in rechteckiger bzw. kreisförmiger Anordnung kopieren. Es lassen sich Farben, Linienarten und -breiten ändern und Elemente auf jede gewünschte Zeichnungsebene verlagern.

Bemaßung und Schraffur erfolgen bei CAD-Systemen automatisch. Die Bemaßung ist assoziativ, d.h. sie ändert sich mit, falls ein Bauteil gestreckt oder gedehnt wird. Der Benutzer muß das gewünschte Element oder die Grenzen angeben, Art und Lage der Bemaßung bestimmen bzw. die Art der Schraffur anwählen – den Rest erledigt das Programm.

Makros bilden einen wesentlichen Vorteil bei der Arbeit mit CAD-Programmen. Es können Symbole, Normteile oder größere Zeichnungsteile in eine entstehende Zeichnung eingefügt werden, was einen erheblichen Zeitvorteil bei der Erstellung neuer Zeichnungen mit sich bringt. Bibliotheken (z.B. für Einrichtung, Holzbau, Stahl- und Stahlbetonbau) sind von den Herstellern angebotene Kataloge von Zeichnungen, die – auf Disketten geliefert – direkt in die Zeichnung in gewünschter Größe eingefügt werden können.

Blöcke sind Sätze von Elementen, die zusammen ein komplexes Objekt bilden (z. B. der Schriftkopf einer Zeichnung, Einrichtungsgegenstände). Man kann ihnen herstellerspezifische Informationen mitgeben (z. B. Größe, Preis, Bestellnummer). Sie lassen sich wie Makros an beliebiger Stelle in die Zeichnung einfügen und manipulieren. Durch die Einbindung von Blöcken kann für eine Zeichnungsdatei erheblich Speicherplatz gespart werden.

Plotten bedeutet die Ausgabe von Zeichnungen auf computergesteuerten Zeichenmaschinen. Es lassen sich sowohl die ganze Zeichnung als auch ein beliebiger Zeichnungsbereich plotten. Maßstäbe können vorher frei gewählt werden.

Fotogrammetrie ist eine noch recht neue Technologie in der CAD-Technik. Sie ersetzt die Bauaufnahme vor Ort mit Meterstab und Bandmaß durch Fotos, Videoaufnahmen oder elektronischem Theodolith mit Entfernungsmesser, wodurch Zeit gespart und viele Fehler durch Messen vermieden werden. Bei Fotos müssen keine speziellen Standpunkte gewählt oder berücksichtigt werden. Zur Auswertung sind je Fassade vier Meßpunkte erforderlich. Der Maßstab wird aus dem Katasterplan ermittelt, von bekannten Punkten des Bildes berechnet oder von mitfotografierten Meßlatten übernommen. Die einzelnen Punkte des Objekts werden mit dem Digitalisiergerät in das CAD-Programm übergeben (**18.**19).

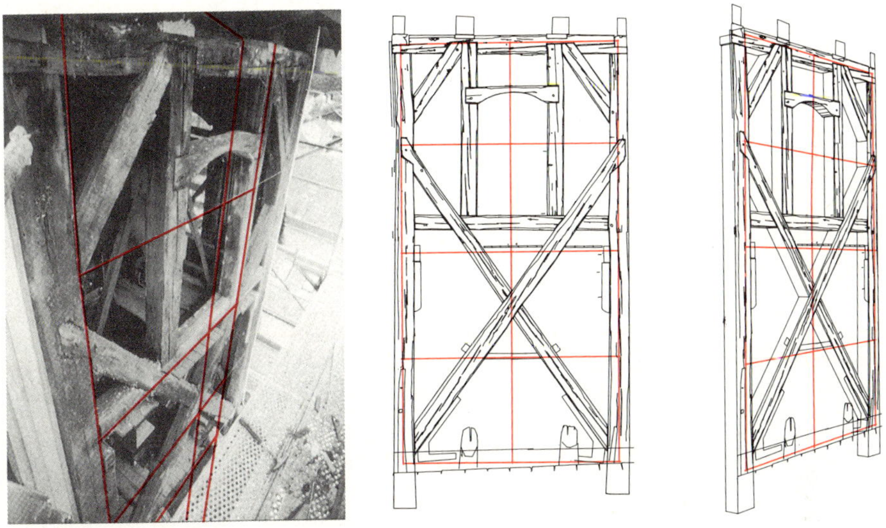

18.19 Fotogrammetrie

Das CASOB-Meßverfahren (**c**omputer **a**ided **s**urveying **o**f **b**uildings = computerunterstützte Bauvermessung) kommt vorrangig in der Architektur und in architekturverwandten Bereichen zur Anwendung (Immobilienvermessung, Stadt- bzw. Dorferneuerung, Denkmalpflege, Tunnelbau, Bergvermessung unter Tage). Das System mißt Daten auf der Basis von 3D-Koordinaten, die vor Ort in ein CAD-System (Laptop = transportabler Computer) eingelesen werden können. Die Zeichnung entsteht parallel zur Messung, da durch Anpeilen und Aktivieren des elektronischen Theodolithen unmittelbar der Meß-, Rechen-, Registrier- und Zeichenvorgang ausgelöst werden. So stehen auf der Baustelle sofort die nötigen Maße zur Verfügung. Außerdem lassen sich die Zeichnungen weiterverarbeiten (**18.**20).

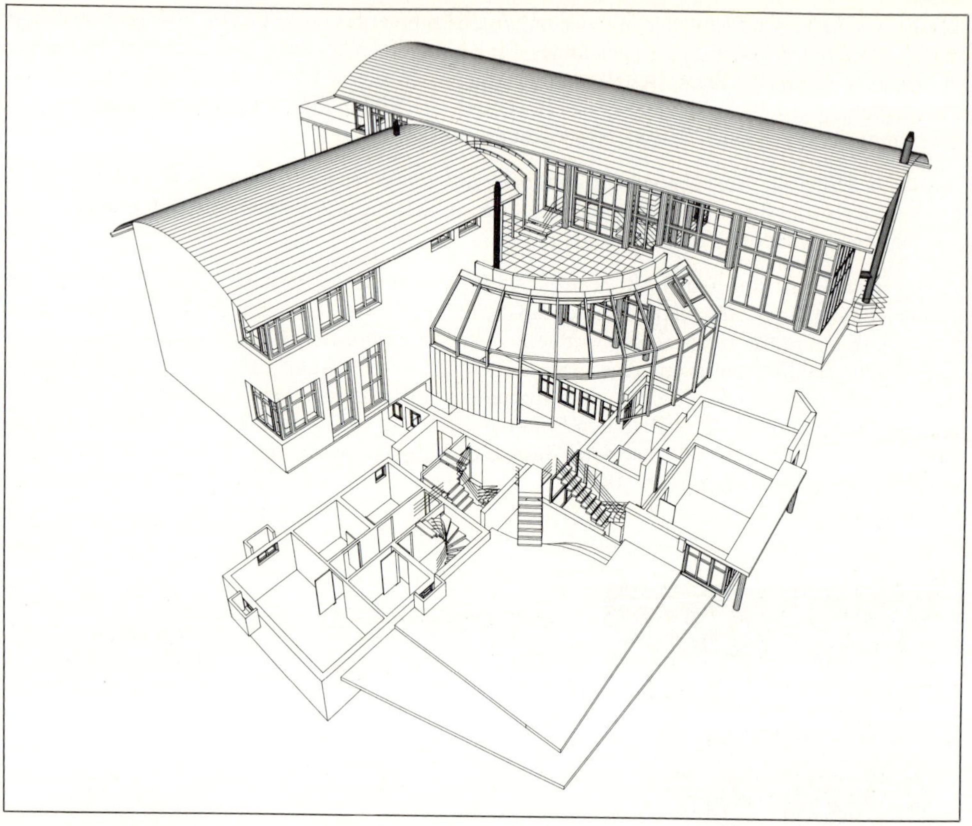

18.20 CAD-Zeichnung

CAD-Programme werden zur Herstellung von Bauzeichnungen eingesetzt. Verschiedene Koordinatensysteme und Zeichnungshilfen erleichtern die Bildschirmarbeiten beim Erstellen und Editieren von Zeichnungen.

Auf unterschiedlichen Zeichnungsebenen können zusammengehörige Teilbereiche der Gesamtzeichnung abgespeichert werden.

Grundelemente einer Zeichnung sind Punkt, Linie, Kreis, Bogen, Ellipse, regelmäßige Vielecke, Symbole und 3D-Elemente.

Die Fotogrammetrie erlaubt die Aufnahme eines bestehenden Bauwerks in ein CAD-System vor Ort. Die so entstandene Zeichnung kann sofort weiterverarbeitet werden.

Die Ausgabe von CAD-Zeichnungen erfolgt auf einem Plotter.

18.3.3 Selbsterstellte Programme

Bei aller Vielfalt der angebotenen Software gibt es immer wieder kleine Probleme, die durch Erstellen eigener Programme gelöst werden können. Hierfür ist BASIC (**b**eginners **a**ll purpose **s**ymbolic **i**nstruction **c**ode = für Anfänger und für viele Zwecke verwendbare Programmiersprache mit symbolischen Adressen) eine leicht erlernbare Sprache zur Lösung von technisch-wissenschaftlichen Aufgaben.

Die Entwicklung einfacher Programme kann man in vier Phasen aufteilen.

- **Problemstellung und Strukturierung:** Vorgaben und nötige Eingaben festlegen. Das gewünschte Ergebnis definieren.
- **Erstellen eines Struktogramms:** Durch die grafische Darstellung wird die Reihenfolge der einzelnen Programmschritte deutlich.
- **Programmerstellung** (Codierung): Übersetzen des Struktogramms in die einzelnen Befehle der Programmiersprache.
- **Programmiertest:** Überprüfung des Programms auf seine Funktionsfähigkeit und Korrektheit der Ergebnisse.

Programme kann man in drei Gruppen unterteilen.

- **Lineare Programme:** Alle Zeilen eines Programms werden fortlaufend gemäß Zeilennummern abgearbeitet.
- **Verzweigte Programme:** An einer vorgegebenen Stelle des Programms wird eine Entscheidung getroffen und in der entsprechenden Zeile weitergearbeitet.
- **Schleifenprogramme:** Programme oder Programmteile werden wiederholt durchlaufen, bis eine geforderte Bedingung erfüllt ist.

Die vertikale Gliederung des Programms erfolgt nach dem EVA-Prinzip (Eingabe–Verarbeitung–Ausgabe). Jede Programmzeile gliedert sich horizontal in Zeilennummer, Befehl und Algorithmus (Algorithmus = Rechenverfahren).

Befehle. Man unterscheidet zwei verschiedene Gruppen von BASIC-Befehlen:

Kommandos werden sofort ausgeführt. Sie beginnen mit einem Buchstaben und betreffen das Laden, Starten, Kopieren, Löschen und Unterbrechen eines Programms (Kommandoebene, Direkt-Modus).

Anweisungen stehen immer innerhalb eines Programms. Die Zeilennummer mit Anweisung wird für die spätere Ausführung innerhalb des Programms gespeichert.

Die Tabellen **18.**21 und **18.**22 (auf S. 371) zeigen einige wichtige BASIC-Kommandos bzw. -Anweisungen und ihre Bedeutung.

Tabelle **18.**21 **BASIC-Kommandos**

Kommandos	Beispiel	Bedeutung
LIST	list ⟨F1⟩ ↵	listet das im Speicher befindliche BASIC-Programm zeilenweise auf (ungebremst)
	list –40 ↵	zeigt das Programm bis Zeile 40
	list 40– ↵	zeigt das Programm ab Zeile 40
	list 30–90 ↵	zeigt das Programm von Zeile 30 bis Zeile 90
	list ↵	druckt das im Arbeitsspeicher befindliche Programm auf dem Drucker aus
RUN	run ⟨F2⟩ ↵	führt das im Speicher befindliche BASIC-Programm aus
LOAD"	loada":addi ↵	lädt das Programm mit dem Namen „addi" von der Diskette in den Arbeitsspeicher*)
	⟨F3⟩ multi	lädt das Programm mit dem Namen „multi" von der Festplatte in den Arbeitsspeicher**)
SAVE"	save"a:name	speichert das Programm „name" auf die Diskette
	⟨F4⟩\basic\name ↵	speichert das Programm „name" auf der Festplatte in das Unterverzeichnis „basic" ab
TRON	⟨F7⟩	Ablaufverfolgung ein, schaltet den Testmodus an: Jede abgearbeitete Zeilennummer wird bei Programmablauf am Bildschirm angezeigt (Fehlersuche)

Fortsetzung und Fußnoten s. nächste Seite

Tabelle **18**.21, Fortsetzung

TROFF	⟨F8⟩	Ablaufverfolgung aus
SCREEN	⟨F10⟩	stellt bei farbigem Bildschirm die Grundeinstellung (schwarz/weiß) wieder her
NEW	new ↵	löscht das im Arbeitsspeicher befindliche Programm
DELETE	delete 50–70 ↵	löscht die Programmzeilen von 50 bis 70
FILES"	files"a:*.* ↵ files"a:*.bas ↵ files"b*.bas ↵	zeigt alle auf der Diskette befindlichen Programme zeigt alle auf der Diskette befindlichen BASIC-Programme zeigt alle auf der Festplatte befindlichen BASIC-Programme, die mit „b" beginnen und im Hauptverzeichnis abgespeichert sind
KILL"	kill"a:name ↵ kill"a:*.bas ↵	löscht das Programm „name" auf der Diskette löscht alle BASIC-Programme auf der Diskette
RENUM	renum ↵	numeriert die Programmzeilen in Zehnerschritten neu
CLS	cls ↵	löscht den Bildschirminhalt (Achtung: Speicherinhalt bleibt erhalten!
COLOR X, Y	color 2,5 ↵	X = Vordergrundfarbe, Y = Hintergrundfarbe (jeweils Werte zwischen 1 und 14 eingeben)
AUTO	auto ↵	generiert die Zeilennummern zur Programmeingabe automatisch in Zehnerschritten
	auto 50 ↵	generiert die Zeilennummern zur Programmeingabe automatisch in Fünfzigerschritten (Modus wird durch ⟨Strg⟩ + ⟨Pause⟩ am Ende der letzten Zeile abgebrochen)
"BREAK"	⟨Strg⟩ + ⟨Pause⟩	bricht ein laufendes Programm ab Bildschirmmeldung: BREAK in [Zn]
CONT ↵	⟨F5⟩	setzt ein abgebrochenes Programm mit der nächst höheren Zeilennummer wieder fort
EDIT	edit 50 ↵	gibt die im Arbeitsspeicher vorhandene Programmzeile 50 zum Ändern aus
	edit . (Punkt) ↵	bezieht sich auf die zuletzt angesprochene Zeile
KEY	key list ↵	gibt die momentane Funktionstastenbelegung am Bildschirm aus
	oder: ⟨F9⟩ ⟨F1⟩	
	key off ↵ ⟨F9⟩ off	schaltet die Bildschirmanzeige der Funktionstastenbelegung in der Zeile 25 aus
	key on ↵ ⟨F9⟩ on	schaltet die Anzeige in Zeile 25 ein
SCREEN	screen 0 ↵	Textmodus (Voreinstellung)
	screen 1 ↵	schaltet den Bildschirm in einen Grafikmodus mittlerer Auflösung um 320 × 200 Punkte)
	screen 2 ↵	schaltet den Bildschirm in einen Grafikmodus hoher Auflösung um (640 × 200 Punkte)
SHELL	shell ↵	ruft den Kommandoprozessor von MS-DOS auf. Nun können beliebige DOS-Befehle aufgerufen werden. Das aktuelle BASIC-Programm und alle Variablen bleiben erhalten. Rückkehr zu BASIC mit dem MS-DOS-Befehl exit

Anmerkung ⟨ ⟩ = Funktionstasten
*) Meldung: ok, Programmstart: „run"
**) Voraussetzung: Das Programm steht im Hauptverzeichnis

Tabelle **18.**22 **BASIC-Anweisungen**

Alle Anweisungen werden am Ende der Zeile mit ⟨RETURN⟩ oder ⟨ENTER⟩ abgeschlossen!
*) auch im Zusammenhang mit dem PRINT-Befehl zu verwenden
[Zn] = Zeilennummer

Anweisung	Beispiel	Bedeutung
CHR$	[Zn] chr$(65) *) Lprint chr$(12)	gibt das Zeichen mit dem ASCII-Wert 65 (hier: „A") aus (sinnvoll: Zahlen von 32 bis 255) der Drucker schiebt das Papier bis zum Blattanfang vor
END	[Zn] end	beendet ein Programm. Wird kein „END" angegeben, führt der Interpreter nach der höchsten Zeilennummer selbständig den Befehl aus
FOR .. to ..	[Zn] for n = a to e	Grenzen für Anfangs- und Endwert einer Schleife
NEXT	[Zn] next	erhöht die Laufvariable (Schleifenzähler) um die hinter „STEP" eingegebene Zahl (in Verbindung mit der Programmzeile: FOR ⟨var⟩ = ⟨anfang⟩ TO ⟨ende⟩ STEP ⟨n⟩)
GOSUB	[Zn] gosub 45	bewirkt eine Verzweigung zur Zeilennummer 45 im Sinn eines Unterprogramms
GOTO	[Zn] goto 120	Sprung zu Zeile 120
HEX$	[Zn] hex$(41) *)	gibt das Zeichen mit dem Hexadezimalwert 41 (hier: „A") aus (siehe CHR$)
IF .... THEN	[Zn] if a < 0 then 120	wenn – dann. Zuerst wird geprüft, ob der Wert a < 0 ist; ist dies der Fall, springt das Programm zu Zeile 120. Wenn die Bedingung nicht erfüllt ist, wird – falls kein „ELSE" angegeben wurde – die nächste Zeile abgearbeitet. Achtung: IF, THEN und ELSE müssen in derselben (logischen) Zeile stehen!
INPUT	[Zn] input a [Zn] input „Kommentar"; b [Zn] input „Kommentar", b [Zn] input a, b, c	reserviert für die Variable „a" einen Speicherplatz erläutert dem Benutzer, welche Variable (ggf. in welcher Einheit) eingegeben werden soll wie vor, jedoch Ausgabe ohne Fragezeichen reserviert Speicherplätze für die Variablen a, b und c. (Bildschirmmeldung: ? ⟨Wert für a⟩, ⟨Wert für b⟩, ⟨Wert für c⟩ ↵
	BASIC reagiert auf den INPUT-Befehl folgendermaßen: 1. Die Meldung in „ " wird ausgedruckt, gefolgt von einem Fragezeichen. 2. Das Programm erwartet die Eingabe über die Tastatur und den Abschluß mit der Return- oder Entertaste. Werden mehrere Elemente eingegeben, müssen sie durch Komma voneinander getrennt werden. 3. Danach werden die eingegebenen Elemente der Reihe nach den Variablen zugeordnet. 4. Das Programm wird fortgesetzt.	
LET	[Zn] let a = b + c	evaluiert den Wert rechts vom Gleichheitszeichen und weist ihn der Variablen links davon („a") zu
LOG	[Zn] log(50) *)	berechnet den natürlichen Logarithmus der Zahl 50
PRINT	[Zn] print [Zn] print „Computer"; [Zn] print „Computer" [Zn] print 3+9	bewirkt einen Zeilenvorschub gibt das Wort Computer am Bildschirm aus wie vor, jedoch ohne Zeilenvorschub liefert das Ergebnis 12

Fortsetzung s. nächste Seite

Tabelle **18**.22, Fortsetzung

Anweisung	Beispiel	Bedeutung
REM	[Zn] rem Kommentar	fügt Bemerkungen in den Programmtext ein; alles was auf diesen Befehl folgt, wird bei Programmablauf ignoriert
SIN	[Zn] sin(45) *)	berechnet den Sinus des Winkels 45° (im Bogenmaß)
SQR	[Zn] sqr(13) *)	berechnet die Quadratwurzel der Zahl 13 (n > = 0)
STEP	[Zn] for .. to .. step 1	gibt die Schrittweite innerhalb einer Schleife an (hier wird der Zähler immer um 1 erhöht)
TAN	[Zn] tan(30) *)	berechnet den Tangens des Winkels 30° (im Bogenmaß)

Trennzeichen	
: (Doppelpunkt)	trennt zwei BASIC-Befehle voneinander. Es wird die gleiche Wirkung erzielt, als stünden die Befehle in zwei Zeilen mit unterschiedlicher Zeilennummer
; (Strichpunkt)	vor allem im PRINT-Befehl verwendet, um verschiedene Datenfelder voneinander zu trennen (s. a. INPUT-Befehl)
, (Komma)	trennt Datenfelder im Standardformat. Der Bildschirm wird in 5 Bereiche zu je 14 Zeichen aufgeteilt. Durch Verwendung des Kommas wird der jeweils nächste Bereich angesprochen
[Zn] print 2,,,5	bewirkt das Drucken der Zahl „2" im ersten, der Zahl „5" im vierten Bereich

Variablen:

Der Name einer Variablen kann bis zu 40 Zeichen lang sein. Er darf Buchstaben, Zahlen und Dezimalpunkte enthalten. Das erste Zeichen muß jedoch immer alphabetisch sein. In der Regel steht eine Variable für einen numerischen Wert. Soll eine Zeichenkette (string) dargestellt werden, muß der Variablenname mit einem „$" abgeschlossen werden (z. B. A$).

In einem linearen Programm laufen alle Anweisungen nacheinander ab. Die lineare Struktur ist ein Grundelement aller Programme, das auch in anderen Programmtypen vorkommt. Als Beispiel soll die Berechnung eines Balkens auf zwei Stützen mit Einzellast dienen.

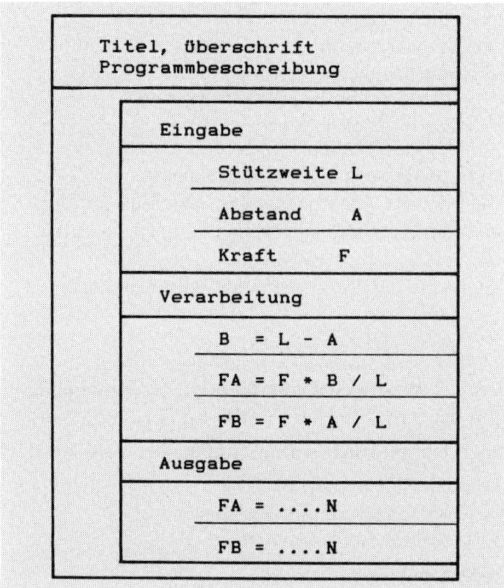

18.23

Problemstellung

Gegeben: Stützweite l in m, Abstand von Auflager A in m, Einzellast F in N

Gesucht: Auflagerkräfte F_A und F_B in N

Struktogramm 18.23

Codierung und Ausdruck 18.24

Bei einem verzweigten Programm ist es möglich, in Abhängigkeit von einer Bedingung unterschiedliche Programmteile zu durchlaufen. Als Vergleichsausdruck sind dabei ⟨, ⟩, = sowie ihre Kombinationen zugelassen. Ein Vergleich wird durch folgende Zeile ermöglicht:

⟨ZN⟩ IF ⟨Vergleichsausdruck⟩ THEN ⟨Anweisung⟩

```
10 CLS
20 PRINT ,,"******************************"
30 PRINT ,,"* Träger auf zwei Stützen mit *"
40 PRINT ,,"*         Einzellast          *"
50 PRINT ,,"******************************"
60 REM       Programmautor:
70 REM       Dieses Programm berechnet die Auflagerkräfte für einen
80 REM       Balken auf zwei Stützen mit Einzellast.
90 REM -------------------------------------------------------------
100 REM -----------              Eingabe             ---------------
110 REM ------------------------------------------------------------
120 PRINT:PRINT
130 INPUT "Bitte geben Sie die Stützweite in Meter ein!             ",L
140 INPUT "Bitte geben Sie den Abstand vom Auflager A in Meter ein!  ",A
150 INPUT "Bitte geben Sie die Kraft F in Newton ein!               ",F
160 REM ------------------------------------------------------------
170 REM -----------            Verarbeitung          ---------------
180 REM ------------------------------------------------------------
190 LET B=L-A
200 LET FA=F*B/L
210 LET FB=F*A/L
220 REM ------------------------------------------------------------
230 REM -----------              Ausgabe             ---------------
240 REM ------------------------------------------------------------
250 PRINT:PRINT
260 PRINT ,,"Auflagerkraft FA=";FA;"N "
270 PRINT ,,"Auflagerkraft FB=";FB;"N"
280 END
```

a)

```
                              ******************************
                              * Träger auf zwei Stützen mit *
                              *         Einzellast          *
                              ******************************

Bitte geben Sie die Stützweite in Meter ein!                6.45
Bitte geben Sie den Abstand vom Auflager A in Meter ein!    2.50
Bitte geben Sie die Kraft F in Newton ein!                  3000

                              Auflagerkraft FA= 1837.209 N
                              Auflagerkraft FB= 1162.791 N
```

b)

18.24 Codierung (a) und Ausdruck (b)

Liefert der Vergleichsausdruck hinter IF das Ergebnis „wahr", wird die Anweisung hinter THEN ausgeführt, andernfalls fährt das Programm mit der nächsten Zeile fort. Da im Fall „wahr" nur eine Anweisung ausgeführt werden kann, muß eine Möglichkeit geschaffen werden, einen anderen Programmteil zu durchlaufen. Dies erreicht man durch folgende Zeile:

⟨ZN⟩ GOTO ⟨Angabe der Zeilennummer⟩

Problemstellung

Die Aufgabenstellung zuvor soll durch den Lastfall „gleichmäßig verteilte Last" erweitert werden.

Gegeben: Stützweite l in m, Abstand von Auflager A in m, Einzellast F in N, gleichmäßig verteilte Last in N/m

Gesucht: Auflagerkräfte F_A und F_B in N

Struktogramm 18.25

Codierung und Ausdruck 18.26

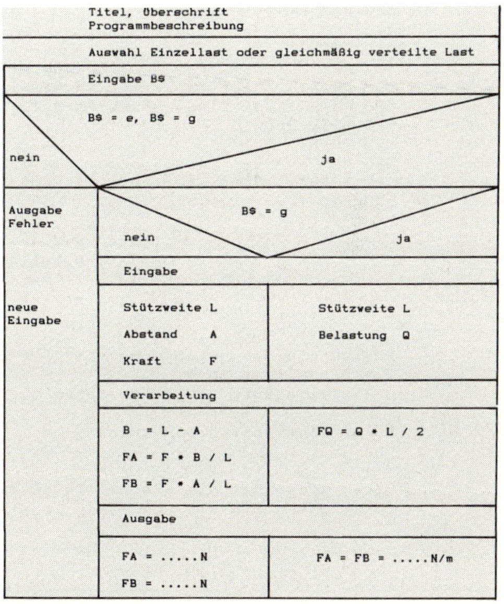

18.25

```
10 CLS
20 PRINT ,,"***************************"
30 PRINT ,,"* Auflagerberechnung für   *"
40 PRINT ,,"* Träger auf zwei Stützen *"
50 PRINT ,,"***************************"
60 REM      Programmautor:
70 REM      Dieses Programm berechnet die Auflagerkräfte für einen
80 REM      Balken auf zwei Stützen mit Einzellast oder gleichmäßig
90 REM      verteilter Belastung
100 PRINT:PRINT
110 REM -----------------------------------------------------------
120 REM ----------,               Eingabe           --------------
130 REM -----------------------------------------------------------
140 PRINT "Wählen sie die Belastungsart!"
150 PRINT "e = Einzellast in N"
160 PRINT "g = gleichmäßig verteilte Belastung in N/m"
170 PRINT
180 INPUT "Belastungskennung eingeben";B$
190 PRINT:PRINT
200 REM Kontrolle der Eingabe
210 IF B$="e" OR B$="g" THEN GOTO 240
220 PRINT "Fehleingabe"
230 GOTO 140
240 IF B$="g" THEN GOTO 290
250 INPUT "Bitte geben Sie die Stützweite in Meter ein!            ",L
260 INPUT "Bitte geben Sie den Abstand vom Auflager A in Meter ein!  ",A
270 INPUT "Bitte geben Sie die Einzellast in Newton ein            ",F
280 GOTO 350
290 INPUT "Bitte geben Sie die Stützweite in Meter ein!            ",L
300 INPUT "Bitte geben Sie die Belastung in N/m an                 ",Q
310 GOTO 400
320 REM -----------------------------------------------------------
330 REM ------------          Verarbeitung          --------------
340 REM -----------------------------------------------------------
350 REM ------------       Berechnung Einzellast     --------------
360 LET B=L-A
370 LET FA=F*B/L
380 LET FB=F*A/L
390 GOTO 470
400 REM ------------ Berechnung gleichmäßig verteilte Last   ---------
410 LET FQ=Q*L/2
420 GOTO 520
430 PRINT:PRINT
440 REM -----------------------------------------------------------
450 REM ------------               Ausgabe           --------------
460 REM -----------------------------------------------------------
470 PRINT
480 REM ------------       Ausgabe für Einzellast    ---------------
490 PRINT ,,"Auflagerkraft FA=";FA;"N "
500 PRINT ,,"Auflagerkraft FB=";FB;"N"
510 GOTO 550
520 PRINT
530 REM ------- Ausgabe für gleichmäßig verteilte Belastung ---------
540 PRINT ,,"Auflagerkraft FA=FB=";FQ;"N"
550 END
```

a)

```
                              ***************************
                              * Auflagerberechnung für   *
                              * Träger auf zwei Stützen *
                              ***************************

Wählen sie die Belastungsart!
e = Einzellast in N
g = gleichmäßig verteilte Belastung in N/m

Belastungskennung eingeben? g


Bitte geben Sie die Stützweite in Meter ein!            4.85
Bitte geben Sie die Belastung in N/m an                 5200

                              Auflagerkraft FA=FB= 12610 N
```

b)

18.26 Codierung (a) und Ausdruck (b), Fortsetzung s. nächste Seite

```
****************************
* Auflagerberechnung für   *
* Träger auf zwei Stützen  *
****************************


Wählen sie die Belastungsart!
e = Einzellast in N
g = gleichmäßig verteilte Belastung in N/m

Belastungskennung eingeben? e


Bitte geben Sie die Stützweite in Meter ein!                5.75
Bitte geben Sie den Abstand vom Auflager A in Meter ein!    3.50
Bitte geben Sie die Einzellast in Newton ein                4000

                              Auflagerkraft FA= 1565.217 N
                              Auflagerkraft FB= 2434.783 N
```

18.26 b) Ausdruck, Fortsetzung

Bei einem Schleifenprogramm können Programmteile mehrfach durchlaufen werden. Durch eine Abfrage wird der Schleifendurchlauf beendet. Die Schleife wird durch folgende Zeilen ermöglicht:

⟨ZN⟩ FOR ⟨Variable⟩ = x TO y STEP z

⟨ZN⟩ NEXT ⟨Variable⟩

Die erste Zeile steht am Anfang der Schleife. Innerhalb der einzelnen Durchläufe wird der Zähler der Variablen von x und y mit der Schrittweite z erhöht. Die zweite Zeile steht am Ende des Schleifenbereichs und beendet die Schleife.

Problemstellung

Für einen Träger auf zwei Stützen sollen für eine gleichmäßig verteilte Belastung in den Zehntelpunkten die Momente ermittelt werden.

Gegeben: Stützweite l in m, gleichmäßig verteilte Last in N/m

Gesucht: Größe der Momente in den Zehntelpunkten der Stützweite in Nm

Struktogramm 18.27

Codierung und Ausdruck 18.28

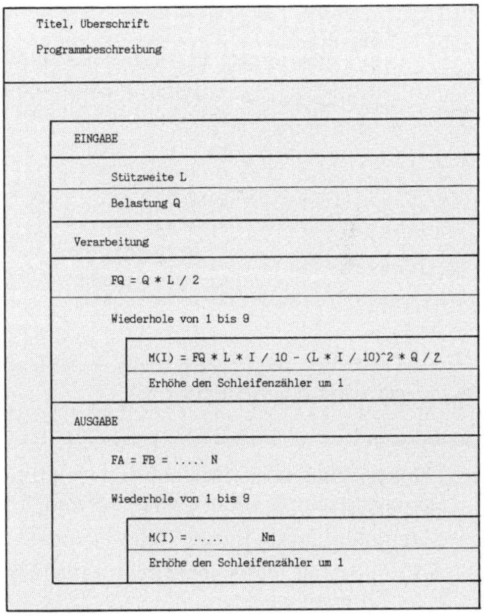

18.27

```
10 CLS
20 PRINT ,"**************************************************"
30 PRINT ,"* Momentenberechnung für Träger auf zwei Stützen *"
40 PRINT ,"* mit gleichmäßig verteilter Belastung           *"
50 PRINT ,"**************************************************"
60 REM      Programmautor:
70 REM      Dieses Programm berechnet die Auflagerkräfte
80 REM      sowie die Biegemomente in den Zehntelpunkten.
100 PRINT:PRINT
110 REM ----------------------------------------------------------------
120 REM -----------                 Eingabe                ---------------
130 REM ----------------------------------------------------------------
290 INPUT "Bitte geben Sie die Stützweite in Meter ein!                ",L
300 INPUT "Bitte geben Sie die Belastung in N/m an!                    ",Q
320 REM ----------------------------------------------------------------
330 REM ------------             Verarbeitung            ---------------
340 REM ----------------------------------------------------------------
350 REM
360 REM ------------       Berechnung Auflagerkraft      ---------------
380 LET FQ=Q*L/2
382 REM
385 REM ------------       Berechnung Biegemomente       ---------------
400 FOR I=1 TO 9 STEP 1
410 LET M (I) = FQ * L*I/10 - (L*I/10)^2*Q/2
420 NEXT I
425 REM ----------------------------------------------------------------
450 REM ------------                Ausgabe              ---------------
460 REM ----------------------------------------------------------------
470 REM
515 REM ------------       Ausgabe Auflagerkräfte        ---------------
518 PRINT:PRINT
520 PRINT ,"Auflagerkraft FA=FB=";FQ;"N"
525 REM
530 REM ------------       Ausgabe Biegemomente          ---------------
540 PRINT:PRINT
545 FOR I=1 TO 9
552 PRINT ,"M(";I;")= ";M (I);,"Nm"
555 NEXT I
570 END
```
a)

```
              **************************************************
              * Momentenberechnung für Träger auf zwei Stützen *
              * mit gleichmäßig verteilter Belastung           *
              **************************************************


Bitte geben Sie die Stützweite in Meter ein!               6.00
Bitte geben Sie die Belastung in N/m an!                   4500


              Auflagerkraft FA=FB= 13500 N


              M( 1 )=  7290            Nm
              M( 2 )=  12960           Nm
              M( 3 )=  17010           Nm
              M( 4 )=  19440           Nm
              M( 5 )=  20250           Nm
              M( 6 )=  19440           Nm
              M( 7 )=  17010           Nm
              M( 8 )=  12960           Nm
              M( 9 )=  7290            Nm
Ok
```
b)

18.28 Codierung (a) und Ausdruck (b)

Die Erstellung eines Programms erfolgt in vier Schritten: Problemstellung und Strukturierung, Struktogramm, Codierung und Testlauf.

Man unterscheidet lineare, verzweigte und Schleifenprogramme.

BASIC-Befehle umfassen direkt ausgeführte Kommandos und Anweisungen innerhalb eines Programms.

18.4 Soziale Auswirkungen der Informationstechnik

Der private Bereich jedes Einzelnen wird heute durch den Einzug der neuen Technologien beeinflußt. Klarschriftleser erkennen Strichkodierungen, die auf den Verpackungen der Waren aufgedruckt sind. Banken und Sparkassen haben Scheckkarten entwickelt, die bargeldloses Einkaufen ermöglichen. Man kann mit ihnen Geldautomaten bedienen und auch noch nach Schalterschluß zu Bargeld kommen. Bildschirmtext und Videotext erlauben eine umfassende Information vom Wohnzimmer aus. Waren können per Knopfdruck bei Versandhäusern bestellt werden.

All diese Möglichkeiten bergen jedoch auch Gefahren in sich. Der imaginäre Griff nach dem Geldbeutel verführt sehr leicht, mehr Geld auszugeben, als man vielleicht wollte. Medizinische und andere personenbezogene Daten sind oft dort gespeichert, wo man sie gar nicht vermutet. Die Gefahr des Datenmißbrauchs ist groß.

Auch in der Arbeitswelt verändern sich die Strukturen. Firmen erlauben ihren Mitarbeitern schon, Arbeiten mit dem Computer zu Hause zu erledigen.

Computerintegrierte Fertigungssysteme erfordern das Erlernen grundlegender Techniken. Der Einsatz von Personalcomputern im Bauwesen macht immer rasantere Fortschritte. Die Zeit ist absehbar, in der Stunden- und Rapportzettel nicht mehr von Hand ausgefüllt werden. Dennoch sollte stets darauf geachtet werden, daß die Maschine Computer für den Menschen da ist – nicht umgekehrt.

Aufgaben zu Abschnitt 18

1. Nennen Sie Einsatzgebiete der Mikroelektronik in Dienstleistung und Produktion.
2. In welchen Bereichen der Bautechnik kommen Personalcomputer heute zum Einsatz?
3. Welche Bedeutung haben die Abkürzungen CIM, CAM, CAD, CNC und CAQ?
4. Welche Konstruktionsarten gibt es für Netzwerke?
5. Nennen Sie die im Bauwesen gebräuchlichen Ein- und Ausgabegeräte für Personalcomputer.
6. Welche Bedeutung haben Massenspeicher für die Arbeit mit einem PC?
7. Erklären Sie den Unterschied zwischen Systemsoftware und Anwendungssoftware.
8. Nennen Sie Anwendungsgebiete für AVA-Software.
9. Für welche Arbeit werden Ingenieurbauprogramme eingesetzt?
10. Welche Bedeutung hat die Mikroelektronik für Baugeräte und flexible Fertigungssysteme?
11. Aus welchen Bereichen besteht bei einem CAD-System die Benutzeroberfläche, wenn nur ein Bildschirm verwendet wird?
12. Welche Koordinatensysteme stehen einem CAD-Anwender zur Verfügung?
13. Welche Unterschiede bestehen zwischen einem 2D-Model und einem 3D-Model?
14. Welche Möglichkeiten gibt es, bei einem CAD-System Daten und Befehle einzugeben?
15. Erklären Sie die Koordinateneingabe zur Darstellung einer Strecke.
16. Welche Bedeutung haben Zeichnungshilfen bei der Erstellung einer CAD-Zeichnung? Nennen Sie Beispiele.
17. Erklären Sie die Aufgabe von Zeichnungsebenen.
18. Wie können bereits gezeichnete Objekte am Bildschirm ausgewählt werden?
19. Welche Grundelemente stehen beim Erstellen einer CAD-Zeichnung zur Verfügung?
20. Was versteht man unter „Editieren“ von Elementen oder Zeichnungsteilen?
21. Welche Bedeutung haben Makros und Blöcke für die Zeichnungserstellung?
22. Erläutern Sie die Techniken der Fotogrammetrie.
23. Welche Stufen werden bei der Entwicklung eines Programms durchlaufen?
24. Welche Gruppen von BASIC-Befehlen gibt es und wodurch unterscheiden sie sich?
25. Nennen Sie die verschiedenen Programmtypen.
26. Schreiben Sie ein Programm zur Flächenberechnung eines Kreises.

27. Entwickeln Sie ein Programm zur Berechnung einer Pyramide.
28. Erweitern Sie das Programm der Aufgabe 27 so, daß Sie wahlweise auch einen Kegel damit berechnen können.
29. Unterscheiden Sie Vor- und Nachteile des Computereinsatzes in Ihrem beruflichen und privaten Alltag.
30. Welche Möglichkeiten des Computereinsatzes können Sie sich für Ihren Arbeitsplatz vorstellen?

Sachwortverzeichnis

f. = und folgende Seite / ff. = und folgende Seiten